KARL WÜRZ

CHEMIKALIEN ZUR AUFBEREITUNG VON MINERALIEN UND SONSTIGEN STOFFEN

CHEMIKALIEN FÜR DIE AUFBEREITUNG VON MINERALIEN

UND SONSTIGEN STOFFEN

von

Dipl.-Berging. Karl Würz

Senatsrat beim Bundespatentgericht München

AKADEMIE-VERLAG · BERLIN

1962

Erschienen im Akademie-Verlag GmbH, Berlin W 8, Leipziger Straße 3—4

Lizenznummer: 202 · 100/491/62
Gesamtherstellung: VEB Druckerei „Thomas Müntzer" Bad Langensalza
Bestellnummer: 5468 · ES 20 F 6

VORWORT

Dieses Buch ist als Nachschlagewerk für den weiten Leserkreis bestimmt, der sich mit allgemeinen und speziellen chemisch-physikalischen Problemen der Aufbereitung von Mineralien usw. befaßt. Es wendet sich daher in erster Linie an den Aufbereitungsfachmann im Betrieb und Labor, an Lehrende und Lernende, außerdem auch an die Hersteller der genannten Chemikalien, und soll Auskunft geben über den einschlägigen Stand der Technik, dessen Kenntnis insbesondere auch für den am gewerblichen Rechtsschutz interessierten Erfinder auf diesem Fachgebiet von Wichtigkeit ist.

Die Fülle des Stoffes, den es möglichst vollständig zu erfassen galt, erforderte allgemein kurze Begleittexte zu den genannten Chemikalien, doch bieten die zugehörigen Schrifttumshinweise dem Leser die Möglichkeit, in das betreffende Teilgebiet tiefer einzudringen und weitere Zusammenhänge zu erfahren. In allen Fällen ist die in Betracht gezogene Fachliteratur so interpretiert worden, wie sie sich darbietet, d. h., ihr wesentlichster Inhalt ist, bis auf offensichtliche Unrichtigkeiten (Druckfehler usw.), möglichst genau wiedergegeben worden, weil eine kritische Würdigung jener Literaturstellen den Rahmen dieses Nachschlagewerkes sprengen würde, andererseits aber auch deshalb, weil in patentrechtlicher Sicht auch druckschriftliche Angaben, die sich nachträglich als sachlich nicht stichhaltig oder unrichtig erweisen, zum Stand der Technik gehören.

Die Zusammenstellung umfaßt in alphabetischer Reihenfolge die in der deutschen und fremdsprachigen Literatur (im wesentlichen bis einschließlich 1960) angegebenen Substanzen und deren Verwendung in der Aufbereitungstechnik. Da ein großer Teil dieser Substanzen unter verschiedenen Bezeichnungen im Schrifttum erscheint, sind jeweils auch diese Bezeichnungen hier wiedergegeben worden, um dem Leser eine zeitraubende und oft schwierige literarische Sucharbeit zu ersparen. Manche Lücke wird aber hier noch zu schließen, andererseits aber auch manches zu ordnen oder richtigzustellen sein. Dies gilt auch für die bei chemisch und in ihrer Wirkung miteinander verwandten Mitteln aufgezeigten Beziehungen und Vergleiche, durch die dem Fachmann die Möglichkeit der Orientierung über Einzelfragen oder einen Fragenkomplex gegeben werden soll.

Aus dem Fehlen diesbezüglicher besonderer Hinweise bei u. a. auch aufgeführten Handelsnamen bzw. Synonymen kann nicht geschlossen werden, daß die betreffende Bezeichnung warenzeichenrechtlich nicht geschützt ist. In den meisten Fällen gibt die in diesem Zusammenhang zitierte Literatur hierüber Auskunft.

Möge dieses Buch sich viele Freunde dadurch erwerben, daß es seinen Benützern die Arbeit erleichtert und ihnen dazu verhilft, aus den von der Fachwelt bereits gewonnenen und veröffentlichten Erkenntnissen und Erfahrungen neue Anregungen für die Lösung ähnlicher Probleme zu schöpfen. Für Verbesserungsvorschläge, weitere Hinweise oder Literaturangaben, die in der nächsten Auflage berücksichtigt werden könnten, wäre ich sehr dankbar.

Allen denen, die zur Gestaltung dieses Werkes beigetragen haben, danke ich herzlichst. Insbesondere gilt mein Dank Herrn Senatsrat Dr. Paul Leschinsky für seine eifrige Mitarbeit beim Zusammentragen des Materials sowie Frau Oberregierungsrätin Dr.-Ing. Ellen Drews für ihre wertvolle Mitarbeit bei den Korrekturen. Ebenso danke ich dem Akademie-Verlag für seine Anregungen, sein Entgegenkommen in allen Einzelfragen und für die gute Ausstattung des Buches.

Ich widme dieses Buch meiner Frau als Dank dafür, daß sie mit mir die mit dem Heranreifen eines solchen Werkes verbundene Belastung tapfer getragen und mir in jeder Weise dabei geholfen hat.

Der Verfasser

EINFÜHRUNG

Spalte 1 enthält die laufenden Nummern der etwa 7700 Stichwörtern; in

Spalte 2 sind in alphabetischer Reihenfolge die Bezeichnungen der Chemikalien und z. T. auch deren Zusammensetzung (Formel) angegeben.

Spalte 3 enthält neben den sonstigen Bezeichnungen der Chemikalien deren besondere Verwendung mit zugehörigen Literaturangaben, ferner die gleichartigen und verwandten Mittel.

Spalte 4 bringt einen Verwendungsüberblick zum schnellen Auffinden von Chemikalien für besondere Zwecke. Die vorzugsweise in dieser Spalte geführten, sich auf den Verwendungszweck beziehenden Abkürzungen bedeuten:

Akt. = Aktivierer, Aktivatoren, Verstärker, Beleber (engl. "promoter"), durch die z. B. die in einer Flotationsphase gedrückten Mineralkomponenten wieder schwimmfähig gemacht werden sollen, oder

Sa.-Akt. (in Spalte 3 auch als „Hilfs-Sa.“ bezeichnet) zur Unterstützung (Sensibilisierung) der Sammlerwirkung.

Disp. = Dispergatoren, die in wäßrigen Feststoff-Supensionen (insbes. Flotationstrüben) die feinsten, meist kolloidalen Teilchen von den größeren Teilchen und sie im dispersen Zustand erhalten, so daß z. B. die für den Reagenzienverbrauch schädliche Flockung feinster Tonschlämme verhindert wird.

Dr. = Drücker, drückende Flotationsreagenzien, die mit Mineraloberflächen derart reagieren, daß sie entweder die Sammleranlagerung unterbinden, bereits bestehende Sammlerfilme zerstören (Sammlerverdrängung), die Wirkung bestimmter Chemikalien bzw. Begleitmineralien aufheben oder Mineralteilchen hydrophilieren und dispergieren, so daß die von ihnen beeinflußten Mineralkomponentep „gedrückt“, d. h. am Ausschwimmen zusammen mit anderen Mineralkomponenten verhindert werden.

Emulg. = Emulgatoren zur Bildung homogener Wasser/Öl-Emulsionen. Sie bestehen meist aus langkettigen organischen Stoffen, die an den Grenzen der Wasser/Öl-Phasen orientiert angereichert werden und durch Herabsetzung der Grenzflächenspannung zwischen diesen

Phasen deren Zerteilung und Zerteilungsbeständigkeit günstig beeinflussen.

Flockm. = Flockungsmittel, z. B. Elektrolyte, die durch Minderung oder Ausgleich der elektrischen Ladungen der in der Trübe suspendierten Feststoffteilchen deren Zusammenballung (Koagulation) bewirken und damit deren Sedimentation beschleunigen, oder hochpolymere oberflächenaktive Stoffe, die durch Hydrophobierung (Wasserabstoßendmachen) der Oberflächen der Teilchen deren Koagulation unterstützen.

Haftm. = Haftmittel mit Klebwirkung für die selektive Haftscheidung von Mineralien, insbesondere Diamanten, aus zuvor mit Konditionierungsmitteln (s. d.) behandelten Feststoffgemengen.

Kondm. = Konditionierungsmittel zur Vorbehandlung von Mineralien für die anschließende Aufbereitung, z. B. für die elektrostatische Gemengetrennung, zur Hydrophobierung der Oberfläche von Diamanten für die Haftscheidung, zur Verbesserung der Zerkleinerung usw.

Modif. = Modifikatoren, Modifizierungsmittel, z. B. zur Verbesserung der Eigenschaften des Flotationsschaumes.

Netzm. = Netzmittel, Benetzungsmittel, wasserlösliche oberflächenaktive (grenzflächen-, kapillaraktive) Verbindungen, die die Oberflächenspannung vor allem zwischen Wasser und Feststoffen herabsetzen und dadurch das Eindringen des Wassers in Ritzen und Kapillaren der Feststoffe sowie einen engeren Kontakt derselben mit in Wasser gelösten Chemikalien ermöglichen.

Pass. = Passivierer, die hinsichtlich ihrer Aufgabe und Wirkungsweise im wesentlichen den Drückern (Dr.) entsprechen.

Regler = saure oder basische, meist anorganische Substanzen, die vorwiegend der Einstellung des pH-Wertes (Dissoziationsgrades) einer Flotationstrübe dienen.

Sa. = Sammler (Entnetzer), im allgemeinen organische Flotationsmittel von polar-unpolarem Molekülaufbau, deren (kationaktiv oder anionaktiv) polare Molekülgruppe durch Reaktion oder Chemosorption an der Mineraloberfläche haftet und deren unpolare Molekülgruppe das Wasser abweist, so daß auf diese Weise die Mineraloberfläche hydrophobiert (entnetzt) und — unter Mitwirkung der Schäumer (s. S. IX) — die Mineralteilchen an den in der Trübe aufsteigenden Luftblasen zum Haften gebracht, von diesen an die Trübeoberfläche ausgeschwommen und dort als Schaumkonzentrat gesammelt werden.

Sa/Sch. = Sammlerschäumer, Sammler mit schaumbildenden Eigenschaften. Meist organische Substanzen mit mindestens einer Hydroxyl (OH)-Carboxyl (COOH)-, Carbonyl (CO)- oder Amino (NH_2)-Gruppe.

Sch. = Schäumer (vorwiegend Alkohole), oberflächenaktive Stoffe, die die Oberflächenspannung des Wassers herabsetzen und dadurch in belüfteten wäßrigen Flotationstrüben die Anlagerung von Luftblasen an die selektiv auszuschwimmenden Mineralteilchen ermöglichen.

Sch/Sa. = Schäumersammler, Schäumer mit sammelnden Eigenschaften.

Schwerfl. = Schwerflüssigkeit, eine Trennflüssigkeit, die spezifisch schwerer als Wasser ist, für die Schwimmsinkscheidung von Mineralien durch Trennung in nach oben schwimmende, spezifisch leichtere Schwimmprodukte und nach unten sinkende, spezifisch schwerere Sinkprodukte. Echte Schwerflüssigkeiten bestehen entweder aus flüssigen Halogenkohlenwasserstoffen (z. B. Trichloräthylen) oder aus wäßrigen Lösungen anorganischer Salze (z. B. $CaCl_2$), sog. Schweretrüben dagegen aus wäßrigen Suspensionen von Schwerstoffen (s. d.).

Schwerst. = Schwerstoffe. Es sind feinstkörnige, wasserunlösliche, spezifisch schwere Feststoffe (Ferrosilicium, Magnetit, Bleiglanz, Schwerspat usw.) zur Herstellung der Schweretrüben (s. oben).

Sulfidm. = Sulfidierungsmittel, durch die auf den Oberflächen von oxydischen oder anoxydierten Mineralteilchen ein Sulfidüberzug erzeugt wird, der die Sulfid-Flotation ermöglicht.

Lfd. Nr.	Bezeichnung (Zusammensetzung)	besondere Verwendung mit zugehöriger Literaturangabe	Verwendungs-überblick
1	**Abietate**	Na-A im „Nicate"; s. d.; Sa/Sch. s. Sorbitanabietat; Netzm. s. Kolophoniumabietat; Sa/Sch. Na-Abietat; Sa. f. d. Chromit-Flot.; „Erzmetall" 1959, 392	**Sa., Sa/Sch, Netzm.**
2	**Abietinol**	s. = Abietylalkohol; Modif.	**Modif.**
3	**Abietinolsulfat**	s. = Abietylalkoholsulfat; Emulg.	**Emulg.**
4	**Abietinsäure** ($C_{19}H_{29}COOH$)	= Diterpencarbonsäure, Harzsäure Bestandteil des Tallöls, Hauptbestandteil d. Kolophoniums Sa.; „Bergb.-Wiss." 1958, 34 Emulg. f. Sa.-Emulsionen; DP. 668641	**Sa., Emulg.**
5	**Abietinsäuremethylester/($C_{8}/_{18}$)-Alkylamin-Mischg.**	Sa. f. d. schaumlose Flot. von grobkörnigem Sylvinit; Am. 2937751	**Sa.**
6	**Abietinsäuresulfonat**	= Neopren SS; Sa. f. oxyd. Eisenerze; DP. 844131	**Sa.**
7	**Abietylalkohol** (= Abietinol, Hydroabietylalkohol $C_{19}H_{29}OH$)	als hydrophob. Modifm. neben Amin-Sa. z. Flot. von Kalisalzen; Can. 580365	**Modif.**
8	**Abietylalkohol/Alkylamin-Mischung**	s. = Hydroabietylalkohol/Alkylamin-Mischg., Sa.	**Sa.**
9	**Abietylalkoholsulfat**	= Abietinolsulfat, Hydroabietylalkoholsulfat s. Dihydroabietylalkoholsulfat; Emulg.	**Emulg.**
10	**Abietylhydrazinchlorid**	s. Hydroxyäthyldihydro-A.; Sa.	**Sa.**
11	**Abietylphthalat**	s. Mono-, Dihydro-abietylphthalat; Sch.	**Sch.**
12	**Abietylsuccinat**	Na-Monoabietylsuccinat als Sch.; Am. 2099120 s. Dihydroabietylsuccinat; Sch.	**Sch.**
13	**Abietylxanthat**	Sa.; Netzm.; Am. 2106558	**Sa., Netzm.**
14	**AC 301**	= Na-Butylxanthat; Sa.; Taggart 12—08 s. = Aero Xanthat 301, Z 12-Xanthat; Sa.	**Sa.**
15	**AC 343**	= Na-Isopropylxanthat; Sa.; Taggart 12—08 s. = Aero Xanthat 343, = Z 11-Xanthat; Sa.	**Sa.**
16	**Acetale**	s. Butandioldiäthylacetal u. Polyäthylenglykolacetal; Sch. s. Tetrahydrobenzaldehydacetal; Sch. s. Diacetal, Polyacetale, Triacetal; Sch. s. Thioacetaldehydacetal; Sa.	**Sch., Sa.**
17	**Acetaldehyd/Arylsulfonsäure-Kondpr.**	als MoS_2-Dr. b. d. MoS_2/Cu-Sulfid-Flot.; Am. 2187930 Acetaldehyd = CH_3—CHO	**Dr.**
18	**Acetamid** (CH_3CONH_2)	s. Hifoam = Sulfacetamidderivat; Sa.	**Sa.**
19	**Acetoacetanilid**	Korrosionsinhibitor b. d. Kohlen-Flot.; Am. 2346151	**Passiv.**

Lfd. Nr.	Bezeichnung (Zusammensetzung)	besondere Verwendung mit zugehöriger Literaturangabe	Verwendungs-überblick
20	**Aceton** (CH_3—CO—CH_3, Dimethylketon, 2-Propanon)	Sch.; Am. 2000350 Acetondampf z. Herabsetzung des Zerkleinerungswiderstandes v. Mineralien während d. Mahlens; „Aach. Bl.“ 1958, 77/110, 1961, H. 1/2, 53/87 s. Diisonitroaceton; Dr. Lösm. z. Aufschlämmung v. Ton aus Kalisalzen; DP. 1083192	**Lösm., Sch., Kondm.**
21	**Aceton/Acetylentetrabromid-Mischung**	Schwerfl. f. d. Schwimmsinkscheidung; „Erdöl u. Kohle“ 1953, 25	**Schwerfl.**
22	**Aceton/Bromoform-Mischung**	Schwerfl. f. d. Schwimmsinkscheidung; „Erdöl u. Kohle“ 1953, 25	**Schwerfl.**
23	**Acetoncyanohydrin** $(CH_3)_2{=}C\langle^{OH}_{CN}$	Hydroxynitril; Sa. f. d. selektive Flot. von Pb/Cu/Zn-Erzen; Can. 594133	**Sa.**
24	**Acetonphenylhydrazin**	= Acetonhydrazinbenzol Sa.; Östr. P. 86639	**Sa.**
25	**Aceton/Polymerphosphat-Mischg.**	Kondm. z. Verbesserung d. Zerkleinerung von Mineralien; DP. 1071455	**Kondm.**
26	**Acetophenon** ($CH_3 \cdot CO \cdot C_6H_5$)	s. Dioxyacetophenon; Dr.	**Dr.**
27	**Acetonphenylhydrazon** ($(CH_3)_2C:N \cdot NH \cdot C_6H_5$)	Sa.; Östr. 86639	**Sa.**
28	**Acetsäure**	s. = Essigsäure; Dr., Regler	**Dr., Regler.**
29	**Acetylaceton** ($CH_3COCH_2COCH_3$)	Gangart-Dr.; Am. 2395866, „Min. Techn.“ 1946, 285	**Dr.**
30	**Acetylchlorid/Äthylmonothiocarbonat-Reaktpr.**	Erz-Sa.; Brit. 418301	**Sa.**
31	**Acetylchlorid/Butylmonothiocarbonat-Reaktpr.**	Erz-Sa.; Brit. 418301	**Sa.**
32	**Acetyldimethyläthylmercaptoäthylpropylthionodioxaphosphorinan**	Sa/Sch., Plastif.; „Chem. Ztrlbl.“ 1960, 14521/522	**Sa./Sch., Modif.**
33	**Acetyldimethyläthylmercaptodiäthylthionodioxaphosphorinan**	Sa/Sch., Modif.; „Chem. Ztrlbl.“ 1960, 14521/522	**Sa/Sch., Modif.**
34	**Acetyldimethyläthylmercaptothionotrimethyldioxaphosphorinan**	Sa/Sch., Plastif.; „Chem. Ztrlbl.“ 1960, 14521/522	**Sa/Sch., Modif.**
35	**Acetylen** (C_2H_2 = Äthin, Alkin)	Akt. f. oxyd. Cu-Erze; Peters. 215 Akt. b. d. Zinnstein-Flot.; „Erzmetall“ 1955, 154	**Akt.**

Lfd. Nr.	Bezeichnung (Zusammensetzung)	besondere Verwendung mit zugehöriger Literaturangabe	Verwendungs-überblick
36	**Acetylencarbonsäuren**	s. Taririnsäure, Stearolsäure; Sa/Sch. Acetylen-KWstoffe = Alkine	**Sa/Sch.**
37	**Acetylenchlorid**	= Acetylendichlorid, Dichloräthylen, CHCl·CHCl s. = Dichloräthylen; Lösm.	**Lösm.**
38	**Acetylentetrabromid** ($CHBr_2 \cdot CHBr_2$ Tetrabromäthan)	Schwerfl. f. d. Schwimmsinkscheidung von Mineralien; Taggart 15—151/152 s. Halogen-KWstoffe; Lösm.	**Schwerfl., Lösm.**
39	**Acetylentetrabromid/ Aceton-Mischg.**	Schwerfl. f. d. Schwimmsinkscheidung; „Erdöl u. Kohle" 1953, 25	**Schwerfl.**
40	**Acetylentetrabromid/ Tetrachlorkohlenstoff-Mischg.**	Schwerfl. f. d. Schwimmsinkscheidung; Taggart 19—151/152, „Erdöl u. Kohle" 1953, 25	**Schwerfl.**
41	**Acetylentetrachlorid** $CHCl_2 \cdot CHCl_2$	s. Halogen-KW Stoffe; Lösm.	**Lösm.**
42	**Acetylenylbenzol**	s. = Äthinylbenzol; Kondm.	**Kondm.**
43	**Acetylin**	s. = Acetylsalicylsäure; Kondm.	**Kondm.**
44	**Acetylphenyläthylmercaptoäthylpropylthionodioxaphosphorinan**	Sa/Sch., Plastif.; „Chem. Ztrlbl." 1960, 14521/522	**Sa/Sch., Modif.**
45	**Acetylphenyläthylmercaptotetramethylthionodioxaphospholan**	Sa/Sch., Plastif.; „Chem. Ztrlbl." 1960, 14521/522	**Sa/Sch., Modif.**
46	**Acetylsalicylsäure** (= Acetylin, Aspirin, $CH_3 \cdot COO \cdot C_6H_4 \cdot COOH$)	Kondm. f. elektrostatisch aufzubereitende Kalisalze; DP. 1076593	**Kondm.**
47	**Acidol**	s. = Betainhydrochlorid; Sa. Sa. f. d. Flot. v. Mn-Erzen; „Chem. Ztrlbl." 1941, II, 3238/39 Sylvin-Sa.; „Chem. Ztrlbl." 1943, I, 2525 Sa. f. d. Flot. v. Phosphatmineralien; Petersen 254	**Sa.**
48	**Aciterge**	kationakt. Alkyloxazolinfettsäure; Netzm., Emulg.; „Encyclopedia of Chemical Technology" 1951, 602 Sch., Flockm. u. Netzm. f. Nichterze; „Engrg. Min. J.", Juni 1956, 111	**Sch., Netzm., Flockm., Emulg.**
49	**Aconon T**	= Prod. aus fraktioniertem Tallöl u. Fettsäuren; Sa/Sch.; „Engrg. Min. J.", Juni 1956, 111	**Sa/Sch.**
50	**Acosix T**	wie Aconon; Sa/Sch.	**Sa/Sch.**
51	**Acrolein/Alkohol-Reaktpr.**	als Sch.; Am. 2561251 Acrolein = CH_2CHCHO, Acrylaldehyd, Allylaldehyd, Propenal	**Sch.**

Lfd. Nr.	Bezeichnung (Zusammensetzung)	besondere Verwendung mit zugehöriger Literaturangabe	Verwendungs-überblick
52	**Acrolein/Äthanol-Reaktpr.**	als Sch.; Am. 2561251	**Sch.**
53	**Acrolein/Isopropanol-Reaktpr.**	als Sch.; Am. 2561251	**Sch.**
54	**Acrolein/Methanol-Reaktpr.**	als Sch.; Am. 2561251	**Sch.**
55	**Acrolein/Propanol-Reaktpr.**	als Sch.; Am. 2561251	**Sch.**
56	**Acroleincarbonsäure**	s. Acrylsäure; Regler	**Regler**
57	**Acrylaldehyd/Alkohol-Reaktpr.**	s. Acrolein/Alkohol-Reaktpr.; Sch.	**Sch.**
58	**Acrylamid/Acrylnitril-Copolymer**	als Gangart-Dr. f. sulfid. Erze; Am. 2740522 u. Brit. 749213	**Dr.**
59	**Acrylamidacrylsäure-copolymer/Holz-äther-Mischg.**	Flockm. z. Verhinderung d. Auftretens von Schwimmkohle; DP. 1006361	**Flockm.**
60	**Acrylamidalkylester**	Flockm.; Brit. 760653	**Flockm.**
61	**Acrylamidpolymer**	Acrylamid = $CH_2CHCONH_2$ Ton-Sa. b. d. Flot. v. tonigen Mineralien, insbes. v. Sylvinit; DP. 1054392, Franz. 1139954 Flockm. f. wäßrige Mineralsuspensionen; Franz. 1111206, 1113951, Brit. 760279, 760869, 761021 s. Separan 2610; Flockm., Disp., Dr., Kondm. s. Polyacrylamidlösg.; Flockm., Dr.	**Sa., Flockm., Disp., Dr., Kondm.**
62	**Acrylamidpolymer/Bentonit-Mischg.**	als Flockm.; Brit. 799621	**Flockm.**
63	**Acrylat/Maleinsäure-anhydrid-Copolymer**	s. = Vinylformiat/ . . . . . .; Dr.	**Dr.**
64	**Acrylesterwachs**	s. = Acryloid; Netzm.	**Netzm.**
65	**Acryloid 150**	= Methacrylatestercopolymer, Acrylesterwachs in organ. Lösg. Netzm.; Am. 2809935, „The Condensed Chemical Dictionary", 5. Aufl., 1956	**Netzm.**
66	**Acryloid 710**	= Laurin-/Octylmethacrylat-Copolymer; Netzm.; Am. 2915471	**Netzm.**
67	**Acrylolamin**	Sa.; Am. 2389763	**Sa.**
68	**Acrylnitril** (= Propylennitril, $CH_2 : CH{\cdot}CN$, Vinylcyanid)	Flockm.; Brit. 725460, Franz. 1083610 Pyrit-Dr.; Am. 2984354	**Flockm., Dr.**
69	**Acrylnitril/Acryl-amid-Copolymer**	als Gangart-Dr. f. sulfid. Erze; Am. 2740522 u. Brit. 749213	**Dr.**

Lfd. Nr.	Bezeichnung (Zusammensetzung)	besondere Verwendung mit zugehöriger Literaturangabe	Verwendungs-überblick
70	**Acrylnitril/Acrylsäure/Methacrylsäure/Acrylsäureester-Mischpolymerisate**	als Disp. z. Verhinderung des Auftretens von Schwimmkohle; DP. 1006361	**Disp.**
71	**Acrylnitrilpolymer**	als Schlammregler-Disp. b. d. Sylvinit-Flot.; Am. 2836297 als Ton-Sa. b. d. Ton-Flot. aus Kalisalzen; Franz. 1139954 s. Separan NP 20; Flockm. s. „X—2610" = „Separan 2610" als Schlammregler [Disp.] b. d. Sylvinit-Flot.	**Sa., Flockm., Disp.**
72	**Acrylnitrilpolymer/Polyglykol-Gemisch**	als Schlammregler [Disp.] b. d. Sylvinit-Flot.; Am. 2836297	**Disp.**
73	**Acrylnitrilpolymer/Polyglykoläther-Gemisch**	als Schlammregler [Disp.] b. d. Sylvinit-Flot.; Am. 2836297	**Disp.**
74	**Acrylnitril/Vinylpyridin-Copolymer**	als Gangart-Dr. f. sulfid. Erze; Am. 2740522	**Dr.**
75	**Acrylnitril/Vinyltoluol-Copolymersulfonat**	als Flockm. f. Kohlenwaschwässer; Brit. 812228	**Flockm.**
76	**Acrylsäure**	= Acroleinsäure, Äthylencarbonsäure, Propenoinsäure, Vinylformsäure, $CH_2{=}CH{\cdot}COOH$ pH-Regler b. d. Flot. oxyd. Eisenerze; DP. 844131	**Regler**
77	**Acrylsäurealkylester**	als Flockm.; Brit. 760653	**Flockm.**
78	**Acrylsäureesterpolymerisate**	Ton-Sa. f. d. Ton-Flot. aus Kalirohsalzen; Franz. 1139954 Flockm. z. Verhinderung d. Auftretens von Schwimmkohle; DP. 1006361 Flockm.; DP. 1002703	**Sa., Flockm.**
79	**Acrylvinylessigsäure**	Schlamm-Dr. b. d. Kohlen- oder Erz-Flot.; Am. 2740522, Brit. 749213	**Dr.**
80	**AC-Thiocarbanilid**	= Thiocarbanilid/Netzmittel-Mischung; Sa; Taggart 12—10	**Sa./Netzm.**
81	**Actinol C**	= rohes Tallöl; Sa/Sch.; „Engrg. Min. J.", Juni 1956, 111	**Sa/Sch.**
82	**Actinol D**	= raffiniertes Tallöl; Sa/Sch.; „Engrg. Min. J.", Juni 1956, 111	**Sa/Sch.**
83	**Activol**	s. = Aminophenol; Sa., Sch.	**Sa., Sch.**
84	**Acto**	= raffiniertes Na-Petroleumsulfonat; Netzm.; „The Condensed Chemical Dictionary", 5. Aufl., 1956	**Netzm.**
85	**Acto 450**	= Alkylarylsulfonat, Netzm.; Am. 2884474	**Netzm.**
86	**Acylalkylendiamin**	Sa. f. Feldspat, Quarz, Pyroxene, Spinelle, Glimmer u. Ton; Brit. 578695	**Sa.**

Lfd. Nr.	Bezeichnung (Zusammensetzung)	besondere Verwendung mit zugehöriger Literaturangabe	Verwendungs-überblick
87	**Acylalkylaminodioxan**	Netzm., Sch/Sa.; Am. 2384605	**Netzm., Sch/Sa.**
88	**Acyläthylendiamin**	Sylvin-Sa., Netzm.; Am. 2387201	**Sa., Netzm.**
89	**Acyläthylendiamin-acetat**	Carnallit-Sa.; DP. 969981	**Sa.**
90	**Acyldiamidesterpoly-mere**	s. Hydroxy-A.; Sa/Sch., Netzm.	**Sa/Sch., Netzm.**
91	**Acylpolyalkylenpoly-amide**	Sa. f. quarzige Erze; Am. 2569417	**Sa.**
92	**Acylpolyalkylenpoly-amin**	als Sa. f. quarzige Erze; Am. 2569417	**Sa.**
93	**Acylsarcosine**	s. Sarcosyl, S—L, S—LC, S—NL 30, S—NL 100, S—O, S—S; Sa/Sch., Emulg.	**Sa/Sch., Emulg.**
94	**Adepinöl**	s. = Petrolatum; Sa., Modif., Flockm.	**Sa., Modif., Flockm.**
95	**Adipinsäurealkylester**	Schaumplastizierer; Am. 2689043 s. Diäthyl-, Dibutyl-, Dihexyl-adipat; Regler Sch.; DP. 904762, Am. 2690260 s. Äthyl-, Butyl-, Propyladipat; Sch.	**Sch., Modif., Regler**
96	**Adipinsäurearalkyl-ester**	Schaumplastizierer; Am. 2689043	**Modif.**
97	**Aero Brand Cyanid**	= unreines Ca-Cyanamid; Zinkblende-Dr.; Am. 2660307 Sulfid-Dr.; „Engrg. Min. J.", Juni 1956, 111	**Dr.**
98	**Aero Depressant 610, 615, 620, 633**	= organ. Kolloid; Dr., insbes. f. Talk u. serizit. Gangart; „Engrg. Min. J.", Juni 1956, 111	**Dr.**
99	**Aerofloc 545, 552, 3000**	= synthet. Polymerisate pH-Regler; „Glückauf" 1956, 1036, „Erz-metall" 1957, 424, „Engrg. Min. J.", Juni 1956, 111 Flockm. zum Eindicken u. Filtern wäßriger Mineralaufschlämmungen; „The Condensed Chemical Dictionary", 5. Ausg., 1956, 25, „Bergb.-Wiss." 1958, 137	**Regler, Flockm.**
100	**Aeroflotc**	= Phosokresole; Sa.; Petersen 182/183 Sa. f. d. Gold-Fl.; Römpp 1950, 583 Magnesit-Sa.; Östr. 197300 s. Phenol-Aeroflot, Diaryldithiophosphat; Sa.	**Sa.**
101	**Aeroflot 15, 25** (= Phosokresol A u. B)	= Rohkresol/P_2S_5-Reaktpr., Dikresyldi-thiophosphat; Sa. f. sulfid. Erze; „Engrg. Min. J.", Juni 1956, 111 u. „Encyplodedia of Chemical Technology" 1951, 602	**Sa.**
102	**Aeroflot 31**	= Aeroflot 25 gesättigt m. 6% Thio-carbanilid Sa. f. sulfid. Erze; „Encyclopedia of Chemical Technology" 1951, 602 Aeroflot 25 u. 31 d. besten ZnS-Sa.; „Engrg. Min. J." Juni 1956, 111	**Sa.**

Lfd. Nr.	Bezeichnung (Zusammensetzung)	besondere Verwendung mit zugehöriger Literaturangabe	Verwendungs-überblick
103	**Aeroflot 203**	= Na-Diisopropyldithiophosphat Sa. f. sulfid. Erze; „Encyplopedia of Chemical Technology" 1951, 602	**Sa.**
104	**Aeroflot 208**	= Na-Diäthylphosphat/Dibutylphosphat-Mischg. Sa. f. sulfid. Erze; „Encyplodia of Chemical Technology" 1951, 602	**Sa.**
105	**Aeroflot 211**	= Na-Aeroflot B; selekt. ZnS-Sa.; Sa. f. Au, Ag u. Cu b. d. Pyrit-Flot.; schäumt nicht; „Bulletin No. R_1—B_3 Reagents" 1955, 13 Sa. f. d. Flot. sulfid. Pb/Zn-Erze; „Erzmetall" 1961, 24	**Sa.**
106	**Aeroflot 213**	= NH_4-Diäthylphosphat/Dibutylphosphat-Mischg. Sa. f. sulfid. Erze; „Encyclopedia of Chemical Technology" 1951, 602	**Sa.**
107	**Aeroflot 226**	= NH_4-Dibutyldithiophosphat Sa. f. sulfid. Erze; „Encyclopedia of Chemical Technology" 1951, 602	**Sa.**
108	**Aeroflot 238**	= Na-Dibutyldithiophosphat Sa. f. sulfid. Erze; „Encyclopedia of Chemical Technology" 1951, 602 s. Dithiodibutylphosphat; Sch/Sa.	**Sch/Sa., Sa.**
109	**Aeroflot 243, 249**	= Alkyldithiophosphate Erz-Sa.; „Engrg. Min. J.", Juni 1956, 111	**Sa.**
110	**Na-Aeroflot/Na-Äthyl-xanthat-Mischg.**	Sa. mit synergist. Sammlerwirkg. f. d. Cu- bzw. Chalkopyrit-Flot. aus sulfid. Pb/Zn/Cu/Pyrit-Komplexerzen; „Engrg. Min. J.", 1961, 25	**Sa.**
111	**Aeroflot Promoter**	a) flüssige, wasser**un**lösliche A. P. = Dithiophosphorsäure; Sa/Sch.; b) trockene, wasserlösliche, nicht schäumende A. P. = Na-Alkyldithiophosphate; Sa.; für Sulfide u. Edelmetalle wirksamer als Xanthate; „Engrg. Min. J.", Aug. 1958, 63)	**Sa/Sch., Sa.**
112	**Aerofroth 70**	= Methylamylalkohol; Sch.; Brit. 782107	**Sch.**
113	**Aerolift-Verfahren**	insbes. f. d. Kohlen-Fl.; mittels Belüftungsrohr [Aerolift] u. zentrifugal wirkendem Schaumabscheider; „Chem. Ztrlbl." 1960, Nr. 53/I, S. 17571	
114	**Aeromine 2026 Promoter**	Hilfs-Sa. f. Silikate u. Ton-Flockm.; „Engrg. Min. J.", Juli 1957, 51 kationakt. Quarz-Sa.; „Engrg. Min. J.", Juni 1956, 111	**Sa., Flockm.**
115	**Aero Modifier 158, — 162**	= synthet. Polymer; Schlamm-Dr.; „Engrg. Min. J.", Juni 1956, 111	**Dr.**
116	**Aero Promoter 404, 425**	enthält Mercaptobenzothiazol; Sa.; „Engrg. Min. J.", Juni 1956, 112	**Sa.**
117	**Aero Promoter 708, 710**	= Rohfettsäure bzw. Na-Seife von 708; Sa.; „Engrg. Min. J.", Juni 1956, 112	**Sa.**

Lfd. Nr.	Bezeichnung (Zusammensetzung)	besondere Verwendung mit zugehöriger Literaturangabe	Verwendungs-überblick
118	**Aero Promoter 712**	= Fettsäureseife; Sa.; „Eng. Min. J.", Juni 1956, 112 Sch/Sa. f. oxyd. Golderze; „Engrg. Min. J.", 1959, 110/12, 116/18	**Sch/Sa., Sa.**
119	**Aero Promoter 801, 824, 825, 827**	= anionakt. Fettsäuresulfonate; Sa.; „Engrg. Min. J.", Juni 1956, 112	**Sa.**
120	**Aerosol**	Wasser/Luft/Aerosol als Kondm. f. elektrostat. aufzubereitende Kalirohsalze DP. 1095222 Netzm. f. d. MnO_2-Flot.; Am. 2861687	**Netzm., Kondm.**
121	**Aerosol 18**	= Na-Octadecyldisulfosuccinat oder Na-tert. Amylphenylterpenyläthersulfonat; als Akt. f. oxyd. Fe-Erze; DP. 844131 = Na-Octadecylsulfosuccinat; Netzm.; „Encyclopedia of Chemical Technology" 1951, 602	**Akt., Netzm.**
122	**Aerosol 22**	= Na-Octadecyltetradicarbonyläthylsulfosuccinat; Akt. f. oxyd. Fe-Erze; DP. 844131 = Na_4-N-n-Octadecyl-N-(1,2-dicarboxyäthyl)-sulfosuccinat; Netzm.; „Encyclopedia of Chemical Technology" 1951, 602	**Netzm., Akt.**
123	**Aerosol AY** ($C_5H_{11}OOC \cdot CH_2 \cdot CH_2 \cdot COO \cdot C_5H_{11} \cdot SO_3Na$)	= Na-Diamylsulfosuccinat, als Netzm.; Stüpel	**Netzm.**
124	**Aerosol MA**	= Na-Dihexylsulfosuccinat; Netzm.; Am. 2884474 = Na-Dimethylbutylsulfosuccinat; Netzm.; „Encyclopedia of Chemical Technology" 1951, 602	**Netzm.**
125	**Aerosol OS**	= Na-Isopropylnaphthalinsulfonat; als Akt. f. oxyd. Fe-Erze; DP. 844131 als Netzm.; Römpp u. DP. 802389 = Diisopropylnaphthalinsulfonat; Netzm.; Stüpel	**Akt., Netzm.**
126	**Aerosol OSB**	= Na-Butylnaphthalinsulfonat; als Akt. f. oxyd. Fe-Erze; DP. 844131 als Sa., Sa/Sch., Netzm.; s. Butylnaphthalinsulfonat	**Sa., Sa/Sch., Akt., Netzm.**
127	**Aerosol OT, —OTdry** ($C_8H_{17} \cdot OOC \cdot CH_2 \cdot CH_2 \cdot COO \cdot C_8H_{17} \cdot SO_3Na$)	= Na-Dioctylsulfosuccinat; als Akt. f. oxyd. Fe-Erze; DP. 844131 als Netzm.; Römpp, Manegold 55 = Na-Diäthylhexylsulfosuccinat; Netzm.; „Engrg. Min. J.", Juni 1955, S. 112 = Decerosol OT; „Chem. Ztrlbl." Sa. f. d. Chromit-Flot.; „Erzmetall" 1959, 392	**Sa., Akt., Netzm.**
128	**Aero-Thiocarbanilid**	= Diphenylthiocarbamid; Sulfiderz-Sa.; „Engrg. Min. J.", Juni 1956, 112	**Sa.**
129	**Aero Xanthat 301**	= sec. Butylxanthat; starker Sulfiderz-Sa.; „Engrg. Min. J.", Juni 1956, 112	**Sa.**
130	**Aero Xanthat 303**	= K-Äthylxanthat; starker Sulfiderz-Sa.; „Engrg. Min. J.", Juni 1956, 112	**Sa.**

Lfd. Nr.	Bezeichnung (Zusammensetzung)	besondere Verwendung mit zugehöriger Literaturangabe	Verwendungs-überblick
131	**Aero Xanthat 322**	= K-Isopropylxanthat; starker Sulfiderz-Sa. „Engrg. Min. J.“, Juni 1956, 112	**Sa.**
132	**Aero Xanthat 325**	= Na-Äthylxanthat; starker Sulfiderz-Sa.; „Engrg. Min. J.“, Juni 1956, 112	**Sa.**
133	**Aero Xanthat 343**	= Na-Isopropylxanthat; starker Sulfiderz-Sa.; „Engrg. Min. J.“, Juni 1956, 112	**Sa.**
134	**Aero Xanthat 350**	= K-Amylxanthat; starker Sulfiderz-Sa.; „Engrg. Min. J.“, Juni 1956, 112	**Sa.**
135	**Afracal**	= Alkylbenzolsulfonat; als Netzm.; Stüpel	**Netzm.**
136	**Agaffin**	s. = Chrysazin; Dr.	**Dr.**
137	**Agar-Agar**	Fusit-Dr. b. d. Kohlen-Flot.; Brit. 186143	**Dr.**
138	**Ahcowet ANS**	= Alkylnaphthalinsulfonat; Netzm.; Am. 2884474	**Netzm.**
139	**Akaziengummi**	Dr.; DP. 812902	**Dr.**
140	**Aktivkohle**	Gangart-Dr. b. d. Erz-Flot.; Petersen 208, Brit. 358460 Flot. von an A-Kohle adsorbiertem Gold; „Chem. Ztrlbl.“ 1938, II, 756 Akt. b. d. Sulfid-Flot.; „Bulletin No. R_1—B_3 Reagents“ 1955, 6 als Mittel z. Entölung v. Flot.-Konzentraten; Am. 2766883 über den Einfluß aktiver Kohle auf d. Erz-Flot.; „Kohle u. Erz“, 1932, 189 s. „Kohle“ Sa/Sch., Disp.	**Dr., Adsorptm., Akt., Entöler**
141	**Aktivol**	Sa/Sch. f. sulfid. Erze; „Erzmetall“ 1958, H. 9, 31	**Sa/Sch.**
142	**Alamac**	= Alaminacetate; „The Condensed Chemical Dictionary“ 5. Aufl. 1956 als Sa. f. nichtmetall. Mineralien, wie Feldspat, Kalisalze usw.; „Engrg. Min. J.“, Juni 1956, S. 112	**Sa.**
143	**Alamine 26**	= Reakt.-Prod. aus Talgsäuren; besteht aus 30 Gew.-% Hexadecylamin, 45% Octadecylamin u. 25% Octadecenylamin; als Sa. f. d. Phosphit-Fl.; Am. 2914174 = „Armeen Residue (Tallow)“, = „Uverwene 38“; s. d. als Sa. f. Nichterze, wie Feldspat, Kalisalze usw.; „Engrg. Min. J.“, Juni 1956, S. 112	**Sa.**
144	**Alamine**	= hochmol. (C_{18} u. mehr.) aliphat. Amine aus Fettsäuren von Talg, hydriertem Talg, Kokosöl, Sojaöl, sowie Palmitin- u. Stearinsäuren; „The Condensed Chemical Dictionary“ 5. Aufl, 1956 Alamine 26, 26D, H26D wie Alamac als Sa. f. Nichterze, wie Feldspat, Kalisalze usw.; „Engrg. Min. J.“, Juni 1956, S. 112	**Sa**
145	**Alamine 26 D**	= destill. Talgamin m. 18 u. mehr C-Atomen; als Sa. f. Nichterze; „Engrg. Min. J.“, Juni 1956, S. 112	**Sa.**

Lfd. Nr.	Bezeichnung (Zusammensetzung)	besondere Verwendung mit zugehöriger Literaturangabe	Verwendungsüberblick
146	**Alamine 60**	= Mischung aus „Armeen Residue (Tallow)" u. „Armeen Residue (Soy bran)"; Sa. f. d. Phosphatit-Fl.; Am. 2914174 = „Armeen Residue"; Sa. f. d. Phosphatit-Fl.; Am. 2914174	**Sa.**
147	**Alamine H26D**	= destill. hydriert. Talgamin; als Sa. f. Nichterze; „Engrg. Min. J.", Juni 1956, S. 112	**Sa.**
148	**Alaminacetat**	s. = „Alamac"; Sa.	**Sa.**
149	**Alamine/Alkylamin-Mischg.**	Sa. f. d. Phosphatit-Flot.; Am. 2914174	**Sa.**
150	**Alamine/Dodecenylamin-Mischg.**	Phosphatit-Sa.; Am. 2914174	**Sa.**
151	**Alanin** ($CH_3 \cdot CH(NH_2) \cdot COOH$)	s. = Methylglycin; Sa. = α-Aminopropionsäure;	**Sa.**
152	**Alanin/Dodecylsäure-Kondspr.**	s. = Dodecylsarcosid; Sa/Sch.	**Sa/Sch.**
153	**Alanin/Kokosölfettsäure-Kondspr.**	s. Medialan KA=Kokosölfettsäuresarcosid; Sa/Sch.	**Sa/Sch.**
154	**Alanin/Octadecylamin-Mischg.**	Phosphatit-Sa.; Am. 2914174	**Sa.**
155	**Alanin/Oleinsäure-Kondspr.**	s. Medialan A; Sa/Sch., Netzm.	**Sa/Sch., Netzm.**
156	**Alanin/Talgsäure-Kondspr.**	s. = Talgsäuresarcosid; Sa/Sch.	**Sa/Sch.**
157	**Alaun** [$Al_2(SO_4)_3 \cdot 18H_2O$]	Gangart-Dr. b. d. Pb/Cu-Erz-Floc.; Petersen 207 Kalialaun als Dr. f. Kohle b. d. Flot. v. Harzen aus harzführender Kohle; DP. 566776 Dolomit-Dr. b. d. Magnesit-Flot.; DP. 945081 Flockm.; Taggart 15—06/15—08, DP. 1002703	**Flockm., Dr.**
158	**Alboline**	s. = Petrolatum; Sa., Modif., Flockm.	**Sa., Modif., Flockm.**
159	**Albumin** (ein Protein)	Emulg. f. Sammleröle; Petersen 173 Netzm.; Am. 2208758, Brit. 526701 s. Blut-, Ei-, Pflanzenalbumin; Netzm., Flockm., Dr. als Netzm.-Überzug auf Thiocarbanilid-Sa.; Am. 2185591 Schlamm-Dr. b. d. Sylvin-Flot.; Am. 2365805, Can. 432682 s. Proteine; Netzm., Dr., Flockm., Kondm.	**Emulg., Netzm., Flockm., Dr., Kondm.**
160	**Albuminoid** (= Collagen, ein Protein)	Netzm.; Am. 2208758, Brit. 526701 Schlamm-Dr. b. d. Sylvinit-Flot.; Am. 2365805 Netzm.-Überzug auf Thiocarbanilid-Sa.; Am. 2185591 Flockm.; „Chem. Ztrlbl." 1959, 11033 s. Proteine; Netzm., Dr., Flockm., Kondm.	**Netzm., Dr., Kondm., Flockm.**

Lfd. Nr.	Bezeichnung (Zusammensetzung)	besondere Verwendung mit zugehöriger Literaturangabe	Verwendungs-überblick
161	**Aldehyde**	s. Arylaldehyde, Furfurol; Sch., Lösm., Akt. s. Heptaldehyd; Sa s. Dialdehyde; Sa. s. Furfurol; Lösm., Sch., Akt. zusammen m. $CuSO_4$ als Akt. f. gedrückte Zinkblende; DP. 938241 s. Glyoxalin; Sa., Flockm.	**Akt., Sa., Sch., Lösm.**
162	**Aldehyd/Alkohol-Reaktpr.**	Sch.; Am. 2561251	**Sch.**
163	**Aldehyd/Amin/Carb-amid-Kondspr.**	Sa.; DP. 803854	**Sa.**
164	**Aldehyd/Arylsulfon-säure-Kondspr.**	MoS_2-Dr. b. d. Flot. sulfid. Mo/Cu-Erze; Am. 2187930	**Dr.**
165	**Aldehyd/Butylamin-Reaktpr.**	s. Valeraldehyd/ · · · ·; Sa.	**Sa.**
166	**Aldehydcarbonsäuren**	s. Glyoxalsäure, Regler	**Regler**
167	**Aldehyd/Hydrazin-Reaktpr.**	= Hydrazone; s. d.; Sa.	**Sa.**
168	**Aldehyd/Hydroxyl-amin-Reaktpr.**	s. = Aldoxime; s. d.; Sa., Sch., Dr.	**Sa., Sch., Dr.**
169	**Aldehydkondensat-sulfonat**	s. „Alframin DCS"; Sa., Netzm.	**Sa., Netzm.**
170	**Aldehyd/Kupfersulfat-Mischg.**	Zinkblende-Akt.; DP. 938242	**Akt.**
171	**Aldehyd/Phenyl-hydrazin-Reaktpr.**	= Phenylhydrazon; s. d.; Sa.	**Sa.**
172	**Aldohexose**	s. Galaktose [Akt.]; Mannose [Flockm.] ist ein Monosaccharid, Aldose; s. Saccharide	**Akt., Flockm.**
173	**Aldohexosepolymerisat**	s. Mannosepolymerisat; Flockm., Dr. s. Galaktosepolymerisat; Dr.	**Flockm., Dr.**
174	**Aldosepolymerisat**	s. Mannosepolymerisat; Flockm., Dr. s. Galaktosepolymerisat; Dr.	**Flockm., Dr.**
175	**Aldoxime**	= Aldehyd/Hydroxylamin-Reaktpr. Heptaldoxim u. Cupferron als kationakt. Sa.; Taggart 12—16 niedere Aldoxime als Sch. u. Gangart-Dr.; „Chemical Abstracts" 1939, 5330 s. Octaldoxim, Salicylaldoxim; Sa.	**Sa., Sch., Dr.**
176	**Alframin DCS**	= sulfon. hochmolekulares aliphat. Aldehydkondensat; Sa. f. oxyd. Eisenerze; DP. 844131 Netzm.; Brit. 586961	**Sa., Netzm.**
177	**Alginate** (= Salze d. Alginsäure, Polyuronsäurederivate)	Na-Alginat als Erz-Sa.; „Chemical Abstr." 1953, 6330 NH_4-Alginat als Kalkspat-Dr. b. d. Quarz/Kalkspat-Flot.; Am. 2341046	**Sa., Dr.**

Lfd. Nr.	Bezeichnung (Zusammensetzung)	besondere Verwendung mit zugehöriger Literaturangabe	Verwendungs-überblick
178	**Alifatin**	= Syntheseöl aus Fischer-Tropsch-Verfahren; Sa/Sch. neben Fettamin-Mischg. u. Ethomeene b. d. Kalirohsalz-Flot.; DP. 1068191	**Sa/Sch.**
179	**Alipal CI**	= Dodecylphenolpolyglykolsulfat; Netzm.; Stüpel	**Netzm.**
180	**Alipal D**	= Di(hexylheptyl)phenolpolyglykolsulfat; Netzm.; Stüpel	**Netzm.**
181	**Aliphat 44 A, B, D, E**	= destill. Tallölfettsäuren; Sa. f. Nichterze, wie Flußspat u. Schwerspat; „Engrg. Min. J.", Juni 1956, 112	**Sa.**
182	**Alizarin** $C_6H_4(CO)_2 \cdot C_6H_2(OH)_2$	= 1,2-Dihydroxyanthrachinon; als Gangart-Dr.; Am. 2395866 als Netzm.; Am. 2208758 u. Brit. 526701 s. „Cyanthrol G."; Dr.	**Netzm., Dr.**
183	**Alizarinblau**	= Dihydroxyanthrachinonchinolin, $C_6H_4 \cdot (CO)_2 \cdot C_9H_3N \cdot (OH)_2$; „Merck Index" = Alizarin Sky Blue B; Gangart-Dr. f. d. Erz-Flot.; Am 2211686 Gangart-Dr.; „Min. Technology" 1946,278	**Dr.**
184	**Alizarinbordeaux**	s. = Chinalizarin; Dr.	**Dr.**
185	**Alizaringelb**	= Na-Nitrobenzolazosalicylat; $NO_2 \cdot C_6H_4 \cdot N{=}N \cdot C_6H_3 \cdot (OH) \cdot COONa$; „Merck Index" Kondm. f. elektrostat. aufzubereitende Kalisalze; DP. 1076593	**Kondm.**
186	**Alizaringlukosid**	s. = Ruberythrinsäure; Netzm.; Am. 2208758, Brit. 526701	**Netzm.**
187	**Alizarinrot** $C_6H_4(CO)_2 \cdot C_6H(OH)_2 SO_3H$	= Dihydroxyanthrachinonsulfonsäure Gangart-Dr.; „Min. Technology" 1946, 278 Netzm.; Brit. 526701 kolloidale Lösg. v. Alizarinrot zur Talkentfernung aus Asbest; Brit. 723783; Can. 602902	**Dr., Netzm.**
188	**Alizarin Saphirol B**	Farbstoff; Gangart-Dr. b. d. Erz-Flot.; Am. 2211686	**Dr.**
189	**Alizarin Sky Blue B**	s. = Alizarinblau; Dr.	**Dr.**
190	**Alkali-Lösgg.**	wäßrige Alkali-Lösgg. als Lösm. z. Rückgewinnung d. Alkylamin-Sammler b. d. Sylvinit-Flot.; Brit. 840293	**Lösm.**
191	**Alkalixanthat/Glykolchlorformiat-Reaktpr.**	Hilfs-Sa.; Am. 2628714, Brit. 650498	**Sa.**
192	**Alkaloide**	wie Chinon u. Cinchoninsalze als Dr. f. feinste Schlämme b. d. Glimmer/Sulfid-Flot.; Am. 2741030	**Dr.**
193	**Alkamine**	s. = Aminoalkohole; Sa., Dr., Lösm., Netzm.	**Sa., Dr., Netzm., Lösm.**
194	**Alkamine SJ**	= Alkylsulfat; Netzm.; Stüpel	**Netzm.**
195	**Alkaminsulfat**	s. = Aminoalkoholsulfat; Sa/Sch.	**Sa/Sch.**
196	**Alkanamidin**	s. Tridecanamidin, Stearamidin; Sa.	**Sa.**

Lfd. Nr.	Bezeichnung (Zusammensetzung)	besondere Verwendung mit zugehöriger Literaturangabe	Verwendungs-überblick
197	**Alkandicarbonsäure-alkylester**	Sch. f. d. Kohle- oder Erz-Flot.; DP. 904762, Am. 2690260 s. Adipinsäure-, Glutarsäure-, Pimelinsäure-äthyl-, -propyl-, -butylester; Sch.	**Sch.**
198	**Alkandiol**	s. Propandiol; Sa., Sch.	**Sch., Sa.**
199	**Alkandiolamin**	s. Aminopropandiol; Sa.	**Sa.**
200	**Alkandioldiacetat**	s. Heptandioldiacetat; Sch. s. Pentandioldiacetat; Sa.	**Sch.**
201	**Alkandioldiisobutyrat**	s. Butandioldiisobutyrat; Sch.	**Sch.**
202	**Alkanhydroperoxyd**	s. Cyclohexanhydroperoxyd; Sch.	**Sch.**
203	**Alkankomponenten**	Kondensationsprodukte von Gemischen aus Phenolen, Alkylphenolen, Terpenalkoholen, polymerisierten Terpentinölen, niedrigschmelzenden Harzen sowie sonstigen Alkanbestandteilen für sich allein oder zusammen mit Methylisobutanol, Diisobutanol, Nonylglykol und/oder Heptanol bzw. Trimethylnonanol als Sa/Sch. f. d. Kohlen-Flot.; DP. 1064442	**Sa/Sch.**
204	**Alkanol B**	= Na-Butylnaphthalinsulfonat Sa. f. oxyd. Eisenerze; DP. 844131 Netzm.; Brit. 586961	**Sa., Netzm.**
205	**Alkanol WXN**	= Na-Alkylarylsulfonat; Netzm.; Am. 2884474	**Netzm.**
206	**Alkanolamidsulfat**	s. Äthanolamidsulfat; Netzm., Flockm.	**Flockm., Netzm.**
207	**Alkanolamine**	s. = Aminoalkohole; Sa., Dr., Lösm., Netzm.; Flocken-Emulg. s. Äthanol-, Butanol-, Propanol-amin s. Triäthanolamin; Netzm., Emulg. s. Monoäthanolamin; Sa., Netzm., Dr., Lösm.	**Netzm., Sa., Dr., Emulg., Lösm.**
208	**Alkanolaminsalz eines sulfat. Komplex-alkohols**	= Emcol X25; kationakt. Sa. f. Mn-Erze; s. d.	**Sa.**
209	**Alkanolamin/Fettsäure Kondensat**	s. = „Emcol 5100"; Netzm.	**Netzm.**
210	**Alkanolaminsulfat**	s. = Aminoalkoholsulfat; Sa/Sch.	**Sa/Sch.**
211	**Alkanolammonium-polyacrylat**	s. Diäthanolammonium . . . ; Dr., Netzm.	**Dr., Netzm.**
212	**Alkansulfonsäure**	s. Oxymethansulfonsäure; Dr. s. Perfluoralkansulfonsäure = „Zeromist"; Dr., Netzm.	**Netzm., Dr.**
213	**Alkaterge**	= kationakt. Netzm.; Am. 2797196	**Netzm.**
214	**Alkaterge C**	= Alkyloxazol; Netzm.; Am. 2884474	**Netzm.**
215	**Alkenamin/Alkyl-amin-Mischg.**	Sa. f. d. Sylvin-Flot.; Am. 2689649	**Sa.**
216	**Alkentrithiocarbonat**	Sa. f. sulfid. Cu-Erze; Can. 405966 s. Alkylentrithiocarbonat; Sa.	**Sa.**

Lfd. Nr.	Bezeichnung (Zusammensetzung)	besondere Verwendung mit zugehöriger Literaturangabe	Verwendungs-überblick
217	**Alkenylxanthat**	Sa.; Can. 356306 s. Isoalkenylxanthat; Sa.	**Sa.**
218	**Alkine**	s. = Actylen; Akt.	**Akt.**
219	**Alkohol/Aldehyd-Reaktpr.**	s. Aldehyd/Alkohol Reaktpr.; Sch.	**Sch.**
220	**Alkohol/Alkylamin-Mischg.**	Sa. f. d. schaumlose Fl. von grobkörnigem Sylvinit; Am. 2937751 s. Äthylhexanol/-, Äthylisohexanol/-, Decanol/-, Dimethylhexanol/-, Hydroabietylalkohol/-, Isooctanol/-, Methylpentanol/-, Paramenthanol/-, Pinanalkohol/Alkylamin-Mischg.	**Sa.**
221	**Alkohol/Arylcarbonsäure-Lösung**	Sa/Sch. f. oxyd. Erze; Am. 1960526	**Sa/Sch.**
222	**Alkoholäthersulfat**	Netzm.; Am. 2266954	**Netzm.**
223	**Alkohol/Äthylenoxyd-Kondspr.**	Emulg. f. d. Flot. oxyd. Zinkerze Franz. 1122432	**Emulg.**
224	**Alkohol/Keton-Mischg.**	s. „B-23"; Sch.	**Sch.**
225	**Alkohol/Kreosot-Mischg.**	Sa/Sch. f. d. Steinkohlen-Flot.; DP. 1064442	**Sa/Sch.**
226	**Alkohol/Kresol-Mischg.**	Sa/Sch. f. d. Steinkohlen-Flot.; DP. 1064442	**Sa/Sch.**
227	**Alkoholmonosaccharidderivate**	s. = Glukoside; Netzm., Dr., Disp., Flockm.	**Dr., Netzm., Disp., Flockm.**
228	**Alkohol/Phosphorpentasulfid-Reaktpr.**	Sa/Sch.; Am. 1837115	**Sa/Sch.**
229	**Alkohol/Zimtsäure-Lösg.**	Sa/Sch. f. oxyd. Erze; Am. 1960526	**Sa/Sch.**
230	**Alkoxyadipinsäure-alkylester**	Sch.; DP. 904762, Am. 2690260	**Sch.**
231	**Alkoxyadipinsäure-äthylester**	Sch.; DP. 904762, Am. 2690260	**Sch.**
232	**Alkoxyadipinsäure-butylester**	Sch.; DP. 904762, Am. 2690260	**Sch.**
233	**Alkoxyadipinsäure-propylester**	Sch.; DP. 904762, Am. 2690260	**Sch.**
234	**Alkoxyalkandicarbonsäurealkylester**	Sch. f. Kohle oder Erze; DP. 904762, Am. 2690260	**Sch.**
235	**Alkoxyalkanolphthalsäurediester**	= „Alkanol B"; als Sch.; DP. 922401, Brit. 739073, Am. 2732940	**Sch.**
236	**Alkoxyalkylbiguanidsalze**	Sa., Netzm., Emulg.; Am. 2350453	**Sa., Netzm., Emulg.**

Lfd. Nr.	Bezeichnung (Zusammensetzung)	besondere Verwendung mit zugehöriger Literaturangabe	Verwendungs-überblick
237	**Alkoxyalkyldihexylen-glykol**	s. = Alkoxyalkyldimethylpentandiol; Sch.	**Sch.**
238	**Alkoxyalkylpolysulfid**	Sa. f. zementierte Cu-Erze; „Chemical Abstracts" 1958, 9930	**Sa.**
239	**Alkoxyamin**	s. Polyäthoxyamin, z.B. „Ethomeen"; Sa/Sch., Flockm.	**Sa/Sch., Flockm.**
240	**Alkoxyalkylphthalat**	Sch.; Am. 2732940, Brit. 739073	**Sch.**
241	**Alkoxybenzole**	Sch.; Am. 2776749 s. Methoxy-, Äthoxy-, Propoxy-, Isopropoxy-, Methoxyäthoxy-, Äthoxyäthoxy-, Dialkoxy-, Tri-, Tetraalkoxy-, Tetramethoxy-benzol; Sch. s. Trimethoxybenzol; Sch., Sch/Sa.	**Sch., Sch/Sa.**
242	**Alkoxycrotonsäure-ester**	Sch.; Am. 2776748, Can. 563445 s. Äthoxycrotonat; Sch. s. Äthyläthoxycrotonat; Sch. s. Äthoxyäthoxy-, Isopropoxy-, Methoxy-, Methoxyäthoxy-crotonsäureester; Sch.	**Sch.**
243	**Alkoxydialkoxy-methyltetrahydro-pyran**	Sch.; Am. 2574919 u. Brit. 709802	**Sch.**
244	**Alkoxydialkylsulfid**	Sch.; „Industrial and Engrg. Chemistry", Teil II, März 1958, 445	**Sch.**
245	**Alkoxydioxan**	s. Tetraisopropoxydioxan; Sch.	**Sch.**
246	**Alkoxyester/Dioxan-Mischg.**	Sch. f. Kohle u. Nichterze; Am. 2657800, Brit. 701821	**Sch.**
247	**Alkoxypiperazinderi-vate**	Sch.; Netzm.; Am. 2541260	**Sch., Netzm.**
248	**Alkoxypolyäthylen-glykolpolymer**	s. „MGP 750"; Regler	**Regler**
249	**Alkoxypropenylbenzol**	s. Methoxypropenylbenzol = Anethol; Sch.	**Sch.**
250	**Alkoxythiocarbonyl-alkoxycarbonylsulfid**	= Alkylxanthogenalkylformiat Sa.; Brit. 296270	**Sa.**
251	**Alkylacrylamid**	Flockm. f. Ton- u. Erzaufschlämmungen; Am. 2937143	**Flockm.**
252	**Alkylacylninole**	s. = „DLT-Reagents"; Sa.	**Sa.**
253	**Alkyladipinsäurealkyl-ester**	Sch.; DP. 904762, Am. 2690260	**Sch.**
254	**Alkylaldehyd/Aryl-sulfonsäure-Kondspr.**	als MoS_2-Dr. b. d. Flot. v. MoS_2/Cu-Sulfiden; Am. 2187930 s. Acetaldehyd/...., Butyraldehyd/...., Formaldehyd/...., Dr.	**Dr.**
255	**Alkylaldehylsulfonat**	s. „Alframin DCS"; Sa., Netzm.	**Sa., Netzm.**
256	**Alkylalkoholpolyester-sulfonat**	s. Dynesol F 20; Netzm.	**Netzm.**
257	**Alkylalkoholsulfat**	s. = Alkylsulfat; Sa., Sa/Sch., Sch., Flockm., Netzm., Kondm., Emulg.	**Sa., Sa/Sch., Sch., Flockm., Netzm. Kondm., Emulg.**

Lfd. Nr.	Bezeichnung (Zusammensetzung)	besondere Verwendung mit zugehöriger Literaturangabe	Verwendungs-überblick
258	**Alkylalkylendiamin**	Sa. f. d. Flot. von Feldspat, Quarz, Pyroxen, Spinell, Glimmer, Ton; Brit. 578695 s. Duomeen S u. T; Sa., Flockm.	**Sa., Flockm.**
259	**Alkylalkylenpolyamin-acetat**	Carnallit-Sa.; DP. 969981	**Sa.**
260	**Alkylamidinhydro-chlorid**	wie Tridecan-, Dodecyl-, Cerot-, Äthyldecan-, Oxyäthylmyristin-, Diäthylamidinhydrochlorid als Sa. f. saure Mineralien; Brit. 568186	**Sa.**
261	**Alkylamine**	Sa/Sch. f. d. Kalirohsalz-Flot.; D. P. 1008222, 1068191 Mischung aus $C_{12/18}$-Aminen als Sylvin-Sa.; „Chem. Ztrlbl". 1959, 16123 s. Butylamin; Sa. s. Hexyl-, Heptyl-, Octyl-, Dioctyl-, Nonyl-, Undecyl-, Tetradecyl-, Hexadecyl-, Heptadecyl-, Octadecylamin; Sa., Netzm.	**Sa., Sa/Sch., Netzm.**
262	**Alkylamin/Abietin-säuremethylester-Mischg.**	$C_{8/18}$-Alkylamin/.....-Mischg. als Sa. f. d. schaumlose Flot. von grobkörnigem Sylvinit,; Am. 2937751	**Sa.**
263	**Alkylaminacetat**	Kainit-Sa.; Am. 2766885, Brit. 752109 Zn-Erz-, insbes. Galmei-Sa.; Franz. 61640 s. Octyl-, Decyl-, Dodecyl-, Tetradecyl-, Hexadecyl-, Nonadecyl-aminacetat; Sa. s. Octadecylaminacetat; Sa., Sa/Sch. s. Undecylaminacetat; Netzm. s. Armac TD; Sa., Netzm. s. Aminacetat; Sa., Dr. s. Octadecenyl-, Nonyl-, Decyl-, Alkylalkylenpolyamin-, Oleinäthylendiaminacetat; Sa. s. Octadecadienylaminacetat; Sa.	**Sa., Sa/Sch., Netzm., Dr.**
264	**Alkylamin/Alamine-Mischg.**	Sa. f. d. Phosphatit-Flot.; Am. 2914174	**Sa.**
265	**Alkylamin/Alkohol-Mischg.**	Sa. f. d. schaumlose Flot. von grobkörnigem Sylvinit; Am. 2937751 s. Äthylhexanol/-, Äthylisohexanol/-, Dimethylhexanol/-, Hydroabietylalkohol/-, Decanol/-, Isooctanol/-, Methylpentanol/-, Paramenthanalkohol/-, Pinanalkohol/Alkylamin-Mischg.; Sa.	**Sa.**
266	**Alkylaminalkoxy-stärke-Verbdg.**	Flockm.; Brit. 725460, Franz. 1083610	**Flockm.**
267	**Alkylamin/Alkylen-amin-Mischg.**	Sa.; Can. 395829 Sa. f. kieserit. Kalisalze; DP. 895287 Sylvin-Sa.; Am. 2689649	**Sa.**
268	**Alkylamin/Alkyl-nitril-Mischg.**	Sa.; Can. 410809/810	**Sa.**
269	**Alkylamin/Armeen-Mischg.**	Sa. f. d. Phosphatit-Flot.; Am. 2914474	**Sa.**

Lfd. Nr.	Bezeichnung (Zusammensetzung)	besondere Verwendung mit zugehöriger Literaturangabe	Verwendungs-überblick
270	**Alkylaminchlorhydrat**	Zinkerz-, insbes. Galmei-Sa.; Franz. 61640 s. Undecylaminchlorhydrat; Netzm. s. Hexadecylaminchlorhydrat; Netzm. s. Dodecylaminchlorhydrat; Netzm.	**Sa., Netzm.**
271	**Alkylaminchlorid**	kationakt. Sa.; „Aach. Bl." 1959, 81/110 s. Arquad 8, 12, 14, 16, 18, 2 HT; Sa. s. Hexyl-, Octyl-, Nonyl-, Decyl- usw. aminchlorid; Sa., Netzm.	**Sa., Netzm.**
272	**Alkylamin/Ester-Mischg.**	Sa. f. d. schaumlose Flot. von grobkörnigem Sylvinit; Am. 2937751 s. Abietinsäuremethylester/-, Baumwollsaatölglyzerinester/-, Fischölmethylester/-, Glyzerinstearat/-, Methylstearat/-, Glyzerinoleat/-, Methyloleat/-, Leinölsäureglyzerinester/-, Kornölsäure-, glyzerinester Olivenölsäureglyzerinester/-, Talgmethylester-/, Tallsäuremethylester/ Alkylamin-Mischg.; Sa.	**Sa.**
273	**Alkylamin/Fettsäureamid-Mischg.**	Sa. f. d. schaumlose Flot. von grobkörnigem Sylvinit; Am. 2937751 s. Hydrotallölamid/-, Methylenstearamid/ Alkylamin-Mischg.; Sa.	**Sa.**
274	**Alkylaminfluorid**	Zinkerz-, insbes. Galmei-Sa.; Franz. 61640	**Sa.**
275	**Alkylaminhydrochlorid**	kationakt. Chromit-Sa.; „Erzmetall" 1959, 310 s. DP. 243; Sa., Sa/Sch. s. EP 487; Sa., Sa/Sch. s. Octylaminhydrochlorid; Sa. s. Dodecylaminhydrochlorid; Sa., Netzm. s. Octadecylaminhydrochlorid; Sa., Netzm. s. Heptadecylaminhydrochlorid; Sa.	**Sa., Sa/Sch., Netzm.**
276	**Alkylamin/Methylamylalkohol-Mischg.**	Kondm. f. elektrostat. aufzubereitenden Sylvinit; Am. 2762505 Sa. f. d. schaumlose Flot. von grobkörnigem Sylvinit; Am. 2937751	**Kondm., Sa.**
277	**Alkylaminoalkoxystärke-Verbdg.**	Flockm.; Brit. 725460, Franz. 1083610	**Flockm.**
278	**Alkylaminoäthylsulfonat**	s. Igepon T; Sa., Netzm., Flockm.	**Sa., Netzm., Flockm.**
279	**Alkylamin/Pflanzenöl-Mischg.**	Sa. f. d. schaumlose Flot. von grobkörnigem Sylvinit; Am. 2937751	**Sa.**
280	**Alkylaminsulfat**	s. Dupenol OS; Sa., Disp., Netzm., Emulg.	**Sa., Disp., Netzm. Emulg.**
281	**Alkylamin/Tieröl-Mischg.**	Sa. f. d. schaumlose Fl. von grobkörnigem Sylvinit; Am. 2937751 s. Schmalz/Alkylamin-Mischg.; Sa.	**Sa.**
282	**Alkylarylcarbinole**	Sch. f. d. Flot. sulfid. Cu-, Zn-, Pb-Erze; Am. 2687438, Brit. 698291	**Sch.**
283	**Alkylarylensulfonat**	s. Na-Alkyl-Phenylensulfonat = Invadin N; Sa.	**Sa.**

Lfd. Nr.	Bezeichnung (Zusammensetzung)	besondere Verwendung mit zugehöriger Literaturangabe	Verwendungs-überblick
284	**Alkylarylhydrazin-chlorid**	wie Dimethylphenyl-, Diäthylphenyl-, Dimethyltolyl- Hydroxybenzyl-dimethyl- hydrazinchlorid; als Sa.; Franz. 1165100	**Sa.**
285	**Alkylarylhydro-peroxyd**	s. Diphenylmethylhydroperoxyd; Sch. s. Methylbenzylhydroperoxyd; Sch. s. Methyläthylbenzylhydroperoxyd; Sch. Sch.; Am. 2535344 s. Dialkylarylmethyl-, Dimethylbenzyl-, Dimethylmethylbenzyl-hydroperoxyd; Sch.	**Sch.**
286	**Alkylarylmethylhydro-peroxyd**	Sch. f. d. Kohlen- u. Erz-Flot.; Am. 2545132	**Sch.**
287	**Alkylaryloxyäthyl-imidazolinchlorid**	s. Alrosep MB; Netzm.	**Netzm.**
288	**Alkylarylphenol-sulfonat**	s. Areskap, Aresklene; Sa., Netzm.	**Sa., Netzm.**
289	**Alkylarylphosphin-säure**	Sa.; Am. 2594454	**Sa.**
290	**Alkylarylpolyäthylen-äther**	Netzm.; DP. 1030802	**Netzm.**
291	**Alkylarylpolyäther-alkanol**	s. Trilon X-100; Netzm.	**Netzm.**
292	**Alkylarylpolyglykol-äther**	s. Antarox; Netzm. s. Tergitol NPX; Netzm., Disp. s. Triton NE; Sa/Sch., Netzm.	**Sa/Sch., Netzm., Disp.**
293	**Alkylarylpolyoxy-äthylenätheralkohol**	Sch.; bildet zusammen mit Sammlern eine Molekularassoziation an Luft/Wasser- oder Feststoff/Wasser-Grenzflächen; Brit. 782107, 782407, Belg. 532530 Sa/Sch.; Franz. 1109798 s. Lissapol N; Sch., Flockm.	**Sa/Sch., Sch., Flockm.**
294	**Alkylarylsulfat/Umix-Mischg.**	Apatit-Sa. b. d. Flot. von apatithaltigem Hämatit; „Glückauf“ 1957, 1348/49	**Sa.**
295	**Alkylarylsulfonate**	Dr.; DP. 812902 Netzm. z. Konsistenzminderung von Schwerstofftrüben d. Schwimmsink-scheidung von Mineralien; DP. 1089701 Netzm. b. d. MnO_2-Flot.; Am. 2861687 s. Alkylbenzolsulfonate; Sa., Netzm., Kondm. s. Alkylnaphthalinsulfonate; Sa., Sa/Sch., Netzm., Disp., Regler, Kondm. s. Alkylphenylsulfonate; Sa. s. Petroleumsulfonate; Sa., Sa/Sch., Netzm. s. Acto 450, Alkanol WXN, Arkolene GN, —WX, Brecolane, Dianol 11, Nilin, Nopco 1067, Parnol; Netzm. s. Daz, Dreft, Omo, Surf, Tide; Flockm. s. Areskap, Aresket, Aresklene, Kemenol, Nacconol HG; Sa., Netzm.	**Sa., Sa/Sch., Netzm., Flockm., Disp., Regler, Kondm., Dr.**

Lfd. Nr.	Bezeichnung (Zusammensetzung)	besondere Verwendung mit zugehöriger Literaturangabe	Verwendungs-überblick
296	**Alkylarylsulfonat/Polyglykol-Mischg.**	s. Arkolene WX; Netzm.	**Netzm.**
297	**Alkyläthylendiamin**	Netzm.; Blücher s. Oleinäthylendiamin; Sa.	**Sa., Netzm.**
298	**Alkyläthylenoxyd**	s. Octadecyläthylenoxyd = Peregal; Emulg.	**Emulg.**
299	**Alkylbenzimidazolsulfonat**	s. = Ultravon K u. W; Netzm.	**Netzm.**
300	**Alkylbenzol**	s. Toluol = Methylbenzol; Sa., Kondm. s. Xylol = Dimethylbenzol; Sch., Akt., Kondm. s. Cumol = Isopropylbenzol; Kondm. s. Cymol = Methylisopropylbenzol; Sch.	**Sa., Sch., Akt., Kondm.**
301	**Alkylbenzolamin**	s. Dimethylbenzolamin = Xylidin, Dimethylanilin; Lösm.	**Lösm.**
302	**Alkylbenzolphosphonsäure**	Sa.; Am. 2594454	**Sa.**
303	**Alkylbenzolsulfonat**	Sa. f. Thenardit [Na_2SO_4] u. Glaubersalz [$Na_2SO_4 \cdot 10\, H_2O$]; „Erzmetall“ 1959, 127 s. Santomerse, Sa., Netzm. Sa. f. d. Flot. v. Papierabwässern zwecks Reinigung; DP. 1060812 Netzm.; DP. 1030802 s. Ultrawet; Sa., Netzm. s. Oleinbenzolsulfonat; Sa. s. Invadin; Netzm. s. Afracal, Alroterge, Arylsulfonat BASF, Axilon, Detergent 85, Igepal, Korenyl, Kreelon, Mairolat, Marlon, Marlopon, Merpisap, Nacconol, Nansa, Neobene, Nilin, Nopco, Oronite, Sinozon, Stockopol, Sulframin, Syntergen; Netzm. s. Carboxyalkyl-, Carboxynitroalkylbenzolsulfonat; Netzm. s. Sulfonat N 56, Kondm. s. Cerfak; Netzm. s. Neolen 400; Netzm. s. Dodecylbenzolsulfonat; Netzm. s. Alkylarylsulfonate; Sa., Sa/Sch., Netzm., Flockm., Disp., Regler, Kondm.	**Kondm., Sa., Netzm.**
304	**Alkylbenzolsulfonat/ Alkylsulfat-Mischg.**	s. Stockopol CN; Netzm.	**Netzm.**
305	**Alkylbenzolsulfonat/ Fettsäureamidkondensat-Mischg.**	s. Stockopol FNF; Netzm.	**Netzm.**
306	**Alkylbenzyldimethylammoniumchlorid**	Emulg.; Manegold 43 s. Triton K-60; Sa., Netzm., Emulg. s. Invertseifen; Netzm., Emulg. s. Hyamin, Zephirol; Emulg.	**Sa., Netzm., Emulg.**
307	**Alkylbenzyldodecyldimethylammoniumchlorid**	Sa., Netzm.; Am. 2676986	**Sa., Netzm.**

Lfd. Nr.	Bezeichnung (Zusammensetzung)	besondere Verwendung mit zugehöriger Literaturangabe	Verwendungs-überblick
308	**Alkylbenzyloxyäthyl-imidazolinchlorid**	s. Alrosep MB; Netzm.	**Netzm.**
309	**Alkylbenzylphosphin-säure**	Sa.; Am. 2594454	**Sa.**
310	**Alkylbiguanidacetat-, -hydrobromid, -hydrochlorid, -hydrojodid**	Sa., Netzm., Emulg.; Am. 2350453 s. Dodecylbiguanidhydrochlorid, -hydrojodid; Sa.	**Sa., Netzm., Emulg.**
311	**Alkylcarbolsäure**	s. = Alkylphenol; Sa., Sa/Sch., Sch., Sch/Sa.	**Sa., Sch/Sa., Sa/Sch., Sch.**
312	**Alkylcatechol**	s. Guajakol = Methylcatechol; Sch.	**Sch.**
313	**Alkylchinolin**	s. Chinaldin = Methylchinolin; Sa., Dr.	**Sa., Dr.**
314	**Alkylchlorthiophosphat**	Sa.; DP. 819999, Am. 2692893	**Sa.**
315	**Alkyldicarboxyäthyl-sulfosuccinat**	s. Aerosol 22; Netzm., Akt.	**Netzm., Akt.**
316	**Alkyldimethylammo-niumchlorid**	s. Arquad 2HT; Sa., Flockm. s. B.T.C.; Netzm.	**Sa., Netzm., Flockm.**
317	**Alkyldimethylbenzyl-ammoniumchlorid**	s. Triton K-60; Sa., Netzm. s. Roccal; Sa. s. BTC 50%; Netzm.	**Sa., Netzm.**
318	**Alkyldimethylpyrro-lidin**	Sa., Emulg.; Am. 2497839 s. Dodecyl- bis Octadecyldimethylpyrrolidin; Sa., Emulg.	**Sa., Emulg.**
319	**Alkyldinitril**	Sa. f. d. Erz-Flot.; Can. 395283 s. Sebacodinitril; Sa. s. Octyl- bis Dodecyldinitril; Sa. s. Dinitril; Sa.	**Sa.**
320	**Alkyldisulfosuccinat**	s. Aerosol 18 = Octadecyldisulfosuccinat; Netzm., Akt.	**Netzm., Akt.**
321	**Alkyldithiocarbamat**	Sa.; DP. 871132 s. Mono-, Dialkyldithiocarbamat; Sa. s. Butyl-, Hexyl-, Decyl-, Dicyclohexyldithiocarbamat; Sa. s. Dodecyldiäthyldithiocarbamat; Sa., Disp.	**Sa., Disp.**
322	**Alkyldithiophosphat**	s. Aeroflot 203, 226, 238, 243, 249; Sa. s. Dialkyldithiophosphat; Sa., Sch/Sa. s. Isoamyldithiophosphat; Sa. s. Oleindithiophosphat; Kondm. s. Methyl-, Äthyl-, Propyl-, Amyl-, Hexyldithiophosphat; Sa.	**Sa., Sch/Sa., Kondm.**
323	**Alkyldixanthogen**	Alkyldixanthogenemulsion als Sa. f. d. Erz-Flot.; Can. 575644 s. Äthyl-, Amyldixanthogen; Sa., Netzm. s. Butyl-, Methyl-, Propyl-, Hexyldixanthogen; Sa.	**Sa., Netzm.**
324	**Alkylene** (= Alkene, Olefine)	s. = Olefine; Kondm., Modif.	**Kondm., Modif.**
325	**Alkylenamin/Alkyl-amin-Mischg.**	Sa.; Can. 395829 Sa. f. kieserit. Kalisalze; DP. 895287 Sylvinit-Sa.; Am. 2689649	**Sa.**

Lfd. Nr.	Bezeichnung (Zusammensetzung)	besondere Verwendung mit zugehöriger Literaturangabe	Verwendungs-überblick
326	**Alkylenamin/Tallöl-Reaktpr.**	polumkehrbarer Sa.; Am. 2857331	**Sa.**
327	**Alkylen/Baumwoll-saatöl-Reaktpr.**	als polumkehrbarer Sa.; Am. 2857331 s. „Baumwollsaatöl"	**Sa.**
328	**Alkylenglykolammo-niumsulfat**	s. Emulsol X1; Sa., Sa/Sch., Netzm., Dr.	**Sa., Sa/Sch., Netzm., Dr.**
329	**Alkylenglykoläther**	s. Äthylenglykoläther; Sch. s. Propylenglykolmonoäther; Sch. s. Carbitole; Sch.	**Sch.**
330	**Alkylenglykoldiäther**	s. Äthylenglykoldiäther = Dioxan; Sch.	**Sch.**
331	**Alkylenglykoldodecyl-thioäther**	s. Nonic 218; Sch., Netzm.	**Sch., Netzm.**
332	**Alkylenglykolester**	s. Carbitole; Sch.	**Sch.**
333	**Alkylenglykololeat**	s. Lipal 49; Disp.	**Disp.**
334	**Alkylenglykolrizinoleat**	s. Flexricin; Sa/Sch.	**Sa/Sch.**
335	**Alkylenimidazol**	s. Heptadecenylglyoxalin; Sa. = Alkylenglyoxalin Flockm. z. Filtrieren v. Schlämmen; Am. 2509260	**Flockm., Sa.**
336	**Alkylenimin/Anhydrid-Kondspr.**	Sa., Netzm., Disp.; Am. 2382185	**Sa., Netzm., Disp.**
337	**Alkylenimin/Carbon-säure-Kondspr.**	Sa., Netzm., Disp.; Am. 2382185	**Sa., Netzm., Disp.**
338	**Alkylenimin/Ester-Kondspr.**	Sa., Netzm., Disp.; Am. 2382185	**Sa., Netzm., Disp.**
339	**Alkylenmethylglykol-äther**	s. Dowfroth 250; Sch.	**Sch.**
340	**Alkylenoxyd/Triazin-Kondspr.**	Sa., Netzm., Emulg.; Am. 2381121 s. Glycid/Triazin-, Glycid/Ammelin-, Glycid/Amylphenylformoguanamin-, Glycid/Hexanguanamin-, Glycid/Lauroguanamin-, Glycid/Stearoguanamin-Kondspr.	**Sa., Netzm., Emulg.**
341	**Alkylenpolyamine**	N-alkylierte Alkylenpolyamine oder deren Salze, wie Acetate, z. B. Oleinäthylendiaminacetat, Octadecenyläthylendiaminacetat, Elaidäthylendiaminacetat u. a. Acyläthylendiaminacetate als Carnallit-Sa.; DP. 969981 s. Polyäthylenpolyamine; Sa., Netzm., Pass., Lösm. s. Alkylentriamine, Alkylentetramin; Sa. s. Alkyläthylendiamin; Sa., Netzm. s. Diäthylen-, Dipropylen-, Dodecyldiäthylentriamin; Sa.	**Sa., Netzm., Pass., Lösm.**
342	**Alkylenpolyamin/Baumwollsaatöl-Reaktpr.**	als polumkehrbarer, d. h. bei pH< 10 kationakt., bei pH > 10 anionakt. Sa.; Am. 2857331	**Sa.**

Lfd. Nr.	Bezeichnung (Zusammensetzung)	besondere Verwendung mit zugehöriger Literaturangabe	Verwendungsüberblick
343	**Alkylenpolyamin/-Tallöl-Reaktpr.**	polumkehrbarer Sa.; Am. 2857331	**Sa.**
344	**Alkylensulfide**	s. = Thiophane; Sa.	**Sa.**
345	**Alkylentrithiocarbonat**	Sa.; Franz. 838171 s. Äthylentrithiocarbonat; Sa. s. Alkentrithiocarbonat; Sa.	**Sa.**
346	**Alkylenxanthat**	Sa.; Can. 356306 s. Isoalkenylxanthat; Sa.	**Sa.**
347	**Alkylestersulfonat**	s. Fettsäurealkylestersulfonat; Sa/Sch., Regler s. Monopolbrillantöl, Monopolseife; Sa., Regler	**Sa., Regler, Sa/Sch.**
348	**Alkylglykolester**	niedere [$C_{1/6}$-] Alkylglykolester als Sch. f. d. Berylliumerz-Flot.; Am. 2385819 s. Octadecylglykolester; Sa.	**Sa., Sch.**
349	**Alkylguanamin**	s. Octadecylguanamin; Sa. s. Triazin; Netzm.	**Sa., Netzm.**
350	**Alkylguanidin**	kationakt. Sylvin-Sa.; „Chemie-Ing.-Techn.“ 1955, 2 s. Butylguanidin; Sa.	**Sa.**
351	**Alkylheptadecenyl-imidazol**	s. Amin 22L u. 220; Sa.	**Sa.**
352	**Alkylhydrazinchlorid**	wie Trimethyl-, Triäthyl-. Tripropyl-, Tributyl-, Triheptyl-, Hexadecyldimethyl-, Octadecyldimethyl-hydrazinchlorid; als Sa.; Franz. 1165100	**Sa.**
353	**Alkylimidazol** (= Alkylglyoxalin)	kationakt. Sa.; Brit. 578694 Flockm. beim Filtrieren w. Schlämmen; Am. 2509260 s. Dodecylimidazol; Sa. s. Heptadecylimidazol = „Amin 220“; Sa., Sa/Sch. s. Imidazolalkylderivate; Sa., Flockm.	**Sa., Sa/Sch., Flockm.**
354	**Alkylimidformiat, -hydrochlorid**	Sa. f. d. Flot. saurer Mineralien; Brit. 568186	**Sa.**
355	**Alkylketone**	s. Ketone; Sch., Netzm., Kondm., Lösm. s. Methyläthylketon; Sch., Netzm., Lösm. s. Äthyloctylketon; Sch. s. Methyl-, Äthyl-, Amyl-, Propyl-, Hexyl-, Octylketon, Myriston, Palmiton, Stearon; Sch., Lösm.	**Sch., Netzm., Lösm., Kondm.**
356	**Alkylkresol**	Sch.; Can. 390793	**Sch.**
357	**Alkylkresol/Äthylen-oxyd-Kondspr.**	s. = Igepal CA; Sa/Sch., Netzm.	**Sa/Sch., Netzm.**
358	**Alkylmercaptan**	Sa. f. oxyd. Eisenerze; Am. 2125337 s. Hexylmercaptan; Sa. s. Dodecylmercaptan; Sa.	**Sa.**
359	**Alkylmercaptosulfen-amid**	Sa.; Am. 2807615 s. Dimethylamylmercaptosulfenamid; Sa.	**Sa.**
360	**Alkylnaphthalinme-thylpyridiniumchlorid**	s. „Emcol 888“; Sa.	**Sa.**

Lfd. Nr.	Bezeichnung (Zusammensetzung)	besondere Verwendung mit zugehöriger Literaturangabe	Verwendungs-überblick
361	**Alkylnaphthalin-phosphinsäure**	Sa.; Am. 2594454	**Sa.**
362	**Alkylnaphthalin-phosphonsäure**	Sa.; Am. 2594454	**Sa.**
363	**Alkylnaphthalin-sulfonat**	Sa/Sch., Petersen 191 Sa. f. d. Flot. oxyd. Eisenerze; Am. 1765368 Netzm.; DP. 802389, 844131, Am. 2266954 s. Aerosol OS, OSB; Sa., Sa/Sch., Netzm. s. Alkanol B; Sa., Netzm. s. Ahcowet ANS; Netzm. s. Alrosperse 40K; Netzm. Kondm. f. elektrostat. aufzubereitende Kalisalze; DP. 1061713 s. Daxad; Dr., Disp., Regler s. Morcowet; Netzm. s. Neomerpin; Sa., Netzm. s. Merpentine; Netzm., Kondm. s. Novonacco; Netzm. s. Titazole; Netzm. s. Sulframin KE, -N; Netzm. s. Betan; Netzm. s. Nekal A, -BX; Sa/Sch., Netzm. s. Oronite B; Netzm. s. Oronite; Netzm. s. Arkolene; Netzm. s. Oranap; Sa. s. Laventin, Tutogen; Emulg. s. Alkylarylsulfonate; Sa., Sa/Sch., Netzm., Flockm., Disp., Regler, Kondm. Emulg.; Manegold 43	**Sa., Sa/Sch., Netzm., Disp., Regler, Kondm. Emulg., Flockm.**
364	**Alkylnaphthalin-sulfonat/Alkyl-sulfonat-Mischg.**	Kondm. f. elektrostat. aufzubereitende Kalisalze; DP. 1061713	**Kondm.**
365	**Alkylnaphthalinsulfon-säure**	Sa.; Am. 1765368 Netzm.; DP. 844131 s. Alkylnaphthalinsulfonate; Sa., Sa/Sch., Netzm., Dr., Disp., Regler, Kondm., Flockm.	**Sa., Sa/Sch., Netzm., Dr., Disp., Regler, Flockm., Kondm**
366	**Alkylnatriumsulfonat**	Sa. f. d. Flot. kieserit. Kalirohsalze; DP. 918861	**Sa.**
367	**Alkylnitrile**	Mischg. aus gesättigten u. ungesättigten $C_{3/10}$-Alkylnitrilen; Sa.; Can. 390933	**Sa.**
368	**Alkylnitril/Alkylamin-Mischg.**	Sa.; Can. 410809/810	**Sa.**
369	**Alkylnitrobenzylthi-onothiolphosphat**	Sa.; Am. 2609383	**Sa.**
370	**Alkylnitrobenzylthio-phosphat**	Sa.; Am. 2609383	**Sa.**
371	**Alkylnitrotolylthio-phosphat**	Sa.; Am. 2520393	**Sa.**

Lfd. Nr.	Bezeichnung (Zusammensetzung)	besondere Verwendung mit zugehöriger Literaturangabe	Verwendungs-überblick
372	**Alkylolamid/Arylsulfonsäure-Reaktpr.**	als Silikat-Sa.; Am. 2312414	**Sa.**
373	**Alkylolamine** ($H_2NC_nH_{2n}OH$)	Sa. f. d. Chromit-Flot.; Michell „The Practice of Mineral Dressing" 1950, 291 s. Hexadecylolamin; Sa. s. Ninole s. Äthanolamin; Sa., Dr., Netzm., Flockm., Lösm., Emulg. s. Propanolamin; Sa. s. Butanolamin; Sa. s. Pentanolamin, Hexanolamin, Octanolamin; Sa. s. Hexadecylolamin; Sa.	**Sa., Dr., Netzm., Flockm., Lösm., Emulg.**
374	**Alkylolamin/Fettsäure-Kondspr.**	s. Ninol 57 A, 517, 521, 400; Sa., Netzm.	**Sa., Netzm.**
375	**Alkylolaminsulfonat/Fettsäure-Reaktpr.**	als Silikat-Sa.; Am. 2312414	**Sa.**
376	**Alkyloläthylendiamin**	als Sa.; Am. 2389763	**Sa.**
377	**Alkylolcyanamid/Amin-Kondspr.**	kationakt. Sa.; Am. 2336437	**Sa.**
378	**Alkylolcyanamid/Carbonsäure-Kondspr.**	Sa.; Am. 2258320	**Sa.**
379	**Alkyloldiäthylentriamin**	als Sa.; Am. 2389763	**Sa.**
380	**Alkylolpolyamine**	Sa.; Am. 2389763	**Sa.**
381	**Alkyloltriäthylentetramin**	als Sa.; Am. 2389763	**Sa.**
382	**Alkyloxazolin**	Alkaterge C; Netzm.	**Netzm.**
383	**Alkyloxyäthylenätheralkohol**	Sch.; bildet zusammen mit Sammlern eine Molekularassoziation an Luft/Wasser- oder Feststoff/Wasser-Grenzflächen; Brit. 782107 Sa/Sch.; Franz. 1109798, Belg. 532530	**Sa/Sch., Sch.**
384	**Alkylphenol**	s. Kresol = Methylphenol; Sa., Sa/Sch., Sch. Sch/Sa. f. Pb-Erze; „Engrg. Min. J.", Juni 1956, 113 Sch.; Am. 2250190, Can. 390793 s. Isobutyl-, Isopropylphenol; Sch.	**Sa., Sa/Sch., Sch., Sch/Sa.**
385	**Alkylphenol-Addukt**	s. „Triton X-100; Netzm.	**Netzm.**
386	**Alkylphenoläther-ammonium-Verbdgg.**	Sa.; Holl. 73869 s. Methoxydecyl-benzylpyridiniumchlorid, Methoxydodecyl-benzylpyridiniumchlorid, Methoxyoctyl-benzylpyridiniumchlorid, Methoxyoctyl-trimethylammoniumchlorid; Sa.	**Sa.**
387	**Alkylphenol/Äthylenoxyd-Reaktpr.**	s. „OP-10"; Sch/Sa., Netzm.	**Sch/Sa., Netzm.**

Lfd. Nr.	Bezeichnung (Zusammensetzung)	besondere Verwendung mit zugehöriger Literaturangabe	Verwendungs-überblick
388	**Alkylphenolpolyglykol-äther**	s. Hostapal C, -W, Igepal C, -W, Neutronix 600, Sapal, Sapogenat A, -C; Netzm. s. Triton NE; Sa/Sch., Netzm. s. Arkopal; Sa/Sch. s. Igepal CA; Sa/Sch., Netzm. als Emulg. f. Tallöl/Heizöl-Mischg. als Flockm. f. unentschlämmten Ilmenit; „Bergakademie" 1960, 577 s. Lissapol N; Sch., Flockm., Netzm.	**Sch., Sa/Sch., Emulg., Netzm. Flockm.,**
389	**Alkylphenolpolyglykol-sulfat**	s. Hostapal B, Igepal B, Sapogenat B, -C, Triton X-200; Netzm.	**Netzm.**
390	**Alkylphenolpolyoxy-äthylenäther**	s. Triton NE; Sa/Sch., Netzm.	**Sa/Sch., Netzm.**
391	**Alkylphenolpolyoxy-äthylenester**	s. Igepal CA Extra; Netzm., Emulg.	**Netzm., Emulg.**
392	**Alkylphenoxycarbon-säuren**	Sa., insbes. f s hwerspathalt gen Flußspat; DP. 962871, 1118112 s. Tymoxybuttersäure,-essigsäure; Sa.	**Sa.**
393	**Alkylphenylphenol-sulfonat**	s. Areskap, Aresklene; Sa., Netzm.	**Sa., Netzm.**
394	**Alkylphenylpoly-äthylenäther**	Netzm.; DP. 1030802 s. Octyl-, Isooctyl-, Dodecylphenylpoly-äthylenäther; Netzm.	**Netzm.**
395	**Alkylphenylpolyoxy-äthylenätheralkohol**	s. Lissapol N; Sch., Flockm., Netzm.	**Sch., Flockm., Netzm.**
396	**Alkylphenylsäure**	s. = Alkylphenol; Sa., Sa/Sch., Sch., Sch/Sa.	**Sa., Sa/Sch., Sch., Sch/Sa.**
397	**Alkylphenylsulfonat**	s. Invadin N; Sa.	**Sa.**
398	**Alkylphenylterpenyl-äthersulfonat**	s. Aerosol 18; Akt., Netzm.	**Akt., Netzm.**
399	**Alkylphosphor-bromidothioat**	Cu-Sa. b. d. Flot. v. anoxydierten Sulfiderzen; Am. 2901107	**Sa.**
400	**Alkylpolyalkylen-polyamide, -amine**	Sa. f. quarzige Erze; Am. 2569417	**Sa.**
401	**Alkylpolyäthylenäther**	als Netzm.; DP. 1030802	**Netzm.**
402	**Alkylpolyäthylenoxyd**	Emulg.; Manegold 44 s. Emulphore; Disp., Netzm., Emulg. s. Igepale; Netzm., Emulg. s. Leonile; Netzm., Emulg. s. Tritone; Sa/Sch., Netzm., Emulg.	**Sa/Sch., Netzm., Disp., Emulg.**
403	**Alkylpolyoxyäthylen-äther**	Sch. allgemein, Sa/Sch. f. d. Kohle-Flot. Brit. 782107, Belg. 532530	**Sa/Sch., Sch.**
404	**Alkylpolyoxyäthylen-ätheralkohol**	Sch. u. Sa/Sch. f. d. Kohle-Flot.; Brit. 782107, 782407, Franz. 1109798, Belg. 532530	**Sch., Sa/Sch.**
405	**Alkylpolyoxynitroso-phenole**	Sa/Sch. f. Cu-Silikate; „Chemical Abstracts' 1953, 1549	**Sa/Sch.**

Lfd. Nr.	Bezeichnung (Zusammensetzung)	besondere Verwendung mit zugehöriger Literaturangabe	Verwendungs-überblick
406	**Alkylpyridin**	s. Äthylpyridin = Lutidin; Sch., Netzm. s. Methylpyridin = Picolin; Sch. s. Äthylmethylpyridin = Kollidin; Sa., Sch., Lösm. s. Repellate; Netzm.	**Sa., Sch., Netzm., Lösm.**
407	**Alkylpyridiniumbromid**	kationakt. Sa. bzw. Sa/Sch. f. oxyd. Mineralien; „Erzmetall' 1958, 545 s. Methyl-, Hexyl-, Nonyl-, Undecyl-, Dodecyl-, Hexadecyl-, Octadecyl-pyridiniumbromid; Sa., Sa/Sch. s. Carbopalmitoxymethylpyridiniumbromid; Sch.	**Sa., Sa/Sch.**
408	**Alkylsilicone**	Erz-Sa.; „Chemical Abstracts" 1958, 8918	**Sa.**
409	**Alkylstyrolpolymer**	s. Santodex; Sa., Dr., Flockm., Netzm.	**Netzm., Sa., Dr. Flockm.**
410	**Alkylsuberat**	Sch.; DP. 904762, Am. 2699260 s. Äthyl-, Butyl-, Propylsuberat; Sch., Akt., Modif.	**Sch., Akt., Modif.**
411	**Alkylsulfamidoacetat**	Sa. f. sulfid. u. oxyd. Mineralien, wie Flußspat usw.; DP. 897 389 s. Hifoam; Sa.	**Sa.**
412	**Alkylsulfamidoacetonitril**	u. dessen Alkalisalze als Sa. f. sulfid. u. oxyd. Mineralien, wie Flußspat, Kalkspat; DP. 897389 s. Hifoam; Sa.	**Sa.**
413	**Alkylsulfamidobutyrat**	Alkali- **A.** als Sa.; DP. 897389	**Sa.**
414	**Alkylsulfamidopropionat**	Alkali- **A.**; als Sa.; DP. 897389	**Sa.**
415	**Alkylsulfamidosäuren**	Alkylsulfamido-acetonitril, Alkylsulfamidobuttersäure, Alkylsulfamido-essigsäure, Alkylsulfamido-propionsäure; Sa. f. sulfid. u. oxyd. Mineralien, wie Flußspat u. Kalkspat; DP. 897389	
416	**Alkylsulfate**	s. Ceryl-, Decyl-, Dodecyl- Heptyl-, Hexadecyl-, Linolein-, Melissyl-, Myricyl-, Nonyl-, Olein-, Octadecyl-, Rizinolein-, Tetradecyl-sulfat; Sa. s. Avirol 80, Emulsol X-1; Sa., Sch., Netzm., Dr. s. Octylsulfat; Sa/Sch. s. Nonylsulfat; Kondm. s. Amylsulfat, Dodecylsulfat; Sch. s. Duponol; Sa., Disp., Netzm., Emulg. s. Gardinole; Sa., Disp., Netzm., Emulg. Sa/Sch. z. Flot. von Kieserit aus Kalisalzen; DP. 1064891, Brit. 405163 Sa. f. kieserithaltige Rückstandssalze; DP. 911841 Sch.; Petersen 162 s. Tergitol 7, Tergitol Anionic 4 u. 7; Flockm., Sa/Sch., Netzm. Netzm. z. Konsistenzminderung von Schwerstofftrüben der Schwimmsinkscheidung; DP. 1089701	**Sa., Sa/Sch. Sch., Flockm., Netzm., Emulg., Disp., Kondm.**

Lfd. Nr.	Bezeichnung (Zusammensetzung)	besondere Verwendung mit zugehöriger Literaturangabe	Verwendungs-überblick
417	**Alkylsulfate** (= Alkylalkohol-sulfate)	s.Dodecylsulfat, Duponol C; Sa., Sch. Sa. f. oxyd. Fe-Erze; DP. 844131 Sylvin-Sa.; „Chemie-Ing.-Techn." 1955, 2 s. Amylsulfat; Sch. s. Octadecylsulfat; Sa., Sa/Sch., Netzm. Flockm. f. Kohlenzechenabwässer; „Colliery Engrg.", März 59, 105/10 s. Alkamine SF, Alropon, Alrosene, Alvapon, Avitex, Comprox, Cyclanon, Morpol C, Lissapol A u. C, Sulfetal, Sulfopon, Sulframin DR, Syntex M, Tensopol, Tepol, Texapon W u. Z; Netzm., Flockm. Netzmittel-Überzug auf Thiocarbanilid-Sa.; Am. 2185591 s. Arctic Syntex M, Syntex M; Sa., Netzm. Sa., insbes. f. Nichtsulfide; Am. 2120217 Emulg. f. Siliconemulsionen als Sa.; „Aach. Bl.", April 1959, 12 Kondm. für Sylvinit z. elektrostat. Aufbrtg.; DP. 1056551	**Sa., Sa/Sch., Sch., Flockm., Netzm., Emulg., Kondm.**
418	**Alkylsulfat/Alkyl-benzolsulfonat-Mischung**	s. Stockopol CN; Netzm.	**Netzm.**
419	**Alkylsulfat/Carbon-säure-Mischung**	Sa. f. Schwerspat, Flußspat usw.; DP. 850431	**Sa.**
420	**Alkylsulfat/Olein-säure-Mischg.**	Sa/Sch. f. oxyd. Eisenerze, Chromit, Phosphatit, Flußspat usw.; Can. 598232	**Sa/Sch.**
421	**Alkylsulfenamid**	Sa.; Am. 2807615 s. Dimethylamylsulfenylamid; Sa.	**Sa.**
422	**Alkylsulfenyltrithio-carbonate**	Sa.; Am. 2634291	**Sa.**
423	**Alkylsulfonate**	s. Bayrolat, Detanol, Duponol MP, Hostapon, Mainolat Mersolat H, -D Warolat, Witolat 40, -Paste; Netzm. s. Mersolat; Sa/Sch-, Netzm., Kondm. s. Rizinolsulfonat, Prästabitöl, Dynesol, Sulfonat N56, Merpentine, Xynomine Powder; Kondm. s. Maracell, Marasperse; Dr. Disp. s. Marathon M; Sa. Sa. f. Kalisalze; DP. 806842. 840682 u. 918861 s. Türkischrotöle; Sa.; Sa/Sch., Netzm; Disp. Sa. f. oxyd. Fe- Erze; DP. 844131, Östr. 175854 Sa.; Petersen 163 Netzm.; DP. 802389 s. Ligninsulfonat; Sa., Dr., Netzm., Disp., Akt. Netzm. z. Zerstören von Kohlenflotationsschäumen; „Glückauf" 1932, 626 Netzm. z. Verbesserung d. Filtration v. Flot.-Konzentraten; „Chem. Ztrlbl."	**Kondm., Sa/Sch., Netzm., Sa., Dr., Disp., Akt.**

Lfd. Nr.	Bezeichnung (Zusammensetzung)	besondere Verwendung mit zugehöriger Literaturangabe	Verwendungs-überblick
		1959, 14544 s. Neopen SS; Sa. s. Eldrol, Petroleumsulfonat; Sa. Netzm. z. Herabsetzung d. Viscosität von Schwerstofftrüben d. Schwimmsinkscheidung; DP. 1089701	
424	**Alkylsulfonat/Alkyl-naphthalinsulfonat-Mischung**	= Kondm. f. elektrostatisch aufzubereitende Kalisalzen; DP. 1061713	**Kondm.**
425	**Alkylsulfosuccinat**	Netzm.; DP. 844131 s. Aerosol 18; Netzm., Akt.	**Netzm., Akt.**
426	**Alkylthiocarbonate** S=C(—O—R)—O—R	Die gebräuchlichsten Sa.; Stüpel s. Xanthate; Sa.	**Sa.**
427	**Alkylthiocarbonat/Chlorid-Reaktpr.**	Sa. f. d. Erz-Flot.; Brit. 418301	**Sa.**
428	**Alkylthiophan**	Sa. f. sulfid. Zn-Erze; Can. 393245	**Sa.**
429	**Alkylthiophosphate**	Sa.; Brit. 310186 s. Alkyldithiophosphat; Sa. s. Polyalkylthiophosphat; Sa. s. Hexadecylmonothioorthophosphat; Sa. s. Tetradecylthiometaphosphat; Sa. s. Dialkylthiophosphorsäuresalze/Kresol-Lösg.; Sa.	**Sa.**
430	**Alkylthiosulfate**	Sa.; Am. 1723295	**Sa.**
431	**Alkylthiourethan**	Sa.; Can. 311054	**Sa.**
432	**Alkyltoluolsulfonat**	s. Parnol; Netzm. s. Neolene 300; Netzm.	**Netzm.**
433	**Alkyltrimethylamin**	sehr selektiv wirkender Sa. f. d. Sulfiderz-Flot.; „Erzmetall" 1958, 199/209	**Sa.**
434	**Alkyltrimethylammo-niumchlorid**	s. Hexadecyltrimethylammoniumchlorid; Sa. s. Arquad 12, 18; Sa.	**Sa.**
435	**Alkyltrimethylen-diamin**	s. Duomeen T; Sa.	**Sa.**
436	**Alkyltriphenylmethan-Farbstoff**	Sa. f. Cu-Silikat; „Chemical Abstracts" 1948, 5815, u. 1949, 2139	**Sa.**
437	**Alkyltrithiocarbonat**	s. Dimethyltrithiocarbonat; Sa. s. Amyltrithiocarbonat; Sa. als Sa.; Am. 2600737 s. Hexyl-, Butyl-trithiocarbonat; Sa. s. Octyltrithiocarbonat; Sa.	**Sa.**
438	**Alkylxanthat/Chlor-formiat-Kondspr.**	Sa.; Am. 2602814, 2608572, 2608573	**Sa.**
439	**Alkylxanthat/Diglykol-chlorformiat-Reaktpr.**	Sa. f. Pb/Zn-Erze; Can. 490583	**Sa.**

Lfd. Nr.	Bezeichnung (Zusammensetzung)	besondere Verwendung mit zugehöriger Literaturangabe	Verwendungs-überblick
440	**Alkylxanthat/Glykol-chlorformiat-Reaktpr.**	Sa. f. Pb/Zn-Erze; Can. 490583	**Sa.**
441	**Alkylxanthogenalkyl-formiat**	s. = Alkoxythiocarbonylalkoxycarbonyl-sulfid; Sa.	**Sa.**
442	**Alkylxanthogenformiat**	s. Hexylxanthogenformiat; Sa. Sa. f. Sulfide; Am. 2412500 s. Äthylamyl-, Äthylhexylxanthogen-formiat; Sa.	**Sa.**
443	**Alkylxanthogen-molybdat**	Erz-Sa.; Can. 385474	**Sa.**
444	**Allylalkohol**	= $CH_2{=}CHCH_2OH$, Propenol, Vinyl-carbinol s. Polyallylalkohol; Disp.	**Disp.**
445	**Allylalkoholester**	Sa/Sch. f. d. K_2SO_4-Flot.; DP. 868744	**Sa/Sch.**
446	**Allylalkoholpolymeri-sat**	als Sa.; Brit. 679909	**Sa.**
447	**Allylalkylxanthat**	Sa. f. sulfid. Erze; DP. 866331, Brit. 700334	**Sa.**
448	**Allylallylxanthat**	Sa. f. sulfid. Erze; DP. 866331, Brit. 700334	**Sa.**
449	**Allylamylxanthat**	Sa. f. sulfid. Erze; DP. 866331, Brit. 700334	**Sa.**
450	**Allyläthylxanthat**	Sa. f. sulfid. Erze; DP. 866331, Brit. 700334	**Sa.**
451	**Allylbutylxanthat**	Sa. f. sulfid. Erze; DP. 866331, Brit. 700334	**Sa.**
452	**Allylcyclohexylxanthat**	Sa. f. sulfid. Erze; DP. 866331, Brit. 700334	**Sa.**
453	**Allyldibutyldithio-phosphat**	Sa. f. sulfid. Cu- u. Zn-Erze; Austral. 209104	**Sa.**
454	**Allylisobutylxanthat**	Sa. f. sulfid. Erze; DP. 866331, Brit. 700334	**Sa.**
455	**Allylisopropyldithio-phosphat**	Sa. f. sulfid. Cu- u. Zn-Erze; Austral. 209104	**Sa.**
456	**Allylisopropylxanthat**	Sa. f. d. Flot. sulfid. Erze; DP. 866331, Brit. 700334	**Sa.**
457	**Allylmercaptan**	Sa., Netzm.; Am. 2346102	**Sa., Netzm.**
458	**Allylmethylamyl-xanthat**	Sa. f. sulfid. Erze; DP. 866331, Brit. 700334	**Sa.**
459	**Allylphenylmethyl-äther**	s. Anethol; Sch.	**Sch.**
460	**Allylpropylxanthat**	Sa. f. sulfid. Erze; DP. 866331, Brit. 700334	**Sa.**
461	**Allylsulfonsäuren**	wie Diisobutylen-, Tripropylensulfonsäure als Netzm., Disp., Emulg., Lösm., Sch.; Am. 2721210	**Sch., Netzm., Disp., Emulg., Lösm.**

Lfd. Nr.	Bezeichnung (Zusammensetzung)	besondere Verwendung mit zugehöriger Literaturangabe	Verwendungs-überblick
462	**Allylthioester**	Sa. f. sulfid. Erze; DP. 866 331, Brit. 700334 s. Allylallyl-, Allylisopropyl-, Propylisopropyl-, Isopropylisopropyl-Xanthat; Sa.	**Sa.**
463	**Aloin**	= Anthrachinon-Glukosid; Netzm.; Am. 2208758, Brit. 526701	**Netzm.**
464	**Alphasol**	Sa. f. d. Schwerspat-Flot.; Michell „The Practice of Mineral Dressing", 1950, 326	**Sa.**
465	**Alromine**	kationakt. Netzm.; Am. 2797196	**Netzm.**
466	**Alropon**	= sek. Alkylsulfat; Netzm.; Stüpel	**Netzm.**
467	**Alrosene 15 W**	= Salz eines sec. Alkylsulfats; Netzm.; Am. 2884 474	**Netzm.**
468	**Alrosep MB**	= Tridecylbenzyloxyäthylimidazolchlorid; quaternäres NH_4-Salz; kationakt. Netzm.; Am. 2779196	**Netzm.**
469	**Alrosol B**	= Fettalkoholamidsulfat; Netzm.; Am. 2884474	**Netzm.**
470	**Alrosperse 40 K**	= Na-Alkylnaphthalinsulfonat; Netzm.; Am. 2884474	**Netzm.**
471	**Alroterge T**	= Aminoalkylbenzolsulfonat; Netzm.; Stüpel	**Netzm.**
472	**Aluminat**	Na-Aluminat zusammen mit $Al_2(SO_4)_3$ als Flockm. z. Ausflocken von Feststoffen aus Wasser; „Chem. Ztrlbl." 1959, 3937	**Flockm.**
473	**Aluminium**	Al-Pulver als Kondm. während d. Zerkleinerung von zu flotierenden sulfid. Pb/Zn-Erzen; Can. 525279	**Kondm.**
474	**Aluminiumchlorhydrat**	der Zusammensetzung $Al_2Cl_2(OH)_4$ bis $Al_2Cl(OH)_5$ als Flockm. z. Schlammausfällung aus Industriewässern; Am. 2858269 u. Brit. 777041	**Flockm.**
475	**Aluminiumchlorid** ($AlCl_3$)	neben Na_2SO_3 oder $Na_2S_2O_3$ als Zinkblende-Dr.; Am. 2205194 $AlCl_3$-Lösg. als Flockm.; Brit. 630631 kolloidale $AlCl_3$-Lösg. zur Talkentfernung aus Asbest; Brit. 723 783 Kondm. z. Verbesserung d. Zerkleinerung v. Mineralien; DP. 1071455	**Dr., Flockm., Kondm.**
476	**Aluminiumnitrat**	Quarz-Akt.; Taggart 12—26	**Akt.**
477	**Aluminiumsulfat**	Neben Na_2SO_3, $Na_2S_2O_3$ oder $CaSO_3$ als Zinkblende-Dr.; Am. 2205194 Regler; „Erzmetall" 1958, 207 Quarz-Akt.; Taggart 12—26 Kalkspat-Dr. b. d. Magnesit-Flot.; Am. 2363104 Disp. u. Dr. f. Verunreinigungen b. d. Glimmer-Flot.; DP. 1044733 Flockm.; „Bergb.-Wiss." 1958, 137, DP. 1002703 zusammen mit Na-Aluminat als Flockm. z. Ausflocken von Feststoffen aus Wasser; „Chem. Ztrlbl." 1959, Nr. 12/I, 3937	**Dr., Regler, Akt., Disp., Flockm.**
478	**Aluminosilikagel**	Disp. z. Flot. von oxyd. Fe-, Cu-Erzen oder Phosphatit; Am. 2557361 s. Doucil; Disp.	**Disp.**

Lfd. Nr.	Bezeichnung (Zusammensetzung)	besondere Verwendung mit zugehöriger Literaturangabe	Verwendungs-überblick
479	**Alvapon**	= prim. Alkylsulfat; Netzm.; Stüpel	**Netzm.**
480	**AM 1120**	= Monododecylamin d. Armour & Co.; kationakt. Sa. z. Quarz-Flot. aus Eisenerzen; DP. 897534, Am. 2410021	**Sa.**
481	**AM 1180**	= n-Octadecenylamin; Sa.; Taggart 12—17	**Sa.**
482	**Am. Ac. 1180—C**	= Mischg. aus 73% Monooctadecylaminacetat, 24% Monohexadecylaminacetat und sek. u. tert. Aminacetaten; Sa.; Am. 2365805, 2578790	**Sa.**
483	**Amberlite IR—100**	Disp. b. d. Flot. von oxyd. Fe-, Cu-Erzen u. Phosphatit; Am. 2557361	**Disp.**
484	**Amberlite IRA—400**	ein Harz; Sorptionsmittel für U, Ni, Co oder Cu aus Erzaufschlämmungen; „Ind. Engrg. Chem.“, Dez. 1958, 56 A/58 A	**Sorptm.**
485	**Amberlite XE—123**	= großkörnige Form des Amberlite IRA-400; Sorptionsmittel f. U, Ni, Co oder Cu aus Erzaufschlämmungen; „Ind. Engrg. Chem.“, Dez. 1958, 56 A/58 A	**Sorptm.**
486	**AM-Coco C**	= Produkt d. Armour & Co.; Mischg. aus vorwiegend prim. aliphat. Aminen bzw. Aminhydrochloriden oder -acetaten, die in der Länge der Alkylketten den Kokosölfettsäuren entsprechen; kationakt. Quarz-Sa. b. d. Eisenerz-Flot.; DP. 897534, Am. 2410021	**Sa.**
487	**Ameisensäure**	= Formsäure, Methansäure, HCOOH pH-Regler b. d. Flot. oxyd. Eisenerze; DP. 844131 pH-Regler b. d. Zinnstein-Flot.; „Erzmetall“ 1955, 154 s. Formiate; Sa., Netzm.	**Regler**
488	**Amide** (= organ. Verbdgg. mit der Strukturgruppe —$CONH_2$)	s. Acyl- u. Alkylpolyalkylenpolyamide; Sa. s. Fettsäureamid, „Ultrapon S“; Netzm. s. Carbamid-Harnstoff; Sa.	**Netzm., Sa.**
489	**Amidine**	s. Carbaminsäureamidin = Guanidin; Sa. s. Amidinformiat, -hydrochlorid; Sa. s. Cerotamidinhydrochlorid; Sa. s. Guanidin; Sa.	**Sa.**
490	**Amidinformiate**	Sa.; Brit. 568186	**Sa.**
491	**Amidinhydrochloride**	Sa.; Brit. 568186	**Sa.**
492	**Amidoamine**	Sa. f. oxyd. Zn-Erze; Franz. 1136073 s. Thioamidoamin; Sa.	**Sa.**
493	**Amidocyanogen**	s. = Cyanamid; Sch.	**Sch.**
494	**Amidodiphenylsulfid**	s. Di- **A.** = Thioanilin; Sa.	**Sa.**
495	**Amidosulfate**	s. Alrosol B; Netzm.	**Netzm.**
496	**Amidosulfonat**	Sa/Sch.; Am. 2236528 s. Mirapon; Netzm. Pb-Amidosulfonat-Lösg. als Schwerfl. f. d. Schwimmsinkscheidung von Steinkohle; „Aufbrtg. d. Steinkohle“, Teil I, 1960, 217	**Sa/Sch., Netzm., Schwerfl.**

Lfd. Nr.	Bezeichnung (Zusammensetzung)	besondere Verwendung mit zugehöriger Literaturangabe	Verwendungs-überblick
497	**Amin 22 L**	= Imidazolinderivat ähnlich Amin 220; Sa.; Am. 2578790 Sa.; Am. 2811489	**Sa.**
498	**Amijel**	= Kornstärke; Gangart-Dr.; „Engrg. Min. J.", Juni 56, 112 Schlamm-Dr.; „Encyclopedia of Chemical Technology" 1951, 603	**Dr.**
499	**Amin 220** (=Heptadecenyl-imidazolinäthanol; „Merk Index" 1960)	= Heptadecylimidazol bzw. -glyoxalin; $C_{17}H_{33}CNC_2H_4NC_2H_4OH$; „The Condensed Chemical Dictionary", 5. Aufl., 1956 Sa.; Am. 2811489 = 1-Hydroxyäthyl-2-heptadecenyl-glyoxalin; Am. 2811489 Sa/Sch. z. Flot. v. Quarz u. Fe_2O_3 aus Schwerspat; „Engrg. Min. J.", Juni 1956, 112 Sa.; Am. 2578790 s. Heptadecenylimidazolinäthanol; Flockm. Amin 220/Duomeen T-Mischg. als Sa. f. d. 1. Stufe d. 2-stufigen Pyrochlor-Flot. aus Kalkspat, Apatit u. Quarz enthaltendem Sovit; Am. 2951585, Brit. 800717 s. Heptadecylimidazol; Flockm.	**Sa., Sa/Sch., Flockm.**
500	**Amin 1180**	Sa. f. d. 1. Stufe d. zweistufigen Pyrochlor-Flot. aus Sovit; Am. 2951585, Brit. 800717	**Sa.**
501	**Amin TH 515**	Sa. f. Kalisalze; DP. 1016653	**Sa.**
502	**Aminacetat**	Sa. f. d. Carnallit-Flot.; DP. 966981 Sylvin-Sa.; Patentanm. p 29389 VI/1c, bekanntgem. 12. 10. 1950 Cu-Aminacetat; Chelatbildner; Dr.; „Min. Technology" 1946, 275 Sa. f. d. Flot. v. Zn-Erzen, insbes. Galmei; Franz. 61640 s. AM-Coco; Sa. s. Duomac S; Sa. s. Alkylaminacetat; Sa., Sa/Sch., Netzm.	**Sa., Sa/Sch., Netzm., Dr.**
503	**Amin/Aldehyd/Carb-amid-Kondspr.**	Sa.; DP. 803854	**Sa.**
504	**Amin/Äthylenoxyd-Kondspr.**	Emulg. b. d. Flot. oxyd. Zinkerze; Franz. 1122432	**Emulg.**
505	**Aminchlorhydrate**	Sa. f. d. Zinkerz-, insbes. Galmei-Flot.; Franz. 61640 s. Trimethylhexylaminchlorhydrat; Sa.	**Sa.**
506	**Amindodecylsulfat**	s. Empicol LQ.; Netzm.	**Netzm.**
507	**Amin/Emulgator-Mischung**	Sa.; Franz. 1096459	**Sa.**
508	**Aminfluoride**	Sa. f. d. Zinkerz-, insbes. Galmei-Flot.; Franz. 61640	**Sa.**
509	**Aminhydrochlorid**	s. „AM Coco"; Sa.	**Sa.**
510	**Aminlactate**	Sa. f. d. Flot. von Zn-Erzen, insbes. von Galmei; Franz. 61640	**Sa.**
511	**Amin/Mercaptan-Mischg.**	Sa., insbes. f. oxyd. Zn-Erze; Franz. 1011166 u. 1011183	**Sa.**
512	**Amin/Nitril-Mischung**	Sa.; Am. 2298281, Can. 424198	**Sa.**

Lfd. Nr.	Bezeichnung (Zusammensetzung)	besondere Verwendung mit zugehöriger Literaturangabe	Verwendungs-überblick
513	**Amino 803**	= $C_4H_9CH(C_2H_5)CH_2OC_3H_6NH_2$; Sa.; „The Condensed Chemical Dictionary“, 5. Aufl., 1956	**Sa.**
514	**Aminoalkandiol**	s. Aminopropandiol; Sa.	**Sa.**
515	**Aminoalkohole**	= Alkanol-, Alk-, Oxyamine s. Äthanolamin; Sa., Dr., Netzm., Flockm., Lösm., Emulg.	**Sa., Dr., Netzm., Flockm., Lösm., Emulg.**
516	**Aminoalkohol/Fettsäure-Ester**	Sa/Sch., Netzm., Disp.; Am. 2305083 s = „Negamine 142 A“; Oxyaminofettsäureester; Netzm.	**Sa/Sch., Netzm., Disp.**
517	**Aminoalkoholsulfat**	Sa/Sch.; Am. 2236528	**Sa/Sch.**
518	**Aminoalkohol/Toluolsulfonsäure-Ester**	Sa., Netzm., Disp.; Am. 2305083	**Sa., Netzm., Disp.**
519	**Aminoalkoxybuttersäure**	Sa., Netzm.; Am. 2407203	**Sa., Netzm.**
520	**Aminoalkylbenzolsulfonat**	s. = Alroterge T; Netzm.	**Netzm.**
521	**Aminoalkylpropandiol**	s. Aminomethyl- bzw. Methylaminopropandiol; Sa.	**Sa.**
522	**Aminoäthan**	s. = Äthylamin; Sa.	**Sa.**
523	**Aminoäthanol**	s. = Äthanolamin; Sa., Netzm., Dr., Flockm., Lösm., Emulg. s. = Monoäthanolamin; Sa., Netzm., Dr., Lösm. Gangart-Dr.; Am. 2414199, „Min. Technology“ 1946, 272/278	**Sa., Netzm., Dr., Flockm., Lösm., Emulg.**
524	**Aminoäthansulfonsäure**	s. = Taurin; Sa.	**Sa.**
525	**Aminoäthansulfonsäure/Oleinsäure-Reaktpr.**	als Netzm. f. d. Erz-Sedimentation, -Herd- u. Setzwäsche; Am. 2266954 s. Hostapon T; Sa/Sch.	**Netzm., Sa/Sch.**
526	**Aminoäthylamylhydroxymethyldioxan**	Sa., Netzm.; Am. 2384605	**Sa., Netzm.**
527	**Aminoäthylenmethacrylat**	Flockm.; Brit. 768665	**Flockm.**
528	**Aminoäthylheptadecenylimidazol**	Flockm. z. Filtrieren v. Schlämmen; Am. 2509260	**Flockm.**
529	**Aminoäthylpropylhydroxymethyldioxan**	Sa., Netzm.; Am. 2384605	**Sa., Netzm.**
530	**Aminoäthylstärke**	als Dr. f. Fe-Oxyde; „Erzmetall“ 1955, S. 187 u. „Min. Engrg.“ 1952, 697/698 = substituierte Kornstärke; s. d.	**Dr.**
531	**Aminoazobenzol**	= Aminodiphenylimid, Anilingelb, $C_6H_5N{=}NC_6H_4NH_2$; ein Azofarbstoff Sa.; Petersen 168	**Sa.**

Lfd. Nr.	Bezeichnung (Zusammensetzung)	besondere Verwendung mit zugehöriger Literaturangabe	Verwendungs-überblick
532	**Aminoazobenzol-dichlorid**	Sa.; Östr. 86639	**Sa.**
533	**Aminoazonaphthalin**	Sa.; Östr. 86639	**Sa**
534	**Aminobenzoesäure**	s. = Anthranilsäure; Sa.	**Sa.**
535	**Aminobenzoesäure/ Alkohol-Lösg.**	s. Anthranilsäure/ . . . . .; Sa/Sch.	**Sa/Sch.**
536	**Aminobenzol**	s. = Anilin; Sa., Sch., Modif., Lösm.	**Sa., Sch., Modif., Lösm.**
537	**Aminobernsteinsäure**	s. = Asparaginsäure; Sa., Dr.	**Sa., Dr.**
538	**Aminobrucinchlorid**	als Sa.; Franz. 1165100	**Sa.**
539	**Aminobutan**	s. = Butylamin; Sa., Sa/Sch.	**Sa., Sa/Sch.**
540	**Aminobutanol**	=Monobutanolamin; Sa.	**Sa.**
541	**Aminobutyl**	s. = Butylamin; Sa.	**Sa.**
542	**Aminobutyläthanol**	s. = Monobutyläthanolamin; Sa.	**Sa.**
543	**Aminobutylessigsäure**	s. = Isoleucin, Butylglycin; Sa.	**Sa.**
544	**Aminocarbonsäuren**	sind in Naturproteinhydrolysaten enthalten oder als synthet. Farbstoffe, wie Iminoessigsäure, Ornithin usw.; ausgezeichnete Gangart-Dr.; ,,Min. Technology" 1946, 278 Zinnstein-Sa.; ,,Erzmetall" 1955, 153 s. Aminomethylessigsäure = Sarcosinsäure; Sa. s. Diaminodicarbonsäure, Uroxaminsäure; Dr. s. Polyaminocarbonsäuren; Dr. s. Aminoäthansulfonsäure = Taurin; Sa. s. Isoleucin; Sa.	**Sa., Dr.**
545	**Aminocarbonsäure-ester**	Sa., Emulg., Disp.; Am. 2293026	**Sa., Emulg. Disp.**
546	**Aminocarbonsäure/ Fettsäure-Kondspr.**	Sa/Sch. f. feinstkörnigen Wolframit u. Scheelit; ,,Bergb.-Wiss." 1960, 352/360 Sa/Sch. f. d. Scheelit/Zinnstein-Flot.; ,,Bergb.-Wiss." 1960, 360/363 s. Na-Dodecylsarkosid, Medialan A, Medialan KA, Na-Talgfettsäuresarcosid; Sa/Sch. s. Medialan A; Sa/Sch., Netzm.	**Sa/Sch., Netzm.**
547	**Aminochininchlorid**	als Sa.; Franz. 1165100	**Sa.**
548	**Aminocyclohexan-phenylbuten**	s. = Cyclohexylaminophenylbuten; Sa.	**Sa.**
549	**Aminocystaminchlorid**	s. = Aminohexamethylentetraminchlorid; Sa.	**Sa.**
550	**Aminocystogenchlorid**	s. = Aminohexamethylentetraminchlorid; Sa.	**Sa.**
551	**Aminodiimidazolin-polymere**	Sa.; Am. 2374354	**Sa.**
552	**Aminodimethylanilin**	Oxydationsinhibitor b. d. Kohlen-Flot.; Am. 2346151	**Passiv.**
553	**Aminodimethylbenzol**	s. = Xylidin; Lösm.	**Lösm.**
554	**Aminodioxanacylester**	Sa., Netzm.; Am. 2384605	**Sa., Netzm.**

Lfd. Nr.	Bezeichnung (Zusammensetzung)	besondere Verwendung mit zugehöriger Literaturangabe	Verwendungs-überblick
555	**Aminodioxanalkoxyester**	Sa., Netzm.; Am. 2384605	**Sa., Netzm.**
556	**Aminodiphenyl**	s. = Diphenylamin; Sa/Sch. s. Diaminodiphenyl; Sa.	**Sa., Sa/Sch.**
557	**Aminodiphenylimid**	s. = Aminoazobenzol; Sa.	**Sa.**
558	**Aminododecylbenzolsulfonat**	Netzm. d. f. Steinkohlen-Siebentwässerung Brit. 738061	**Netzm.**
559	**Aminododecylphthalamat**	Sa., Netzm.; Am. 2101323	**Sa., Netzm.**
560	**Aminoessigsäure**	s. = Glycin; Sa., Netzm.	**Sa., Netzm.**
561	**Aminoform**	s. = Hexamethylentetramin; Netzm.	**Netzm.**
562	**Aminoformamidin**	s. = Guanidin; Sa.	**Sa.**
563	**Aminoformsäureamid**	s. = Carbaminsäureamid, Carbamid; Sa.	**Sa.**
564	**Aminoglutarsäure**	s. = Glutaminsäure; Dr., Kondm. s. Octadecylaminoglutarsäure; Sa.	**Dr., Kondm.** **Sa.**
565	**Aminoglyzerin**	s. Glyzerinmonoamin, Diglyzerinamin sowie Glyzerinoxyamin; Sa.	
566	**Aminoguanidinbicarbonat**	= Guanylhydrazinbicarbonat Sa. f. d. Bleiglanz/Zinkblende-Flot.; „Min. Engrg.“, Febr. 1959, 219/220	**Sa.**
567	**Aminoguanidinvaleriansäure**	s. = Arginin; Dr.	**Dr.**
568	**Aminohexamethylentetraminchlorid**	als Sa.; Franz. 1165100 = Amino-Methenaminchlorid, -Cystaminchlorid, -Cystogenchlorid, -Hexaminchlorid	**Sa.**
569	**Aminohexaminchlorid**	s. = Aminohexamethylentetraminchlorid; Sa.	**Sa.**
570	**Aminohexylhydroxymethyldioxan**	Sa., Netzm.; Am. 2384605	**Sa., Netzm.**
571	**Aminohydroxyäthylmorpholinchlorid**	als Sa.; Franz. 1165100	**Sa.**
572	**Aminohydroxybenzol**	s. = Aminophenol; Sa., Sch.	**Sa., Sch.**
573	**Aminoisobutylessigsäure**	s. = Leucin; Sa.	**Sa.**
574	**Aminoisocapronsäure**	s. = Leucin; Sa.	**Sa.**
575	**Aminoisopropylessigsäure**	= Isopropylglycin, Valin; s. d. als Sa.; s. Aminosäuren	**Sa.**
576	**Aminomercaptobenzothiazol**	als Sa.; Am. 1852107 desgl. Dimethyl-**A.**;	**Sa.**
577	**Aminomethan**	s. = Methylamin; Sa., Sa/Sch.	**Sa., Sa/Sch.**
578	**Aminomethanamidin**	s. = Guanidin; Sa.	**Sa.**
579	**Aminomethansäureamid**	s. = Carbaminsäureamid, Carbamid; Sa.	**Sa**
580	**Aminomethenaminchlorid**	s. = Aminohexamethylentetraminchlorid; Sa.	**Sa.**
581	**Aminomethylbenzol**	s. Aminodimethylbenzol; Sa.	**Sa.**
582	**Aminomethylenamintriazin**	Sa/Sch., Netzm., Emulg.; Am. 2210831	**Netzm., Emulg., Sa/Sch.**

Lfd. Nr.	Bezeichnung (Zusammensetzung)	besondere Verwendung mit zugehöriger Literaturangabe	Verwendungs-überblick
583	**Aminomethylessig-säure**	s. = Sarcosin; Sa.	**Sa.**
584	**Aminomethylessig-säure/Dodecylsäure-Kondspr.**	s. = Dodecylsarcosid; Sa/Sch.	**Sa/Sch.**
585	**Aminomethylessig-säure/Kokosölfett-säure-Kondspr.**	s. Medialan KA = Kokosölfettsäure-sarcosid; Sa/Sch.	**Sa/Sch.**
586	**Aminomethylessig-säure/Oleinsäure-Kondspr.**	s. = Medialan A; Sa/Sch., Netzm.	**Sa/Sch., Netzm.**
587	**Aminomethylessig-säure/Talgsäure-Kondspr.**	s. = Talgsäuresarcosid; Sa/Sch.	**Sa/Sch.**
588	**Aminomethylmor-pholinchlorid**	als Sa.; Franz. 1165100	**Sa.**
589	**Aminomethylpropan-diol**	kationakt. Pechblende-Sa.; Am. 2570120 s. = Methylaminopropandiol; Sa.	**Sa.**
590	**Aminonaphthalin**	s. = Naphthylamin; Sa., Sa/Sch.	**Sa., Sa/Sch.**
591	**Aminonaphthenhy-drochlorid**	Sa. f. Karbonat-Mineralien; Can. 392170	**Sa.**
592	**Aminonaphtholsul-fonsäure**	= $C_{10}H_5NH_2OHSO_3H$ Netzm.; Brit. 526701	**Netzm.**
593	**Aminonikotinchlorid**	als Sa.; Franz. 1165100	**Sa.**
594	**Aminooctanol**	s. = Octanolamin; Sa.	**Sa.**
595	**Aminooctylhydroxy-methyldioxan**	Sa., Netzm.; Am. 2384605	**Sa., Netzm.**
596	**Aminooctylphthal-amat**	Sa., Netzm.; Am. 2101323	**Sa., Netzm.**
597	**Aminooleat**	Sa. f. d. Flot. oxyd. Zinkerze; Franz. 1136073	**Sa.**
598	**Aminooxyäthylmeth-oxypropandiol**	= Oxyäthylaminomethoxypropandiol; Sa.	**Sa.**
599	**Aminooxazolinchlorid**	s. Heptadecyl- **A.**; Sa.	**Sa.**
600	**Aminopentansäure**	s. = Arginin; Dr.	**Dr.**
601	**Aminophen**	s. = Anilin; Sa., Sch., Modif., Lösm.	**Sa., Sch., Modif., Lösm.**
602	**Aminophenol**	= Hydroxyanilin, 4-Amino-1-hydroxy-benzol, Unal, Ursol P, Rodinal, Activol, Azol, Certinal, Citol, Paranol, $C_6H_4NH_2OH$; „Merck Index" Sa.; Am. 2389763 Sch.; „Min. Technology" 1946, 283	**Sa., Sch.**
603	**Aminophenothiazon-chlorid**	s. Thioninchlorid; Sa., Dr.	**Sa., Dr.**
604	**Aminophenylpropan-diol**	s. = Phenylaminopropandiol; Sa.	**Sa.**
605	**Aminophenylsulfid**	Sa.; Östr. 88232	**Sa.**

Lfd. Nr.	Bezeichnung (Zusammensetzung)	besondere Verwendung mit zugehöriger Literaturangabe	Verwendungs-überblick
606	**Aminoplaste**	anionakt. Aminoplaste mit mindestens einer Sulfonsäuregruppe, insbes. ein i. Ggw. von H_2SO_4 erhaltenes Kondspr. aus Carbamid u. Formaldehyd, als Flockm. u. Sedimentationsbeschleuniger f. Aufbereitungs-, Gruben-, Industriewässer usw.; Brit. 799873	**Flockm.**
607	**Aminopolycarbonsäuren**	s. = Polycarbonmonoaminosäure; Dr.	**Dr.**
608	**Aminopropan**	s. = Isopropylamin; Sa/Sch.	**Sa/Sch.**
609	**Aminopropandicarbonsäure**	= Glutaminsäure, Aminoglutarsäure; Dr., Kondm.	**Kondm., Dr.**
610	**Aminopropandiol** (= Propandiolamin)	s. Aminomethylpropandiol; Sa. s. Phenylaminopropandiol; Sa. s. Oxyäthylaminomethoxypropandiol; Sa.	**Sa.**
611	**Aminopropanol** ($C_3H_6(NH_2)OH$)	= Aminopropylalkohol, Propanolamin Hydroxyisopropylamin Sa.; Am. 2389763 s. Mono-, Dipropanolamin; Sa.	**Sa.**
612	**Aminopropionsäure**	s. = Alanin; Sa.	**Sa.**
613	**Aminopropylhydrazinchlorid**	s. Diäthyl-, Dimethyl- A.; Sa.	**Sa.**
614	**Aminopyrotartarsäure**	s. = Glutaminsäure; Dr., Kondm.	**Dr., Kondm.**
615	**Aminosäuren**	Aminofettsäuren als Zinnstein-Sa.; „Erzmetall" 1955, 153 s. Aminobernsteinsäure; Dr. s. Monoaminopolycarbonsäure; Dr. s. Polyamino-monocarbonsäure, -polycarbonsäuren; Dr.	**Sa., Dr.**
616	**Aminostearat**	Sa. f. d. Flot. oxyd. Zinkerze; Franz. 1136073 s. Dinoramac SH; Sa.	**Sa.**
617	**Aminosuccinsäure**	s. = Asparaginsäure; Sa., Dr.	**Dr.**
618	**Aminothionaphthol**	Sa. f. Cu-Sulfide; „Montanwissenschaftl. Literaturberichte" 1960, 437, „Chem. Ztrlbl." 1960, 17589	**Sa.**
619	**Aminothiophenol**	Sa.; Östr. 88232	**Sa.**
620	**Aminotoluol**	s. = Benzylamin, Toluidin; Sch., Lösm.	**Sch., Lösm.**
621	**Aminovaleriansäure**	s. = Arginin, Aminoguanidinvaleriansäure; Dr. s. Aminosäuren = Aminopentansäure s. Diaminovaleriansäure = Ornithin; Dr.	**Dr.**
622	**Aminoxylol**	s. = Xylidin; Lösm.	**Lösm.**
623	**Amin/Phosphorpentasulfid-Reaktspr.**	Sa. f. oxyd. Erze; Am. 1783206/207	**Sa.**
624	**Aminstearat**	als Sa. f. oxyd. Zn-Erze; Franz 1136073	**Sa.**
625	**Amin/Terpenhaloalkyläther-Kondspr.**	Sa. f. Nichterze; Am. 2316625	**Sa.**
626	**Amin/Terpinylchloräthyläther-Kondspr.**	Sa. f. Nichterze; Am. 2316625	**Sa.**

Lfd. Nr.	Bezeichnung (Zusammensetzung)	besondere Verwendung mit zugehöriger Literaturangabe	Verwendungs-überblick
627	**Amin/Xanthat-Mischg.**	Sa., insbes. f. oxyd. Zn-Erze; Franz. 1011166 u. 1011183	**Sa.**
628	**Ammelin**	s. Triazin; Netzm.	**Netzm.**
629	**Ammelin/Alkylen-oxyd-Kondspr.**	Sa., Netzm., Emulg.; Am. 2381121 u. 2413755 s. Glycidol/Ammelin-Kondspr.; Sa., Netzm., Emulg.	**Sa., Netzm., Emulg.**
630	**Ammoniak** (NH_3)	Zinkblende-Dr.; Petersen 201 pH-Regler; „Erzmetall" 1958, 207 Akt. f. mittels $Zn(CN)_2$ gedrückte sulfid. Erze; DP. 938241, Am. 1974218 Kokerei-Ammoniakabwässer als Akt. z. Verbesserung d. Kohlenschlamm-Flot.; „Glückauf" 1951, 1217	**Dr., Regler, Akt.**
631	**Ammonioformaldehyd**	s. = Hexamethylentetramin; Netzm.	**Netzm.**
632	**Ammoniumacetat** (CH_3COONH_4)	s. Dodecylammoniumacetat; Sa.	**Sa.**
633	**Ammoniumäthylxan-that**	Sa.; Petersen 180	**Sa.**
634	**Ammoniumdilaurin-phosphat**	Sa.; Brit. 586961	**Sa.**
635	**Ammoniummaleat/Styrol-Copolymer**	Gangart-Dr. f. sulfid. Erze; Am. 2740522	**Dr.**
636	**Ammoniumnitroso-phenylhydroxyl-amin**	s. = Cupferron; Sa., Akt.	**Sa., Akt.**
637	**$(NH_4)CNS_3$**	Ammoniumthiocyanat, = K-101 Akt. b. d. Manganerz-Flot.; Am. 2666588	**Akt.**
638	**$(NH_4)_2CO_3$** (Ammoniumcarbonat)	Akt. f. gedrückten Pyrit u. Pyrrhotit; „Chemical Abstracts" 1955, 8058	**Akt.**
639	**N_4HCl** (Ammoniumchlorid)	Akt. f. gedrückten Pyrit u. Pyrrhotit; „Chemical Abstracts" 1955, 8058	**Akt.**
640	**NH_4F** (Ammoniumfluorid)	Akt. f. gedrückten Pyrit u. Pyrrhotit; „Chemical Abstracts" 1955, 8058	**Akt.**
641	**NH_4HCO_3** (Ammoniumbicarbonat)	z. Verbesserung d. Wirksamkeit von Amin- oder Diamin-Sammlern b. d. Flot. von Nb-Mineralien; Can. 599760	**Akt.**
642	**NH_4NO_3** (Ammononiumnitrat)	Akt. f. gedrückten Pyrit u. Pyrrhotit; „Chemical Abstracts" 1955, 8058	**Akt.**
643	**NH_4OH**	zusammen m. $CuSO_4$ als Akt. f. gedrückte Zinkblende; DP. 938241 NH_4OH-haltige Trübe z. Flot. von oxyd. Mn-Erzen, wie Pyrolusit; Am 2701059	**Akt.**
644	**$(NH_4)_4P_2O_7$**	Sa.; Petersen 184	**Sa.**
645	**$(NH_4)_3PS_3$**	= Ammoniumthiophosphat Sa.; Petersen 184	**Sa.**
647	**$(NH_4)_3PS_2O_2$**	= Triammoniumdithioorthophosphat Sa.; Petersen 184	**Sa.**
648	**$(NH_4)_2S$** (Ammoniumsulfid)	Akt. u. Sulfidierungsm.; Petersen 215 zusammen mit $(NH_4)_2S_2O_4$ oder $(NH_4)_2SO_3$ als Sulfidierungsm.; DP. 569224	**Akt., Sulfidm.**

Lfd. Nr.	Bezeichnung (Zusammensetzung)	besondere Verwendung mit zugehöriger Literaturangabe	Verwendungs-überblick
649	**$(NH_4)_2SO_3$** (Ammoniumsulfit)	Sulfidm.; DP. 569224	**Sulfidm.**
650	**$(NH_4)_2SO_4$** (NH_4-Sulfat)	Akt. f. gedrückten Pyrit u. Pyrrhotit; „Chemical Abstracts" 1955, 8058 als Hilfsreagens b. d. Flot. farbiger Bestandteile aus Kaolin-Ionen; Am. 2894628	**Akt.**
651	**$(NH_4)_2S_2O_4$** (NH_4-Hyposulfit)	zusammen m. $(NH_4)_2S$ als Sulfidm. DP. 569224 Sulfidm. u. Akt.; Petersen 215	**Sulfidm. Akt.**
652	**$(NH_4)_2S_2O_8$**	zusammen m. $CuSO_4$ als Akt. für gedrückte Zinkblende; DP. 938241	**Akt.**
653	**Amono-Phos**	= Monoammoniumphosphat; Modifikator; „Encyclopedia of Chemical Technology" 1951, 603	**Mod.**
654	**Ammonsalz/Alkaliäthylxanthat-Reaktpr.**	Sa.; Am. 1897625	**Sa.**
655	**Amygdalinsäure**	s. = Mandelsäure; Sa.	**Sa.**
656	**Amygdalinsäure/Alkohol-Lösung**	Sa/Sch. f. oxyd. Erze; Am. 1960526	**Sa/Sch.**
657	**Amylacetat**	= Bananaöl, $CH_3COOC_5H_{11}$ s. Methylamylacetat; Sch.	**Sch.**
658	**Amylacetsäure**	s. = Amylessigsäure, Heptylsäure; Sa., Sa/Sch.	**Sa., Sa/Sch.**
659	**Amylacrylamid**	Flockm. f. Ton- u. Erzschlämme; Am. 2937143	**Flockm.**
660	**Amyladipat**	Am. 2690260	**Sch.**
661	**Amylaldehyd/Arylsulfonsäure-Kondspr.**	MoS_2-Dr. b. d. Flot. sulfid. Cu/Mo-Erze; Am. 2187930	**Dr.**
662	**Amylaldehyd/Butylamin-Reaktpr.**	Sa. f. d. Flot. v. Ni/Cu-Steinen; Am. 2432456	**Sa.**
663	**Amylalkohol**	= Pentanol, Pentylalkohol, Butylcarbinol, Fuselöl, $CH_3(CH_2)_4OH$; sec.-Amylalkohol = Diäthylcarbinol, Methylpropylcarbinol; tert.-Amylalkohol = Methylbutanol, Amylenhydrat. Dimethyläthylcarbinol, $(CH_3)_2 \cdot C(OH)CH_2CH_3$ Sch.; DP. 668641, „Chemiker-Ztg." 1930, 250 ausgezeichneter Sch., jedoch Geruchsbelästigung; „Mayer-Schranz" 262 Sch. f. d. Steinsalz-Flot. aus Kainit; Brit. 752109 Sa/Sch. f. d. Graphit-Flot.; „Chem. Ztrlbl." 1960, 13487 gewöhnlich eine Mischg. aus Amylalkohol-Isomer mit vorwiegend Isoamylalkohol; Sch.; Petersen 162 tert. Amylakohol als Sch.; „Engrg. Min. J.", Juni 1956, 116 s. Fuselöl; Sa., Sch. s. Pentasol Frother 26, 124; Sch.	**Sa., Sa/Sch., Sch.**

Lfd. Nr.	Bezeichnung (Zusammensetzung)	besondere Verwendung mit zugehöriger Literaturangabe	Verwendungs-überblick
664	**Amylalkoholäthylen-glykoläther**	s. = Pentanoläthylenglykoläther; Sch.	**Sch.**
665	**Amylalkohol/Äthy-lenoxyd-Reaktspr.**	als Sch., insbes. f. sulfid. Erze; DP. 1001652, Am. 2950818, Brit. 824661	**Sch.**
666	**Amylalkoholsulfat**	s. = Amylsulfat	**Sa/Sch., Sch., Sa., Netzm., Emulg.**
667	**Amylamin**	s. Mono-, Di-, Triamylamin; Sa. s. Alkylamin; Sa., Sa/Sch.	**Sa., Sa/Sch.**
668	**Amylaminacetat**	Sa. f. d. Kainit-Flot.; Am. 2766885, Brit. 752109 Zinkerz-, insbes. Galmei-Sa.; Franz. 61640	**Sa.**
669	**Amylamin/Alamin-Mischg.**	Sa. f. d. Phosphatit-Flot.; Am 2914174	**Sa.**
670	**Amylamin/Alkylen-amin-Mischg.**	Sylvin-Sa.; Am. 2689649 Sa.; Can. 395829	**Sa.**
671	**Amylamin/Alkylnitril-Mischg.**	Sa.; Can. 410809/810	**Sa.**
672	**Amylaminchlorhydrat**	Zinkerz-, insbes. Galmei-Sa.; Franz. 61640	**Sa.**
673	**Amylaminfluorid**	Zinkerz-, insbes. Galmei-Sa.; Franz. 61640	**Sa.**
674	**Amylaminlactat**	Zinkerz-, insbes. Galmei-Sa.; Franz. 61640	**Sa.**
675	**Amylammonium-chlorid**	= $C_5H_{11}NH_3Cl$ kationakt. Sa.; „Aach. Bl.“ 1959, 81/110	**Sa.** **Sa.**
676	**Amylammoniumdiiso-amyldithiocarbamat**	Sa.; Am. 1879871	**Sa.**
677	**Amylarylsulfonat**	s. Alkylarylsulfonat; Sa., Sa/Sch., Netzm., Disp., Regler, Flockm., Kondm.	**Sa., Sa/Sch., Netzm., Disp., Regler, Flockm., Kondm.**
678	**Amyläthylendiamin**	Netzm.; Blücher	**Netzm.**
679	**Amylbenzol**	sec. **A.** = $C_3H_7CH(CH_3)C_6H_5$; als Mittel z. Verbesserung d. Convertol-Feinkohlen-aufbrtg.; „Min. Eng.“, Nov. 59, 1153/54	**Kondm.**
680	**Amylbenzolsulfonat**	s. Alkylbenzolsulfonat; Sa., Netzm., Kondm.	**Sa., Netzm., Kondm.**
681	**Amylbenzyldodecyldi-methylammonium-chlorid**	Sa., Netzm.; Am. 2676986	**Sa., Netzm.**
682	**Amylbenzylhydroper-oxyd**	Sch.; Am. 2535344	**Sch.**
683	**Amylbenzylpolyoxy-äthylenätheralkohol**	Sa/Sch.; Franz. 1109798 Sch.; Brit. 782107, 782407, Belg. 532530	**Sa/Sch., Sch.**
684	**Amylcarbinol**	s. = Hexanol; Sa., Sa/Sch., Sch.	**Sa., Sa/Sch., Sch.**
685	**Amylbenzylphosphin-säure**	Sa.; Am. 2594454	**Sa.**
686	**Amyldimethylamin**	Sa.; Brit. 730031	**Sa.**
687	**Amyldithiocarbamat**	Sa. f. d. Erz-Flot.; Am. 2691635 s. Diisoamyldithiocarbamat; Sa., Akt.	**Sa.**

Lfd. Nr.	Bezeichnung (Zusammensetzung)	besondere Verwendung mit zugehöriger Literaturangabe	Verwendungs-überblick
688	**Amyldithiocarbonat**	Sa. f. Galmei u. Zinkblende; „Chem. Ztrlbl." 1959, 16772	**Sa.**
689	**Amyldithiophosphat**	Sa. f. d. Flot. sulfid Cu-Erze; Am. 2919025	**Sa.**
690	**Amyldixanthogen**	Sa. f. d. Flot.; Can. 575644 Netzm.; „Aach. Bl." 1958, 11/12	**Sa., Netzm.**
691	**Amylenhydrat**	s. = tert. Amylalkohol; Sa/Sch., Sch.	**Sch., Sa/Sch.**
692	**Amylenimidazol**	Flockm. z. Filtrieren v. Schlämmen; Am. 2509260	**Flockm.**
693	**Amylenoxyd/Triazin-Kondspr.**	Sa., Netzm., Emulg.; Am. 2381121	**Sa., Netzm., Emulg.**
694	**Amylentrithiocarbonat**	Sa.; Franz. 838171	**Sa.**
695	**Amylenxanthat**	Sa.; Can. 356306 s. Amylendixanthogen; Sa., Netzm.	**Sa., Netzm.**
696	**Amylessigsäure**	s. = Heptylsäure; Sa., Sa/Sch.	**Sa., Sa/Sch.**
697	**Amylformsäure**	s. = Hexylsäure; Sa	**Sa.**
698	**Amylglutamat**	Sch.; DP. 904762, Am. 2690260	**Sch.**
699	**Amylglykolester**	Sch. f. d. Flot. von Beryllium-Mineralien; Am. 2385819	**Sch.**
700	**Amylglyoxalin**	= Amylimidazol; Sa.	**Sa.**
701	**Amylguanamin**	s. = Valeroguanamin; Netzm.	**Netzm.**
702	**Amylguanamin/Alkylenoxyd-Kondspr.**	s. Valeroguanamin/Alkylenoxyd-Kondspr.; Sa., Netzm., Emulg.	**Sa., Netzm., Emulg.**
703	**Amylimidazol**	kationakt. Sa.; Brit. 578694 Flockm. beim Filtrieren v. Schlämmen; Am. 2509260	**Sa., Flockm.**
704	**Amylimidformiat, -hydrochlorid**	Sa. f. d. Flot. saurer Mineralien; Brit. 568186	**Sa.**
705	**Amylketon**	s. Diamylketon, Diisoamylketon; Sch., Lösm.	**Sch., Lösm.**
706	**Amylkresol**	Sch.; Can. 390793	**Sch.**
707	**Amylkresylphosphinsäure**	Sa.; Am. 2594454	**Sa.**
708	**Amylkresylpolyoxyäthylenätheralkohol**	Sa/Sch.; Franz. 1109798 Sch.; Brit. 782107, 782407, Belg. 532530	**Sa/Sch., Sch.**
709	**Amylmercaptan**	Sa. f. oxyd. Eisenerze; Am. 2125337	**Sa.**
710	**Amylmercaptosulfenamid**	Sa.; Am. 2807615	**Sa.**
711	**Amylmonothiocarbonat/Äthylchlorcarbonat-Reaktpr.**	Erz-Sa.; Brit. 418301	**Sa.**
712	**Amylmonothiocarbonat/Furoinchlorid-Reaktpr.**	Erz-Sa.; Brit. 418301, Can. 326399	**Sa.**
713	**Amylnaphthalinphosphinsäure**	Sa.; Am. 2594454	**Sa.**
714	**Amylnaphthalinphosphonsäure**	Sa.; Am. 2594454	**Sa.**

Lfd. Nr.	Bezeichnung (Zusammensetzung)	besondere Verwendung mit zugehöriger Literaturangabe	Verwendungs-überblick
715	**Amylnaphthalinpolyoxyäthylenätheralkohol**	Sa/Sch.; Franz. 1109798 Sch.; Brit. 782107, 782407, Belg. 532530	**Sa/Sch., Sch.**
716	**Amylnaphthalinsulfonat**	s. Alkylnaphthalinsulfonat; Sa., Sa/Sch., Netzm., Disp., Regler, Flockm., Kondm.	**Sa.,Sa/Sch.,Netzm., Disp., Regler, Flockm.,Kondm.**
717	**Amylnatriumsulfonat**	Sa. f. d. Flot. kieserit. Kalirohsalze; DP. 918861	**Sa.**
718	**Amylnitrit**	Sa/Sch.; Petersen 168	**Sa/Sch.**
719	**Amylnitrobenzylthionothiolphosphat**	Sa.; Am. 2609383	**Sa.**
720	**Amylnitrobenzylthiophosphat**	Sa.; Am. 2609383	
721	**Amylnitrotolylthiophosphat**	Sa.; Am. 2520393	**Sa.**
722	**Amylopektin** (= B-Stärke)	Dr. f. d. Eisenerz-Flot.; „Chem. Ztrlbl.“ 1955, 2522	**Dr.**
723	**Amylose** (= A-Stärke)	Dr. f. d. Eisenerz-Flot.; „Chem. Ztrlbl.“ 1955, 2522	**Dr.**
724	**Amyloxyäthylenätheralkohol**	s. Alkyloxyäthylenätheralkohol; Sa/Sch., Sch.	**Sa/Sch., Sch.**
725	**Amylphenol**	Sch.; Am. 2250190, Can. 390793 Sch/Sa. f. Pb-Erze; „Engrg. Min. J.“, Juni 56, 113	**Sch., Sch/Sa.**
726	**Amylphenyldithioimidocarbonat**	Sa. f. sulfid. Cu-Erze; Am. 2469368	**Sa.**
727	**Amylphenylformoguanamin**	s. Triazin; Netzm.	**Netzm.**
728	**Amylphenylformoguanamin/Alkylenoxyd-Kondspr.**	Sa., Netzm., Emulg.; Am. 2381121 s. Glycidol-Amylphenylformoguanamin-Kondspr.; Sa., Netzm., Emulg.	**Sa.,Netzm.,Emulg.**
729	**Amylphenylketon**	s. Isoamylphenylketon; Sch.	**Sch.**
730	**Amylphenylphosphinsäure**	Sa.; Am. 2594454	**Sa.**
731	**Amylphenylpolyäthylenäther**	Netzm.; DP. 1030802	**Netzm.**
	Amylphenylpolyoxyäthylenätheralkohol	Sa/Sch.; Franz. 1109798 Sch.; Brit. 782107, 782407, Belg. 532530	**Sa/Sch., Sch.**
732	**Amylphenylterpenyläthersulfonat**	s. Aerosol 18; Netzm., Akt.	**Netzm., Akt.**
733	**Amylphosphorbromidothioat**	Cu-Sa. b. d. Flot. v. anoxydierten Sulfiderzen; Am. 2901107	**Sa.**
734	**Amylpimelat**	Sch.; DP. 904762, Am. 2690260	**Sch.**
735	**Amylpolyalkylenpolyamid, -amin**	Sa. f. quarzige Erze; Am. 2569417	**Sa.**
736	**Amylpolyäthylenäther**	Netzm.; DP. 1030802	

Lfd. Nr.	Bezeichnung (Zusammensetzung)	besondere Verwendung mit zugehöriger Literaturangabe	Verwendungs-überblick
737	**Amylpolyäthylenoxyd**	s. Alkylpolyäthylenoxyd; Sa/Sch., Netzm., Disp., Emulg.	**Sa/Sch., Netzm., Disp., Emulg.**
738	**Amylpolyoxyäthylenäther**	Sch. allgemein, Sa/Sch. f. d. Kohlen-Flot.; Brit. 782107, Belg. 532530	**Sa/Sch., Sch.**
739	**Amylpolyoxyäthylenätheralkohol**	Sch. u. Sa/Sch. f. d. Kohlen-Flot.; Brit. 782107, 782407, Franz. 1109798, Belg. 532530	**Sa/Sch., Sch.**
740	**Amylpolyoxynitrosophenol**	Sa/Sch. f. Cu-Silikate; „Chemical Abstracts" 1953, 1549	**Sa/Sch.**
741	**Amylpyridin**	s. Repellate; Netzm.	**Netzm.**
742	**Amylpyridinbromid**	Sa. bzw. Sa/Sch. f. oxyd. Mineralien; „Erzmetall" 1958, 545	**Sa., Sa/Sch.**
743	**Amylsilicon**	Erz-Sa.; „Chemical Abstracts" 1958, 8918	**Sa.**
744	**Amylsuberat**	Sch.; DP. 904762, Am. 2690260 s. Diamylsuberat; Sch.	**Sch.**
745	**Amylsuccinat**	s. Diamylsuccinat; Akt., Modif.	**Akt., Modif.**
746	**Amylsulfamido-Verbdgg.**	s. Alkylsulfamido-Verbdgg.; Sa.	**Sa.**
747	**Amylsulfat**	Ca-Amylsulfat = $Ca(C_5H_{11}SO_4)_2$ als Sch.; Petersen 162 s. Alkylsulfat; Sa., Sa/Sch., Netzm., Flockm., Kondm., Emulg.	**Sa., Sa/Sch., Sch., Netzm., Flockm., Kondm., Emulg.**
748	**Amylsulfenamid**	Sa.; Am. 2807615	**Sa.**
749	**Amylsulfid**	= Diamylsulfid, $(C_5H_{11})_2S$ Sa.; Brit. 362 366	**Sa.**
750	**Amylsulfonat**	Sa.; Petersen 163 Netzm.; DP. 802389 Sa. f. d. Kalisalz-Flot.; DP. 806842, 840682, 918861 Netzm. z. Zerstören v. Kohlenflot.-Schäumen; „Glückauf" 1932, 626 Netzm z. Verbesserung d. Filtration v. Flot.-Konzentraten; „Chem. Ztrlbl." 1959, 14544 Netzm. z. Viscositätsminderung von Schwerstofftrüben der Schwimmsinkscheidung von Mineralien; DP. 1089701	**Sa. Netzm.,**
751	**Amylsulfosuccinat**	s. Diamylsulfosuccinat; Netzm.	**Netzm.**
752	**Amylthiocarbonat**	Sa.; Stüpel	**Sa.**
753	**Amylthiophan**	Sa. f. sulfid. Zinkerze; Can. 393245	**Sa.**
754	**Amylthiophosphat**	Sa.; Brit. 310186	**Sa.**
755	**Amylthiophosphorylbromid**	s. Diamylthiophosphorylbromid; Sa/Sch.	**Sa/Sch.**
756	**Amylthiophosphorylchlorid**	s. Diamylthiophosphorylchlorid; Sa., Sa/Sch.	**Sa., Sa/Sch.**
757	**Amylthiosulfat**	Sa.; Am. 1723295	**Sa.**
758	**Amylthiourethan**	Sa.; Can. 311054	**Sa.**
759	**Amyltrimethylamin**	Sa. f. d. selektive Sulfiderz-Flot.; „Erzmetall" 1958, 199/209	**Sa.**
760	**Amyltrithiocarbonat**	Sa. f. d. Sulfiderz-Flot.; Am. 2512715 s. Diamyltrithiokohlensäureester; Sa.	**Sa.**

Lfd. Nr.	Bezeichnung (Zusammensetzung)	besondere Verwendung mit zugehöriger Literaturangabe	Verwendungs-überblick
761	**Amylxanthat** (in USA: „Pentasol-xanthat")	K-Amylxanthat = „Aero Xanthat 350"; Sa., s. d. K-sec. Amylxanthat = „Z-6-Xanthat"; Sa. f. oxyd. Mineralien; „Engrg. Min. J.", Juni 1956, 116 Kupferglanz-Sa. b. d. Flot. von bituminösem Mansfelder Kupferschiefer; DP. 599887 Sa.; Petersen 180 Sa. f. d. Magnetkies-Flot.; Am. 2693278 Sa. f. d. Cerussit-Flot.; „Bergb.-Wiss." 1959, 390 Sa. f. d. Bleiglanz-Flot.; „Chem. Ztrlbl." 1958, 7877 Sa. f. die Nickelerz-Flot.; Michell „The Practice of Mineral Dressing" 1950, 313 s. Pentasolamylxanthat; Sa.	**Sa.**
762	**Amylxanthogenäthyl-formiat**	als anionakt. Sa.; Am. 2689046	**Sa.**
763	**Amylxanthogenfor-miat**	Sa. f. d. Sulfid-Flot.; Am. 2412500	**Sa.**
764	**Amylxanthogenmo-lybdat**	Sa. f. d. Erz-Flot.; Can. 385474	**Sa.**
765	**Amylxylylphosphin-säure**	Sa.; Am. 2594454	**Sa.**
766	**Amylxylylpolyoxy-äthylenätheralkohol**	Sa/Sch.; Franz. 1109798 Sch.; Brit. 782107, 782407, Belg. 532530	**Sa/Sch., Sch.**
767	**Anethol** ($C_{10}H_{12}O$)	= Aniscamphor, Methoxypropenylbenzol, Propenylanisol, Allylphenylmethyläther Bestandteil des Pineöls; Sch.; „Min. Engrg.", Jan. 52, 68	**Sch.**
768	**Anhydrid/Alkylen-imin-Kondspr.**	Sa., Netzm., Disp.; Am. 2382185	**Sa., Netzm., Disp.**
769	**Anilin** ($C_6H_5NH_2$, Aminophen = Phenylamin, Aminobenzol)	Sch.; Brit. 145852 Lösm. i. d. „A-T-Mischg."; Petersen 184 s. Acetoacetanilin; Passiv. s. Thioanilin; Sa. s. Dimethylanilin = Xylidin; Sa. s. Äthanolanilin; Sa. s. Aminodimethylanilin; Passiv. Anilinsalzlösg. als Sa.; DP. 272919 s. Anilinblau; Dr. Schaumstabilisator b. d. Zinnerz-Flot.; „Chem. Ztrlbl." 1941, II, 3238	**Sa., Sch., Modif., Lösm.**
770	**Anilinblau**	als MoS_2-Dr.; Am. 2095967	**Dr.**
771	**Anilinbraun**	s. = Bismarckbraun; Sa.	**Sa.**
772	**Anilingelb**	s. = p-Aminoazobenzol; Sa. s. Rhodamin 3 B extra; Sa/Sch., Kondm.	**Sa., Sa/Sch., Kondm.**
773	**Anilinphthalamat**	s. Dodecylanilinphthalamat; Sa., Netzm.	**Sa., Netzm.**
774	**Anilinpropionsäure**	Sa.; Petersen 190	**Sa.**
775	**Anilinpropionsäure/Al-kohol-Lösung**	Sa/Sch. f. oxyd. Erze; Am. 1960526	**Sa/Sch.**

Lfd. Nr.	Bezeichnung (Zusammensetzung)	besondere Verwendung mit zugehöriger Literaturangabe	Verwendungs-überblick
776	**Anilin/Rosinat-Mischg.**	anionakt. Quarz-Sa. f. oxyd. Eisenerze; Am. 2364778	**Sa.**
777	**Anilin/Terpinylchloräthyläther-Kondspr.**	Sa. f. Nichterze; Am. 2316625	**Sa.**
778	**Aniscamphor**	s. Anethol; Sch.	**Sch.**
779	**Anisol**	s. = Methoxybenzol; Sch. s. Hydroxyanisol = Guajakol; Sch.	**Sch.**
780	**Ankilostin**	s. = Tetrachloräthylen; Lösm.	**Lösm.**
781	**Annit-Reagens**	= Aminseife; Sa.; ,,Engrg. Min. J.", Juni 1956, 112	**Sa.**
782	**Antaron L-135**	= Ölsäuremethyltaurid; als Netzm.; Stüpel	**Netzm.**
783	**Antaron N-185**	= Ölsäureisäthionsäureester; Netzm.; Stüpel	**Netzm.**
784	**Antarox**	= Alkylarylpolyglykoläther; als Netzm.; Stüpel	**Netzm.**
785	**Anthocyanin-Glukoside**	wie Pelargonin als Netzm.; Am. 2208758, Brit. 526701	**Netzm.**
786	**Anthoxanthin-Glukoside**	wie Apiin u. Glyzerrhizin als Netzm.; Am. 2208758, Brit. 526701	**Netzm.**
787	**Anthracenöl** ($C_{14}H_{10}$)	Sa. f. d. KohlenFlot.; DP. 807689, ,,Glückauf" 1957, 321 einzeln oder i. Mischg. m. Alkoholen als Sa/Sch. f. d. Kohlen-Flot.; DP. 1064442 ,,Bergb.-Archiv" 1948, 88/103 einzeln oder i. Alkohol/Benzol-Lösg. als Kondm. z. Reduktion oberflächl. oxydierter Kohle zwecks Verbesserung ihrer Flotierbarkeit; ,,Glückauf" 1957, 542 Flockm. f. d. Kohlenentwässerung; Am. 1606867, Brit. 193947	**Sa., Sa/Sch., Kondm., Flockm.**
788	**Anthrachinonglukoside** ($C_6H_4(CO)_2,C_6H_4$, Anthrachin-Dioxoanthracen)	wie Ruberythrinsäure, Aloin; Netzm.; Am. 2208758, Brit. 526701 s. Antrachrysol; Dr. s. ,,Alizarin Saphirol B", ,,Alizarin Sky Blue B", ,,Cyanthrol"; Dr., Netzm. s. Trioxyanthrachinon = Purpurin; Dr. s. Polyoxyanthrachinon; Dr. s. Mercaptoanthrachinon; Sa. s. Dioxyanthrachinon = Alizarin; Netzm., Dr.	**Netzm., Dr.**
789	**Anthrachrysol**	= 1, 3, 5, 7-Tetraoxyanthrachinon; Gangart-Dr.; Am. 2395866	**Dr.**
790	**Anthranilsäure** $C_6H_4(NH_2)COOH$)	= Aminobenzoesäure; Sa.; Petersen 190, ,,Min. Techn." 1946, 273	**Sa.**
791	**Anthranilsäure/Alkohol-Lösung**	Sa/Sch. f. oxyd. Erze; Am. 1960526	**Sa/Sch.**
792	**Anthraruffin**	= Dihydroxyanthrachinon, $C_{14}H_8O_4$ Gangart-Dr.; Am. 2395866	**Dr.**
793	**Antimonbromid/Stannibromid-Mischung**	Schwerfl. f. d. Schwimmsinkscheidung; Taggart 19—151/152	**Schwerfl.**
794	**Antimonchlorid**	reduzierendes Kondm. f. nichtmagnet. Eisenoxyderze — Hämatit, Göthit — vor deren Flotation oder Magnetscheidung; Am. 2952532	**Kondm.**

Lfd. Nr.	Bezeichnung (Zusammensetzung)	besondere Verwendung mit zugehöriger Literaturangabe	Verwendungs-überblick
795	**Antimonsäure** ($H_5SbO_5 \cdot xH_2O$)	lösl. Salze d. Antimonsäure i. Mischg. m. Huminsäure als Steinsalz-Dr. b. d. Steinsalz/Schönit- oder Steinsalz/Leonit-Flot.; DP. 945622	**Dr.**
796	**Antimon-Verbindungen**	Sb-Seifen als Sa. z. Flot. von Nichteisen-Metallen aus See- u. Grubenwasser; „The Min. J.", 3. 6. 60, S. 648	**Sa.**
797	**Antipyrylhydrazinchlorid**	s. Dimethyl- **A.**; Sa.	**Sa.**
798	**Antrapurol**	s. = Chrysazin; Dr.	**Dr.**
799	**Autöl**	s. = Furfurol; Sch., Akt., Lösm.	**Sch., Akt., Lösm.**
800	**Apiin**	= Anthoxanthinylglukosid Netzm.; Am. 2208758, Brit. 526701	**Netzm.**
801	**Aquasol AR-90**	= hochsulfon. Rizinusöl; Sa. f. oxyd. Eisenerze; DP. 844131	**Sa.**
802	**Aralkylaminopropen**	s. Phenyldiäthylaminopropen; Sa.	**Sa.**
803	**Aralkylbenzolhydroxylderivate**	Sa., Sa/Sch., Sch. f. d. Erz-F.; Patentanm. C 58708 VI/b in „Fiat-Ber." v. 1. 11. 1948 s. Benzolhydroxylderivate; Sch.	**Sa., Sa/Sch., Sch.**
804	**Aralkylhydrazinchlorid**	wie Phenyldipropyl-, Hydroxbenzyldimethylhydrazinchlorid; Sa.; Franz. 1165100	**Sa.**
805	**Aralkylmercaptan/Diaralkylsulfid-Mischg.**	Sa.; Can. 313447	**Sa.**
806	**Aralkylphenolsulfonat**	s. Areskap, Aresklene; Sa., Netzm.	**Sa., Netzm.**
807	**Aralkylphthalat**	Akt. u. Schaumverbesserer [Modif.] f. sulfid. Erze; Am. 2689043/046	**Modif., Akt.**
808	**Aralkylsulfid**	s. Benzyläthylsulfid; Sa.	**Sa.**
809	**Aralkylxanthat**	s. Benzylphenyläthylxanthat; Sa.	**Sa.**
810	**Arbutin**	= Arbutosid, Hydrochinonglukosid, Hydrochinonmonoglukopyranosid, Uvasol, Ursin, $C_{12}H_{16}O_7 \cdot H_2O$, gehört z. Gruppe der Catechol-Tannine Netzm.; Am. 2208785, Brit. 526701	**Netzm.**
811	**Arbutosid**	s. = Arbutin; Netzm.	**Netzm.**
812	**Arctic Syntex A**	= Fettsäureisäthionsäureester; Netzm.; Stüpel Netzm.; Brit. 586961 Sa. f. oxyd. Eisenerze; DP. 844131	**Sa., Netzm.**
813	**Arctic Syntex M**	= Glyzerinsulfat; als Sa. f. MoS_2; Michell, „The Practice of Mineral Dressing", 1950, S. 309 = Monofettsäureglyzeridsulfat; als Netzm.; Stüpel u. Am. 2861687	**Netzm., Sa.**
814	**Arctic Syntex T**	$CH_3(CH_2)_7CH{=}CH(CH_2)_7CON(CH_3) \cdot C_2H_4SO_3Na$; als Sa. f. oxyd. Erze; DP. 844131 als Netzm.; Brit. 586961 = Ölsäuremethyltaurid; als Netzm.; Stüpel	**Netzm., Sa.**

Lfd. Nr.	Bezeichnung (Zusammensetzung)	besondere Verwendung mit zugehöriger Literaturangabe	Verwendungs-überblick
815	**Areskap** = Na-Butylphenyl-phenolsulfonat, 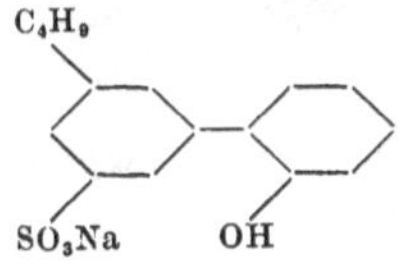	Hilfs-Sa. f. oxyd. Eisenerze$_1$ DP. 844131 Netzm.; Brit. 586961	**Sa., Netzm.**
816	**Aresket**	= Na-Monobutyldiphenylmonosulfonat Hilfs-Sa. f. oxyd. Eisenerze; DP. 844131 Netzm.; Brit. 586961	**Sa., Netzm.**
817	**Aresklene**	= Na-Dibutylphenylphenoldisulfonat Hilfs-Sa. f. oxyd. Eisenerze; DP. 844131 Netzm.; Brit. 586961	**Sa., Netzm.**
818	**Arginin**	= Guanidinaminovaleriansäure, Aminopentansäure, $NHC(NH_2)NH(CH_2)_3CH(NH_2)COOH$ Gangart-Dr.; Am. 2414199	**Dr.**
819	**Arkolene GN**	= NH_4-Alkylarylsulfonat; Netzm.; Am. 2884474	**Netzm.**
820	**Arkolene WX**	= Na-Alkylarylsulfonat + Polyglykol; Netzm.; Am. 2884474	**Netzm.**
821	**Arkopale**	= Alkylphenolpolyglykoläther; Sa/Sch. f. oxyd. Eisenerze; ,,Bergb.-Wiss.“ 1960, 363/378	**Sa/Sch.**
822	**Arkopal/Medialan-Mischung**	Sa/Sch. f. oxyd. Eisenerze; ,,Bergb.-Wiss.“ 1960, 363/378	**Sa/Sch.**
823	**Armac 8D** (Octylaminacetat)	= Armeen 8 D-acetat; Sa.; ,,Encyclopedia of Chemical Technology“ 1951, 604 s. Octylaminacetat; Sa., Netzm. Sylvin-Sa.; Am. 2836297	**Sa., Netzm.**
824	**Armac 10D** (= Decylaminacetat)	= Armeen 10 D-acetat; Sa.; ,,Encyclopedia of Chemical Technology“ 1951, 604 s. Decylaminacetat; Sa., Netzm.	**Sa., Netzm.**
825	**Armac 12D**	= Armeen 12 D-acetat; Sa.; ,,Encyclopedia of Chemical Technology“ 1951, 604 s. Dodecylaminacetat; Sa., Sa/Sch., Netzm. kationakt. Sa. f. quarzigen Rhodonit; Am. 2666588	**Sa., Sa/Sch., Netzm.**
826	**Armac 14D**	= Armeen 14 D-acetat; Sa.; ,,Encyclopedia of Chemical Technology“ 1951, 604 s. = Tetradecylaminacetat; Sa., Netzm.	**Netzm., Sa.**
827	**Armac 16D**	= Armeen 16 D-acetat; Sa.; ,,Encyclopedia of Chemical Technology“ 1951, 604 s. = Hexadecylaminacetat; Sa., Netzm.	**Sa., Netzm.**
828	**Armac 18D**	= Armeen 18 D-acetat; Sa.; ,,Encyclopedia of Chemical Technology“ 1951, 604 s. = Octadecylaminacetat; Sa.,Sa/Sch., Netzm.	**Sa., Sa/Sch., Netzm.**
829	**Armac CD**	= Armeen CD-acetat; Sa.; ,,Encyclopedia of Chemical Technology“ 1951, 604 s. = Kokosaminacetat; Sa., Sa/Sch., Netzm., Flockm.	**Netzm., Sa., Flockm., Sa/Sch.**

Lfd. Nr.	Bezeichnung (Zusammensetzung)	besondere Verwendung mit zugehöriger Literaturangabe	Verwendungs-überblick
830	**Armac CSD**	= Armeen CSD-acetat; Sa.; „Encyclopedia of Chemical Technology“ 1951, 604 = Baumwollsaatölaminacetat	**Sa.**
831	**Armac HTD**	= Armeen HTD-acetat; Sa.; „Encyclopedia of Chemical Technology“ 1951, 604 = Hydrotalgaminacetat	**Sa.**
832	**Armac SD**	= Armeen SD-acetat; Sa.; „Encyclopedia of Chemical Technology“ 1951, 604 s. = Sojaaminacetat; Sa., Sa/Sch.	**Sa/Sch., Sa.**
833	**Armac TD**	= Armeen TD-acetat; Sa.; „Encyclopedia of Chemical Technology“ 1951, 604 = Talgaminacetat; Sa.; „Engrg. Min. J.“, Juni 1956, 112 Sylvin-Sa.; DP. 919763, 1056071; Franz. 1139954 kationakt. Sa. z. „Positivion-Flotation“ v. i. d. 1. Stufe mit anionakt. Sa. ausgeschwommenen Phosphatitkonzentraten; Am. 2811254 s. = Talgaminacetat; Sa., Netzm. Sa. f. Quarz, Glimmer, Eisenerze, Sylvin; „Engrg. Min. J.“, Juni 60, 148/149	**Netzm., Sa.**
834	**Armacflot SD**	= Armoflot-acetat; Sa.; „Encyclopedia of Chemical Technology“ 1951, 604	**Sa.**
835	**Armeen 8D**	= Octylamin; Sa.; „Encyclopedia of Chemical Technology“ 1951, 603 s. Octylamin; Sa., Sa/Sch., Netzm.	**Sa/Sch., Sa., Netzm.**
836	**Armeen 8D-acetat**	s. = Armac 8 D; Sa., Netzm.	**Sa., Netzm.**
837	**Armeen 10D**	= Decylamin; Sa.; „Encyclopedia of Chemical Technology“ 1951, 603 s. Decylamin; Sa., Sa/Sch., Netzm.	**Sa/Sch., Sa., Netzm.**
838	**Armeen 10D-acetat**	s. = Armac 10 D; Sa., Netzm.	**Sa., Netzm.**
839	**Armeen 12-D**	= Dodecylamin; Sa.; „Engrg. Min. J.“; Juni 1956, S. 113 u. Am. 2578790 s. auch „Mixed Crude Armeen Lot 5593“	**Sa.**
840	**Armeen 12D-acetat**	s. = Armac 12 D; Sa., Sa/Sch., Netzm.	**Sa., Sa/Sch., Netzm.**
841	**Armeen 14D**	= Tetradecylamin; Sa.; „Encyclopedia of Chemical Technology“ 1951, 603	**Sa.**
842	**Armeen 14D-acetat**	s. = Armac 14 D; Sa., Netzm.	**Sa., Netzm.**
843	**Armeen 16D**	= Hexadecylamin; Sa.; „Encyclopedia of Chemical Technology“ 1951, 603 s. Hexadecylamin; Sa., Netzm.	**Sa., Netzm.**
844	**Armeen 16D-acetat**	s. = Armac 16 D; Sa., Netzm.	**Sa., Netzm.**
845	**Armeen 18D**	= Octadecylamin; Sa.; „Encyclopedia of Chemical Technology“ 1951, 603 s. Octadecylamin; Sa., Netzm.	**Netzm., Sa.**
846	**Armeen 18D-acetat**	s. = Armac 18 D; Sa., Sa/Sch., Netzm.	**Sa., Sa/Sch., Netzm.**
847	**Armeen 218**	= Di-n-octadecylamin; Sa.; Am. 2578790	**Sa.**

Lfd. Nr.	Bezeichnung (Zusammensetzung)	besondere Verwendung mit zugehöriger Literaturangabe	Verwendungs-überblick
848	**Armeen CD**	= Mischung aus Octyl-, Decyl-, Tetradecyl-, Hexadecyl-, Octadecyl-, Octadecenyl-, Octadecadienyl-aminen d. Kokosöls; Sa.; „Encyclopedia of Chemical Technology" 1951, 603 s. Kokosamin; Netzm., Sa.	**Netzm., Sa.**
849	**Armeen CD-acetat**	Armeen CD-acetat = Armac CD s. = Armac CD; Sa., Sa/Sch., Netzm., Flockm.	**Netzm., Sa/Sch., Sa., Flockm.**
850	**Armeen CD-Trimethylammonium-chlorid**	s. = Arquad C; Sa.	**Sa.**
851	**Armeen CSD**	Amin-Mischg. wie „Armeen SD", jedoch aus Baumwollsaatöl; Sa.; „Encyclopedia of Chemical Technology" 1951, 603 Armeen CSD-acetat = Armac CSD	**Sa.**
852	**Armeen CSD-acetat**	s. = Armac CSD; Sa.	**Sa.**
853	**Armeen CSD-Trimethylammonium-chlorid**	s. = Arquad CS; Sa.	**Sa.**
854	**Armeen/Dodecenyl-amin-Mischg.**	Phosphatit-Sa.; Am. 2914174	**Sa.**
855	**Armeen HTD**	= 25 Gew.-% Hexadecyl-, 70% Octadecyl-, 5% Octadecenylamin aus Hydrotalgöl; Am. 2809935 als Sa.; „Engrg. Min. J." Juni 1956, S. 113 = Hydrotalgamine; Sylvin-Sa.; „Engrg. Min. J.", Juni 1960, 148/149	**Sa.**
856	**Armeen HTD-acetat**	s. = Armac HTD; Sa.	**Sa.**
857	**Armeen HTD-Trimethylammonium-chlorid**	s. = Arquad HT; Sa.	**Sa.**
858	**Armeen/Octadecyl-amin-Mischg.**	Phosphatit-Sa.; Am. 2914174	**Sa.**
859	**Armeen Residue**	= „Alamine 60"; Sa. f. d. Phosphatit-Fl.; Am. 2914174	**Sa.**
860	**Armeen Residue (Cocoa)**	= Aminprodukt aus d. Reduktion von Kokosölsäuren; als Sa. f. d. Phosphatit-Flot.; Am. 2914174	**Sa.**
861	**Armeen Residue (soy bean)**	= Aminprodukt aus d. Reduktion von Sojaölsäuren; als Sa. f. d. Phosphatit-Flot.; Am. 2914174	**Sa.**
862	**Armeen Residue (Tallow)**	ähnlich „Alamine 60"; Sa. f. d. Phosphatit-Flot.; Am. 2914174	**Sa.**
863	**Armeen Residue/Armeen TD-Mischung**	s. = „Mixed Crude Armeen Lot 5593; Sa.	**Sa.**
864	**Armeen SD**	s. „Sojaamine"; Sa. = 10 Gew.-% Hexadecyl-, 10% Octadecyl-, 35% Octadecenyl- u. 45% Octadecyldienyl-amin aus Sojaöl; Sa.; Am. 2809935 u. „Encyclopedia of Chemical Technology" 1951, 603 Armeen SD-acetat = Armac SD	**Sa.**

Lfd. Nr.	Bezeichnung (Zusammensetzung)	besondere Verwendung mit zugehöriger Literaturangabe	Verwendungs-überblick
865	**Armeen SD-acetat**	s. = Armac SD; Sa., Sa/Sch.	**Sa., Sa/Sch.**
866	**Armeen SD-Trimethylammonium-chlorid**	s. = Arquard S; Sa.	**Sa.**
867	**Armeen TD**	= Mischung aus 80 Gew.-% „Armeen Residue" u. 20% Talgaminen; als Sa. f. d. Phosphatit-Flot.; Am. 2914174 als Sa.; „Engrg. Min. J.", Juni 1956, S. 113 = Hexadecyl-, Octadecyl-, Octadecenyl-amin-Mischg. aus Talgöl; Sa.; „Encyclopedia of Chemical Technology" 1951, 603 Armeen TD-acetat = Armac TD s. = Talgamin; Sa., Netzm.	**Netzm., Sa.**
868	**Armeen TD-acetat**	s. = Armac TD; Sa., Netzm.	**Sa., Netzm.**
869	**Armeen TD-Trimethylammonium-chlorid**	s. = Arquad T; Sa.	**Sa.**
870	**Armoflot SD**	= Mischg. aus Hexadecyl-, Octadecyl-, Octadecenyl-, Octadecadienylamin u. Nitrilen von Sojaöl; Sa.; „Encyclopedia of Chemical Technology" 1951, 603 Phosphat- u. Glimmer-Sa.; „Engrg. Min. J.", Juni 1956, 113 Quarz-, Glimmer-, Feldspat-Sa.; „Engrg. Min. J.", Juni 1960, 148/49	**Sa.**
871	**Arquad 8**	= Trimethyloctyl-NH_4Cl; Sa.; „Encyclopedia of Chemical Technology" 1951, 604 Chromit-Sa.; „Erzmetall" 1959, 310	**Sa.**
872	**Arquad 10**	= Trimethyldecyl-NH_4Cl; Sa.; „Encyclopedia of Chemical Technology" 1951, 604 Chromit-Sa.; „Erzmetall" 1959, 310	**Sa.**
873	**Arquad 12**	= Trimethyldodecyl-NH_4Cl; Sa.; „Encyclopedia of Chemical Technology" 1951, 604 Chromit-Sa.; „Erzmetall" 1959, 310	**Sa.**
874	**Arquad 14**	= Trimethyltetradecyl-NH_4Cl; Sa.; „Encycylopedia of Chemical Technology" 1951, 604 Chromit-Sa.; „Erzmetall" 1959, 310	**Sa.**
875	**Arquad 16**	= Trimethylhexadecyl-NH_4Cl; Sa.; „Encyclopedia of Chemical Technology" 1951, 604 s. = Hexadecyltrimethylammonium-chlorid; Sa. Chromit-Sa.; „Erzmetall" 1959, 310	**Sa.**
876	**Arquad 18**	= Trimethyloctadecyl-NH_4Cl; Sa.; „Encyclopedia of Chemical Technology" 1951, 604 Sa.; Brit. 463261 Chromit-Sa.; „Erzmetall" 1959, 310	**Sa.**
877	**Arquad C**	= Trimethyl-Armeen CD-NH_4Cl; Sa.; „Encyclopedia of Chemical Technology" 1951, 605 Chromit-Sa.; „Erzmetall" 1959, 310	**Sa.**

Lfd. Nr.	Bezeichnung (Zusammensetzung)	besondere Verwendung mit zugehöriger Literaturangabe	Verwendungs-überblick
878	**Arquad 2C**	= Dicocodimethyl-NH_4Cl Chromit-Sa.; „Erzmetall" 1959, 310	**Sa.**
879	**Arquad CS**	= Trimethyl-Armeen CSD-NH_4Cl; Sa.; „Encyclopedia of Chemical Technology" 1951, 605 Chromit-Sa.; „Erzmetall" 1959, 310	**Sa.**
880	**Arquad HT**	= Trimethyl-Armeen HTD-NH_4Cl; Sa.; „Encyclopedia of Chemical Technology" 1951, 605 Chromit-Sa.; „Erzmetall" 1959, 310	**Sa.**
881	**Arquad 2HT**	= Dioctadecyldimethylammonium-chlorid; Schlamm-Flockm.; „Engrg. Min. J.", Juni 1956, 113 Chromit-Sa.; „Erzmetall" 1959, 310	**Sa., Flockm.**
882	**Arquad S**	= Trimethyl-Armeen SD-NH_4Cl;Sa.; „Encyclopedia of Chemical Technology 1951, 605 = Soja-Trimethylammoniumchlorid; Quarz-Sa.; schwimmt Tone aus; „Engrg. Min. J.", Juni 1956, 113 Chromit-Sa.; „Erzmetall" 1959, 310	**Sa.**
883	**Arquad T**	= Trimethyl-Armeen TD-NH_4Cl; Sa.; „Encyclopedia of Chemical Technology" 1951, 605 Chromit-Sa.; „Erzmetall" 1959, 310	**Sa.**
884	**Arsen-Verbindgg.**	organ. As-Verbdgg., die außerdem N, S u. P. enthalten können, als Sa. f. sulfid. Erze; Schwed. 78304 As-Seifen als Sa. z. Flot. von Nichteisen-Metallen aus See- u. Grubenwasser; „The Min. J.", 3. 6. 1960, 648 anorgan. As-Verbdgg., wie Na-Thioarsenat-$Na_3AsSO_3 \cdot 12\,H_2O$ als Zinkblende-Dr.; Petersen 202 s. Arsine; Sa. s. Tripropylarsensulfid; Sa.	**Sa., Dr.**
885	**Arsenopyritflotations-konzentrate**	Schwerstoff für Trüben z. Schwimmsink-scheidung von Mineralien; „The Mining J.", Mai 1959, 127	**Schwerst.**
886	**Arsine** (= As-Hydride)	organ. S-haltige Arsine, wie Tripropyl-arsinsulfid, als Sa. f. d. Flot. sulfid. As-Erze, wie Arsenkies oder Arsenikalkies; Petersen 184	**Sa.**
887	**Arsonsäure**	aliphat. oder aromat. Arsonsäuren allein oder zusammen m. anderen Flot.-Mitteln als Sa/Sch. f. Zn-Erze; Franz. 881935	**Sa/Sch.**
888	**Arylaldehyde**	z. B. Furfurol; Erz-Sch.; Brit. 145852 s. Furfurol; Sch., Lösm., Akt.	**Sch., Lösm., Akt.**
889	**Arylaldehyd/Alkohol-Reaktpr.**	s. Acrolein/Alkohol-Reaktpr.; Sa.	**Sch.**
890	**Arylakohole**	= aromat. Alkohole; s. d. Sch.; Am. 2467369 s. Phenyläthyl-, Phenyläthylmethyl-, Phenyldimethyl-, Phenylendimethyl-, Tolyldimethyl-, Tolymethyl-carbinol; Sch.	**Sch., Sch/Sa,.**
891	**Arylalkylthiophosphat**	s. Nitro-A.; Sa.	**Sa.**

Lfd. Nr.	Bezeichnung (Zusammensetzung	besondere Verwendung mit zugehöriger Literaturangabe	Verwendungs-überblick
892	**Arylazid**	= Diazobenzolimid; s. Diazo-Verbindungen; Sa.	**Sa.**
893	**Arylbenzolhydroxylderivate**	Sa., Sa/Sch., Sch. f. d. Erz-Flot.; Patanm. C 58708 VI/b in „Fiat-Ber." v. 1. 11. 1948 s. Benzolhydroxylderivate; Sch.	**Sa., Sa/Sch., Sch.**
894	**Arylcarbonsäuren**	s. Benzolcarbonsäuren; Sa., Sch., Dr., Regler, Akt., Modif., Kondm. s. Phenolcarbonsäuren; Sa., Dr., Netzm., Regler, Kondm. Kondm. f. elektrostat. aufzubereitende Kalisalze; DP. 1076593 Sa.; Petersen 190 s. Pyridincarbonsäuren; Dr. s. Diterpencarbonsäure; Sa., Emulg.	**Sa., Sch., Dr., Netzm., Regler, Akt., Modif., Kondm., Emulg.**
895	**Arylcarbonsäure/Alkohol-Lösung**	Sa/Sch. f. oxyd. Erze; Am. 1960526	**Sa/Sch.**
896	**Arylchlorid**	s. Benzylchlorid; Sa.	**Sa.**
897	**Arylchloridphosphin**	s. Benzylchloridphosphin; Akt.	**Akt.**
898	**Arylcitrat**	Akt. b. d. Flot. sulfid. Erze, Modif. z. Verbesserung des Schaumes u. d. Sammlerverteilung; Am. 2689045/046	**Akt., Modif.**
899	**Aryldithiocarbamat**	Sa.; DP. 871132 s. Naphthyldithiocarbamat; Sa.	**Sa.**
900	**Aryldithiophosphat**	s. Dixylenyldithiophosphat; Sa.	**Sa.**
901	**Aryldithiophosphorsäure**	s. Kresyldithiophosphorsäure; Sa., Kondm.	**Sa., Kondm.**
902	**Arylensulfonat**	s. Invadin N; Sa.	**Sa.**
903	**Arylestersulfonat**	s. Dynesol; Akt.	**Akt.**
904	**Arylglyoxim**	s. Phenylglyoxim; Sa.	**Sa.**
905	**Arylglyzin**	s. Phenylglyzin; Sa.	**Sa.**
906	**Arylguanidin**	s. Di-, Triphenylguanidin; Sa/Sch., Sa. s. Ditolylguaninidin; Sa., Sa/Sch.	**Sa.**
907	**Arylhalogenid**	s. Benzylchlorid-Reaktpr.; Sa.	**Sa.**
908	**Arylhalogenidphosphin**	s. Benzylchloridphosphin; Akt.	**Akt.**
909	**Arylhydrazin**	s. Tolylhydrazin; Sa.	**Sa.**
910	**Arylhydrazinchlorid**	wie Phenyldihydrazinchlorid; als Sa.; Franz. 1165100	**Sa.**
911	**Arylketone**	z. B. Camphor als Erz-Sch.; Brit. 145852 s. Benzylketon, Phenylketon; Sch.	**Sch.**
912	**Arylmercaptan**	s. Benzylmercaptan; Sa.	**Sa.**
913	**Arylmethan**	s. Triphenylmethan; Sa., Dr., Akt., Kondm.	**Sa., Dr., Akt., Kondm.**
914	**Arylmethylcarbinol**	s. Tolylmethylcarbinol; Sch.	**Sch.**
915	**Arylmethylhydroperoxyd**	s. Diphenylmethylhydroperoxyd; Sch.	**Sch.**
916	**Arylnaphthalinsulfonat**	s. Benzylnaphthalinsulfonat; Sa., Sa/Sch., Netzm.	**Sa., Sa/Sch., Netzm.**
917	**Arylolamin**	Sa.; Am. 2389763	**Sa.**
918	**Arylphosphate**	s. Dithiodi- A.; Sch/Sa. Triarylphosphat; Sa., Akt., Regler	**Sa. Sch/Sa., Akt., Regler**
919	**Arylpolyäthylenäther**	als Netzm.; DP. 1030802 s. Phenylpolyäthylenäther; Netzm.	**Netzm.**

Lfd. Nr.	Bezeichnung (Zusammensetzung)	besondere Verwendung mit zugehöriger Literaturangabe	Verwendungs-überblick
920	**Arylpolyoxyäthylenätheralkohol**	Sch.; bildet zusammen mit Sammlern eine Molekularassoziation an Luft/Wasser- oder Feststoff/Wasser-Grenzflächen; Brit. 782107, 782407, Belg. 532530 Sa/Sch.; Franz. 1109798 s. Lissapol N; Sch., Flockm.	**Sa/Sch., Sch., Flockm.**
921	**Arylsilicone**	Erz-Sa.; „Chemical Abstracts" 1958, 8918	**Sa.**
922	**Arylsulfaminsäuren**	s. Sulfaminsäuren; Regler	**Regler**
923	**Arylsulfonat**	Ca- oder Na-Monoarylsulfonat als Kobaltit-Dr.; Am. 2403640 anionakt. Netzm.; Römpp „Chemie-Lexikon" 1958 s. Sherosope; Emulg.	**Dr., Netzm., Emulg.**
924	**Arylsulfonat BASF**	= Alkylbenzolsulfonat; als Netzm.; Stüpel	**Netzm.**
925	**Arylsulfoniumchlorid**	s. Tridiphenylsulfoniumchlorid; Flockm.	**Flockm.**
926	**Arylsulfonsäure**	s. Benzolsulfonsäure; Netzm. s. Toluolsulfonsäure; pH-Regler	**Netzm., Regler**
927	**Arylsulfonsäure/Amylaldehyd-Kondspr.**	MoS_2-Dr. b. d. Flot. sulfid. Cu/Mo-Erze; Am. 2187930	**Dr.**
928	**Arylsulfonsäure/Butyraldehyd-Kondspr.**	MoS_2-Dr. b. d. Flot. sulfid. Cu/Mo-Erze Am. 2187930	**Dr.**
929	**Arylsulfonsäure/Fettsäure-Reaktpr.**	s. Benzolsulfonsäure . . ., Toluolsulfonsäure	**Sa.**
930	**Arylsulfonsäure/Formaldehyd-Kondenspr.**	Netzm. u. MoS_2-Dr.; Am. 2187930 u. 2208758, Brit. 526701	**Dr., Netzm.**
931	**Arylsulfonsäure/Heptaldehyd-Kondspr.**	MoS_2-Dr. b. d. Flot. von Mo/Cu-Sulfiden; Am. 2187930	**Dr.**
932	**Arylthiocarbonsäurederivate**	s. Arylxanthate; Sa.	**Sa.**
933	**Arylthioketomercaptothiazol**	s. Phenylthioketonmercaptothiazol; Sa.	**Sa.**
934	**Arylthiophosphate**	Sa.; Brit. 310186, Can. 321318	**Sa.**
935	**Aryltrichlorsilan**	s. Phenyltrichlorsilan; Kondm.	**Kondm.**
936	**Arylxanthat**	s. Benzylxanthat; Sa.	**Sa.**
937	**Asbest**	s. Magnesiumsilikate; Regler	**Regler**
938	**Äsculin**	= Cumaron-Glukosid; Netzm.; Am. 2208758, Brit. 526701	**Netzm.**
939	**Asparaginsäure**	= Aminobernsteinsäure, Aminosuccinsäure, HOOC—CH(NH_2)—CH_2—COOH Gangart-Dr.; Am. 2414199, „Min. Technology" 1946, 279 s. Aminosäuren; Sa.	**Sa., Dr.**
940	**Aspirin**	s. = Acetylsalicylsäure, Acetylin; Kondm.	**Kondm.**
941	**A-Stärke**	s. Amylose; Dr.	**Dr.**
942	**A-T-Mischg.**	m. Anilin als Lösm.; Sa/Sch.; Petersen 184	**Sa/Sch.**
943	**Äthal**	s. = Hexadecylalkohol; Sa/Sch.	**Sa/Sch.**

Lfd. Nr.	Bezeichnung (Zusammensetzung)	besondere Verwendung mit zugehöriger Literaturangabe	Verwendungs-überblick
944	**Äthanol/Arylsulfon-säure-Kondspr.**	= Acetaldehyd/Arylsulfons.-Kondenspr.; Dr.; s. d.	**Dr.**
945	**Äthandicarbonsäure**	= $HOOC(CH_2)_2COOH$ s. Succinsäure; Dr.	**Dr.**
946	**Äthandisäure**	s. = Oxalsäure; Dr., Netzm. Disp., Regler	**Dr., Netzm., Disp., Regler**
947	**Äthanol** (= Äthylalkohol, Spiritus, Vinylalkohol, C_2H_5OH)	Sch. m. äußerst sammelnder Wirkg.; „Glückauf" 1956, 1441 s. = Solox; Sch. polares Lösm. z. Aufschlämmung von Ton aus Kalisalzen; DP. 1083192 Sa. z. Flot. von Kohlenschlämmen; „Bergb.-Wiss." 1960, 542	**Sch/Sa., Sa., Sch., Lösm.**
948	**Äthanol/Acrolein-Reaktpr.**	als Sch.; Am. 2561251	**Sch.**
949	**Äthanol/Aldehyd-Reaktpr.**	als Sch.; Am. 2561251	**Sch.**
950	**Äthanolamidsulfat**	s. Igepon C; Netzm., Flockm.	**Netzm., Flockm.**
951	**Äthanolamin** (Hydroxyäthylamin, = Aminoäthanol, Colamin, $HO \cdot CH_2 \cdot CH_2 \cdot NH_2$)	s. Monoäthanolamin; Sa., Dr., Lösm., Netzm. Netzm.; Blücher „Auskunftsbuch f. d. chem. Industrie" 1954, 773 Gangart-Dr.; „Min. Technology" 1946, 277 s. Diäthanolamin; Sa. s. Triäthanolamin; Netzm., Emulg. s. Cyclohexyl-, Phenyläthanolamin; Sa. s. Dioctyläthanolamin; Flockm.	**Flockm., Sa., Netzm., Dr., Lösm., Emulg.**
952	**Äthanolamindiäthy-lenglykolmonobu-tyläther**	s. Mono-**Ä.**; Sa.	**Sch.**
953	**Äthanolaminoleat**	Emulgator f. Flockungsmittel; Fr. 917478	**Emulg.**
954	**Äthanolaminphthalat**	s. Dodecyl-**Ä.**; Sa., Netzm.	**Sa., Netzm.**
955	**Äthanolamin/Pflan-zenöl-Reaktpr.**	s. Herocta; Emulg.	**Emulg.**
956	**Äthanolamin/Terpi-nylchloräthyläther-Kondspr.**	Sa. f. Nichterze; Am. 2316625	**Sa.**
957	**Äthanolamintoluolsul-fonat/Palmölfett-säure-Reaktpr.**	Sa. f. d. silikat. Gangart v. Nichterzen; Can. 436592	**Sa.**
958	**Äthanolanilin**	Sa.; Am. 2389763	**Sa.**
959	**Äthanolbutanolamin**	Sa.; Am. 2389763	**Sa.**
960	**Äthanol/Crotonalde-hyd-Reaktpr.**	als Sch.; Am. 2561251, Can. 462750	**Sch.**
961	**Äthanol-Cinnamin-aldehyd-Reaktpr.**	als Sch.; Am. 2561251	**Sch.**
962	**Äthanol/Na-Polyacry-lat-Copolymer**	Gangart-Dr. b. d. Flot. sulfid. Erze;	**Dr.**
963	**Äthanolpropanolamin**	Sa.; Am. 2389763	**Sa.**
964	**Äthanolsulfat**	s. = Äthylsulfat; Sa., Sa/Sch., Netzm., Flockm., Emulg.	**Sa., Sa/Sch.,Netzm. Flockm., Emulg.**

Lfd. Nr.	Bezeichnung (Zusammensetzung)	besondere Verwendung mit zugehöriger Literaturangabe	Verwendungs-überblick
965	**Äthansäure**	s. = Essigsäure; Dr., Regler	**Dr., Regler**
966	**Äthanthiol**	s. = Äthylmercaptan; Sa.	**Sa.**
967	**Äthenamin**	s. = Äthylenamin; Sa., Sa/Sch., Netzm., Regler, Lösm.	**Sa., Sa/Sch., Netzm. Regler, Lösm.**
968	**Ätheralkohol**	Sch.; bildet zusammen m. Sammlern eine Molekularassoziation an Luft/Wasser- und Feststoff/Wasser-Grenzflächen; Brit. 782107 Sa/Sch. f. d. Steinkohlen-Flot.; Franz. 1109798	**Sa/Sch., Sch.**
969	**Äthercarbonsäure**	s. Cellulosäthercarbonsäure; Sa.	**Sa.**
970	**Äthin**	s. = Acetylen; Verstärker	**Akt.**
971	**Äthinylbenzol** (= Acetylenylbenzol)	= $C_6H_5C{:}CH$; Kondm. z. Verbesserung d. Convertol-Feinkohlenaufbrtg.; „Min. Eng.", Nov. 1959, S. 1153/54	**Kondm.**
972	**Äthionsäure/Carbonsäure-Reaktpr.**	Sa/Sch., Netzm.; Brit. 366916	**Sa/Sch., Netzm.**
973	**Äthoxyalkan**	s. Triäthoxyhexan; Sch.	**Sch.**
974	**Äthoxyalkanolphthalsäurediester**	Sch. f. Cu-Silikate; DP. 922401, Am. 2732940, Brit. 739073	**Sch.**
975	**Äthoxyalkylbiguanidsalze**	Sa., Netzm., Emulg.; Am. 2350453	**Sa., Netzm., Emulg**
976	**Äthoxyalkylphenole**	Sa/Sch. f. HgS-Erze; „Chemical Abstracts" 1958, 1907	**Sa/Sch.**
977	**Äthoxyalkylphthalat**	Sch.; Am. 2732940, Brit. 739073	**Sch.**
978	**Äthoxyalkylpolysulfid**	Sa. f. zementierte Cu-Erze; „Chemical Abstracts" 1958, 9930	**Sa.**
979	**Äthoxyamine**	s. Ethomeene; Sa/Sch., Flockm.	**Sa/Sch., Flockm.**
980	**Äthoxyaminoäthylheptadecylimidazolhydrochlorid**	kationakt. Sa.; Brit. 578694	**Sa.**
981	**Äthoxyäthan**	Erz-Sch.; Am. 2591289, Brit. 665420, Can. 498707	**Sch.**
982	**Äthoxyäthanol**	= Cellosolve, Äthylenglykolmonoäthyläther, $CH_2OH \cdot CH_2 \cdot O \cdot C_2H_5$; „Merck Index" 1960 Lösm. z. Aufschlämmung von Ton aus Kalisalzen; DP. 1083192	**Lösm.**
983	**Äthoxyäthanolacetat** (= Cellosolveacetat, $CH_3COOCH_2 \cdot CH_2 \cdot O \cdot C_2H_5$)	als Lösm. f. d. Aufschlämmung von Ton aus Kalisalzen; DP. 1083192	**Lösm.**
984	**Äthoxyäthoxybenzol**	Sch.; Am. 2776749	**Sch.**
985	**Äthoxyäthoxycrotonsäureester**	Sch.; Am. 2776748, Can. 563445	**Sch.**
986	**Äthoxyäthyldisulfid**	Sa. f. zement. Cu-Erze; „Chemical Abstracts" 1958, 8873	**Sa.**
987	**Äthoxyäthylphthalat**	Sch. f. Cu-Silikate; DP. 922401, Am. 2732940, Brit. 739073	**Sch.**
988	**Äthoxyäthylxanthat**	Sa.; „Chemical Abstracts" 1959, 21501	**Sa.**
989	**Äthoxybenzol**	Sch.; Am. 2776749	**Sch.**
990	**Äthoxycarbonylsulfid**	s. Äthoxythiocarbonyläthoxycarbonylsulfid; Sa.	**Sa.**

Lfd. Nr.	Bezeichnung (Zusammensetzung)	besondere Verwendung mit zugehöriger Literaturangabe	Verwendungs-überblick
991	**Äthoxycrotonat**	Sch.; Am. 2776748 u. Can. 563445	**Sch.**
992	**Äthoxydialkylsulfid**	Sch.; „Industrial and Engrg. Chemistry", Teil II, März 1958, 445	**Sch.**
993	**Äthoxydiäthoxymethyldimethyltetrahydropyran**	Sch.; Am. 2574919 u. Brit. 709802	**Sch.**
994	**Äthoxydiäthoxymethyltetrahydropyran**	Sch.; Am. 2574919 u. Brit. 709802	**Sch.**
995	**Äthoxyhexan**	Sch.; Am. 2687214	**Sch.**
996	**Äthoxymethan**	Sch.; Am. 2687214	**Sch.**
997	**Äthoxyoctan**	Sch.; Am. 2687214	**Sch.**
998	**Äthoxypentan**	Sch.; Am. 2687214	**Sch.**
999	**Äthoxypiperazinderivate**	Sch., Netzm.; Am. 2541260	**Sch., Netzm.**
1000	**Äthoxypolyäthylenpolyamin/Tallöl-Reaktpr.**	Phosphatit-Dr.; Schlamm-Dr. b. d. Sylvinit-Flot.; Am. 2839191/192	**Dr.**
1001	**Äthoxypropan**	s. Triäthoxypropan; Sch., Sch/Sa.	**Sch., Sch/Sa.**
1002	**Äthoxyrizinusöl**	Gangart-Sa.; Am. 2302338	**Sa.**
1003	**Äthoxythiocarbonyläthoxycarbonylsulfid**	Sa.; Brit. 296270 s. = Äthylxanthogenäthylformiat; Sa.	**Sa.**
1004	**Äthylacetat**	als Lösm. z. Aufschlämmung von Ton aus Kalisalzen; DP. 1083192	**Lösm.**
1005	**Äthylaceton**	s. = Methylpropylketon; Sch., Lösm.	**Sch., Lösm.**
1006	**Äthylacetsäure**	s. = Äthylessigsäure, Buttersäure; Sa., Dr.	**Sa., Dr.**
1007	**Äthylacrylamid**	Flockm. f. Ton- u. Erzaufschlämmungen; Am. 2937143	**Flockm.**
1008	**Äthyladipat**	= Diäthyladipat, $C_2H_5O_2C(CH_2)_4 \cdot CO_2 \cdot C_2H_5$ Sch.; DP. 904762, Am. 2690260 Akt. u. Schaumverbesserer [Modif.] b. d. Flot. sulfid. Erze; Am. 2689043/046	**Sch., Akt., Modif.**
1009	**Äthylaldehyd-Arylsulfonsäure-Kondspr.**	= Acetaldehyd-Arylsulfonsäure-Kondspr.; Dr.; s. d.	**Dr.**
1010	**Äthylakohol**	s. = Äthanol; Sch/Sa., Sch., Sa., Lösm.	**Sch/Sa., Sch., Sa., Lösm.**
1011	**Äthylalkoholsulfat**	s. = Äthylsulfat	**Sa/Sch., Sa., Flockm., Netzm., Emulg.**
1012	**Äthylamin**	= Aminoäthan Sa.; „Erzmetall" 1958, 199/209 s. Mono-, Di-, Triäthylamin; Sa. s. Alkylamine; Sa., Sa/Sch.	**Sa., Sa/Sch.**
1013	**Äthylaminacetat**	Sa. f. d. Kainit-Flot.; Am. 2766885, Brit. 752109 Zinkerz-, insbes. Galmei-Sa.; Franz. 61640	**Sa.**
1014	**Äthylamin/Alamine-Mischg.**	Sa. f. d. Phosphatit-Flot.; Am. 2914174	**Sa.**
1015	**Äthylamin/Alkylenamin-Mischg.**	Sylvin-Sa.; Am. 2689649 Sa.; Can. 395829	**Sa.**

Lfd. Nr.	Bezeichnung (Zusammensetzung)	besondere Verwendung mit zugehöriger Literaturangabe	Verwendungs-überblick
1016	**Äthylamin/Alkylnitril-Mischg.**	Sa.; Can. 410809/810	**Sa.**
1017	**Äthylaminchlorhydrat**	Zinkerz-, insbes. Galmei-Sa.; Franz. 61640	**Sa.**
1018	**Äthylaminfluorid**	Zinkerz-, insbes. Galmei-Sa.; Franz. 61640	**Sa.**
1019	**Äthylaminlactat**	Zinkerz-, insbes. Galmei-Sa.; Franz. 61640	**Sa.**
1020	**Äthylaminoäthyl-laurat**	Flockm. z. Filtrieren von Schlämmen; Am. 2509261	**Flockm.**
1021	**Äthylaminoäthyloleat**	Flockm. z. Filtrieren von Schlämmen; Am. 2509261	**Flockm.**
1022	**Äthylaminomethoxy-propandiol**	s. Oxyäthylaminomethoxypropandiol; Sa.	**Sa.**
1023	**Äthylamylxanthogen-formiat**	Sa. f. Sulfide; Am. 2412500	**Sa.**
1024	**Äthylarylsulfonat**	s. Alkylarylsulfonat; Sa., Sa/Sch., Netzm., Disp., Regler, Flockm., Kondm.	**Sa.,Sa/Sch.,Netzm., Disp., Regler, Flockm.,Kondm.**
1025	**Äthyläthanolamin**	Sa.; Am. 2389763	**Sa.**
1026	**Äthyläthoxycrotonat**	Sch.; Am. 2776748 u. Can. 563445	**Sch.**
1027	**Äthylbenzol** ($C_2H_5 \cdot C_6H_5$)	Kondm. z. Verbesserung d. Convertol-Feinkohlenaufbrtg.; „Min. Engrg.", 1153/54 s. Di-, Triäthylbenzol; Kondm.	**Kondm.**
1028	**Äthylbenzolphosphon-säure**	Sa.; Am. 2594454	**Sa.**
1029	**Äthylbenzolsulfonat** ($C_6H_5 \cdot SO_3 \cdot C_2H_5$)	s. Alkylbenzolsulfonat; Sa., Netzm., Kondm.	**Sa., Netzm., Kondm.**
1030	**Äthylbenzyldodecyl-dimethylammoni-umchlorid**	Sa., Netzm.; Am. 2676986	**Sa., Netzm.**
1031	**Äthylbenzylhydroper-oxyd**	Sa.; Am. 2535344	**Sch.**
1032	**Äthylbenzylketon**	Sch. f. d. Flot. oxyd. Erze; Am. 2000350	**Sch.**
1033	**Äthylbenzylphosphin-säure**	Sa.; 2594454	**Sa.**
1034	**Äthylbenzylpolyoxy-äthylenätheralkohol**	Sa/Sch.; Franz. 1109798 Sch.; Brit. 782107, 782407, Belg. 532530	**Sa/Sch., Sch.**
1035	**Äthylbutylketon**	Sch. f. d. Flot. oxyd. Erze; Am. 2000350 s. Ketone; Sch., Lösm.	**Sch.**
1036	**Äthylcarbamid**	Sa. f. d. Flot. v. Pb/Zn-Erzen; Am. 2664198	**Sa.**
1037	**Äthylcellulose**	s. Oxyäthylcellulose; Sa., Sa/Sch.	**Sa., Sa/Sch.**
1038	**Äthylchlorbenzolphos-phinat**	Sa.; Am. 2594454	**Sa.**
1039	**Äthylchlorcarbonat/ Amylmonothiocar-bonat-Reaktpr.**	Erz-Sa.; Brit. 418301	**Sa.**
1040	**Äthylchlorcarbonat/ K-Äthylmonothio-carbonat-Reaktpr.**	Erz-Sa.; Brit. 418301	**Sa.**

Lfd. Nr.	Bezeichnung (Zusammensetzung)	besondere Verwendung mit zugehöriger Literaturangabe	Verwendungs-überblick
1041	**Äthylcyclohexan**	$= C_6H_{11}CH_2CH_3$; Kondm. z. Verbesserung der Convertol-Feinkohlenaufbrtg.; „Min. Eng.", Nov. 59, S. 1153/54 = Äthylhexahydrobenzol	**Kondm.**
1042	**Äthyldecanamidin-hydrochlorid**	Sa. f. saure Mineralien; Brit. 568186	**Sa.**
1043	**Äthyldiäthoxybutan-carboxylat**	Erz-Sch.; Am. 2657800	**Sch.**
1044	**Äthyldiäthoxybutan-carboxylat/Dioxan-Mischg.**	Sch. f. d. Kohlen- u. Nichterz-Flot.; Am. 2657800, Brit. 701821	**Sch.**
1045	**Äthyldiäthoxybutyrat**	Sch/Sa.; Am. 2687214, Brit. 706711	**Sch/Sa.**
1046	**Äthyldiäthoxypentan-carboxylat**	Erz-Sch.; Am. 2657800	**Sch.**
1047	**Äthyldithiocarbamat**	Sa. f. d. Erz-Flot.; Am. 2691635, „Min. Technology" 1946, 273 s. Diäthyl-, Methyläthyl-dithiocarbamat; Sa.	**Sa.** **Sa.**
1048	**Äthyldithiophosphat**	Sa. f. d. Flot. sulfid. Cu-Erze; Am. 2919025	**Sa.**
1049	**Äthyldithiothiono-formiat**	s. Minerec A, B; Sa.	**Sa.**
1050	**Äthyldixanthogen**	Netzm. f. d. Entwässerung v. Mineralien; „Aach. Bl." 1958, 12 Sa. d. d. Erz-Flot.; Can. 575644	**Sa., Netzm.**
1051	**Äthyldodecylammo-niumchlorid**	s. Triäthyllaurinammoniumchlorid; Netzm.	**Netzm.**
1052	**Äthyldodecylphospho-niumhydroxyd**	s. Triäthyldodecylphosphoniumhydroxyd; Sa.	**Sa.**
1053	**Äthylenamin**	s. Äthylendiamin; Sa., Sa/Sch., Netzm., Regler, Lösm. s. Diäthylentriamin; Sa., Lösm.	**Sa.,Sa/Sch.,Netzm., Regler, Lösm.**
1054	**Äthylenamin/Terpi-nylchloräthyläther-Kondspr.**	Sa. f. Nichterze; Am. 2316625	**Sa.**
1055	**Äthylenäther**	s. Polyäthylenäther; Netzm. s. Alkylarylpolyäthylenäther; Netzm. s. Alkylpolyäthylenäther; Netzm.	**Netzm.**
1056	**Äthylenätheralkohol**	s. Alkyloxyäthylenätheralkohol; Sa/Sch., Sch.	**Sa/Sch., Sch.**
1057	**Äthylenbernsteinsäure**	s. = Bernsteinsäure, Succinsäure; Dr.	**Dr.**
1058	**Äthylenbromid**	Lösm. z. Tonaufschlämmung aus Kalisalzen; DP. 1083192	**Lösm.**
1059	**Äthylencarbonsäure**	s. = Arylsäure; Regler	**Regler**
1060	**Äthylenchlorid** (= Dichoräthan)	s. Äthylendichlorid; Lösm.	**Lösm.**
1061	**Äthylenchlorid/Hexa-methylendiamin-Kondspr.**	s. = KOD, KODT; Flockm.	**Flockm.**

Lfd. Nr.	Bezeichnung (Zusammensetzung)	besondere Verwendung mit zugehöriger Literaturangabe	Verwendungs-überblick
1062	**Äthylendiamin** ($NH_2CH_2CH_2NH_2$)	Lösm. z. Kohlen-Lösungsaufbrtg.; „Chem. Ztrlbl.“ 1954, 7781 s. Diphenyläthylendiamin; Regler s. Diamine; Sa. s. Dialkyläthylendiamin; Netzm. s. Oleinäthylendiamin; Sa. Sa/Sch. f. d. Steinkohlen-Flot. zwecks Maceralanreicherung; „Glückauf“ 1906, 741/747	**Sa.,Netzm.,Sa/Sch. Regler, Lösm.**
1063	**Äthylendiaminacetat** (= Diaminoäthanacetat)	s. Oleinäthylendiaminacetat; Sa. s. „Chel“, Netzm. s. Trilon B, Dr.	**Sa., Netzm., Dr.**
1064	**Äthylendiaminacylderivate**	kationakt. Sylvin-Sa.; „Chemie-Ing.-Techn.“ 1955, 2 s. Acyläthylendiaminacetat; Sa.	**Sa.**
1065	**Äthylendiaminalkylolderivate**	Sa.; Am. 2389763	**Sa.**
1066	**Äthylendiamin/Baumwollsaatöl-Reaktpr.**	polumkehrbarer, d.h. bei pH $<$ 10 kationakt., bei pH $>$ 10 anionakt. Sa.; Am. 2857331	**Sa.**
1067	**Äthylendiaminhydrobromid**	s. Dodecyläthylendiaminhydrobromid; Sa.	**Sa.**
1068	**Äthylendiaminhydrochlorid**	s. Dodecyläthylendiaminhydrochlorid; Sa. s. Tetradecyläthylendiaminhydrochlorid; Sa.	**Sa.**
1069	**Äthylendiamin/Tallöl-Reaktpr.**	polumkehrbarer, d.h. bei pH $<$ 10 kationakt., bei pH $>$ 10 anionakt. Sa.; Am. 2857331	**Sa.**
1070	**Äthylendiamin/Terpineolchloräthyläther-Kondenspr.**	Sa. f. Nichterze; Am. 2316625	**Sa.**
1071	**Äthylendiamintetraessigsäure**	Dr.; „Mitteil. d. BASF“ März 1956, 3, Brit. 800717 s. Chel 330; Netzm. s. Trilon B; Dr. s. Nullapon; Dr. s. Sequestrene AA; Netzm. Quarz-Pass. z. Verhütung d. Quarz-Aktivierung durch Fe-Ionen i. d. 2. Flotationsstufe b. d. 2stufigen Pyrochlor-Flot. aus Sovit; Am. 2951585	**Netzm., Dr., Pass.**
1072	**Äthylendibromid/Tetrabromäthan-Mischg.**	Schwerfl. f. d. Schwimmsinkscheidung von pegmatit. Quarz/Feldspat-Mineralien; ‚The Min. J.“ 1961, 215	**Schwerfl.**
1073	**Äthylendicarbonsäure**	s. = Maleinsäure; Sa. s. Stearinmaleinsäure; Sa. s. Succinsäure; Dr.	**Sa., Dr.**
1074	**Äthylendichlorid**	= Acetylenchlorid, Dichloräthylen, CHCl·CHCl Lösm. z. Herauslösen d. bituminösen Bestandteile aus Fettkohlen, Braunkohlen, Torf oder Ölschiefer; Brit. 654753	**Lösm.**
1075	**Äthylendihydroorthophosphat**	s. Octadecyläthylendihydroorthophosphat; Sa.	**Sa.**

Lfd. Nr.	Bezeichnung (Zusammensetzung)	besondere Verwendung mit zugehöriger Literaturangabe	Verwendungs-überblick
1076	**Äthylenglykol**	= Glykol, $CH_2OH \cdot CH_2OH$, ein Zuckeralkohol Sa.; Am. 2389763 s. Glykol; Sa., Flockm., Modif., Kondm. Polyäthylenglykol; Netzm. s. Octadecyldiäthylenglykol; Sa.	**Sa., Flockm., Modif., Netzm., Kondm.**
1077	**Äthylenglykolammoniumsulfat**	s. Dodecyldiäthylenglykolammoniumsulfat = Emulsol X_1; Sa., Sa/Sch., Netzm., Dr.	**Sa., Sa/Sch., Netzm., Dr.**
1078	**Äthylenglykolalkylester**	s. Carbitol; Sch.	**Sch.**
1079	**Äthylenglykoläther**	Sch.; DP. 1001652, Brit. 824661, Can. 592315 s. Diäthylenglykoläther = Carbitole; Sch. s. Äthylenglykoldiäther = Dioxan; Sch.	**Sch.**
1080	**Äthylenglykolbutyläther**	s. Diäthylenglykolmonobutyläther; Sa.	**Sa.**
1081	**Äthylenglykolcarbonyläthylxanthat**	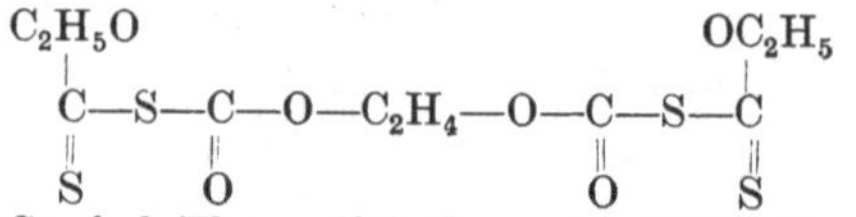 Sa. f. d. Flot. sulfid. Erze; Am 2501269	**Sa.**
1082	**Äthylenglykolcarbonylbutylxanthat**	Sa. f. sulfid. Erze; Am. 2501269	
1083	**Äthylenglykolcarbonyldiäthyldithiophosphat**	Sa. f. sulfid. Erze; Am. 2501269	**Sa.**
1084	**Äthylenglykolchloracetat**	s. Mono-, Di-, Kokosöldi-Ä.; Sch.	**Sch.**
1085	**Äthylenglykolchlorformiat/Isopropylxanthat-Reaktpr.**	Sa.; Brit. 650493	**Sch.**
1086	**Äthylenglykoldiäther**	s. = Dioxan; Sch.	**Sch.**
1087	**Äthylenglykoldiisobutyrat**	s. Diäthylenglykoldiisobutyrat; Sch.	**Sch.**
1088	**Äthylenglykoldodecylthioäther**	s. Nonic 218; Sch., Netzm.	**Sch., Netzm.**
1089	**Äthylenglykollaurat**	Sa. f. d. Flot. oxyd. Eisenerze; Am. 2414714	**Sa.**
1090	**Äthylenglykolmethyläther**	s. Monoäthylenglykolmonomethyläther; Lösm.	**Lösm.**
1091	**Äthylenglykolmonoäthyläther**	s. = Äthoxyäthanol; Lösm.	**Lösm.**
1092	**Äthylenglykolmonohexylätherxanthat**	s. = Hexyl-cellosolve-Xanthat; Sa.	**Sa.**
1093	**Äthylenglykolmonooleatsulfonat**	Sa. f. d. Flot. oxyd. Eisenerze; DP. 844131	**Sa.**
1094	**Äthylenglykoloctylester**	Hilfs-Sa. f. Nichtsulfide; Am. 2362432	**Sa.**
1095	**Äthylenglykololeat**	s. Lipal 40; Disp.	**Disp.**

Lfd. Nr.	Bezeichnung (Zusammensetzung)	besondere Verwendung mit zugehöriger Literaturangabe	Verwendungs-überblick
1096	**Äthylenglykololeat-sulfonat**	Sa. f. d. Flot. oxyd. Eisenerze; Am. 2474714	**Sa.**
1097	**Äthylenglykoloxy-amin**	Sa.; Am. 2389763	**Sa.**
1098	**Äthylenglykolrizin-oleatsulfonat**	s. Diäthylenglykolrizinoleatsulfonat; Sa.	**Sa.**
1099	**Äthylenimidazol**	Flockm. z. Filtrieren v. Schlämmen; Am. 2509260	**Flockm.**
1100	**Äthylenimidpolymer**	Flockm. f. Mineraldispersionen; Franz. 1111206	**Flockm.**
1101	**Äthylenimin** (= Aziridin, Azacyclopropan, Dimethylenimin, C_2H_3N)	s. Polyäthylenimid; Flockm.	**Flockm.**
1102	**Äthylenimin/Anhydrid-Kondspr.**	Sa., Netzm., Disp.; Am. 2382185	**Sa., Netzm., Disp.**
1103	**Äthylenimin/Carbonsäure-Kondenspr.**	Sa., Netzm., Disp.; Am. 2382185	**Sa., Netzm., Disp.**
1104	**Äthylenimin/Ester-Kondenspr.**	Sa., Netzm., Disp.; Am. 2382185	**Sa., Netzm., Disp.**
1105	**Äthylenlaurinalkohol**	s. Polyoxyäthylenlaurinalkohol; Emulg.	**Emulg.**
1106	**Äthylenmannitanmonopalmitat**	s. Polyoxyäthylenmannitanmonopalmitat; Netzm.	**Netzm.**
1107	**Äthylenmethacrylat**	s. Dimethylaminoäthylenmethacrylat; Flockm.	**Flockm.**
1108	**Äthylenoxydverbdgg.**	Äthylenoxyd = 1,2-Oxydoäthan, 1,2-Epoxyäthan, Oxiran, Dimethylenoxyd Sa./Sch.; „The Min. J. — Annual Review", Mai 1958, 119 s. Polyäthylenoxyde; Netzm. s. Ethomeene; Sa/Sch., Flockm. s. Dionil; Netzm. s. Stockopol WW; Netzm. s. Sterox CD; Netzm. s. Igepal CA; Sa/Sch., Netzm. s. Lavagenat; Netzm. s. Lubrol MOA; Flockm.	**Sa/Sch., Netzm., Flockm.**
1109	**Äthylenoxyd/Alkohol-Kondspr.**	Emulg. b. d. Flot. oxyd. Zinkerze; Franz. 1122432	**Emulg.**
1110	**Äthylenoxyd/Alkyl-kresol-Kondenspr.**	s. = Igepal CA; Sa/Sch., Netzm.	**Sa/Sch., Netzm.**
1111	**Äthylenoxyd/Alkyl-phenol-Reaktpr.**	s. „OP—10"; Sch/Sa., Netzm.	**Sch/Sa., Netzm.**
1112	**Äthylenoxyd/Amin-Kondspr.**	Emulg. b. d. Flotation oxyd. Zinkerze; Franz. 1122432	**Emulg.**
1113	**Äthylenoxyd/Amyl-alkohol-Reaktpr.**	als Sch. f. sulfid. Erze; DP. 1001652 u. Brit. 824661	**Sch.**
1114	**Äthylenoxyd/Butyl-alkohol-Reaktpr.**	als Sch. f. sulfid. Erze; DP. 1001652 u. Brit. 824661	**Sch.**

Lfd. Nr.	Bezeichnung (Zusammensetzung)	besondere Verwendung mit zugehöriger Literaturangabe	Verwendungs-überblick
1115	**Äthylenoxyd/Fettalkohol-Kondenspr.**	s. = Stockopol WW; Netzm. s. = Luberol; Flockm. = Äthylenoxyd/Octyl-, Nonyl-, Decyl-, Undecyl-, Dodecyl-, Tetradecyl-, Pentadecyl-, Hexadecyl-, Heptadecyl-, Octadecyl-alkohol-Kondenspr.	**Netzm., Flockm.**
1116	**Äthylenoxyd/Fettamin-Reaktpr.**	s. „Ethomeene"; Sa/Sch., Flockm.	**Sa/Sch., Flockm.**
1117	**Äthylenoxyd/Heptylalkohol-Reaktpr.**	als Sch. f. sulfid. Erze; DP. 1001625 u. Brit. 824661	**Sch.**
1118	**Äthylenoxyd/Hexylalkohol-Reaktpr.**	als Sch. f. sulfid. Erze; DP. 1001652 u. Brit. 824661	**Sch.**
1119	**Äthylenoxyd/Octylalkohol-Reaktpr.**	als Sch. f. sulfid. Erze; DP. 1001625 u. Brit. 824661 als Netzm., Flockm.; s. Lubrol MOA u. Stockopol WW	**Sch.**
1120	**Äthylenoxyd/Tallöl-Kondspr.**	i. Mischg. m. Tallöl als Hilfs-Sa. f. oxyd. W- u. Fe-Erze; Can. 598311	**Sa.**
1121	**Äthylenoxyd/Triazin-Kondspr.**	Sa., Netzm., Emulg.; Am. 2381121	**Sa., Netzm., Emulg.**
1122	**Äthylensorbitanlaurat**	s. Oxyäthylensorbitantrilaurat; Netzm. s. Tween 20 = Polyoxyäthylensorbitanmonolaurat; Flockm.	**Netzm., Flockm.**
1123	**Äthylensorbitanoleat**	s. Tween 81; Flockm. s. Oxyäthylensorbitanhexaoleat; Netzm.	**Flockm., Netzm.**
	Äthylensorbitanpalmitat	s. Tween 40; Flockm.	**Flockm.**
1124	**Äthylensorbitanstearat**	s. Tween 60; Flockm.	**Flockm.**
1125	**Äthylensorbitanhexaoleat**	s. Oxyäthylensorbitanhexaoleat; Netzm.	**Netzm.**
1126	**Äthylensorbitantrilaurat**	s. Oxyäthylensorbitantrilaurat; Netzm.	**Netzm.**
1127	**Äthylenthioäther**	s. Detergent MXP; Netzm.	**Netzm.**
1128	**Äthylentriaminalkylolderivate**	Sa.; Am. 2389763	**Sa.**
1129	**Äthylentrichlorid**	s. = Trichloräthylen; Lösm.	**Lösm.**
1130	**Äthylentrithiocarbonat**	Sa.; Franz. 838171 Sa. f. sulfid. Cu-Erze; Can. 405966	**Sa.**
1131	**Äthylenxanthat**	Sa.; Can. 356306	**Sa.**
1132	**Äthylessigsäure**	s. = Buttersäure, Butylsäure; Sa., Dr.	**Sa., Dr.**
1133	**Äthylester**	s. Äthylacetat; Lösm. s. Äthylglykolester; Sch. s. Äthyladipat, -glutamat, -pimelat, -suberat; Sch.	**Sch., Lösm.**
1134	**Äthylglutamat**	Sch.; DP. 904762, Am. 2690260	**Sch.**
1135	**Äthylglykolester**	Sch. f. d. Berylliummineral-Flot.; Am. 2385819	**Sch.**
1136	**Äthylglyoxalin**	s. = Äthylimidazol; Sa.	**Sa.**
1137	**Äthylgrün**	s. = Brilliantgrün, Malachitgrün; Sa., Dr., Akt.	**Sa., Dr., Akt.**

Lfd. Nr.	Bezeichnung (Zusammensetzung)	besondere Verwendung mit zugehöriger Literaturangabe	Verwendungs- überblick
1138	**Äthylheptadecenyl-imidazol**	s. Amin 22 L u. 220; Sa.	**Sa.**
1139	**Äthylhexahydrobenzol**	s. = Äthylcyclohexan; Kondm.	**Kondm.**
1140	**Äthylhexanol** (= Octylalkohol, $CH_3(CH_2)_3CHC_2H_5$ CH_2OH)	Sch.; Brit. 782407 Sch. f. d. Flot. v. Steinkohle, Schwerspat, Flußspat oder oxyd. Cu-Erzen; Franz. 1109798 Sch. insbes. f. oxyd. Erze, wie Malachit u. Azurit, Sa/Sch. f. d. Flot. v. Papierpasten; Belg. 532530 s. = Octylalkohol; Sa., Sa/Sch.	**Sch., Sa/Sch.**
1141	**Äthylhexanol/($C_{8/18}$-)-Alkylamin-Mischg.**	Sa. f. d. schaumlose Flot. von grobkörnigem Sylvinit; Am. 2937751	**Sa.**
1142	**Äthylhexylalkohol**	s. = Äthylhexanol; Sch., Sa/Sch.	**Sch., Sa/Sch.**
1143	**Äthylhexylphosphat**	s. Flexol Plasticizer TOF; Disp.	**Disp.**
1144	**Äthylhexylsulfoacetat**	Sa. f. Nichtsulfide; Am. 2120217	**Sa.**
1145	**Äthylhexylxanthogen-formiat**	Sa. f. Sulfide; Am. 2412500	**Sa.**
1146	**Äthylimidazol**	kationakt. Sa.; Brit. 578694 Flockm. beim Filtrieren von Schlämmen; Am. 2509260	**Sa., Flockm.**
1147	**Äthylimidazolhydro-chlorid**	Sa. f. Silikate; Am. 2380698	**Sa.**
1148	**Äthylimidformiat, -hydrochlorid**	Sa. f. d. Flot. saurer Mineralien; Brit. 568186	**Sa.**
1149	**Äthylisobutylketon**	Sch. f. d. Flot. oxyd. Erze; Am. 2000350 s. Ketone; Sch., Lösm.	**Sch., Lösm.**
1150	**Äthylisohexanol/ ($C_{8/18}$-)Alkylamin-Mischg.**	Sa. f. d. schaumlose Fl. von grobkörnigem Sylvinit; Am. 2937751	**Sa.**
1151	**Äthyljodid**	Lösm. z. Tonaufschlämmung aus Kalisalzen; DP. 1083192	**Lösm.**
1152	**Äthylketon**	Sch., Am. 2000350 s. Ketone; Lösm.	**Sch., Lösm.**
1153	**Äthylkresol**	Sch.; Can. 390793	**Sch.**
1154	**Äthylkresylphosphin-säure**	Sa.; Am. 2594454	**Sa.**
1155	**Äthylkresylpolyoxy-äthylenätheralkohol**	Sa/Sch.; Franz. 1109798 Sch.; Brit. 782107, 782407, Belg. 532530 s. Triäthyllaurinammoniumchlorid; Netzm.	**Sa/Sch., Sch.** **Netzm.**
1156	**Äthyllaurinimidazol-hydrochlorid**	als Silikat-Sa.; Am. 2380698	**Sa.**
1157	**Äthyllaurinphospho-niumhydroxyd**	s. Tri- Ä.; Sa.	**Sa.**
1158	**Äthylmercaptan**	= Thioäthylalkohol, Äthanthiol, $CH_3 \cdot CH_2 \cdot SH$ Sa. f. d. Flot. oxyd. Eisenerze; Am. 2152337	**Sa.**
1159	**Äthylmercaptosulfen-amid**	Sa.;Am. 2807615	**Sa.**

Lfd. Nr.	Bezeichnung (Zusammensetzung)	besondere Verwendung mit zugehöriger Literaturangabe	Verwendungs-überblick
1160	**Äthylmethylbenzyl-hydroperoxyd**	s. Methyläthylbenzylhydroperoxyd	**Sch.**
1161	**Äthylmethyldithio-carbamat**	s. Methyläthyldithiocarbamat; als Sa.	**Sa.**
1162	**Äthylmethylketon**	s. Methyläthylketon; Netzm. als Lösm. z. Ausschlämmung von Ton aus Kalisalzen; DP. 1083192 als Sch.; s. Ketone	**Lösm., Netzm., Sch.**
1163	**Äthylmethylpyridin**	= Kollidin, Trimethylpyridin, $C_8H_{11}N$ s. = Kollidin; Sch., Sa., Lösm. Sa.; Petersen 269 s. Flotanol; Sa.	**Sa., Sch, Lösm.**
1164	**Äthylmethylundecan-sulfat**	s. = Tergitol Penetrant 4; Sa/Sch., Netzm., Modif.	**Sa/Sch., Netzm., Modif.**
1165	**Äthylmethylxanthat**	= $C_2H_5OCSSCH_3$ Sa.; Petersen 167	**Sa.**
1166	**Äthylmonothiocarbo-nat/Acetylchlorid-Reaktpr.**	Erz-Sa.; Brit. 418301	**Sa.**
1167	**Äthylmonothiocarbo-nat/Äthylchlorcar-bonat-Reaktpr.**	Erz-Sa.; Brit. 418301	**Sa.**
1168	**Äthylmonothiocarbo-nat/Furoinchlorid-Reaktpr.**	Erz-Sa.; Brit. 418301, Can. 326399	**Sa.**
1169	**Äthylmonothiocarbo-nat/Succinylchlorid-Reaktpr.**	Erz-Sa.; Brit. 418301	**Sa.**
1170	**Äthylmorpholinbro-mid**	s. Hexadecyloxyäthylenmorpholinbromid; Sa.	**Sa.**
1171	**Äthylmorpholinfor-miat**	s. Isododecyltrioxyäthylenmorpholin-formiat; Netzm.	**Netzm.**
1172	**Äthylmyristinamidin-hydrochlorid**	Sa.; Brit. 568186	**Sa.**
1173	**Äthylnaphthalinphos-phinsäure**	Sa.; Am. 2594454	**Sa.**
1174	**Äthylnaphthalinphos-phonsäure**	Sa.; Am. 2594454	**Sa**
1175	**Äthylnaphthalinpoly-oxyäthylenäther-alkohol**	Sa/Sch.; Franz. 1109798 Sch.; Brit. 782107, 782407, Belg. 532530	**Sa/Sch., Sch.**
1176	**Äthylnaphthalinsul-fonat**	Sa. f. d. Flot. oxyd. Eisenerze; Am. 1765368 Sa/Sch.; Petersen 191 Netzm.; DP. 802389, 844131, Am. 2266954	**Sa., Sa/Sch., Netzm.**
1177	**Äthylnatriumsulfonat**	Sa. f. d. Flot. kieserit. Kalirohsalze; DP. 918861	**Sa.**
1178	**Äthylnitrobenzylthio-nothiolphosphat**	Sa.; Am. 2609383	**Sa.**

Lfd. Nr.	Bezeichnung (Zusammensetzung)	besondere Verwendung mit zugehöriger Literaturangabe	Verwendungs-überblick
1179	**Äthylnitrobenzylthiophosphat**	Sa.; Am. 2609383	**Sa.**
1180	**Äthylnitrotolylthiophosphat**	Sa.; Am. 2520393	**Sa.**
1181	**Äthyloctylketon**	Sch. f. d. Flot. oxyd. Erze; Am. 2000350	**Sch**
1182	**Äthylolamin**	Sa. f. d. Chromit-Flot.; Michell 291	**Sa.**
1183	**Äthylolamylguanidin-HCl**	Sa., Netzm., Emulg.; Am. 2350453	**Sa.,Netzm., Emulg.**
1184	**Äthyloläthylendiamin**	Sa.; Am. 2389763	**Sa.**
1185	**Äthyloläthylhexylguanidin-HCl**	Sa., Netzm., Emulg.; Am. 2350453	**Sa., Netzm., Emulg.**
1186	**Äthylolcyanamid/Amin-Kondspr.**	kationakt. Sa.; Am. 2336437	**Sa.**
1187	**Äthyloldioctadecylbiguanid-HCl**	Sa., Netzm., Emulg.; Am. 2350453	**Sa., Netzm., Emulg.**
1188	**Äthyloleatsulfonat**	Sa. f. d. Flot. oxyd. Eisenerze; Am. 2414714, Brit. 586961	**Sa.**
1189	**Äthyloloctadecylguanidinacetat**	Sa., Emulg., Netzm.; Am. 2350453	**Sa., Netzm., Emulg.**
1190	**Äthyloltriäthylentetramin**	Sa.; Am. 2389763	**Sa.**
1191	**Äthyloxyäthylenätheralkohol**	Sa/Sch.; Franz. 1109798, Belg. 532530 Sch.; Brit. 782107	**Sa/Sch., Sch.**
1192	**Äthylphenol**	Sch.; Am. 2250190, Can. 390793 Sch/Sa.f. Pb-Erze; „Engrg. Min. J.“ Juni 1956, 113	**Sch., Sch/Sa.**
1193	**Äthylphenolpolyoxyäthylenäther**	s. Triton NE; Sa/Sch., Netzm., Emulg.	**Sa/Sch., Netzm., Emulg.**
1194	**Äthylphenoxycarbonsäure**	Sa., insbes. f. schwerspathaltigen Flußspat; DP. 962871	**Sa.**
1195	**Äthylphenylketon** (= Phenyläthylketon, $C_6H_5 \cdot C(O) \cdot C_2H_5$)	Sch. f. oxyd. Erze; Am. 2000350	**Sch.**
1196	**Äthylphenylphenolammoniumsulfonat**	Netzm.; Am. 2904415	**Netzm.**
1197	**Äthylphenylphosphinsäure**	Sa.; Am. 2594454	**Sa.**
1198	**Äthylphenylpolyäthylenäther**	Netzm.; DP. 1030802	**Netzm.**
1199	**Äthylphenylpolyoxyäthylenätheralkohol**	Sa/Sch.; Franz. 1109798 Sch.; Brit. 781107, 782407, Belg. 532530	**Sa/Sch., Sch.**
1200	**Äthylphosphorbromidothioat**	Cu-Sa. b. d. Flot. v. anoxydierteu Sulfiderzen; Am. 2901107	**Sa.**
1201	**Äthylphthalat**	s. Diäthylphthalat; Sch., Akt., Modif.	**Sch., Akt., Modif.**
1202	**Äthylpolyäthylenäther**	Netzm.; DP. 1030802	**Netzm.**
1203	**Äthylpolyäthylenoxyd**	s. Alkylpolyäthylenoxyd; Sa/Sch., Netzm., Disp., Emulg.	**Sa/Sch., Netzm., Disp., Emulg.**
1204	**Äthylpolyoxyäthylenäther**	Sch. allgemein, Sa/Sch. f. d. Kohle-Flot.; Brit. 782107, Belg. 532530	**Sa/Sch., Sch.**

Lfd. Nr.	Bezeichnung (Zusammensetzung)	besondere Verwendung mit zugehöriger Literaturangabe	Verwendungs-überblick
1205	**Äthylpolyoxyäthylenätheralkohol**	Sch. u. Sa/Sch. f. d. Kohle-Flot.; Brit. 782107, 782407, Franz. 1109798, Belg. 532530	**Sch., Sa/Sch.**
1206	**Äthylpolyoxynitrosophenol**	Sa/Sch. f. silikat. Cu-Erze; „Chemical Abstracts“ 1953, 1549	**Sa/Sch.**
1207	**Äthylpyridin**	s. = Lutidin; Sch. s. Repellate; Netzm.	**Sch., Netzm.**
1208	**Äthylpyridiniumbromid**	kationakt. Sa. bzw. Sa/Sch. f. oxyd. Mineralien; „Erzmetall“ 1958, 545	**Sa., Sa/Sch.**
1209	**Äthylsilicat** ($(C_2H_5)_4SiO_4$)	Schlamm-Dr.; „Engrg. Min. J.“, Juni 1956, 114	**Dr.**
1210	**Äthylsilicon**	Erz-Sa.; „Chemical Abstracts“ 1958, 8918	**Sa.**
1211	**Äthylsuberat**	Sch.; DP. 904762, Am. 2690260 Akt. u. Schaumverbesserer [Modif.] f. sulfid. Erze; Am. 2689043/046 s. Diäthylsuberat; Sch.	**Sch., Akt., Modif.**
1212	**Äthylsulfamidoacetat**	s. Alkylsulfamidoacetat; Sa.	**Sa.**
1213	**Äthylsulfamido-Verbindgg.**	s. Alkylsulfamido-Verbindgg.; Sa.	**Sa.**
1214	**Äthylsulfat**	s. Alkylsulfat; Sa., Sa/Sch., Netzm., Flockm., Kondm., Emulg.	**Sa/Sch., Sa., Flockm., Netzm., Kondm., Emulg.**
1215	**Äthylsulfenamid**	Sa.; Am. 2807615	**Sa.**
1216	**Äthylsulfenyltrithiocarbonat**	Sa.; Am. 2634291	**Sa.**
1217	**Äthylsulfid**	Sa.; Brit. 362366	**Sa.**
1218	**Äthylsulfonat** ($C_6H_5 \cdot SO_3 \cdot C_2H_5$)	Sa. f. d. Kalisalz-Flot.; DP. 806842, 840682, 918861 Sa.; Petersen 163 Netzm.; DP. 802389 Netzm. z. Zerstören von Kohlenflot.-Schäumen; „Glückauf“ 1932, 626 Netzm. z. Verbesserung d. Filtration von Flot.-Konzentraten; „Chem. Ztrlbl“ 1959, 14544 Netzm. z. Verminderung d. Viscosität v. Schweretrüben d. Schwimmsinkscheidung; DP. 1089701	**Sa., Netzm.**
1219	**Äthylsulfosuccinat**	s. Diäthylsulfosuccinat; Netzm.	**Netzm.**
1220	**Äthylthiocarbonat**	Sa.; Stüpel	**Sa.**
1221	**Äthylthiocarbonat/Benzylchlorid-Reaktpr.**	Erz-Sa.; Brit. 418301	**Sa.**
1222	**Äthylthionocarbamat**	Sa. f. d. Erz-Flot.; Am. 2691635	**Sa.**
1223	**Äthylthiophan**	Sa. f. sulfid. Zn-Erze; Can. 393245	**Sa.**
1224	**Äthylthiophosphat**	Sa.; Brit. 310186	**Sa.**
1225	**Äthylthiophosphorylbromid**	Sa/Sch. f. sulfid. Cu-Erze; Am. 2901107	**Sa/Sch.**
1226	**Äthylthiophosphorylchlorid**	Sa. f. sulfid. Erze; Am. 2621789, Brit. 702957 Sa/Sch. f. sulfid. Cu-Erze; Am. 2901107	**Sa., Sa/Sch.**

Lfd. Nr.	Bezeichnung	besondere Verwendung mit zugehöriger Literaturangabe	Verwendungs-überblick
1227	**Äthylthiosulfat**	Sa.; Am. 1723295	**Sa.**
1228	**Äthylthiourethan**	Sa.; Can. 311054	**Sa.**
1229	**Äthyltrichlorsilan**	gasförmiges Kondm. z. Hydrophobierung von naßmechan. aufzubereitenden Erzen; Am. 2564546	**Kondm.**
1230	**Äthyltrimethylamin**	selektiv wirkender Sa. f. d. Sulfiderz-Flot.; „Erzmetall" 1958, 199—209	**Sa.**
1231	**Äthyltrithiocarbonat**	Sa.; Am. 2600737	**Sa.**
1232	**Äthylxanthat**	K.-Ä., C_2H_5OCSSK; Sa.; Petersen 167 stark selektiv wirkender Sa. mit stark flockenden Eigg.; in der 3—4fachen der sonst üblichen Menge ohne Sch.-Zusatz als Sa/Sch. f. d. PbS/ZnS-Flot.; DP. 1022171 s. Aero Xanthat 325 = Na-Äthylxanthat; Sa. s. Aero Xanthat 303 = K-Äthylxanthat; Sa. s. Z—3—Z—4-Xanthat; Sa. NH_4-Äthylxanthat als Sa.; Petersen 180 s. Diäthylenglykolcarbonyläthylxanthat; Sa. K-Ä. als Sa. f. d. Flot. sulfid. Pb/Zn-Erze; „Erzmetall" 1961, 24	**Sa., Sa/Sch., Flockm.**
1233	**Na-Äthylxanthat/Na-Aeroflot-Mischg.**	Sa. m. synergist. Sammlerwirkg. f. d. Cu- bzw. Chalkopyrit-Flot. aus sulfid. Pb/Zn/Cu/Pyrit-Komplexen i. Ggw. von SO_2 als ZnS-Dr.; „Engrg. Min. J." 1961, 25	**Sa.**
1234	**Äthylxanthat/Ammonsalz-Reaktpr.**	Sa.; Am. 1897625	**Sa.**
1235	**Äthylxanthat/Diglykolchlorformiat-Reaktpr.**	Sa.; Brit. 650493	**Sa.**
1236	**Äthylxanthat/Octadekandioldichlorformiat-Reaktpr.**	Sa.; Brit. 650493	**Sa.**
1237	**Äthylxanthat/Pineöl/Na-Resinat-Emulsion**	Sa/Sch. f. d. Pyrit-Flot.; Am. 2636604	**Sa/Sch.**
1238	**Äthylxanthogenäthylformiat**	s. = Äthoxythiocarbonyläthoxycarbonylsulfid; Sa. anin oakt. Sa. f. sulfid. Erze; Am. 2621789, 2689046	**Sa.**
1239	**Äthylxanthogenformiat**	Sa. f. d. Sulfid-Flot.; Am. 2412500	**Sa.**
1240	**Äthylxanthogenmolybdat**	Sa. f. d. Erz-Flot.; Can. 385474	**Sa.**
1241	**Äthylxanthogensäureäthylester**	Sa.; Am. 1943758	**Sa.**
1242	**Äthylxylylphosphinsäure**	Sa.; Am. 2594454	**Sa.**

Lfd. Nr.	Bezeichnung	besondere Verwendung mit zugehöriger Literaturangabe	Verwendungs-überblick
1243	**Äthylxylylpolyoxy-äthylenätheralkohol**	Sa/Sch.; Franz. 1109798 Sch.; Brit. 782107, 782407, Belg. 532530	**Sa/Sch., Sch.**
1244	**Aulin**	s. = Dixanthogen; Sa., Netzm.	**Sa., Netzm.**
1245	**Aurinol**	s. Gardinole; Disp., Netzm., Emulg.	**Disp., Netzm., Emulg.**
1246	**Autöl**	s. = Furfurol; Sch., Lösm., Akt.	**Sch., Lösm., Akt.**
1247	**Avirol 80** (Na-Octadecylsulfat)	Sa/Sch. f. d. Sylvinit-Flot.; Taggart 12—14 u. „Erzmetall" 1959, 131 Netzm. z. Zerstörung v. Kohlen-Flot.-Schäumen; „Glückauf" 1932, 626	**Sa/Sch., Netzm.**
1248	**Avitex AD**	= Alkylsulfat; Netzm.; Am. 2884474	**Netzm.**
1249	**Axilon A**	= Alkylbenzolsulfonat + Äthylenoxyd-Kondenspr.; als Netzm.; Stüpel	**Netzm.**
1250	**Azacyclopropan**	s. = Äthylenimin; Flockm.	**Flockm.**
1251	**Azin**	s. = Nigrosin; Dr., Disp.	**Dr., Disp.**
1252	**Azindol**	s. = Benzimidazol; Sa.	**Sa.**
1253	**Azindolsulfonat**	s. = Benzimidazolsulfonat; Netzm.	**Netzm.**
1254	**Azine** Azine = Keton/ Hydrazin-Reaktpr.)	s. Indulin; Dr. s. Nigrosin; Dr.	**Dr.**
1255	**Aziridin**	s. = Äthylenimin; Flockm.	**Flockm.**
1256	**Azoanilin** (= Diaminoazobenzol)	s. = Chrysoidin; Sa.	**Sa.**
1257	**Azoanilindichlorid**	s. = Diaminoazobenzoldichlorid; Sa.	**Sa.**
1258	**Azobenzol** ($C_6H_5N_2C_6H_5$)	Sa.; Östr. P. 86639 s. Aminoazobenzol; Sa.	**Sa.**
1259	**Azobenzoldichlorid**	s. Diaminoazobenzoldichlorid; Sa.	**Sa.**
1260	**Azofarbstoffe, -verbindungen**	= Verbdgg., bei denen die Azo-Gruppe (—N=N—) beiderseits an Alkyle oder Aryle gebunden ist s. Chrysophenin; Dr. für sich allein oder ggf. m. höheren Fettsäuren kombiniert als Magnesit-Sa.; DP. 945081 Sa.; Östr. P. 86639 s. Azobenzol, Aminoazobenzol = Anilingelb, Chrysoidin, Azonaphthalin, Aminoazonaphthalin, Benzolazonaphthol, Toluolazoresorzin, Xylenazo-, Naphthalinazo-, Nitrobenzolazo-, Oxybenzolazo-, Chlorbenzolazo-, Sulfobenzolazo-naphthol; Sa.	**Sa., Dr.**
1261	**Azofarbstoff/Kerosin-Mischg.**	Sa.; „Chem. Abstr." 1959, 13026	**Sa.**
1262	**Azol**	s. = Aminophenol; Sa., Sch.	**Sa., Sch.**
1263	**Azole**	s. Thiazole, Thiothiazole; Sa.	**Sa.**
1264	**Azolidine**	s. Thioimidazolidine; Sa.	**Sa.**
1265	**Azolinsulfhydrate**	s. = Mercaptothiazole; Sa.	**Sa.**
1266	**Azonaphthalin**	Sa.; Östr. P. 86639 s. Aminoazonaphthalin; Sa.	**Sa.**

Lfd. Nr.	Bezeichnung (Zusammensetzung)	besondere Verwendung mit zugehöriger Literaturangabe	Verwendungs-überblick
1267	**B-23**	= Dupont Frother B—23; Sch. aus 40—45% prim. Alkoholen (insbes. 2,4-Dimethylpentanol-1), 45—50% sec. Alkoholen (insbes. 2,4-Dimethylhexanol-3) u. 8—12% Ketonen; Sch. f. d. Sylvinit-Flot.; Am. 2846068	**Sch.**
1268	**Bagolax**	s. = Methylcellulose; Sa., Dr., Netzm., Flockm.	**Sa., Dr., Netzm., Flockm.**
1269	**Balsam**	s. Kanada-, Perubalsam; Dr.	**Dr.**
1270	**Bananaöl**	s. = Amylacetat; Sch.	**Sch.**
1271	**Bariumchlorid** ($BaCl_2$)	Quarz-Akt.; „Engrg. Min. J.", Juni 1956, 113 Gangart-Dr. b. d. Flußspat-Flot.; „Erzmetall" 1960, 41	**Akt., Dr.**
1272	**Bariumdioxyd/Kupfersulfat-Mischg.**	Zinkblende-Akt.; DP. 938242	**Akt.**
1273	**Bariumquecksilberjodid-Lösg.**	Schwerflüssigkeit. f. d. Schwimmsinkscheidung v. Steinkohle; „Aufbrtg. d. Steinkohle", Teil I, 1960, 217	**Schwerfl.**
1274	**Barrett-Öl** (4, 410, 634)	Sa.; Petersen 170 = Kohlenteerkreosotöle; Sa.; „Engrg. Min. J.", Juni 1956, 113 = Kohlenteerkreosotöle; Sch., Sch-Modif.; „Encyclopedia of Chemical Technology" 1951, 605 Nr. 4 = Hochofenteerkreosotöl; Zinnerz-Sa.; Michell, „The Practice of Mineral Dressing" 1950, 215	**Modif., Sa., Sch.**
1275	**Baryt** (Schwerspat, $BaSO_4$)	Schwerstoff f. d. Kohlen-Sinkscheidung; „The Colliery Guardian Overseas" 1960, 40, „Aufbrtg. d. Steinkohle", Teil I, 1960, 217	**Schwerst.**
1276	**Bassiasäure**	s. Octadecylsäure; Sa.	**Sa.**
1277	**Baumwollsaatöl**	Sylvin-Sa.; „Chemie-Ing.-Techn." 1958, 2 s. Hydron; Sa. s. Neo Fat 139; Sa.	**Sa.**
1278	**Baumwollsaatöl/Alkylenpolyamin-Reaktpr.**	als polumkehrbarer, d. h. bei pH < 10 kationakt., bei pH > 10 anionakt. Sa.; Am. 2857331	**Sa.**
1279	**Baumwollsaatölamin-(mischung)**	s. „Armeen CSD"; Sa.	**Sa.**
1280	**Baumwollsaatölamin-acetat**	s. = Armac CSD; Sa.	**Sa.**
1281	**Baumwollsaatölglyzerinester/Alkylamin-Mischg.**	Sa. f. d. schaumlose Flot. von grobkörnigem Sylvinit; Am. 2937751	**Sa.**
1282	**Baumwollsaatöl/Polyalkylenpolyamin-Reaktpr.**	als polumkehrbarer Sa.; Am. 2857331	**Sa.**
1283	**Baumwollsaatölseife**	Sa.; Petersen 189	**Sa.**

Lfd. Nr.	Bezeichnung (Zusammensetzung)	besondere Verwendung mit zugehöriger Literaturangabe	Verwendungs-überblick
1284	**Baumwollsaatölsulfonat**	als Sa. f. oxyd. Fe-Erze; DP. 844131 u. Am. 2414714 als Sa.; Petersen S. 170	**Sa.**
1285	**Bayrolat**	= Alkylsulfonat; als Netzm.; Stüpel	**Netzm.**
1286	**Bentonit**	als anorgan. Kolloid f. d. Nachflotation von Sylvin; Am. 2706559 Adsorptionsm. z. Nachbehandlung von Glimmer- oder Feldspat-Flotationskonzentraten zwecks Adsorption u. Entfernung aminhaltiger Flot.-Mittel; Am. 2665004, Brit. 675359 zur Entölung von Flot.-Konzentraten; Am. 2766883	**Adsorpt., Entöl.**
1287	**Bentonit/Acrylamidpolymer-Mischg.**	Flockm.; Brit. 799621	**Flockm.**
1288	**Benzaldehydacetale**	s. Tetrahydro-**B.**; Sch.	**Sch.**
1289	**Benzalkoniumchlorid**	s. = Alkyldimethylbenzylammoniumchlorid; Sa., Netzm.	**Sa., Netzm.**
1290	**Benzazin**	s. = Chinolin; Sa., Sa/Sch., Netzm.	**Sa.,Sa/Sch.,Netzm.**
1291	**Benzidin**	= Diaminodiphenyl, Diphenyldiamin, Dianilin, Diphenylin, $NH_2(C_6H_4)_2NH_2$ Kondm. z. Reduktion v. oberflächl. oxydierter Kohle zwecks Verbesserung ihrer Flotierbarkeit; „Glückauf" 1957, 542	**Kondm.**
1292	**Benzidin/Toluidin/Naphthidin/Pineöl-Mischung**	Sa/Sch. f. sulfid. Cu/Zn-Erze; „Chemical Abstracts", 1954, 8159	**Sa/Sch.**
1293	**Benzimidazol**	= Benzodiazol, Azindol, Methenylphenylendiamin; $C_7H_6N_2$ s. Mercaptobenzimidazol; Sa.	**Sa.**
1294	**Benzimidazolsulfonat**	= Benzodiazol-, Azindol-, Methenylphenylendiamin-sulfonat, $C_7H_6N_2 \cdot SO_3H$ s. Ultravon K, W; Netzm.	**Netzm.**
1295	**Benzin**	Schwerfl. f. d. Schwimmsinkscheidung; „Glückauf" 1957, 123/124 Lösm. z. Bitumenentziehung aus bitumenhaltigen Erzen vor d. weiteren Aufbrtg.; DP. 527141	**Lösm., Schwerfl.**
1296	**Benzoat**	Na-Benzoat als Mittel z. Konditionieren v. elektrostat. aufzubereitenden Kalirohsalzen zwecks Kainit/Sylvin-Trennung; DP. 1077611	**Kondm.**
1297	**Benzochinon**	s. Hydroxybenzochinon; Netzm.	**Netzm.**
1298	**Benzodiazol**	s. = Benzimidazol; Sa.	**Sa.**
1299	**Benzodiazolsulfonat**	s. = Benzimidazolsulfonat; Netzm.	**Netzm.**
1300	**Benzoealkylsulfonsäuresalze**	s. Daxad 23; Dr., Disp., Regler	**Dr., Disp., Regler**

Lfd. Nr.	Bezeichnung (Zusammensetzung)	besondere Verwendung mit zugehöriger Literaturangabe	Verwendungs-überblick
1301	**Benzoesäure** (= Phenylcarbonsäure, C_6H_5COOH)	pH-Regler b. d. Flot. oxyd. Eisenerze; DP. 844131 Sa.; Petersen190 Kondm. f. elektrostatisch aufzubereitende Kalisalze; DP. 1076593, 1077611, 1095762 Quarz-Dr.; „Chem. Abstr.“ 1959, 2979 s. Aminobenzoesäure = Anthranilsäure; Sa. s. Trioxybenzoesäure = Gallussäure; Dr., Netzm. s. Oxybenzoesäure = Salicylsäure; Sa., Kondm., Dr., Regler	**Sa., Regler, Dr., Kondm.**
1302	**Benzoesäure/Alkohol-Lösung**	Sa/Sch. f. oxyd. Erze; Am. 1960526	**Sa/Sch.**
1303	**Benzoesäureanhydrid**	Kondm. f. elektrostat. aufzubereitende Kalirohsalze; DP. 1063092	**Kondm.**
1304	**Benzoessigsäureester**	Akt. f. sulfid. Erze; Am. 2689043/046	**Akt.**
1305	**Benzofuranglukosid**	s. = Cumaronglukosid; Netzm.	**Netzm.**
1306	**Benzoglykolsäure**	s. = Mandelsäure; Sa.	**Sa.**
1307	**Benzoglykolsäure/Alkohol-Lösung**	Sa/Sch. f. oxyd. Erze; Am. 1960526	**Sa/Sch.**
1308	**Benzol** (C_6H_6, = Cyclohexatrien,)	Lösm. z. Bitumenentziehung aus bitumenhaltigen Erzen vor der weiteren Aufbrtg.; DP. 527141 Mittel z. Viscositätsminderung v. Mineralölen zwecks Paraffinwachs-Flotation; Brit. 734124 s. Alkoxybenzole, Diäthoxybenzol, Polyalkoxybenzole; Sch. s. Aminobenzol = Anilin; Sa., Sch., Lösm. s. Aminodimethylbenzol = Xylidin; Sa., Lösm. s. Dimethylbenzol = Xylol; Sa/Sch., Sch., Regler s. Oxydimethylbenzol = Xylenol; Sch., Sch/Sa. s. Amylbenzol, Äthylbenzol; Regler s. Äthynylbenzol; Regler s. Methylbenzol = Toluol; Sa., Kondm. s. Hydrazobenzol; Sa. s. Trimethoxybenzol; Sch/Sa. s. Dioxybenzole: Hydrochinol, Resorzinol, Pyrocatechol = Brenzkatechin; Sch., Dr. s. Oxybenzol = Phenol; Sa/Sch., Sch., Dr. s. Isopropoxybenzole; Sch. s. Dioxybutylbenzol; Sa. s. Dioxychlorbenzol; Netzm. s. Chlor-, Dichlorbenzol; Sch/Sa. s. Trioxybenzol = Pyrogallol; Dr., Netzm. für sich allein, vorzugsweise zusammen mit als Dispergatoren u. Komplexbildner wirkenden Polymerphosphate, z. B. polymeres Alkalimetaphosphat, als Kondm. z. Verbesserung d. Zerkleinerung von Mineralien; DP. 1071455	**Kondm., Netzm., Lösm.**

Lfd. Nr.	Bezeichnung (Zusammensetzung)	besondere Verwendung mit zugehöriger Literaturangabe	Verwendungs-überblick
		Kondm. z. Verbesserung d. Convertol-Feinkohlenaufbrtg.; „Min. Engrg." 1959, 1153/54 s. Isopropylbenzol = Cumol; Kondm.	
1309	**Benzolazobenzolazo-naphthol**	Sa.; Östr. 86638	**Sa.**
1310	**Benzolazonaphthol**	Sa.; Östr. 86639 Sa. f. d. Magnesit-Flot.; DP. 945081 s. Brom-, Chlor-, Nitro-, Oxybenzol-azonaphthol;	**Sa.**
1311	**Benzolazophenyltri-methylammonium-jodid**	Sa.; Am. 2389763	**Sa.**
1312	**Benzolcarbonsäure**	s. Benzoldicarbonsäuren; Sa., Sch., Dr., Regler, Akt., Modif., Kondm. s. Benzolhexacarbonsäure = Mellitsäure; Sa.	**Sa., Sch., Dr., Regler., Akt., Modif., Kondm.**
1313	**Benzoldicarbonsäure**	= Phthalsäure, Isophthalsäure, Terephthalsäure Sa.; Petersen 190 s. Phthalsäure; Sa., Sch., Regler, Dr., Akt., Modif., Kondm.	**Sa., Sch., Regler., Dr., Akt.,Modif. Kondm.**
1314	**Benzoldicarbonsäure/ Alkohol-Lösung**	Sa/Sch. f. oxyd. Erze; Am. 1960526	**Sa/Sch.**
1315	**Benzoldiol**	s. = Hydrochinon; Sch., Dr.	**Sch., Dr.**
1316	**Benzolhexacarbon-säure** (= Mellitsäure, $C_6(COOH)_6$	Sa.; Petersen 190	**Sa.**
1317	**Benzohexacarbon-säure/Alkohol-Lösg.**	Sa/Sch. f. oxyd. Erze; Am. 1960526	**Sa/Sch.**
1318	**Benzolhomolog/Tetra-isopropylen-Sulfonat**	Na-Salz d. sulfonierten Reaktspr. aus einem niederen Benzolhomolog u. Tetraisopropylen als Netzm. b. d. MnO_2-Flotation; Am. 2861687 s. Oronit S, Neolen 400; Netzm.	**Netzm.**
1319	**Benzolhydroxylderi-vate**	= Phenol u. Kresol enthaltende Teeröle; Sch.; Petersen 164	**Sch.**
1320	**Benzolphosphinsäure**	Sa.; Am. 2594454	**Sa.**
1321	**Benzolphosphinsäure-äthylester**	Sa.; Am. 2594454	**Sa.**
1322	**Benzolphosphinsäure-diäthylester**	Sa.; Am. 2594454	**Sa.**
1323	**Benzol/S/$AlCl_3$-Kond-spr.**	Sa.; Am. 1819114, Brit. 298829	**Sa.**
1324	**Benzol/SCl_2/Zn-Reaktpr.**	Sa.; Brit. 298829	**Sa.**
1325	**Benzolsulfochlorid/ K-Butylmonothio-carbonat-Reaktpr.**	als Erz-Sa.; Brit. 418301	

Lfd. Nr.	Bezeichnung (Zusammensetzung)	besondere Verwendung mit zugehöriger Literaturangabe	Verwendungs-überblick
1326	**Benzolsulfonat**	s. Oleylbenzolsulfonat; Sa. s. Alkylbenzolsulfonat; Sa., Netzm. s. Isopropylaminododecylbenzolsulfonat; Netzm. s. „Oronit S“, „Neolene 400“; Netzm.	**Netzm., Sa.**
1327	**Benzolsulfonsäure** ($C_6H_5SO_3H$)	Sa.; Petersen 190 s. Carboxyalkyl-, Carboxynitroalkylbenzolsulfonsäure; Netzm.	**Sa., Netzm.**
1328	**Benzolsulfonsäure-anhydrid**	Kondm. für elektrostatisch aufzubereitende Kalirohsalze; DP. 1063092	**Kondm.**
1329	**Benzolsulfonsäure/ Kokosölsäure-Reaktpr.**	Sa.; Brit. 553982	**Sa.**
1330	**Benzolsulfonsäure/ Oleinsäure-Reaktpr.**	als Sa.; Brit. 553982	**Sa.**
1331	**Benzolsulfonsäure/ Palmitinsäure-Reaktpr.**	als Sa.; Brit. 553982	**Sa.**
1332	**Benzolsulfonsäure/ Tallöl-Reaktspr.**	als Sa.; Brit. 553982	**Sa.**
1333	**Benzol/Tetrachlor-kohlenstoff-Mischung**	Schwerfl. f. d. Schwimmsinkscheidung; „Glückauf“ 1957, 123/124	**Schwerfl.**
1334	**Benzolthiol**	s. = Thiophenol; Sa.	**Sa.**
1335	**Benzolwaschöl**	Sa. z. Flot. des Bitumens aus Mansfelder Kupferschiefer; Petersen 225 Sa/Sch. einzeln oder i. Mischg. mit Alkoholen f. d. Kohlen-Flot.; DP. 1064442	**Sa., Sa/Sch.**
1336	**Benzoorange**	z. Konditionieren von elektrostatisch aufzubereitenden Kalisalzen; DP. 1076593	**Kond.**
1337	**Benzopyridin**	s. = Chinolin; Sa., Sa/Sch., Netzm.	**Sa., Sa/Sch., Netzm.**
1338	**Benzopyrrol**	s. Carbazol = Dibenzopyrrol; Sa.	**Sa.**
1339	**Benzopyrronsäure**	s. = Cumarinsäure; Sa.	**Sa.**
1340	**Benzothiazin**	s. Phenothiazin; Sa/Sch.	**Sa/Sch.**
1341	**Benzothiazol** (C_7H_5NS)	s. Hydroxybenzothiazol; Sa.	**Sa.**
1342	**Benzothiazolthiol**	s. = Mercaptobenzothiazol; Sa.	**Sa.**
1343	**Benzoylglykokoll**	s. = Hippursäure; Sa.	**Sa.**
1344	**Benzschleimsäure**	s. = Furoinsäure; Sa.	**Sa.**
1345	**Benzylalkohol**	= Phenylcarbinol, Phenylmethanol, Hydroxytoluol, $C_6H_5 \cdot CH_2OH$ Sch/Sa. f. d. Kohlen-Flot.; „Montanwiss. Literaturber.“, 1959, 1024 s. Dioxytoluol; Sa. s. Oxybenzylalkohol = Salicylalkohol, Saligenin; Sch/Sa.	**Sch/Sa.** **Sch/Sa.**
1346	**Benzylamin**	= Aminotoluol, Toluidin, Phenylmethylamin, $C_6H_5 \cdot CH_2 \cdot NH_2$ s. = Toluidin; Sch., Lösm. Lösm. z. Lösungsaufbrtg. v. Kohle; „Chem. Ztrlbl.“ 1954, 7781	**Sch., Lösm.**

Lfd. Nr.	Bezeichnung (Zusammensetzung)	besondere Verwendung mit zugehöriger Literaturangabe	Verwendungs-überblick
1347	**Benzylaminophenol** ($C_6H_5CH_2NHC_6H_4OH$)	als Oxydationsinhibitor b. d. Kohlen-Flot.; Am. 2346151	**Regler**
1348	**Benzylammonium-chlorid**	s. Dimethylcetylbenzylammonium-chlorid; Sa. s. Dimethyllaurinbenzylammonium-chlorid; Sa/Sch.	**Sa., Sa/Sch.**
1349	**Benzyläthylsulfid**	s. Carboxybenzyläthylsulfid; Sa.	**Sa.**
1350	**Benzylcarbinol**	s. = Phenyläthylalkohol; Sch/Sa.	**Sch/Sa.**
1351	**Benzylchlorid/Äthyl-thiocarbonat-Re-aktpr.**	Erz-Sa.; Brit. 418301	**Sa.**
1352	**Benzylchlorid/Butyl-thiocarbonat-Re-aktpr.**	Erz-Sa.; Brit. 418301	**Sa.**
1353	**Benzylchlorid/Furfu-rylthiocarbonat-Reaktpr.**	Erz-Sa.; Brit. 418301	**Sa.**
1354	**Benzylchlorid/Na-Hydrosulfit-Reaktpr.**	Sa.; Can. 313447	**Sa.**
1355	**Benzylchloridphos-phin**	Akt. b. d. Flot. oxyd. Erze; Am. 2825458	**Akt.**
1356	**Benzylcyanid** ($C_6H_5CH_2CN$)	Sa.; Petersen 168	**Sa.**
1357	**Benzyldithiocarbamat**	Sa.; DP. 871132	**Sa.**
1358	**Benzylhydroperoxyd**	s. Methylbenzylhydroperoxyd; Sch. s. Methyläthylbenzylhydroperoxyd; Sch.	**Sch.**
1359	**Benzylketon**	s. Äthylbenzylketon; Sch.	**Sch.**
1360	**Benzylmercaptan** ($CH_3CHC_6H_4SH$)	Sa.; Petersen 174	**Sa.**
1361	**Benzylmethylsulfo-chlorid**	s. Dodecyl-**B.**; Sa.	**Sa.**
1362	**Benzylmonothiocarbo-nat/Cinnamyl-chlorid-Reaktpr.**	als Erz-Sa.; Brit. 418301	**Sa.**
1363	**Benzylmonothio-carbonat/Furoin-chlorid-Reaktpr.**	Sa.; Brit. 418301; Can. 326399	**Sa.**
1364	**Benzylnaphthalin-sulfonat**	Sa/Sch.; Petersen 191 Sa.; Am. 1765368 Netzm.; DP. 802389, 844131, Am. 2266954, Brit. 586961 Sa. f. oxyd. Erze; DP. 843131	**Sa., Sa/Sch., Netzm.**
1365	**Benzyloxyäthyl-imidazolchlorid**	s. Tridecyl-**B.** = „Alrosep MB"; Netzm.	**Netzm.**
1366	**Benzyloxydiphenyl-polyäthylenäther**	Netzm.; DP. 1030802	**Netzm.**
1367	**Benzylphenyläthyl-xanthat**	als Sa.; Stüpel, S. 356	**Sa.**

Lfd. Nr.	Bezeichnung (Zusammensetzung)	besondere Verwendung mit zugehöriger Literaturangabe	Verwendungs-überblick
1368	**Benzylthioacetat**	als Erz-Sa.; Brit. 418301	**Sa.**
1369	**Benzylthioschwefelsäure**	hydrolyt. Spaltungsprod.. d. Benzylthioschwefelsäure als Sa.; Am. 1904462	**Sa.**
1370	**Benzylxanthat**	K-Benzylxanthat = $C_8H_7OS_2K$; Sa.; Petersen 269	**Sa.**
1371	**Bernsteinsäure**	s. = Succinsäure; Dr.	**Dr.**
1372	**Bernsteinsäuredinitril**	s. = Dinitril; Sa.	**Sa.**
1373	**Bernsteinsäureester**	s. = Succinate; Sa., Sch., Netzm., Modif., Akt.	**Sa., Sch., Netzm., Modif., Akt.**
1374	**Betain** ($(CH_6)_6NOH_2COOH$) Oxyneurin, = Lycin, Trimethylglycin, Dimethylalanin, Trimethylglykokoll, Methylsarcosin, Methylalanin)	s. Dodecylbetain; Sa. s. Octadecylbetain; Sa. s. Hexadecylbetain; Sa. s. Alkylhydrobetain; Sa.	**Sa.**
1375	**Betainammoniumbromidmelissylester**	Sa. f. Nichtsulfide; Am. 2120217	**Sa.**
1376	**Betainammoniumbromidpalmitinester**	Sa. f. Nichtsulfide; Am. 2120217	**Sa.**
1377	**Betainchinaldinbromidmelissylester**	Sa. f. Nichtsulfide; Am. 2120217	**Sa.**
1378	**Betainchinaldinbromidpalmitinester**	Sa. f. Nichtsulfide; Am. 2120217	**Sa.**
1379	**Betaindimethylpyridinchloridmelissylester**	Sa. f. Nichtsulfide; Am. 2120217	**Sa.**
1380	**Betaindimethylpyridiniumchloridpalmitinester**	Sa. f. Nichtsulfide; Am. 2120217	**Sa.**
1381	**Betaindodecylamidhydrochlorid**	Sa.; Brit. 483324	**Sa.**
1382	**Betainhydrobromidcholesterylester**	Sa. f. Nichtsulfide; Am. 2120217	**Sa.**
1383	**Betainhydrobromidmelyssilester**	Sa. f. Nichtsulfide; Am. 2120217	**Sa.**
1384	**Betainhydrobromidpalmitolester**	Sa. f. Nichtsulfide; Am. 2120217	**Sa.**
1385	**Betainhydrochlorid**	= Lycinhydrochlorid, Acidol; $C_5H_{11}O_2N \cdot HCl$ Kainit-Sa.; „Chem. Ztrlbl.“ 1940, I, 1724 s. = Acidol; Sa.	**Sa.**
1386	**Betainhydrochloridcholesterinester**	als Sa. f. Nichtsulfide; Am. 2120217	**Sa.**
1387	**Betainhydrochloridmelissylester**	Sa. f. Nichtsulfide; Am. 2120217	**Sa.**
1388	**Betainhydrochloridpalmitinester**	Sa. f. Nichtsulfide; Am. 2120217	**Sa.**

Lfd. Nr.	Bezeichnung (Zusammensetzung	besondere Verwendung mit zugehöriger Literaturangabe	Verwendungs-überblick
1389	**Betainmethyltri-methylammonium-bromidcholesterin-ester**	Sa. f. Nichtsulfide; Am. 2120217	**Sa.**
1390	**Betainmethyltri-pyridiniumbromid-melissylester**	Sa. f. Nichtsulfide; Am. 2120217	**Sa.**
1391	**Betainmethyltri-pyridiniumbromid-palmitolester**	Sa. f. Nichtsulfide; Am. 2120217	**Sa.**
1392	**Bicarbonate**	NH_4-, K- oder $NaHCO_3$ z. Verbesserung d. Wirksamkeit der Amin- oder Diamin-Sammler b. d. Flotation von Nb-Mineralien; Can. 599760 s. $NaHCO_3$; Dr., Regler, Akt.	**Dr., Regler, Akt.**
1393	**Betamine**	= Fettsäurealkylolaminsulfat; als Netzm.; Stüpel	**Netzm.**
1394	**Betan**	= Polyalkylnaphthalinsulfonat; Stüpel; Netzm.	**Netzm.**
1395	**Biguanid**	= Guanylguanidin, $C_2H_7N_5$ s. Dimethylguanylguanidin; Sa.	**Sa.**
1396	**Biguanidacetat**	= Guanylguanidinacetat s. Diäthylolmethoxypropylbiguanidazetat; Sa.; Netzm. Emulg.	**Sa.,Netzm.,Emulg.**
1397	**Biguanid/Aldehyd-Kondspr.**	Sa. f. d. Flot. v. Cu-Erzen; Am. 2180926	**Sa.**
1398	**Biguanidhydrochlorid**	s. Dodecylbiguanidhydrochlorid; Sa. s. Äthyloldioctadecylbiguanidhydrochlorid; Sa., Netzm., Emulg.	**Sa.,Netzm.,Emulg.**
1399	**Biguanidhydrojodid**	s. Dodecylbiguanidhydrojodid; Sa.	**Sa.**
1400	**Biguanidsulfat**	Sa. f. Cu-Erze; Am. 2180926	**Sa.**
1401	**Bindaren-Flour**	= Sulfitablauge d. Papierindustrie; Fe_2O_3-Dr. b. d. umgekehrten (Quarz-)-Flot. quarziger Eisenerze; Am. 2403481 s. Sulfitablauge; Dr., Kondm.	**Dr., Kondm.**
1402	**Biphenyl**	s. = Diphenyl; Netzm.	**Netzm.**
1403	**Bismarck-Braun**	Sa.; „Chemical Abstracts“ 1948, 4005 = Vesuvin, Manchester-, Englisch-, Gold-, Phenylen-, Anilin-braun; „Merck Index“ 1960	**Sa.**
1404	**Blancol**	= Formaldehyd/Naphthalinsulfonsäure-Kondenspr.; Disp., Entflockungsmittel; Brit. 596522	**Disp.**
1405	**Bleiacetat** (Bleizucker, $Pb(C_2H_3O_2)_2 \cdot 3H_2O$)	Akt. f. Zinkblende; DP. 869782 i. Ggw. v. Sulfonaten oder Aminen cycl. u. acycl. KWstoff-Sa. als Steinsalz-Dr.; DP. 840682	**Akt., Dr.**
1406	**Bleiglanz** (PbS)	Schwerstoff f. d. Trenntrübe z. Steinkohlen-Schwimmsinkscheidung; „Aufbrtg. d. Steinkohle“, Teil I, 1960, 217	**Schwerst.**

Lfd. Nr.	Bezeichnung (Zusammensetzung)	besondere Verwendung mit zugehöriger Literaturangabe	Verwendungs- überblick
1407	**Bleinitrat** $Pb(NO_3)_2$	Akt. f. Stibnit u. f. NaCl aus KCl; „Engrn. Min. J.", Juni 1956, 114, „Chemie-Ing.-Techn." 1955, 2 Akt. f. Zinkblende; DP. 869782 Regler; „Erzmetall" 1958, 207 Akt. b. d. Kobaltit-Flot.; Am. 2403640	**Regler, Akt.**
1408	**Bleiseifen**	als Sa. f. d. Flot. v. Nichteisenmetallen aus See- u. Grubenwasser; „The Min. J." 1960, 648	**Sa.**
1409	**Blut**	Ochsenblut als Flockm.; Taggart 15—06, —08 getrocknetes Blut als MoS_2-Dr. b. d. Sulfiderz-Flot.; Am. 2070076	**Dr., Flockm.**
1410	**Blutalbumin**	Flockm.; Taggart 15—06, 15—08 Netzm.; Am. 2208758, Brit. 526701 Fusit-Dr. b. d. Kohlen-Flot.; Brit. 186143	**Dr., Flock., Netzm.**
1411	**Bodengele**	= Polyelektrolyte; Flockm. f. Erz- u. Kohlenschlämme; „Chem. Ztrlbl." 1960, 11771	**Flockm.**
1412	**Borax/Glycerin/Kartoffelstärke/Ulmusfulva-Emulsion**	z. Ausflocken v. Kohlenteilchen aus Kohlenwaschwässern; Brit. 507553	**Flockm.**
1413	**Borneocampher**	s. = Borneol; Sch.	**Sch.**
1414	**Borneol**	= Bornylalkohol, Borneocampher, Camphanol, Hydroxycamphan, $C_{10}H_{18}O$, ein Terpenalkohol Sch. f. d. Graphit-Flot.; Östr. P. 167699	**Sch.**
1415	**Borneol/Glyzerin/Kartoffelstärke/Wasser-Suspension**	Flockm. z. Ausflocken von Kohleteilchen aus Kohlewaschwässern; Brit. 507553	**Flockm.**
1416	**Borneolhydroperoxyd**	Sch.; Am. 2535345	**Sch.**
1417	**Bornylalkohol**	s. = Borneol; Sch.	**Sch.**
1418	**Bornylen**	s. Terpene; Sch.	**Sch.**
1419	**Bornylenalkylsulfid**	s. Terpenalkylsulfid; Sa.	**Sa.**
1420	**Bornylenäther**	s. Terpenäther; Sa/Sch.	**Sa/Sch.**
1421	**Bornylencarbinol**	s. Terpencarbinol; Sch.	**Sch.**
1422	**Bornylencyanoacyl-Verbdg.**	s. Terpencyanoacyl-Verbdg.; Sch., Sa/Sch.	**Sch., Sa/Sch.**
1423	**Bornylendiol**	s. Terpendiol; Sa.	**Sa.**
1424	**Bornylenester**	s. Terpenester; Sa/Sch.	**Sa/Sch.**
1425	**Bornylenhaloalkyläther/Amin-Kondspr.**	s. Terpenhaloalkyläther/Amin-Kondspr.; Sa.	**Sa.**
1426	**Bornylenhydroperoxyd**	s. Terpenhydroperoxyd; Sch.	**Sch.**
1427	**Bornylenmercaptan**	s. Terpenmercaptan; Sa. = Bornylensulfhydrat, -thioalkohol, -thiol	**Sa.**
1428	**Borsäure**	pH-Regler f. d. Flot. oxyd. Eisenerze; DP. 844131	**Regler**
1429	**Branöl**	s. = Furfurol; Sch., Akt., Lösm.	**Sch., Akt., Lösm.**
1430	**Brassidinsäurediselenocyanat**	Sa. f. sulfid. u. oxyd. Mineralien; Am. 1863013	**Sa.**

Lfd. Nr.	Bezeichnung (Zusammensetzung)	besondere Verwendung mit zugehöriger Literaturangabe	Verwendungs-überblick
1431	**Brassidinsäuredithio-cyanat**	Sa. f. sulfid. u. oxyd. Mineralien; Am. 1863013	**Sa.**
1432	**Braunkohlenteeröl** (= Solaröl)	s. Teeröle; Sa., Sa/Sch., Sch., Flockm., Modif.	**Sa., Sa/Sch., Sch., Flockm., Modif.**
1433	**Braunstein** (= Pyrolusit, MnO_2)	Schwerstoff f. d. Trenntrübe z. Steinkohlen-Schwimmsinkscheidung; „Aufbrtg. d. Steinkohle", Teil I, 1960, 217	**Schwerst.**
1434	**Brecolane**	= Diisobutylnaphthalinsulfonat; als Netzm.; Stüpel	**Netzm.**
1435	**Brenzgallussäure**	s. = Pyrogallol; Dr., Netzm.	**Dr., Netzm.**
1436	**Brenzkatechin** (= Pyrocatechol, o-Dioxybenzol)	Antimonoxyd-Sa.; „Chemiker Ztg." 1959, 746/53 Dr.; „Min. Techn." 1946, 283 Eisenoxyd-Dr. b. d. Flot. saurer Eisenerze; Am. 2415416	**Sa., Dr.**
1437	**Brenzkatechinderivate**	Sa. f. oxyd. Antimonerze; „Chemiker-Ztg." 1959, 681/85, 746/53 s. Dioxytoluol, -äthylbenzol, -butylbenzol; Sa. s. Guajakol = Brenzkatechinmonomethyläther; Sch.	**Sa., Sch.**
1438	**Brenzkatechinderivat/Undecylamin-Mischg.**	Sa. f. oxyd. Antimonerze; „Chemiker-Ztg." 1959, 746/53 u. 681/85	**Sa.**
1439	**Brenzkatechinmethyläther**	s. Guajakol; Sch. Brenzkatechindimethyläther = Eugenol, Veratrol	**Sch.**
1440	**Brenzschleimsäure**	s. = Furoinsäure, Furancarbonsäure; Sa.	**Sa.**
1441	**Brikettbindemittel**	Sa. f. d. Kohlen-Flot.; Östr. 178868 u. 191378	**Sa.**
1442	**Brillantfuchsin**	= Fuchsin; Sa., Dr., Akt. s. Triphenylmethan; Sa., Dr., Akt.	**Sa., Dr., Akt.**
1443	**Brillantgrün**	= Malachitgrün, Äthylgrün, Emeraldgrün, Diamantgrün G, $C_{27}H_{34}N_2O_4S$; „Merck Index" 1960 selekt. Akt. b. d. Hämatit-Flot.; „Min. Technology" 1946, 274 s. = Malachitgrün; Sa. s. Triphenylmethanfarbstoffe; Sa., Dr., Akt.	**Sa., Dr., Akt.**
1444	**Brillantöl**	s. Monopol- **B.**; Sch.	**Sch.**
1445	**Britishgum**	= aus Maisstärke hergestelltes Dextrin s. = Dextrin; Dr., Regler, Kondm., Flockm.	**Dr., Regler, Kondm., Flockm.**
1446	**Brom**	als Dr. f. sulfid. Zn-, Cu-Erze; Petersen S. 201	**Dr.**
1447	**Brombenzolnaphthol**	= Phenylbromidnaphthol Sa. f. d. Magnesit-Flot.; DP. 945081	**Sa.**
1448	**Bromfettsäuren**	s. = Halogenfettsäuren; Sa.	**Sa.**
1449	**Bromoform** ($CHBr_3$)	Schwerfl. f. d. Schwimmsinkscheidung; „Glückauf" 1957, 123/124 u. Taggart 19—151/152 f. d. Schwimmsinkscheidung kleiner Diamanten; „Engrg. Min. J.", Oktober 1958, 145	**Schwerfl.**
1450	**Bromoform/Aceton-Mischung**	Schwerfl. f. d. Schwimmsinkscheidung; „Erdöl u. Kohle", 1953, 25	**Schwerfl.**

Lfd. Nr.	Bezeichnung (Zusammensetzung)	besondere Verwendung mit zugehöriger Literaturangabe	Verwendungs-überblick
1451	**Bromoform/Tetra-chlorkohlenstoff-Mischung**	Schwerfl. f. d. Schwimmsinkscheidung; „Erdöl u. Kohle“, 1953, 25	**Schwerfl.**
1452	**Bromphenylhydrazin**	Sa.; Östr. 86639	**Sa.**
1453	**Bromwasserstoffsäure (HBr)**	pH-Regler f. d. Flot. oxyd. Eisenerze; DP. 844131	**Regler**
1454	**Brucinchlorid**	s. Amino-**B.**; Sa.	**Sa.**
1455	**Brueder-Flockungs-mittel**	= Prod. aus Stärkepräparaten; Flockm. f. d. Kohlenflotationsabgänge; „Erdöl u. Kohle“ 1958, 528	**Flockm.**
1456	**B-Stärke**	s. Amylopektin; Dr.	**Dr.**
1457	**BTC 50%**	= weiße wäßrige Lösg. von Alkyldimethyl-benzylammoniumchlorid; Netzm.; „The Condensed Chemical Dictionary“, 5. Aufl., 1956	**Netzm.**
1458	**BTC**	= Alkyldimethylammoniumchlorid; Netzm.; Am. 2797196	**Netzm.**
1459	**Buchenholzteer**	Sa. f. d. Graphit-Flot.; Östr. P. 167699	**Sa.**
1460	**Buchenholzteeröl/ Carbonol-Mischg.**	Sa/Sch. f. d. Steinkohlen-Flot.; „Glückauf“ 1958, 1621	**Sa/Sch.**
1461	**Buchenöl**	ein phenol. Sch., enthält Holzalkohol. Aceton- u. Teeröle; in 5%iger Methylalkohol-Lsg. als Sch. f. d. Pyrit-Flot.; „Bergakademie“, Ztschr. f. Bergbau, Hüttenwesen u. verwandte Wissenschaften, Nov. 1959	**Sch.**
1462	**Buramin**	= Mischg. aus 70% Butylcarbamid u. Carbamid; Sa. f. sulfid. Pb/Zn-Erze; Am. 2664198	**Sa.**
1463	**Butanacetat**	s. Dodecyldiaminobutanacetat; Sa.	**Sa.**
1464	**Butanol/Arylsulfon-säure-Kondenspr.**	s. Butyraldehyd/ . . . . ; Dr.	**Dr.**
1465	**Butanbutylenpolymer**	Sa/Sch. f. Kohle; „Montanwiss. Literaturber.“ 1960, 698	**Sa/Sch.**
1466	**Butan/Butylen-Poly-merisationsrück-stand**	Sa. f. d. Steinkohlen-Flot.; „Glückauf“ 1960, 1113	**Sa.**
1467	**Butandicarbonsäure-alkylester**	s. = Adipinsäurealkylester; Sch., Modif.	**Sch., Modif.**
1468	**Butandicarbonsäure-aralkylester**	s. = Adipinsäurearalkylester; Modif.	**Modif.**
1469	**Butandiisobutyrat**	Sch. f. alle Mineralien; DP. 933263, Am. 2803345, Brit. 747658	**Sch.**
1470	**Butandioldiäthylacetal**	Sch. f. Pb/Zn- u. Cu/Zn/FeS-Erze; „Chemical Abstracts“ 1959, 177	**Sch.**
1471	**Butandioldiisobutyrat**	Sch.; DP. 933663, Am. 2803345, Brit. 747658, Can. 514129	**Sch.**
1472	**Butandioylsäure**	s. = Succinsäure; Dr.	**Dr.**
1473	**Butandithioldiacetat**	Sa.; Am. 2626279	**Sa.**

Lfd. Nr.	Bezeichnung (Zusammensetzung)	besondere Verwendung mit zugehöriger Literaturangabe	Verwendungs-überblick
1474	**Butanol**	= Butylakohol, $CH_3(CH_2)_2CH_2OH$ Sa/Sch., Sch/Sa.; „Glückauf" 1956, 1441 Lösm. z. Aufschlämmen von Ton aus Kalisalzen; DP. 1083192 Sch.; „Min. Techn." 1946, 282 Sa. f. Kohlenschlämme; „Bergb.-Wiss." 1960, 542 s. Methylbutanol; Sch. s. Methylisobutanol; Sch., Modif. s. Methyläthylcarbinol; Sch., Sch/Sa. s. Trimethylcarbinol; Sa/Sch., Sch/Sa., Sch., Lösm. s. Methylpropanol Sa/Sch. f. d. Graphit-Flot.; „Chem. Ztrlbl." 1960, 13487	**Sa., Sa/Sch., Sch/ Sa., Sch., Lösm.**
1475	**Butanolacetat**	sec-Butylacetat; Sch.	**Sch.**
1476	**Butanolamin** (= Aminobutanol)	s. Cyclohexyl-, Di-, Mono-, Monoio s-butanolamin; Sa.	**Sa.**
1477	**Butanolaminoäthanol**	s. = Monoäthanolmonobutanolamin; Sa.	**Sa.**
1478	**Butanoläthylenglykoläther**	Sch.; DP. 1001652	**Sch.**
1479	**Butansäure**	s. = Buttersäure; Sa., Dr., Netzm.	**Sa., Dr., Netzm.**
1480	**Buten**	s. = Butylen; Kondm.	**Kondm.**
1481	**Butenol/Alkohol-Reaktpr.**	s. Crotonaldehyd/Äthanol-, Crotonaldehyd/Isopropanol-, Crotonaldehyd/Methanol-, Crotonaldehyd/Propanol-Reaktpr.; Sch.	**Sch.**
1482	**Butendioldiester**	Sa/Sch., Netzm., Disp., Emulg.; Am. 2366667	**Netzm., Sa/Sch., Disp., Emulg.**
1483	**Butenylthiolacetat**	Sa.; Am. 2626279	**Sa.**
1484	**Butoxyalkylbiguanidsalze**	Sa., Netzm., Emulg.; Am. 2350453	**Sa., Netzm., Emulg.**
1485	**Butoxyalkylphthalat**	Sch.; Am. 2732940, Brit. 739073	**Sch.**
1486	**Butoxyalkylpolysulfid**	Sa. f. zementierte Cu-Erze; „Chemical Abstracts" 1958, 9930	**Sa.**
1487	**Butoxyäthan**	Sch.; Am. 2687214	**Sch.**
1488	**Butoxyäthanol** (= Glykoläther)	als Lösm. z. Aufschlämmung von Ton aus Kalisalzen; DP. 1083192	**Lösm.**
1489	**Butoxyäthanolacetat**	= Glykolätherester als Lösm. f. d. Aufschlämmung von Ton aus Kalisalzen; DP. 1083192	**Lösm.**
1490	**Butoxybenzol**	Sch.; Am. 2776749	**Sch.**
1491	**Butoxycarbonylsulfid**	s. Butoxythiocarbonylbutoxycarbonylsulfid; Sa.	**Sa.**
1492	**Butoxycrotonat**	Sch.; Am. 2776748, Can. 563445	**Sch.**
1493	**Butoxydialkylsulfid**	Sch.; „Industrial and Engrg. Chemistry", Teil II, März 1958, 445	**Sch.**
1494	**Butoxydibutoxymethyltetrahydropyran**	Sch.; Am. 2574919, Brit. 709802	**Sch.**
1495	**Butoxymethylbutylxanthat**	Sa. f. zement. Cu-Erze; „Chemical Abstracts" 1958, 8873	**Sa.**
1496	**Butoxypiperazinderivate**	Sch., Netzm.; Am. 2541260	**Sch., Netzm.**

Lfd. Nr.	Bezeichnung (Zusammensetzung)	besondere Verwendung mit zugehöriger Literaturangabe	Verwendungs-überblick
1497	**Butoxythiocarbonyl-butoxycarbonyl-sulfid**	= Butylxanthogenbutylformiat Sa.; Brit. 296270	**Sa.**
1498	**Buttersäure** (Butansäure, Butylsäure, C_3H_7COOH)	s. Mercaptobuttersäure; Dr. s. Aminoalkoxybuttersäure; Sa., Netzm. s. Alkylsulfamidobuttersäure; Sa.	**Sa., Netzm., Dr.**
1499	**Buttersäureanhydrid**	Kondm. f. elektrostatisch aufzubereitende Kalirohsalze; DP. 1063092, 1077611	**Kondm.**
1500	**Buttersäureanhydrid/Fettsäureamidsulfonat-Mischg.**	Kondm. f. elektrostat. aufzubereitende Kalisalze; DP. 1063092, 1077611	**Kondm.**
1501	**Butylacetat** ($CH_3COOC_4H_9$)	n-B. Butyläthanoat, $CH_3COOC_4H_9$, sec-B. = 2-Butanolacetat, $CH_3(C_2H_5)CHCOOCH_3$ Sch. neben KWstoffsulfonaten; DP. 659431	**Sch.**
1502	**Butylacrylamid**	Flockm. f. Ton- u. Erzaufschlämmungen; Am. 2937143	**Flockm.**
1503	**Butylacetsäure**	s. = Butylessigsäure, Hexylsäure; Sa.	**Sa.**
1504	**Butyladipat**	Sch.; DP. 904762, Am. 2690260	**Sch.**
1505	**Butylaero-Reagens**	= Mischg. aus 60—64% K-Dibutyldithiophosphat u. 30% Pottasche + Soda; zusammen mit Xanthat f. d. Flot. sulfid. Cu- u. Cu/Zn-Erze wirksamer als einfaches Xanthat; jedoch Gasmasken z. Verhütung v. Gesundheitsschäden; „Chemical Abstracts" 1957, 10330	**Sa.**
1506	**Butylalkohol**	s. Butanol; Sch., Sch/Sa., Sa/Sch., Sa., Lösm.	**Sch., Sch/Sa., Sa/Sch., Sa., Lösm.**
1507	**Butylalkohol/Äthylenoxyd-Reaktpr.**	als Sch., insbes. f. sulfid. Erze; DP. 1001652, Am. 2950818, Brit. 824661	**Sch.**
1508	**Butylalkoholsulfat**	s. = Butylsulfat	**Sa/Sch., Sa., Flockm. Netzm., Emulg.**
1509	**Butylamin** (= Aminobutan, $C_4H_9NH_2$)	Sa.; Am. 2809934 s. Mono-, Di-, Tributylamin; Sa. s. Alkylamin; Sa., Sa/Sch.	**Sa., Sa/Sch.**
1510	**Butylaminacetat**	Sa. f. d. Kainit-Flot.; Am. 2766885, Brit. 752109 Zinkerz-, insbes. Galmei-Sa.; Franz. 61640	**Sa.**
1511	**Butylamin/Alamine 26-Mischung**	als Phosphat-Sa.; Am. 2914174	**Sa.**
1512	**Butylamin/Alkylenamin-Mischg.**	Sylvin-Sa.; Am. 2689649 Sa.; Can. 395829	**Sa.**
1513	**Butylamin/Alkylnitril-Mischg.**	Sa.; Can. 410809/810	**Sa.**
1514	**Butylaminchlorhydrat**	Zinkerz-, insbes. Galmei-Sa.; Franz. 61640	**Sa.**
1515	**Butylaminfluorid**	Zinkerz-, insbes. Galmei-Sa.; Franz. 61640	**Sa.**
1516	**Butylaminlactat**	Zinkerz-, insbes. Galmei-Sa.; Franz. 61640	**Sa.**
1517	**Butylaminoessigsäure**	s. = Isoleucin, Butylglycin; Sa.	**Sa.**
1518	**Butylamin/Valeraldehyd-Reaktpr.**	Sa. f. d. Flot. von Ni/Cu-Steinen; Am. 2432456	**Sa.**

Lfd. Nr.	Bezeichnung (Zusammensetzung)	besondere Verwendung mit zugehöriger Literaturangabe	Verwendungs-überblick
1519	**Butylamylalkohol**	Sch. z. Flot. v. Uran-Erzen; Can. 589788	**Sch.**
1520	**Butylarylpolyäthylenglykoläther**	s. Tergitol; Netzm., Disp.	**Netzm., Disp.**
1521	**Butylarylpolyglykoläther**	s. Tergitol NPX; Netzm., Disp.	**Netzm., Disp.**
1522	**Butylarylsulfonat**	s. Alkylarylsulfonat; Sa., Sa/Sch., Netzm., Disp., Regler, Flockm., Kondm.	**Sa.,Sa/Sch.,Netzm. Disp., Flockm., Regler, Kondm.**
1523	**Butyläthanoat**	s. = n-Butylacetat; Sch.	**Sch.**
1524	**Butyläthanolamin**	Sa.; Am. 2389763	**Sa.**
1525	**Butyläther** (= Dibutyläther)	Propylenglykol-n-, Tripropylenglykol-n-, Tetra-, Pentapropylenglykol-n-butyläther als Sch.; Am. 2611485	**Sch.**
1526	**Butylbenzolsulfonat**	Sa., Netzm., Kondm.	**Sa., Kondm., Netzm.**
1527	**Butylbenzyldodecyldimethylammoniumchlorid**	Sa., Netzm.; Am. 2676986	**Sa., Netzm.**
1528	**Butylbenzylhydroperoxyd**	Sch.; Am. 2535344	**Sch.**
1529	**Butylbenzylphosphinsäure**	Sa.; Am. 2594454	**Sa.**
1530	**Butylbenzylpolyoxyäthylenätheralkohol**	Sa/Sch.; Franz. 1109798 Sch.; Brit. 782107, 782407, Belg. 532530	**Sa/Sch., Sch.**
1531	**Butylcarbamid** ($C_4H_9HNCONH_2$)	s. Dibutylcarbamid; Sa. s. Buramin; Sa.	**Sa.**
1532	**Butylcarbinol**	s. = Amylalkohol; Sa., Sa/Sch., Sch.	**Sa., Sa/Sch., Sch.**
1533	**Butylcarbinolacetat**	Methyliso- **B.** = Methylamylacetat als Sch.; „Engrg. Min. J.", Juni 1956, S. 114	**Sch.**
1534	**Butylchlorbenzolphosphinat**	Sa.; Am. 2594454	**Sa.**
1535	**Butylcitrat**	s. Tributylcitrat; Akt., Modif.	**Akt., Modif.**
1536	**Butyldiphenylsulfonat**	s. Aresket; Sa., Netzm.	**Sa., Netzm.**
1537	**Butyldithiocarbamat**	Sa. f. d. Malachit-Flot.; „Bergb.-Wiss." 1959, 390	**Sa.**
1538	**Butyldithiophosphat**	Sa. f. d. Flot. sulfid. Cu-Erze; Am. 2919025 Sa.; „Glückauf" 1959, 731 s. Dibutyldithiophosphat; Sa.	**Sa.**
1539	**Butyldixanthogen**	Sa. f. d. Erz-Flot.; Can. 575644	**Sa.**
1540	**Butylen**	= Buten, $CH_2{:}CH \cdot CH_2 \cdot CH_3$ s. Diisobutylen; Kondm.	**Kondm.**
1541	**Butylen/Butan-Polymerisationsrückstand**	Sa. f. d. Steinkohlen-Fl.; „Glückauf" 1960, 1113	**Sa.**
1542	**Butylenimidazol**	Flockm. z. Filtrieren v. Schlämmen; Am. 2509260	**Flockm.**
1543	**Butylenoxyd/Triazin-Verbdg.**	Sa., Netzm., Emulg.; Am. 2381121	**Sa., Netzm., Emulg**

Lfd. Nr.	Bezeichnung (Zusammensetzung)	besondere Verwendung mit zugehöriger Literaturangabe	Verwendungs-überblick
1544	**Butylentriamin-Verbdgg.**	s. Dibutylentriamin-Verbdgg.; Sa.	**Sa.**
1545	**Butylentrithiocarbonat**	Sa.; Franz. 838171	**Sa.**
1546	**Butylenxanthat**	Sa.; Can. 356306 s. Butylendixanthogen; Sa.	**Sa.** **Sa.**
1547	**Butylenessigsäure**	s. = Hexylsäure; Sa.	**Sa.**
1548	**Butylester**	d. Glutar-, Pimelin- u. Korksäure als Sch.; DP. 904762, Am. 2690260 s. Butyladipat, -glutamat, -pimelat, -suberat; Sch. s. Butylglykolester; Sa., Sch.	**Sa., Sch.**
1549	**Butylglutamat**	Sch.; DP. 904762, Am. 2690260	**Sch.**
1550	**Butylglycin**	= Butylaminoessigsäure, Isoleucin; s. d. = Butylglykokoll	**Sa.**
1551	**Butylglykolester**	s. Isobutylglykolat; Sa. Sch. f. d. Flot. von Berylliummineralien; Am. 2385819	**Sa.. Sch.**
1552	**Butylglyoxalin**	= Butylimidazol; Sa.	**Sa.**
1553	**Butylguanidin**	Zinkblende-Sa.; „Min. Engrg.", Febr. 1959, 219/20	**Sa.**
1554	**Butylguanidinnitrat**	Zinkblende-Sa.; „Min. Engrg.", Febr. 1959, 219/20	**Sa.**
1555	**Butylguanidinpicrat**	Zinkblende-Sa.; „Min. Engrg.", Febr. 1959, 219/20	**Sa.**
1556	**Butylimidazol**	kationakt. Sa.; Brit. 578694 Flockm. beim Filtrieren v. Schlämmen; Am. 2509260	**Sa., Flockm.**
1557	**Butylimidformiat, -hydrochlorid**	Sa. f. d. Flot. saurer Mineralien; Brit. 568186	**Sa.**
1558	**Butylketon**	Sch.; Am. 2000350 s. Iso-, Äthyliso-, Propylisobutylketon; Sch. s. Ketone; Lösm.	**Sch., Lösm.**
1559	**Butylkresol**	Sch.; Can. 390793	**Sch.**
1560	**Butylkresylphosphin-säure**	Sa.; Am. 2594454	**Sa.**
1561	**Butylkresylpolyoxy-äthylenätheralkohol**	Sa/Sch.; Franz. 1109798 Sch.; Brit. 782107, 782407, Belg. 532530	**Sa/Sch., Sch.**
1562	**Butylmercaptan**	Sa. f. oxyd. Eisenerze; Am. 2125337	**Sa.**
1563	**Butylmercaptosulfen-amid**	Sa.; Am. 2807615	**Sa.**
1564	**Butylmercaptosulfenyl-morpholin**	Sa.; Am. 2807615	**Sa.**
1565	**Butylmercaptasulfenyl-piperidin**	Sa.; Am. 2807615	**Sa.**
1566	**Butylmonothiocarbo-nat/Acetylchlorid-Reaktpr.**	Sa. f. d. Erz-Flot.; Brit. 418301	**Sa.**
1567	**Butylmonothiocarbo-nat/Benzolsulfo-chlorid-Reaktpr.**	als Erz-Sa.; Brit. 418301	**Sa.**

Lfd. Nr.	Bezeichnung (Zusammensetzung)	besondere Verwendung mit zugehöriger Literaturangabe	Verwendungs-überblick
1568	**Butylmonothiocarbonat/Succinylchlorid-Reaktpr.**	Erz-Sa.; Brit. 418301	**Sa.**
1569	**Butylnaphthalin**	Netzm.; Römpp „Chemie-Lexikon", 3. Aufl., 1953, 1240	**Netzm.**
1570	**Butylnaphthalin-phosphinsäure**	Sa.; Am. 2594454	**Sa.**
1571	**Butylnaphthalin-phosphonsäure**	Sa.; Am. 2594454	**Sa.**
1572	**Butylnaphthalinpoly-oxyäthylenäther-alkohol**	Sa/Sch.; Franz. 1109798 Sch.; Brit. 782107, 782407, Belg. 532530	**Sa/Sch., Sch.**
1573	**Butylnaphthalin-sulfonat**	Sa/Sch.; Petersen 191 Sa.; Am. 1765368 Netzm.; DP. 802389, 844131, Am. 2266954 s. = Aerosol OSB; Akt. s. Alkanol B; Sa., Netzm. s. Nekal BX; Netzm. s. Brecolane; Netzm.	**Sa., Sa/Sch., Netzm., Akt.**
1574	**Butylnatriumsulfonat**	Sa. f. d. Flot. kieserit. Kalirohsalze; DP. 918861	**Sa.**
1575	**Butylnitrobenzyl-thionothiolphosphat**	Sa.; Am. 2609383	**Sa.**
1576	**Butylnitrobenzylthio-phosphat**	Sa.; Am. 2609383	**Sa.**
1577	**Butylnitrotolylthio-phosphat**	Sa.; Am. 2520393	**Sa.**
1578	**Butyloctadecylamin-phthalamat**	Sa., Netzm.; Am. 2101323	**Sa., Netzm.**
1579	**Butylolamin**	Sa. f. d. Chromit-Flot.; Michell 291	**Sa.**
1580	**Butyloläthylendiamin**	Sa.; Am. 2389763	**Sa.**
1581	**Butylolcyanamid**	s. Mono-**B.**; Sa., Netzm., Emulg.	**Sa., Netzm., Emulg.**
1582	**Butyloltriäthylen-tetramin**	Sa.; Am. 2389763	**Sa.**
1583	**Butyloxyäthylenäther-alkohol**	s. Alkyloxyäthylenätheralkohol; Sa/Sch., Sch.	**Sa/Sch., Sch.**
1584	**Butylphenol**	Sch.; Am. 2250190, Can. 390793 Sch/Sa. f. Pb-Erze; „Engrg. Min. J.", Juni 1956, 113 s. Isobutylphenol; Sch.	**Sch., Sch/Sa.**
1585	**Butylphenolpolyoxy-äthylenäther**	= „Triton NE"; s. d.	**Sa/Sch.**
1586	**Butylphenolpolyoxy-äthylenester**	= „Igepal CA Extra"; s. d.	**Sa/Sch.**
1587	**Butylphenoxycarbon-säure**	Sa., insbes. f. schwerspathaltigen Flußspat; DP. 962871	**Sa.**

Lfd. Nr.	Bezeichnung (Zusammensetzung)	besondere Verwendung mit zugehöriger Literaturangabe	Verwendungs-überblick
1588	**Butylphenylketon**	Sch. f. d. Flot. oxyd. Erze; Am. 2000350	**Sch.**
1589	**Butylphenylphenol-sulfonat**	s. Areskap; Sa., Netzm. s. Aresklene; Sa., Netzm.	**Sa., Netzm.**
1590	**Butylphenylphosphin-säure**	Sa.; Am. 2594454	**Sa.**
1591	**Butylphenylpoly-äthylenäther**	Netzm.; DP. 1030802	**Netzm.**
1592	**Butylphenylpolyoxy-äthylenätheralkohol**	Sa/Sch.; Franz. 1109798 Sch.; Brit. 782107, 782407, Belg. 532530	**Sa/Sch., Sch.**
1593	**Butylphosphor-bromidothioat**	Cu-Sa. b. d. Flot. v. anoxydierten Sulfid-erzen; Am. 2901107	**Sa.**
1594	**Butylphthalat**	Sch.; DP. 922401, Am. 2732940, Brit. 739073 Akt. u. Schaumverbesserer [Modif.] f. sulfid. Erze; Am. 2689043/046	**Sch., Akt., Modif.**
1595	**Butylpimelat**	Sch.; DP. 904762, Am. 2690260	**Sch.**
1596	**Butylpolyäthylenäther**	Netzm.; DP. 1030802	**Netzm.**
1597	**Butylpolyäthylenoxyd**	s. Alkylpolyäthylenoxyd; Sa/Sch., Netzm., Disp., Emulg.	**Sa/Sch., Netzm., Disp., Emulg.**
1598	**Butylpolyoxyäthylen-äther**	Sch. allgemein, Sa/Sch. f. d. Kohle-Flot.; Brit. 782107, Belg. 532530	**Sa/Sch., Sch.**
1599	**Butylpolyoxyäthylen-ätheralkohol**	Sch. u. Sa/Sch. f. d. Kohle-Flot.; Brit. 782107, 782407, Franz. 1109798, Belg. 532530	**Sch., Sa/Sch.**
1600	**Butylpolyoxynitroso-phenol**	Sa/Sch. f. silikat. Cu-Erze; „Chemical Abstracts“ 1953, 1549	**Sa/Sch.**
1601	**Butylpolypropylen-glykol/Polyäthylen-oxyd-Derivat**	als Sch.; Schönfeldt	**Sch.**
1602	**Butylpyridin**	s. Repellate; Netzm.	**Netzm.**
1603	**Butylpyridiniumbromid**	kationakt. Sa. bzw. Sa/Sch. f. oxyd. Mineralien; „Erzmetall“ 1958, 545	**Sa., Sa/Sch.**
1604	**Butylrizinoleat**	Sa.; Can. 349558	**Sa.**
1605	**Butylsäure**	s. = Buttersäure; Sa., Dr.	**Sa., Dr.**
1606	**Butylsebacat**	s. Di-B.	**Akt.**
1607	**Butylsilicon**	Sa.; „Chemical Abstracts“ 1958, 8918 Sa. f. d. Bleiglanz/Zinkblende-Flot.; „Aach. Bl.“, April 1959, 18	**Sa.**
1608	**Butylsuberat**	Sch.; DP. 904762, Am. 2690260 Akt. u. Schaumverbesserer [Modif.] f. sulfid. Erze; Am. 2689043/046	**Sch., Akt., Modif.**
1609	**Butylsulfamido-Verbdgg.**	s. Alkylsulfamido-Verbdgg.; Sa.	**Sa.**
1610	**Butylsulfat**	s. Alkylsulfat; Sa., Sa/Sch., Netzm., Flockm., Kondm., Emulg.	**Sa., Sa/Sch., Netzm., Flockm., Kondm., Emulg.**
1611	**Butylsulfenamid**	Sa.; Am. 2807615	**Sa.**
1612	**Butylsulfenylpiperidin**	Sa.; Am. 2807615	**Sa.**
1613	**Butylsulfenyltrithio-carbonat**	Sa.; Am. 2634291	**Sa.**

Lfd. Nr.	Bezeichnung (Zusammensetzung)	besondere Verwendung mit zugehöriger Literaturangabe	Verwendungs-überblick
1614	**Butylsulfonat**	Sa. f. d. Kalisalz-Flot.; DP. 806842, 840682, 918861 Sa.; Petersen 163 Netzm.; DP. 802389 Netzm. z. Zerstören v. Kohlenflot.-Schäumen; „Glückauf“ 1932, 626 Netzm. z. Verbesserung d. Filtration von Flotationskonzentraten; „Chem. Ztrlbl.“ 1959, 14544 Netzm. z. Verminderung d. Viscosität v. Schwertrüben der Schwimmsink-scheidung.; DP. 1089701	**Sa., Netzm.**
1615	**Butylsulfosuccinat**	s. Dibutylsulfosuccinat; Netzm.	**Netzm.**
1616	**Butyltartrat**	Akt. u. Schaumplastizierer [Modif.] f. sulfid. Erze; Am. 2689043/046	**Akt., Modif.**
1617	**Butylthiocarbamid**	s. Dibutylthiocarbamid; Sa.	**Sa.**
1618	**Butylthiocarbonat**	Sa.; Stüpel s. Butylmonothiocarbonat; Sa.	**Sa.**
1619	**Butylthiocarbonat/ Benzylchlorid-Reaktpr.**	Erz-Sa.; Brit. 418301	**Sa.**
1620	**Butylthiophan**	Sa. f. sulfid. Zinkerze; Can. 393245	**Sa.**
1621	**Butylthiophosphat**	Sa.; Brit. 310186	**Sa.**
1622	**Butylthiophosphoryl-bromid**	s. Dibutylthiophosphorylbromid; Sa/Sch.	**Sa/Sch.**
1623	**Butylthiophosphoryl-chlorid**	s. Dibutylthiophosphorylchlorid; Sa., Sa/Sch.	**Sa., Sa/Sch.**
1624	**Butylthiosulfat**	Sa.; Am. 1723295	**Sa.**
1625	**Butylthiourethan**	Sa.; Can. 311054	**Sa.**
1626	**Butyltrimethylamin**	Sa. f. d. selektive Sulfiderz-Flot.; „Erzmetall“ 1958, 199—209	**Sa.**
1627	**Butyltrithiocarbonat**	Sa.; Am. 2600737	**Sa.**
1628	**Butylxanthat**	Rohbutylxanthat = Raconit; Sa. f. die Cu/Pyrit-Flot.; „Erzmetall“ 1959, 37/38 sec. Butylxanthat = Aero Xanthat 301; starker Sulfid-Sa.; „Engrg. Min. J.“, Juni 56, 112 s. AC 301 = Na-sec. Butylxanthat; Sa. Sa.; Am. 2331722 s. Z 8-Xanthat; Sa. Sa. f. d. Bleiglanz-Flot.; „Chem. Ztrlbl.“ 1958, 7877 Sa. f. d. Flot. sulfid. Cu/Zn-Erze; „Chem. Ztrlbl.“ 1958, 5496 s. Z 12-Xanthat; Sa. s. Diäthylenglykolcarbonylbutylxanthat; Sa.	**Sa.**
1629	**Butylxanthogenallyl-formiat**	Sa.; Am. 2602814, 2608572, 2608573	**Sa.**
1630	**Butylxanthogenäthyl-formiat**	als anionakt. Sa.; Am. 2689046 Sa. f. sulfid. Erze; Can. 500052, Am. 2412500 s. Alkylxanthogenalkylformiat; Sa.	**Sa.**

Lfd. Nr.	Bezeichnung (Zusammensetzung)	besondere Verwendung mit zugehöriger Literaturangabe	Verwendungs-überblick
1631	**Butylxanthogenbutylformiat**	s. = Butoxycarbonylbutoxycarbonylsulfid; Sa.	**Sa.**
1632	**Butylxanthogenmolybdat**	Sa. f. d. Erz-Flot.; Can. 385474	**Sa.**
1633	**Butylxylylphosphinsäure**	Sa.; Am. 2594454	**Sa.**
1634	**Butylxylylpolyoxyäthylenätheralkohol**	Sa/Sch.; Franz. 1109798 Sch.; Brit. 782107, 782407, Belg. 532530	**Sa/Sch., Sch.**
1635	**Butyraldehyd/Arylsulfonsäure-Kondspr.**	MoS_2-Dr. b. d. Flot. sulfid. Cu/Mo-Erze; Am. 2187930	**Dr.**
1636	**Butyralkohol**	= n-Butylalkohol, $CH_3(CH_2)_2CH_2OH$ s. Butanol; Sa/Sch., Sch., Sch/Sa., Lösm.	**Sa/Sch., Sch., Sch/Sa., Lösm.**
1637	**Butyrate** (= Buttersäuresalze)	s. Äthyldiäthoxybutyrat; Sch/Sa. s. Diäthoxybutyrat; Sch. s. Butandiiso-, Diäthylenglykoldiisobutyrat; Sch. s. Fettsäureseifen; Sa., Sa/Sch., Netzm., Flockm.	**Sch., Sch/Sa., Sa., Sa/Sch., Netzm., Flockm.**
1638	**Butyron**	s. = Dipropylketon; Sch., Lösm.	**Sch., Lösm.**
1639	**BX trocken, extra**	Netzm.; Blücher	**Netzm.**
1640	**By-Prox**	= sec. Alkylsulfat; als Netzm.; Stüpel	**Netzm.**

Lfd. Nr.	Bezeichnung (Zusammensetzung)	besondere Verwendung mit zugehöriger Literaturangabe	Verwendungs-überblick
1641	**Cadaverin**	s. Pentamethylendiamin; Sa.	**Sa.**
1642	**Cadmiumnitrat** $Cd(NO_3)_2$	zusammen m. $CuSO_4$ als Akt. für gedrückte Zinkblende; DP. 938241	**Akt.**
1643	**Cadmium-Verbindungen, organische**	s. Cd-Propylmercaptid; Sa.	**Sa.**
1644	**Cajeputen**	s. = Dipenten; Sch., Akt.	**Sch., Akt.**
1645	**Calciumsalze**	neben Pflanzenextrakten als Flockm. f. Mineralaufschlämmungen; DP. 517055	**Flockm., Dr., Schwerfl.**
1646	**Ca-Arylsulfonat**	Kobaltit-Dr.; Am. 2403640	**Dr.**
1647	**$CaCl_2$**	Dolomit-Dr. b. d. Magnesit-Flot.; DP. 945081 $CaCl_2$-Lauge als Schwerfl. f. d. Schwimmsinkscheidung von Mineralien; „Glückauf" 1957, 123/124	**Dr., Schwerfl.**
1648	**CaO**	als wasserbindender Zusatz beim Sieben von feuchtem Schüttgut; DP. 1018002, Brit. 781547, Franz. 1134596	
1649	**$CaSO_4$**	neben Pflanzenextrakten als Flockm. f. Mineralaufschlämmungen; DP. 517055	**Flockm.**
1650	**Calgon**	= Na-Hexametaphosphat; Schlamm-Disp.; „Encyclopedia of Chemical Technology" 1951, 605 Wasser-Weichmacher u. Disp. insbes. beim Flotieren von Nichterzen; „Water and Water Engrg." 1949, 455	**Netzm., Disp.**
1651	**Calol-Na-Sulfonat**	= Petroleumsulfonat; Sa. f. d. Granat-Flot.; Am. 2428763 Sa. f. oxyd. Eisenerze; DP. 844131	**Sa.**
1652	**Calolan-Na-Sulfonat**	= öllösl. Erdölsulfonat; Sa. f. oxyd. Eisenerze; DP. 844131	**Sa.**
1653	**Calsolenöl HS**	Netzm. als Zusatz zur 1. Flotationsstufe b. d. zweistufigen Pyrochlor-Flot. aus Sovit; Am. 2951585	**Netzm.**
1654	**Camphan**	Sch.; Petersen 163 u. 267 s. Terpene; Sch. s. Ketocamphan = Kampfer; Sch.	**Sch.**
1655	**Camphanalkylsulfid**	s. Terpenalkylsulfid; Sa.	**Sa.**
1656	**Camphanäther**	s. Terpenäther; Sa/Sch.	**Sa/Sch.**
1657	**Camphancarbinol**	Sch. f. Erze u. Flußspat; Schweiz. 279545	**Sch.**
1658	**Camphancyanoacyl-Verbdg.**	s. Terpencyanoacyl-Verbdg.; Sch., Sa/Sch.	**Sch., Sa/Sch.**
1659	**Camphandiol**	s. Terpendiol; Sa.	**Sa.**
1660	**Camphanester**	s. Terpenester; Sa/Sch.	**Sa/Sch.**
1661	**Camphanhaloalkyläther/Amin-Kondspr.**	s. Terpenhaloalkyläther/.........; Sa.	**Sa.**
1662	**Camphanhydroperoxyd**	Sch.; Am. 2535345	**Sch.**
1663	**Camphanmercaptan**	Sa.; Am. 2413648 = Camphansulfhydrat, -thioalkohol, -thiol	**Sa.**
1664	**Camphanol**	s. = Borneol; Sch.	**Sch.**
1665	**Camphansäure**	Sch. f. d. Graphit-Flot.; Östr. 167699	**Sch.**

Lfd. Nr.	Bezeichnung (Zusammensetzung)	besondere Verwendung mit zugehöriger Literaturangabe	Verwendungs-überblick
1666	**Camphor** (Bestandteil d. Pineöls, $C_{10}H_{16}O$, ein Arylketon)	Erz-Sch.; Brit. 145852 Sch. f. d. Kobaltit-Flot.; Am. 2403640 s. Anethol; Sch.	**Sch.**
1667	**Capacolchlorid**	s. Hexadecylpyridiniumchlorid; Sa.	**Sa.**
1668	**Caprilsäure**	s. = Octylsäure; Sa.	**Sa.**
1669	**Caprin . . . .**	**s. Decyl . . . .**	
1670	**Caprinate**	= Caprinsäure-, Decylsäuresalze bzw. -seifen Na-Caprinat/Na-Laurat-Mischg. als Sa. f. d. Schwerspat-Flot.; DP. 1061715 s. Fettsäureseifen; Sa., Sa/Sch., Netzm., Flockm.	**Sa., Sa/Sch., Netzm., Flockm.**
1671	**Capron . . . .**	**s. Hexyl . . . .**	
1672	**Capronaldehyd/Arylsulfonsäure-Kondenspr.**	s. Hexylaldehyd/	**Dr., Netzm., Sa.**
1673	**Capronate** (= Hexylsäuresalze, -seifen)	s. Fettsäureseifen; Sa., Sa/Sch., Netzm., Flockm.	**Sa., Sa/Sch., Netzm., Flockm.**
1674	**Capronon**	s. = Diamylketon; Sch., Lösm.	**Sch., Lösm.**
1675	**Capronsäure**	s. = Hexylsäure; Sa.	**Sa.**
1676	**Caprylate**	= Octylsäuresalze, -seifen s. Fettsäureseifen; Sa., Sa/Sch., Netzm., Flockm.	**Sa., Sa/Sch., Netzm., Flockm.**
1677	**Caprylsäure**	s. = Octylsäure; Sa.	**Sa.**
1678	**Captax**	s. = Mercaptobenzothiazol; Sa.	**Sa.**
1679	**Caraghenmoosextrakt**	neben Ca- u. Sr-Salzen als Flockm. f. d. Sedimentation schwer absetzbarer Mineralaufschlämmungen; DP. 463869, 517055	**Flockm.**
1680	**Caran**	s. Terpene; Sch.	**Sch.**
1681	**Caranalkylsulfid**	s. Terpenalkylsulfid; Sa.	**Sa.**
1682	**Caranäther**	s. Terpenäther; Sa/Sch.	**Sa/Sch.**
1683	**Carancyanoacyl-Verbdg.**	s. Terpencyanoacyl-Verbdg.; Sch., Sa/Sch.	**Sch., Sa/Sch.**
1684	**Carandiol**	s. Terpendiol; Sa.	**Sa.**
1685	**Caranester**	s. Terpenester; Sa/Sch.	**Sa/Sch.**
1686	**Caranhydroperoxyd**	s. Terpenhydroperoxyd; Sch.	**Sch.**
1687	**Caranmercaptan**	s. Terpenmercaptan; Sa. = Caransulfhydrat, -thioalkohol, -thiol	**Sa.**
1688	**Carballylat**	s. Trioctylsulfotricarballylat; Sa.	**Sa.**
1689	**Carballylsäure**	s. Tricarballylsäure; Regler	**Regler**
1690	**Carancarbinol**	s. Terpencarbinol; Sch.	**Sch.**
1691	**Carbamate** (s. auch „Dithiocarbamate" „Thiocarbamate")	Monothiocarbamate [ebenso Dithiocarbamate] = chelatbildende Verbindungen; als Sa.; „Mining Technology" 1946, S. 274 s. Dialkyl-, Isopropyläthyl-thiocarbamat als Erz-Sa. s. Thiocarbamat; Sa.	**Sa.**

Lfd. Nr.	Bezeichnung (Zusammensetzung)	besondere Verwendung mit zugehöriger Literaturangabe	Verwendungs-überblick
1692	**Carbamid** (Kohlensäurediamid, Harnstoff, $CO(NH_2)_2$ Carbonyldiamid)	guter Zinkblende-Sa.; „Min. Engrg.", Febr. 1959, 219, Am. 2664198 s. Buramin; Sa. s. Butyl-, Phenylcarbamid; Sa. s. Diphenylcarbamid, Diphenylthiocarbamid; Sa. s. Phenylthiocarbamid; Sa., Dr. s. Thiocarbamid; Sa. s. Monochloracetylcarbamide; Sa. s. Hydroxyalkylisocarbamid; Sa.	**Sa.**
1693	**Carbamid/Amin/Aldehyd-Kondenspr.**	Sa.; DP. 803854	**Sa.**
1694	**Carbamid/Butylcarbamid-Mischg.**	s. Buramin; Sa.	**Sa.**
1695	**Carbamid/Formaldehyd-Kondspr.**	sulfon. Produkt als Schlamm-Dr., insbes. b. d. Steinkohlen-Flot.; DP. 1002702 Flockm. u. Sedimentationsbeschleuniger; DP. 1063993 s. Aminoplaste; Flockm.	**Dr., Flockm.**
1696	**Carbamidin**	s. = Guanidin; Sa.	**Sa.**
1697	**Carbaminsäureamid**	= Carbamid, Aminoformsäureamid, Aminomethansäureamid s. = Carbamid; Sa.	**Sa.**
1698	**Carbaminsäureamidin** (NH_2COOH)	s. = Guanidin; Sa.	**Sa.**
1699	**Carbaminsäureester**	s. = Urethane; Sa.	**Sa.**
1700	**Carbamylhydrazin**	s. Thiosemicarbazid; Sa., Dr.	**Sa., Dr.**
1701	**Carbanilid**	s. = Diphenylcarbamid; Sa. s. Thiocarbanilid; Sa.	**Sa.**
1702	**Carbäthoxyäthylxanthat**	Sa. f. zementierte Cu-Erze; „Chemical Abstracts" 1958, 8873	**Sa.**
1703	**Carbäthoxybutylxanthat**	Sa. f. zementierte Cu-Erze; „Chemical Abstracts" 1958, 8873	**Sa.**
1704	**Carbazol** ($(C_6H_4)_2NH$)	= Dibenzopyrrol, Diphenylenimid s. Diphenylthiocarbazol; Sa. s. Thiosemicarbazol; Sa.	**Sa.**
1705	**Carbazotinsäure**	s. = Pikrinsäure; Dr.	**Dr.**
1706	**Carbimid**	s. = Cyanamid; Sch.	**Sch.**
1707	**Carbitole**	= Diäthylenglykolmonoäthyläther, Diglykolmonoäthyläther, $CH_2OHCH_2O(CH_2)_2OC_2H_5$ Sch.; Taggart 12—46	**Sch.**
1708	**Carbodiimid**	s. = Cyanamid; Sch.	**Sch.**
1709	**Carbohydrate** ($(CH_2O)x$)	s. = Saccharide, Kohlehydrate; Sa., Dr., Disp., Netzm., Flockm. Sa. f. d. Kohle-Flot.; Belg. 447480	**Sa., Dr., Disp., Netzm., Flockm.**
1710	**Carbohydratxanthat**	Xanthat eines aus Stärke, Cellulose u. Dextrin bestehenden Carbohydrats als Sa. f. d. Flot. oxyd. Eisenerze; Am. 2629493/494 s. Stärke-, Cellulose-, Dextrin-xanthat; Sa.	**Sa.**
1711	**Carbohydroxbenzolsulfonsäure**	s. = Sulfosalicylsäure; Dr.	**Dr.**

Lfd. Nr.	Bezeichnung (Zusammensetzung)	besondere Verwendung mit zugehöriger Literaturangabe	Verwendungs-überblick
1712	**Carbolöl**	auf Phenolbasis; ausgezeichneter Sch. f. d. Rohkohlen-Flot.; „Erdöl u. Kohle“ 1955, 244/45	**Sch.**
1713	**Carbolsäure**	s. = Phenol; Sch., Disp., Dr. neben einer höheren Fettsäure u. Terpineol z. Flot. v. Glimmer u. Feldspat; DP. 654032	**Sch., Disp., Dr.**
1714	**Carbonaminosäuren**	s. = Aminocarbonsäuren; Sa., Dr.	**Sa., Dr.**
1715	**Carbonol**	= Kondspr. aus Mischgg. von Phenolen, Alkylphenolen, Terpenalkoholen, polymerisierten Terpentinölen, niedrigschmelzenden Harzen u. sonstigen Alkanbestandteilen; Sa/Sch. f. d. Steinkohlen-Flot.; „Glückauf“ 1958, 1621	**Sa/Sch.**
1716	**Carbonol/Buchenholzteeröl-Mischg.**	Sa/Sch. f. d. Steinkohlen-Flot.; „Glückauf“ 1958, 1621	**Sa/Sch.**
1717	**Carbonsäuren,** (aliphatische)	Carbonsäure d. Paraffinreihe = aliphat. Carbonsäuren heißen Fettsäuren. Höhere Fettsäuren sind solche mit 6 u. mehr C-Atomen aliphat. oder cycloaliphat. Carbonsäuren m. mindestens 3 C-Atomen als Kondm. f. elektrostat. aufzubereitende Kalirohsalze; DP. 1076593 Mischg. aus gesättigten u. ungesättigten $C_{5/10}$-Carbonsäuren als Sa.; Can. 388503 s. Oleinsäure; Sa., Sa/Sch., Netzm., Kondm. s. Acetylencarbonsäuren; Sa/Sch. s. Linolensäure; Sa. s. Linolsäure; Sa., Flockm., Kondm. s. Oxycarbonsäuren = Halogenfettsäuren; Sa. s. Aldehydcarbonsäuren; Regler s. Essigsäure, Buttersäure, usw. bis Octadecylsäure; Sa., Sa/Sch., Netzm., Dr., Regler s. Monothiocarbonsäuren u. ihre Salze = Xanthate; Sa., Flockm.	**Sa., Sa/Sch., Netzm., Flockm., Dr., Regler., Kondm.**
1718	**Carbonsäuren,** (aromatische)	s. = Arylcarbonsäuren; Sa., Sch., Dr., Netzm., Regler, Akt., Modif., Kondm., Emulg.	**Sa., Sch., Dr., Netzm., Regler, Akt., Modif., Kondm., Emulg.**
1719	**Carbonsäureacylhalogenid/Oxyalkylamin-Reaktpr.**	Sa. f. Pyrolusit; Am. 2389763	**Sa.**
1720	**Carbonsäure/Alkylenimin-Kondspr.**	Sa., Netzm., Disp.; Am. 2382185	**Sa., Netzm., Disp.**
1721	**Carbonsäurealkylestersulfonat**	Sa/Sch.; Brit. 405163 s. Polycarbonsäureestersulfonat; Netzm.	**Sa/Sch., Netzm.**
1722	**Carbonsäureamide**	s. = Harnstoffe; Sa. = Carbamide, Carbonyldiamide	**Sa.**
1723	**Carbonsäureanhydride**	Kondm. f. elektrostatisch aufzubereitende Kalirohsalze; DP. 1063092	**Kondm.**
1724	**Carbonsäure/Äthionsäure-Reaktpr.**	Sa/Sch., Netzm.; Brit. 366916	**Sa/Sch., Netzm.**

Lfd. Nr.	Bezeichnung (Zusammensetzung)	besondere Verwendung mit zugehöriger Literaturangabe	Verwendungs-überblick
1725	**Carbonsäure/Carbyl-sulfat-Reaktpr.**	Sa/Sch., Netzm.; Brit. 366916	**Sa/Sch., Netzm.**
1726	**Carbonsäureester/Poly-alkylenpolyamin-Reaktpr.**	Sa. z. Entfernung von Quarz aus Phosporit oder von Glimmer u. Feldspat aus quarzhaltigen Mineralien; Am. 2364272, Brit. 547292	**Sa.**
1727	**Carbonsäurediäthylen-glykolester**	Sch. f. d. Kohlen- u. Erz-Flot.; DP. 933663, Am. 2803345, Brit. 747658, Can. 514129	**Sch.**
1728	**Carbonsäure/Hydroxy-äthansulfonsäure-Reaktpr.**	Sa/Sch., Netzm.; Brit. 366916	**Sa/Sch., Netzm.**
1729	**Carbonsäure/Mono-alkylolcyanamid-Kondspr.**	Sa.; Am. 2258320	**Sa.**
1730	**Carbonsäurepolymeri-sate**	Flockm.; Brit. 725460, Franz. 1083610	**Flockm.**
1731	**Carbonylchlorid**	s. = Phosgen; Sa.	**Sa.**
1732	**Carbonyldialkyldithio-phosphat**	Sa.; Am. 2434357	**Sa.**
1733	**Carbonyldiamid**	s. = Carbamid; Sa.	**Sa.**
1734	**Carbopalmitoxy-methylpyridinium-bromid**	= $C_{16}H_{33}\cdot COO\cdot CH_2\cdot C_5H_5N\cdot Br$ Sch.; Taggart 12—43	**Sch.**
1735	**Carbopalmitoxypicolin-bromid**	s. = Carbopalmitoxymethylpyridinium-bromid; Sch.	**Sch.**
1736	**Carbostyril**	s. = Hydroxychinolin; Sa.	**Sa.**
1737	**Carbothialdin**	Sa.; Östr. P. 88232	**Sa.**
1738	**Carboxyalkylbenzol-sulfonsäuren**	u. deren Alkali-Salze als Netzm.; Am. 2698864	**Netzm.**
1739	**Carboxybenzyläthyl-sulfid**	= $CO_2\cdot H\cdot C_6H_4\cdot CH_2\cdot S\cdot C_2H_5$; Sa. f. d. Flot. von Pt-Erzen; Petersen 187	**Sa.**
1740	**Carboxylate** (=Alkoxyester)	i. Mischg. mit einem Dioxan als Sch. f. d. Kohlen- u. Nichterz-Flot.; Am. 2657800 Brit. 701821	**Sch.**
1741	**Carboxymethylcellulose**	Flockm. z. Verbesserung d. Filtration von Flotationskonzentraten; „Chem. Ztrlbl.“ 1959, 14544 Dr. b. d. Flotation von sulfid. Ni/Cu-Erzen; „Chem. Ztrlbl.“ 1959, 272 wirkungsverbessernder Zusatz zu Flokkungsmitteln f. Kohlenzechenabwässer; „Colliery Engrg.“, März 1959, 105/110 s. „Cellulosics CMC“; Dr. s. Tylose; Dr., Kondm. Na-Carboxymethylcellulose = Tylose i. Mischg. m. anionaktiven Mitteln als Kondm. f. elektrostatisch aufzubereitende Kali-Hartsalze; DP. 1095762 als Mittel z. Viscositätserhöhung des Aufbereitungswassers; Franz. 1116258	**Flockm., Kondm., Dr.**

Lfd. Nr.	Bezeichnung (Zusammensetzung)	besondere Verwendung mit zugehöriger Literaturangabe	Verwendungs-überblick
1742	**Carboxymethylcellulose/Weißöl-Mischung**	Sa/Sch. f. Ca-haltige Mineralien, wie $CaWO_4$, CaF_2; Am. 2824643	**Sa/Sch.**
1743	**Carboxymethyl-hydroxyäthylcellulose**	s. Cellulosics CMHEC; Flockm., Sa. Ton- u. Erzschlamm-Flockm.; Am. 2937143	**Flockm., Sa.**
1744	**Carboxymethyltrimethylammoniumhydrochlorid**	s. = Betain; Sa.	**Sa.**
1745	**Carboxynitroalkylbenzolsulfonsäuren**	u. deren Alkalisalze als Netzm.; Am. 2698864	**Netzm.**
1746	**Carbylsulfat/Carbonsäure-Reaktpr.**	Sa/Sch., Netzm.; Brit. 366916	**Sa/Sch., Netzm.**
1747	**Caruba-Johannisbrotkernmehl**	Flockm.; „Glückauf“ 1956, 1036	**Flockm.**
	Carubinosepolymerisat	s. = Mannosepolymerisat; Dr., Pass., Disp., Flockm.	**Dr., Pass., Disp. Flockm.**
1748	**Carvomenthen**	= p-Menthen, Dihydrolimonen, 1-Methyl-4-isopropylcyclohexen s. Terpene; Sch.	**Sch.**
1749	**Carvomenthenalkylsulfid**	s. Terpenalkylsulfid; Sa.	
1750	**Carvomenthenamin**	s. = Terpinolenamin; Sa.	**Sa.**
1751	**Carvomenthenäther**	s. Terpenäther; Sa/Sch.	**Sa/Sch.**
1752	**Carvomenthencarbinol**	s. Terpencarbinol; Sch. s. = Menthencarbinol; Sch.	**Sch.**
1753	**Carvomenthencyanoacyl-Verbdg.**	s. Terpencyanoacyl-Verbdg.; Sch., Sa/Sch.	**Sch., Sa/Sch.**
1754	**Carvomenthendiol**	s. Terpendiol; Sa.	**Sa.**
1755	**Carvomenthenester**	s. Terpenester; Sa/Sch.	**Sa/Sch.**
1756	**Carvomenthenhaloalkyläther/Amin-Kondspr.**	s. Terpenhaloalkyläther/Amin-Kondspr.; Sa.	**Sa.**
1757	**Carvomenthenhydroperoxyd**	als Sch. f. d. Erz-Flot.; Am. 2535345	**Sch.**
1758	**Carvomenthenmercaptan**	s. Menthenthiol; Terpenmercaptan; Sa. = Carvomenthensulfhydrat, -thioalkohol, -thiol	**Sa.**
1759	**Casein**	s. Kasein; Netzm., Dr., Flockm., Emulg.	**Flockm., Netzm., Dr., Emulg.**
1760	**Castoröl**	s. = Rizinolsäure; Sa., Kondm.	**Sa., Kondm.**
1761	**Cataflot S**	= Oleindiamin; Sa. f. oxyd. Zu-Erze; Franz. 1136073	**Sa.**
1762	**Catechol**	Sch., Netzm.; Am. 2208758, Brit. 526701 s. Pyrocatechol = Brenzkatechin; Sa., Dr.	**Sch., Netzm.**
1763	**Catechol-Tannin**	s. Arbutin = Hydrochinonglukosid; Netzm. s. Eichenrindetaninn s. Quebracho s. Tannin; Regler, Dr., Disp., Flockm.	**Disp., Regler, Dr., Flock., Netzm.**
1764	**Catiosan**	= kationakt. Netzm.; Am. 2797196	**Netzm.**

Lfd. Nr.	Bezeichnung	besondere Verwendung mit zugehöriger Literaturangabe	Verwendungs-überblick
1765	**Cellobiose** (ein Polysaccharid)	reduzierendes Kondm. f. nichtmagnet. Eisenoxyderze — Hämatit, Göthit — vor deren Flotation oder Magnetscheidung; Am. 2952532 s. Polysaccharide; Dr.	**Dr., Kondm.**
1766	**Cellobioseester**	Cellobioseacetat, -stearat, -octoat, -oleat, -benzoat, -palmitat usw. als reduzierendes Kondm. f. nichtmagnet. Eisenoxyderze — Hämatit, Göthit — vor deren Flotation oder Magnetscheidung; Am. 2952532	**Kondm.**
1767	**Cellosolve**	s. = Äthoxäthanol; Lösm.	**Lösm.**
1768	**Cellosolveacetat**	s. = Äthoxyäthanolacetat; Lösm.	**Lösm.**
1769	**Cellosolvexanthat**	s. Hexylcellosolvexanthat; Sa.	**Sa.**
1770	**Cellothyl**	s. = Methylcellulose; Sa., Dr., Netzm., Flockm.	**Sa., Dr., Netzm., Flockm.**
1771	**Celluflex**	s. = Trikresylphosphat; Sa., Akt., Kondm.	**Sa., Kondm., Akt.**
1772	**Cellulose** $(C_6H_{10}O_5)x$	gehört z. d. zuckerunähnlichen Polysacchariden; s. ,,Saccharide" s. = Carbohydrate; Sa., Flockm.	**Sa., Flockm.**
1773	**Celluloseacetat**	als Schlamm-Dr. b. d. Kalisalz-Fl.; DP. 872182 u. Am. 2364520 Cellulosetriacetat = $[C_6H_7O_5(COCH_3)_3]x$; Kaner	**Dr.**
1774	**Celluloseäthercarbonsäure**	Alkalisalze d. C. als Schlamm-Sa. b. d. Kalisalz-Flot.; DP. 931703	**Sa.**
1775	**Celluloseäther/Polymerisat-Mischg.**	Flockm. zur Verhinderung des Auftretens von Schwimmkohle; DP. 1006361	**Flockm.**
1776	**Cellulosederivate**	für sich allein oder zusammen mit Polyvinylpyrrolidon als Flockm.; ggf. zusammen mit alkoholhaltigen Sa/Sch.-Ölen; zur Flockung wäßriger Mineralsuspensionen; DP. 1002703	**Flockm.**
1777	**Celluloseester**	s. Cellulosexanthat; Sa., Dr.	**Sa., Dr.**
1778	**Celluloseglykolat**	Schlamm-Dr. b. d. Sylvin-Flot.; DP. 872182, 905721	**Dr.**
1779	**Cellulosemethyläther**	s. = Methylcellulose; Sa., Dr., Netzm., Flockm.	**Sa., Dr., Netzm., Flockm.**
1780	**Cellulose/Mineralöl-Emulsion**	Sch/Sa.; Am. 2824643	**Sch/Sa.**
1781	**Cellulosexanthat** (ein Saccharid, $(C_6H_9O_4 \cdot O \cdot CSSNa)x$)	Sa.; Petersen 181, ,,Metall u. Erz" 1932, 517 Sa. f. oxyd. Fe-Erze; Am. 2629493/494, Can. 499304/305 Schlamm-Dr. b. d. Kalisalz-Flot.; DP. 872182, Am. 2364520	**Sa , Dr.**
1782	**Cellulosics CMC**	= Na-Carboxymethylcellulose; Schlamm-Dr. b. d. Sulfid-Flot.; ,,Engrg. Min. J.", Juni 1956, 113 s. Carboxymethylcellulose; Flockm.	**Dr., Flockm.**
1783	**Cellulosics CMHEC**	= Carboxymethylhydroxyäthylcellulose, = ,,Natrol"; Flockm., wirkt auch als Sa.; ,,Engrg. Min. J.", Juni 1956, 113	**Sa., Flockm.**
1784	**Cellumeth**	s. = Methylcellulose; Sa., Dr., Netzm., Flockm.	**Sa., Dr., Netzm., Flockm.**
1785	**Ceralin**	= Pflanzenleim; Gangart-Dr.; Am. 1906029	**Dr.**

Lfd. Nr.	Bezeichnung (Zusammensetzung)	besondere Verwendung mit zugehöriger Literaturangabe	Verwendungsüberblick
1786	**Cerfak**	= Alkylbenzolsulfonat; als Netzm.; Stüpel	**Netzm.**
1787	**Cerotamidinhydrochlorid**	Sa.; Brit. 568186	**Sa.**
1788	**Certinal**	s. = Aminophenol; Sa., Sch.	**Sa., Sch.**
1789	**Cerylsulfat** (= Cerylalkoholsulfat, Cerotinsulfat	Sa., insbes. f. Nichtsulfide; Am. 2120217 Sylvin-Sa.; „Chemie-Ing.-Techn." 1955, 2	**Sa.**
1790	**Cerylsulfonat**	s. Mersolat; Sa/Sch., Netzm., Kondm.	**Sa/Sch., Netzm., Kond.**
1791	**Cethylose**	s. = Methylcellulose; Sa., Dr., Netzm., Flockm.	**Sa., Dr., Netzm., Flockm.**
1792	**Cethytin**	s. = Methylcellulose; Sa., Dr., Netzm., Flockm.	**Sa., Dr., Netzm., Flockm.**
1793	**Cetrimid**	s. = Hexadecyltrimethylammoniumbromid; Sa.	**Sa.**
1794	**Cetylalkohol**	s. = Hexadecylalkohol; Sa/Sch.	**Sa/Sch.**
1795	**Cetylessigsäure**	= Hexadecylessigsäure, Octadecylsäure s. Octadecylsäure; Sa.	**Sa.**
1796	**Chatham-Fettsäure**	= raffiniertes Tallöldestillat; Sa. f. d. Eisenerz-Flot.; Brit. 604509	**Sa.**
1797	**Chavicol**	s. Methylchavicol; Sch.	**Sch.**
1798	**Chel 153 A, 330**	= Äthylendiamintetracetat; Netzm.; Am. 2884474	**Netzm.**
1799	**Chelat-Verbdgg.**	= stabile, hydrophile Innenkomplexe mit den Metall-Kationen von Mineralien; chelatbildende Verbdgg., wie Thiosemicarbazol, Thiocarbamid, Dihtiooxamid, Dithiooxalsäure als Sa., Aminoäthanol, Sulfosalicylsäure, Milch-, Chinolinsäure, Guanylcarbamid als Gangart-Dr.; Am. 2414199, „Min. Technology" 1946, 272/278	**Sa., Dr.**
1800	**Chelidaminsäure**	= 4-Hydroxypyridindicarbonsäure; Gangart-Dr.; Am. 2414199	**Dr.**
1801	**Cherry-Gummi**	Netzm.; Am. 2208758 Kalk-Dr. b. d. kationakt. Quarz-Flot. aus Kalkstein; Am. 2341046	**Netzm., Dr.**
1802	**Chinaldin** ($C_{10}H_9N$)	= Chinolingelb, Methylchinolin Sa.; Petersen 270 s. Chinolingelb; Dr.	**Sa., Dr.**
1803	**Chinalizarin**	= Alizarinbordeaux, Tetraoxyanthrachinon, $C_{14}H_8O_6$ Gangart-Dr.; Am. 2395866	**Dr.**
1804	**Chinaöl**	s. = Perubalsam; Dr.	**Dr.**
1805	**Chinin** ($C_{20}H_{24}N_2O_2 \cdot 3\,H_2O$)	Feinstschlamm-Dr. b. d. Glimmer/Sulfid-Flot.; Am. 2741030	**Dr.**
1806	**Chininchlorid**	s. Aminochininchlorid; Sa.	**Sa.**
1807	**Chinol**	s. = Hydrochinon; Sch., Dr.	**Sch., Dr.**
1808	**Chinizarin**	= Dihydroxyanthrachinon, $C_{14}H_8O_4$ Gangart-Dr.; Am. 2395866	**Dr.**
1809	**Chinolin** (C_9H_7N, = Leukol, Benzazin, Benzopiridin)	Netzm.; Am. 2208758, Brit. 526701 Sa. f. oxyd. Fe-Erze; Am. 2496050 s. Naphthochinolin; Netzm., Sa/Sch. s. Hydroxychinolin; Sa.	**Netzm., Sa., Sa/Sch.**
1810	**Chinolinbromid**	s. Octadecylchinolinbromid; Sa.	**Sa.**

Lfd. Nr.	Bezeichnung (Zusammensetzung)	besondere Verwendung mit zugehöriger Literaturangabe	Verwendungs-überblick
1811	**Chinolingelb** ($C_{10}H_9N$)	= Chinaldin, α-Methylchinolin Gangart-Dr. b. d. Erz-Flot.; Am. 2211686 s. Chinaldin, Methylchinolin; Sa.	**Sa., Dr.**
1812	**Chinolinol**	= Hydroxychinolin, Oxin, Carbostyril, C_9H_7NO 8-Chinolinol, insbes. 4-Methyl-8-chinol; Sa. z. Flot. von Nb-Mineralien, insbes. Columbit; Am. 2875896, Brit. 798768, 826827	**Sa.**
1813	**Chinolinsäure**	= $CH_3OC_9H_5NCOOH$, α,β-Pyridincarbonsäure Gangart-Dr.; Am. 2414199	**Dr.**
1814	**Chinone** (Cyclohexadiendion, = Benzochinon, $CO(CHCH)_2CO$	s. Hydrochinon; Sch. s. Dioxynaphthochinon = Naphthazarin; Dr. s. Oxynaphthochinon; Kondm., Regler, Dr.	**Kondm., Sch., Regler, Dr.**
1815	**Chinonoxim**	s. = Nitrosophenol; Sa/Sch.	**Sa/Sch.**
1816	**Chlor** (Cl)	Dr. f. sulfid. Zn- u. Cu-Erze; Petersen 201 Naßaufbrtg. pyrithaltiger Steinkohle nach Chlorgasbehandl.; Brit. 760483 Gewinnung reiner Fe-Erzkonzentrate durch Chlorierung; Franz. 1041245 Cl zur Entfernung anorgan. Verunreinigungen, insbes. von Fe-, Si- u. Ti-Verbdgg., aus Koks oder Anthrazit; DP. 925345 Graphitaufbrtg. durch Behandlung mit Cl i. Ggw. von CCl_4 oder CO; Brit. 748018, Franz. 1066558	**Dr., Modif.**
1817	**Chloracetylharnstoff**	s. Mono- **Chl.**; Sa.	**Sa.**
1818	**Chloralhydrat**	zusammen m. $CuSO_4$ als Akt. für gedrückte Zinkblende; DP. 938241	**Akt.**
1819	**Chloralkoxyalkylpolysulfid**	Sa. f. zementierte Cu-Erze; „Chemical Abstracts" 1958, 12733	**Sa.**
1820	**Chloräthan** (= Chloräthylen)	s. = Vinylchlorid; Sa.	**Sa.**
1821	**Chloräthoxyäthyldisulfid**	Sa. f. zement. Cu-Erze; „Chemical Abstracts" 1958, 8873	**Sa.**
1822	**Chlorbenzol**	= Phenylchlorid, C_6H_5Cl Akt. zur Flot. von Erzen; Brit. 207977	**Akt.**
1823	**Chlorbenzolazonaphthol**	Sa. f. d. Magnesit-Flot.; DP. 945081	**Sa.**
1824	**Chlorbenzolphosphonsäure**	Sa.; Am. 2594454	**Sa.**
1825	**Chlordiäthyldithiophosphat**	als Sulfiderz-Sa.; Am. 2512715	**Sp.**
1826	**Chlordiphenylthiocarbamid**	Sa.; Am. 2458523	**Sa.**
1827	**Chloressigsäure**	s. Mono-, Di-, Trichloressigsäure; Halogenfettsäure; Sa.	**Sa.**
1828	**Chloressigsäure/Holz-Reaktpr.**	s. = Holzäther; Dr.	**Dr.**
1829	**Chlorfettsäuren**	s. = Halogenfettsäuren; Sa.	**Sa.**

Lfd. Nr.	Bezeichnung (Zusammensetzung)	besondere Verwendung mit zugehöriger Literaturangabe	Verwendungs-überblick
1830	**Chlorformiat/Alkyl-xanthat-Kondenspr.**	Sa.; Am. 2602814, 2608572, 2608573	**Sa.**
1831	**Chlorhydrate, anorgan.**	wäßrige Lösg. aus Al-, Fe- oder Cu-Chlorhydrat, insbes. $Al_2Cl(OH)_5$, als Flockm. z. Schlammausfällung aus Industriewässern; Am. 2858269	**Flockm.**
1832	**Chlorhydrinmonosulfosäureester**	s. Mono-**Chl.**; Sa., Netzm., Emulg.	**Sa., Netzm., Emulg.**
1833	**Chloride**	insbes. NaCl, als Elektrolyt b. d. Kohlen-Flot. mittels Kerosinsulfat als Sa/Sch.; „Glückauf" 1959, H. 21, S. 1338	**Dr.**
1834	**Chlorkresol**	Sa. z. Flot. von anorgan. Bestandteilen aus Ölschiefer, Kohle oder Torf; DP. 834833	**Sa.**
1835	**Chlor-KWstoffe**	Schwerfl. f. d. Schwimmsinkscheidung; „Glückauf" 1957, 123/124 s. Halogen-KWstoffe; Lösm.	**Lösm., Schwerfl.**
1836	**Chlormethan**	s. Dichlormethan = Methylenbichlorid s. Halogen-KWstoffe; Lösm. s. Chlor-KWstoffe; Schwerfl.	**Schwerfl., Lösm.**
1837	**Chlornitrophenyldiäthylphosphat**	Sa.; Am. 2520393	**Sa.**
1838	**Chlornitrophenyldiäthylthiophosphat**	Sa.; Am. 2520393	**Sa.**
1839	**Chlornitrophenyldimethylthiophosphat**	Sa.; Am. 2664437	**Sa.**
1840	**Chloroform**	Schwerfl. f. d. Schwimmsinkscheidung; „Glückauf" 1957, 123/124	**Schwerfl.**
1841	**Chloroform/Alkohol-Mischg.**	Schwerfl. f. d. Schwimmsinkscheidung von Mineralien; „Glückauf" 1957, 123/124	**Schwerfl.**
	Chloroformylchlorid	s. = Phosgen; Sa.	
1842	**Chlorox**	s. = Na-Hypochlorit; Dr.	**Dr.**
1843	**Chlorphenoxyessigsäure**	als Mittel z. Konditionieren. f. d. elektrostatische Kainitnachkonzentrierung; dsgl. Di- u. Trichlorphenoxyessigsäure; DP. 1077611 Di-**Chl.** f. d. elektrostat. Kieserit-Abtrennung; DP. 1078961	**Kondm.**
1844	**Chlorphenylmethylpolysiloxan**	s. = Dow Corning Silicone Fluid F-60; Sa.	**Sa.**
1845	**Chlorsilan**	= Silicontetrachlorid, $SiCl_4$ Quarz-Sa. i. Ggw. v. Kiefernöl; Am. 2564546 s. Methyltrichlorsilan; Sa.	**Sa.**
1846	**Chlorxylenol**	Sa. f. d. Flot. anorgan. Bestandteilen aus Ölschiefer, Kohle oder Torf; DP. 874733	**Sa.**
1847	**Cholesterin** (= Oxycholesten, ein Sterin)	s. Digitonincholesterin; Sa.	**Sa.**
1848	**Cholesterindihydroorthophosphat**	Sa. f. nichtsulfid. Mineralien; Am. 2120217	**Sa.**
1849	**Cholesterinester**	von Betainderivaten; Sa. f. Nichtsulfide; Am. 2120217	**Sa.**
1850	**Cholesterinsulfoacetat**	Sa. f. Nichtsulfide; Am. 2120317 Sa., Netzm.; Am. 2166141/145	**Sa., Netzm.**
1851	**Christpalmöl**	s. = Rizinolsäure; Sa., Kondm.	**Sa., Kondm.**

Lfd. Nr.	Bezeichnung (Zusammensetzung)	besondere Verwendung mit zugehöriger Literaturangabe	Verwendungs- überblick
1852	**Chromacetat**	reduzierendes Kondm. f. nichtmagnet. Eisenoxyderze — Hämatit,Göthit — vor deren Flotation oder Magnetscheidung; Am. 2952532	**Kondm.**
1853	**Chromate**	Dr. f. d. Nachreinigung von Zn-Konzentraten; Petersen 202	**Dr.**
1854	**Chromchlorhydrat**	als Flockm. z. Schlammausfällung aus Industriewässern; Am. 2858269 u. Brit. 777041	**Flockm.**
1855	**Chromchlorid**	reduzierendes Kondm. f. nichtmagnet. Eisenoxyderze — Hämatit, Göthit — vor deren Flotation oder Magnetscheidung; Am. 2952532	**Kondm.**
1856	**Chromproteide**	s. Proteide, Hämoglobin z. B. Hämoglobin; Steinsalz-Dr. b. d. Sylvin-Flot.; Am. 2365805 Netzm.; Am. 2208758, Brit. 526701 Flockm.; ,,Chem. Ztrlbl.“ 1959, Nr. 34/I, 11033	**Netzm., Flockm., Dr.**
1857	**Chrysazin**	= 1,8-Dioxyanthrachinon, Agaffin, Antrapurol, Danthron, Istin, $C_{14}H_8O_4$ Gangart-Dr.; Am. 2395866, ,,Min. Technology“ 1946, 278	**Dr.**
1858	**Chrysoidin** (ein Azofarbstoff, 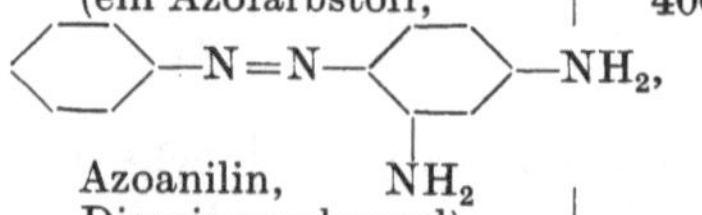 Azoanilin, Diaminoazobenzol)	Sa.; Östr. P. 86639, ,,Chem. Abstr.“ 1948, 4005	**Sa.**
1859	**Chrysophenin**	= Azofarbstoff; Gangart-Dr. b. d. Erz-Flot.; Am. 2211686	**Dr.**
1860	**Cinchoninsalze**	= Alkaloide; Dr. f. feinste Schlämme b. d. Glimmer-Sulfid-Flot.; Am. 2741030	**Dr.**
1861	**Cinen**	s. = Dipenten; Sch., Akt.	**Sch., Akt.**
1862	**Cinnamin**	= Cinnamol, Styrol, Vinylbenzol s. Styrol; Netzm.	**Netzm.**
1863	**Cinnaminaldehyd/ Äthanol-Reaktpr.**	als Sch.; Am. 2561251	**Sch.**
1864	**Cinnaminaldehyd/ Isopropanol-Reaktpr.**	als Sch.; Am. 2561251	**Sch.**
1865	**Cinnaminaldehyd/ Methanol-Reaktpr.**	als Sch.; Am. 2561251	**Sch.**
1866	**Cinnaminaldehyd/ Propanol-Reaktpr.**	als Sch.; Am. 2561251	**Sch.**
1867	**Cinnaminharzpolymere**	s. = Styrolharzpolymere; Haftm.	**Haftm.**
1868	**Cinnamol**	s. = Styrol; Netzm.	**Netzm.**
1869	**Cinnamylalkohol**	s. = Zimtalkohol; Sch/Sa.	**Sch/Sa.**
1870	**Cinnamylchlorid/K-Benzylmonothiocarbonat-Reaktpr.**	Sa. f. d. Erz-Flot.; Brit. 418301	**Sa.**
1871	**Cinnamylmethylbenzylamin**	Sa.; Brit. 730031	**Sa.**

Lfd. Nr.	Bezeichnung (Zusammensetzung)	besondere Verwendung mit zugehöriger Literaturangabe	Verwendungs-überblick
1872	**Citol**	s. = Aminophenol; Sa., Sch.	**Sa., Sch.**
1873	**Citraconsäure/Oxy-propylglukose-Reaktpr.**	Sa/Sch.; Am. 2626935	**Sa/Sch.**
1874	**Citronellaöl**	Sch.; „Glückauf" 1950, 352	**Sch.**
1875	**Citronellol** ($C_{10}H_{19}OH$)	s. Terpenalkohol; Sch.	**Sch.**
1876	**Citronensäure** ($HO{\cdot}C(CH_2COOH)_2COOH$)	u. Citrate als Dr. f. Gangartschlämmen; Petersen 208 Alkalicitrate als Ton-Disp. z. Reinigung v. Aufschlämmungen tonhaltiger Mineralien; DP. 405112 Sch.; „Chemical Abstracts" 1949, 3249 Dolomit-Dr. b. d. Schwerspat-Flot.; DP. 945081 pH-Regler b. d. Flot. oxyd. Eisenerze; DP. 844131 Gangart-Dr. b. d. Flußspat-Flot.; „Erzmetall" 1960, 41 Quarz-Dr.; „Chemical Abstracts" 1959, 2979 s. Trialkyl-, Triamyl-, Triaryl-, Tributylcitrat; Akt., Modif. Quarz-Pass. z. Verhütung d. Quarz-Aktivierung durch Fe-Ionen i. d. 2. Stufe d. zweistufigen Pyrochlor-Flot. aus Sovit; Am. 2951585, Brit. 800717	**Sch., Dr., Disp., Regler, Pass.**
1877	**Citronensäureester**	Alkyl- oder Aralkylester d. Zitronensäure als Akt. f. sulfid. Erze, z. Verbesserung des Schaumes u. d. Sammlerverteilung; Am. 2689043/046	**Akt., Regler**
1878	**Clorox** (= Na-Hypochlorit, NaClO)	Cu- u. Fe-Dr. b. d. Nachflot. Cu/Fe-haltiger MoS_2-Konzentrate; Am. 2811255 s. Hypochlorit; Dr., Akt.	**Dr., Akt.**
1879	**Colamin**	s. = Äthanolamin; Sa., Dr., Netzm., Flockm., Lösm., Emulg.	**Sa., Dr., Netzm., Flockm., Lösm., Emulg.**
1880	**Collagen**	s. = Albuminoid; Netzm., Dr., Flockm., Kondm.	**Netzm., Dr., Flockm., Kondm.**
1881	**Cologel**	s. = Methylcellulose; Sa., Dr., Netzm., Flockm.	**Sa., Dr., Netzm., Flockm.**
1882	**Comprox**	= sec. Alkylsulfat; Netzm.; Stüpel	**Netzm.**
1883	**Contaverm**	s. = Phenothiazin; Sa/Sch.	**Sa/Sch.**
1884	**Critmen**	s. Terpene; Sch.	**Sch.**
1885	**Critmenalkylsulfid**	s. Terpenalkylsulfid; Sa.	**Sa.**
1886	**Critmenäther**	s. Terpenäther; Sa/Sch.	**Sa/Sch.**
1887	**Critmencarbinol**	s. Terpencarbinol; Sch.	**Sch.**
1888	**Critmencyanoacyl-Verbdg.**	s. Terpencyanoacyl-Verbdg.; Sch., Sa/Sch.	**Sch., Sa/Sch.**
1889	**Critmendiol**	s. Terpendiol; Sa.	**Sa.**
1890	**Critmenester**	s. Terpenester; Sa/Sch.	**Sa/Sch.**
1891	**Critmenhaloalkyl-äther/Amin-Kondspr.**	s. Terpenhaloalkyläther/Amin-Kondspr.; Sa.	**Sa.**

Lfd. Nr.	Bezeichnung (Zusammensetzung)	besondere Verwendung mit zugehöriger Literaturangabe	Verwendungs-überblick
1892	**Critmenhydroperoxyd**	als Sch.; Am. 2535345	
1893	**Critmenmercaptan**	s. Terpenmercaptan; Sa. = Critmensulfhydrat, -thioalkohol, -thiol	**Sa.**
1894	**Crotonaldehyd/Äthanol-Reaktpr.** (= Butenal/Äthanol-, Methylacrolein/Äthanol-Reaktpr.)	als Sch.; Am. 2561251, Can. 462750	**Sch.**
1895	**Crotonaldehyd/Isopropanol-Reaktpr.**	als Sch.; Am. 2561251	**Sch.**
1896	**Crotonaldehyd/Methanol-Reaktpr.**	als Sch.; Am. 2561251	**Sch.**
1897	**Crotonaldehyd/Propanol-Reaktpr.**	als Sch.; Am. 2561251	**Sch.**
1898	**Crotonsäureester**	= Methylacrylsäureester Sch. f. Edelmetallerze; Am. 2687214	**Sch.**
1899	**Crystallviolett**	Sa.; „Chemical Abstracts" 1948, 4005	**Sa.**
1900	**Cumarinsäure** ($C_6H_4 \cdot OH \cdot CH = CH \cdot COOH$)	= Oxyzimtsäure, Benzopyronsäure Sa.; Petersen 190	**Sa.**
1901	**Cumarinsäure/Alkohol-Lösung**	Sa/Sch. f. oxyd. Erze; Am. 1960526	**Sa/Sch.**
1902	**Cumaronglukosid** (=Benzofuranglukosid)	s. Äsculin als Netzm.	**Netzm.**
1903	**Cumate**	= Salze d. Cuminsäuren; als Kalisalz-Sa.; „Chemie-Ing.-Techn." 1955, Nr. 1, S. 2, u. „Bergbautechnik" Dez. 1956, S. 667	**Sa.**
1904	**Cumene**	= engl. Bezeichnung f. Cumol; Kondm.	**Kondm.**
1905	**Cuminsäuren**	Sa. f. d. Kalisalz-Flot.; „Chemie-Ing.-Techn." 1955, 2, „Bergbautechnik" 1956, 667	**Sa.**
1906	**Cumol**	= Isopropylbenzol, 2-Phenylpropan, $C_6H_5CH(CH_3)_2$, engl. Cumene, = Dimethylphenylmethan Kondm. z. Verbesserung d. Convertol-Feinkohlenaufbrtg.; „Min. Engrg." 1959, 1153/54 s. Methylcumol = Cymol; Sch.	**Kondm.**
1907	**Cupferron**	= NH_4-Nitrosophenylhydroxylamin, C_6H_5—N(N=O)—ONH_4 Sa.; Petersen 186 Talk-Sa.; Taggart 12—16 Sa. f. d. Kassiterit-Flot.; „Min. Technology" 1946, 272 Akt. b. d. Pechblende-Flot.; DP. 765836	**Sa., Akt.**
1908	**Curacit**	Netzm.; Blücher „Auskunftsbuch f. d. chem. Industrie" 1954, 773	**Netzm.**
1909	**Cyanamid**	= Carbodiimid, Carbimid, Amidocyanogen, HN:C:NH; „Merck Index" 1960 Sch. f. d. Quarz-Flot.; „Bergb.-Wiss." 1960, 20	**Sch.**
1910	**Cyanamid-52 u. -60**	enthalten „Fuel Oil 2"; Sch/Sa.; „Erzmetall", 1958, H. 5, S. 204	**Sch/Sa.**

Lfd. Nr.	Bezeichnung (Zusammensetzung)	besondere Verwendung mit zugehöriger Literaturangabe	Verwendungs-überblick
1911	**Cyanamid S 3223**	= synthet. Polymerisat; Gangart-Dr.; „The Min. J.“ 1960, 687	**Dr.**
1912	**Cyanate**	Na-Sulfocyanat als Zinkblende-Dr. b. d. Bleiglanz/Zinkblende-Flot.; Am. 1961899 s. Undecylensäureseleno- thiocyanat, Oleinsäuredithio- diselenocyanat, Brassidinsäuredithio- diselenocyanat, Linolsäuredithio- diseleno-, -hexaselenocyanat; Sa. Cyanat-Lösg. als Gangart-Dr. b. d. Flot. sulfid. Erze; „Chemical Abstracts“ 1959, 13026	**Sa., Dr.**
1913	**Cyanäthylhydrazin-chlorid**	s. Dimethyl- **C.**; Sa.	**Sa.**
1914	**Cyanhalogenxanthat**	als Sa.; Am. 1816145	**Sa.**
1915	**Cyanide**	KCN u. NaCN die wichtigsten Drücker; oft gemeinsam mit $ZnSO_4$ zum Dr. d. Zinkblende; Ferri- u. Ferrocyanid drücken Cu-Sulfide; Petersen 195, 197 KCN u. NaCN als Cu-Erz-Dr.; „Chem. Abstracts“ 1944, 4557 Mg-, Zn-, Al-, Ca-Cyanidammoniat als Dr. f. Cu-Sulfide von Pb- u. Mo-Sulfiden; Brit. 718212 Zn-Cyanidammoniat als Dr. f. Zu- u. Fe-Sulfide b. d. Flot. sulfid. Zn/Cu/Pb-Erze; Am. 2660306/307 wasserlösl. Fe-Cyanid i. alkal. Trübe f. d. MoS_2-Flot.; Am. 2664199 s. Aero Brand Cyanid; Dr. Alkali-Cyanid als Pyrit-Dr.; „Chemical Abstracts“ 1955, 127 NaCN als Pyrit-Dr. b. d. Zinkblende-Flot., bei der $PbNO_3$ u. Pb-Acetat zugegeben worden sind; DP. 869782 K-Ferrocyanid = $[Fe(CN)_6]K_4$ als Dr. f. Cu-Erze; DP. 1020282 Hg-Cyanid f. d. Gold-Flot.; Brit. 432046 Zn-Cyanidammoniat als Cu-Dr. b. d. Flot. v. sulfid. Cu/Pb- oder Cu/Mo-Erzen; Am. 2620068 Mischg. aus Alkali-,Ferri- und/oder -Ferro-Cyanid mit Alkali-Permanganat als Pyrit-Dr. b. d. Flot. sulfid. Co- u. Ni-Erze; Am. 2399845 Sulfid-Dr.; „Engrg. Min. J.“, Juni 1956, 115	**Dr.**
1916	**Cyanoguanidin**	als PbS- u. ZnS-Sa.; „Min. Engrg.“, Febr. 1959, S. 219/20	**Sa.**
1917	**Cyansäure** (HCN)	s. Thiocyansäure; Sa.	**Sa.**
1918	**Cyansäurepolymerisate**	s. Hydrocyansäurepolymerisate; Disp.	**Disp.**
1919	**Cyanthrol G**	= Anthrachinon, ein Farbstoff; Gangart-Dr. b. d. Erz-Flot.; Am. 2211686	**Dr.**
1920	**Cyclanon L**	= Dodecylsulfat; Netzm.; Stüpel s. Gardinole; Disp., Netzm., Emulg.	**Disp., Netzm., Emulg.**
1921	**Cyclanon O**	= Oleinsulfat; Netzm.; Stüpel s. Gardinole; Disp., Netzm., Emulg.	**Disp., Netzm., Emulg.**

Lfd. Nr.	Bezeichnung (Zusammensetzung)	besondere Verwendung mit zugehöriger Literaturangabe	Verwendungs-überblick
1922	**Cyclohexadiendion**	s. = Chinon; Sch., Dr., Regler, Kondm.	**Sch., Dr., Regler, Kondm.**
1923	**Cyclohexan** (= Hexahydrobenzol, C_6H_{12})	s. Methyl-, Dimethyl-, Äthylcyclohexan; Kondm.	**Kondm.**
1924	**Cyclohexanamin**	s. = Naphthenamin; Sa.	**Sa.**
1925	**Cyclohexancarbon-säure**	s. = Naphthensäure; Sa., Sa/Sch., Sch/Sa., Kondm.	**Sa., Sa/Sch., Sch/Sa., Kondm.**
1926	**Cyclohexanhydro-chlorid**	s. = Naphthenhydrochlorid; Sa.	**Sa.**
1927	**Cyclohexanhydroper-oxyd**	Sch.; Am. 2535345	**Sch.**
1928	**Cyclohexanol**	= Hexahydrophenol, Hexalin, $C_6H_{11}OH$ Sch. f. d. Flot. v. Mineralien aller Art; Franz. 1097142 neben üblichen Sammlern verbessert d. Sylvin-Flot.; Pat.-Anm. C2170VI/1c, bekanntgem. 4. 12. 1952	**Sch.**
1929	**Cyclohexanon** ($C_6H_{10}O$, ein Keton)	s. Ketone; Sch., Lösm.	**Sch., Lösm.**
1930	**Cyclohexatrien**	s. = Benzol; Kondm., Netzm., Lösm.	**Kondm., Netzm., Lösm.**
1931	**Cyclohexylamino-phenylbuten**	Sa.; Brit. 730031 = Hexahydroanilin-, Aminocyclohexan-phenylbuten	**Sa.**
1932	**Cyclohexyläthanol-amin**	= Cyclooxyamin; Sa.; Am. 2389763	**Sa.**
1933	**Cyclohexylbutanolamin**	Sa.; Am. 2389763	**Sa.**
1934	**Cyclohexyldithio-carbaminat**	Sa.; „Aach. Bl.“ 1958, 12	**Sa.**
1935	**Cyclohexylglykolat**	Hämatit-, Kalkspat-Sa.; Can. 416124	**Sa.**
1936	**Cyclohexylpalmitin-laurat**	s. Igepon CN—42; Sa., Netzm., Flockm.	**Netzm., Sa., Flockm.**
1937	**Cyclohexylpententhiol**	Sa., Netzm.; Am. 2346102	**Sa., Netzm.**
1938	**Cyclohexylsulfojodid**	s. Dodecylmethylcyclohexylsulfojodid; Sa.	**Sa.**
1939	**Cyclohexylxanthat** ($C_7H_{11}OS_2K$)	K.-C. als Sa.; Petersen 269 Sa. f. oxyd. Erze; Am. 1823316	**Sa.**
1940	**Cycloparaffine**	wie Methyl-, Dimethyl-, Äthylcyclohexan als Kondm. z. Verbesserung d. Convertol-Feinkohlenaufbrtg.; „Min. Engrg.“, Nov. 1959, 1153/54	**Kondm.**
1941	**Cyclopentanbutyl-mercaptosulfenamid**	s. Pentamethylenbutylmercaptosulfen-amid; Sa.	**Sa.**
1942	**Cyclopentandiamin**	s. Pentamethylendiamin, Cadaverin; Sa.	**Sa.**
1943	**Cyclopentanhexyl-mercaptosulfenamid**	s. Pentamethylenhexylmercaptosulfen-amid; Sa.	**Sa.**
1944	**Cyclopentansulfid**	s. Pentamethylensulfid; Sa.	**Sa.**
1945	**Cyclopon**	= Fettsäuremethyltaurid; Netzm.; Stüpel s. Gardinole; Disp., Netzm., Emulg.	**Disp., Netzm., Emulg.**
1947	**Cyclopon A extra konz.**	= Ölsäuremethyltaurid; Netzm.; Stüpel	**Netzm.**

Lfd. Nr.	Bezeichnung (Zusammensetzung)	besondere Verwendung mit zugehöriger Literaturangabe	Verwendungs-überblick
1948	**Cyclopropanglykol**	s. = Trimethylenglykol; Sch.	**Sch.**
1949	**Cycloran**	Netzm. m. Seife oder Twitchell-Reagens emulgiert; Blücher „Auskunftsbuch f. d. chem. Industrie", 1954, 773	**Netzm.**
1950	**Cymen**	s. = Cymol; Sch. s. Hydroxycymen = Cymenol; Sch.	**Sch.**
1951	**Cymenol**	= Hydroxycymen, Thymol; $C_{10}H_{14}O$ Sch. f. sulfid. Cu-, Zn-, Pb-Erze; Am. 2687438, Brit. 698291	**Sch.**
1952	**Cymensulfonat**	s. = Cymolsulfonat; Sch/Sa.	**Sch/Sa.**
1953	**Cymol** (= Methylcumol, p-Methylisopropylbenzol, Isopropyltoluol, Cymen, $C_{10}H_{14}$)	s. Terpene; Sch. Sch.; DP. 888531	**Sch.**
1954	**Cymolalkylsulfid**	s. Terpenalkylsulfid; Sa.	**Sa.**
1955	**Cymoläther**	s. Terpenäther; Sa/Sch.	**Sa/Sch.**
1956	**Cymolcarbinol**	s. Terpencarbinol; Sch.	**Sch.**
1957	**Cymolcyanoacyl-Verbdg.**	s. Terpencyanoacyl-Verbdg.; Sch., Sa/Sch.	**Sch., Sa/Sch.**
1958	**Cymoldiol**	s. Terpendiol; Sa.	**Sa.**
1959	**Cymolester**	s. Terpenester; Sa/Sch.	**Sa/Sch.**
1960	**Cymolhydroperoxyd**	s. Terpenhydroperoxyd; Sch.	**Sch.**
1961	**Cymolmercaptan** (= Cymolsulfhydrat-, thioalkohol, -thiol)	s. Terpenmercaptan; Sa.	**Sa.**
1962	**Cymolsulfonat**	Alkali- oder Erdalkali-Cymolsulfonat als Sch/Sa. f. Erze; Am. 2446207 Sa.; Am. 2073492	**Sa., Sch/Sa.**
1963	**Cymolsulfonat/Kampfer/Wasser-Lösg.**	Sa/Sch.; „Chemical Abstracts" 1950, 526	**Sa/Sch.**
1964	**Cyquest 40** (=[$NaOOCH_2)_2NCH_2]_2$)	chelatbildender Sa. f. d. Oxyd-Flot.; „Min. Engrg." 1957, 1212/13	**Sa.**
1965	**Cyryldihydroorthophosphat**	Sa. f. Nichtsulfide; Am. 2120217	**Sa.**
1966	**Cystamin**	s. = Hexamethylentetramin; Netzm.	**Netzm.**
1967	**Cystogen**	s. = Hexamethylentetramin; Netzm.	**Netzm.**

Lfd. Nr.	Bezeichnung (Zusammensetzung)	besondere Verwendung mit zugehöriger Literaturangabe	Verwendungs-überblick
1968	**Danthron**	s. = Chrysazin; Dr.	**Dr.**
1969	**Daxad 11**	= Alkylnaphthalinsulfonat; Disp.; Römpp	**Disp.**
1970	**Daxad 23**	= Na-Benzoealkylsulfonat; Disp., pH-Regler; ,,Engrg. Min. J.", Juni 1956, 113 Fe_2O_3-Dr. b. d. umgekehrten Flot. v. quarzigen Eisenerzen; Am. 2403481 Schlamm-Disp.; ,,Encyclopedia of Chemical Technology" 1951, 605	**Dr., Disp., Regler**
1971	**Daz**	ein Alkylarylsulfonat; als Flockm. f. Kohlenzechenabwässer; ,,Colliery Engrg.", März 1959, S. 105/110	**Flockm.**
1972	**Dealka**	als Flockm. f. Mineralien; ,,Bergbautechnik", März 1960, S. 153/154 u. ,,Chem. Ztrlbl." 1960, 11771	**Flockm.**
1973	**DC Silicone Fluid**	s. = Dow Corning Silicone Fluid; Sa.	**Sa.**
1974	**Decahydronaphthalin** (= Decalin, Naphthalan, Naphthan, $C_{10}H_{18}$)	Kondm. z. Verbesserung d. Convertol-Feinkohlenaufbrtg.; ,,Min. Engrg." 1959, 1153/54 Modif. z. scharfen Trennung d. Schaumschicht gegenüber der Trübe b. d. Kalisalz-Flot. mit Alkylamin-Sa/Sch.; DP. 1008222	**Kondm., Modif.**
1975	**Decahydronaphthalinhydroperoxyd**	Sch.; Am. 2535345	**Sch.**
1976	**Decahydronaphthol**	neben üblichen Sammlern als Akt. z. Verbesserung d. Sylvin-Flot.; Patentanm. C 2170 VI/1c, bekanntg. 4. 12. 1952	**Akt.**
1977	**Decalin**	s. = Decahydronaphthalin; Modif., Kondm.	**Modif., Kondm.**
1978	**Decan** ($C_{10}H_{22}$)	Kondm. z. Verbesserung der Convertol-Feinkohlenaufbrtg.; ,,Min. Engrg." 1959, 1153/54 s. Hexamethoxydecan; Sch/Sa.	**Kondm.**
1979	**Decanal/Arylsulfonsäure-Kondenspr.**	s. = Decylaldehyd/ . . . .; Dr.	**Dr.**
1980	**Decancarbonsäure/Nitril-Mischg.**	s. = Undecylsäure/Nitril-Mischg.; Sa.	**Sa.**
1981	**Decanol**	s. = Decylalkohol; Sa/Sch.	**Sa/Sch.**
1982	**Decen** ($CH_3(CH_2)_7CH:CH_2$, $C_{10}H_{20}$)	als Mittel z. Verbesserung d. Convertol-Steinkohlenaufbrtg.; ,,Min. Eng.", Nov. 1959, S. 1153/54	**Regler**
1983	**Decenylamin**	Gemisch m. ,,Alamine" oder ,,Armeen" als Phosphatit-Sa.; Am. 2914174	**Sa.**
1984	**Decerosol OT**	s. = Aerosol OT; Sa.; Akt., Netzm.	**Akt., Netzm., Sa.**
1985	**Decylacetsäure**	s. Decylessigsäure, Dodecylsäure; Sa., Sa/Sch.	**Sa., Sa/Sch.**
1986	**Decylaldehyd/Arylsulfonsäure-Kondenspr.**	s. Alkylaldehyd/ . . . . . .; Dr. Decylaldehyd = Caprinaldehyd, Decanal, $C_9H_{19}CHO$ s. ,,Alframin"; Sa., Netzm.	**Dr., Sa., Netzm.**
1987	**Decylalkohol** ($C_{10}H_{21}OH$, Decanol)	Sa/Sch.; Am. 2012609	**Sa/Sch.**
1988	**Decylalkohol/($C_{8,18}$)-Alkylamin-Mischung**	Sa. f. d. schaumlose Flot. von grobkörnigem Sylvinit; Am. 2937751	**Sa.**

Lfd. Nr.	Bezeichnung (Zusammensetzung)	besondere Verwendung mit zugehöriger Literaturangabe	Verwendungs-überblick
1989	**Decylalkohol/Äthylen-oxyd-Kondenspr.**	s. = Lubrol MOA, Stockopol WW; Netzm., Flockm.	**Netzm., Flockm.**
1990	**Decylalkohol/Di-penten-Mischg.**	Erz-Sch.; Can. 365029	**Sch.**
1991	**Decylalkoholsulfat**	s. = Decylsulfat; Sa., Sa/Sch., Sch., Netzm., Dr., Flockm., Kondm.	**Sa/Sch., Sa., Dr., Sch., Flockm., Netzm., Kondm.**
1992	**Decylamin** ($CH_3(CH_2)_9NH_2$)	Sylvin-Sa.; DP. 919703, 1008222, 1056071, Am. 2365805 Carnallit-Sa.; DP. 969981 s. Armeen 10 D; Sa. Pechblende-Sa.; Am. 2570120 Netzm. z. Konsistenzminderung v. Schwerstofftrüben d. Schwimmsink-scheidung; DP. 1089701 s. Alkylamin; Sa., Sa/Sch.	**Sa., Sa/Sch., Netzm.**
1993	**Decylamin/Abietin-säuremethylester-Mischg.**	Sa. f. d. schaumlose Flot. von grob-körnigem Sylvinit; Am. 2937751	**Sa.**
1994	**Decylaminacetat**	s. Alkylaminacetat; Sa. Carnallit-Sa.; DP. 969981 s. = Armac 10 D; Sa. Netzm. z. Konsistenzminderung v. Schwerstofftrüben d. Schwimmsink-scheidung; DP. 1089701	**Sa., Netzm.**
1995	**Decylamin/Alamine-Mischg.**	Phosphatit-Sa.; Am. 2914174	**Sa.**
1996	**Decylamin/Alkohol-Mischung**	Sa. f. d. schaumlose Flot. von grobkörnigem Sylvinit; Am. 2937751	**Sa.**
1997	**Decylamin/Alkylen-amin-Mischg.**	Sylvin-Sa.; Am. 2689649 Sa.; Can. 395829	**Sa.**
1998	**Decylamin/Alkyl-nitril-Mischg.**	Sa.; Can. 410809/810	**Sa.**
1999	**Decylamin/Armeen-Mischg.**	Phosphatit-Sa.; Am. 2914474	**Sa.**
2000	**Decylaminchlorid**	kationakt. Sa.; „Aach. Bl.“ 1959, 81/110 Netzm. z. Konsistenzminderung v. Schwerstofftrüben d. Schwimmsink-scheidung v. Mineralien; DP. 1089701	**Sa., Netzm.**
2001	**Decylaminchlorhydrat**	s. Alkylaminchlorhydrat; Sa. Netzm. z. Konsistenzminderung v. Schwer-stofftrüben d. Schwimmsinkscheidung; DP. 1089701	**Sa., Netzm.**
2002	**Decylamin/Ester-Mischung**	Sa. f. d. schaumlose Flot. von grobkörnigem Sylvinit; Am. 2937751	**Sa.**
2003	**Decylamin/Fettsäure-amid-Mischung**	Sa. f. d. schaumlose Flot. von grobkörnigem Sylvinit; Am. 2937751	**Sa.**
2004	**Decylaminfluorid**	Zinkerz-, insbes. Galmei-Sa.; Franz. 61640	**Sa.**
2005	**Decylaminhydrochlorid**	s. DP. 243; Sa., Sa/Sch. s. Alkylaminhydrochlorid; Sa.	**Sa., Sa/Sch.**
2006	**Decylaminlactat**	Zinkerz-, insbes. Galmei-Sa.; Franz. 61640	**Sa.**

Lfd. Nr.	Bezeichnung	besondere Verwendung mit zugehöriger Literaturangabe	Verwendungs-überblick
2007	**Decylamin/Pflanzenöl-Mischg.**	Sa. f. d. schaumlose Flot. von grobkörnigem Sylvinit; Am. 2937751	**Sa.**
2008	**Decylaminphthalamat**	Sa., Netzm.; Am. 2101323	**Sa., Netzm.**
2009	**Decylamin/Tieröl-Mischg.**	Sa. f. d. schaumlose Flot. von grobkörnigem Sylvinit; Am. 2937751	**Sa.**
2010	**Decylarylpolyoxy-äthylenätheralkohol**	Sa/Sch.; Franz. 1109798 Sch.; Brit. 782107, 782407, Belg. 532530	**Sa/Sch., Sch.**
2011	**Decylarylsulfonat**	s. Alkylarylsulfonat; Sa., Sa/Sch., Netzm., Disp., Regler, Flockm., Kondm.	**Sa., Sa/Sch., Netzm., Disp., Regler, Flockm., Kondm.**
2012	**Decylcarbinol**	s. = Undecylalkohol; Sa/Sch.	**Sa/Sch.**
2013	**Decyldiäthylenglykol-sulfat**	Sa. f. d. Flot. nichtsulfid. Mineralien; Am. 2120217	**Sa.**
2014	**Decyldinitril**	Sa. f. d. Erz-Flot.; Can. 395283	
2015	**Decyldithiocarbamat**	Sa. f. d. Uranerz-Flot.; „Chem. Ztrlbl." 1959, 2266 Sa.; DP. 871132	**Sa.**
2016	**Decylessigsäure**	s. = Dodecylsäure; Sa., Sa/Sch.	**Sa., Sa/Sch.**
2017	**Decylglykol**	Sch. f. d. Kalirohsalz-Flot.; DP. 872182	**Sch.**
2018	**Decylguanidin**	Sylvin-Sa.; „Chemie-Ing.-Techn." 1955, 2	**Sa.**
2019	**Decylguanidinhydro-chlorid**	Sylvin-Sa.; Am. 2088325	**Sa.**
2020	**Decylimidazol**	kationakt. Sa.; Brit. 578694 Flockm. beim Filtrieren v. Schlämmen; Am. 2509260	**Sa., Flockm.**
2021	**Decylimidformiat, -hydrochlorid**	Sa. f. d. Flot. saurer Mineralien; Brit. 568186	**Sa.**
2022	**Decylketon**	Sch. f. d. Flot. oxyd. Erze; Am. 2000350	**Sch.**
2023	**Decylmercaptan**	Sa. f. oxyd. Eisenerze; Am. 2125337, 2410377	**Sa.**
2024	**Decylmercaptosulfen-amid**	Sa.; Am. 2807615	**Sa.**
2025	**Decylnaphthalin-sulfonat**	s. Alkylnaphthalinsulfonat; Sa., Sa/Sch., Netzm., Disp., Flockm., Kondm., Regler	**Sa., Sa/Sch., Netzm., Disp., Flockm., Kondm., Regler**
2026	**Decylnatriumsulfonat**	Sa. f. d. Flot. kieserit. Kalirohsalze; DP. 918861	**Sa.**
2027	**Decylolamin**	Sa.; Am. 2389763 s. Didecylolamin; Sa.	**Sa.**
2028	**Decyloxyäthylenäther-alkohol**	s. Alkyloxyäthylenätheralkohol; Sa/Sch., Sch.	**Sa/Sch., Sch.**
2029	**Decylphenolsulfonat**	Sa. f. d. Flot. oxyd. Eisenerze; DP. 844131, Brit. 586961	**Sa.**
2030	**Decylphenylpoly-äthylenäther**	Netzm.; DP. 1030802	**Netzm.**
2031	**Decylphosphat**	Sa. f. Nichtsulfide; Am. 2120217	**Sa.**

Lfd. Nr.	Bezeichnung	besondere Verwendung mit zugehöriger Literaturangabe	Verwendungs-überblick
2032	**Decylphenol**	Sch.; Am. 2250190, Can. 390793 Sch/Sa. f. Pb-Erze; „Engrg. Min. J.", Juni 1956, 113	**Sch., Sch/Sa.**
2033	**Decylphthalat**	Sch. f. d. Kohlen-Flot.; Am. 2099120	**Sch.**
2034	**Decylpolyalkylenpoly-amid, -amin**	Sa. f. quarzige Erze; Am. 2569417	**Sa.**
2035	**Decylpolyäthylenäther**	Netzm.; DP. 1030802	**Netzm.**
2036	**Decylpolyäthylenoxyd**	s. Alkylpolyäthylenoxyd; Sa/Sch., Netzm., Disp., Emulg.	**Sa/Sch., Netzm., Disp., Emulg.**
2037	**Decylpolyoxyäthylen-äther**	Sch. allgemein, Sa/Sch. f. d. Kohle-Flot.; Brit. 782107, Belg. 532530	**Sa/Sch., Sch.**
2038	**Decylpolyoxyäthylen-ätheralkohol**	Sch. u. Sa/Sch. f. d. Kohlen-Flot.; Brit. 782107, 782407, Franz. 1109798, Belg. 532530	**Sa/Sch., Sch.**
2039	**Decylpolyoxynitroso-phenol**	Sa/Sch. f. silikat. Cu-Erze; „Chemical Abstracts" 1953, 1549	**Sa/Sch.**
2040	**Decylpropandiolamin**	s. Alkylaminopropandiol; Sa.	**Sa.**
2041	**Decylpyridin**	s. Repellate; Netzm.	**Netzm.**
2042	**Decylpyridiniumbromid**	kationakt. Quarz-Sa. b. d. Quarz/Kalk-stein-Flot.; Am. 2341046	**Sa.**
2043	**Decylpyridiniumchlorid**	kationakt. Quarz-Sa. f. d. Quarz/Kalk-Flot.; Am. 2341046	**Sa.**
2044	**Decylpyridiniumjodid**	Sa.; Am. 2389763, Brit. 463261	**Sa.**
2045	**Decylsäure**	= Caprinsäure, $CH_3(CH_2)_8COOH$, $C_9H_{19}COOH$	**Sa.**
		Sa. f. d. selektive Flot. von Chalcopyrit aus Pyrit u. Hämatit; „The Min. J." 1961, 42	**Sa.**
2046	**Decylsäure/Nitril-Mischung**	Erz-Sa.; Am. 2166093	**Sa.**
2047	**Decylsäure/Polyalky-lenpolyamin-Kondspr.**	Sa. z. Ausschwimmen von Quarz aus Phosphatmineralien oder von Feldspat u. Glimmer aus quarzhaltigen Mineralien; Am. 2364272, Brit. 547292	**Sa.**
2048	**Decylsulfamido-Verbdgg.**	s. Alkylsulfamido-Verbdgg.; Sa.	**Sa.**
2049	**Decylsulfat**	Sa., insbes. f. Nichtsulfide; Am. 2074699, 2120217 Sylvin-Sa.; „Chemie-Ing.-Techn." 1955, 2 Sa/Sch.; DP. 1064891, Brit. 405163 s. Duponol C; Sa. s. Mersolat; Sa/Sch. s. Texapon; Netzm. s. Alkylsulfat; Sa., Sa/Sch., Sch., Netzm., Dr., Flockm., Kondm.	**Sa., Sa/Sch., Sch., Netzm., Dr., Flockm., Kondm.**
2050	**Decylsulfenamid**	Sa.; Am. 2807615	**Sa.**
2051	**Decylsulfenyltrithio-carbonat**	Sa.; Am. 2634291	**Sa.**
2052	**Decylsulfoacetat**	Sa. f. d. Flot. nichtsulfid. Mineralien; Am. 2120217	**Sa.**

Lfd. Nr.	Bezeichnung (Zusammensetzung)	besondere Verwendung mit zugehöriger Literaturangabe	Verwendungs-überblick
2053	**Decylsulfonat**	Sa.; Petersen 163 Netzm.; DP. 802389 Sa. f. d. Kalisalz-Flot.; DP. 806842, 840682, 918861 Netzm. z. Verbesserung d. Filtration v. Flot.-Konzentraten; „Chem. Ztrlbl." 1959, 14544 Netzm. z. Zerstören v. Kohlenflot.-Schäumen; „Glückauf" 1932, 626 Netzm. z. Viscositätsminderung von Schwerstofftrüben der Schwimmsinkscheidung; DP. 1089701 s. Alkylsulfonate; Sa., Sa/Sch., Netzm., Dr., Disp., Akt., Kondm.	**Sa., Sa/Sch., Netzm., Dr, Disp. Akt., Kondm.**
2054	**Decylthiophan**	Sa. f. sulfid. Zinkerze; Can. 393245	**Sa.**
2055	**Decylthiophosphat**	Sa.; Brit. 310186	**Sa.**
2056	**Decylthiosulfat**	Sa.; Am. 1723295	**Sa.**
2057	**Decylthiourethan**	Sa.; Can. 311054	**Sa.**
2058	**Decyltriäthylammoniumchlorid**	Sa.; Am. 2389763	**Sa.**
2059	**Decyltrimethylamin**	Sa. f. d. selektive Sulfiderz-Flot.; „Erzmetall" 1958, 199/209	**Sa.**
2060	**Decyltrimethylammoniumchlorid**	s. = Arquard 10; Sa.	**Sa.**
2061	**Decyltrithiocarbonat**	Sa.; Am. 2600737	**Sa.**
2062	**Dekalin**	s. = Decahydronaphthalin; Kondm., Modif.	**Kondm., Modif.**
2063	**Denver Sulphidizer**	= flüssiges Ca-Polysulfid; Sulfidm. f. Cerussit; „Bulletin No. R_1—B_3 Reagents" 1955, 9	**Sulfidm.**
2064	**Destillationsrückstände**	Sa/Sch. f. d. Flot. v. Brikettkohle; Östr. 191378	**Sa/Sch.**
2065	**DETA**	= Diäthylentriamin; Am. 2894907 s. Diäthylentriamin; Sa., Lösm.	**Lösm., Sa.**
2066	**Detanol**	= Alkylsulfonat; Netzm.; Stüpel	**Netzm.**
2067	**Detergent 85**	= Alkylbenzolsulfonat; Netzm.; Stüpel	**Netzm.**
2068	**Detergent MXP**	= Polyoxyäthylenthioäther; Netzm.; Stüpel	**Netzm.**
2069	**Dextrin** (= Britishgum, Leiocom, Stärkegummi $(C_6H_{10}O_5)_n \cdot xH_2O$	Glimmer-Dr. b. d. Sulfid-Flot.; Petersen 208 i. Ggw. v. Na_3PO_4 z. Ausschwimmen d. Quarz-Anteils b. d. Rhodonit-Flot.; Am. 2666588 Flockm.; DP. 1002703 Regler,; „Erzmetall" 1958, 207 z. Nachflot. v. karbonat. Edelmetallmineralien; Can. 392729 als polyvalentes Hilfs-Kondm. i. Mischg. mit einem anionakt. Kondm., z. B. Na-Rizinolsulfonat, f. elektrostat. aufzubereitende Kalihartsalze; DP. 1095762	**Dr., Flockm., Kondm., Regler**
2070	**Dextrin 152**	= partiell hydrolys. Stärke aus d. Wärmebehandlg. von Kornstärke mit einer Säure; Netzm.; Am. 2551893	**Netzm.**

Lfd. Nr.	Bezeichnung (Zusammensetzung)	besondere Verwendung mit zugehöriger Literaturangabe	Verwendungs-überblick
2071	**Dextrin/Na_3PO_4-Mischg.**	Akt. z. Ausschwimmen des Quarzes b. d. Rhodonit-Flot.; Am. 2666588	**Akt.**
2072	**Dextrinxanthat**	Xanthat eines aus Dextrin, Stärke u. Cellulose bestehenden Carbohydrates als Sa. f. oxyd. Fe-Erze; Am. 2629493 Na-Dextrinxanthat als Sa. f. oxyd. Fe-Erze; Am. 2629494	**Sa.**
2073	**Dextropur**	s. = Traubenzucker; Dr., Kondm.	**Dr., Kondm.**
2074	**Dextrose** (ein Monosaccharid)	s. = Traubenzucker; Dr., Kondm. Dr.; DP. 812902 reduzierendes Kondm. f. nichtmagnet. Eisenoxyderze — Hämatit, Göthit — vor deren Flotation oder Magnetscheidung; Am. 2952532	**Dr., Kondm.**
2075	**Dextroseester**	Dextrosemonostearat als Sa.; Am. 2120217 Dextrosestearat, -oleat, -benzoat, -acetat, -octoat, -palmitat usw. als reduzierendes Kondm. f. nichtmagn. Eisenoxyderze — Hämatit, Göthit — vor deren Flotation oder Magnetscheidung; Am. 2952532	**Sa., Kondm.**
2076	**Dextroseoxyamine**	Sa.; Am. 2389763	**Sa.**
2077	**Dextrosol**	s. = Traubenzucker; Dr., Kondm.	**Dr., Kondm.**
2078	**Diacetal**	Sch.; Brit. 661184	**Sch.**
2079	**Diacetyldioxim**	s. = Dimethylglyoxim; Sa.	**Sa.**
2080	**Diacyläthylendiamin**	Sylvin-Sa.; Netzm.; Am. 2387201	**Sa., Netzm.**
2081	**Diakarmonoxyamin**	s. = Sorbitoloxyamin; Sa.	**Sa.**
2082	**Dialdehyde**	s. Imidazol; Sa., Flockm. s. Methylimidazol; Sa.	**Sa., Flockm.**
2083	**Dialkoxyalkoxy-methyldimethyl-tetrahydropyran**	s. Diäthoxyäthoxymethyl . . . ., Diäthoxy-methoxymethyl . . . ., Dibutoxy-methoxymethyl . . . ., Diisopropoxy-methoxymethyl . . . ., Dimethoxy-äthoxymethyl . . . ., Dimethoxy-methoxymethyl . . . .; Sch.	**Sch.**
2084	**Dialkoxyalkylphthalat**	Sch.; DP. 922401, Am. 2732940, Brit. 739073	**Sch.**
2085	**Dialkoxyalkylpolysulfid**	Sa. f. zementierte Cu-Erze; „Chemical Abstracts" 1958. 9930	**Sa.**
2086	**Dialkoxybenzol**	Sch.; Am. 2776749 s. Diäthoxybenzol; Sch. s. Methoxyäthoxybenzol; Sch.	**Sch.**
2087	**Dialkoxyparaffine**	wie Diäthoxybutan, Diisopropoxyäthan, Dialkoxyhexan als Sch.; Am. 2687214	**Sch.**
2088	**Dialkoxypiperazin-Derivate**	Sch., Netzm.; Am. 2541260 s. Hydroxyäthoxyäthoxyäthylpiperazin-palmitatacetat, Hydroxyäthylmethoxy-äthoxyäthylpiperazin	**Sch., Netzm.**
2089	**Dialkylacetat**	s. Methylamylacetat; Sch.	**Sch.**
2090	**Dialkylacrylamid**	Ton- u. Erzschlamm-Flockm.; Am. 2937143	**Flockm.**
2091	**Dialkylaminoalkoxy-stärke-Verbdg.**	Flockm.; Brit. 725460, Franz. 1083610	**Flockm.**

Lfd. Nr.	Bezeichnung (Zusammensetzung)	besondere Verwendung mit zugehöriger Literaturangabe	Verwendungs-überblick
2092	**Dialkylamin-phthalamat**	s. Didecyl-, Dihexadecyl-, Dinonyl- Dioctyl-, Diundecyl-, Ditetradecyl-, Butyloctadecyl-, Methyloctyl-, Propyldodecylaminphthalamat; Sa., Netzm.	**Sa., Netzm.**
2093	**Dialkylammonium-chlorid**	s. Dimethylammoniumchlorid; Sa., Flockm.	**Flockm., Sa.**
2094	**Dialkylarylcarbinole** (p-Cymenol)	wie Dimethylbenzyl-, Dimethylisopropylbenzyl-, Dimethylmethylbenzylalkohol; Sch. f. sulfid. Cu-, Zn-, Pb-Erze; Am. 2687438 u. Brit. 698291	**Sch.**
2095	**Dialkylarylmethyl-hydroperoxyd**	Sch. f. d. Kohlen- u. Erz-Flot.; Am. 2545132	**Sch.**
2096	**Dialkyläthylendiamin**	als Netzm.; Blücher ,,Auskunftsbuch f. d. chem. Industrie" 1954, S. 773	**Netzm.**
2097	**Dialkylbenzolamin**	s. Xylidin = Dimethylbenzolamin; Lösm.	**Lösm.**
2098	**Dialkylbenzylhydro-peroxyd**	s. Methyläthylbenzylhydroperoxyd; Sch. s. Dimethyl-p-methylbenzylhydroperoxyd; Sch.	**Sch.**
2099	**Dialkylbutenthiol**	s. Methyläthylbutenthiol; Sa., Netzm.	**Sa., Netzm.**
2100	**Dialkylcarbinol**	s. Methyläthylcarbinol = Butylalkohol s. Dimethylcarbinol = Isopropanol; Sch. s. Dimethyläthylcarbinol = tert. Amylalkohol; Sch.	**Sch., Sch/Sa.**
2101	**Dialkylchlorthio-phosphat**	Sa.; DP. 819999, Am. 2692893	**Sa.**
2102	**Dialkyldimethyl-ammoniumchlorid**	s. Arquad 2 HT; Sa., Flockm.	**Sa., Flockm.**
2103	**Dialkyldithiocarbamat**	s. Methyläthyldithiocarbamat; als Sa. s. Diäthyldithiocarbamat; Sa. s. Diamyldithiocarbamat; Sa.	**Sa.**
2104	**Dialkyldithiophosphat**	s. Diäthyldithiophosphat; Sa. s. Dibutyldithiophosphat; Sa. s. Dithiodialkylphosphat; Sch/Sa. s. Na-Aeroflote; Sa.	**Sa., Sch/Sa.**
2105	**Dialkyldodecylamidin-formiat**	s. Dimethyldodecylamidinformiat; Sa.	**Sa.**
2106	**Dialkylglyoxim**	s. Dimethylglyoxim; als Sa.	**Sa.**
2107	**Dialkylguanidin, -nitrat, -picrat**	s. Dibutylguanidin, -nitrat, -picrat; Sa.	**Sa.**
2108	**Dialkylguanylguanidin**	s. Dimethylguanylguanidin; als Sa.	**Sa.**
2109	**Dialkylimidhydro-chlorid**	s. Diäthylimidhydrochlorid; Sa.	**Sa.**
2110	**Dialkylketone**	s. Äthyloctylketon; Sch. s. Methyläthylketon; Sch., Netzm., Lösm. s. Propylmethylketon; Sch., Lösm. s. Dimethyl-, Diäthyl-, Diamyl-, Dipropyl-, Dihexyl-, Dioctylketon, Myriston, Palmiton, Stearon; Sch., Lösm., Kondm.	**Sch., Netzm., Lösm., Kondm.**
2111	**Dialkylnaphthalin-methylpyridinium-chlorid**	s. Emcol 888; Sa.	**Sa.**
2112	**Dialkylnaphthalin-phosphinsäure**	Sa.; Am. 2594454	**Sa.**

Lfd. Nr.	Bezeichnung (Zusammensetzung)	besondere Verwendung mit zugehöriger Literaturangabe	Verwendungs-überblick
2113	**Dialkylnaphthalin-phosphonsäure**	Sa.; Am. 2594454	**Sa.**
2114	**Dialkylnitrobenzyl-thionothiolphosphat**	Sa.; Am. 2609383	**Sa.**
2115	**Dialkylnitrobenzyl-thiophosphat**	Sa.; Am. 2609383	**Sa.**
2116	**Dialkylolamin/Fett-säure-Kondspr.**	s. Ninol 400, 57 A, 517, 521; Sa., Netzm., Emulg.	**Sa. Netzm., Emulg.**
2117	**Dialkylpententhiol**	s. Methyläthylpententhiol,; Sa., Netzm.	**Sa., Netzm.**
2118	**Dialkylphenylphenol-sulfonat**	s. Aresklene = Dibutylphenylphenol-sulfonat; Sa., Netzm.	**Sa., Netzm.**
2119	**Dialkylphosphor-bromidothioat**	Cu-Sa. f. d. Flot. v. anoxydierten Sulfid-erzen; Am. 2901107	**Sa.**
2120	**Dialkylpolyoxy-äthylenäther**	Sch. allgemein, Sa/Sch. f. d. Kohlen-Flot.; Brit. 782107, Belg. 532530	**Sa/Sch., Sch.**
2121	**Dialkylpyridin**	s. Äthylmethylpyridin = Kollidin; Sa., Sch., Lösm. s. Dimethylpyridin = Lutidin; Sch., Netzm.	**Sa., Sch., Netzm., Lösm.**
2122	**Dialkylsulfide**	Tetraalkoxy-**D.** als Sch.; „Industrial and Engrg. Chemistry", Teil II, März 1958, S. 445	**Sch.**
2123	**Dialkylsulfoacetat**	s. Äthylhexylsulfoacetat; Sa.	**Sa.**
2124	**Dialkylsulfosuccinat**	Netzm.; DP. 844131 s. Dioctylsulfosuccinat = Aerosol OT; Netzm. s. Diamylsulfosuccinat = Aerosol AY; Netzm. s. Dihexylsulfosuccinat = Aerosol MA; Netzm.	**Netzm.** **Netzm.**
2125	**Dialkylthionocarb-amate**	**D** [wie Isopropyläthylthionocarbamat u. Methyläthyldithionocarbamat] in Gemischen als Erz-Sa.; Am. 2691635	**Sa.**
2126	**Dialkylthiophosphor-säuresalze/Kresol-Lösg.**	Salze d. Dialkylmono- **und** Dialkyldithio-phosphorsäure gelöst in Kresol als Sa. f. d. Flot. sulfid. Cu-, Pb- u. Zn-Erze; Can. 604072	**Sa.**
2127	**Dialkylthiophosphoryl-bromid**	Sa/Sch. f. d. Flot. sulfid. Cu-Erze; Am. 2901107	**Sa/Sch.**
2128	**Dialkylthiophosphoryl-chlorid**	Sa. f. sulfid. Erze; Am. 2621789 Sa/Sch. f. sulfid. Cu-Erze; Am. 2901107 s. Diäthylthiophosphorylchlorid; Sa., Sa/Sch. s. Dibutylthiophosphorylchlorid; Sa.	**Sa., Sa/Sch.**
2129	**Dialkylxanthat**	s. Äthylmethylxanthat; Sa.	**Sa.**
2130	**Diamantfuchsin**	s. = Fuchsin; Sa., Dr., Akt.	**Sa., Dr., Akt.**
2131	**Diamantgrün**	s. = Brillantgrün, Malachitgrün; Sa., Dr., Akt.	**Sa., Dr., Akt.**
2132	**Diamidodiphenylsulfid**	= Thioanilin; Sa.	**Sa.**

Lfd. Nr.	Bezeichnung (Zusammensetzung)	besondere Verwendung mit zugehöriger Literaturangabe	Verwendungs-überblick
2133	**Diamine**	Sa. f. d. Zinkerz-Flot.; Franz. 1136073 kationakt. Sa. f. d. „Positivion-Flot." von Phosphatit-Schaumkonzentraten aus d. Vorflot. („Negativion-Flot.") mit carboxylhaltigen anionakt. Sammlern; Am. 2811254	**Sa.**
2134	**Diamine Green B**	= Azofarbstoff.; Gangart-Dr. b. d. Erz-Flot.; Am. 2211686	**Dr.**
2135	**Diaminoäthanacetat**	s. = Äthylendiaminacetat; Sa., Netzm., Dr.	**Sa., Netzm., Dr.**
2136	**Diaminoazobenzol**	s. = „Chrysoidin"; Sa.	**Sa.**
2137	**Diaminoazobenzol-dichlorid**	Sa.; Östr. P. 86639	**Sa.**
2138	**Diaminodicarbonsäure**	s. Uroxaminsäure; Dr.	**Dr.**
2139	**Diaminodiphenyl**	s. = Benzidin; Kondm.	**Kondm.**
2140	**Diaminophenothiazon-chlorid**	s. = Thioninchlorid; Sa., Dr.	**Sa., Dr.**
2141	**Diaminooleat**	Sa. f. oxyd. Zn-Erze; Franz. 1136073	**Sa.**
2142	**Diaminophenylsulfid**	Sa.; Östr. P. 88232	**Sa.**
2143	**Diaminovaleriansäure**	s. = „Ornithin"; Dr.	**Dr.**
2144	**Diaminstearat**	Sa. f. d. Flot. oxydischer Zn-Erze; Franz. 1136073 s. Dinoramac SH; Sa.	**Sa.**
2145	**Diamond Black PV**	= Azofarbstoff (Chrom); Gangart-Dr. b. d. Erz-Flot.; Am. 2211686	**Dr.**
2146	**Diamyladipat**	Sch.; DP. 904762, Am. 2690260	**Sch.**
2147	**Diamylamin**	Sa.; „Erzmetall" 1958, 199/209 Sa., Emulg.; „Encyclopedia of Chemical Technology" 1951, 605	**Sa., Emulg.**
2148	**Diamylarylmethyl-hydroperoxyd**	Sch. f. d. Kohlen- u. Erz-Flot.; Am. 2545132	**Sch.**
2149	**Diamyläthylendiamin**	Netzm.; Blücher	**Netzm.**
2150	**Diamyldithiocarbamat**	Sa. f. d. Flot. sulfid. Pb/Zn-Erze; „Erzmetall" 1961, 24 s. Diisoamyldithiocarbamat; Sa., Akt. s. Amyldithiocarbamat; Sa.	**Sa.**
2151	**Diamyldithiophosphat**	Sa. f. d. Flot. sulfid. Cu-Erze; Am. 2919025 s. Dialkyldithiophosphat; Sa., Sch/Sa.	**Sa., Sch/Sa.**
2152	**Diamylketon**	= Dipentylketon, Capronon, $C_5H_{11} \cdot CO \cdot C_5H_{11}$ als Sch., wie Diisoamylketon; Am. 2000350 s. Ketone; Lösm.	**Sch., Lösm.**
2153	**Diamylphthalat**	Sch.; DP. 922401, Am. 2732940, Brit. 739073 Akt. u. Schaumverbesserer [Modif.] f. sulfid. Erze; Am. 2689043/046	**Modif., Sch., Akt.**
2154	**Diamylpimelat**	Sch.; DP. 904762, Am. 2690260	**Sch.**
2155	**Diamylsuberat**	Sch.; DP. 904762, Am. 2690260	**Sch.**
2156	**Diamylsuccinat**	Akt. u. Schaumplastizierer [Modif.] f. d. Flot. sulfid. Erze; Am. 2689046	**Akt., Modif.**
2157	**Diamylsulfid**	s. = Amylsulfid; Sa.	**Sa.**
2158	**Diamylsulfosuccinat**	Netzm.; DP. 844131 s. = Aerosol AY; Netzm.	**Netzm.**

Lfd. Nr.	Bezeichnung (Zusammensetzung)	besondere Verwendung mit zugehöriger Literaturangabe	Verwendungs-überblick
2159	**Diamyltartrat**	Akt. f. sulfid. Erze u. Schaumplastizierer; Am. 2689043/046	**Akt., Kondm.**
2160	**Diamylthiophosphoryl-bromid**	Sa/Sch. f. sulfid. Cu-Erze; Am. 2901107	**Sa/Sch.**
2161	**Diamylthiophosphoryl-chlorid**	Sa. f. sulfid. Erze; Am. 2621789 Sa/Sch. f. sulfid. Cu-Erze; Am. 2901107	**Sa., Sa/Sch.**
2162	**Diamyltrithiokohlen-säureester**	als Sa. f. Galmei u. Zinkblende; „Chem. Ztrlbl.“ 1959, S. 16772 s. Amyltrithiocarbonat; Sa. s. Dialkyltrithiocarbonat; Sa.	**Sa.**
2163	**Dianilin**	s. = Benzidin; Kondm.	**Kondm.**
2164	**Dianol 11**	ein Alkylarylsulfonat; Netzm.; Am. 2884474	**Netzm.**
2165	**Diaralkylsulfid/Aral-kylmercaptan-Mischg.**	Sa.; Can. 313447	**Sa.**
2166	**Diaryldithiophosphin-säureester**	Sa.; Am. 2881200 s. Diphenyldithiophosphinsäureester; Sa.	**Sa.**
2167	**Diarylguanidin/$ZnCl_2$/ Formaldehyd/Mer-captobenzothiazol-Kondenspr.**	Sa.; Am. 2412801	**Sa.**
2168	**Diarylhydrazine**	= Hydrazo-Verbindgg.; s. Hydrazobenzol; Sa.	**Sa.**
2169	**Diarylthiocarbamid/ Dithiophosphor-säure-Lösg.**	Hilfs-Sa.; Brit. 546232	**Sa.**
2170	**Diarylthiocarbamid/ Dixylyldithiophos-phorsäure-Mischung**	Hilfs-Sa. [Promoter]; Brit. 546232	**Sa**
2171	**Diarylthiocarbazon**	s. Dithizon; Sa.	**Sa.**
2172	**Diäthanolamid/Fett-säure-Kondspr.**	s. Ninol 128; Netzm., Emulg.	**Netzm., Emulg.**
2173	**Diäthanolamin** ($(HOCH_2CH_2)_2NH$)	Sa.; Am. 2389763	**Sa.**
2174	**Diäthanolamin/Fett-säure-Kondspr.**	s. Ninol 200; Sa., Netzm., Emulg.	**Sa., Netzm.,**
2175	**Diäthanolaminisobut-oxyäthyläther**	Sch. f. Cu/Zn-Erze; „Chemical Abstracts“ 1958, 12733	**Emulg. Sch.**
2176	**Diäthanolammonium-polyacrylat**	Flockm.; Brit. 725460 u. Franz. 1083610 als Gangart-Dr.; Am. 2740522 u. Brit. 749213	**Dr., Flockm.**
2177	**Diäthoxyamylphthalat**	s. Phthalsäuredialkoxyalkylester; Sch.	**Sch.**
2178	**Diäthoxyäthoxyme-thyldimethyl-tetrahydropyran**	Sch.; Am. 2574919, Brit. 709802	**Sch.**
2179	**Diäthoxyäthylbutyrat**	Sch/Sa.; Am. 2687214 u. Brit. 706711	**Sch/Sa.**

Lfd. Nr.	Bezeichnung (Zusammensetzung)	besondere Verwendung mit zugehöriger Literaturangabe	Verwendungs-überblick
2180	**Diäthoxyäthylphthalat**	als Sch.; DP. 922401, Am. 2732940, Brit. 739073	**Sch.**
2181	**Diäthoxybenzol**	als Sch.; Am. 2776749 u. „Industrial and Engrg. Chemistry", Teil II, März 58, S. 445	**Sch.**
2182	**Diäthoxybutan**	Sch.; Am. 2687214, Brit. 706711	**Sch.**
2183	**Diäthoxybutancarb-oxylat**	Sch.; Am. 2657800	**Sch.**
2184	**Diäthoxybutyrat**	Sch.; Am. 2687214	**Sch.**
2185	**Diäthoxyfettsäure-alkylester**	Sch.; Can. 557716	**Sch.**
2186	**Diäthoxymethoxyme-thyldimethyltetra-hydropyran**	Sch.; Am. 2574919, Brit. 709802	**Sch.**
2187	**Diäthoxyparaffine**	wie Diäthoxy-methan, -äthan, -propan, butan-, -pentan, -hexan, -heptan, -octan, -nonan, -decan; als Sch.; s. Dialkoxy-paraffine	**Sch.**
2188	**Diäthoxypentancarb-oxylat**	Sch.; Am. 2657800	**Sch.**
2189	**Diäthoxypropancarb-oxylat**	Sch.; Am. 2657800	**Sch.**
2190	**Diäthyladipat**	s. = Äthyladipat; Sch., Akt., Modif.	**Sa., Akt., Modif.**
2191	**Diäthylamidinhydro-chlorid**	Sch. f. saure Mineralien; Brit. 568186	**Sa.**
2192	**Diäthylamin**	als Sa.; „Erzmetall", Mai 1958, S. 199/209	**Sa.**
2193	**Diäthylaminoäthyl-laurat**	Flockm. z. Filtrieren v. Schlämmen; Am. 2509261	**Flockm.**
2194	**Diäthylaminoäthyl-oleat**	Flockm. z. Filtrieren v. Schlämmen; Am. 2509261	**Flockm.**
2195	**Diäthylaminoäthyl-oleylamidacetat**	Sa.; Brit. 463261	**Sa.**
2196	**Diäthylaminoäthyl-oleylamidhydro-chlorid**	als Sa.; Brit. 463261	**Sa.**
2197	**Diäthylaminopropyl-hydrazinchlorid**	als Sa.; Franz. 1165100	**Sa.**
2198	**Diäthylarylmethyl-hydroperoxyd**	Sch. f. d. Kohlen- u. Erz-Flot.; Am. 2545132	**Sch.**
2199	**Diäthyläthylendiamin**	Netzm.; Blücher	**Netzm.**
2200	**Diäthylbenzol** ($C_6H_4(C_2H_5)_2$)	Kondm. z. Verbesserung der Convertol-Feinkohlenaufbrtg.; „Min. Engrg." 1959, 1153/54	**Kondm.**
2201	**Diäthylcarbinol**	s. = Amylalkohol; Sa., Sa/Sch., Sch.	**Sa., Sa/Sch., Sch.**
2202	**Diäthylchlorbenzol-phosphonat**	Sa.; Am. 2594454	**Sa.**
2203	**Diäthylchlorthiophos-phat**	Sa.; DP. 819999, Am. 2692893	**Sa.**

Lfd. Nr.	Bezeichnung (Zusammensetzung)	besondere Verwendung mit zugehöriger Literaturangabe	Verwendungs-überblick
2204	**Diäthylcyclohexylhydrazinchlorid**	als Sa.; Franz. 1165100	**Sa.**
2205	**Diäthyldiäthylendiamin/Oleinsäure-Reaktpr.**	s. „Sapamine"; Sa., Netzm.	**Sa., Netzm.**
2206	**Diäthyldichlorsilan**	gasförm. Kondm. z. Hydrophobierung von naßmechan. aufzubereitenden Erzen; Am. 2564546	**Kondm.**
2207	**Diäthyldithiocarbamat**	Sa.; „Min. Techn." 1946, 273 Sa. f. d. Flot. sulfid. Pb/Zn-Erze; „Erzmetall" 1951, 24	**Sa.**
2208	**Diäthyldithiophosphat**	= Dithion, Hydroxytetramethylencumarin, $C_{17}H_{21}O_5PS$; „Merck Index" 1960 Na-D. als Sa.; „Chem. Ztrlbl." 1952, 1422 Sa. f. sulfid. Erze; Am. 2919025 s. Chlordiäthyldithiophosphat; Sa.	**Sa.**
2209	**Diäthyldithio-bisthionoformiat**	= „Minerec A u. B"; als Sa.; „Engrg. Min. J.", Juni 1956, S. 114	**Sa.**
2210	**Diäthyldixanthat**	s. = Dixanthogen; Sa., Netzm.	**Sa., Netzm.**
2211	**Diäthyldodecylphosphoniumhydroxyd**	Sa.; Am. 2389763	**Sa.**
2212	**Diäthylendiamin**	s. = Piperazin; Sch., Netzm., Emulg.	**Sch., Netzm., Emulg.**
2213	**Diäthylendihydroorthophosphat**	Sa. f. Nichtsulfide; Am. 2120217	**Sa.**
2214	**Diäthylenglykol**	Sa.; Am. 2389763 s. Octadecyldiäthylenglykol; Sa. s. Oleindiäthylenglykol; Sa.	**Sa.**
2215	**Diäthylenglykoläther**	s. = Carbitole; Sch.	**Sch.**
2216	**Diäthylenglykoläthersulfoacetatoleinsäureester**	Sa. f. Nichtsulfide; Am. 2120217	**Sa.**
2217	**Diäthylenglykoläthersulfoacetatstearinsäureester**	Sa. f. Nichtsulfide; Am. 2120217	**Sa.**
2218	**Diäthylenglykolcarbonyläthylxanthat**	Sa. f. d. Flot. sulfid. Erze; Am. 2501269	**Sa.**
2219	**Diäthylenglykolcarbonylbutylxanthat**	Sa. f. d. Flot. sulfid. Erze. Am. 2501269	**Sa.**
2220	**Diäthylenglykolcarbonyldiäthyldithiophosphat**	Sa. f. d. Flot. sulfid. Erze; Am. 2501269	**Sa.**
2221	**Diäthylenglykolchloracetat**	Sch.; Am. 2145443	**Sch.**
2222	**Diäthylenglykoldiisobutyrat**	Sch. für alle Mineralien; DP. 933263, Am. 2803345, Brit. 747658	**Sch.**
2223	**Diäthylenglykolester**	s. = Carbitole; Sch.	**Sch.**
2224	**Diäthylenglykolmonobutyläther**	Monäthanolaminsalz des **D.** als Sa. f. Nichtsulfide; Am. 2120217	**Sa.**

Lfd. Nr.	Bezeichnung (Zusammensetzung)	besondere Verwendung mit zugehöriger Literaturangabe	Verwendungs-überblick
2225	**Diäthylenglykolmono-carbonsäurediester**	sls Sch. f. Kohle usw.; Am. 2803345	**Sch.**
2226	**Diäthylenglykolmono-lauratsulfonat**	als Sa. f. oxyd. Fe-Erze; Am. 2414714	**Sa.**
2227	**Diäthylenglykolmono-methyläther**	s. = Methylcarbitol; Sch.	**Sch.**
2228	**Diäthylenglykolmono-oleatsulfonat**	Sa. f. oxyd. Eise nerze; Am. 2474714	**Sa.**
2229	**Diäthylenglykolmono-rizinoleatsulfonat**	Sa. f. oxyd. Eisenerze; Am. 2414714	**Sa.**
2230	**Diäthylenglykoloctyl-ester**	Hilfs-Sa. f. Nichtsulfide; Am. 2362432	**Sa.**
2231	**Diäthylenglykoloxy-amin**	Sa.; Am. 2389763	**Sa.**
2232	**Diäthylenglykolrizin-oleatsulfonat**	Sa. f. oxyd. Eisenerze; DP. 844131	**Sa.**
2233	**Diäthylenglykolsulfat**	s. Emulsol X1; Sa., Sa/Sch., Netzm., Dr.	**Sa., Sa/Sch., Netzm., Dr.**
2234	**Diäthylentriamin**	Lösm. z. Kohlen-Lösungsaufbrtg.; ,,Chem. Ztrlbl.“ 1954, 7781 s. Dodecyldiäthylentriamin; Sa. = DETA	**Sa., Lösm.**
2235	**Diäthylentriaminal-kylolderivate**	Sa.; Am. 2389763	**Sa.**
2236	**Diäthylentriamin/ Baumwollsaatöl-Reaktpr.**	Polumkehrbarer, d.h. bei pH $<$ 10 kation-akt., bei pH $>$ 10 anionakt. Sa.; Am. 2857331	**Sa.**
2237	**Diäthylentriamin/Ca-prinsäure-Kon-denspr.**	Quarz-Sa.; Am. 2364272, Brit. 547 292	**Sa.**
2238	**Diäthylentriamin/Lau-rinsäure-Kondenspr.**	Quarz-Sa.; Am. 2364272, Brit. 547292	**Sa.**
2239	**Diäthylentriamin/My-ristinsäure-Kon-denspr.**	Sa. f. d. silikat. Gangart v. Nichterzen; Am. 2364272, Brit. 547292, Can.436592	**Sa.**
2240	**Diäthylentriamin/ Oleinsäure-Kon-denspr.**	Quarz-Sa.; Am. 2364272, Brit. 547 292	**Sa.**
2241	**Diäthylentriamin/Pal-mitinsäure-Kon-denspr.**	Quarz-Sa.; Am. 2364279, Brit. 547292	**Sa.**
2242	**Diäthylentriamin/Ri-zinolsäure-Kon-denspr.**	Quarz-Sa.; Am. 2364272, Brit. 547292	**Sa.**
2243	**Diäthylentriamin/ Stearinsäure-Kon-denspr.**	Quarz-Sa.; Am. 2364272, Brit. 547292	**Sa.**

Lfd. Nr.	Bezeichnung (Zusammensetzung)	besondere Verwendung mit zugehöriger Literaturangabe	Verwendungs-überblick
2244	**Diäthylentriamin/Tallöl-Reaktpr.**	polumkehrbarer, d.h. bei pH < 10 kationakt., bei pH > 10 anionakt. Sa.; Am. 2857331	**Sa.**
2245	**Diäthylglutamat**	Sch.; DP. 904762, Am. 2690260 Akt. u. Schaumverbesserer [Modif.] f. sulfid. Erze; Am. 2689043/046	**Sch., Akt., Modif.**
2246	**Diäthylhexylchlorthiophosphat**	Sa.; DP. 819999, Am. 2692893	**Sa.**
2247	**Diäthylhexylsulfosuccinat**	s. = Aerosol OT; s. d.; Netzm., Akt., Sa.	**Sa., Netzm., Akt.**
2248	**Diäthylhydroxypropylhydrazinchlorid**	Sa.; Franz. 1165100	**Sa.**
2249	**Diäthylketon** (= Propion, $C_2H_5 \cdot CO \cdot C_2H_5$	Sch.; Am. 2000350 s. Ketone; Lösm.	**Sch., Lösm.**
2250	**Diäthylnitrobenzylthionthiolphosphat**	Sa.; Am. 2609383	**Sa.**
2251	**Diäthylnitrobenzylthiophosphat**	Sa.; Am. 2609383	**Sa.**
2252	**Diäthylnitrotolylthiophosphat**	Sa.; Am. 2520393	**Sa.**
2253	**Diäthyloldodecylguanidinacetat**	Sa., Netzm., Emulg.; Am. 2350453	**Sa., Netzm., Emulg.**
2254	**Diäthylolmethoxypropylbiguanid-HCl**	Sa., Netzm., Emulg.; Am. 2350453	**Sa., Netzm., Emulg.**
2255	**Diäthylolmethylamylguanidinacetat**	Sa., Netzm., Emulg.; Am. 2350453	**Sa., Netzm., Emulg.**
2256	**Diäthylphenylhydrazinchlorid**	als Sa.; Franz. 1165100	**Sa.**
2257	**Diäthylphosphat/Dibutylphosphat-Mischg.**	s. = Aeroflot 208 u. 213; Sa.	**Sa.**
2258	**Diäthylphosphorbromidothioat**	Cu-Sa. b. d. Flot. v. anoxydierten Sulfiden; Am. 2901107	**Sa.**
2259	**Diäthylphosphorchloridothioat**	Cu-Sa. b. d. Flot. v. anoxydierten Sulfiden; Am. 2901107	**Sa.**
2260	**Diäthylphthalat**	Sch.; DP. 922401, Am. 2732940, Brit. 739073, Can. 530211 Schaumverbesserer u. Akt. f. sulfid. Erze; Am. 2689043/046	**Sa., Akt., Modif.**
2261	**Diäthylpimelat**	Sch.; DP. 904762, Am. 2690260, Can. 527173 Schaumverbesserer u. Akt. f. sulfid. Erze; Am. 2689043/046	**Sch., Akt., Modif.**
2262	**Diäthylsuberat**	Sch.; DP. 904762, Am. 2690260 Schaum-Modif. u. Akt. b. d. Flot. sulfid. Erze; Am. 2689043/046	**Sch., Akt., Modif.**
2263	**Diäthylsulfosuccinat**	Netzm.; DP. 844131	**Netzm.**

Lfd. Nr.	Bezeichnung (Zusammensetzung)	besondere Verwendung mit zugehöriger Literaturangabe	Verwendungs-überblick
2264	**Diäthylthionodioxa-phosphorinanyldi-sulfid**	Sa/Sch., Plastif.; „Chem. Ztrlbl." 1960, 14521/522	**Sa/Sch., Modif.**
2265	**Diäthylthiophospho-rylbromid**	Sa/Sch. f. sulfid. Cu-Erze; Am. 2901107	**Sa/Sch.**
2266	**Diäthylthiophospho-rylchlorid**	Sa. f. sulfid. Erze; Am. 2621789, Brit. 702957 Sa/Sch. f. sulfid. Cu-Erze; Am. 2901107	**Sa., Sa/Sch.**
2267	**Diäthyltridecanol-sulfat**	s. = Tergitol Penetrant 7	**Sa/Sch., Netzm.**
2268	**Diazacyclopentadien**	s. = Imidazol; Sa., Sa/Sch., Flockm.	**Sa., Sa/Sch., Flockm.**
2269	**Diazin**	s. Mercaptodiazin; Sa.	**Sa.**
2270	**Diazinthion**	s. Tetrahydrothiodiazinthion; Sa.	**Sa.**
2271	**Diazo-Verbdgg.**	Sa.; Östr. 86639	**Sa.**
2272	**Diazoaminobenzol**	Sa.; Östr. 86639	**Sa.**
2273	**Diazoaminotoluol**	Sa.; Östr. 86639	**Sa.**
2274	**Diazofarbstoff/Kero-sin-Mischg.**	Sa.; „Chemical Abstracts" 1959, 13026	**Sa.**
2275	**Diazol**	s. = Imidazol; Sa., Sa/Sch., Flockm.	**Sa., Sa/Sch., Flockm.**
2276	**Dibenzopyrrol**	s. = Carbazol; Sa.	**Sa.**
2277	**Dibenzothiazin**	s. = Phenothiazin; Sa/Sch.	**Sa/Sch.**
2278	**Dibromäthylen**	Schwerfl. f. d. Schwimmsinkscheidung v. Steinkohle; „Aufbrtg. d. Steinkohle", Teil I, 1960, 217	**Schwerfl.**
2279	**Dibutanolamin**	Sa.; Am. 2389763	**Sa.**
2280	**Dibutoxymethoxyme-thyldimethyltetra-hydropyran**	Sch.; Am. 2574919, Brit. 709802	**Sch.**
2281	**Dibutyladipat**	Sch.; DP. 904762, Am. 2690260 Modifm. z. Schaumverbesserung; Am. 2689046	**Sch., Modif.**
2282	**Dibutylamin**	als Sa.; „Erzmetall", Mai 1958, S. 199/209	**Sa.**
2283	**Dibutylarylmethyl-hydroperoxyd**	Sch. f. d. Kohlen- u. Erz-Flot.; Am. 2545132	**Sch.**
2284	**Dibutyläther**	s. = Butyläther; Sch.	**Sch.**
2285	**Dibutyläthylendiamin**	Netzm.; Blücher	**Netzm.**
2286	**Dibutylcarbamid**	guter Zinkblende Sa.; „Min. Engrg.", Febr. 1959, 219/220 Sa. f. komplexe Pb/Zn-Erze; Am. 2664198	**Sa.**
2287	**Dibutylchlorbenzol-phosphonat**	Sa.; Am. 2594454	**Sa.**
2288	**Dibutylchlorthiophos-phat**	Sa.; DP. 819999, Am. 2692893	**Sa.**
2289	**Dibutyldisulfid**	Sa. f. zement. Cu-Erze; „Chemical Abstracts" 1958, 8873	**Sa.**
2290	**Dibutyldithiophosphat**	Sa. f. d. Flot. sulfid. Cu-Erze; Am. 2919025 s. Aeroflot 226, 238; Sa. s. Butylaero; Sa.	**Sa.**

Lfd. Nr.	Bezeichnung (Zusammensetzung)	besondere Verwendung mit zugehöriger Literaturangabe	Verwendungs-überblick
2291	**Dibutylentriamin/Caprinsäure-Kondenspr.**	Quarz-Sa.; Am. 2364272, Brit. 547292	**Sa.**
2292	**Dibutylentriamin/Laurinsäure-Kondenspr.**	Quarz-Sa.; Am. 2364272, Brit. 547292	**Sa.**
2293	**Dibutylentriamin/Myristinsäure-Kondenspr.**	Quarz-Sa.; Am. 2364272, Brit. 547292	**Sa.**
2294	**Dibutylentriamin/Oleinsäure-Kondenspr.**	Quarz-Sa.; Am. 2364272, Brit. 547292	**Sa.**
2295	**Dibutylentriamin/Palmitinsäure-Reaktpr.**	Quarz-Sa.; Am. 2364272, Brit. 547292	**Sa.**
2296	**Dibutylentriamin/Rizinolsäure-Kondenspr.**	Quarz-Sa.; Am. 2364272, Brit. 547292	**Sa.**
2297	**Dibutylentriamin/ Stearinsäure-Kondenspr.**	Quarz-Sa.; Am. 2364272, Brit. 547292	**Sa.**
2298	**Dibutylguanidin**	guter Zinkblende-Sa.; „Min. Engrg.“, Febr. 1959, 219/220	**Sa.**
2299	**Dibutylguanidinnitrat**	Zinkblende-Sa.; „Min. Engrg.“, Febr. 1959, 219/220	**Sa.**
2300	**Dibutylguanidinpicrat**	Zinkblende-Sa.; „Min. Engrg.“, Febr. 1959, 219/220	**Sa.**
2301	**Dibutylketon** (= Valeron, $C_4H_9 \cdot CO \cdot C_4H_9$)	Sch.; Am. 2000350 s. Ketone; Lösm.	**Sch., Lösm.**
2302	**Dibutylphenylphenoldisulfonat**	s. Aresklene; Sa., Netzm.	**Netzm., Sa.**
2303	**Dibutylphosphat/Diäthylphosphat-Mischg.**	s. = Aeroflot 208 u. 213; Sa.	**Sa.**
2304	**Dibutylphthalat**	Sch.; DP. 922401, Am. 2732940, Brit. 739073 Schaumverbesserer u. Akt. f. sulfid. Erze; Am. 2689043/046	**Sch., Akt., Modif.**
2305	**Dibutylpimelat**	Sch.; DP. 904762, Am. 2690260	**Sch.**
2306	**Dibutylpolysulfid**	Sa. f. Erze; Am. 2695316	**Sa.**
2307	**Dibutylsebacat**	Akt. f. sulfid. Erze u. Schaumplastizierer; Am. 2689046	**Akt., Modif.**
2308	**Dibutylsuberat**	Sch.; DP. 904762, Am. 2690260 Akt. u. Schaumverbesserer [Modif.] f. sulfid. Erze; Am. 2689043/046	**Sch., Akt., Modif.**
2309	**Dibutylsulfosuccinat**	Netzm.; DP. 844131	**Netzm.**
2310	**Dibutyltartrat**	Akt. u. Schaumplastizierer [Modif.] f. sulfid. Erze; Am. 2689043/046	**Akt., Modif.**
2311	**Dibutylthiocarbamid**	Sa. f. sulfid. Cu-Erze; Am. 1610217	**Sa.**
2312	**Dibutylthiophosphorylbromid**	Sa/Sch. f. sulfid. Cu-Erze; Am. 2901107	**Sa/Sch.**

Lfd. Nr.	Bezeichnung (Zusammensetzung)	besondere Verwendung mit zugehöriger Literaturangabe	Verwendungs-überblick
2313	**Dibutylthiophosphorylchlorid**	Sa. f. sulfid. Erze; Am. 2621789, Brit. 702957 s. Dialkylthiophosphorylchlorid; Sa., Sa/Sch.	**Sa., Sa/Sch.**
2314	**Dicarbonsäure/Oxypropylglukose-Reaktpr.**	wie Phthal-, -Malein, -Succin-, Citracon-, Diglykolsäure/ . . . . ; als Sa/Sch.; Am. 2626935	**Sa/Sch.**
2315	**Dicarbonyl-Verbdgg.**	Sa. f. sulfid. Erze; Am. 2501269, 2602814	**Sa.**
2316	**Dichlorbenzol**	Akt. b. d. Erz-Flot.; Brit. 207977	**Akt.**
2317	**Dichlorphenoxyessigsäure**	als Mittel z. Konditionieren f. d. elektrostat. Kainitnachkonzentration; DP. 1077611 Schlamm-Dr. b. d. Sylvinit-Flot.; Am. 2652150	**Kondm.**
2318	**Dichloräthan**	s. = Äthylenchlorid; Lösm.	**Lösm.**
2319	**Dichloräthan/Hexamethylendiamin-Kondspr.**	s. KOD u. KODT; Flockm.	**Flockm.**
2320	**Dichloräthylen**	= Äthylendichlorid, Acetylenchlorid, CHCl·CHCl s. = Äthylendichlorid; Lösm.	**Lösm.**
2321	**Dichlorbenzol** ($C_6H_4Cl_2$)	neben einem Sa. u. Sch. als zusätzlicher Sch/Sa.; Brit. 207977 Dr. f. Glanz- u. Mattkohle beim Ausschwimmen von Faserkohle; DP. 650031	**Sch/Sa., Dr.**
2322	**Dichlorbenzolphosphonsäure**	Sa.; Am. 2594454	**Sa.**
2323	**Dichlorbrompropylen**	Waschfl. f. elektrostat. aufzubereitenden Sylvinit; DP. 1129902	**Waschfl.**
2324	**Dichloressigsäure** ($CHCl_2COOH$)	s. Halogenfettsäuren; Sa.	**Sa.**
2325	**Dichlormethan** (CH_2Cl_2)	= Methylenchlorid s. Halogen-KWstoffe; Lösm.	**Lösm.**
2326	**Dichlornitrophenyldiäthylthiophosphat**	Sa.; Am. 2520393	**Sa.**
2327	**Dichlorphenol**	Kondm. f. d. elektrostatische Kainitnachkonzentrierung; DP. 1077611	**Kondm.**
2328	**Dichlorphenoxyessigsäure**	Kondm. f. d. elektrostat. Abtrennung von Kieserit aus Rohsalzen u. Rückständen; DP. 1078961 dsgl. f. d. elektrostat. Kainitnachkonzentrierung; DP. 1077611	**Kondm.**
2329	**Dichlorphenylphosphinsäurechlorid**	Sa/Sch.; Am. 2724725/726	**Sa/Sch.**
2330	**Dichlorphenylphosphinthiosäurechlorid**	Sa/Sch.; Am. 2724725/726	**Sa/Sch.**
2331	**Dichlorthiocarbanilid**	Sa. f. Cu-Sulfide; Am. 2458523	**Sa.**
2332	**Dichloresterindihydroorthophosphat**	als Sa. f. nichtsulfid. Mineralien; Am. 2120217	**Sa.**

Lfd. Nr.	Bezeichnung (Zusammensetzung)	besondere Verwendung mit zugehöriger Literaturangabe	Verwendungs-überblick
2333	**Dichromate**	$Na_2Cr_2O_7 \cdot 2\ H_2O$ als PbS-Dr. b. d. Cu/Pb/Zn-Flct; „Engrg. Min. J.“, Juni 1956, 113 Dr.; Taggart 12—26 Mischg. aus. Alkali-Dichromat u. Ferri- oder Ferrosulfat als Pyrit-Dr. b. d. Flot. sulfid. Co- u. Ni-Erze; Am. 2399845	**Dr.** **Dr.**
2334	**Dicocodimethyl-NH_4Cl**	s. = Arquad 2 C; Sa.	**Sa.**
2335	**Dicyclohexyldithio-carbamat**	Sa.; „Montanwissenschaftl. Literatur-berichte“ 1960, 448	**Sa.**
2336	**Didakene**	s. = Tetrachloräthylen; Lösm.	**Lösm.**
2337	**Didecylaminphthala-mat**	Sa., Netzm.; Am. 2101323	**Sa., Netzm.**
2338	**Didecylarylmethylhy-droperoxyd**	Sch. f. d. Kohlen- u. Erz-Flot.; Am. 2545132	**Sch.**
2339	**Didecylolamin**	Sa.; Am. 2389763, Can. 391923	**Sa.**
2340	**Didodecylamin**	Sa.; Can. 391923	**Sa.**
2341	**Didodecylchlorthio-phosphat**	Sa.; Schwed. 125605	**Sa.**
2342	**Didodecyldithiophos-phat**	Sa.; Am. 2063629	**Sa.**
2343	**Dienderivate**	s. Dialkylderivate	
2344	**Dienylaminacetat**	s. Octadeca- **D.**; Sa.	**Sa.**
2345	**Dieselöl**	Sa. f. d. MnO_2-Flot.; Am. 2861687 als Sa. neben Methycellulose, Ferrisulfat u. eingeleitetem Inertgas f. d. Kohlenruß-Flot. aus rußhaltigem Kühlwasser f. Heißgase; Am. 2725985	**Sa.**
2346	**Dieselöl/Talgamin-acetat-Mischung**	Sylvinit-Sa.; Am. 2936887, Brit. 840293	**Sa.**
2347	**Dieselöl/Tallöl/Alkyl-arylsulfat-Emulsion**	s. „Umix“; Sa.	**Sa.**
2348	**Dieselöl/Tallöl-Mi-schung**	Sa. f. nichtsulfid. Erze; wirksamer als Tallöl allein; „Erzmetall“ 1958, 87 s. Umix; Sa.	**Sa.**
2349	**Diffusil**	Netzm.; Blücher	**Netzm.**
2350	**Digallussäure**	s. = Tannin; Dr., Flockm., Disp., Netzm., Regler, Kondm.	**Dr., Flockm., Disp. Kondm., Netzm., Regler**
2351	**Digitalin**	= Digitalis-Glukosid; Netzm.; Am. 2208758, Brit. 526701	**Netzm.**
2352	**Digitalis-Glukoside**	wie Digitalin; Netzm.; Am. 2208758, Brit. 526701	**Netzm.**
2353	**Digitonincholesterin**	Sa. f. d. Flot. nichtsulfid. Mineralien; Am. 2120217	**Sa.**
2354	**Diglykolchlorformiat/Äthylxanthat-Re-aktpr.**	Sa. f. Pb/Zn-Erze; Brit. 650493, Can. 490583	**Sa.**
2355	**Diglykolmonoäthyl-äther**	s. = Carbitol; Sch.	**Sch.**
2356	**Diglykollaurat**	s. = „Nil“; Netzm.	**Netzm.**

Lfd. Nr.	Bezeichnung (Zusammensetzung)	besondere Verwendung mit zugehöriger Literaturangabe	Verwendungs-überblick
2357	**Diglykololeat**	s. Nil; Netzm.	**Netzm.**
2358	**Diglykolsäure/Oxy-propylglukose-Re-aktpr.**	Sa/Sch.; Am. 2626935	**Sa/Sch.**
2359	**Diglyzeridfettsäure-sulfonat**	sulfon. Mischg. aus Mono- u. Diglyzeriden von C_{18}-Fettsäuren als Sa. f. d. Flot. oxyd. Eisenerze; Am. 2414714	**Sa.**
2360	**Diglyzerindiamin**	Sa.; Am. 2389763	**Sa.**
2361	**Diglyzerindodecyl-säureester**	Sa. f. oxyd. Erze; Am. 2312466	**Sa.**
2362	**Diglyzerinmonoamin**	Sa.; Am. 2389763	**Sa.**
2363	**Diglyzerinmonofett-säureester**	Sa. f. Nichtsulfide; Am. 2120217	**Sa.**
2364	**Diglyzerinmonoolein-säureester**	Sa. f. Nichtsulfide; Am. 2120217	**Sa.**
2365	**Diheptadecylamin**	Sa.; Can. 391923	**Sa.**
2366	**Diheptadecylketon**	= Stearon, $(C_{17}H_{35})_2CO$ s. Ketone; Sch., Lösm.	**Sch., Lösm.**
2367	**Diheptylamin**	Sa.; Can. 391923	**Sa.**
2368	**Diheptylarylmethyl-hydroperoxyd**	Sch. f. d. Kohlen- u. Erz-Flot.; Am. 2545132	**Sch.**
2369	**Diheptyläthylendiamin**	Netzm.; Blücher	**Netzm.**
2370	**Diheptylpimelat**	= Heptylester d. Pimelinsäure; als Sch.; DP. 904762 u. Am. 2690260	**Sch.**
2371	**Diheptylsuberat**	Sch.; DP. 904762, Am. 2690260	**Sch.**
2372	**Diheptylsulfosuccinat**	Netzm.; DP. 844131	**Netzm.**
2373	**Diheptylthiophospho-rylbromid**	Sa/Sch. f. sulfid. Cu-Erze; Am. 2901107	**Sa/Sch.**
2374	**Diheptylthiophospho-rylchlorid**	Sa. f. sulfid. Erze; Am. 2621789 Sa/Sch. f. sulfid. Cu-Erze; Am. 2901107	**Sa., Sa/Sch.**
2375	**Dihexadecylamin**	Sa.; Can. 391923	**Sa.**
2376	**Dihexadecylamin-phthalamat**	Sa., Netzm.; Am. 2101323	**Sa., Netzm.**
2377	**Dihexadecylphosphat**	Sa. f. nichtsulfid. Mineralien; Am. 2120217	**Sa.**
2378	**Dihexadecylthioortho-phosphat**	Sa.; Am. 2063629	**Sa.**
2379	**Dihexanolamin**	Sa.; Am. 2389763	**Sa.**
2380	**Dihexyladipat**	Sch.; DP. 904762, Am. 2690260 Plastizierer z. Verbesserung des Schaumes; Am. 2689046	**Sch., Modif.**
2381	**Dihexylamin**	Sa.; „Erzmetall", Mai 1958, 199/209, Can. 391923	**Sa.**
2382	**Dihexylarylmethyl-hydroperoxyd**	Sch. f. d. Kohlen- u. Erz-Flot.; Am. 2545132	**Sch.**
2383	**Dihexyläthylendiamin**	Netzm.; Blücher	**Netzm.**
2384	**Dihexylenglykol**	s. = Dimethylpentandiol; Sch.	**Sch.**
2385	**Dihexylenglykoldi-acetat**	s. = Dimethylpentandioldiacetat; Sch.	**Sch.**

Lfd. Nr.	Bezeichnung (Zusammensetzung)	besondere Verwendung mit zugehöriger Literaturangabe	Verwendungs-überblick
2386	**Di(hexylheptyl)phenolpolyglokolsulfat**	s. Alipal D; Netzm.	**Netzm.**
2387	**Dihexylketon** (= Önanthon, $C_6H_{13} \cdot CO \cdot C_6H_{13}$)	Sch.; Am. 2000350 s. Ketone; Lösm.	**Sch., Lösm.**
2388	**Dihexylphthalat**	Sch.; DP. 922401, Am. 2732940, Brit. 739073 Akt. u. Schaumverbesserer [Modif.] f. sulfid. Erze; Am. 2698043/046	**Modif., Sch., Akt.**
2389	**Dihexylpimelat**	als Sch.; DP. 904762 u. Am. 2690260	**Sch.**
2390	**Dihexylsebacat**	= Sebacinsäureester Akt. f. sulfid. Erze u. Schaumplastizierer; Am. 2689043/046	**Akt., Modif.**
2391	**Dihexylsuberat**	Sch.; DP. 904762, Am. 2690260	
2392	**Dihexylsulfosuccinat**	Netzm.; DP. 844131 s. Aerosol MA; Netzm.	**Netzm.**
2393	**Dihexylthiophosphorylchlorid**	Sa. f. sulfid. Erze; Am. 2621789 Sa/Sch. f. sulfid. Cu-Erze; Am. 2901107	**Sa., Sa/Sch.**
2394	**Dihydroabietylalkoholsulfat**	Emulg. f. Pineöl-Sch.; Am. 2286374	**Emulg.**
2395	**Dihydroabietylhydrazinchlorid**	s. Hydroxyäthyl-**D.**; Sa.	**Sa.**
2396	**Dihydroabietylphthalat**	K- **D.** als Sch. f. Kohle u. Nichtsulfide; Am. 2099120	**Sch.**
2397	**Dihydroabietylsuccinat**	K-Mono- **D.** als Sch. f. Kohle u. Nichtsulfide; Am. 2099120	**Sch.**
2398	**Dihydroacetphenol**	als Gangart-Dr.; Am. 2395866	**Dr.**
2399	**Dihydrolimonen**	s. = Carvomenthen; Sch.	**Sch.**
2400	**Dihydroterpinolen**	s. Terpene; Sch.	**Sch.**
2401	**Dihydroterpinolenalkylsulfid**	s. Terpenalkylsulfid; Sa.	**Sa.**
2402	**Dihydroterpinolenäther**	s. Terpenäther; Sa/Sch.	**Sa/Sch.**
2403	**Dihydroterpinolencarbinol**	s. Terpencarbinol; Sch.	**Sch.**
2404	**Dihydroterpinolencyanoacyl-Verbdgg.**	s, Terpencyanoacyl-Verbdg.; Sch., Sa/Sch.	**Sch., Sa/Sch.**
2405	**Dihydroterpinolendiol**	s. Terpendiol; Sa.	**Sa.**
2406	**Dihydroterpinolenester**	s. Terpenester; Sa/Sch.	**Sa/Sch.**
2407	**Dihydroterpinolenhaloalkyläther/Amin-Kondenspr.**	s. Terpenhaloalkyläther/Amin-Kondspr.; Sa.	**Sa.**
2408	**Dihydroterpinolenhydroperoxyd**	Sch.; Am. 2535345	**Sch.**
2409	**Dihydroterpinolenmercaptan**	s. Terpenmercaptan; Sa. = Dihydroterpinolensulfhydrat, -thioalkohol, -thiol	**Sa.**

Lfd. Nr.	Bezeichnung (Zusammensetzung)	besondere Verwendung mit zugehöriger Literaturangabe	Verwendungs-überblick
2410	**Dihydroxyanthrachinon**	s. Anthraruffin = 1,5-Dioxyanthrachinon; Dr.; Alizarin = 1,2-Dioxyanthrachinon; Dr.; Chinizarin = 1,4-Dioxyanthrachinon; Dr.; Chrysazin = 1,8-Dioxyanthrachinon; Dr.	**Dr.**
2411	**Dihydroxyanthrachinonchinolin**	s. = Alizarinblau; Dr.	**Dr.**
2412	**Dihydroxyanthrachinonglukosid**	s. = Alizaringlukosid, Ruberythrinsäure; Netzm.	**Netzm.**
2413	**Dihydroxyanthrachinonsulfonsäure**	s. = Alizarinrot; Dr., Netzm.	**Netzm., Dr.**
2414	**Dihydroxypropan**	s. = Propylenglykol; Sch.	**Sch.**
2415	**Diisoamylammonium-diisoamyldithiocarbamat**	Sa.; Am. 1879871	**Sa.**
2416	**Diisoamyldithiocarbamat**	NH_4-Diisoamyldithiocarbamat; Akt. b. d. Zinkblende-Flot.; DP. 871132 s. Diisomyl-NH_4-diisoamyldithiocarbamat; Sa.	**Akt., Sa.**
2417	**Diisoamylketon**	Sch. f. d. Flot. oxyd. Erze; Am. 2000350 s. Ketone; Sch., Lösm.	**Sch., Lösm.**
2418	**Diisobutanol**	D. z. Aufsprühen zwecks Schaumzerstörung des nachzuflotierenden Kohlen-Vorflotationsschaumes u. als Schaumstabilisator während d. Nachflotation; DP. 1064442	**Sch.**
2419	**Diisobutylen** $(CH_3)_2C{:}CHC(CH_3)_3$	als Mittel z. Verbesserung d. Convertol-Feinkohlenaufbrtg.; „Min. Eng.", Nov. 1959, S. 1153/54	**Kondm.**
2420	**Diisobutylensulfonsäure**	Sch., Netzm., Disp., Emulg., Lösm.; Am. 2721210	**Sch., Netzm., Disp., Emulg., Lösm.**
2421	**Diisobutylnaphthalinsulfonat**	s. Brecolane; Netzm. s. Nekal BX; Netzm.	**Netzm.**
2422	**Diisobutylphenol**	s. = Octylphenol; Sch., Sch/Sa.	**Sch., Sch/Sa.**
2423	**Diisonitrosoaceton** 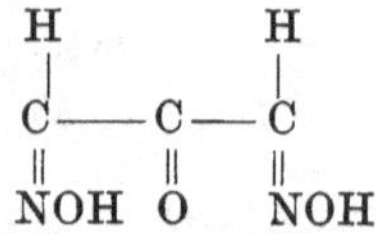	Gangart-Dr.; „Min. Technology" 1946, 277	**Dr.**
2424	**Diisopropoxyäthan**	Sch.; Am. 2687214	**Sch.**
2425	**Diisopropoxymethoxymethyldimethyltetrahydropyran**	Sch.; Am. 2574919, Brit. 709802	**Sch.**
2426	**Diisopropyladipat**	Sch.; DP. 904762, Am. 2690260	**Sch.**
2427	**Diisopropyläther**	s. = Isopropyläther; Sch.	**Sch.**
2428	**Diisopropylchlorthiophosphat**	Sa.; DP. 819999, Am. 2692893	**Sa.**
2429	**Diisopropyldithiophosphat**	Na-D. = Aeroflot 203; Sa.; s. d. Sa. f. sulfid. Cu-Erze; Am. 2919025	**Sa.**

Lfd. Nr.	Bezeichnung (Zusammensetzung)	besondere Verwendung mit zugehöriger Literaturangabe	Verwendungs-überblick
2430	**Diisopropylketon**	Sch. f. d. Flot. oxyd. Erze; Am. 2000350 s. Ketone; Sch., Lösm.	**Sch., Lösm.**
2431	**Diisopropylnaphthalinsulfonat**	s. Aerosol OS; Akt., Netzm. s. Nekal A; Netzm.	**Akt., Netzm.**
2432	**Diisopropylphthalat**	als Akt. u. Schaumverbesserer f. sulfid. Erze; Am. 2689043/046 als Sch.; DP. 922401, Brit. 739073, Am. 2732940	**Modif., Akt., Sch.**
2433	**Diisopropylpimelat**	Sch.; DP. 904762, Am. 2690260 Akt. u. Schaumverbesserer [Modif]. b. d. Flot. sulfid. Erze; Am. 2689043/046	**Sch., Akt., Modif.**
2434	**Dissiopropylsuberat**	= Propylester d. Suberin- bzw. Korksäure; als Sch.; DP. 904762 u. Am. 2690260	**Sch.**
2435	**Diisopropylthiophosphorylchlorid**	Sa. f. d. Flot. sulfid. Erze; Am. 2621789, Brit. 702957	**Sa.**
2436	**Diketone**	s. Dimethylglyoxim = Diacetyldioxim; Sa. s. Acetylaceton = Enol; Dr.	**Dr., Sa.**
2437	**Dikresyldisulfid**	Erz-Sa.; Can. 319673	**Sa.**
2438	**Dikresyldithiophosphorsäure**	= Phenolester; Sa. f. d. Flot. sulfid. u. edelmetallhaltiger Erze; Am. 2919025 s. = Aeroflote; Sa., Sa/Sch.	**Sa., Sa/Sch.**
2439	**Dilaurinphosphat**	NH_4- **D.** als Sa.; Brit. 586961	**Sa.**
2440	**Dimethoxyamylphthalat**	s. Phthalsäuredialkoxyalkylester; Sch.	**Sch.**
2441	**Dimethoxyäthoxymethyldimethyltetrahydropyran**	Sch.; Am. 2574919, Brit. 709802	**Sch.**
2442	**Dimethoxymethoxymethyldimethyltetrahydropyran**	Sch.; Am. 2574919, Brit. 709802	**Sch.**
2443	**Dimethoxypropylphthalat**	als Sch.; DP. 922401, Am. 2732940 u. Brit. 739073, Can. 530211	**Sch.**
2444	**Dimethylalanin**	s. = Betain; Sa.	**Sa.**
2445	**Dimethylaminoäthylenmethacrylat**	Flockm.; Brit. 768665	**Flockm.**
2446	**Dimethylaminoäthyllaurat**	Flockm. z. Filtrieren v. Schlämmen; Am. 2509261	**Flockm.**
2447	**Dimethylaminoäthylmethacrylat**	Gangart-Dr. b. d. Flot. sulfid. Erze; Am. 2740522, Brit. 749213	**Dr.**
2448	**Dimethylaminoäthylpolymethacrylat**	Gangart-Dr. b. d. Flot. sulfid. Erze; Am. 2740522, Brit. 749213	**Dr.**
2449	**Dimethylaminomercaptobenzothiazol**	Sa.; Am. 1852107	**Sa.**
2450	**Dimethylaminomethylammelid**	Sa., Netzm., Emulg.; Am. 2210831	**Sa., Netzm., Emulg.**
2451	**Dimethylaminomethylcyanoiminodimethylhexahydrotriazin**	Sa., Netzm., Emulg.; Am. 2210831	**Sa., Netzm., Emulg.**

Lfd. Nr.	Bezeichnung (Zusammensetzung)	besondere Verwendung mit zugehöriger Literaturangabe	Verwendungs-überblick
2452	**Dimethylaminomethyldistearinammelin**	Sa., Netzm., Emulg.; Am. 2210831	**Sa., Netzm., Emulg.**
2453	**Dimethylaminomethylmelamin-HCl**	Sa., Netzm., Emulg.; Am. 2210831	**Sa., Netzm., Emulg.**
2454	**Dimethylaminomethylthioammelin**	Sa., Netzm., Emulg.; Am. 2210831	**Sa., Netzm., Emulg.**
2455	**Dimethylaminophenazathioninchlorid**	s. = Methylenblau; Sa., Dr.	**Sa., Dr.**
2456	**Dimethylaminopropylhydrazinchlorid**	als Sa.; Franz. 1165100	**Sa.**
2457	**Dimethylamintriphenylcarbinol**	s. = Malachitgrün; Sa.	**Sa.**
2458	**Dimethylammoniumchlorid**	s. Arquad 2 HT; Sa., Flockm. s. BTC; Netzm.	**Sa., Flockm., Netzm.**
2459	**Dimethylamylmercaptosulfenamid**	Sa.; Am. 2807615	**Sa.**
2460	**Dimethylamylsulfenylamid**	Sa.; Am. 2807615	**Sa.**
2461	**Dimethylanilin**	s. = Xylidin; Lösm.	**Lösm.**
2462	**Dimethylantipyrylhydrazinchlorid**	als Sa.; Franz. 1165100	**Sa.**
2463	**Dimethylarylmethylhydroperoxyd**	Sch. f. d. Kohlen- u. Erz-Flot.; Am. 2545132	**Sch.**
2464	**Dimethyläthylcarbinol**	s. = tert. Amylalkohol; Sa/Sch., Sch.	**Sch., Sa/Sch.**
2465	**Dimethyläthylendiamin**	Netzm.; Blücher	**Netzm.**
2466	**Dimethylbenzol**	s. = Xylol; Sch., Akt., Kondm.	**Sch., Akt., Kondm.**
2467	**Dimethylbenzolamin**	s. = Xylidin; Lösm.	**Lösm.**
2468	**Dimethylbenzylhydroperoxyd**	Sch. f. Kohle u. Erze; Am. 2545132	**Sch.**
2469	**Dimethylbutylsulfenyldithiocarbamat**	Sa.; Am. 2807615	**Sa.**
2470	**Dimethylbutylsulfosuccinat**	s. Aerosol MA; Netzm.	**Netzm.**
2471	**Dimethylcarbinol**	s. = Isopropanol; Lösm.	**Lösm.**
2472	**Dimethylcetylbenzylammoniumchlorid**	s. = Triton X—400; Sa.	**Sa.**
2473	**Dimethylchlorthiophosphat**	Sa.; DP. 819999, Am. 2692893	**Sa.**
2474	**Dimethylcyanäthylhydrazinchlorid**	Sa.; Franz. 1165100	**Sa.**
2475	**Dimethylcyclohexan**	Trans. 1,2- **D.** = $C_6H_{10}(CH_3)_2$ Kondm. z. Verbesserung d. Convertol-Feinkohlenaufbrtg.; „Min. Eng.“, Nov. 1959, S. 1153/54 = Dimethylhexahydrobenzol	**Kondm.**

Lfd. Nr.	Bezeichnung (Zusammensetzung)	besondere Verwendung mit zugehöriger Literaturangabe	Verwendungs-überblick
2476	**Dimethyldodecylamidinformiat**	Sa.; Brit. 568186	**Sa.**
2477	**Dimethyldodecylphenylammoniumphenylsulfonat**	Sa., Netzm.; Am. 2605281	**Sa., Netzm.**
2478	**Dimethylenglykoldiäthylacetal**	s. = Butandioldiäthylacetal; Sch. Dimethylenglykol = 2,3-Butandiol	**Sch.**
2479	**Dimethylenglykoldiisobutyrat**	s. = Butandioldiisobutyrat; Sch.	**Sch.**
2480	**Dimethylenimin**	s. = Äthylenimin; Flockm.	**Flockm.**
2481	**Dimethylglyoxim** Dimethyldioxim, $CH_3(C{=}NOH)_2CH_3$, Diacetyldioxim)	Sa.; Petersen 186/187 Sa. f. Ni-Oxyde; „Min. Techn.“ 1946, 272 Sa. f. Cu-Erze; „Industrial and Engrg. Chemistry“, Teil II, März 1958, 443	**Sa.**
2482	**Dimethylguanylguanidin**	Zinkblende-Sa.; „Min. Engrg.“, Febr. 1959, 219/220	**Sa.**
2483	**Dimethylheptenthiol**	Sa., Netzm.; Am. 2346102	**Sa., Netzm.**
2484	**Dimethylhexadecylbenzylammoniumchlorid**	s. = Triton K 60; Sa., Netzm.	**Netzm., Sa.**
2485	**Dimethylhexahydrobenzol**	s. = Dimethylcyclohexan; Kondm.	**Kondm.**
2486	**Dimethylhexanol**	im Dupont Frother B—23; Sch.	**Sch.**
2487	**Dimethylhexanol/ ($C_8/_{18}$-)Alkylamin-Mischg.**	Sa. f. d. schaumlose Flot. von grobkörnigem Sylvinit; Am. 2937751	**Sa.**
2488	**Dimethylhexenthiol**	Sa., Netzm.; Am. 2346102	**Sa., Netzm.**
2489	**Dimethylimidhydrochlorid**	Sa.; Brit. 568186	**Sa.**
2490	**Dimethylketon**	s. = Aceton; Sch., Kondm., Lösm.	**Sch., Kondm., Lösm.**
2491	**Dimethyllaurinbenzylammoniumhydrochlorid**	Sa/Sch. f. d. Glimmer-Flot.; DP. 1044733	**Sa/Sch.**
2492	**Dimethylmethylbenzylalkohol**	s. Dialkylarylcarbinole; Sch.	**Sch.**
2493	**Dimethylmethylbenzylhydroperoxyd**	Sch. f. d. Flot. v. Kohle u. Erze; Am. 2545132	**Sch.**
2494	**Dimethylnaphthylmethylhydroperoxyd**	Sa/Sch.; Am. 2757207	**Sa/Sch.**
2495	**Dimethylneopentylpententhiol**	Sa., Netzm.; Am. 2346102	**Sa., Netzm.**
2496	**Dimethyloctadienol**	s. = Linalool; Sch.	**Sch.**
2497	**Dimethyloctylanilin**	Sa. f. Zn-Silikate; „Chemical Abstracts“ 1955, 12235	**Sa.**
2498	**Dimethylpentandiol** (= Dihexylenglykol)	s. Methoxymethyldimethylpentandiol; Sch.	**Sch.**
2499	**Dimethylpentanol**	im Dupont Frother B—23; Sch.	**Sch.**

Lfd. Nr.	Bezeichnung (Zusammensetzung)	besondere Verwendung mit zugehöriger Literaturangabe	Verwendungs-überblick
2500	**Dimethylphenol**	s. = Xylenol; Sch/Sa.	**Sch/Sa.**
2501	**Dimethylphenylamin**	s. = Xylidin; Lösm.	**Lösm.**
2502	**Dimethylphenylhydrazinchlorid**	als Sa.; Franz. 1165100	**Sa.**
2503	**Dimethylphenylmethan**	s. = Cumol; Kondm.	**Kondm.**
2504	**Dimethylpolysiloxan**	s. = Dow Corning Silicone Fluid F258; Sa.	**Sa.**
2505	**Dimethylpyridin**	s. = Lutidin; Sch.	**Sch.**
2506	**Dimethylsilicon**	Hilfs-Sa. neben einem Alkylamin-Sa. f. d. Sylvin-Flot. aus grobkörnigem Sylvinit; Am. 2934208 s. Dow Corning Silicone Fluid; Sa.	**Sa.**
2507	**Dimethylsulfobromid**	s. Dodecyldimethylsulfobromid; Sa.	**Sa.**
2508	**Dimethylsulfomethylsulfat**	kationakt. Quarz-Sa. f. d.Quarz/Kalkspat-Flot.; Am. 2341046	**Sa.**
2509	**Dimethylsulfosuccinat**	Netzm.; DP. 844131	**Netzm.**
2510	**Dimethylthiocarbamyldisulfid**	s. = Tetramethylthiuramdisulfid; Sa.	**Sa.**
2511	**Dimethylthiophosphorylbromid**	Sa/Sch. f. sulfid. Cu-Erze; Am. 2901107	**Sa/Sch.**
2512	**Dimethylthiophosphorylchlorid**	Sa. f. sulfid. Erze; Am. 2621789, Brit. 702957 s. Dialkylthiophosphorylchlorid; Sa., Sa/Sch.	**Sa., Sa/Sch.**
2513	**Dimethyltolylhydrazinchlorid**	als Sa.; Franz. 1165100	**Sa.**
2514	**Dimethyltrithiocarbonat**	Sa. f. d. Erz-Flot.; Am. 2691635	**Sa.**
2515	**Dinaphthylchlorphenylsulfoniumchlorid**	Flockm.; Am. 2807648	**Flockm.**
2516	**Dinaphthylphenylsulfoniumchlorid**	Flockm.; Am. 2807648	**Flockm.**
2517	**Dinitril** (= Bernsteinsäuredinitril, Succinsäuredinitril, Succinonitril, $C_4H_4N_2$)	Sa. f. d. Flot. v. Cu-Erzen; Am. 2175093	**Sa.**
2518	**Dinitrosoresorzin**	Sch.; Brit. 186760	**Sch.**
2519	**Dinonylamin**	Sa.; Am. 2809934, Can. 391923	**Sa.**
2520	**Dinonylaminpthalamat**	Sa., Netzm.; Am. 2101323	**Sa., Netzm.**
2521	**Dinonylarylmethylhydroperoxyd**	Sch. f. d. Kohlen- u. Erz-Flot.; Am. 2545132	**Sch.**
2522	**Dinoramac SH**	= Octadecyldiamin; Sa. f. oxyd. Zinkerze; Franz. 1136073	**Sa.**
2523	**Dioctadecenyldithioorthophosphat**	Sa.; Am. 2063629 s. Oleindithiophosphat; Sa., Kondm.	**Sa., Kondm.**

Lfd. Nr.	Bezeichnung (Zusammensetzung)	besondere Verwendung mit zugehöriger Literaturangabe	Verwendungs-überblick
2524	**Dioctadecylamin**	s. = „Armeen 218"; Sa. Sa.; Can. 391923	**Sa.**
2525	**Dioctadecyldimethyl-ammoniumchlorid**	s. = Arquad 2 HT; Flockm., Sa.	**Flockm., Sa.**
2526	**Dioctanolamin**	Sa.; Am. 2389763	**Sa.**
2527	**Dioctyladipat**	Sch.; DP. 904762, Am. 2690260	**Sch.**
2528	**Dioctylamin**	Phosphatit-Sa.; Can. 391923	**Sa.**
2529	**Dioctylaminphthal-amat**	Sa., Netzm.; Am. 2101323	**Sa., Netzm.**
2530	**Dioctylarylmethyl-hydroperoxyd**	Sch. f. d. Kohlen- u. Erz-Flot.; Am. 2545132	**Sch.**
2531	**Dioctyläthanolamin**	Flockm. z. Filtrieren v. Schlämmen; Am. 2509261	**Flockm.**
2532	**Dioctyläthylendiamin**	Netzm.; Blücher	**Netzm.**
2533	**Dioctylketon** (= $C_8H_{17}\cdot CO\cdot C_8H_{17}$, $(C_8H_{17})_2CO$, Pelargon)	Sch.; Am. 2000350 s. Ketone; Lösm.	**Sch., Lösm.**
2534	**Dioctylpimelat**	Sch.; DP. 904762, Am. 2690260	**Sch.**
2535	**Dioctylsuberat**	Sch.; DP. 904762, Am. 2690260	**Sch.**
2536	**Dioctylsulfosuccinat**	s. = Aerosol OT; Sa., Netzm., Akt. Netzm. f. d. Erz-Sedimentation; Am. 2266954	**Sa., Netzm., Akt.**
2537	**Dioctylthiophospho-rylbromid**	Sa/Sch. f. sulfid. Cu-Erze; Am. 2901107	**Sa/Sch.**
2538	**Dioctylthiophospho-rylchlorid**	Sa. f. sulfid. Erze; Am. 2621789 Sa/Sch. f. sulfid. Cu-Erze; Am. 2901107	**Sa., Sa/Sch.**
2539	**Diole**	s. Propandiol; Sa., Sch. s. Aminomethylpropandiol; Sa. s. Terpendiol; Sa.	**Sa., Sch.**
2540	**Dioldiacetat**	als Sch.; Am. 2803345 desgl. Methoxymethyldimethylpentan-dioldiacetat	**Sch.**
2541	**Dioleinphosphat**	NH_4-Dioleinphosphat als Sa. f. oxyd. Eisenerze; DP. 844131	**Sa.**
2542	**Dionil W**	= Äthylenoxyd-Kondspr.; Netzm.; Stüpel	**Netzm.**
2543	**Dioxan** Äthylenglykoldiäther, $O\langle{}^{CH_2\cdot CH_2}_{CH_2\cdot CH_2}\rangle O$	s. Tetraisopropoxydioxan; Sch. s. Acylalkylaminodioxan, Oxyalkylamino-dioxan; Sch/Sa., Netzm.	**Sch.**
2544	**Dioxan/Alkoxyester-Mischung**	Sch. f. Kohle u. Nichterze; Am. 2657800, Brit. 701821	**Sch.**
2545	**Dioxanthracengluko-side**	s. = Anthrachinglukoside; Netzm., Dr.	**Netzm., Dr.**
2546	**Dioxan/Äthyldiäth-oxybutancarboxy-lat-Mischg.**	Sch. f. d. Kohlen- u. Nichterz-Flot.; Am. 2657800, Brit. 701821	**Sch.**
2547	**Dioxan/Carboxylat-Mischg.**	Sch. f. d. Kohlen- u. Nichterz-Flot.; Am. 2657800, Brit. 701821	**Sch.**
2548	**Dioxanester**	s. Aminodioxan-acylester, Aminodioxan-alkoxyester; Sa., Netzm.	**Sa., Netzm.**

Lfd. Nr.	Bezeichnung (Zusammensetzung)	besondere Verwendung mit zugehöriger Literaturangabe	Verwendungsüberblick
2549	**Dioxyacetophenon** 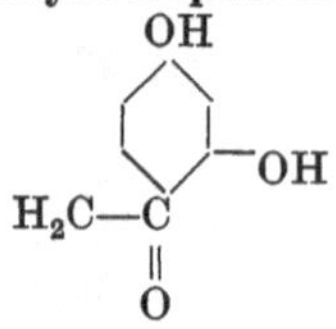	Gangart-Dr.; Am. 2395866	**Dr.**
2550	**Dioxyäthylbenzol**	1,2-Dioxy-4-äthylbenzol als Sa. f. d. Flot. oxyd. Antimonerze; ,,Chemiker Ztg.“, Nov. 1959, 681/85, 746/53	**Sa.**
2551	**Dioxyäthylbenzol/Undecylamin-Mischg.**	Sa. f. d. Flot. oxyd. Antimonerze; ,,Chemiker Ztg.“, Nov. 1959, 681/85, 746/53	**Sa.**
2552	**Dioxybenzoesäure**	+ Phthalsäureanhydrid als Mittel z. Konditionieren f. d. elektrostat. Kainitnachkonzentrierung; DP. 1077611	**Kondm.**
2553	**Dioxybenzole** ($C_6H_4(OH)_2$)	s. Brenzkatechin, Pyrocatechol = o-D.; Sa., Dr. s. Hydrochinon = p-D.; Sch., Dr. s. Resorcinol = m-D.; Sch. s. Dioxyäthylbenzol, Dioxybutylbenzol; Sa.	**Sa., Sch., Dr.**
2554	**Dioxybernsteinsäure**	s. = Tartarsäure; Dr., Regler, Pass.	**Dr., Regler, Pass.**
2555	**Dioxybutylbenzol**	als Sa. f. oxyd. Antimonerze; ,,Chemiker Zeitung“, November 1959, S. 746/753, 681/85	**Sa.**
2556	**Dioxybutylbenzol/Undecylamin-Mischg.**	Sa. f. oxyd. Antimonerze; ,,Chemiker-Ztg.“ 1959, 746/53 u. 681/85	**Sa.**
2557	**Dioxychlorbenzol**	Netzm.; Am. 2208758, Brit. 526701	**Netzm.**
2558	**Dioxydiphenyl**	= Dioxybiphenyl, Dioxyphenylbenzol Netzm.; Am. 2208758, Brit. 526701	**Netzm.**
2559	**Dioxydiphenyldisulfid**	Sa.; Can. 315858	**Sa.**
2560	**Dioxydiphenyldisulfid/Kohlenteer-Mischg.**	Sa.; Can. 315858	**Sa.**
2561	**Dioxynaphthalindisulfonsäure**	= Naphthohydrochinondisulfonsäure Netzm.; Am. 2208758, Brit. 526701	**Netzm.**
2562	**Dioxynaphthochinon**	s. = Naphthazarin; Dr.	**Dr.**
2563	**Dioxyphenol**	s. = Pyrogallol	**Dr., Netzm.**
2564	**Dioxypentandiacetat**	s. = Pentandioldiacetat; Sch.	**Sch.**
2565	**Dioxyphenylbenzol**	s. = Dioxydiphenyl; Netzm.	**Netzm.**
2566	**Dioxysuccinsäure**	s. = Tartarsäure; Dr. Regler, Pass.	**Dr., Regler, Pass.**
2567	**Dioxytoluol**	3,4- D als Sa. f. Antimonoxyd; ,,Chemiker Zeitung“, Nov. 1959, S. 746/753	**Sa.**
2568	**Dioxytoluol/Undecylamin-Mischung**	Sa. f. oxyd. Antimonerze; ,,Chemiker-Ztg.“ 1959, 746/53 u. 681/85	**Sa.**
2569	**Dipentadecylamin**	Sa.; Can. 391923	**Sa.**
2570	**Dipentadecylketon** ($(C_{15}H_{31})_2CO$, Palmiton)	s. Ketone; Sch., Lösm.	**Sch., Lösm.**
2571	**Dipentanolamin**	Sa.; Am. 2389763	**Sa.**

Lfd. Nr.	Bezeichnung (Zusammensetzung)	besondere Verwendung mit zugehöriger Literaturangabe	Verwendungs-überblick
2572	**Dipenten** (= Limonen, $C_{10}H_{16}$ gehört z. Gruppe d. Terpene)	= Limonen, Cinen, Cajeputen, Kautschin, 1,8-Terpodien, Menthadien, 1-Methyl-4-isopropylcyclohexadien Bestandteil d. Fichtenöls Erz-Sch.; Am. 2535344/345 s. Kautschin; Akt.	**Sch., Akt.**
2573	**Dipenten/$C_{7/10}$-Alkyl-alkohol-Mischg.**	Erz-Sch.; Can. 365029	**Sch.**
2574	**Dipentenalkylsulfid**	s. Terpenalkylsulfid; Sa.	**Sa.**
2575	**Dipentenamin**	s. Hydroxydipentanamin; Sa.	**Sa.**
2576	**Dipentenäther**	s. Terpenäther; Sa/Sch.	**Sa/Sch.**
2577	**Dipentencarbinol**	s. Terpencarbinol; Sch.	**Sch.**
2578	**Dipentencyanoacyl-Verbdgg.**	s. Terpencyanoacyl-Verbdg.; Sch., Sa/Sch.	**Sch., Sa/Sch.**
2579	**Dipentendiol**	s. Terpendiol; Sa.	**Sa.**
2580	**Dipentenester**	s. Terpenester; Sa/Sch.	**Sa/Sch.**
2581	**Dipentenhaloalkyl-äther/Amin-Kond-spr.**	s. Terpenhaloalkyläther/Amin-Kondenspr.; Sa.	**Sa.**
2582	**Dipentenhydroperoxyd**	als Sch.; Am. 2535345 = Limonen-, Cajeputenhydroperoxyd = Cinen-, Kautschin-, Terpodien-, Menthadienhydroperoxyd	**Sch.**
2583	**Dipentenmercaptan**	Sa.; Am. 2402698 u. 2413648 = Dipentensulfhydrat, -thioalkohol, -thiol	**Sa.**
2584	**Dipentylketon**	s. = Diamylketon; Sch.	**Sch.**
2585	**Diphensäureanhydrid**	Kondm. f. elektrostat. aufzubereitende Kalirohsalze; DP. 1063092	**Kondm.**
2586	**Diphenyl** (= Phenylbenzol, Biphenyl, $C_{12}H_{10}$)	s. Dioxydiphenyl; Netzm.	**Netzm.**
2587	**Diphenylamin** ($(C_6H_5)NH(C_6H_5)$)	s. Thiodiphenylamin = Phenothiazin; Sa/Sch.	**Sa/Sch.**
2588	**Diphenyläthylen**	s. = Stilben, „Sun Yellow"; Dr.	**Dr.**
2589	**Diphenyläthylendi-amin**	Oxydationsinhibitor b. d. Kohlen-Flot.; Am. 2346151	**Regler**
2590	**Diphenylazophenyltri-methylammonium-methylsulfat**	Sa.; Am. 2389763	**Sa.**
2591	**Diphenylcarbamid** (= Carbanilid, $CO(NHC_6H_5)_2$)	Sa. f. sulfid. Pb/Zn-Erze; Am. 2664198 s. Diphenylthiocarbamid; Sa.	**Sa.**
2592	**Diphenylchlorphenyl-sulfoniumchlorid**	Flockm.; Am. 2807648	**Flockm.**
2593	**Diphenylchlorthio-phosphat**	Sa.; Schwed. 125605	**Sa.**
2594	**Diphenyldiamin**	s. = Benzidin; Kondm.	**Kondm.**

Lfd. Nr.	Bezeichnung (Zusammensetzung)	besondere Verwendung mit zugehöriger Literaturangabe	Verwendungs-überblick
2595	**Diphenyldiazonaphthylaminsulfonat**	s. = Kongorot; Dr.	**Dr.**
2596	**Diphenyldisulfid**	Erz-Sa.; Can. 319673	**Sa.**
2597	**Diphenyldithiophosphinsäureester**	Diphenyldithiophosphinsäureäthyl-, -butyl-, -decyl-, -dodecyl-, -hexyl-, -methyl-, -methylpentyl-, -octyl-ester; Sa.; Am. 2881200	**Sa.**
2598	**Diphenylenimid**	s. Carbazol, Dibenzopyrrol; Sa.	**Sa.**
2599	**Diphenylguanidin** (= Melanilin, $NHC(C_5H_5NH)_2$)	guter ZnS-Sa.; „The Min. J." 1959, 561 Sa/Sch. f. d. Flot. v. Ni/Cu-Steinen; Am. 2432456 PbS/ZnS-Sa.; „Min. Engrg." 1959, 219/220 Cu-Sa. f. sulfid. Cu/Zn-Erze; Can. 495983 = amerikan. DPG; Römpp	**Sa., Sa/Sch.**
2600	**Diphenylhydrazin**	= Hydrazobenzol, $C_6H_5NH \cdot NHC_6H_5$, symmetr. Diarylhydrazin, eine Hydrazoverbdg., Arylnitroverbdg. Sa.; Öst. P. 86639 Korrosionsinhibitor [Pass.] b. d. Kohlen-Flot.; Am. 2346151	**Sa., Pass.**
2601	**Diphenylin**	s. Benzidin; Kondm.	**Kondm.**
2602	**Diphenylmethylhydroperoxyd**	Sa. f. d. Erz-Flot.; Am. 2535344	**Sch.**
2603	**Diphenylphosphindithiosäureanhydrid**	Sa.; Am. 2727067	**Sa.**
2604	**Diphenylphosphinsäurechlorid**	Sa/Sch.; Am. 2724725/726	**Sa/Sch.**
2605	**Diphenylphosphinthiosäurechlorid**	Sa/Sch.; Am. 2724725/726	**Sa/Sch.**
2606	**Diphenylthiocarbamid**	= Diphenylthioharnstoff, Thiocarbanilid, $C_6H_5NHCSNHC_6H_5$ Sa. f. sulfid. Cu-Erze; Am. 1364308 Sa.; Brit. 275561/563, 471861 s. Aero-Thiocarbanilid, AC-Thiocarbanilid; Sa.	**Sa.**
2607	**Diphenylthiocarbamid-Dithiophosphorsäureester-Überzug**	Sa.; Brit. 596522	**Sa.**
2608	**Diphenylthiocarbamid/Mercaptobenzothiazol-Überzug**	Sa.; Brit. 596522	**Sa.**
2609	**Diphenylthiocarbamid/Netzmittel-Mischung**	s. = AC-Thiocarbanilid; Sa.	**Sa.**
2610	**Diphenylthiocarbamid/Xanthat-Überzug**	Sa.; Brit. 596522	**Sa.**
2611	**Diphenylthiocarbazon**	= Diphenylthiodiphenylenimid; Dithizon Sa.; Petersen 186, Taggart 12—10, Östr. P. 88232	**Sa.**

Lfd. Nr.	Bezeichnung (Zusammensetzung)	besondere Verwendung mit zugehöriger Literaturangabe	Verwendungs-überblick
2612	**Diphenylthiodiphenylenimid**	s. = Diphenylthiocarbazon = Dithizon; Sa.	**Sa.**
2613	**Diphenylthiolphosphinsäuremercaptoäthylester**	Sa.; DP. 1014107	**Sa.**
2614	**Dipicolinsäure**	Gangart-Dr.; Am. 2414199	**Dr.**
2615	**Dipropanolamin**	Sa.; Am. 2389763	**Sa.**
2616	**Dipropylarylmethylhydroperoxyd**	Sch. f. d. Kohlen- u. Erz-Flot.; Am. 2545132	**Sch.**
2617	**Dipropyläthylendiamin**	Netzm.; Blücher	**Netzm.**
2618	**Dipropylenglykolbutyläther**	als Sch.; Am. 2611485 u. 2695101	**Sch.**
2619	**Dipropylenglykolisopropyläther**	Sch.; Am. 2611485, 2695101	**Sch.**
2620	**Dipropylentriamin/Caprinsäure-Kondenspr.**	Quarz-Sa.; Am. 2364272, Brit. 547292	**Sa.**
2621	**Dipropylentriamin/Laurinsäure-Kondenspr.**	Quarz-Sa.; Am. 2364272, Brit. 547292	**Sa.**
2622	**Dipropylentriamin/Myristinsäure-Kondenspr.**	Quarz-Sa.; Am. 2364272, Brit. 547292	**Sa.**
2623	**Dipropylentriamin/Oleinsäure-Kondenspr.**	Quarz-Sa.; Am. 2364272, Brit. 547292	**Sa.**
2624	**Dipropylentriamin/Palmitinsäure-Kondenspr.**	Quarz-Sa.; Am. 2364272, Brit. 547292	**Sa.**
2625	**Dipropylentriamin/Rizinolsäure-Kondenspr.**	Quarz-Sa.; Am. 2364272, Brit. 547292	**Sa.**
2626	**Dipropylentriamin/Stearinsäure-Kondenspr.**	Quarz-Sa.; Am. 2364272, Brit. 547292	**Sa.**
2627	**Dipropylketon** (= Butyron, $C_3H_7 \cdot CO \cdot C_3H_7$)	Sch. f. oxyd. Erze; Am. 2000350 s. Ketone; Lösm.	**Sch., Lösm.**
2628	**Dipropylphthalat**	Sch.; DP. 922401, Am. 2732940, Brit. 739073 Akt. u. Schaumverbesserer [Modif.] f. sulfid. Erze; Am. 2689043/046	**Sch., Akt., Modif.**
2629	**Dipropylsulfosuccinat**	Netzm.; DP. 844131	**Netzm.**
2630	**Dipropylthiophosphorylbromid**	Sa/Sch.f. sulfid. Cu-Erze; Am. 2901107	**Sa/Sch.**
2631	**Dipropylthiophosphorylchlorid**	Sa. f. sulfid. Erze; Am. 2621789 Sa/Sch. f. sulfid. Cu-Erze; Am. 2901107 s. Diisopropylthiophosphorylchlorid; Sa.	**Sa., Sa/Sch.**

Lfd. Nr.	Bezeichnung (Zusammensetzung)	besondere Verwendung mit zugehöriger Literaturangabe	Verwendungs-überblick
2632	**Disaccharide**	= zuckerunähnliche Polysaccharide: Saccharose, Maltose, Gentiobiose, Cellobiose, Lactose, Melibiose s. Polysaccharide; Dr., Netzm., Kondm.	**Dr., Netzm., Kondm.**
2633	**Disaccharidester**	s. Saccharose-, Maltose-, Gentiobiose-, Lacdose-, Cellobiose-, Melibioseester; Kondm.	**Kondm.**
2634	**Distearinamin**	s. „Armeen 218"; Sa.	**Sa.**
2635	**Distearinchloracetat**	Sch.; Am. 2145443	**Sch.**
2636	**Distearindimethyl-ammoniumchlorid**	s. = Arquad 2HT; Sa., Flockm.	**Sa., Flockm.**
2637	**Distearinsulfoacetat**	Sa., Netzm.; Am. 2166141/145 s. = Octadecylsulfoacetat; Sa.	**Sa., Netzm.**
2638	**Diterpencarbonsäure**	Sa.; „Bergb.-Wiss." 1958, 34 s. Abietinsäure; Sa., Emulg.	**Sa., Emulg.**
2639	**Diterpineolmethyl-ester/Terpenalko-hol-Mischg.**	s. = Terposol; Sch.	**Sch.**
2640	**Ditetradecylamin**	Sa.; Can. 391923	**Sa.**
2641	**Ditetradecylamin-phthalamat**	Sa., Netzm.; Am. 2101323	**Sa., Netzm.**
2642	**Ditetrahydrofuryl-pentanol**	als Sch.; Am. 2767842	**Sch.**
2643	**Dithioäthylenglykol-dibutyrat**	Sa. f. zement. Cu-Erze; „Chemical Abstracts" 1958, 8873	**Sa.**
2644	**Dithiocarbamate**	Sa.; Taggart 12—11 u. „Min. Technology" 1946, 274 Sa. f. oxyd. Zn-Erze; Franz. 59285 Erz-Sa.; „Aach. Bl." 1955, 83/98 s. Monoalkyl-, Monoaryl-, Diäthyl-, Methyläthyl-, Naphthyl-, Diisoamyl-, Monodecyl-, Dodecyldiäthyl-, Dodecyldidocyl-, Eicosyldimethyl-, Methyldodecyl-, dithiocarbamat; Sa., Akt. s. Hexyl-, Diisoamylammoniumdiisoamyl-dithiocarbamat; Sa.	**Akt., Sa.**
2645	**Dithiocarbazol**	Sa.; Am. 1852107	**Sa.**
2646	**Dithiocarbonsäure**	s. = Xanthogensäure; Sa.	**Sa.**
2647	**Dithiodialkylphos-phate**	Sch/Sa.; Am. 1 893 018, Franz. 665 179	**Sch/Sa.**
2648	**Dithiodiarylphosphate**	Sch/Sa.; Am. 1893018, Franz. 665179	**Sch/Sa.**
	Dithiodibutylphosphat	s. Dibutyldithiophosphat; Sa.	**Sa.**
2649	**Dithiodiphenylamin** $((C_6H_4S—SC_6H_4)NH)$	Sa/Sch.; Petersen 168	**Sa/Sch.**
2650	**Dithiokohlensäure-amylester**	s. Amyldithiocarbonat; Sa. s. = Amylxanthat; Sa.	**Sa.**
2651	**Dithiolane**	Sa/Sch.; Am. 2701253	**Sa/Sch.**
2652	**Dithion**	s. = Diäthyldithiophosphat; Sa.	**Sa.**
2653	**Dithionit**	Pyrit- u. Feinschlamm-Dr. b. d. Flot. von Komplexerzen; „Chemical Abstracts" 1958, 3615	**Dr.**
2654	**Dithiooxalat**	K-D ; Sulfid-Dr. b. d. Flot. sulfid. Erze; Am. 2449984	**Dr.**

Lfd. Nr.	Bezeichnung (Zusammensetzung)	besondere Verwendung mit zugehöriger Literaturangabe	Verwendungs-überblick
2655	**Dithiooxalsäure**	Chelatbildner, Sa.; „Min. Technology" 1946; 272/286 Dr.; Am. 2449984	**Sa., Dr.**
2656	**Dithiooxamid**	chelatbildende Vbdg.; Sa.; „Min. Techn." 1946, 272/286	**Sa.**
2657	**Dithiophosphate** (Dithiophosphorsäure-ester)	Sa. f. sulfid. Cu-Erze; Am. 2919025 s. Amyl-, Äthyl-, Butyl-, Diamyl-, Diäthyl-, Dibutyl-, Diisopropyl-, Isopropyl-, Alkyl-, Aryl-, Alkylen-, Triammonium-, Chlordiäthylen-dithiophosphat; Sa. s. Propyldithiophosphat; Sch/Sa.	**Sa., Sch/Sa.**
2658	**Dithiophosphorsäure**	s. Dikresyldithiophosphorsäure; Sa. s. flüssige Aeroflot-Promoter; Sa/Sch.	**Sa., Sa/Sch.**
2659	**Dithiophosphorsäure/Diarylthiocarbamid-Lösg.**	Hilfs-Sa.; Brit. 546232	**Sa.**
2660	**Dithiophosphorsäure-ketoester**	Sa/Sch., Plastizierer; „Chem. Ztrlbl." 1960, 14521/522	**Sa/Sch., Modif.**
2661	**Dithiophosphorsäure/Thiocarbanilid-Mischung**	Sa.; Can. 366269	**Sa.**
2662	**Dithiopropylenglykol-dibutyrat**	Sa. f. zementierte Cu-Erze; „Chemical Abstracts" 1958, 8873	**Sa.**
2663	**Dithiosulfonat**	K- **D.** als Sa.; DP. 840693	**Sa.**
2664	**Dithizon**	s. = Diphenylthiocarbazon; Sa.	**Sa.**
2665	**Ditolylguanidin**	Bleiglanz- u. Zinkblende-Sa; „Min. Engrg." 1959, 219/20 Sa/Sch. f. d. Flot. von Cu/Ni-Steinen; Am. 2432456	**Sa., Sa/Sch.**
2666	**Ditolylphosphinsäure-chlorid**	Sa/Sch.; Am. 2724725/726	**Sa/Sch.**
2667	**Ditolylphosphinthio-säurebromid, -chlorid**	Sa/Sch.; Am. 2724725/726	**Sa/Sch.**
2668	**Ditolylthiocarbamid**	Sa.; Östr. 88232	**Sa.**
2669	**Ditolylthiocarbamid/Dixylyldithiophos-phorsäure-Mischg.**	Hilfs-Sa. [Promoter]; Brit. 546232	**Sa.**
2670	**Ditridecylamin**	Sa.; Can. 391923	**Sa.**
2671	**Ditridecylketon**	= Myriston; $C_{13}H_{27} \cdot CO \cdot C_{13}H_{27}$ s. Ketone; Sch., Lösm.	**Sch., Lösm.**
2672	**Diundecylamin**	Sa.; Can. 391923	**Sa.**
2673	**Diundecylamin-phthalamat**	Sa., Netzm.; Am. 2101323	**Sa., Netzm.**
2674	**Diundecylthiophos-phorylbromid**	Sa/Sch. f. sulfid. Cu-Erze; Am. 2901107	**Sa/Sch.**
2675	**Diundecylthiophos-phorylchlorid**	Sa. f. sulfid. Erze; Am. 2621789 Sa/Sch. f. sulfid. Cu-Erze; Am. 2901107	**Sa., Sa/Sch.**
2676	**Divinylenoxyd**	s. = Furan; Lösm.	**Lösm.**

Lfd. Nr.	Bezeichnung (Zusammensetzung)	besondere Verwendung mit zugehöriger Literaturangabe	Verwendungs-überblick
2677	**Divinylensulfidmercaptan**	s. = Thiophenthiol; Sa.	**Sa.**
2678	**Dixan**	s. = Dixanthogen; Sa., Netzm.	**Sa., Netzm.**
2679	**Dixanthogen** (= Diäthyldixanthat, Dixan, Aulin, $C_6H_{10}O_2S_4$)	= Thiocarbonsäurederivat s. Minerec; Sa. s. Äthyldixanthogen; Netzm.	**Sa., Netzm.**
2680	**Dixylenyldithiophosphat**	K-D. = Komponente des Phosokresols; Sa.; „Erzmetall" 1959, 220/222	**Sa.**
2681	**Dixylyldithiophosphorsäure/Diarylthiocarbamid-Mischung**	Hilfs-Sa. [promoter]; Brit. 546232	**Sa.**
2682	**Dixylylthiocarbamid**	als Sa.; Östr. 88232	**Sa.**
2683	**Dixylylthiocarbamid/Dixylidithiophosphorsäure-Mischg.**	Hilfs-Sa.; Brit. 546232	**Sa.**
2684	**DLT-Reagents**	= Alkylacylninole; Sa.; „Encyclopedia of Chemical Technology" 1951, 605	**Sa.**
2685	**Dodecan**	= $CH_3(CH_2)_{10}CH_3$, Kondm. z. Verbesserung d. Convertol-Feinkohlenaufbrtg.; „Min. Eng.", Nov. 1959, S. 1153/54	**Kondm.**
2686	**Dodecanol**	s. = Dodecylalkohol; Sa/Sch.	**Sa/Sch.**
2687	**Dodecen** $CH_3(CH_2)_9CH{:}CH_2$,	als Kond.-Mittel z. Verbesserung d. Convertol-Feinkohlenaufbrtg.; „Min. Eng.", Nov. 1959, S. 1153/54	**Kondm.**
2688	**Dodecenylamin/Alamine-Mischg.**	als Phosphatit-Sa.; Am. 2914174	**Sa.**
2689	**Dodecenylamin/Armeen-Mischung**	Phosphatit-Sa.; Am. 2914174	**Sa.**
2690	**Dodecylacetsäure**	s. = Dodecylessigsäure, Tetradecylsäure; Sa.	**Sa.**
2691	**Dodecylaldehydsulfonat**	s. „Alframin"; Sa.	**Sa.**
2692	**Dodecylalkohol**	= Dodecanol, Laurinalkohol, $C_{12}H_{25}OH$ Sa/Sch.; Am. 2012609 s. Polyoxyäthylenlaurinalkohol; Emulg.	**Sa/Sch.**
2693	**Dodecylalkohol/Äthylenoxyd-Kondenspr.**	s. = Lubrol MOA, Stockopol WW; Netzm., Flockm.	**Netzm., Flockm.**
2694	**Dodecylakoholpolyglykoläther**	s. Leonil C; Netzm.	**Netzm.**
2695	**Dodecylalkoholsulfat**	s. = Dodecylsulfat; Sa., Sa/Sch., Sch., Netzm., Flockm., Kondm., Emulg.	**Sa., Sa/Sch., Sch., Netzm., Flockm., Kondm., Emulg.**
2696	**Dodecylamidhydrochlorid**	s. Betain-**D.**; Sa.	**Sa.**
2697	**Dodecylamidin, -hydrochlorid**	Sa. f. d. Erz-Flot.; Brit. 568186	**Sa.**

Lfd. Nr.	Bezeichnung (Zusammensetzung)	besondere Verwendung mit zugehöriger Literaturangabe	Verwendungs-überblick
2698	**Dodecylamin** (Aminododecan, Laurylamin, $CH_3(CH_2)_{11}NH_2$)	Sylvin-Sa; DP. 919703, 1008222, Am. 2365805 Sa.; „Arch. f. Metallkunde", Okt. 1949, 363; Am. 2389763 Quarz-Sa. b. d. Eisenerz-Flot.; Holl 79890 s. = „Armeen 12-D", „AM 1120"; Sa. Netzm. z. Konsistenzminderung v. Schwerstofftrüben d. Schwimmsinkscheidung; DP. 1089701 Pechblende-Sa.; Am. 2570120	**Sa., Netzm.**
2699	**Dodecylamin/Abietinsäuremethylester-Mischg.**	Sa. f. d. schaumlose Flot. v. grobkörnigem Sylvinit; Am. 2937751	**Sa.**
2700	**Dodecylaminacetat**	kationakt. Quarz-Sa. f. d. Quarz/Kalkspat-Flot.;Am. 2341046, „Min. Engrg." 1955, 958/962 Sa. f. d. Hämatit-Flot.; „Glückauf" 1955, 264 Sa. f. quarzigen Rhodonit; Am. 2666588 Sa/Sch. f. Lepidolith; „Chemical Abstracts" 1959, 8977 Netzm. z. Konsistenzminderung v. Schwerstofftrüben der Schwimmsinkscheidung v. Mineralien; DP. 1089701 s. Armac 12D; Sa.	**Sa.,Sa/Sch.,Netzm.**
2701	**Dodecylamin/Alamine-Mischung**	Phosphatit-Sa.; Am. 2914174	**Sa.**
2702	**Dodecylamin/Alkohol-Mischung**	Sa. f. d. schaumlose Flot. von grobkörnigem Sylvinit; Am. 2937751	**Sa.**
2703	**Dodecylamin/Alkylenamin-Mischg.**	Sylvin-Sa.; Am. 2689649 Sa.; Can. 395829	**Sa.**
2704	**Dodecylamin/Alkylnitril-Mischg.**	Sa.; Can. 410809/810	**Sa.**
2705	**Dodecylamin/Armeen-Mischung**	Phosphatit-Sa.; Am. 2914174	**Sa.**
2706	**Dodecylaminchloracetat**	kationakt. Quarz-Sa. f. d. Quarz/Kalkspat-Flot.; Am. 2341046	**Sa.**
2707	**Dodecylaminchlorhydrat**	s. Alkylaminchlorhydrat; Sa. Netzm. z. Konsistenzminderung v. Schwerstofftrüben d. Schwimmsinkscheidung; DP. 1089701	**Sa., Netzm.**
2708	**Dodecylaminchlorid**	= $C_{12}H_{25}NH_2Cl$; kationakt. Sa.; „Aach. Bl." 1959, 81/110 Quarz- u. Feldspat-Sa.; „Erzmetall" 1955, 119 Netzm. z. Konsistenzminderung von Schwerstofftrüben der Schwimmsinkscheidung von Mineralien; DP. 1089701 s. Triäthyllaurinammoniumchlorid; Netzm.	**Sa., Netzm.**
2709	**Dodecylamin/Ester-Mischung**	Sa. f. d. schaumlose Flot. von grobkörnigem Sylvinit; Am. 2937751	**Sa.**

Lfd. Nr.	Bezeichnung (Zusammensetzung)	besondere Verwendung mit zugehöriger Literaturangabe	Verwendungs-überblick
2710	**Dodecylamin/Fettsäureamid-Mischung**	Sa. f. d. schaumlose Flot. von grobkörnigem Sylvinit; Am. 2937751	**Sa.**
2711	**Dodecylaminfluorid**	Zinkerz-, insbes. Galmei-Sa.; Franz. 61640	**Sa.**
2712	**Dodecylaminhydrobromid**	kationakt. Quarz-Sa. f. d. Quarz/Kalkspat-Flot.; Am. 2341046	**Sa.**
2713	**Dodecylaminhydrochlorid** (Dodecylammoniumchlorid, Laurylaminhydrochlorid, $CH_3(CH_2)_{11}NH_2 \cdot HCl$)	Sa.; „Bergbautechnik“ 1956, 563 kationakt. Quarz-Sa. b. d. Eisenerz-Flot.; „Bergb.-Wiss.“ 1955, 247 Quarz-Sa. f. d. Quarz/Kalkspat-Flot.; Am. 2295459, 2341046 Chromit-Sa.; „Erzmetall“ 1959, 310 Sylvin Sa.; Brit. 564338 Scheelit-Sa.; „Min. Engrg.“ 1951, 61 Sa. f. Fluorit u. Baryt; „Chemical Abstr.“ 1953, 12164 Netzm. z. Konsistenzminderung v. Schwerstofftrüben d. Schwimmsinkscheidung v. Mineralien; DP. 1089701	**Sa., Netzm.**
2714	**Dodecylaminlactat**	Zinkerz-, insbes. Galmei-Sa.; Franz. 61640	**Sa.**
2715	**Dodecylaminnitrat**	kationakt. Quarz-Sa. f. d. Quarz/Kalkspat-Flot.; Am. 2341046	**Sa.**
2716	**Dodecylamin/Pflanzenöl-Mischung**	Sa. f. d. schaumlose Fl. von grobkörnigem Sylvinit; Am. 2937751	**Sa.**
2717	**Dodecylaminphthalamat**	Sa., Netzm.; Am. 2101323	**Sa. Netzm.**
2718	**Dodecylamin/Tieröl-Mischung**	Sa. f. d. schaumlose Flot. von grobkörnigem Sylvinit; Am. 2937751	**Sa.**
2719	**Dodecylammoniumbromid**	s. = Dodecylaminhydrobromid; Sa.	**Sa.**
2720	**Dodecylammoniumchlorid**	s. = Dodecylaminhydrochlorid; Sa.; Netzm.	**Sa., Netzm.**
2721	**Dodecylanilinphthalamat**	Sa., Netzm.; Am. 2101323	**Sa., Netzm.**
2722	**Dodecylarylpolyoxyäthylenätheralkohol**	Sa/Sch.; Franz. 1109798 Sch.; Brit. 782107, 782407, Brit. 532530	**Sa/Sch., Sch.**
2723	**Dodecylarylsulfonat**	s. Alkylarylsulfonat; Sa., Sa/Sch., Netzm., Disp., Regler, Flockm., Kondm.	**Sa.,Sa/Sch.,Netzm., Disp., Regler, Flockm.,Kondm.**
2724	**Dodecyläthanolaminphthalamat**	Sa., Netzm.; Am. 2101323	**Sa., Netzm.**
2725	**Dodecyläthylendiaminhydrobromid**	kationakt. Sa.; Brit. 578695	**Sa.**
2726	**Dodecyläthylendiaminhydrochlorid**	kationakt. Sa.; Brit. 578695	**Sa.**
2727	**Dodecylbenzolphosphonsäure**	Sa.; Am. 2594454	**Sa.**

Lfd. Nr.	Bezeichnung (Zusammensetzung)	besondere Verwendung mit zugehöriger Literaturangabe	Verwendungs-überblick
2728	**Dodecylbenzolsulfonat**	Flußspat- u. Quarz-Sa.; „Montanwiss. Literaturber." 1960, 679 s. Nacconol; Sa., Sa/Sch., Netzm. s. Marlon, Marlopon, Neolene 400; Netzm. s. Alkylbenzosulfonat; Sa., Netzm. s. Aminododecylbenzolsulfonat; Netzm.	**Sa., Sa/Sch., Netzm.**
2729	**Dodecylbenzolsulfonat/Medialan-Mischg.**	s. Phenylsulfonat HSR/Medialan-Mischg.; Sa/Sch.	**Sa/Sch.**
2730	**Dodecylbenzolammoniumhydrochlorid**	s. Dimethyllaurinbenzyl-NH_4Cl; Sa/Sch.	**Sa/Sch.**
2731	**Dodecylbenzylmethylsulfochlorid**	kationakt. Quarz-Sa. f. d. Quarz/Kalkspat-Flot.; Am. 2341046	**Sa.**
2732	**Dodecylbetain**	kationakt. Quarz-Sa. f. d. umgekehrte Eisenerz-Flot.; Am. 2547148	**Sa.**
2733	**Dodecylbiguanidacetat, -hydrobromid, hydrochlorid, -hydrojodid**	Sa., Netzm., Emulg.; Am. 2350453 kationakt. Sa.; Brit. 573310	**Sa., Netzm., Emulg.**
2734	**Dodecylcarbinol**	Sch. f. d. Sylvin-Flot.; DP. 905721	**Sch.**
2735	**Dodecylbenzolsulfonat**	s. = Ultravet 35KX; Netzm. s. Alkylarylsulfonat; Sa., Dr., Netzm., Kondm.	**Sa., Dr., Netzm., Kondm.**
2736	**Dodecyldiaminbutanacetat**	Sa.; Brit. 578695	**Sa.**
2737	**Dodecyldiäthyldithiocarbamat**	Sa., Disp.; Am. 2127375	**Sa., Disp.**
2738	**Dodecyldiäthylendiamin**	s. = Dodecylpiperazin; Sch., Netzm., Emulg.	**Sch., Netzm., Emulg.**
2739	**Dodecyldiäthylenglykolammoniumsulfat**	s. Emulsol X1; Sa., Sa/Sch., Netzm., Dr.	**Sa.,Sa/Sch.,Netzm., Dr.**
2740	**Dodecyldiäthylenglykolsulfat**	Sa. f. Nichtsulfide; Am. 2120217 Sa. f. Kalisalze; Am. 2182845	**Sa.**
2741	**Dodecyldiäthylentriamin**	Carnallit-Sa.; DP. 969981	**Sa.**
2742	**Dodecyldidodecyldithiocarbamat**	Sa., Disp.; Am. 2127375	**Sa., Disp.**
2743	**Dodecyldimethylhydrazinchlorid**	Sa.; Franz. 1165100	**Sa.**
2744	**Dodecyldimethylpyrrolidin**	Sa., Emulg.; Am. 2497839	**Sa., Emulg.**
2745	**Dodecyldimethylsulfonbromid**	kationakt. Quarz-Sa. f. d. Quarz/Kalkspat-Flot.; Am. 2341046	**Sa.**
2746	**Dodecyldimethylsulfomethylsulfat**	kationakt. Quarz-Sa. f. d. Quarz/Kalkspat-Flot.; Am. 2341046	**Sa.**
2747	**Dodecyldinitril**	Sa. f. d. Erz-Flot.; Can. 395283	**Sa.**
2748	**Dodecyldithiocarbamat**	Sa.; DP. 871132	**Sa.**
2749	**Dodecylessigsäure**	s. = Tetradecylsäure; Sa.	**Sa.**

Lfd. Nr.	Bezeichnung (Zusammensetzung)	besondere Verwendung mit zugehöriger Literaturangabe	Verwendungs-überblick
2750	**Dodecylglutamin-phthalamat**	Sa., Netzm.; Am. 2101323	**Sa., Netzm.**
2751	**Dodecylglykol**	Sch. f. d. Kalirohsalz-Flot.; DP. 872182	**Sch.**
2752	**Dodecylglyoxalin**	s. = Dodecylimidazol; Sa.	**Sa.**
2753	**Dodecylguanamin**	s. = Lauroguanamin; Sa.	**Sa.**
2754	**Dodecylguanamin/Alkylenoxyd-Kondspr.**	s. Lauroguanamin/Alkylenoxyd-Kondspr.; Sa., Netzm., Emulg.	**Sa., Netzm., Emulg.**
2755	**Dodecylguanidin**	Sylvin-Sa.; „Chemie-Ing.-Techn." 1955, 2	**Sa.**
2756	**Dodecylguanidin-hydrojodid**	Sa.; Brit. 573310	**Sa.**
2757	**Dodecylguanylthio-carbamidhydrojodid**	Sa.; Brit. 573310	**Sa.**
	Dodecylhydrobetain	Hämatit-Sa.; Can. 392169	**Sa.**
2758	**Dodecylhydroxyäthyl-imidazolhydrochlorid**	Sa. f. Silikate; Am. 2380698	**Sa.**
2759	**Dodecylimidazol**	= Dodecylglyoxalin Sa. f. d. silikat. Gangart oxyd. Erze; Am. 2494132 kationakt. Sa,; Brit. 578694 Flockm. beim Filtrieren v. Schlämmen; Am. 2509260	**Sa., Flockm.**
2760	**Dodecylimidazol-hydrochlorid**	Silikat-Sa.; Am. 2380698	**Sa.**
2761	**Dodecylimidformiat, -hydrochlorid**	Sa.; Brit. 568186 s. Dimethyldodecylimidformiat; Sa.	**Sa.**
2762	**Dodecylketon**	Sch. f. d. Flot. oxyd. Erze; Am. 2000350	**Sch.**
2763	**Dodecyllycin**	s. = Dodecylbetain; Sa.	**Sa.**
2764	**Dodecylmercaptan**	Sa. f. d. Eisenerz-Flot.; Am. 2125337, 2410377	**Sa.**
2765	**Dodecylmercaptosul-fenamid**	Sa.; Am. 2807615	**Sa.**
2766	**Dodecylmethacrylat/Diäthylaminoäthy-lenmethacrylat-Copolymer**	= PL-164; Flockm.; Am. 2892784	**Flockm.**
2767	**Dodecylmethacrylat/Octylmethacrylat-Copolymer**	s. Acryloid 710; Netzm.	**Netzm.**
2768	**Dodecylmethylcyclo-hexylsulfojodid**	kationakt. Quarz-Sa. f. d. Quarz/Kalkspat-Flot.; Am. 2341046	**Sa.**
2769	**Dodecylnaphthalin-sulfonat**	s. Alkylnaphthalinsulfonat; Sa., Sa/Sch., Netzm., Disp., Flockm., Kondm., Regler	**Sa.,Sa/Sch.,Netzm., Disp., Flockm., Kondm., Regler**
2770	**Dodecylnatriumsulfo-nat**	Sa. f. d. Flot. kieserit. Kalirohsalze; DP. 918861	**Sa.**
2771	**Dodecyloctyldiäthylen-triaminhydrobromid**	kationakt. Quarz-Sa. f. d. Quarz/Kalkstein-Flot.; Am. 2569417, Brit. 578694	**Sa.**

Lfd. Nr.	Bezeichnung (Zusammensetzung)	besondere Verwendung mit zugehöriger Literaturangabe	Verwendungs-überblick
2772	**Dodecyloctyldiäthylentriaminhydrochlorid**	kationakt. Quarz-Sa. f. d. Quarz/Kalkstein-Flot.; Am. 2569417, Brit. 578694	**Sa.**
2773	**Dodecylolamin**	Sa. f. d. Chromit-Flot.; Michell 291 Sa.; Am. 2389763	**Sa.**
2774	**Dodecyloldiäthylentriamin**	Sa.; Am. 2389763	**Sa.**
2775	**Dodecylolpolyamin**	Sa.; Am. 2389763	**Sa.**
2776	**Dodecyloltriäthylentetramin**	Sa.; Am. 2389763	**Sa.**
2777	**Dodecyloxyäthylenätheralkohol**	s. Alkyloxyäthylenätheralkohol; Sa/Sch., Sch.	**Sa/Sch., Sch.**
2778	**Dodecylphenol**	Sch.; Am. 2250190; Can. 390793 Sch/Sa. f. Pb-Erze; „Engrg. Min. J.“, Juni 1956, 113	**Sch., Sch/Sa.**
2779	**Dodecylphenolpolyglykoläther**	s. Igepal C, -W; Netzm.	**Netzm.**
2780	**Dodecylphenolpolyglykolsulfat**	s. = „Alipal CI“; Netzm. s. Igepal B; Netzm.	**Netzm.**
2781	**Dodecylphenylpolyäthylenäther**	Netzm.; DP. 1030802	**Netzm.**
2782	**Dodecylphosphat**	Sa. f. Nichtsulfide; Am. 2120217, Brit. 586961 s. Ammoniumdilaurinphosphat; Sa.	**Sa.**
2783	**Dodecylphosphoniumbromid**	s. Trimethyldodecylphosphoniumbromid; Sa.	**Sa.**
2784	**Dodecylphosphoniumhydroxyd**	s. Diäthyldodecylphosphoniumhydroxyd; Sa. s. Triäthyldodecylphosphoniumhydroxyd; Sa.	**Sa.**
2785	**Dodecylphosphoniumjodid**	s. Trimethyldodecylphosphoniumjodid; Sa.	**Sa.**
2786	**Dodecylphthalamat**	Sa., Netzm.; Am. 2101323	**Sa., Netzm.**
2787	**Dodecylphthalat**	Sch. f. d. Kohlen-Flot.; Am. 2099120	**Sch.**
2788	**Dodecylpiperazin**	Sch., Netzm., Emulg.; Am. 2574407	**Sch., Netzm., Emulg.**
2789	**Dodecylpiperazinäthanol**	Sch., Netzm., Emulg.; Am. 2574407	**Sch., Netzm., Emulg.**
2790	**Dodecylpiperazinhydrobromid**	Silikat-Sa.; Am. 2362276	**Sa.**
2791	**Dodecylpolyalkylenpolyamid, -amin**	Sa. f. quarzige Erze; Am. 2569417	**Sa.**
2792	**Dodecylpolyäthylenäther**	Netzm.; DP. 1030802	**Netzm.**
2793	**Dodecylpolyäthylenoxyd**	s. Alkylpolyäthylenoxyd; Sa/Sch., Netzm., Disp., Emulg.	**Sa/Sch., Netzm., Disp., Emulg.**
2794	**Dodecylpolyoxyäthylenäther**	Sch. allgemein, Sa/Sch. f. d. Kohlen-Flot.; Brit. 782107, Belg. 532530	**Sa/Sch., Sch.**
2795	**Dodecylpolyoxyäthylenätheralkohol**	Sch. u. Sa/Sch. f. d. Kohlen-Flot.; Brit. 782107, 782407, Franz. 1109798, Belg. 532530	**Sa/Sch., Sch.**

Lfd. Nr.	Bezeichnung (Zusammensetzung)	besondere Verwendung mit zugehöriger Literaturangabe	Verwendungs-überblick
2796	**Dodecylpolyoxynitrosophenol**	Sa/Sch. f. Cu-Silikate; „Chemical Abstracts“ 1953, 1549	**Sa/Sch.**
2797	**Dodecylpropylendiamin**	s. Duomeen T; Sa., Flockm.	**Sa., Flockm.**
2798	**Dodecylpyridin**	s. Repellate; Netzm.	**Netzm.**
2799	**Dodecylpyridiniumacetat**	als kationakt. Quarz-Sa. b. d. Quarz/Kalk-Flot.; Am. 2341046	**Sa.**
2800	**Dodecylpyridiniumbromid**	Sa.; Am. 2389763, Brit. 463261 kationakt. Quarz-Sa. b. d. Quarz/Kalk-Flot.; Am. 2341046 s. Alkylpyridinbromid; Sa/Sch.	**Sa/Sch., Sa.**
2801	**Dodecylpyridiniumchlorid** (($C_6H_5N–C_{12}H_{24}$)Cl)	Sa.; Am. 2389763, Brit. 463261 kationakt. Quarz-Sa. b. d. Quarz/Kalk-Flot.; Am. 2341046 Emulg.; Manegold 43	**Sa., Emulg.**
2802	**Dodecylpyridiniumjodid**	s. = Emol 660B; Sa. Sa.; Am. 2389763, Brit. 463261	**Sa.**
2803	**Dodecylpyridiniumnitrat**	als kationakt. Quarz-Sa. b. d. Quarz/Kalk-Flot.; Am. 2341046	**Sa.**
2804	**Dodecylpyridiniumphenylsulfonat**	Sa., Netzm.; Am. 2605281	**Sa., Netzm.**
2805	**Dodecylsarkosid**	Na-D.; Sa. z. Flot. von Brauneisenerzschlämmen; „Bergb.-Wiss.“ 1960,343/351 Sa/Sch. f. feinstkörnigen Wolframit u. Scheelit; „Bergb.-Miss.“ 1960, 352/360	**Sa/Sch., Sa.**
2806	**Dodecylsarkosid/Medialan-Mischung**	Sa/Sch. f. oxyd. Fe-Erze; „Bergb.-Wiss.“ 1960, 363/78	**Sa/Sch.**
2807	**Dodecylsarcosinat**	s. Sarcosyl-NL 30 = wäßriges Na-Dodecylsarcosinat; Sa/Sch., Emulg.; s. Sarcosyl-NL-100 = kristallines Na-Dodecylsarcosinat; Sa/Sch., Emulg.	**Sa/Sch., Emulg.**
2808	**Dodecylsarcosinsäure**	s. Sarcosyl-L; Sa/Sch., Emulg.	**Sa/Sch., Emulg.**
2809	**Dodecylsäure** (= Laurinsäure, $C_{12}H_{25}COOH$)	Schwerspat-Sa.; Taggart 12—123 Sa/Sch. b. d. Magnesit-Flot.; Am. 2363104 Sa. f. verwitterte Phosphat-Mineralien; „Erzmetall“ 1957, 344 s. Laurate; Sa. s. = Neo Fat 12; Sa. Pechblende-Sa.; „The Min. J.“ 1960, 687	**Sa., Sa/Sch.**
2810	**Dodecylsäure/Monoäthanolamin-Kondspr.**	Netzm., Disp., Emulg.; Can. 360000	**Netzm., Disp., Emulg.**
2811	**Dodecylsäure/Nitril-Mischung**	Erz-Sa.; Am. 2166093	**Sa.**
2812	**Dodecylsäure/Polyalkylenpolyamin-Kondspr.**	als Sa. z. Entfernung von Quarz aus Phosphaten u. von Feldspat oder Glimmer aus quarzhaltigen Mineralien; Am. 2364272 u. Brit. 547292	**Sa.**
2813	**Dodecylschwefelsäureester**	s. = Dodecylsulfat	

Lfd. Nr.	Bezeichnung (Zusammensetzung)	besondere Verwendung mit zugehöriger Literaturangabe	Verwendungs-überblick
2814	**Dodecylsulfamido-Verbdgg.**	s. Alkylsulfamido-Verbdgg.; Sa. Sa/Sch.; DP. 659431	**Sa.**
2815	**Dodecylsulfat** (= Dodecanolsulfat, Dodecylschwefelsäureester, $(CH_3[CH_2]_{11}O_2)SO_2$)	Thenardit-Sa.; „Erzmetall" 1959, 127 Sch.; Petersen 162 Sa.; Can. 360802 Sa. f. Nichtsulfide; Am. 2074699, 2120217 s. Texapon; Netzm. s. Duponol C; Sa. s. Duponol MP u. WA; Sa., Netzm. Sylvin-Sa,; „Chemie-Ing.-Techn." 1955, 2 Goethit-Sa.; „The Min. J." 1960, 628 Ca-Dodecylsulfat als Schwerspat-Sa,; Michell 326 Netzm. f. d. Erz-Sedimentation; Am. 2266954 s. Empicol L u. LQ, Gardinol WA, Lissapol C u. OC; Netzm. s. Tergitol Anionic 4; Sa/Sch., Netzm. s. Drene; Sa. s. Alkylsulfat; Flockm., Kondm., Emulg. s. Utinal; Sa. Emulg.; Manegold.	**Sa/Sch., Sa., Emulg., Sch., Netzm., Flockm., Kondm.**
2816	**Dodecylsulfat/Oleinsulfat-Mischg.**	Netzm.; Am. 2266954 s. Sulfetal OC; Netzm.	**Netzm.**
2817	**Dodecylsulfat/Undecen-Mischg.**	Sa/Sch.; DP. 906321	**Sa/Sch.**
2818	**Dodecylsulfat/Undekan-Mischg.**	Sa/Sch.; DP. 906321	**Sa/Sch.**
2819	**Dodecylsulfenamid**	Sa.; Am. 2807615	**Sa.**
2820	**Dodecylsulfonyl-trithiocarbamat**	Sa.; Am. 2634291	**Sa.**
2821	**Dodecylsulfoacetat**	Sa. f. Nichtsulfide; Am. 2120217 Sa., Netzm.; Am. 2166141/145 s. Nacconol LAL; Sa.	**Sa., Netzm.**
2822	**Dodecylsulfoamin-acetat**	Sa. f. Nichtsulfide; Am. 2120217	**Sa.**
2823	**Dodecylsulfonat** (= $CH_3(CH_2)_{11} \cdot SO_3Na$)	Sa.; Petersen 163 Netzm.; DP. 802389 Sa. f. d. Kalisalz-Flot.; DP. 806842, 840682, 918861 Sa. f. d. Flot. oxyd. Eisenerze; DP. 844131, Östr. 175854 Netzm. z. Zerstören v. Kohlenflot.-Schäumen; „Glückauf" 1932, 626 Netzm. z. Verbesserung d. Filtration von Flot.-Konzentraten; „Chem. Ztrlbl." 1959, 14544 Netzm. z. Viscositätsminderung v. Schwerstofftrüben der Schwimmsinkscheidung; DP. 1089701 s. Alkylsulfonate; Sa., Sa/Sch., Netzm., Dr., Disp., Akt., Kondm. Emulg.; Manegold	**Sa., Sa/Sch., Netzm., Dr., Disp., Akt., Kondm., Emulg.**

Lfd. Nr.	Bezeichnung (Zusammensetzung)	besondere Verwendung mit zugehöriger Literaturangabe	Verwendungs-überblick
2824	**Dodecylsulfopropionat**	Sa. f. Nichtsulfide; Am. 2120217	**Sa.**
2825	**Dodecyl/Tetradecyl-phenolpolyglykol-sulfat**	s. = Igepal B; Netzm.	**Netzm.**
2826	**Dodecylthiophan**	Sa. f. sulfid. Zn-Erze; Can. 393245	**Sa.**
2827	**Dodecylthiophosphat**	Sa.; Brit. 310186	**Sa.**
2828	**Dodecylthiosulfat**	Sa.; Am. 1723295	**Sa.**
2829	**Dodecylthiourethan**	Sa.; Can. 311054	**Sa.**
2830	**Dodecylthiuronium-phosphat**	Sa.; Am. 2605278	**Sa.**
2831	**Dodecylthiuronium-phosphonat**	Sa.; Am. 2605278	**Sa.**
2832	**Dodecyltoluolsulfonat**	s. Neolene 300; Netzm.	**Netzm.**
2833	**Dodecyltriäthylammo-niumjodid**	Sa.; Am. 2389763	**Sa.**
2834	**Dodecyltrimethylamin**	Sa. f. d. selektive Sulfiderz-Flot.; „Erz-metall" 1958, 199/209	**Sa.**
2835	**Dodecyltrimethylam-moniumbromid**	= „DPQ"; Sa.; Taggart 12—17 kationakt. Sa. f. d. Quarz/Kalkstein-Flot.; Am. 2341046	**Sa.**
2836	**Dodecyltrimethylam-moniumchlorid**	s. = Arquad 12; Sa. kationakt. Sa.; Am. 2578790, Brit. 463261	**Sa.**
2837	**Dodecyltrimethylgly-kokoll**	s. = Dodecylbetain; Sa.	**Sa.**
2838	**Dodecyltrioxyäthyldi-methylmorpholin-formiat**	s. Isododecyltrioxyäthyldimethylmorpho-linformiat; Netzm.	**Netzm.**
2839	**Dodecyltrioxyäthyl-morpholinformiat**	s. Isododecyltrioxyäthylmorpholinformiat; Netzm.	**Netzm.**
2840	**Dodecyltrithiocarbonat**	Sa.; Am. 2600737	**Sa.**
2841	**Doucil**	s. = synthet. Aluminosilikagel; Disp. b. d. Flot. oxyd. Fe-, Cu-Erze oder von Phos-phatmineralien; Am. 2557361	**Disp.**
2842	**Dow Corning 200**	nichtionogenes oberflächenakt. Mittel Silicon; Ton-Disp.; Am. 2 797 196 s. Silicone; Sa., Kondm.	**Kondm., Sa., Disp.**
2843	**Dow Corning Anti-foam A**	ein Silicon; Disp.; Am. 2844474 s. Silicone; Sa., Disp., Kondm.	**Sa., Disp., Kondm.**
2844	**Dow Corning Silicone Fluid F-60**	= Chlorphenylmethylpolysiloxan; Am. 2898300 s. Organopolysiloxan, Silicone; Sa., Disp., Kondm.	**Sa., Disp., Kondm.**
2845	**Dow Corning Silicone Fluid F-258**	= Dimethylpolysiloxan; Am. 2898300 s. Organopolysiloxan, Silicone; Sa., Disp., Kondm.	**Sa., Disp., Kondm.**

Lfd. Nr.	Bezeichnung (Zusammensetzung)	besondere Verwendung mit zugehöriger Literaturangabe	Verwendungs-überblick
2846	**Dow Corning Silicone Fluid 550**	= Phenylmethylpolysiloxan; Am. 2898296 s. Silicone; Sa., Disp., Kondm.	**Sa., Disp., Kondm.**
2847	**Dowfroth 250**	= Polypropylenmethylglykoläther; Sch.; gibt lockeren Schaum, greift Gummi nicht an; „Bulletin No. R_1—B_3 Reagents" 1955, 9	**Sch.**
2848	**DP 243**	= Mischg. aus 55% Dodecylamin-, 18% Decylamin-, 18% Octylamin- u. 17% Tetradecylamin-hydrochlorid; Sylvin-Sa.; Am. 2365805, 2578790 Sa/Sch. f. glimmerhaltige Be-Mineralien; Am. 2395475	**Sa., Sa/Sch.**
2849	**DPC**	= Cetylbetain, -lycin; = Hexadecyl-, Palmitinbetain, -lycin; Cetyl verkettet mit einem C von Betain; Sa.; Taggart 12—17	**Sa.**
2850	**DPG**	= amerikan. Bezeichnung für Diphenylguanidin; s. d.; Sa.	**Sa.**
2851	**DPLA**	= Stearintrimethylammoniumbromid; Sa.; Taggart 12—17	**Sa.**
2852	**DPN**	= Stearinbetain; = Stearin verkettet mit einem N von Betain; Sa.; Taggart 12—17	**Sa.**
2853	**DPQ**	= Laurintrimethylammoniumbromid; Sa.; Taggart 12—17	**Sa.**
2854	**Dreft**	ein Alkylarylsulfonat; als Flockm. f. Kohlenzechenabwässer „Colliery Engrg.", März 1959, S. 105/110	**Flockm.**
2855	**Drene**	= Na-Dodecylsulfat; Sa.; DP. 947453	**Sa.**
2856	**Dresinate**	s. = Kolophoniumsäureseifen; Sa., Sa/Sch., Modif., Emulg. = Na-, K- oder NH_4-Salze v. Rosinsäuren; Sa.; „Encyclopedia of Chemical Technology" 1951, 605 Dresinat 7X1, 7V6, 7Y1K = Na- bzw. K-Seifen v. Kolophoniumsäuren; Sa.; „Engrg. Min. J.", Juni 1956, 113 Dresinat XXX = Na-Resinat; Emulg. f. eine Kiefernöl/Wasser-Emulsion; Am. 2636604 Sa. f. Nichterze; „Bulletin R_1—B_3 Reagents" 1955, 9 Dresinat TX = Harzsäureseife; Pechblende-Sa.; „The Min. J." 1960, 687	**Emulg., Sa., Modif., Sa/Sch., Sch.**
2857	**Dri-Film**	= Silicon; nichtionogen. Netzm., Disp., Am. 2797196	**Netzm., Disp.**
2858	**DT 120**	= polymeres Flockm.; „Erzmetall" 1957, 422, „Glückauf" 1956, 1036	**Flockm.**
2859	**Dulcitoloxyamin**	Sa.; Am. 2389763	**Sa.**
2860	**Duomac S**	= Sojafettaminacetat; kationakt. Sa. f. d. „Positivion"-Nachflot. eines mit einem anionakt. Sa. gewonnenen Phosphat-Schaumkonzentrates; Am. 2811254 s. Duomeen 12, -T	**Sa.**
2861	**Duomac T**	= Talgdiaminacetat; Sa., Flockm.; „Engrg. Min. J.", Juni 1960, 148/149	**Sa., Flockm.**
2862	**Duomeen S**	= Duomeen 12; Sa.; Franz. 1140028 = Sojadiamin; Sa., Flockm.; „Engrg. Min. J.", Juni 1956, 113	**Sa., Flockm.**

Lfd. Nr.	Bezeichnung (Zusammensetzung)	besondere Verwendung mit zugehöriger Literaturangabe	Verwendungs-überblick
2863	**Duomeen T**	= Mischg. aus Talgdiamin mit je ¼ Hexadecyl-, Octadecyl- u. Octadecenyldiamin; Sa. f. d. Flot. v. Pyrochlor aus Kalkspat, Apatit u. Quarz enthaltendem Sovit; Am. 2951585, Brit. 800717 = N-Alkyltrimethylendiamin; Am. 2809935 = N-Talgdiaminopropan, $C_{12/20}$-Alkylpropylendiamin; Am. 2939842 Sa., Flockm.; ,,Engrg. Min. J.", Juni 56, 113	**Sa., Flockm.**
2864	**Duponol 80**	= Na-Octylsulfat; Sa.; Taggart 12—14 s. Gardinole; Disp., Netzm., Emulg.	**Disp., Netzm., Emulg., Sa.**
2865	**Duponol 100**	= trockene wasserlösl. weiße Flocken von Na-Octylsulfat; anionakt. Sa. f. Molybdänit; ,,Engrg. Min. J." 1956, S. 113 s. Gardinole; Disp., Netzm., Emulg.	**Sa., Disp., Netzm., Emulg.**
2866	**Duponol C**	= Alkylsulfat-Mischg., insbes. Dodecylsulfat; Sa. f. d. Flot. oxyd. Eisenerze; DP. 844131 s. Gardinole; Disp., Netzm., Emulg.	**Sa., Disp., Netzm., Emulg.**
2867	**Duponol CA**	= Na-Oleinsulfat; Sa. f. d. Flot. oxyd. Eisenerze; DP. 844131 s. Gardinole; Disp., Netzm., Emulg.	**Sa., Disp., Netzm., Emulg.**
2868	**Duponol D**	= Na-Mischalkoholsulfat; Netzm.; Am. 2884474 s. Gardinole; Disp., Netzm., Emulg.	**Disp., Netzm., Emulg.**
2869	**Duponol LS-Paste**	= Na-Octadecylsulfat; Sa.; Taggart 12—14 als Sa. f. d. Baryt-Flot.; Michell ,,The Practice of Mineral Dressing,, 1950, S. 326 als Netzm.; Stüpel s. Gardinole; Disp., Netzm., Emulg.	**Netzm., Sa., Disp., Emulg.**
2870	**Duponol ME**	= Na-Alkylsulfat, insbes. Na-Dodecylsulfat; Sa. f. d. Flot. oxyd. Eisenerze; DP. 844131 Netzm.; Stüpel s. Gardinole; Disp., Netzm., Emulg.	**Sa., Disp., Netzm., Emulg.**
2871	**Duponol MP**	= Dodecylsulfat; Netzm.; Stüpel s. Gardinole; Disp., Netzm., Emulg.	**Disp., Netzm., Emulg.**
2872	**Duponol OS**	= Fettalkoholaminsulfatmischung; Sa.; Am. 2884474 s. Gardinole; Disp., Netzm., Emulg.	**Disp., Netzm., Emulg., Sa.**
2873	**Duponol WA**	= Dodecylsulfat; Netzm.; Stüpel Sa.; ,,Encyclopedia of Chemical Technology" 1951, 605 s. Gardinole; Disp., Netzm., Emulg.	**Sa., Disp., Netzm., Emulg.**
2874	**Duponol WA-Paste**	= Na-Dodecylsulfat; Sa.; Taggart 12—14 s. Gardinole; Disp., Netzm., Emulg.	**Sa., Disp., Netzm., Emulg.**
2875	**Dupont Frother B-23**	s. B—23; Sch.	**Sch.**
2876	**Dynesol**	= Na-Naphthylestersulfonat; Kondm. f. elektrostat. aufzubereitenden Sylvinit; DP. 1056551	**Kondm.**
2877	**Dynesol F 20**	= Alkylalkoholpolyestersulfonat; Netzm.; Am. 2884474	**Netzm.**

Lfd. Nr.	Bezeichnung (Zusammensetzung)	besondere Verwendung mit zugehöriger Literaturangabe	Verwendungs-überblick
2878	**Edestin** (= Globulin, ein Protein)	Netzm.; Am. 2208758, Brit. 526701 Netzm.-Überzug auf Thiocarbanilid-Sa.; Am. 2185591 Dr. b. d. Sylvinit-Flot.; Am. 2365805 Flockm.; „Chem. Ztrlbl." 1959, 11033 s. Proteine; Netzm., Dr., Flockm., Kondm.	**Kondm., Netzm., Dr., Flockm.**
2879	**Eialbumin**	Netzm.; Am. 2208758, Brit. 526701 Fusit-Dr. b. d. Kohlen-Flot.; Brit.186143	**Netzm.**
2880	**Eichenholz — Tannin**	s. Gallol-Tannin; Dr., Disp. Netzm., Regler	**Disp., Dr., Netzm., Regler**
2881	**Eichenrinde — Tannin**	=Catechol-Tannin s. Tannin; Regler, Dr., Disp., Flockm.	**Regler., Dr., Disp., Flockm.**
2882	**Eicosylaminphthalamat**	Sa., Netzm.; Am. 2101323	**Sa., Netzm.**
2883	**Eicosylammonium-jodid**	s. Trimethyleicosylammoniumjodid; Sa.	**Sa.**
	Eicosylbenzolsulfon-säure	s. Sulfanol; Sa/Sch.	**Sa/Sch.**
2884	**Eicosyldidodecyldi-thiocarbamat**	Sa., Disp.; Am. 2127375	**Sa., Disp.**
2885	**Eicosyldimethyldithio-carbamat**	Sa., Disp.; Am. 2127375	**Sa., Disp.**
2886	**Eicosylthiophosphat**	s. Tetraeicosylpentathiopyrophosphat; Sa.	**Sa.**
2887	**Eis**	zur Haftscheidung von grobkörnigen Mineralien nach Zusatz von Sammlern, wobei d. benetzbaren Teilchen frieren, die unbenetzbaren dagegen nicht; Östr. 152361	**Haftm.**
2888	**Eisenbicarbonat** ($Fe(HCO_3)_2$)	im Grundwasser; als Anhydrit-Dr. b. d. Kieserit-Flot. aus Kalirohsalzen mittels Oleinsäure als Sa/Sch.; DP. 1064891	**Dr.**
2889	**Eisenchlorhydrat**	$Fe_2Cl_2(OH)_4$ bzw. $Fe_2Cl(OH)_5$ Flockm. f. Abwasser-Schlämme; Brit. 630631, 777041	**Flockm.**
2890	**Eisenchlorid** ($FeCl_3$)	Kondm. z. Vorbehandlung der Flußspat/Schwerspat-Flotationstrübe; DP. 842931 Flockm. f. Abwasser-Schlämme; Brit. 630631, 777041	**Kondm., Flockm.**
2891	**Eisenoxydhydrosol**	Akt. f. Quarz u. Feldspat; „The Min. J." 1960, 688	**Akt.**
2892	**Eisensulfat**	s. Ferrosulfat; Flockm., Akt., Regler	**Flockm., Akt., Regler**
2893	**Eisenteilchen**	als Flockm. beim „Pista"-Flockungsverf.; s. d. Fe m. hohem Mn-Gehalt als Schwerst. f. d. Schwimmsinkscheidung; Am. 2206980, Östr. 176521	**Schwerst., Flockm.**
2894	**Eiweißstoffe**	s. = Proteine; Dr., Netzm., Flockm., Kondm., Emulg. s. Pepton; Emulg.	**Kondm., Dr., Netzm., Flockm., Emulg.**
2895	**Ekofan**	synthet. hochmol. Flockm.; „Glückauf" 1956, 1036	**Flockm.**
2896	**Elaidäthylendiamin**	= N-alkyliertes Alkylenpolyamin; dieses oder dessen wasserlösl. Salze, insbes. Acetat, als Carnallit-Sa.; DP. 969981	**Sa.**

Lfd. Nr.	Bezeichnung (Zusammensetzung)	besondere Verwendung mit zugehöriger Literaturangabe	Verwendungs-überblick
2897	**Elaidinsäure** ($C_{17}H_{33}COOH$, isomer m. d. Ölsäure = Elainsäure)	Zinnstein-Sa.; „Erzmetall" 1955, 153	**Sa.**
2898	**Elainsäure** ($C_{17}H_{33}COOH$, = Oleinsäure, Ölsäure)	s. = Oleinsäure; Sa., Sa/Sch., Netzm., Kondm.	**Sa., Sa/Sch., Netzm., Kondm,**
2899	**Eläostearinsäure**	s. = Eleostearinsäure; Sa.	**Sa.**
2900	**Elastin** (ist ein Protein)	als Dr. b. d. KCl-Flot.; Am. 2365805 als Netzm.; Am. 2208758 u. Brit. 526701 als Netzm.-Überzug auf Thiocarbanilid-Sa.; Am. 2185591 als Flockm.; „Chem. Ztrlbl." 1959, Nr. 34/I, S. 11033 s. Proteine; Netzm., Dr., Flockm., Kondm.	**Netzm., Dr., Flockm., Kondm.**
2901	**Elastiol LL**	= schwarzes flüssiges Nebenprodukt b. d. Leinölherstellung; keine schäumenden Eigenschaften; Sa. f. d. Wolframit-Flot.; Michell „The Practice of Mineral Dressing" 1950, 261	**Sa.**
2902	**Elauri**	Netzm. z. Zerstörung von Kohlenflot.-Schäumen; „Glückauf" 1932, 626	**Netzm.**
2903	**Eldrol**	ein Petroleumsulfonat; Sa. f. d. Bauxit-Flot.; Am. 2769542	**Sa.**
2904	**Eleostearinsäure** ($C_{17}H_{29}COOH$)	= Eläostearinsäure, Holzölfettsäure Sa. f. quarzige Eisenerze; „Min. Engrg." 1959, 922	**Sa.**
2905	**Ellagi-Tannine**	= Tannine aus Divi-divi-, Myrobalan- u. Valonia-Pflanzen; Hämatit-Dr. b. d. umgekehrten Hämatit-Flot. m. Quarz-Sa.; Am. 2415416	**Dr.**
2906	**Emcol 660 B**	= Dodecylpyridiniumjodid = Emulsol 660 B; Sa; „Encyclopedia of Chemical Technology" 1951, 606	**Sa.**
2907	**Emcol 888**	= Polyalkylnaphthalinmethylpyridinium-chlorid; Sa.; Am. 2578790	**Sa.**
2908	**Emcol 4150**	= komplexes Fettaminsulfat; Sa. f. Mn-Erze; „Engrg. Min. J.", Juni 1956, S. 113	**Sa.**
2909	**Emcol 4150-Phosphin-Reagenz**	als Sa.; Am. 2825458	**Sa.**
2910	**Emcol 5100**	= Alkanolamin/Fettsäure-Kondensat; als Netzm. b. d. MnO_2-Flot.; Am. 2861687	**Netzm.**
2911	**Emcol X 1**	= NH_4-Dodecyldiäthylenglykolsulfat, = Emulsol X—1"; Sa.; „Encyclopedia of Chemical Technology" 1951, 606 s. = „Emulsol X—1"; Sa., Sa/Sch., Dr., Netzm. Netzm. f. d. MnO_2-Flot.; Am. 2861687	**Netzm., Dr., Sa/Sch., Sa.**
2912	**Emcol X 25**	= Alkanolaminsalz eines sulfatierten Komplexalkohols; Sa. f. Mn-Erze; „Engrg. Min. J.", Juni 1956, S. 113 Sa.; = „Emulsol X 25"; „Encyclopedia of Chemical Technology" 1951, 606 s. = Emulsol X 25; Netzm.	**Netzm., Sa.**

Lfd. Nr.	Bezeichnung (Zusammensetzung)	besondere Verwendung mit zugehöriger Literaturangabe	Verwendungs-überblick
2913	**Emcol X 25/Kerosin-Emulsion**	Sa. f. Kohle u. Graphit; „Bulletin No. R_1—B_3 Reagents" 1955, 1	**Sa.**
2914	**Emeraldgrün**	s. = Brilliantgrün, Malachitgrün; Sa., Dr., Akt.	**Sa., Dr., Akt.**
2915	**Emersol 201**	= Oleinsäure; Sa. f. Flußspat, Ilmenit u. Nichterze; „Engrg. Min. J.", Juni 1956, 114	**Sa.**
2916	**Emersol 300**	= destill. Pflanzenfettsäure; Sa. f. d. Flot. von Sylvin/Halit u. a. Nichterze; „Engrg. Min. J.", Juni 1956, 114	**Sa.**
2917	**Emfac 1202**	= Nonylsäure, Pelargonsäure Sylvin-Sa.; „Engrg. Min. J.", Juni 1956, 114	**Sa.**
2918	**Empicol CHC**	= Olein/Hexadecyl-Sulfat; Netzm.; Stüpel	**Netzm.**
2919	**Empicol CST**	= Hexadecyl/Octadecyl-Sulfat; Netzm.; Stüpel	**Netzm.**
2920	**Empicol L**	= Dodecylsulfat; Netzm.; Stüpel	**Netzm.**
2921	**Empicol LQ**	= Amin-Laurinsulfat; Netzm.; Stüpel	**Netzm.**
2922	**Emulgator/Amin-Mischg.**	Sa.; Franz. 1096459	**Sa.**
2923	**Emulphor AG**	= Fettsäurepolyglykolester; nichtionog. Ton-Disp.; Am. 2797196 Netzm.; Römpp „Chemie-Lexikon" 1958, I, 1263 Emulg.; Manegold 44	**Disp., Netzm., Emulg.**
2924	**Emulphor BC-840**	= Polyoxyalkylenäthanol; Netzm.; Am. 2943058	**Netzm.**
2925	**Emulphor EL-719**	= Polyoxyäthylpflanzenfettsäure; Netzm.; Am. 2884474 Emulg.; Manegold 44	**Netzm., Emulg.**
2926	**Emulphor N-430**	= Polyoxyäthylfettsäure; Netzm.; Am. 2884474 Emulg.; Manegold 44	**Netzm., Emulg.**
2927	**Emulphor O**	= wasserlösl. Fettalkoholderivat; Netzm.; Römpp Emulg.; Manegold 44	**Emulg., Netzm.**
2928	**Emulphor P**	= Fettalkoholpolyglykoläther; neutrales wasserunlösl. Netzm.; Römpp Emulg.; Manegold 44	**Emulg., Netzm.**
2929	**O-Emulsifier**	Petroleumsulfonat; Bauxit-Sa.; Am. 2769542	**Sa.**
2930	**Emulsifier 610 A**	= Polyglykolfettsäureester; Disp.; Am. 2884474	**Disp.**
2931	**Emulsol X 1**	s. = Emcol X 1, Dodecyldiäthylenglykolsulfat; Sa. Sa/Sch. f. Be-Mineralien; Am. 2385819 Sa/Sch. f. Cr-Erze; Am. 2412217 Gangart-Dr.; „Min. Technology" 1946, 279 Sa.; Taggart 12—14 Netzm.; Taggart 12—17 Netzm. b. d. MnO_2-Flot.; Am. 2861687 Schwerspat-Sa.; Michell, „The Practice of Mineral Dressing" 1950, 326	**Sa., Sa/Sch., Netzm., Dr.**
2932	**Emulsol X 25**	s. = Emcol X 25; Sa. Netzm. b. d. MnO_2-Flot.; Am. 2861687	**Netzm., Sa.**
2933	**Enanthinsäure**	s. = Heptylsäure; Sa/Sch.	**Sa/Sch.**
2934	**Energetic**	= Fettsäurepolyglykolester; Netzm.; Stüpel	**Netzm.**

Lfd. Nr.	Bezeichnung (Zusammensetzung)	besondere Verwendung mit zugehöriger Literaturangabe	Verwendungs-überblick
2935	**Englischbraun**	s. = Bismarckbraun; Sa.	**Sa.**
2936	**Enol**	s. = Acetylaceton; Dr.	**Dr.**
2937	**Enso T**	finnischer Schäumer als Sa/Sch.; „Erzmetall" 1958, 201, 204	**Sa/Sch.**
2938	**Eosinblau**	= Na-Tetrabromfluoreszin, ein Triphenylmethanfarbstoff MoS_2-Dr. b. d. Flot. sulfid. Mo/Cu-Erze; Am. 2095967 s. Methyleosin; Dr.	**Dr.**
2939	**Eosingelb**	= Tetrabromfluoreszin, Triphenylmethanfarbstoff MoS_2-Dr. b. d. Flot. sulfid. Mo/Cu-Erze; Am. 2095967 Kondm. f. elektrostat. aufzubereitende Kalisalze; DP. 1076593	**Dr., Kondm.**
2940	**E.P. 487**	= Dodecylaminhydrochlorid; kationakt. Sa. f. quarzigen Rhodonit; Am. 2666588 Sa/Sch. f. glimmerhaltige Beryllium-Mineralien; Am. 2395475	**Sa., Sa/Sch.**
2941	**Epoxyäthan-Verbdgg.**	s. = Äthylenoxyd-Verbdgg.; Sa/Sch., Sch., Netzm., Flockm.	**Netzm., Sa/Sch., Flockm., Sch.**
2942	**Epoxyd-Verbdgg.**	s. = Alkylenoxyd-Verbdgg.; Sa/Sch., Sch., Netzm., Flockm.	**Sa/Sch., Sch., Netzm., Flockm.**
2943	**Erdalkali-Polysulfid/Thiosulfat-Mischung**	Sulfid-Dr. b. d. MoS_2-Flot.; Am. 2608298	**Dr.**
2944	**Erdnußölsulfonat**	Sa. f. d. Flot. oxyd. Eisenerze; Am. 2414714	**Sa.**
2945	**Erdöl**	als Sa. f. d. Graphit-Flot.; „Montanwiss. Literaturber.", Sept. 59, S. 1044 s. auch „Mineralöl", „Kerosen", „Petroleum", „P. E.-Schwimmöl"	**Sa.**
2946	**Erdölsulfonate**	Sa. f. d. Flot. oxyd. Eisenerze; DP. 844131 s. Calolan, Petronat, Ultranat 1, 3, Ioct Sulfonat, SP—702; Sa. s. Petroleumsulfonate; Sa., Netzm.	**Sa., Netzm.**
2947	**Erkalen**	Netzm. z. Zerstören von Kohlenflotationsschäumen; „Glückauf" 1932, 626	**Netzm.**
2948	**Erythritoläthyläther**	= Tetrahydrobutanäthyläther s. Pentaerythritoltetraäthyläther; Sch/Sa.	**Sch/Sa.**
2949	**Erythritolester**	s. Pentaerythritolester = Pentamull; Disp.	**Disp.**
2950	**Erythrosin**	s. Phthalein; Sa., Dr., Akt.	**Sa., Dr., Akt.**
2951	**Espunin**	= Naphthalinsulfonat; Sa/Sch. f. d. Bauxit-Flot.; Petersen 191	**Sa/Sch.**
2952	**Essigsäure** (= Äthansäure, CH_3COOH)	pH-Regler b. d. Flot. oxyd. Eisenerze; DP. 844131 Dr. f. begleitende Schwermetallsulfide bei der Kryolith-Flot.; Petersen 204	**Regler, Dr.**
2953	**Ester/Alkylamin-Mischung**	Sa. f. d. schaumlose Flot. v. grobkörnigem Sylvinit; Am. 2937751 s. Abietinsäuremethyl-, Baumwollsaatölglycerin-, Fischölmethylester, Glyzerin-, Methylstearat, -oleat, Leinöl-, Kornöl-, Olivenöl-glyzerinester, Talgmethyl-, Tallsäuremethylester/Alkylamin-Mischg.	**Sa.**

Lfd. Nr.	Bezeichnung	besondere Verwendung mit zugehöriger Literaturangabe	Verwendungs-überblick
2954	**Ester/Alkylenimin-Kondenspr.**	Sa., Netzm., Disp.; Am. 2382185	**Sa., Netzm., Disp.**
2955	**Ethomeene**	= Äthylenoxydderivate primärer $C_{8/20}$-Fettamine; Sa/Sch. b. d. Kalisalz-Flot.; DP. 1068191 Flockm., insbes. f. Kohlenschlämme; „Coal Age", Dez. 1957, 75	**Sa/Sch., Flockm.**
2956	**Ethomeen 18/15**	= Reaktpr. aus 1 Mol Stearinamin u. 5 Mol Äthylenoxyd; Am. 2894905	**Sa/Sch., Flockm.**
2957	**Ethomeen 18/60**	= Reaktpr. aus 1 Mol Stearinamin u. 50 Mol Äthylenoxyd; Am. 2894905	**Sa/Sch., Flockm.**
2958	**Ethomeen C/20**	= Reaktpr. aus 1 Mol Kokosamin u. 2 Mol Äthylenoxyd; Am. 2894905	**Sa/Sch., Flockm.**
2959	**Ethomeen S/10**	= tert. Amin; Am. 2884474	**Sa/Sch., Flockm.**
2960	**Ethomeen S/12**	= Reaktpr. aus 1 Mol Sojaamin u. 2 Mol Äthylenoxyd; Am. 2894905	**Sa/Sch., Flockm.**
2961	**Ethomeen S/15**	= Reaktpr. aus 1 Mol Sojaamin u. 5 Mol Äthylenoxyd; Am. 2894905	**Sa/Sch., Flockm.**
2962	**Ethomeen S/20**	= Reaktpr. aus 1 Mol Sojaamin u. 10 Mol Äthylenoxyd; Am. 2894905	**Sa/Sch., Flockm.**
2963	**Ethomeen S/25**	= Reaktpr. aus 1 Mol Sojaamin u. 15 Mol Äthylenoxyd; Am. 2894905	**Sa/Sch., Flockm.**
2964	**Ethomeen T/12**	= Reaktpr. aus 1 Mol Tallamin u. 2 Mol Äthylenoxyd; Am. 2894905	**Sa/Sch., Flockm.**
2965	**Ethomeen T/15**	= Reaktpr. aus 1 Mol Talgamin u. 5 Mol Äthylenoxyd; Am. 2894905	**Sa/Sch., Flockm.**
2966	**Ethomeen T/25**	= Reaktpr. aus 1 Mol Talgamin u. 15 Mol Äthylenoxyd; Am. 2894905	**Sa/Sch., Flockm.**
2967	**Eugenol**	= Brenzkatechindimethyläther s. Brenzkatechinmethyläther; Sch.	**Sch.**
2968	**Eukalyptusöl**	enthält Kineol u. Terpineol; hauptsächlich Sch., hat auch sammelnde Eigg.; geeignet als Sa/Sch. f. d. MoS_2-, PbS- u. Graphit-Flot.; Petersen 164 Sch. f. d. Erz-Flot.; Brit. 1368/1914	**Sa/Sch., Sch.**
2969	**Eureka 70**	Sa.; Petersen 158, 241	**Sa.**

Lfd. Nr.	Bezeichnung (Zusammensetzung)	besondere Verwendung mit zugehöriger Literaturangabe	Verwendungs-überblick
2970	**Facoil**	= Tallöl/Fettsäure-Mischg.; Pyrit-Sa.; Am. 2669355	**Sa.**
2971	**Farbstoffe**	Gangart-Dr. b. d. Erz-Flot.; Can. 402311 Mittel z. Verbesserung d. Wirkg. von Flockm. f. Kohlenzechenabwässer; „Colliery Engrg.“, März 1959, 105/110 s. Triphenylmethanfarbstoffe; Sa., Dr., Akt., Kondm. s. Kongorot; Dr. s. Pikrinsäure; Dr. s. Methyleosin; Dr. s. Anilinblau; Dr. s. Indulinblau; Dr. s. Uranin; Kondm. s. Alizarinblau, -gelb, -rot, -Saphirol, -Sky Blue, Cyanthrol; Dr. s. Rhodamin 3 B extra; Sa., Sa/Sch., Kondm. s. Bismarckbraun, Crystallviolett, Metanilgelb; Sa. s. Malachitgrün; Sa., Dr., Akt. s. Safranen; Sa. s. Phosphine; Sa., Akt., Modif. s. Oxymethylenblau; Sa. s. Nigrosin, Nigrosinsulfonat; Dr., Disp. s. Sap Brown; Disp., Dr. s. Sun Yellow; Dr. s. Indulin, Diamond Black, Anthrachrysol, Chryazin, Anthraruffin, Naphthazarin, Purpurin, Arginin, Ornithin, Chelidaminsäure, Iminodiacetsäure; Dr.	**Sa., Sa/Sch. Dr., Disp., Akt., Modif., Kondm.**
2972	**Fastan**	Netzm.; Am. 2208758, Brit. 526701	**Netzm.**
2973	**Fayalit**	s. = Hochofenschlacke; Dr., Schwerst.	**Dr., Schwerst.**
2974	**Feigenkaktussaft**	als Flockm. f. Erztrüben; Am. 2117378	**Flockm.**
2975	**Fenchylalkohol** ($C_{10}H_{17}OH$)	s. Flotol, Pineöl; Sa/Sch., Sch.	**Sa/Sch., Sch.**
2976	**Fenopan A**	= Fettsäureestersulfonat; Pechblende-Sa.; „The Min. J.“ 1960, 687	**Sa.**
2977	**Fenopon A**	= Ölsäureisäthionsäureester; Netzm.; Stüpel	**Netzm.**
2978	**Fenopon T**	= Ölsäuremethyltaurid; Netzm.; Stüpel	**Netzm.**
2979	**Fenoverm**	s. = Phenothiazin; Sa/Sch.	**Sa/Sch.**
2980	**Ferrichlorhydrat**	Flockm. z. Schlammausfällung aus Industriewässern; Am. 2858269 u. Brit. 777041	**Flockm.**
2981	**Ferrichlorid** ($FeCl_3$)	Flockm.; DP. 1002703 u. Taggart 15—06 u. 15—08	**Flockm.**
2982	**Ferricyanid** ($Fe_3[Fe(CN)_6]_2$	Mischung aus Alkali-Ferricyanid u.- Permanganat oder -Dichromat als Pyrit-Dr. b. d. Flot. von sulfid. Co- u Ni-Erzen; Am. 2399845 u. Brit. 607385 Regler; „Erzmetall“ 1958, 207 als Pyrit-Dr.; „Min. Magazin“ 1957, 137/139	**Regler, Dr.**

Lfd. Nr.	Bezeichnung (Zusammensetzung)	besondere Verwendung mit zugehöriger Literaturangabe	Verwendungs-überblick
2983	**Ferrisulfat** ($Fe_2(SO_4)_3 \cdot nH_2O$)	Akt. f. Arsenopyrit u. Tetraedrit i. Ggw. v. $ZnSO_4$; „Engrg. Min. J.“, Juni 1956, 114 Akt. b. d. Kobaltit-Flot.; Am. 2403640	**Akt.**
2984	**Ferrocyanid-Na** ($Na_4Fe(CN)_6$)	Dr. f. Cu- u. Fe-Sulfide b. d. Molybdänit-Flot.; „Min. Engrg.“, Febr. 1955, 145/147 Regler; „Erzmetall“ 1958, 207 Pyrit-Dr.; „Min. Magazin“ 1957, 137/139 Mischg. v. Alkali-Ferrocyanid mit -Permanganat oder -Dichromat als Pyrit-Dr. b. d. Flot. sulfid. Co- u. Ni-Erze; Am. 2399845, Brit. 607385	**Dr., Regler**
2985	**Ferrosilicium** (FeSi)	Schwerst. f. d. Schwimmsinkscheidung; Am. 2206980, Östr. 176521	**Schwerst.**
2986	**Ferrosilicium/Nickel-Gemisch**	Schwerstoff f. d. Schwimmsinkscheidung bei Trübewichten über 3,5; Brit. 732211, Franz. 1084825	**Schwerst.**
2987	**Ferrosulfat** ($FeSO_4 \cdot 7\ H_2O$)	Flockm.; Taggart 15—06, 15—08 zusammen m. $CuSO_4$ als Akt. f. gedrückte Zinkblende; DP. 938241 pH-Regler; „Erzmetall“ 1958, 207 Zusatz b. d. Kohlenwaschwasserreinigung; Am. 2713420	**Flockm., Akt., Regler**
2988	**Fettalkoholamin**	s. Octyl-, Decyl-, Dodecyl- bis Octadecylamin; Sa. s. „Lorolamin“; Sa.	**Sa.**
2989	**Fettalkoholamid-kondensat**	s. Alrosol B; Netzm.	**Netzm.**
2990	**Fettalkoholaminsulfat**	s. Duponol OS; Sa.	**Sa.**
2991	**Fettalkohol/Äthylen-oxyd-Kondenspr.**	s. Stockopol WW; Netzm. s. Lubrol MOA; Netzm., Flockm.	**Netzm., Flockm.**
2992	**Fettalkoholphosphor-säureestersalze**	anionakt. Sa. f. d. Flußspat-Flot; „Bergb.-Wiss.“ 1958, 75; DP. 1118112 Sa. f. d. Flot. v. Phosphoritschlämmen; „Bergb.-Wiss.“ 1960, 378/390	**Sa.**
2993	**Fettalkoholpoly-äthylenoxyde**	nichtionogene Netzm.; „Erzmetall“ 1958, 590	**Netzm.**
2994	**Fettalkoholpolyglykol-sulfat**	s. Genapol; Netzm.	**Netzm.**
2995	**Fettalkoholsulfate**	s. Alkylsulfate; Sa., Sa/Sch., Sch., Flockm., Netzm., Disp., Emulg., Kondm.	**Sa., Sa/Sch., Sch., Netzm., Flockm., Disp., Emulg., Kondm.**
2996	**Fettamin** ($C_nH_{2n+1}NH_2$)	Netzm. z. Verminderung d. Konsistenz von Schwerstofftrüben d. Schwimmsinkscheidung; DP. 1089701	**Netzm.**
2997	**Fettaminacetat** ($CH_2NH_3OOC—CH_3$)	Kainit-Sa.; DP 1058442 Netzm. z. Verminderung d. Konsistenz von Schwerstofftrüben d. Schwimmsinkscheidung; DP. 1089701 s. Kokos-, Stearin-, Talgaminacetat; Sa., Netzm. s. Alkylaminacetat; Sa., Sa/Sch., Netzm.	**Sa., Sa/Sch., Netzm.**

Lfd. Nr.	Bezeichnung (Zusammensetzung)	besondere Verwendung mit zugehöriger Literaturangabe	Verwendungs-überblick
2998	**Fettaminchlorid**	Netzm. z. Konsistenzminderung v. Schwerstofftrüben d. Schwimmsinkscheidung; DP. 1089701 s. Kokosamin-, Talgamin-, Stearinaminchlorid; Sa., Netzm.	**Sa., Netzm.**
2999	**Fettaminhydrochlorid**	Netzm. z. Konsistenzminderung v. Schwerstofftrüben d. Schwimmsinkscheidung; DP. 1089701 s. Kokos-, Octadecyl-aminhydrochlorid; Sa., Sa/Sch., Netzm.	**Sa/Sch., Sa., Netzm.**
3000	**Fettamin/Mineralleichtöl-Sulfonat**	Phosphatit-Sa.; Am. 2724501	**Sa.**
3001	**Fettsäuren**	s. = aliphatische Carbonsäuren	**Sa., Sa/Sch., Netzm., Flockm., Dr., Regler, Kondm.**
3002	**Fettsäureacylierungsmittel/Polyalkylenpolyamin-Reaktpr.**	Quarz-, Silikat-Sa. b. d. Phosphat-, Kalk-, Bauxit-Flot.; Am. 2494132	**Sa.**
3003	**Fettsäurealkylester**	Akt. f. sulfid. Erze u. Schaumverbesserer [Modif.]; Am. 2689043/046 Sch. f. Kohle usw.; DP. 933263, Am. 2803345 s. Antaron N, Arctyc Syntex A, Energetic; Netzm.	**Netzm., Sch., Akt., Modif.**
3004	**Fettsäurealkylestersulfonat**	Sa/Sch.; Brit. 405163 Schaumverdünner [Modif.] b. d. Glimmer/Quarz-Flot.; DP. 738614	**Modif., Sa/Sch.**
3005	**Fettsäure/Alkylolamin-Kondenspr.**	s. Ninol 57 A, 400, 517, 521; Sa., Netzm.	**Sa., Netzm.**
3006	**Fettsäurealkylolaminsulfat**	s. Betamine; Netzm.	**Netzm.**
3007	**Fettsäure/Alkylolaminsulfonat-Reaktpr.**	als Silikat-Sa.; Am. 2312414	**Sa.**
3008	**Fettsäureamide**	s. Ultrapon S; Netzm.	**Netzm.**
3009	**Fettsäureamid/Alkylamin-Mischung**	Sa. f. d. schaumlose Flot. von grobkörnigem Sylvinit; Am. 2937751 s. Hydrotallölamid/-Methylenstearamid/Alkylamin-Mischg.; Sa.	**Sa.**
3010	**Fettsäureamidkondensat/Alkylbenzosulfonat-Mischg.**	s. Stockopol FNF; Netzm.	**Netzm.**
3011	**Fettsäureamidsulfonat**	s. Syntergen MV; Netzm. s. Xynomine; Netzm., Kondm.	**Netzm., Kondm.**
3012	**Fettsäureamidsulfonat/Buttersäureanhydrid-Mischg.**	Kondm. f. elektrostat. aufzubereitende Kalisalze; DP. 1063092, 1077611	**Kondm.**
3013	**Fettsäureaminkondensat**	s. Nopco 1179-R; Netzm. s. Pluramin S-100; Netzm.	**Netzm.**

Lfd. Nr.	Bezeichnung (Zusammensetzung)	besondere Verwendung mit zugehöriger Literaturangabe	Verwendungs-überblick
3014	**Fettsäure/Amino-carbonsäure-Kondspr.**	Sa/Sch. f. feinstkörnigen Wolframit u. Scheelit; „Bergb.-Wiss.“ 1960, 352/360 Sa/Sch. f. d. Scheelit/Zinnstein-Flot.; „Bergb.-Wiss.“ 1960, 360/363 s. Na-Dodecylsarcosid, [Sa.], Na-Talgfett-säuresarcosid, Medialan A, KA; Sa/Sch. s. Medialan A; Sa/Sch., Netzm.	**Sa., Sa/Sch., Netzm.**
3015	**Fettsäurearalkylester**	Akt. f. sulfid. Erze u. Schaumverbesserer Am. 2689043/046	**Modif., Akt.**
3016	**Fettsäure/Äthanol-amin-Kondenspr.**	s. Ninol 200; Sa., Netzm., Emulg.	**Sa., Netzm., Emulg.**
3017	**Fettsäure/Benzol-sulfonsäure-Reaktpr.**	als Sa.; Brit. 553982	**Sa.**
3018	**Fettsäure/Dialkylol-amin-Kondspr.**	s. Ninol 400, 57 A, 517, 521; Sa., Netzm., Emulg.	**Sa., Netzm., Emulg.**
	Fettsäure-Diäthanol-amid	s. Ninol 128; Netzm., Emulg.	**Netzm., Emulg.**
3019	**Fettsäureeiweiß-kondensat**	s. Maypon AL Nr. 2; Netzm.	**Netzm.**
3020	**Fettsäureestersulfonat**	s. Fenopan A; Sa.	**Sa.**
3021	**Fettsäureestersulfonat/Tallöl-Mischg.**	Pechblende-Sa.; „The Min. J.“ 1960, 687	**Sa.**
3022	**Fettsäureglyzerid/Polyalkylenpoly-amin-Reaktpr.**	Sa.; Brit. 547292	**Sa.**
3023	**Fettsäureglyzeridsulfat**	s. Mono- F.; Sa.; Netzm.	**Netzm., Sa.**
3024	**Fettsäure/Harzsäure-Mischung**	s. Varlacoid; Sa.	**Sa.**
3025	**Fettsäure/Heizöl-Mischung**	Phosphatit-Sa.; „Bergb.-Wiss.“ 1957, 253	**Sa.**
3026	**Fettsäure/Heizöl/Kerosen-Mischung**	anionakt. Sa. f. d. „Negativion“-Flot. von Phosphatit; Am. 2811254	**Sa.**
3027	**Fettsäureisäthion-säureester**	s. Igepon AP extra; Netzm.	**Netzm.**
3028	**Fettsäuremethyltaurid**	s. Cyclopon, Cyclopon A, Persol; Netzm.	**Netzm.**
3029	**Fettsäure-Mischg.**	Mischg. aus $C_4/_9$-Fettsäuren als anionakt. Kondm. f. elektrostat. aufzubereitende Kalisalze; zusammen m. einem poly-valenten Hilfs-Kondm., wie Leim, Trau-benzucker, Tannin usw., als Kondm. f. Kalihartsalze; DP. 1095762	**Kondm.**
3030	**Fettsäure/Paraffin-Emulsion**	Pechblende-Sa.; „The Min. J.“ 1960, 687	**Sa.**
3031	**Fettsäure/Polyalkylen-amin-Reaktpr.**	als Sa.; Brit. 547292	**Sa.**
3032	**Fettsäurepolyglykol-ester**	s. Energetic; Netzm. s. Neutronix 331/333; Netzm., Disp. s. Triumph; Netzm. s. Emulphor AG, Emulsifier 610 A; Disp.	**Netzm., Disp. Emulg.**

Lfd. Nr.	Bezeichnung (Zusammensetzung)	besondere Verwendung mit zugehöriger Literaturangabe	Verwendungs-überblick
3033	**Fettsäure/Sarcosin-Kondspr.**	s. Dodecylsarcosid; Sa., Sa/Sch. s. Kokosölfettsäuresarcosid, Medialan A [Netzm.], Medialan KA, Oleinsäuresarcosid, Talsäuresarcosid; Sa/Sch.	**Sa., Sa/Sch., Netzm.**
3034	**Fettsäureseifen** (= Fettsäuresalze)	Zinnstein-Sa.; „Erzmetall" 1955, 153 Sa/Sch. f. d. Magnesit-Flot.; Am. 2349094 Flockm.; Taggart 15—06, 15—08 Ca- oder Mg-Seifen als Schaum-Modif.; Taggart 12—45 Netzm.-Überzug auf Thiocarbanilid-Sa.; Am. 2185591 Seifen höherer Fettsäuren — > C_6 — als Flockm. z. Verbesserung d. Filtrierbarkeit von Flotationskonzentraten; „Chem. Ztrlbl." 1959, 14544 s. Aero Promoter 708, 710, 712; Sa.; Sch/Sa. s. Butyrate; Sch., Sch/Sa. s. Caprinate, Laurate, Myristate; Sa. s. Palmitate; Sa., Sch., Netzm., Kondm. s. Stearate; Sa., Sa/Sch., Netzm., Kondm.	**Sa., Sa/Sch., Sch/Sa. Kondm., Netzm., Flockm.**
3035	**Fettsäuresulfonate**	Sa/Sch. f. d. Flot. v. Kieserit aus Kalirohsalzen; DP. 911841, 1064891 Zinnstein-Sa.; „Erzmetall" 1955, 153 s. Aero Promoter 801, 824, 825, 827; Sa.	**Sa., Sa/Sch.**
3036	**Fettsäure/Tallöl-Mischung**	s. = „Opoil" u. „Facoil"; Sa.	**Sa.**
3037	**Fettsäure/Taurin-Kondspr.**	s. Hostapon T; Sa/Sch., Netzm. s. Hostapon CT, Hostapon MT; Sa/Sch.	**Sa/Sch., Netzm.**
3038	**Fibrin**	Netzm.; Am. 2208758, Brit. 526701	**Netzm.**
3039	**Fichtenöl**	s. = Pineöl; Sch., Sa/Sch., Sa. s. Fenchylalkohol, Flotol; Sa/Sch., Sch. s. Yarmor F; Sch.	**Sa., Sch., Sa/Sch.**
3040	**Fichtensägespäne**	als Ersatz f. Fichtenöl [Sa., Sa/Sch., Sch.] dem Erz b. d. Zerkleinerung zuzusetzen; Petersen 164	**Sa., Sa/Sch., Sch.**
3041	**Fischleberölfettsäure**	Flußspat-Sa.; Am. 2497863	**Sa.**
3042	**Fischleim**	Schlamm-Dr. b. d. Kalisalz-Flot.; „Chemie-Ing.-Techn." 1955, 2	**Dr.**
3043	**Fischölfettsäuren**	= Mischungen aus Palmitolein- u. Palmitin- bzw. Oleinsäure; Sa. f. oxyd. Eisenerze; „Min. Engrg." 1959, 922 anionakt. Quarz-Sa. b. d. Eisenerz-Flot.; Am. 2419945, „Engrg. Min. J.", Juni 1956, 114 Sa/Sch. f. U-, Mo-Erze, Flußspat, Schwerspat u. Phosphat-Mineralien; Franz. 1185849 Flußspat-Sa.; Am. 2497863	**Sa., Sa/Sch.**
3043a	**Fischölmethylester/ ($C_{8/18}$)-Alkylamin-Mischg.**	Sa. f. d. schaumlose Flot. von grobkörnigem Sylvinit; Am. 2937751	**Sa.**

Lfd. Nr.	Bezeichnung (Zusammensetzung)	besondere Verwendung mit zugehöriger Literaturangabe	Verwendungs-überblick
3044	**Fischölseife**	anionakt. Quarz-Sa. b. d. Fe-Erz-Flot.; Am. 2419945 Flußspat-Sa.; Am. 2497863 Sa/Sch. f. Mo-Erze, Flußspat, Baryt, Phosphate, U.; Franz. 1185849	**Sa/Sch., Sa.**
3045	**Fischöl/Spermöl/-Kokosöl-Sulfonat**	Sa. f. oxyd. Fe-Erze; Am. 2414714	**Sa.**
3046	**Fischölsulfonat**	Sa. f. oxyd. Fe-Erze; Am. 2414714 s. Heringsölsulfonat; Sa.	**Sa.**
3047	**Flexol Plasticizer TOF**	= Triäthylhexylphosphat; Schlamm-Disp.; „Engrg. Min. J.", Juni 1956, 114	**Disp.**
3048	**Flexricin 9**	= Propylenglykolricinoleat; Sa/Sch.; „Engrg. Min. J.", Juni 1956, 114	**Sa/Sch.**
3049	**Floatogen**	= Mercaptobenzothiazol; Sa.; Petersen 187 chelatbildende Vbdg.; Sa.; „Min. Techn." 1946, 273	**Sa.**
3050	**Flocgel**	= stärkeähnl. Flockm.; „Glückauf" 1956, 1036	**Flockm.**
3051	**Flockal 101**	Flockm. f. Mineralien; „Bergbautechnik", März 1960, S. 153/154 =Hydropolyacrylnitril; Flockm. f. Erz- u. Kohlenschlämme; „Chem. Ztrlb." 1960, 11771	**Flockm.**
3052	**Flockal 152**	Flockm. f. Mineralien; „Bergbautechnik", März 1960, 153/154 = hydrolysiertes Methacrylsäure/Methylmethacrylsäure-Copolymer; Flockm. f. Erz- u. Kohlenschlämme; „Chem. Ztrlbl." 1960, 11771	**Flockm.**
3053	**Flockal 202,5**	= partiell hydrolys. Stärke; Flockm. f. Erz- u. Kohlenschlämme; „Chem. Ztrlbl." 1960, 11771	**Flockm.**
3054	**Floculys**	Prod. aus Stärkepräparaten; Flockm. f. Kohlen-Flotationsabgänge; „Erdöl u. Kohle" 1958, 528	**Flockm.**
3055	**Floridin**	s. = Fullererde; Dr., Entöl.	**Dr., Entöl.**
3056	**Flotacol**	Neo-Flotacol auf d. Grundlage d. Polyglyzerine; Sa.; „Glückauf" 1958, 1533	**Sa.**
3057	**Flotagen**	=-Mercaptobenzothiazolderivate; Sulfid- u. Oxyd-Sa.; .,Encyclopedia of Chemical Technology" 1951; 606	
3058	**Flotal**	= synthet. Mischg. aus Alkoholen u. Terpen-KWstoffen; Sch. m Eigg. ähnlich dem Pineöl; Taggart 12—44	**Sch.**
3059	**Flotanol**	= Mischg. synthet. Pyridinbasen mit vorwiegend Äthylmethylpyridin; Sa.; Petersen 185	**Sa.**
3060	**Flotationsberge**	Schwerstoff f. d. Schwimmsinkscheidung; Brit. 644793, Franz. 945021	**Schwerst.**
3061	**Flotbel**	Sch. f. d. Flot. v. Cerussit aus Baryt u. Fluorit; „Erzmetall" 1960, 41	**Sch.**

Lfd. Nr.	Bezeichnung (Zusammensetzung)	besondere Verwendung mit zugehöriger Literaturangabe	Verwendungs-überblick
3062	**Flotbel R 107 T—A**	Schwerspat-Sa.; „The Min. J." 1960, 688	**Sa.**
3063	**Flotigan**	d. IG-Farbenindustrie; typischer Sa. f. d. Flot. v. Silikaten; „Erzmetall" 1949, II, 355	**Sa.**
3064	**Flotigol CS**	Sch. f. As-Erze; „Chem. Ztrlbl." 1942, I, 1299	**Sch.**
3065	**Flotol**	ein techn. reiner Fenchylalkohol, ein Sch.; bei leicht schwimmbaren Mineralien, wie Schwefel, auch als Sa/Sch.; „Erzmetall" 1951, IV, 96 Sylvin-Sch.; DP. 917361 Sch. d. Terpineol-Gruppe f. d. Rohkohlen-Flot.; „Erdöl u. Kohle" 1955, 244/245	**Sa/Sch., Sch.**
3066	**Flotol A**	= synthet. Sch. f. d. Steinkohlenfeinstkorn-Flot.; „Glückauf" 1958, 1621	**Sch.**
3067	**Flotophor-Sa.**	= reine Sa., polar-unpolare Verbdgg., deren Molekül eine polare, auch als „flotophor" bezeichnete Gruppe aufweist, die 2wertigen S u. 3wertigen N bzw. ein anderes mehrwertiges negatives Element besitzt; Petersen 165	**Sa.**
3068	**Fluoren** ($C_6H_4CH_2C_6H_4$)	Kondm. z. Verbesserung d. Convertol-Feinkohlenaufbrtg.; „Min. Engrg." 1959, 1153/54	**Kondm.**
3069	**Fluoreszin**	s. = Triphenylmethanfarbstoff; Sa., Dr., Akt., Kondm. s. Eosin; Dr.	**Sa., Dr., Akt., Kondm.**
3070	**Fluorfettsäuren**	s. = Halogenfettsäuren; Sa.	**Sa.**
3071	**Fluoride**	NaF als Flockm. f. Ilmenit-, Flußspat- usw. Aufschlämmungen; „Engrg. Min. J.", Juni 1956, 116 NaF, KF, LiF als Akt. z. Verbesserung der Chromit-Flot.; Am. 2412217	**Flockm., Akt.**
3072	**Fluorkohlenstoffäther**	Sa/Sch., Lösm.; Am. 2644823 z. B. Trifluormethylnonafluorpentylenoxyd, Pentafluoräthylheptafluorbutylenoxyd	**Sa/Sch., Lösm.**
3073	**Fluorpentansulfonat**	s. Zeromist; Netzm.	**Netzm.**
3074	**Fluorsilikate** (Me SiF_6)	als Pass. z. Vorbehandlg. d. Vorkonzentrates der Phosphatit-Flot. zwecks Inaktivierung d. i. d. 1. Stufe verwendeten anionakt. Sa. vor d. Nachflotation des Vorkonzentrates mit kationakt. Sa.; Am. 2748939 Cu-, Ag-, Zn-, Cd-, Hg-, Pb-, Mg-, Ca-, Na- oder K-Fluorsilikat als Akt. b. d. Flot. oxyd. Erze; Am. 1972588, „Chemical Abstracts" 1956, 6000 Na_2SiF_6 als Quarz- u. Feldspat-Dr. b. d. Spodumen-Flot.; „Engrg. Min. J.", Juni 1956, 116 Na_2SiF_6 als Hilfs-Sa. [promoter] b. d. Chromit-Flot.; Am. 2412217	**Sa., Pass., Akt., Dr.**
3075	**Flußharz**	s. = Tallöl; Sa., Sa/Sch.	**Sa., Sa/Sch.**

Lfd. Nr.	Bezeichnung (Zusammensetzung)	besondere Verwendung mit zugehöriger Literaturangabe	Verwendungs-überblick
3076	**Flußsäure** (HF)	pH-Regler b. d. Flot. oxyd. Eisenerze; DP. 844131 Quarz-Dr.; „Encyclopedia of Chemical Technology" 1951, 606 Glimmer-Dr. b. d. Feldspat/Quarz-Flot.; „Engrg. Min. J.", Juni 1956, 114 Quarz-, Serpentin-, Kalkspat-Dr. b. d. Magnesit-Flot.; DP. 720997 Zusatzmittel b. d. Rutil-Flot. aus Meeressanden; Am. 2792940 HF z. Aufbrtg. bituminöser Mineralien, wie Alaunschiefer, Ölschiefer usw.; Schwed. P. 149268 Magnetkies-Flot. i. saurer Trübe i. Ggw. v. HF u. eines Xanthat-Sa; Am. 2693278	**Dr., Regler**
3077	**Flutol**	Sch. f. d. Graphit-Flot.; „Bergb.-Wiss." 1954, 313/21	**Sch.**
3078	**Fluxöl**	= Petroleumöl; Sa.; Am. 2884474	**Sa.**
3079	**Formaldehyd** (HCHO)	= Formalin, Formol, Methanal, Oxomethan, Oxymethylen, Paraformaldehyd, Polyoxymethylen, Trioxymethylen, Trioxan, Methylenoxyd, Methylaldehyd s. Ammonioformaldehyd; Netzm.	**Netzm.**
3080	**Formaldehyd/Arylsulfonsäure-Kondensprod.**	Netzm. u. MoS_2-Dr.; Am. 2187930 u. 2208758 u. Brit. 526701	**Netzm., Dr.**
3081	**Formaldehydbisulfit**	zusammen m. $CuSO_4$ als Akt. f. gedrückte Zinkblende; DP. 938241	**Akt.**
3082	**Formaldehyd/Carbamid-Kondenspr.**	als Schlamm-Dr.; DP. 1002702 als Flockm.; DP. 1063993	**Dr., Flockm.**
3083	**Formaldehyd/Diarylguanidin/$ZnCl_2$/Mercaptobenzothiazol-Kondspr.**	Sa.; Am. 2412801	**Sa.**
3084	**Formaldehyd/Kupfersulfat-Mischg.**	Zinkblende-Akt.; DP. 938242	**Akt.**
3085	**Formaldehyd/Naphthalinsulfonat-Kondenspr.**	MoS_2-Dr., Netzm.; Am. 2187930, 2208758, Brit. 526701 s. Tanak; Disp., Netzm. s. Blancol; Disp.	**Dr., Netzm., Disp.**
3086	**Formaldehyd/Phenolsulfonsäure-Kondenspr.**	MoS_2-Dr., Netzm.; Am. 2187930, 2208758, Brit. 526701	**Dr., Netzm.**
3087	**Formaldehydsulfoxylat**	Lösm. f. U-Komponenten aus säurebehandelten Phosphatmineralien; Am. 2945741	**Lösm.**
3088	**Formalin**	s. = Formaldehyd; Netzm.	**Netzm.**
3089	**Formamin**	s. = Hexamethylentetramin; Netzm.	**Netzm.**

Lfd. Nr.	Bezeichnung (Zusammensetzung)	besondere Verwendung mit zugehöriger Literaturangabe	Verwendungs-überblick
3090	**Formiate**	= Salze d. Ameisensäure; s. d. Regler s. Amidinformiat; Sa. s. Amyl-, Äthyl-, Butyl-, Hexyl-xanthogenformiat, -äthylformiat; Sa. s. Isododecyltrioxyäthyl-dimethylmorpholinformiat, -morpholinformiat; Netzm. s. Minerec; Sa. s. Glykolchlorformiat; Sa.	**Sa., Netzm., Regler**
3091	**Formol**	s. = Formaldehyd; Netzm.	**Netzm.**
3092	**Formsäure** (HCOOH)	s. = Ameisensäure, Methansäure; Regler	**Regler**
3093	**Fructose** (= Monosaccharid)	= Fruchtzucker, Fructopyranose, Lävulose reduzierendes Kondm. f. nichtmagnet. Eisenoxyderze — Hämatit, Göthit — vor deren Flotation oder Magnetscheidung; Am. 2952532	**Kondm.**
3094	**Fructoseester**	Fructosestearat, -oleat, -benzoat, -acetat, -octat, -palmitat usw. als reduzierendes Kondm. f. nichtmagnet. Eisenoxyderze — Hämatit, Göthit — vor deren Flotation oder Magnetscheidung; Am. 2952532	**Kondm.**
3095	**Fuchsin**	= Brillantfuchsin, Diamantfuchsin, Rosanilin, Rosanilinchlorhydrat, Triaminodiphenyltolylcarbinolhydrochlorid; Römpp „Chemie-Lexikon" 1950, I, 602 MoS_2-Dr. b. d. Flot. sulfid. Mo/Cu-Erze; Am. 2095967 s. Triphenylmethanfarbstoffe; Sa., Dr., Akt.	**Sa., Dr., Akt.**
3096	**Fullererde** (= Floridin, Al/Mg-Silikat)	anorgan. Kolloid als Dr. z. Nachflotation von Sylvin; Am. 2706559 z. Entölung von Flot.-Konzentraten; Am. 2766883	**Dr., Entöl.**
3097	**Furan** (= Furfuran, Oxol, Tetrol, Divinylenoxyd, C_4H_4O)	s. Tetrahydrofuran; Lösm.	**Lösm.**
3098	**Furanaldehyd**	s. = Furfurol; Sch., Lösm., Akt.	**Sch., Lösm., Akt.**
3099	**Furancarbonsäure**	s. = Furoinsäure; Sa.	**Sa.**
3100	**Furandion**	s. = Maleinsäureanhydrid; Regler, Kondm.	**Regler, Kondm.**
3101	**Furfuraldehyd**	s. = Furfurol; Sch., Lösm., Akt.	**Sch., Lösm., Akt.**
3102	**Furfuran**	s. = Furan; Lösm.	**Lösm.**
3103	**Furfurol** (= Branöl, Autöl, Pyromucinaldehyd, Furfuraldehyd, $C_4H_3O \cdot CHO$ Fural)	wie Tetrahydrofuran, als Lösm. f. Sa/Sch.-Ölpolymerisate; DP. 966261 Sch.; Brit. 145852 zusammen m. $CuSO_4$ als Akt. f. gedrückte Zinkblende; DP. 938241	**Lösm., Sch., Akt.**
3104	**Furfurol/Kupfersulfat-Mischg.**	Zinkblende-Akt.; DP. 938242	**Akt.**
3105	**Furfurylamin/Di- bzw. Tricarbonsäure-Ester**	Sa., Netzm.; Am. 2626958, 2652407	**Sa., Netzm.**

Lfd. Nr.	Bezeichnung (Zusammensetzung)	besondere Verwendung mit zugehöriger Literaturangabe	Verwendungs-überblick
3106	**Furfurylthiocarbonat/ Benzylchlorid-Reaktpr.**	Erz-Sa.; Brit. 418301	**Sa.**
3107	**K-Furfurylxanthat** ($C_6H_5O_2S_2K$)	Sa.; Petersen 269	**Sa.**
3108	**Furoinchlorid/K-Amyl-monothiocarbonat-Reaktpr.**	Sa.; Brit. 418301, Can. 326399	**Sa.**
3109	**Furoinchlorid/K-Äthyl-monothiocarbonat-Reaktpr.**	Sa.; Brit. 418301, Can. 326399	**Sa.**
3110	**Furoinchlorid/K-Ben-zylmonothiocarbo-nat-Reaktpr.**	Sa.; Brit. 418301, Can. 326399	**Sa.**
3111	**Furoinsäure**	= Furancarbonsäure, Pyromucinsäure, Brenzschleimsäure, C_4H_3OCOOH Sa.; Petersen 190	**Sa.**
3112	**Fuselöl**	s. = Amylalkohol; Sa/Sch.; Sch. Sa. f. d .Flot. oxyd. Erze; Am. 1594858 Sch. f. d. Kobaltit-Flot.; Am. 2403640	**Sa., Sa/Sch., Sch.**

Lfd. Nr.	Bezeichnung (Zusammensetzung)	besondere Verwendung mit zugehöriger Literaturangabe	Verwendungs-überblick
3113	**Galactasol** (= Guar, Guargummi, Guartec)	Flockm., Schlamm-Dr.; „Engrg. Min. J.“, Juni 1956, 114 s. Guar, Guartec, Guargummi; Flockm., Dr., Disp.	**Disp., Flockm., Dr.**
3114	**Galactomannan**	s. = Mannogalactan; Dr., Disp. s. Guar; Flockm., Dr., Disp.	**Dr., Flockm., Disp.**
3115	**Galaktose** (= Aldohexose, Aldose, ein Oxyaldehyd, $C_6H_{12}O_6$, gehört z. Gruppe d. Monosaccharide)	s. Mannogalactan; Disp., Dr., Flockm.	**Flockm., Disp., Dr.**
3116	**Galaktosealkohol-oxyamin**	s. Dulcitoloxyamin; Sa.	**Sa.**
3117	**Gallnuß-Tannin**	s. = Gallol-Tannin; Dr., Disp., Netzm., Regler	**Disp., Dr., Netzm., Regler**
3118	**Gallol-Tannine**	= Tannine aus Gallnüssen, Sumac, Eichenholz u. Haselnußholz; Fe_2O_3-Dr. b. d. umgekehrten (Quarz)-Flot. quarziger Fe_2O_3-Erze; Am. 2415416 s. Tannin; Dr., Disp., Regler, Netzm., Flockm., Kondm. s. Hydrogalloltannin = Gallussäure; Dr., Netzm., Kondm.	**Dr., Disp., Regler, Netzm., Flockm., Kondm.**
3119	**Gallotanninsäure**	s. = Tannin; Dr., Disp., Netzm., Flockm., Regler, Kondm.	**Netzm., Dr., Disp., Flockm., Regler, Kondm.**
3120	**Gallussäure** (eine Phenolcarbonsäure)	= 3,4,5-Trioxybenzoesäure, Hydrogalloltannin, $C_6H_2(OH)_3COOH \cdot H_2O$ Dr. f. Glanz- u. Mattkohle beim Ausschwimmen von Faserkohle; DP. 650031 Fe_2O_3-Dr.; Am. 2415416 Netzm.; Am. 2208758, Brit. 526701 s. = Digallussäure = Tannin; Dr., Disp., Netzm., Kondm. als polyvalentes Hilfs-Kondm. i. Mischg. m. einem anionakt. Kondm., wie Sulfonat N 56, f. elektrostat. aufzubereitende Kalihartsalze; DP. 1095762	**Dr., Netzm., Kondm.**
3121	**Gardinole**	= Fettalkoholsulfate: Gardinol, Duponol, Modinal, Aurinol, Moprofix, Tergavon, Sandopan, Cyclopon, Cyclanon, Sapidan, Lissapol, Teepol; Disp., Netzm., Emulg.; „Merck Index“ 1960 Netzm. z. Zerstören v. Kohlen-Flotationsschäumen; „Glückauf“ 1932, 626 s. Duponol; Sa. s. Teepol; Flockm.	**Sa., Disp., Netzm., Emulg., Flockm.**
3122	**Gardinol CA**	= Oleinsulfat; Netzm.; Stüpel	**Netzm.**
3123	**Gardinol KD**	= Octadecandiol-9,18-dischwefelsäureester [2-fach veresterter Oleinalkohol]; Netzm.; Stüpel	**Netzm.**
3124	**Gardinol WA**	= Laurinsulfat; Netzm.; Stüpel	**Netzm.**
3125	**Gase**	Erz-Flot. durch Zufuhr eines ionisierten, über eine Koronaentladung geführten Gases neben den Flot.-Mitteln; Can. 323217	**Akt.**

Lfd. Nr.	Bezeichnung (Zusammensetzung)	besondere Verwendung mit zugehöriger Literaturangabe	Verwendungs-überblick
3126	**Gasöl**	Sa. f. d. U-Erz-Flotation; Brit. 780021 Sa. f. d. MnO_2-Flot.; Am. 2861687 Flockm. z. Filtern von Flotat.-Konzentraten u. z. Sedimentation v. Schlämmen; „Montanwiss. Lit.-Ber.“, Sept. 1959, 1027 Flockm. z. Entwässerung v. Flotat.-Konzentraten, Koagulierung von Schlämmen u. Klärung des Kreislauf-Aufbereitungswassers; „Glückauf“ 1960, 477	**Sa., Flockm.**
3127	**Gasöl/Oleinsäure-Emulsion**	Sa/Sch. f. d. Flot. von Manganerzkonzentraten aus der Hydrozyklonscheidung; „Chem. Ztrlbl.“ 1961. 275	**Sa/Sch.**
3128	**Gasöl/Seifen-Emulsion**	Schaum-Modifizierer; Taggart 12—45	**Modif.**
3129	**Gefanol I**	ein Holzteeröl (Degussa-Öl), vorwiegend Sa. mit Phenoläther; Sa/Sch. f. d. Flot. von Rohförderkohle; „Erdöl u. Kohle“ 1955, 244 Netzm. f. d. Entwässerung v. Mineralkonzentraten; „Aach. Bl.“ 1958, 12	**Sa/Sch., Netzm.**
3130	**Gelatine**	Netzm.; Am. 2208758, Brit. 526701 Flockm.; Taggart 15—06, 15—08 Regler; „Erzmetall“ 1958, 207 Schlamm-Dr. b. d. Kalisalz-Flot.; „Chemie-Ing.-Techn.“ 1955, 2 als polyvalentes Hilfs-Kondm. i. Mischg. m. einem anionakt. Kondm., z. B. $C_{4/9}$-Fettsäuregemisch, f. elektrostat. aufzubereitende Kalirohsalze; DP. 1095762	**Netzm., Dr., Flockm., Kondm., Regler**
3131	**Genapol, -AS**	= Fettalkoholpolyglykolsulfat; Netzm.; [Genapol AS = NH_4-Salz]; Stüpel	**Netzm.**
3132	**Generatorgasteer**	Sa/Sch.; Petersen 171, Brit. 740944	**Sa/Sch.**
3133	**Gentiobiose** (ein Polysaccharid)	reduzierendes Kondm. f. nichtmagnet. Eisenoxyderze — Hämatit, Göthit — vor deren Flotation oder Magnetscheidung; Am. 2952532 s. Polysaccharide; Dr.	**Dr., Kondm.**
3134	**Gentiobioseester**	Gentiobioseacetat, -stearat, -oleat, -octoat, -benzoat, -palmitat usw. als reduzierendes Kondm. f. nichtmagnet. Eisenoxyderze — Hämatit, Göthit — vor deren Flotation oder Magnetscheidung; Am. 2952532	**Kondm.**
3135	**Geraniol**	= Geraniumalkohol, $(CH_3)_2CCH(CH_2)_2C(CH_3)CHCH_2OH$, ein prim. acycl. Terpenalkohol s. Terpenalkohol; Sch.	**Sch.**
3136	**Geraniumalkohol**	s. = Geraniol; Sch.	**Sch.**
3137	**Gerbsäure**	s. = Tannin; Dr., Disp., Netzm., Regler, Flockm., Kondm.	**Flockm., Disp., Dr., Kondm., Netzm., Regler**
3138	**Getreideprodukte**	s. „Mogus“; Flockm.	**Flockm.**
3139	**Getreidestärke**	substituierte Getreidestärke als Dr. f. Fe-Oxyde; „Erzmetall“ 1955, 187 Mais-, Reis-, Tapioka- oder Weizenstärke als Flockm.; „Glückauf“ 1956, 1036	**Dr., Flockm.**
3140	**Ghatti-Gummi**	Netzm.; Am. 2208758	**Netzm.**

Lfd. Nr.	Bezeichnung (Zusammensetzung)	besondere Verwendung mit zugehöriger Literaturangabe	Verwendungs-überblick
3141	**Gips** ($CaSO_4$)	neben Pflanzenextrakten als Flockm. f. wäßrige Mineralaufschlämmungen; DP. 517055	**Flockm.**
3142	**Gliadin** (= Prolamin, ein Protein)	Netzm.; Am. 2208758, Brit. 526701 Schlamm-Dr. b. d. Sylvinit-Flot.; Am. 2365805 Flockm.; „Chem. Ztrlbl." 1959, 11033 s. Prolamin; Netzm., Dr., Flockm., Kondm. s. Proteine; Netzm., Dr., Flockm., Kondm.	**Kondm., Netzm., Dr., Flockm.**
3143	**Globulin**	s. = Edestin; Netzm., Dr., Flockm., Kondm.	**Netzm., Dr., Flockm., Kondm.**
3144	**Glucitoloxyamin**	s. = Sorbitanoxyamin; Sa.	**Sa.**
3145	**Glukolin**	s. = Traubenzucker; Dr., Kondm.	**Dr., Kondm.**
3146	**Glukomannan**	= Kohlehydrat aus Aracea-Pflanzen; Schlamm-Pass. u. -Dr. b. d. Sylvin-Flot.; DP. 947453, Am. 2696912, Franz. 65122	**Dr., Pass.**
3147	**Glukoproteid**	= Glykoproteid; ein „Protein"; z. B. Mucin als Dr. b. d. KCl-Fl.; Am. 2365805 als Netzm.; Am. 2208758 u. Brit. 526701 als Netzm.-Überzug auf Thiocarbanilid-Sa.; Am. 2185591 als Flockm.; „Chem. Ztrlbl." 1959, Nr. 34/I, S. 11033	**Netzm., Dr., Flockm.**
3148	**Glukosan**	Ton-Binder b. d. Flot. v. grobkörnigem Sylvinit; Am. 2934208	**Dr.**
3149	**Glukose** (ein Monosaccharid)	s. = Traubenzucker; Dr., Kondm. reduzierendes Kondm. f. nichtmagnet. Eisenoxyderze — Hämatit, Göthit — vor deren Flotation oder Magnetscheidung; Am. 2952532	**Dr., Kondm.**
3150	**Glukoseester**	wie Glukosestearat, -monooleat, -monobenzoat, -diacetat, -dioctoat, -oleat, -palmitat; reduzierendes Kondm. f. nichtmagnet. Eisenoxyderze — Hämatit, Göthit — vor deren Flotation oder Magnetscheidung; Am. 2952532	**Kondm.**
3151	**Glukoside** (= Glykoside)	= Monosaccharidderivate v. Alkoholen, Phenolen usw. s. Polyoxyglukoside: Arbutin, Salizin, Tannin; Netzm., Dr. s. Anthoxyaninglukoside: Pelargonin; Netzm. s. Anthoxanthinglukoside: Apiin, Glycerrhizin; Netzm. s. Anthrachinonglukoside: Ruberythinsäure, Aloin; Netzm. s. Digitalisglukoside: Digitalin; Netzm. s. Saponinglukoside: Parillin; Netzm., Dr.	**Netzm., Dr.**
3152	**Glukosid/Fettsäure-Kondspr.**	s. Sarcosin/Dodecylsäure-Kondspr., s. Sarcosin/Kokosölfettsäure-Kondspr., s. Sarcosin/Oleinsäure-Kondspr., s. Sarcosin/Talgsäure-Kondspr.; Sa/Sch.	**Sa/Sch.**
3153	**Glutamate**	s. Äthylglutamat; Sch. s. Butylglutamat; s. Propylglutamat; Sch.	**Sch.**

Lfd. Nr.	Bezeichnung (Zusammensetzung)	besondere Verwendung mit zugehöriger Literaturangabe	Verwendungs-überblick
3154	**Glutaminphthalamat**	s. Dodecyl-**Gl.**; Sa., Netzm.	**Sa., Netzm.**
3155	**Glutaminsäure** $HOOC{-}CH_2{-}CH_2{-}C(COOH)(H)(NH_2)$; $COOH(CH_2)_2CH(NH_2)COOH$	Gangart-Dr.; „Mining Technology“ 1946, 279; Am. 2414199 s. Octadecylglutaminsäure; Sa. Kond.-Mittel f. elektrostat. aufzureibetende Kalisalze; DP. 1076593 s. Methyl-, Methylen-, Oxy-, Polymethylglutaminsäure	**Dr., Kondm.**
3156	**Glutarsäurealkylester**	Sch.; DP. 904762, Am. 2690260 s. Äthyl-, Butyl-, Propylglutamat; Sch.	**Sch.**
3157	**Glutelin** (ein Protein)	Netzm.; Am. 2365805, Brit. 526701 Netzm.-Überzug auf Thiocarbanilid-Sa.; Am. 2185591 Schlamm-Dr. b. d. Sylvin-Flot.; Am. 2365805 Flockm.; „Chem. Ztrlbl.“ 1959, 11033 s. Proteine; Netzm., Dr., Flockm., Kondm.	**Kondm., Netzm., Dr., Flockm.**
3158	**Gluten**	Flockm.; „Chemical Abstracts“ 1959, 17797	**Flockm.**
3159	**Glycidol/Ammelin-Kondspr.**	Sa., Netzm., Emulg.; Am. 2381121 u. 2413755	**Sa., Netzm., Emulg.**
3160	**Glycidol/Amylphenylformoguanamin-Kondspr.**	Sa., Netzm., Emulg.; Am. 2381121	**Sa., Netzm., Emulg.**
3161	**Glycidol/Hexanguanamin-Kondspr.**	Sa., Netzm., Emulg.; Am. 2381121	**Sa., Netzm., Emulg.**
3162	**Glycidol/Lauroguanamin-Kondspr.**	Sa., Netzm., Emulg.; Am. 2381121	**Sa., Netzm., Emulg.**
3163	**Glycidol/Melamin-Kondenspr.**	Sa., Netzm., Emulg.; Am. 2381121	**Sa., Netzm., Emulg.**
3164	**Glycidol/Stearoguanamin-Kondspr.**	Sa., Netzm., Emulg.; Am. 2381121	**Sa., Netzm., Emulg.**
3165	**Glycidol/Triazin-Kondspr.**	Sa., Netzm., Emulg.; Am. 2381121 u. 2413755	**Sa., Netzm., Emulg.**
3166	**Glycidol/Valeroguanamin-Kondspr.**	Sa., Netzm., Emulg.; Am. 2381121	**Sa., Netzm., Emulg.**
3167	**Glycin**	= Glykokoll, Aminoessigsäure, NH_2CH_2COOH Sa. f. oxyd. Cu-Erze; Am. 2648431 Sa.; Petersen 185 Netzm.; Am. 2208758, Brit. 526701 s. Palmitoglycin; Sa. s. Phenylglycin; Sa. s. Methylglycin = Alanin, Sarcosin; Sa. s. Trimethylglycin = Betain, Lycin; Sa.	**Sa., Netzm.**
3168	**Glycinester**	kationakt. Sylvin-Sa.; „Chemie-Ing.-Techn.“ 1955, 2 Glycindodecylester als Kondm. f. elektrostatisch aufzubereitende Kalisalze; DP. 1076593	**Sa., Kondm.**
3169	**Glykokoll**	s. = Glycin; Sa., Netzm.	**Sa., Netzm.**

Lfd. Nr.	Bezeichnung (Zusammensetzung)	besondere Verwendung mit zugehöriger Literaturangabe	Verwendungs-überblick
3170	**Glykol** (= Äthylenglykol, $CH_2OH—CH_2OH$)	s. Polyglykol = „Nil"; Flockm. s. Diäthylenglykol; Sa. s. Nonylglykol; Modif. s. Polyäthylenglykol; Netzm. s. Propandiol; Sa. s. = Äthylenglykol; Sa. Kondm. f. Kohlenstaub z. Schwerflüssigkeitsscheidung in einer Ca-Salzlösg.; „Auszüge dtsch. Patentanm" 1948, Bd. 15, 216	**Flockm., Sa., Modif., Netzm., Kondm.**
3171	**Glykoläther**	wie Methoxy-, Äthoxy-, Butoxyäthanol als Lösm. f. d. Aufschlämmung von Ton aus Kalisalzen; DP. 1083192 Netzm., Emulg.; DP. 605973 s. Tergitol NPX; Netzm., Disp. s. Polyoxypropylenglykoläther; Sch.	**Sch., Netzm., Lösm., Emulg.**
3172	**Glykolätherester**	wie Äthoxy- oder Methoxyäthanolacetat, als Lösm. z. Aufschlämmung von Ton aus Kalisalzen; DP. 1083192	**Lösm.**
3173	**Glykolchlorformiat**	Sa. f. d. Flot. von metallischem Cu aus Lauchungsprozessen; Am. 2628717 s. Di-, Äthylen-glykolchlorformiat; Sa.	**Sa.**
3174	**Glykolchlorformiat/Alkalixanthat-Reaktpr.**	Hilfs-Sa. f. d. Erz-Flot.; Am. 2628714, Brit. 650498	**Sa.**
3175	**Glykolchlorformiat/Alkylxanthat-Reaktpr.**	Sa. f. Pb/Zn-Erze; Can. 490583	**Sa.**
3176	**Glykolderivate**	s. Stärkeglykolat; Sa. s. Polyglykol, Polyglykoläther; Disp., Netzm., Flockm. s. Polyglykolester; Disp. s. Diäthylenglykol; Sa. s. Propylenglykolmonoäther; Sch. s. Äthylenglykolmonooleatsulfonat; Sa. s. Diäthylenglykol-monolaurat-, monooleatsulfonat; Sa. s. Propylenglykolmonooleatsulfonat, Propylenglykolmonorizioleatsulfonat; Sa. s. Propylenglykol-, Polypropylenglykolphenylmonoäther; Sch. s. Dodecyldiäthylen-, Kokosöldiäthylenglykolsulfat; Sa. s. Hexyl-, Pentadecylglykol; Sch. s. Äthylenglykoläther; Sch. s. Lipal 40 s. Äthylenglykoloxyamin; Sa. s. Celluloseglykolat; Dr.	**Sa., Netzm., Disp., Sch., Flockm.**
3177	**Glykolester**	s. Emulphor AG; Netzm., Disp., Emulg. s. Alkylglykolester; Sa., Sch.	**Sa., Sch., Netzm., Disp., Emulg.**
3178	**Glykolisopropyläther**	s. Dipropylenglykolisopropyläther; Sch.	**Sch.**
3179	**Glykollaurat**	s. Diglykollaurat; Netzm.	**Netzm.**
3180	**Glykololeat**	s. Diglykololeat; Netzm. s. Nonaäthylenglykolmonooleat; Disp.	**Netzm., Disp.**
3181	**Glykoloxyamin**	als Sa.; Am. 2389763 s. Äthylenglykol, Diäthylenglykol; Sa.	**Sa.**

Lfd. Nr.	Bezeichnung	besondere Verwendung mit zugehöriger Literaturangabe	Verwendungs-überblick
3182	**Glykol/Oxäthylcellulose-Mischg.**	Schlamm-Sa. f. d. Sylvinit-Flot.; DP. 860032	**Sa.**
3183	**Glykoproteid**	s. = Glukoproteid; Dr., Netzm., Flockm.	**Dr., Netzm., Flockm.**
3184	**Glykose**	s. = Traubenzucker; Dr., Kondm.	**Dr., Kondm.**
3185	**Glykoside** (richtiger: Glukoside)	s. = Glukoside; Netzm., Dr.	**Netzm., Dr.**
3186	**Glymol**	s. = Petrolatum; Sa., Modif., Flockm.	**Sa.,Modif.,Flockm.**
1387	**Glyoxalin**	ist der früher gebräuchliche, i. d. angelsächsischen Literatur noch vorherrschende Name f. „Imidazol"; Langenbeck s. = Imidazol; Sa., Sa/Sch., Flockm.	**Sa., Flockm., Sa/Sch.**
3188	**Glyoxalsäure**	pH-Regler b. d. Flot. oxyd. Eisenerze; DP. 844131	**Regler**
3189	**Glyoxim**	s. Dimethylglyoxim; Sa. s. Phenylglyoxim; Sa.	**Sa.**
3190	**Glyzeride**	s. = Glyzerinester; Sa., Sa/Sch.	**Sa/Sch., Sa.**
3191	**Glyzeridsulfonate**	s. „Syntex L"; Sa. Glyzeridsulfonatgemisch aus Octadecylmono- u. Diglyzeriden; als Sa. f. oxyd. Fe-Erze; Am. 2414714	**Sa.**
3192	**Glyzerin** (= Trihydroxypropan, Propantriol, Glyzerol, Glyzylalkohol, $CH_2OH \cdot CHOH \cdot CH_2OH$)	Sch.; Taggart 12—43 s. Flotacol = Polyglyzerine; Sa. als Mittel z. Viscositätserhöhung des Aufbereitungswassers; Franz. 1116258	**Sch.**
3193	**Glyzerinamin**	s. Glyzerinmonoamin, Diglyzerinmonoamin, Diglyzerindiamin, Glyzerinoxyamin; Sa.	**Sa.**
3194	**Glyzerin/Borneol/Kartoffelstärke/Wasser-Suspension**	Flockm. z. Ausflocken von Kohleteilchen aus Kohlewaschwässern; Brit. 507553	**Flockm.**
3195	**Glyzerincaprylsäuremonoester**	Sa. f. nichtsulfid. Erze; Am. 2362432 = Glyzerinoctylester	**Sa.**
3196	**Glyzerinchloracetat**	s. Kokosöl-G.; Sch.	**Sch.**
3197	**Glyzerindiamin**	s. Diglyzerindiamin; Sa.	**Sa.**
3198	**Glyzerinester** (= Glyzeride)	s. Octadecylsäuremono-, -diglyzerinester; Sa. Glyzerinmonoester als Hilfs-Sa. z. Verbesserung d. kation. Quarz-Flot.; Am. 2362432 s. Glyzerinoctylester; Sa/Sch.	**Sa., Sa/Sch.**
3199	**Glyzerinmonoamin**	als Sa.; Am. 2389763 s. Diglyzerinmonoamin; Sa.	**Sa.**
3200	**Glyzerinmonooleatsulfonat**	Sa. f. d. Flot. oxyd. Eisenerze; DP. 844131	**Sa.**
3201	**Glyzerinmonorizinoleat**	Phosphatit-Sa.; Am. 2312466 s. Nil; Netzm.	**Sa., Netzm.**
3202	**Glyzerinmonostearat**	Netzm. f. d. Steinkohlen-Siebentwässerung; Brit. 738061 s. Stearate; Sa.	**Sa., Netzm.**
3203	**Glyzerinmonosulfosäureester**	s. Methyl-G.; Sa., Netzm., Emulg.	**Sa.,Netzm.,Emulg.**

Lfd. Nr.	Bezeichnung (Zusammensetzung)	besondere Verwendung mit zugehöriger Literaturangabe	Verwendungs-überblick
3204	**Glycerinoctadecylester-sulfonat**	s. = Octadecylglyzeridsulfonat; Sa.	**Sa.**
3205	**Glycerinoctylester**	s. = Glyzerincaprylsäuremonoester; Sa.	**Sa.**
3206	**Glycerinoleatsulfonat**	Sa. f. oxyd. Eisenerze; DP. 844131, Am. 2414714	**Sa.**
3207	**Glyzerinoxyamine**	Sa.; Am. 2389763	**Sa.**
3208	**Glyzerinrizinoleat**	s. Glyzerinmonorizinoleat; Sa., Netzm.	**Sa., Netzm.**
3209	**Gyzerinrizinoleat-sulfonat**	Sa. f. oxyd. Eisenerze; DP. 844131, Am. 2414714	**Sa.**
3210	**Glyzerinstearat**	s. Stearate; Sa. s. Glyzerinmonostearat; Netzm. s. Glyzerintristearat; Sa.	**Sa., Netzm.**
3211	**Glyzerinstearat/ ($C_{1/18}$-)Alkylamin-Mischg.**	Sa. f. d. schaumlose Flot. von grobkörnigem Sylvinit; Am. 2937751	**Sa.**
3212	**Glyzerinsulfat**	s. Arctic Syntex M.; Sa., Netzm. s. Octadecylglyzerinsulfat; Sch.	**Sa., Sch., Netzm.**
3213	**Glyzerintristearat**	= Tristearin, Stearin, $C_3H_5(C_{18}H_{35}O_2)_3$ s. Stearate; Sa.	**Sa.**
3214	**Glyzerol**	s. = Glyzerin; Sch.	**Sch.**
3215	**Glyzerrhizin**	= Anthoxanthin-Glukosid, als Netzm.; Am. 2208758 u. Brit. 526701	**Netzm.**
3216	**Glyzeryl**	= Glyzerin; s. d.	**Flockm., Sch., Sa.**
3217	**Glyzerylalkohol**	= Glyzerin; s. d.	**Flockm., Sa., Sch.**
3218	**Glyzylalkohol**	s. = Glyzerin; Sch.	**Sch.**
3219	**Glyzyrrhizin**	= Anthoxanthin-Glukosid; Netzm.; Am. 2208758	**Netzm.**
3220	**GNS—5**	= Pineöl; Sch.; „Engrg. Min. J.", Juni 1956, 114	**Sch.**
3221	**Goldbraun**	s. = Bismarckbraun; Sa.	**Sa.**
3222	**Goulac**	= Ca-Ligninsulfonat; Dr. f. kohlenstoffhaltige Gangart; „Encyclopedia of Chemical Technology" 1951, 606 Gangart-, Kalk-, Baryt-Dr. b. d. Flußspat-Flot.; „Engrg. Min. J.", Juni 1956, 114 = Sulfitablaugeprodukt d. Papierindustrie; Fe_2O_3-Dr. b. d. umgekehrten Flot. quarziger Eisenerze; Am. 2403481 s. Sulfitablaugen; Dr., Kondm.	**Kondm., Dr.**
3223	**Granulestin**	s. = Lecithin; Sa.	**Sa.**
3224	**Grubenwasser**	salzhaltiges G. als Flockm.; Taggart 15—06 u. 15—08	**Flockm.**
3225	**Grünsäuren**	s. = Petroleumsulfonate; Sa., Sa/Sch., Netzm. wasserlösl. Prodd. aus d. Behandlg. von Mineralschmierölfraktionen mit H_2SO_4; Sa. f. oxyd. Eisenerze; Am. 2410377 Sa. f. Erdalkali-Mineralien; Am. 2442455	**Sa., Sa/Sch., Netzm.**
3226	**Guajakol**	= Methylcatechol, Methoxyphenol, Hydroxyanisol, Brenzkatechinmonomethyläther, $HO \cdot C_6H_4\ OCH_3$ Sch.; Petersen 172	**Sch.**

Lfd. Nr.	Bezeichnung (Zusammensetzung)	besondere Verwendung mit zugehöriger Literaturangabe	Verwendungs-überblick
3227	**Guanidin**	= Aminomethanamidin, Aminoformamidin, Carbamidin, Imincarbamid, $NH{:}C(NH_2)_2$ s. Alkyl-, Diphenyl-, Ditolyl-guanidin; Sa.	**Sa.**
3228	**Guanidinacetat**	Zinkblende-Sa.; „Min. Engrg.“, Febr. 1959, 219/220 s. Äthyloloctadecyl-, Diäthyloldodecyl-, Trimethylolmethylamyl-guanidinacetat; Sa., Netzm., Emulg.	**Sa.**
3229	**Guanidinaminovaleriansäure**	s. = Arginin; Dr.	**Dr.**
3230	**Guanidincarbonat**	= $(H_2NCNHNH_2)_2 \cdot H_2CO_3$ Zinkblende-Sa.; „Min. Engrg.“, Febr. 59, 219/220 s. Aminoguanidinbicarbonat; Sa.	**Sa.**
3231	**Guanidinessigsäure**	eine Polyaminomonocarbonsäure Gangart-Dr.; Am. 2414199, „Min. Technology“ 1946, 279	**Dr.**
3232	**Guanidinhydrochlorid**	$NHC(NH_2)_2\ HCl$ Zinkblende-Sa.; „Min. Engrg.“, Febr. 1959, 219/220 s. Decylguanidinhydrochlorid; Sa. s. Äthylolamyl-, Äthyloläthylhexyl-, Propyloläthylhexyl-guanidinhydrochlorid; Sa., Netzm., Emulg.	**Sa.**
3233	**Guanidinhydrojodid**	s. Dodecylguanidinhydrojodid; Sa.	**Sa.**
3234	**Guanidinhydropolyacrylonitril**	Gangart-Dr. f. sulfid. Erze; Am. 2740522	**Dr.**
3235	**Guanidinnitrat**	= $H_2NC(NH)NH_2 \cdot HNO_3$ Sa. f. d. Flot. v. Zinkblende; „Min. Engrg.“, Febr. 1959, 219/220	**Sa.**
3236	**Guanidinpolyacrylat**	Flockm.; Brit. 725460, Franz. 1083610	**Flockm.**
3237	**Guanidinsulfat**	Zinkblende-Sa.; „Min. Engrg.“, Febr. 1959, 219/220	**Sa.**
3238	**Guanidylvaleriansäure**	s. Arginin; Dr.	**Dr.**
3239	**Guanylcarbamid** (Guanylharnstoff, $H_2N—C(=NH)—N(H)—C(=O)—NH_2$)	Dr.; „Min. Technology“ 1946, 277 s. Dodecylguanylthiocarbamid-HJ; Sa. = Dicyandiamidin s. Tetradecylguanylcarbamidjodid; Sa.	**Sa., Dr.**
3240	**Guanylguanidin**	s. = Biguanid; Sa.	**Sa.**
3241	**Guanylhydrazinbicarbonat**	s. = Aminoguanidinbicarbonat; Sa.	**Sa.**
3242	**Guanylthiocarbamidhydrojodid**	s. Dodecylguanylthiocarbamidhydrojodid; Sa.	**Sa.**
3243	**Guar**	als Flockm.; Guar ist eine indische Bohnenpflanze, deren Frucht ein **Galactomannan** enthält. Wird fein granuliert u. bildet ein viscoses Sol. Ist nichtionogen u. nimmt daher keinen Elektrolyten an; „Ind. Engrg. Chem.“, Juli 1958, S. 1013/1016 s. Guartec, Galactasol; Flockm., Dr., Disp. Guarmehl als Flockm. z. Tonausfällung aus Flotationslaugen u. als Akt. b. d. Sylvinit-Flot.; Am. 2952358	**Disp., Dr., Flockm., Akt.**

Lfd. Nr.	Bezeichnung (Zusammensetzung)	besondere Verwendung mit zugehöriger Literaturangabe	Verwendungs-überblick
3244	**Guargummi**	s. Guar, Guartec s. = Galactasol; Flockm., Dr., Disp. als nichtionogenes Flockm. f. Schlämme; ,,Montanwiss. Literaturber.'', Oktober 1959, S. 1157	**Flockm., Dr., Disp.**
3245	**Guartec**	s. = Guar, Galactasol; Flockm., Dr. Schlamm-Disp. b. d. Sylvin-Flot.; Am. 2836297 Flockm. f. Schlämme mit Quarz-Teilchen unter 45 Mikron u. Bentonit-Teilchen; ,,Annales des Mines de Belgique'', Febr. 1959, 237	**Flockm., Dr., Disp.**
3246	**Gum 3502**	= wasserlösl. Stärke-Abbauprod.; Dr. b. d. Eisenerz-Flot.; ,,Chem. Ztrlbl.'' 1955, 2522 s. Irishgum, Britishgum = Dextrin; Dr., Flockm., Kondm., Regler Gum als Benzinharz = engl. Bezeichnung f. harzartige Abscheidungen aus Benzin; ,,Erdöl u. Kohle'' 1957, 602	**Dr.**
3247	**Gummi**	Gummi bzw. Gummilösg. als Sa.; Brit. 133277 gummiartige Schutzkolloide als Sulfid-Dr. b. d. Flot. glimmerhaltiger Erze; Am. 1741030 Mesquite-, Cherry-, Tragacanth- oder Palmetto-Gummi als Schutzkolloide bzw. Kalkspat-Dr. b. d. kationakt. Quarz-Flot. aus Kalkstein; Am. 2341046 s. Mesquite-, Cherry-, Shiraz-, Ghatti-, Karaya-, Locust-, Tragacanth-Gummi; Netzm., Dr. s. Akaziengummi; Dr. s. Palmettogummi Dr. s. Galactosol; Dr., Disp., Flockm.	**Dr., Disp., Netzm. Flockm.**
3248	**Gummi/arabikum**	Glimmer-Dr. b. d. Sulfid-Flot.; Petersen 208 Gangart-Disp. u. -Dr.; ,,Engrg. Min. J.'', Juni 1956, 114 Kalkspat-Dr. b. d. Quarz/Kalkspat-Flot.; Am. 2341046 Netzm.; Am. 2208758, Brit. 526701	**Dr., Disp., Netzm.**
3249	**Gummi/Terpentin-Lösg.**	Erz-Sa.; Brit. 133277	**Sa.**

Lfd. Nr.	Bezeichnung (Zusammensetzung)	besondere Verwendung mit zugehöriger Literaturangabe	Verwendungs-überblick
3250	**Halba**	= Leim d. Fa. Henkel s. Leim; Netzm., Dr., Flockm., Kondm., Regler	**Netzm., Dr., Flockm., Kondm. Regler**
3251	**Halit**	s. = Steinsalz; Schwerst.	**Schwerst.**
3252	**Halogene** (Cl, Br, J, F)	Pyrit-Dr. b. d. Flot. sulfid. Zn-, Cu-Erze; Can. 289715	**Dr.**
3253	**Halogenfettsäuren**	Sa. f. d. Zinnstein-Flot.; ,,Erzmetall" 1955, 154 s. Perfluorcarbonsäure; Sa.	**Sa.**
3254	**Halogen-KWstoffe**	s. Äthylendichlorid; Lösm. Lösm. z. Tonentfernung aus Kalisalzen; DP. 1083192 s. Dichlorphenol; Akt. s. Acetylentetrabromid, Bromoform, Chloroform, Chlor-KWstoffe, Tetrachlorkohlenstoff; Schwerfl. Mittel z. Abscheidung d. lignit. u. vitrit. Kohlebestandteile, wobei sich im oberen Teil d. Sedimentationsvorr. Ge-haltige Kohle ansammelt; DP-Anm. St7895VI/1a, bekanntgemacht 8. 3. 56 s. Tetrachloräthan, Pentachloräthan, Äthylendibromid, Trichloräthylen; Schwerfl.	**Schwerfl., Lösm., Akt.**
3255	**Halogenkresol**	Sa. z. Flot. v. anorgan. Bestandteilen aus Ölschiefer, Kohle oder Torf; DP. 834833	**Sa.**
3256	**Halogenphenole**	als Sa/Sch. z. Flot. v. anorgan. Bestandteilen aus Ölschiefer, Kohle oder Torf; ,,Fiatberichte", 1. 11. 1948, Bd. 15, 213	**Sa/Sch.**
3257	**Halogenxylenol**	Sa. f. d. Flot. anorgan. Bestandteile aus Ölschiefer, Kohle oder Torf; DP. 874733	**Sa.**
3258	**Halosilane**	gasförmige Kondm. z. Hydrophobierung v. naßmechan. aufzubereitenden Erzen; Am. 2564546 s. Äthyltrichlor-, Diäthyldichlor-, Methyltrichlor-, Phenyltrichlorsilan; Kondm.	**Kondm.**
3259	**Hämatit**	Schwerst. f. Trenntrüben d. Schwimmsinkscheidung v. Steinkohle; ,,Aufbrtg. d. Steinkohle", Teil I, 1960, 217	**Schwerst.**
3260	**Hammerschlag**	Schwerst. f. d. Trenntrübe z. Schwimmsinkscheidung v. Steinkohle; ,,Aufbrtg. d. Steinkohle", Teil I, 1960, 217	**Schwerst.**
3261	**Hämoglobin**	s. Chromoproteide; Netzm., Dr., Flockm.	**Netzm., Dr., Flockm.**
3262	**Harnstoff** (= Carbamid, Carbonyldiamid, Carbaminsäureamid)	s. = Carbamid; Sa.	**Sa.**
3263	**Harnzucker**	s. = Traubenzucker; Dr., Kondm.	**Dr., Kondm.**
3264	**Hartholzkreosot**	Sa/Sch. f. d. Sulfid-Flot.; ,,Engrg. Min. J.", Juni 1956, 113 Modif. z. Verbesserung d. Zähigkeit des Flot.-Schaumes b. d. Gold-Flot.; Michell ,,The Practice of Mineral Dressing" 1950, 54	**Sa/Sch., Modif.**

Lfd. Nr.	Bezeichnung (Zusammensetzung)	besondere Verwendung mit zugehöriger Literaturangabe	Verwendungs-überblick
3265	**Harze**	polymeris. Harze als Sa/Sch. b. d. Erz-Flot.; DP. 966261 s. Naphthalinharz; Sa/Sch. Kondsprr. von Gemischen aus niedrigschmelzenden Harzen, Phenolen, Alkylphenolen, polymeris. Terpentinölen, Terpenalkoholen sowie sonstigen Alkanbestandteilen für sich oder zusammen mit Methylisobutanol, Diisobutanol, Nonylglykol, Heptanol oder Trimethylnonanol als Sa/Sch. f. d. Kohlen-Flot.; DP. 1064442 s. Oxyalkylphenolharze, Oxylalkylphenolaldehydharze, Oxyalkylphenolfurfurolharze; Sa., Netzm. s. Amberlite IRA-400, XE-123; Sorptm.	**Netzm.,Sa.,Sa/Sch., Sorptm.**
3266	**Harzaminacetat**	dehydriertes (Baum-)Harzaminacetat f. d. Steinkohlen-Flot.; Am. 2633240	**Sa.**
3267	**Harzöle**	als Sch., insbes. f. Nichteisen-Erze; ,,Chemical Abstracts" 1959, 7887	**Sch.**
3268	**Harzpech** (aus d. Harzdestillation)	Sch.; Brit. 173830	**Sch.**
3269	**Harzpolymerisate**	Sa/Sch.; DP. 966261	**Sa/Sch.**
3270	**Harzsäuren**	Ligninsulfonsäure = Harzsäuren aus dem Sulfit- oder Sulfatextraktionsverf. oder natürliche Harzsäuren, die mit Sulfiten, Bisulfiten oder Sulfaten behandelt worden sind, als Sa. f. oxyd. Erze oder Nichterze; Petersen 171 Sa. f. d. Flot. v. Apatitglimmerschiefer, ferner z. Trennung d. Mutterkornpilze vom Roggen sowie f. d. Erbsen- u. Weizen-Flot.; Römpp ,,Chemie-Lexikon" 1958 Sa.; Am. 2669355 Sa. f. d. Steinsalz-Flot.; ,,Chemie-Ing.-Techn." 1955, 2 Sa. f. d. Glimmer-Flot. aus Feldspatgesteinen; DP. 670142 Sa. z. Ausschwimmen d. kalkigen Gangart b. d. Eisenerz-Flot.; Am. 2701057 s. Tallöl; Sa., Sa/Sch. s. Lipro; Sa. s. Dresinate = Kolophoniumsäureseifen; Sa., Sa/Sch., Sch., Modif., Emulg. s. Harzsäureseifen = Resinate; Sa., Sch., Flockm.; Emulg.	**Sa., Sa/Sch., Sch., Flockm., Modif, Emulg.**
3271	**Harzsäure/Fettsäure-Mischung**	s. Varlacoid; Sa.	**Sa.**
3272	**Harzsäureseifen** (= Resinate)	anionakt. Quarz-Sa. b. d. Eisenerz-Flot.; Am. 2364778, 2419945 Steinsalz-Sa.; ,,Chemie-Ing.-Techn." 1955, 2 Sa. f. d. Flot. d. hydrophoben Druckerschwärze an dem hydrophilen Papier; Römpp ,,Chemie Lexikon" 1950, I, 383 Na-Resinat als Sch.; DP. 392121, Brit, 105627	**Sa., Sa/Sch., Sch., Flockm., Modif., Emulg.**

Lfd. Nr.	Bezeichnung (Zusammensetzung)	besondere Verwendung mit zugehöriger Literaturangabe	Verwendungs-überblick
		Glimmer-Sa.; Am. 2226103, Can. 399204 Na-, NH_4-Resinate als Flockm.; DP. 1002703 Flockm. z. Verbesserung d. Filtration von Flot.-Konzentraten; „Chem. Ztrbl." 1959, 14544 s. Dresinate; Sa., Sa/Sch., Sch., Modif., Emulg. Pechblende Sa,; „The Min. J." 1960, 687	
3273	**Na-Harzsäureseife/ Äthylxanthat/ Pineöl-Emulsion**	Sa/Sch. f. d. Pyrit-Flot.; Am. 2636604	**Sa/Sch.**
3274	**Harzsäuresulfonat**	Emulg. f. Sa-Emulsionen; DP. 668641	**Emulg.**
3275	**Haselnußholz-Tannin**	s. Gallol-Tannin; Dr., Disp., Netzm., Regler	**Disp., Dr., Netzm., Regler**
3276	**Hauptlauffettsäure**	$C_{14}/_{22}$..., als Akt. z. Konditionieren von elektrostatisch aufzubereitenden Kalisalzen; DP. 1076593	**Akt.**
3277	**Heizöl**	Schaum-Modif.; „Engrg. Min. J.", Juni 1956, 114 Sa. f. Erze oder Nichterze; „Bulletin No. R_1—B_3 Reagents" 1955 Sylvin-Sa.; DP. 917361 Hilfs-Sa.; „Encyclopedia of Chemical Technology" 1951, 606	**Mod., Sa.**
3278	**Heizöl/ungesättigte C_{18}-Fettsäuren-Mischung**	Phosphatit-Sa.; „Bergb.-Wiss." 1957, 253	**Sa.**
3279	**Heizöl/Fettsäure/ Kerosin-Mischung**	Phosphatit-Sa.; Am. 2811254	**Sa.**
3280	**Heizöl/Methylisobutyl-carbinol-Mischung**	Sa/Sch. f. d. Steinkohlen-Flot.; „Glückauf" 1957, 321 u. „Erdöl u. Kohle" 1958, 528	**Sa/Sch.**
3281	**Heizöl/Tallöl-Mischg.**	zusammen mit Alkylphenolpolyglykoläther-Emulg. als Flockm. f. unentschlämmten Ilmenit; „Bergakademie" 1960, 577 s. Umix; Sa.	**Sa., Flockm.**
3282	**Heizöl/Tallöl/Alkyl-arylsulfat-Emulsion**	s. „Umix"; Sa.	**Sa.**
3283	**Heizöl/Tallöl/Petro-leumsulfonat-Emulsion**	Sa. f. d. Chromit-Flot.; „The Min. J.", Jan. 1961, 99	**Sa.**
3284	**Heptadecanol** ($C_{17}H_{35}OH$)	s. = Heptadecylalkohol; Sa/Sch.	**Sa/Sch.**
3285	**Heptadecenylglyoxalin-äthanol**	s. Heptadecenylimidazoläthanol; Flockm.	**Flockm.**
3286	**Heptadecenylimidazol**	s. Hydroxyäthylheptadecenylimidazol = Amin 22L u. Amin 220; Sa.; Am. 2811489 s. Aminoäthylheptadecenylimidazol; Flockm. s. Amin 220; Sa/Sch., Sa.	**Sa/Sch., Sa., Flockm.**
3287	**Heptadecenylimidazo-linäthanol**	s. = Amin 220; Sa., Sa/Sch. Flockm. z. Filtrieren v. Schlämmen; Am. 2509260	**Sa., Sa/Sch., Flockm.**

Lfd. Nr.	Bezeichnung (Zusammensetzung)	besondere Verwendung mit zugehöriger Literaturangabe	Verwendungs-überblick
3288	**Heptadecylaldehyd-sulfonat**	s. „Alframin"; Sa., Netzm.	**Sa., Netzm.**
3289	**Heptadecylalkohol**	= Heptadecanol, $C_{17}H_{35}OH$ Sa/Sch.; Am. 2012609	**Sa/Sch.**
3290	**Heptadecylalkohol/ Äthylenoxyd-Kondenspr.**	s. Lubrol MOA, Stockopol WW; Netzm., Flockm.	**Netzm., Flockm.**
3291	**Heptadecylakohol-sulfat**	s. = Heptadecylsulfat; Sa., Sa/Sch., Netzm., Flockm., Kondm., Emulg.	**Sa., Sa/Sch., Netzm., Kondm., Emulg., Flockm.**
3292	**Heptadecylamidin, -hydrochlorid**	Sa. f. d. Erz-Flot.; Brit. 568186	**Sa.**
3293	**Heptadecylamin** (Aminoheptadecan, $CH_3(CH_2)_{16}NH_2$)	Sylvin-Sa.; DP. 919703, 1008222, Am. 2365805 Pyrochlor-Sa.; Can. 599684 Netzm. z. Konsistenzminderung v. Schwerstofftrüben d. Schwimmsinkscheidung v. Mineralien; DP. 1089701, Am. 3899392 s. Alkylamin; Sa., Sa/Sch.	**Sa., Sa/Sch., Netzm.**
3294	**Heptadecylamin/ Abietinsäure-methylester-Mischg.**	Sa. f. d. schaumlose Flot. v. grobkörnigem Sylvinit; Am. 2937751	**Sa.**
3295	**Heptadecylaminacetat**	Sylvin-Sa.; DP. 965931, 1056071 Netzm. z. Konsistenzminderung v. Schwerstofftrüben d. Schwimmsinkscheidung v. Mineralien; DP. 1089701, Am. 2899392 s. Alkylaminacetat; Sa. Carnallit-Sa.; DP. 969981	**Sa., Netzm.**
3296	**Heptadecylamin/Alkohol-Mischung**	Sa. f. d. schaumlose Flot. von grobkörnigem Sylvinit; Am. 2937751	**Sa.**
3297	**Heptadecylamin/Alkylenamin-Mischg.**	Sylvin-Sa.; Am. 2689649 Sa.; Can. 395829	**Sa.**
3298	**Heptadecylamin/Alkylnitril-Mischg.**	Sa.; Can. 410809/810	**Sa.**
3299	**Heptadecylaminchlor-hydrat**	Zinkerz-, insbes. Galmei-Sa.; Franz. 61640 Netzm. z. Konsistenzminderung v. Schwerstofftrüben d. Schwimmsinkscheidung v. Mineralien; DP. 1089701	**Sa., Netzm.**
3300	**Heptadecylaminchlorid**	kationakt. Sa.; „Aach. Bl." 1959, 81/110 Netzm. z. Konsistenzminderung v. Schwerstofftrüben d. Schwimmsinkscheidung. v. Mineralien; DP. 1089701, Am. 2899392	**Sa., Netzm.**
3301	**Heptadecylamin/Ester-Mischung**	Sa. f. d. schaumlose Flot. von grobkörnigem Sylvinit; Am. 2937751	**Sa.**
3302	**Heptadecylamin/Fett-säureamid-Mischg.**	Sa. f. d. schaumlose Flot. von grobkörnigem Sylvinit; Am. 2937751	**Sa.**
3303	**Heptadecylaminfluorid**	Zinkerz-, insbes. Galmei-Sa.; Franz. 61640	**Sa.**
3304	**Heptadecylaminhydro-chlorid**	Sylvin-Sa.; Brit. 564338 Quarz-Sa. f. d. Quarz/Kalkspat-Flot.; Am. 2295459, 2341046	**Sa.** **Sa.**
3305	**Heptadecylaminlactat**	Zinkerz-, insbes. Galmei-Sa.; Franz. 61640	**Sa.**

Lfd. Nr.	Bezeichnung (Zusammensetzung)	besondere Verwendung mit zugehöriger Literaturangabe	Verwendungs-überblick
3306	**Heptadecylamin(o)-hydroxymethyloxa-zolinchlorid**	Sa.; Franz. 1165100	**Sa.**
3307	**Heptadecylaminooxa-zolinchlorid**	als Sa.; Franz. 1165100	**Sa.**
3308	**Heptadecylamin/ Pflanzenöl-Mischung**	Sa. f. d. schaumlose Flot. von grobkörnigem Sylvinit; Am. 2937751	**Sa.**
3309	**Heptadecylamin-phthalamat**	Sa., Netzm.; Am. 2101323	**Sa., Netzm.**
3310	**Heptadecylamin/Tier-öl-Mischung**	Sa. f. d. schaumlose Flot von grobkörnigem Sylvinit; Am. 2937751	**Sa.**
3311	**Heptadecylarylsulfonat**	s. Alkylarylsulfonat; Sa., Sa/Sch., Netzm., Disp., Regler, Flockm., Kondm.	**Sa.,Sa/Sch.,Netzm. Disp., Regler, Flockm., Kondm**
3312	**Heptadecylbenzimid-azolsulfonat**	s. Ultravon K u. W; Netzm.	**Netzm.**
3313	**Heptadecylbetain**	kationakt. Quarz-Sa. f. d. umgekehrte Eisenerz-Flot.; Am. 2547148	**Sa.**
3314	**Heptadezylbiguanid-acetat** -hydrobromid, -hydro-chlorid, -hydrojodid	Sa., Netzm., Emulg.; Am. 2350453	**Sa., Netzm., Emulg.**
3315	**Heptadecylcarbinol**	Sch. f. d. Sylvin-Flot.; DP. 905721	**Sch.**
3316	**Heptadecyldimethyl-hydrazinchlorid**	Sa.; Franz. 1165100	**Sa.**
3317	**Heptadecyldimethyl-pyrrolidin**	Sa., Emulg.; Am. 2497839	**Sa., Emulg.**
3318	**Heptadecylglykol**	Sch. f. d. Kalirohsalz-Flot.; DP. 872182	**Sch.**
3319	**Heptadecylglyoxalin**	s. = Heptadecylimidazol; Sa., Sa/Sch.	**Sa., Sa/Sch.**
3320	**Heptadecylguanidin**	Sylvin-Sa.; „Chemie-Ing.-Techn." 1955, 2	**Sa.**
3321	**Heptadecylhydrobetain**	Hämatit-Sa.; Can. 392169	**Sa.**
3322	**Heptadecylimidazol**	s. = Amin 220; Sa., Sa/Sch. Flockm. beim Filtrieren v. Schlämmen; Am. 2509260	**Sa., Sa/Sch., Flockm.**
3323	**Heptadecylimidazol-hydrochlorid**	kationakt. Sa.; Brit. 578 694 s. Äthoxyaminoäthylheptadecylimidazol-hydrochlorid; Sa.	**Sa.**
3324	**Heptadecylimidformiat, -hydrochlorid**	Sa. f. d. Flot. saurer Mineralien; Brit. 568186	**Sa.**
3325	**Heptadecylketon**	s. = Stearon; Sch., Lösm.	**Sch., Lösm.**
	Heptadecylmercaptan	Sa. f. oxyd. Eisenerze; Am. 2125337, 2410377	**Sa.**
3326	**Heptadecylmercapto-sulfenamid**	Sa.; Am. 2807615	**Sa.**
3327	**Heptadecylnaphthalin-sulfonat**	s. Alkylnaphthalinsulfonat; Sa., Sa/Sch., Netzm., Disp., Flockm., Kondm., Regler	**Sa/Sch., Sa., Netzm., Disp., Flockm., Kondm., Regler**
3328	**Heptadecylnatrium-sulfonat**	Sa. f. d. Flot. kieserit. Kalirohsalze; DP. 918861	**Sa.**

Lfd. Nr.	Bezeichnung (Zusammensetzung)	besondere Verwendung mit zugehöriger Literaturangabe	Verwendungs-überblick
3329	**Heptadecylolamin**	Sa. f. d. Chromit-Flot.; Michell 291 Sa.; Am. 2389763	**Sa.**
3330	**Heptadecyloldiäthylen-triamin**	Sa.; Am. 2389763	**Sa.**
3331	**Heptadecylolpolyamin**	Sa.; Am. 2389763	**Sa.**
3332	**Heptadecyloltriäthylen-tetramin**	Sa.; Am. 2389763	**Sa.**
3333	**Heptadecyloxy-äthylenätheralkohol**	s. Alkyloxyäthylenätheralkohol; Sa/Sch., Sch.	**Sa/Sch., Sch.**
3334	**Heptadecylphenol**	Sch.; Am. 2250190, Can. 390793 Sch/Sa. f. Pb-Erze; „Engrg. Min. J.", Juni 1956, 113	**Sch., Sch/Sa.**
3335	**Heptadecylphenylpoly-äthylenäther**	Netzm.; DP. 1030802	**Netzm.**
3336	**Heptadecylphosphat**	Sa. f. Nichtsulfide; Am. 2120217	**Sa.**
3337	**Heptadecylphthalat**	Sch. f. d. Kohlen-Flot.; Am. 2099120	**Sch.**
3338	**Heptadecylpolyalkylen-polyamid, -amin**	Sa. f. quarzige Erze; Am. 2569417	**Sa.**
3339	**Heptadecylpolyäthylen-äther**	Netzm.; DP. 1030802	**Netzm.**
3340	**Heptadecylpolyäthylen-oxyd**	s. Alkylpolyäthylenoxyd; Sa/Sch., Netzm., Disp., Emulg.	**Sa/Sch., Netzm., Disp., Emulg.**
3341	**Heptadecylpolyoxy-äthylenäther**	Sch. allgemein, Sa/Sch. f. d. Kohlen-Flot.; Brit. 782107, Belg. 532530	**Sa/Sch., Sch.**
3342	**Heptadecylpolyoxy-äthylenätheralkohol**	Sch. u. Sa/Sch. f. d. Kohlen-Flot.; Brit. 782107, 782407, Franz. 1109789, Belg. 532 530	**Sa/Sch., Sch.**
3343	**Heptadecylpolyoxy-nitrosophenol**	Sa/Sch. f. Cu-Silikate; „Chemical Abstracts" 1953, 1549	**Sa/Sch.**
3344	**Heptadecylpropylen-diamin**	s. Duomeen T; Sa., Flockm.	**Sa., Flockm.**
3345	**Heptadecylpyridin**	s. Repellate; Netzm.	**Netzm.**
3346	**Heptadecylpyridinium-bromid**	kationakt. Quarz-Sa. f. d. Quarz/Kalk-Flot.; Am. 2341046	**Sa.**
3347	**Heptadecylpyridinium-chlorid**	kationakt. Quarz-Sa. f. d. Quarz/Kalk-Flot.; Am. 2341046 Sa.; Am. 2389763, Brit. 463261	**Sa.**
3348	**Heptadecylpyridinium-jodid**	Sa.; Am. 2389763, Brit. 463261	**Sa.**
3349	**Heptadecylsulfamido-Verbdgg.**	s. Alkylsulfamido-Verbdgg.; Sa.	**Sa.**
3350	**Heptadecylsulfat**	Sa.; Can. 360802 Sa/Sch.; DP. 1064891, Brit. 405163 s. Tergitol 7; Flockm. s. Alkylsulfat; Sa., Sa/Sch., Netzm., Flockm., Kondm., Emulg.	**Sa., Sa/Sch., Netzm., Flockm., Kondm., Emulg.**
3351	**Heptadecylsulfenamid**	Sa.; Am. 2807615	**Sa.**
3352	**Heptadecylsulfenyltri-thiocarbonat**	Sa.; Am. 2634291	**Sa.**
3353	**Heptadecylsulfoacetat**	Sa. f. Nichtsulfide; Am. 2120217	**Sa.**

Lfd. Nr.	Bezeichnung (Zusammensetzung)	besondere Verwendung mit zugehöriger Literaturangabe	Verwendungs-überblick
3354	**Heptadecylsulfonat**	Sa.; Petersen 163 Netzm.; DP. 802389 Sa. f. d. Kalisalz-Flot.; DP. 806842, 840682, 918861 Sa. f. d. Flot. oxyd. Eisenerze; DP. 844131, Östr. 175854 Netzm. z. Zerstören v. Kohlenflot.-Schäumen; „Glückauf" 1932, 626 Netzm. z. Verbesserung d. Filtration von Flot.-Konzentraten; „Chem. Ztrlbl." 1959, 14544 Netzm. z. Viscositätsminderung v. Schwerstofftrüben der Schwimmsinkscheidung v. Mineralien; DP. 1089701 s. Alkylsulfonate; Sa., Sa/Sch., Netzm., Dr., Disp., Akt., Kondm.	**Sa.,Sa/Sch.,Netzm., Dr., Disp., Akt., Kondm.**
3355	**Heptadecylthiophosphat**	Sa.; Brit. 310186	**Sa.**
3356	**Heptadecylthiosulfat**	Sa.; Am. 1723295	**Sa.**
3357	**Heptadecylthiourethan**	Sa.; Can. 311054	**Sa.**
3358	**Heptadecyltrimethylamin**	Sa. f. d. selektive Sulfiderz-Flot.; „Erzmetall" 1958, 199/209	
3359	**Heptadecyltrithiocarbonat**	Sa.; Am. 2600737	**Sa.**
3360	**Heptaldehyd**	= Heptylaldehyd, Önanthaldehyd, Önanthal, $C_6H_{13}CHO$ Sa. f. Eisenerze; Am. 2410377	**Sa.**
3361	**Heptaldehyd/Arylsulfonsäure-Kondspr.**	MoS_2-Dr. b. d. Flot. von Mo/Cu-Sulfiden; Am. 2187930	**Dr.**
3362	**Heptaldoxim**	Talk-Sa.; Taggart 12—16 Sa. f. Cu-Erze; „Industrial and Engrg. Chemistry" 1940, 654	**Sa.**
3363	**Heptan** ($CH_3(CH_2)_5CH_3$)	Kondm. z. Verbesserung d. Convertol-Feinkohlenaufbrtg.; „Min. Engrg." 1959, 1153/54	**Kondm.**
3364	**Heptandioldiacetat**	Sch.; DP. 933663, Am. 2803345, Brit. 747658	**Sch.**
3365	**Heptandiolsäurealkylester**	s. = Pimelinsäurealkylester; Sch., Akt., Modif.	**Sch., Akt., Modif.**
3366	**Heptanol**	s. = Heptylalkohol; Sa/Sch., Modif.	**Sa/Sch., Modif.**
3367	**Heptanoläthylenglykoläther**	als Sch.; DP. 1001652, „Chem. Abstr." 1960, 4334	**Sch.**
3368	**Hepten/SCl_2/Zn-Reaktpr.**	Sa.; Brit. 298829	**Sa.**
3369	**Heptenylxanthat**	Sa.; Am. 2101648	**Sa.**
3370	**Heptylacetsäure**	s. = Heptylessigsäure, Nonylsäure; Sa.	**Sa.**
3371	**Heptylaldehyd**	s. = Heptaldehyd; Sa.	**Sa.**
3372	**Heptaldoxim**	Sa.; „Chemical Abstracts" 1939, 5330	**Sa.**

Lfd. Nr.	Bezeichnung (Zusammensetzung)	besondere Verwendung mit zugehöriger Literaturangabe	Verwendungs-überblick
3373	**Heptylalkohol**	= Heptanol, $C_7H_{15}OH$ guter Sch.; Petersen 162 Sa/Sch.; Am. 2012609 Verbesserung seiner Wirksamkeit durch Ionisierung mittels Kurz-, Ultrakurz- oder elektr. Wellenbestrahlung; DP. 888531 Modifm. z. Aufsprühen zwecks Schaumzerstörung des Kohlen-Vorflotationsschaumes u. als Schaumstabilisator während d. Nachflotation; DP. 1064442 Sa/Sch. z. Flot. v. Kohlen i. Ggw. von Tonschlämmen; „Chem. Ztrlbl." 1959, 15874	**Sa/Sch., Modif. Sch.**
3374	**Heptylalkohol/Äthylenoxyd-Reaktpr.**	als Sch. f. sulfid. Erze; DP. 1001652, Am. 2950818, Brit. 824661	**Sch.**
3375	**Heptylalkohol/Dipenten-Misch.**	Erz-Sch.; Can. 365029	**Sch.**
3376	**Heptylalkoholsulfat**	s. = Heptylsulfat	**Sa/Sch., Sa., Netzm.**
3377	**Heptylamin** ($CH_3(CH_2)_6NH_2$)	Sylvin-Sa.; DP. 1008222, Am. 2365805 s. Alkylamin; Sa., Sa/Sch. Netzm. z. Konsistenzminderung v. Schwerstofftrüben d. Schwimmsinkscheidung; DP. 1089701	**Sa., Sa/Sch., Netzm.**
3378	**Heptylaminacetat**	Netzm. z. Konsistenzminderung von Schwerstofftrüben d. Schwimmsinkscheidung von Mineralien; DP. 1089701 s. Alkylaminacetat; Sa.	**Sa., Netzm.**
3379	**Heptylamin/Alamine-Mischg.**	Sa. f. d. Phosphatit-Flot.; Am. 2914174	**Sa.**
3380	**Heptylamin/Alkylenamin-Mischg.**	Sylvin-Sa.; Am. 2689649 Sa.; Can. 395829	**Sa.**
3381	**Heptylamin/Alkylnitril-Mischg.**	Sa.; Can. 410809/810	**Sa.**
3382	**Heptylaminchlorid** ($C_7H_{15}NH_2Cl$)	s. Alkylaminchlorid; Sa. Netzm. z. Konsistenzminderung von Schwerstofftrüben f. d. Schwimmsinkscheidung von Mineralien; DP. 1089701	**Sa., Netzm.**
3383	**Heptylaminchlorhydrat**	Netzm. z. Konsistenzminderung v. Schwerstofftrüben d. Schwimmsinkscheidung v. Mineralien; DP. 1089701 s. Alkylaminhydrochlorid; Sa.	**Sa., Netzm.**
3384	**Heptylanimfluorid**	Zinkerz-, insbes. Galmei-Sa.; Franz. 61640	**Sa.**
3385	**Heptylaminlactat**	Zinkerz-, insbes. Galmei-Sa.; Franz. 61640	**Sa.**
3386	**Heptylarylsulfonat**	s. Alkylarylsulfonat; Sa., Sa/Sch., Netzm., Disp., Regler, Flockm., Kondm.	**Sa., Sa/Sch., Netzm., Disp., Regler, Flockm., Kondm.**
3387	**Heptylbenzyldodecyldimethylammoniumchlorid**	Sa., Netzm.; Am. 2676986	**Sa., Netzm.**
3388	**Heptylbenzylphosphinsäure**	Sa.; Am. 2594454	**Sa.**

Lfd. Nr.	Bezeichnung (Zusammensetzung)	besondere Verwendung mit zugehöriger Literaturangabe	Verwendungs-überblick
3389	**Heptylbenzylpolyoxy-äthylenätheralkohol**	Sa/Sch.; Franz. 1109798 Sch.; Brit. 782107, 782407, Belg. 532530	**Sa/Sch., Sch.**
3390	**Heptyldimethylamino-methylaminohydro-xytriazin**	Sa/Sch., Netzm., Emulg.; Am. 2210831	**Sa/Sch., Netzm., Emulg.**
3391	**Heptyldithiocarbamat**	Sa.; DP. 871132	**Sa.**
3392	**Heptylessigsäure**	s. = Nonylsäure; Sa.	**Sa.**
3393	**Heptylguanidin**	Sylvin-Sa.; „Chemie-Ing.-Techn." 1955, 2	**Sa.**
3394	**Heptylimidazol**	kationakt. Sa.; Brit. 578694 Flockm. beim Filtrieren v. Schlämmen; Am. 2509260	**Sa., Flockm.**
3395	**Heptylimidformiat, -hydrochlorid**	Sa. f. d. Flot. saurer Mineralien; Brit. 568186	**Sa.**
3396	**Heptylkresol**	Sch.; Can. 390793	**Sch.**
3397	**Heptylkresylphosphin-säure**	Sa.; Am. 259454	**Sa.**
3398	**Heptylkresylpolyoxy-äthylenätheralkohol**	Sa/Sch.; Franz. 1109798 Sch.; Brit. 782107, 782407, Belg. 532530	**Sa/Sch., Sch.**
3399	**Heptylmercaptan**	Sa. f. oxyd. Eisenerze; Am. 2125337	**Sa.**
3400	**Heptylmercapto-sulfenamid**	Sa.; Am. 2807615	**Sa.**
3401	**Heptylnaphthalin-phosphinsäure**	Sa.; Am. 2594454	**Sa.**
3402	**Heptylnaphthalin-sulfonat**	s. Alkylnaphthalinsulfonat; Sa., Sa/Sch., Netzm., Disp., Flockm., Kondm., Regler	**Sa., Sa/Sch., Netzm., Disp., Flockm., Kondm., Regler**
3403	**Heptyl-β-naphthol-polyglykoläther**	s. Leonil FFO; Netzm.	**Netzm.**
3404	**Heptylnaphthylpoly-oxyäthylenäther-alkohol**	Sa/Sch.; Franz. 1109798 Sch.; Brit. 782107, 782407, Belg. 532530	**Sa/Sch., Sch.**
3405	**Heptylnatriumsulfonat**	Sa. f. d. Flot. kieserit. Kalirohsalze; DP. 918861	**Sa.**
3406	**Heptylolamin**	Sa. f. d. Chromit-Flot.; Michell 291	**Sa.**
3407	**Heptyloxyäthylen-ätheralkohol**	s. Alkyloxyäthylenätheralkohol; Sa/Sch., Sch.	**Sa/Sch., Sch.**
3408	**Heptylphenol**	Sch.; Am. 2250190, Can. 390793 Sch/Sa. f. Pb-Erze; „Engrg. Min. J.", Juni 1956, 113	**Sch., Sch/Sa.**
3409	**Heptylphenoxycarbon-säure**	Sa., insbes. f. schwerspathaltigen Flußspat; DP. 962871	**Sa.**
3410	**Heptylphenylphosphin-säure**	Sa.; Am. 2594454	**Sa.**
3411	**Heptylphenylpoly-äthylenäther**	Netzm.; DP. 1030802	**Netzm.**
3412	**Heptylphenylpolyoxy-äthylenätheralkohol**	Sa/Sch.; Franz. 1109798 Sch.; Brit. 782107, 782407, Belg. 532530	**Sa/Sch., Sch.**

Lfd. Nr.	Bezeichnung (Zusammensetzung)	besondere Verwendung mit zugehöriger Literaturangabe	Verwendungs-überblick
3413	**Heptylpimelat**	Sch.; DP. 904762, Am. 2690260	**Sch.**
3414	**Heptylpolyalkylen-polyamid, -amin**	Sa. f. quarzige Erze; Am. 2569417	**Sa.**
3415	**Heptylpolyäthylen-äther**	Netzm.; DP. 1030802	**Netzm.**
3416	**Heptylpolyäthylenoxyd**	s. Alkylpolyäthylenoxyd; Sa/Sch., Netzm., Disp., Emulg.	**Sa/Sch., Netzm., Disp., Emulg.**
3417	**Heptylpolyoxyäthylen-äther**	Sch. allgemein, Sa/Sch. f. d. Kohle-Flot.; Brit. 782107, Belg. 532530	**Sa/Sch., Sch.**
3418	**Heptylpolyoxyäthylen-ätheralkohol**	Sch. u. Sa/Sch. f. d. Kohle-Flot.; Brit. 782107, 782407, Franz. 1109798, Belg. 532530	**Sch., Sa/Sch.**
3419	**Heptylpolyoxynitroso-phenol**	Sa/Sch. f. silikat. Cu-Erze; „Chemical Abstracts" 1953, 1549	**Sa/Sch.**
3420	**Heptylpyridin**	s. Repellate; Netzm.	**Netzm.**
3421	**Heptylpyridinium-bromid**	Sa. bzw. Sa/Sch. f. oxyd. Mineralien; „Erzmetall" 1958, 545	**Sa., Sa/Sch.**
3422	**Heptylpyridinium-chlorid**	Sa.; Am. 2389763 kationakt. Quarz-Sa. f. d. Quarz/Kalk-Flot.; Am. 2341046	**Sa.** **Sa.**
3423	**Heptylsäure**	= Önanthsäure, Enanthinsäure, Amylessigsäure, $CH_3(CH_2)_5COOH$ Sa.; DP. 745363 Sa/Sch.; guter Sa. mit schwacher Sch.-Wirkg.; Petersen 162 Verbesserung ihrer Wirksamkeit durch Ionisierung mittels Kurz-, Ultrakurz- oder elektr. Wellen; DP. 888531	**Sa., Sa/Sch.**
3424	**Heptylsäure/Nitril-Mischung**	Erz-Sa.; Am. 2166093	**Sa.**
3425	**Heptylsilicon**	Erz-Sa.; „Chemical Abstracts" 1958, 8918	**Sa.**
3426	**Heptylsuberat**	Sch.; DP. 904762, Am. 2690260	**Sch.**
3427	**Heptylsulfamido-Verbdgg.**	s. Alkylsulfamid-Verbdgg.; Sa.	**Sa.**
3428	**Heptylsulfat**	Sa., insbes. f. Nichtsulfide; Am. 2120217 Sa/Sch.; DP. 906321 Sylvin-Sa.; „Chemie-Ing.-Techn." 1955, 2 s. Alkylsulfat; Sa., Sa/Sch., Netzm., Flockm., Kondm., Emulg.	**Sa., Sa/Sch., Netzm., Flockm., Kondm., Emulg.**
3429	**Heptylsulfenamid**	Sa.; Am. 2807615	**Sa.**
3430	**Heptylsulfenyltrithio-carbonat**	Sa.; Am. 2634291	**Sa.**
3431	**Heptylsulfonat**	Sa. f. d. Kalisalz-Flot.; DP. 806842, 840682, 918861 Sa.; Petersen 163 Netzm.; DP. 802389 Netzm. z. Zerstören v. Kohlenflot.-Schäumen; ‚Glückauf" 1932, 626 Netzm. z. Verbesserung d. Filtration von Flot.-Konzentraten; „Chem. Ztrlbl." 1959, 14544 Netzm. z. Viscositätsminderung von Schwerstofftrüben der Schwimmsinkscheidung; DP. 1089701	**Sa., Netzm.**

Lfd. Nr.	Bezeichnung (Zusammensetzung)	besondere Verwendung mit zugehöriger Literaturangabe	Verwendungs-überblick
3432	**Heptylsulfosuccinat**	s. Diheptylsulfosuccinat; Netzm.	**Netzm.**
3433	**Heptylthiocarbonat**	Sa.; Stüpel	**Sa.**
3434	**Heptylthiophan**	Sa. f. sulfid. Zinkerze; Can. 393245	**Sa.**
3435	**Heptylthiophosphat**	Sa.; Brit. 310186	**Sa.**
3436	**Heptylthiophosphorylbromid**	s. Diheptylthiophosphorylbromid; Sa/Sch.	**Sa/Sch.**
3437	**Heptylthiophosphorylchlorid**	s. Diheptylthiophosphorylchlorid; Sa., Sa/Sch.	**Sa., Sa/Sch.**
3438	**Heptylthiosulfat**	Sa.; Am. 1723295	**Sa.**
3439	**Heptylthiourethan**	Sa.; Can. 311054	**Sa.**
3440	**Heptyltrimethylamin**	Sa. f. d. selektive Sulfiderz-Flot.; „Erzmetall" 1958, 199/209	**Sa.**
3441	**Heptyltrithiocarbonat**	Sa.; Am. 2600737	**Sa.**
3442	**Heptylxanthogenformiat**	Sa. f. d. Sulfiderz-Flot.; Am. 2412500	**Sa.**
3443	**Heptylxylylphosphinsäure**	Sa.; Am. 2594454	**Sa.**
3444	**Heptylxylylpolyoxyäthylenätheralkohol**	Sa/Sch.; Franz. 1109798 Sch.; Brit. 782107, 782407, Belg. 532530	**Sa/Sch., Sch.**
3445	**Hercota**	hergestellt durch Erhitzung von Äthanolamin oder Triäthanolamin mit Pflanzenöl, z. B. Rizinusöl; Emulg. f. Sammleröle i. Verbdg. m. Pineöl-Sch.; Am. 2286374	**Emulg.**
3446	**Heringsölsulfonat**	Sa. f. oxyd. Eisenerze; Am. 2414714	**Sa.**
3447	**Heteropolysäuren**	wie P/Mo-, P/W-, As/Mo-, P/V-, As/W-, P/U-, P/S-, As/S-Säuren als Gangart-Dr. b. d. Flot. oxyd. Chromerze; DP. 627158	**Dr.**
3448	**Hexacarbonsäuren**	s. Benzolhexacarbonsäure = Mellitsäure; Sa.	**Sa.**
3449	**Hexadecan**	= $CH_3(CH_2)_{14}CH_3$; Kondm. z. Verbesserung der Convertol-Feinkohlenaufbrtg.; „Min. Eng.", Nov. 1959, S. 1153/54	**Kondm.**
3450	**Hexadecanol**	s. = Hexadecylalkohol; Sa/Sch.	**Sa/Sch.**
3451	**Hexadecen**	$CH_3(CH_2)_{13}CH{:}CH_2$, $C_{16}H_{32}$; als Mittel z. Verbesserung d. Convertol-Feinkohlenaufbrtg.; „Min. Eng.", Nov. 1959, S. 1153/54	**Kondm.**
	Hexadecensäure	s. = Palmitoleinsäure; Sa.	**Sa.**
3452	**Hexadecenylamin**	i. Mischg. m. Alamine oder Armeen als Sa. f. d. Phosphatit-Flot.; Am. 2914174	**Sa.**
3453	**Hexadecylacetsäure**	s. = Hexadecylessigsäure, Octadecylsäure; Sa., Netzm.	**Sa., Netzm.**
3454	**Hexadecylaldehydsulfonat**	Hexadecylaldehyd = Palmitin-, Cetylaldehyd; $C_{15}H_{31}CHO$ s. = Alframin"; Sa.	**Sa.**
3455	**Hexadecylalkohol**	= Äthal, Pentadecylcarbinol, Hexadecanol, Cetylalkohol, Palmitinalkohol, $C_{16}H_{33}OH$ Sa/Sch.; Am. 2012609	**Sa/Sch.**
3456	**Hexadecylalkohol/Äthylenoxyd-Kondenspr.**	s. Lubrol MOA, Stockopol WW; Netzm., Flockm.	**Netzm., Flockm.**

Lfd. Nr.	Bezeichnung (Zusammensetzung)	besondere Verwendung mit zugehöriger Literaturangabe	Verwendungs-überblick
3457	**Hexadecylalkoholpoly-glykoläther**	s. Leonil O; Netzm.	**Netzm.**
3458	**Hexadecylalkohol-sulfat**	s. = Hexadecylsulfat; Sa., Netzm., Flockm., Kondm., Emulg.	**Sa/Sch., Sa., Netzm., Flockm., Kondm., Emulg.**
3459	**Hexadecylamidin, -hydrochlorid**	Sa. f. d. Erz-Flot.; Brit. 568186	**Sa.**
3460	**Hexadecylamin** (= Cetylamin, Palmitinamin, Aminohexadecan, $CH_3(CH_2)_{15}NH_2$)	Sylvin-Sa.; DP. 919703, 1008222, 1056071, Am. P. 2365805 u. 2721657 kationakt. Pechblende-Sa.; Am. 2570120 s. „Armeen 16“, -S, -HTD“ s. „Alamine 26“; Sa. Sa.; „Metallkunde“ Okt. 1949, 363 Netzm. t. Konsistenzminderung v. Schwerstofftrüben d. Schwimmsink-scheidung; DP. 1089701; Am. 2899392 Pyrochlor-Sa.; Can. 599684 s. Alkylamin; Sa., Sa/Sch.	**Sa., Sa/Sch., Netzm.**
3461	**Hexadecylamin/ Abietinsäuremethyl-ester-Mischg.**	Sa. f. d. schaumlose Flot. v. grobkörnigem Sylvinit; Am. 2937751	**Sa.**
3462	**Hexadecylaminacetat**	= $C_{16}H_{33}NH_2{\cdot}OOC{\cdot}CH_3$ Sylvin-Sa.; DP. 965931, 1056071 Carnallit-Sa.; DP. 969981 Netzm. z. Konsistenzminderung v. Schwerstofftrüben d. Schwimmsink-scheidung v. Mineralien; DP. 1089701 s. Armac 16 D, Am. Ac. 1180—C; Sa.	**Sa., Netzm.**
3463	**Hexadecylamin/ Alamine-Mischung**	Phosphatit-Sa.; Am. 2914174	**Sa.**
3464	**Hexadecylamin/ Alkohol-Mischung**	Sa. f. d. schaumlose Flot. von grobkörnigem Sylvinit; Am. 2937751	**Sa.**
3465	**Hexadecylamin/Al-kylenamin-Mischg.**	Sylvin-Sa.; Am. 2689649 Sa.; Can. 395829	**Sa.**
3466	**Hexadecylamin/Alkyl-nitril-Mischg.**	Sa.; Can. 410809/810	**Sa.**
3467	**Hexadecylamin/Ar-meen-Mischung**	Phosphatit-Sa.; Am. 2914174	**Sa.**
3468	**Hexadecylaminbromid**	Netzm. z. Konsistenzminderung v. Schwerstofftrüben d. Schwimmsink-scheidung v. Mineralien; DP. 1089701	**Netzm.**
3469	**Hexadecylaminchlor-hydrat**	s. Alkylaminchlorhydrat; Sa. Netzm. z. Konsistenzminderung v. Schwerstofftrüben d. Schwimmsink-scheidung; DP. 1089701	**Sa., Netzm.**
3470	**Hexadecylaminchlorid** ($C_{16}H_{33}NH_2Cl$)	kationakt. Sa.; „Aach. Bl.“ 1959, 81/1110, Am. 2797196 Netzm. z. Konsistenzminderung v. Schwerstofftrüben d. Schwimmsink-scheidung v. Mineralien; DP. 1089701	**Sa., Netzm.**
3471	**Hexadecylamin/Ester-Mischung**	Sa. f. d. schaumlose Flot. von grobkörnigem Sylvinit; Am. 2937751	**Sa.**

Lfd. Nr.	Bezeichnung (Zusammensetzung)	besondere Verwendung mit zugehöriger Literaturangabe	Verwendunzs-überblock
3472	**Hexadecylamin/Fett-säure-Mischg.**	Sa. f. d. schaumlose Flot. von grobkörnigem Sylvinit; Am. 2937751	**Sa.**
3473	**Hexadecylaminfluorid**	Zinkerz-, insbes. Galmei-Sa.; Franz. 61640	**Sa.**
3474	**Hexadecylaminhydro-chlorid**	kationakt. Quarz-Sa. f. d. Quarz/Kalkspat-Flot.; Am. 2341046 Sylvin-Sa.; Brit. 564338 Chromit-Sa.; ,,Erzmetall" 1959, 310 Sa. f. d. Flot. von Fluorit/Baryt-Mineralien; ,,Chemical Abstracts" 1953, 12164 Sa. f. d. Kalisalz-Flot.; ,,Erzmetall" 1959, 131	**Sa.**
3475	**Hexadecylaminlactat**	Zinkerz-, insbes. Galmei-Sa.; Franz. 61640	**Sa.**
3476	**Hexadecylamin/Pflanzenöl-Mischung**	Sa. f. d. schaumlose Flot. von grobkörnigem Sylvinit; Am. 2937751	**Sa.**
3477	**Hexadecylamin-phthalamat**	Sa., Netzm.; Am. 2101323	**Sa., Netzm.**
3478	**Hexadecylamin/Tieröl-Mischung**	Sa. f. d. schaumlose Flot. von grobkörnigem Sylvinit; Am. 2937751	**Sa.**
3479	**Hexadecylarylsulfonat**	s. Alkylarylsulfonat; Sa., Sa/Sch., Netzm., Disp., Regler, Flockm., Kondm.	**Sa., Sa/Sch., Netzm., Disp., Regler, Flockm., Kondm.**
3480	**Hexadecylbenzyl-ammoniumchlorid**	s. Triton X—400; Sa.	**Sa.**
3481	**Hexadecylbetain**	s. = DPC; Sa.	**Sa.**
3482	**Hexadecylbiguanid-acetat, -hydrobromid -hydrochlorid, -hydrojodid,**	Sa., Netzm., Emulg.; Am. 2350453	**Sa.,Netzm.,Emulg.**
3483	**Hexadecyldimethyl-hydrazinchlorid**	als Sa.; Franz. 1165100	**Sa.**
3484	**Hexadecyldimethyl-pyrrolidin**	Sa., Emulg.; Am. 2497839	**Sa., Emulg.**
3485	**Hexadecylessigsäure**	s. = Octadecylsäure; Sa., Netzm.	**Sa., Netzm.**
3486	**Hexadecylglycin**	s. = Palmitoglycin; Sa.	**Sa.**
3487	**Hexadecylglykol**	als Sch. f. d. Kalisalz-Flot.; DP. 872182	**Sch.**
3488	**Hexadecylguanidin**	Sylvin-Sa.; ,,Chemie-Ing.-Techn." 1955, 2	**Sa.**
3489	**Hexadecylhydrobetain**	Hämatit-Sa.; Can. 392169	**Sa.**
3490	**Hexadecylhydrosulfat**	= $C_{16}H_{33} \cdot SO_4H$ Sa.; Taggart 12—43	**Sa.**
3491	**Hexadecylimidazol**	kationakt. Sa.; Brit. 578694 Flockm. beim. Filtrieren von Schlämmen; Am. 2509260	**Sa., Flockm.**
3492	**Hexadecylimidformiat, -hydrochlorid**	Sa. f. d. Flot. saurer Mineralien; Brit. 568186	**Sa.**
3493	**Hexadecyllycin**	s. = Hexadecylbetain; Sa.	**Sa.**
	Hexadecylmercaptan	Sa. f. oxyd. Eisenerze; Am. 2125337, 2410377	**Sa.**

Lfd. Nr.	Bezeichnung (Zusammensetzung)	besondere Verwendung mit zugehöriger Literaturangabe	Verwendungs-überblick
3494	**Hexadecylmercapto-sulfenamid**	Sa.; Am. 2807615	**Sa.**
3495	**Hexadecylmonothio-orthophosphat**	Sa.; Am. 2063629	**Sa.**
3496	**Hexadecylnaphthalin-sulfonat**	s. Alkylnaphthalinsulfonat; Sa., Sa/Sch., Netzm., Disp., Flockm., Kondm., Regler	**Sa., Sa/Sch., Netzm., Disp., Flockm., Kondm., Regler**
3497	**Hexadecylnatrium-sulfonat**	Sa. f. d. Flot. kieserit. Kalirohsalze; DP. 918861	**Sa.**
3498	**Hexadecyloctadecyl-sulfat**	s. Empicol CST; Netzm.	**Netzm.**
3499	**Hexadecylolamin**	Sa.; Am. 2389763 Sa. f. d. Chromit-Flot.; Michell, 291	**Sa.**
3500	**Hexadecyloxyäthylen-morpholinbromid**	Sa.; Brit. 463261	**Sa.**
3501	**Hexadecyloxymethyl-pyridiniumbromid**	s. Carbopalmitoxymethylpyridiniumbromid; Sch.	**Sch.**
3502	**Hexadecylphenol**	Sch.; Am. 2250190, Can. 390793 Sch/Sa. f. Pb-Erze; „Engrg. Min. J.", Juni 56, 113	**Sch., Sch/Sa.**
3503	**Hexadecylphenylpoly-äthylenäther**	Netzm.; DP. 1030802	**Netzm.**
3504	**Hexadecylphosphat**	Sa. f. Nichtsulfide; Am. 2120217	**Sa.**
3505	**Hexadecylphthalat**	Sch. f. d. Kohlen-Flot.; Am. 2099120	**Sch.**
3506	**Hexadecylpolyäthylen-äther**	Netzm.; DP. 1030802	**Netzm.**
3507	**Hexadecylpolyäthylen-oxyd**	s. Alkylpolyäthylenoxyd; Sa/Sch., Netzm., Disp., Emulg.	**Sa/Sch., Netzm., Disp., Emulg.**
3508	**Hexadecylpolyoxy-äthylenäther**	Sch. allgemein, Sa/Sch. f. d. Kohlen-Flot.; Brit. 782107, Belg. 532530	**Sa/Sch., Sch.**
3509	**Hexadecylpolyoxy-äthylenätheralkohol**	Sch. u. Sa/Sch. f. d. Kohlen-Flot.; Brit. 782107, 782407, Franz. 1109798, Belg. 532530	**Sa/Sch., Sch.**
3510	**Hexadecylpropylen-diamin**	s. Duomeen T; Sa.; Flockm.	**Sa., Flockm.**
3511	**Hexadecylpyridin**	s. Repellate; Netzm.	**Netzm.**
3512	**Hexadecylpyridinium-bromid**	kationakt. Quarz-Sa. b. d. Quarz/Kalk-Flot.; Am. 2341046 Sa.; „Archiv f. Metallkunde" 1949, 363, Brit. 463261 Flußspat- u. Schwerspat-Sa.; „Chem. Ztrlbl." 1959, 16123	**Sa.**
3513	**Hexadecylpyridinium-chlorid** (= Capacolchlorid $C_{21}H_{40}ClNO$; „Merck Index" 1960)	kationakt. Quarz-Sa. b. d. Quarz/Kalk-Flot.; Am. 2341046 Sa.; Am. 2389763 Eisenerz-Sa.; Am. 2578790	**Sa.**

Lfd. Nr.	Bezeichnung (Zusammensetzung)	besondere Verwendung mit zugehöriger Literaturangabe	Verwendungs-überblick
3514	**Hexadecylpyridinium-jodid**	Sa.; Am. 2389763, Brit. 463261	**Sa.**
3515	**Hexadeylsäure** ($C_{15}H_{31}COOH$, Palmitinsäure, Cetylsäure)	Sa/Sch. f. oxyd. Eisenerze; Brit. 206565 Bestandteil d. Tallöls; Sa.; „Bergb.-Wiss." 1958, H. 2, 34 s. Sulfopalmitinsäure; Sa. Netzm. z. Konsistenzminderung v. Schwerstofftrüben d. Schwimmsinkscheidung; DP. 1089701 s. = „Neo Fat 16"; Sa. s. „Neo-Fat 16—54"; Sa. s. „Fischölfettsäuren"; Sa. Pechblende-Sa.; „The Min. J." 1960, 687	**Sa., Sa/Sch., Netzm.**
3516	**Hexadecylsäure/Benzolsulfonsäure-Reaktpr.**	Sa.; Brit. 553982	**Sa.**
3517	**Hexadecylsäure/Octadecylsäure Mischung**	s. „Neo Fat 16—54"; Sa.	**Sa.**
3518	**Hexadecylsäure/Palmitoleinsäure-Mischungen**	s. = Fischölfettsäuren; Sa.	**Sa.**
3519	**Hexadecylsäure/Polyalkylenpolyamin-Kondspr.**	Sa. z. Ausschwimmen von Quarz aus Phosphaten oder von Feldspat u. Glimmer aus quarzigen Mineralien; Am. 2364272	**Sa.**
3520	**Hexadecylsäureseifen**	s. = Palmitate; Sch., Sa., Netzm.	**Sch., Sa., Netzm.**
3521	**Hexadecylsäure/Toluolsulfonsäure-Reaktpr.**	Sa.; Brit. 553982	**Sa.**
3522	**Hexadecylsulfamido-Verbindgg.**	s. Alkylsulfamido-Verbdgg.; Sa.	**Sa.**
3523	**Hexadecylsulfat**	= Hexadecylalkoholsulfat, Na-H. = $C_{16}H_{33}OSO_3Na$ Erz-Sa.; Can. 360802 anionakt. Chromit-Sa.; „Erzmetall" 1959, 311 s. Alkylsulfat; Sa., Netzm., Flockm., Kondm., Emulg. Sa. f. Nichtsulfide; Am. 2120217 s. Nyfapon; Netzm. Sylvin-Sa.; „Chemie-Ing.-Techn." 1955, 2 Sa/Sch.; DP. 1064891, Brit. 405163 s. Empicol; Netzm.	**Sa., Netzm., Flockm., Kondm., Sa/Sch. Emulg.**
3524	**Hexadecylsulfenamid**	Sa.; Am. 2807615	**Sa.**
3525	**Hexadecylsulfenyl-trithiocarbonat**	Sa.; Am. 2634291	**Sa.**
3526	**Hexadecylsulfoacetat**	Sa. f. Nichtsulfide; Am. 2120217	**Sa.**

Lfd. Nr.	Bezeichnung	besondere Verwendung mit zugehöriger Literaturangabe	Verwendungs-überblick
3527	**Hexadecylsulfonat**	Sa.; Petersen 163 Netzm.; DP. 802389, Stüpel Sa. f. d. Kalisalz-Flot.; DP. 806842, 840682, 918861 Sa. f. d. Flot. oxyd. Eisenerze; DP. 844131, Östr. 175854 Netzm. z. Zerstören v. Kohlenflot.-Schäumen; „Glückauf" 1932, 626 Netzm. z. Verbesserung d. Filtration v. Flot.-Konzentraten; „Chem. Ztrlbl." 1959, 14544 Netzm. z. Viscositätsminderung v. Schwerstofftrüben der Schwimmsinkscheidung v. Mineralien; DP. 1089701 s. Alkylsulfonate; Sa., Sa/Sch., Netzm., Dr., Disp., Akt., Kondm.	**Sa., Sa/Sch., Netzm., Dr., Disp., Akt. Kondm.**
3528	**Hexadecylthiophosphat**	Sa.; Brit. 310186 s. Hexadecylmonothioorthophosphat; Sa.	**Sa.**
3529	**Hexadecylthiosulfat**	Sa.; Am. 1723295	**Sa.**
3530	**Hexadecylthiourethan**	Sa.; Can. 311054	**Sa.**
3531	**Hexadecyltriäthyl-ammoniumjodid**	Sa.; Am. 2389763	**Sa.**
3532	**Hexadecyltriäthylen-tetraminacetat**	Sa. f. Quarz oder Silikate aus Kalk, Bauxit usw.; Am. 2569417, Brit. 578694	**Sa.**
3533	**Hexadecyltrimethyl-amin**	Sa. f. d. selektive Sulfiderz-Flot.; „Erzmetall" 1958, 199/209	**Sa.**
3534	**Hexadecyltrimethyl-ammoniumbromid**	= Cetrimid, Cetylamin, Lissolamin V, Micol, $C_{16}H_{33}(CH_3)_3N \cdot Br$ kationakt. Sa. f. d. Quarz/Kalkspat-Flot.; Am. 2341046 Sa. f. d. Flot. karbonat. oder oxyd. Erze; Am. 2221485 Sa. f. d. Flot. von Fluorit/Baryt-Mineralien; „Chemical Abstracts" 1953, 12164 Sa.; Brit. 463261	**Sa.**
3535	**Hexadecyltrimethyl-ammoniumchlorid**	kationakt. Sa. f. d. Quarz/Kalkspat-Flot.; Am. 2341046 Sa. f. d. Flot. karbonat. oder oxyd. Erze; Am. 2221485 s. Arquad 16; Sa.	**Sa.**
3536	**Hexadecyltrimethyl-ammoniumhydro-chlorid**	Sa. f. Fluorit/Baryt-Mineralien; „Chemical Abstracts" 1953, 12164	**Sa.**
3537	**Hexadecyltrimethyl-ammoniumjodid**	Sa.; Brit. 463261	**Sa.**
3538	**Hexadecyltrimethyl-glykokoll**	s. = Hexadecylbetain; Sa. s. DPC; Sa.	**Sa.**
3539	**Hexadecyltrithio-carbonat**	Sa.; Am. 2600737	**Sa.**
3540	**Hexahydroanilin-phenylbutan**	s. = Cyclohexylaminophenylbutan; Sa.	**Sa.**
3541	**Hexahydrobenzol**	s. = Cyclohexan; Kondm.	**Kondm.**

Lfd. Nr.	Bezeichnung (Zusammensetzung)	besondere Verwendung mit zugehöriger Literaturangabe	Verwendungs-überblick
3542	**Hexahydrobenzol-hydroperoxyd**	s. Cyclohexanhydroperoxyd; Sch.	**Sch.**
3543	**Hexahydrobenzoesäure**	s. = Naphthensäure; Sa., Sa/Sch., Sch/Sa., Kondm.	**Sa., Sa/Sch., Sch/Sa., Kondm.**
3544	**Hexahydrocymol**	= p-Menthan s. Terpene; Sch.	**Sch.**
3545	**Hexahydrocymol-alkohol**	s. = Menthanol; Sch.	**Sch.**
3546	**Hexahydrocymolalkyl-sulfid**	s. Terpenalkylsulfid; Sa.	**Sa.**
3547	**Hexahydrocymoläther**	s. Terpenäther; Sa/Sch.	**Sa/Sch.**
3548	**Hexahydrocymol-carbinol**	s. Terpencarbinol; Sch.	**Sch.**
3549	**Hexahydrocymol-cyanoacyl-Verbdg.**	s. Terpencyanoacyl-Verbdg.; Sch., Sa/Sch.	**Sch., Sa/Sch.**
3550	**Hexahydrocymoldiol**	s. Terpendiol; Sa.	**Sa.**
3551	**Hexahydrocymolester**	s. Terpenester; Sa/Sch.	**Sa/Sch.**
3552	**Hexahydrocymolhalo-alkyläther/Amin-Kondspr.**	s Terpenhaloalkyläther/Amin-Kondspr.; Sa.	**Sa.**
3553	**Hexahydrocymolhydro-peroxyd**	s. Terpenhydroperoxyd; Sch.	**Sch.**
3554	**Hexahydrocymol-mercaptan**	s. Terpenmercaptan; Sa. = Hexahydrocymolsulfhydrat, -thiol-alkohol, -thiol	**Sa.**
3555	**Hexahydrokresol**	= Methylcyclohexanol; s. d.	**Sch.**
3556	**Hexahydromethyl-phenol**	s. = Methylcyclohexanol; Sch.	**Sch.**
3557	**Hexahydrophenol**	= Cyclohexanol; s. d.	**Sch.**
3558	**Hexahydropyridin**	s. = Piperidin; Lösm.	**Lösm.**
3559	**Hexahydrothymol**	s. = Menthanol; Sch.	**Sch.**
3560	**Hexahydroxylenol**	als Hilfs-Sa. neben üblichen Sammlern f. d. Sylvin-Flot.; Patentanm. C 2170 VI/1 c, bekanntgem. 4. 12. 1952	**Sa.**
3561	**Hexalin**	s. = Cyclohexanol; Sch. o-Methylhexalin = Methylcyclohexanol; Sch.	**Sch.**
3562	**Hexametaphosphat**	Alkali-H. als Disp. z. Verhütung d. Abscheidung schwerlösl. Ca-Salze aus d. Traglauge f. d. Flot. v. Kalisalzen; DP. 969543 Schlamm-Disp. b. d. Flot. sulfid. Erze; Am. 2919802 Kondm. f. pegmatit. U-Erze; „Chem. Ztrlbl.“ 1958, 543 s. Calgon; Disp., Netzm. Na-Hexametaphosphat als Quarz-Pass. z. Verhütung d. Quarz-Aktivierung durch Fe-Ionen b. d. zweistufigen Pyrochlor-Flot. aus Sovit; Am. 2951585, Brit. 800717	**Disp., Netzm., Pass., Kondm.**
3563	**Hexamethoxydecan**	als Sch/Sa.; Am. 2687214 u. Brit. 706711	**Sch/Sa.**

Lfd. Nr.	Bezeichnung (Zusammensetzung)	besondere Verwendung mit zugehöriger Literaturangabe	Verwendungs-überblick
3564	**Hexamethylenamin**	= **falscher** Ausdruck f. Hexamethylentetramin; s. d.; Netzm.	**Netzm.**
3565	**Hexamethylendiamin/ Dichloräthan-Kondspr.**	s. KOD, KODT; Flockm.	**Flockm.**
3566	**Hexamethylentetramin**	= Formamin, Uramin, Metramin, Naphthamin, Aminoform, Ammonioformaldehyd, Cystamin, Cystogen, Hexamin, Methenamin, Urotropin, $(CH_2)_6N_4$; ,,The Condensed Chemical Dictionary“, 5. Aufl., 1956 Netzm.; Am. 2208758, Brit. 526701	**Netzm.**
3567	**Hexamethylentetramin chlorid**	Sa.; Franz. 1165100	**Sa.**
3568	**Hexamin**	s. = Hexamethylentetramin; Netzm.	**Netzm.**
3569	**Hexan** (CH_3—$(CH_2)_4$—CH_3) oberflächenakt., unpolar)	für sich allein, vorzugsweise zusammen mit als Dispergatoren u. Komplexbildnern wirkenden polymeren Phosphaten — z. B. Alkalimetaphosphatpolymer —, als Kondm. z. Verbesserung d. Zerkleinerung von Mineralien; DP. 1071455 s. Cyclohexanhydroperoxyd; Sch. s. Triäthoxyhexan; Sch.	**Kondm.**
3570	**Hexanal/Arylsulfonsäure-Kondenspr.**	s. = Hexylaldehyd/. . . ., ;Dr., Sa., Netzm. = Capronaldehyd/.	**Dr., Netzm., Sa.**
3571	**Hexandicarbonsäureester**	s. = Korksäurealkylester, Suberate; Sch., Akt. Modif.	**Sch., Akt., Modif.**
3572	**Hexanguanamin**	s. Triazin; Netzm.	**Netzm.**
3573	**Hexanguanamin/ Alkylenoxyd-Kondspr.**	Sa., Emulg., Netzm.; Am. 2381121 s. Glycidol/Hexanguanamin-Kondspr.; Sa., Netzm., Emulg.	**Sa.,Netzm.,Emulg.**
3574	**Hexanhydroperoxyd**	s. Cyclohexanhydroperoxyd; Sch.	**Sch.**
3575	**Hexanol**	= Hexylalkohol, Amylcarbinol, $CH_3(CH_2)_4CH_2OH$ Sa. f. d. Flot. von Kohle bzw. Kohlenschlämmen; ,,Glückauf“ 1956, 529, ,,Bergb.-Wiss.“ 1960, 542 Sa/Sch. mit äußerst sammelnder Wirkg.; ,,Glückauf“ 1956, 1441 Sa/Sch.; Am. 2012609 s. Methylcyclohexanol; Sch. Sa/Sch. z. Flot. v. Kohlen i. Ggw. v. Tonschlämmen; ,,Chem. Ztrlbl.“ 1959, 15874 Sch. f. d. Kalirohsalz-Flot.; DP. 1008222 s. Äthylhexanol; Sch., Sa/Sch. s. Cyclohexanol; Sch.. Sa/Sch. f. d. Graphit-Flot.; ,,Chem. Ztrlbl.“ 1960, 13487	**Sa., Sa/Sch., Sch.**
3576	**Hexanolamin**	Sa.; Am. 2389763 s. Mono-, Dihexanolamin; Sa.	**Sa.**
3577	**Hexanoläthylenglykoläther**	als Sch.; DP. 1001652, ,,Chem. Abstr.“ 1960, 4334	**Sch.**
3578	**Hexanoylsäure**	s. = Hexylsäure; Sa.	**Sa.**
3579	**Hexenylxanthat**	Sa.; Am. 2101648	**Sa.**

Lfd. Nr.	Bezeichnung (Zusammensetzung)	besondere Verwendung mit zugehöriger Literaturangabe	Verwendungs-überblick
3580	**Hexite**	= $CH_2OH \cdot CHOH \cdot CHOH \cdot CHOH \cdot CHOH \cdot CH_2OH$; p-Mannit, Sorbit, Idit, Dulcit; s. d. Sa.	**Sa.**
3581	**Hexitolpolyoxyalkylen-äther**	Sch.; Can. 584317	**Sch.**
3582	**Hexose**	Aldo-Hexose: Glukose, Glaktose [Akt.], Mannose [Flockm.], Gulose, Talose, Idose, Allose; gehören z. d. Monosacchariden; s. „Saccharide“ s. Polyhexose; Dr.	**Dr., Akt., Flockm.**
3583	**Hexosealkoholoxy-amine**	s. Sorbitoloxyamin; Sa. s. Mannitol-, Dulcitol-oxyamin; Sa.	**Sa.**
3584	**Hexylacetsäure**	s. = Hexylessigsäure, Octylsäure; Sa.	**Sa.**
3585	**Hexyladipat**	s. Dihexyladipat; Sch., Modif.	**Sch., Modif.**
3586	**Hexylaldehyd/Aryl-sulfonsäure-Kondspr.**	MoS_2-Dr. b. d. Flot. sulfid. Cu/Mo-Erze; Am. 2187930	**Dr.**
3587	**Hexylalkohol**	s. = Hexanol; Sa/Sch., Sa., Sch.	**Sa., Sa/Sch., Sch.**
3588	**Hexylalkohol/Äthylen-oxyd-Reaktpr.**	als Sch., insbes. f. sulfid. Erze; DP. 1001652, Am. 2950818, Brit. 824661	**Sch.**
3589	**Hexylalkoholsulfat**	s. = Hexylsulfat	**Sa/Sch., Sa., Sch., Netzm., Emulg.**
3590	**Hexylamin** (Aminohexan, $CH_3(CH_2)_5NH_2$)	kationakt. Pechblende-Sa.; Am. 2570120 s. Mono-, Di-, Trihexylamin; Sa. Netzm. z. Konsistenzminderung v. Schwerstofftrüben d. Schwimmsinkscheidung v. Mineralien; DP. 1089701 s. Alkylamin; Sa., Sa/Sch.	**Sa., Sa/Sch., Netzm.**
	Hexylaminacetat	Kainit-Sa.; Am. 2766885, Brit. 752109 Zn-Erz-, insbes. Galmei-Sa.; Franz. 61640 Netzm. z. Konsistenzminderung v. Schwerstofftrüben d. Schwimmsinkscheidung v. Mineralien; DP. 1089701	**Sa., Netzm.**
3591	**Hexylamin/Alamine-Mischg.**	Sa. f. d. Phosphatit-Flot.; Am. 2914174	**Sa.**
3592	**Hexylamin/Alkylen-amin-Mischg.**	Sylvin-Sa.; Am. 2689649 Sa.; Can. 395829	**Sa.**
3593	**Hexylamin/Alkylnitril-Mischg.**	Sa.; Can. 410809/810	**Sa.**
3594	**Hexylaminchlorhydrat**	Netzm. z. Konsistenzminderung von Schwerstofftrüben d. Schwimmsinkscheidung v. Mineralien; DP. 1089701 s. Alkylaminchlorhydrat; Sa. s. Trimethylhexylaminchlorhydrat; Sa.	**Sa., Netzm.**
3595	**Hexylaminchlorid**	= $C_6H_{13}NH_2Cl$ kationakt. Sa.; „Aach. Bl.“ 1959, 81/110 Netzm. z. Konsistenzminderung v. Schwerstofftrüben d. Schwimmsinkscheidung v. Mineralien; DP. 1089701	**Sa., Netzm.**
3596	**Hexylaminfluorid**	Zinkerz-, insbes. Galmei-Sa.; Franz. 61640	**Sa.**
3597	**Hexylaminlactat**	Zinkerz-, insbes. Galmei-Sa.; Franz. 61640	**Sa.**

Lfd. Nr.	Bezeichnung (Zusammensetzung)	besondere Verwendung mit zugehöriger Literaturangabe	Verwendungs-überblick
3598	**Hexylarylsulfonat**	s. Alkylarylsulfonat; Sa., Sa/Sch., Netzm., Disp., Regler, Flockm., Kondm.	**Sa.,Sa/Sch.,Netzm., Disp., Regler, Kondm.,Flockm.**
3599	**Hexyläthanolamin**	s. Cyclohexyläthanolamin; Sa.	**Sa.**
3600	**Hexyläthylendiamin**	Netzm.; Blücher	**Netzm.**
3601	**Hexylbenzolsulfonat**	s. Alkylbenzolsulfonat; Sa., Netzm., Kondm.	**Sa., Netzm., Kondm.**
3602	**Hexylbenzyldodecyl-dimethylammonium-chlorid**	Sa., Netzm.; Am. 2676986	**Sa., Netzm.**
3603	**Hexylbenzylhydroper-oxyd**	Sch.; Am. 2535344	**Sch.**
3604	**Hexylbenzylphosphin-säure**	Sa.; Am. 2594454	**Sa.**
3605	**Hexylbenzylpolyoxy-äthylenätheralkohol**	Sa/Sch.; Franz. 1109798 Sch.; Brit. 782107, 782407, Belg. 532530	**Sa/Sch., Sch.**
3606	**Hexylbutanolamin**	s. Cyclohexylbutanolamin; Sa.	**Sa.**
3607	**Hexyl-cellosolve-Xanthat**	= Äthylenglykolmonohexylätherxanthat; Sa.; Schönfeldt	**Sa.**
3608	**Hexyldithiocarbamat**	K—H als Sa.; „Erzmetall" 1959, S. 220 s. Cyclohexyldithiocarbamat; Sa. s. Dicyclohexyldithiocarbamat; Sa. Sa. f. d. Erz-Flot.; Am. 2601635	**Sa.**
3609	**Hexyldithiophosphat**	Sa. f. d. Flot. sulfid. Cu-Erze; Am. 2919025	**Sa.**
3610	**Hexyldixanthogen**	Sa. f. d. Erz-Flot.; Can. 575644	**Sa.**
3611	**Hexylenglykol**	= Methylpentandiol; Sch.	**Sch.**
3612	**Hexylenglykoldiacetat**	s. = Methylpentandioldiacetat; Sch.	**Sch.**
3613	**Hexylentrithiocarbonat**	Sa.; Franz. 838171	**Sa.**
3614	**Hexylenxanthat**	Sa.; Can. 356306 s. Hexylendixanthogen; Sa.	**Sa.**
3615	**Hexylessigsäure**	s. = Octylsäure; Sa.	**Sa.**
3616	**Hexylglutamat**	Sch.; Am. 2690260	**Sch.**
3617	**Hexylglykol**	Sch. f. d. Kalirohsalz-Flot.; DP. 872182	**Sch.**
3618	**Hexylglykolat**	s. Cyclohexylglykolat; Sa. Sch. f. d. Flot. von Beryllium-Mineralien; Am. 2385819	**Sa., Sch.**
3619	**Hexylglyoxalin**	= Hexylimidazol; Sa.	**Sa.**
3620	**Hexyl/Heptyl-β-naph-tholpolyglykoläther**	s. Leonil FFO; Netzm.	**Netzm.**
3621	**Hexylimidazol**	kationakt. Sa.; Brit. 578694 Flockm. beim Filtrieren v. Schlämmen; Am. 2509260	**Sa., Flockm.**
3622	**Hexylimidformiat, -hydrochlorid**	Sa. f. d. Flot. saurer Mineralien; Brit. 568186	**Sa.**
3623	**Hexylketon**	Sch. f. d. Flot. oxyd. Erze; Am. 2000350 s. Dihexylketon = Önanthon; Sch.	**Sch.**
3624	**Hexylkresol**	Sch.; Can. 390793	**Sch.**
3625	**Hexylkresylphosphin-säure**	Sa.; Am. 2594454	**Sa.**

Lfd. Nr.	Bezeichnung (Zusammensetzung)	besondere Verwendung mit zugehöriger Literaturangabe	Verwendungs-überblick
3626	**Hexylkresylpolyoxyäthylenätheralkohol**	Sa/Sch.; Franz. 1109798 Sch.; Brit. 782107, 782407, Belg. 532530	**Sa/Sch., Sch.**
3627	**Hexylmercaptan** (Hexanthiol $CH_3(CH_2)_4 \cdot CH_2 \cdot SH$)	bzw. deuteriertes Hexylmercaptan als Sa. f. d. Flot. v. Zinkerzen; „Chem. Ztrlbl." 1958, 9331 s. Alkylmercaptan; Sa.	**Sa.**
3628	**Hexylmercaptosulfenamid**	Sa.; Am. 2807615	**Sa.**
3629	**Hexylmercaptosulfenylpiperidin**	Sa.; Am. 2807615	**Sa.**
3630	**Hexylnaphthalinphosphinsäure**	Sa.; Am. 2594454	**Sa.**
3631	**Hexylnaphthalinsulfonat**	s. Alkylnaphthalinsulfonat; Sa., Sa/Sch., Netzm., Disp., Regler, Flockm., Kondm.	**Sa., Sa/Sch., Disp., Netzm., Flockm., Kondm., Regler**
3632	**Hexyl-β-naphtholpolyglykoläther**	s. Leonil FFO; Netzm.	**Netzm.**
3633	**Hexylnatriumsulfonat**	Sa. f. d. Flot. kieserit. Kalirohsalze; DP. 918861	**Sa.**
3634	**Hexylnaphthylpolyoxyäthylenätheralkohol**	Sa/Sch.; Franz. 1109798 Sch.; Brit. 782107, 782407, Belg. 532530	**Sa/Sch., Sch.**
3635	**Hexylolamin**	Sa. f. d. Chromit-Flot.; Michell 291	**Sa.**
3636	**Hexyloxyäthylenätheralkohol**	s. Alkyloxyäthylenätheralkohol; Sa/Sch., Sch.	**Sa/Sch., Sch.**
3637	**Hexylpalmitinlaurat**	s. Cyclo-**H.**; Netzm., Sa.	**Netzm., Sa.**
3638	**Hexylphenol**	Sch.; Am. 2250190, Can. 390793 Sch/Sa. f. d. Pb-Erz-Flot.; „Engrg. Min. J.", Juni 1956, 113	**Sch., Sch/Sa.**
3639	**Hexylphenylphosphinsäure**	Sa.; Am. 2594454	**Sa.**
3640	**Hexylphenylpolyäthylenäther**	Netzm.; DP. 1030802	**Netzm.**
3641	**Hexylphenylpolyoxyäthylenätheralkohol**	Sa/Sch.; Franz. 1109798 Sch.; Brit. 782107, 782407, Belg. 532530	**Sa/Sch., Sch.**
3642	**Hexylphosphorbromidothioat**	Cu-Sa. b. d. Flot. v. anoxydierten Sulfiderzen; Am. 2901107	**Sa.**
3643	**Hexylphthalat**	Schaum-Plastizierer u. Akt. b. d. Flot. sulfid. Erze; Am. 2689043/046	**Modif., Akt.**
3644	**Hexylpimelat**	Sch.; DP. 904762, Am. 2690260	**Sch.**
3645	**Hexylpolyalkylenpolyamid, -amin**	Sa. f. quarzige Erze; Am. 2569417	**Sa.**
3646	**Hexylpolyäthylenäther**	Netzm.; DP. 1030802	**Netzm.**
3647	**Hexylpolyäthylenoxyd**	s. Alkylpolyäthylenoxyd; Sa/Sch., Netzm., Disp., Emulg.	**Sa/Sch., Netzm., Disp., Emulg.**
3648	**Hexylpolyoxyäthylenäther**	Sch. allgemein, Sa/Sch. f. d. Kohle-Flot.; Brit. 782107, Belg. 532530	**Sa/Sch., Sch.**

Lfd. Nr.	Bezeichnung (Zusammensetzung)	besondere Verwendung mit zugehöriger Literaturangabe	Verwendungs-überblick
3649	**Hexylpolyoxyäthylen-ätheralkohol**	Sch. u. Sa/Sch. f. d. Kohle-Flot,; Brit. 782107, 782407, Franz. 1109798, Belg. 532530	**Sch., Sa/Sch.**
3650	**Hexylpolyoxynitroso-phenol**	Sa/Sch. f. silikat. Cu-Erze; „Chemical Abstracts“ 1953, 1549	**Sa/Sch.**
3651	**Hexylpyridin**	s. Repellate; Netzm.	**Netzm.**
3652	**Hexylpyridinium-bromid**	als Flußspat- u. Schwerspat-Sa.; „Chem. Ztrlbl.“ 1959, S. 16123 als kationakt. Quarz-Sa. b. d. Quarz/Kalk-Flot.; Am. 2341046 Sa. bzw. Sa/Sch. f. d. Flot. oxyd. Mineralien; „Erzmetall“ 1958, 545	**Sa., Sa/Sch.**
3653	**Hexylpyridinium-chlorid**	kationakt. Quarz-Sa. f. d. Quarz/Kalkspat-Flot.; Am. 2341046 Sa.; Am. 2389763, Brit. 463261	**Sa.**
3654	**Hexylsäure** ($C_5H_{11}COOH$)	= Capronsäure, Hexanoylsäure, Butylessigsäure, Pentylformsäure, Amylformsäure Sa.; DP. 745363	**Sa.**
3655	**Hexylsebacat**	= Sebacinsäureester s. Dihexylsebacat; Akt., Modif.	**Akt., Modif.**
3656	**Hexylsilicon**	Erz-Sa.; „Chemical Abstracts“ 1958, 8918	**Sa.**
3657	**Hexylsuberat**	Sch.; DP. 904762, Am. 2690260	**Sch.**
3658	**Hexylsulfamido-Verbdgg.**	s. Alkylamino-Verbdgg.; Sa.	**Sa.**
3659	**Hexylsulfat**	s. Alkylsulfat; Sa., Sa/Sch., Netzm., Flockm., Kondm., Emulg.	**Sa.,Sa/Sch.,Netzm., Flock., Kondm., Emulg.**
3660	**Hexylsulfenamid**	Sa.; Am. 2807615	**Sa.**
3661	**Hexylsulfenylpiperidin**	Sa.; Am. 2807615	**Sa.**
3662	**Hexylsulfenyltrithio-carbonat**	Sa.; Am. 2634291	**Sa.**
3663	**Hexylsulfonat**	Sa. f. d. Kalisalz-Flot.; DP. 806842, 840682, 918861 Sa.; Petersen 163 Netzm.; DP. 802389 Netzm. z. Zerstören v. Kohlenflot.-Schäumen; „Glückauf“ 1932, 626 Netzm. z. Verbesserung d. Filtration von Flot.-Konzentraten; „Chem. Ztrlbl.“ 1959, 14544 Netzm. z Viscositätsminderung v. Schwerstofftrüben der Schwimmsinkscheidung; DP. 1089701	**Sa., Netzm.**
3664	**Hexylsulfosuccinat**	s. Dihexylsulfosuccinat; Netzm.	**Netzm.**
3665	**Hexylthiocarbonat**	Sa.; Stüpel	**Sa.**
3666	**Hexylthiophan**	Sa. f. sulifd. Zinkerze; Can. 393245	**Sa.**
3667	**Hexylthiophosphat**	Sa.; Brit. 310186	**Sa.**
3668	**Hexylthiophosphoryl-bromid**	s. Dihexylthiophosphorylbromid; Sa/Sch.	**Sa/Sch.**
3669	**Hexylthiphosphoryl-chlorid**	s. Dihexylthiophosphorylchlorid; Sa., Sa/Sch.	**Sa., Sa/Sch.**

Lfd. Nr.	Bezeichnung (Zusammensetzung)	besondere Verwendung mit zugehöriger Literaturangabe	Verwendungs-überblick
3670	**Hexylthiosulfat**	Sa.; Am. 1723295	**Sa.**
3671	**Hexylthiourethan**	Sa.; Can. 311054	**Sa.**
3672	**Hexyltrimethylamin**	Sa. f. d. selektive Sulfiderz-Flot.; „Erzmetall“ 1958, 199/209	**Sa.**
3673	**Hexyltrithiocarbonat**	Sa.; Am. 2600737	**Sa.**
3674	**Hexylxanthat**	K-Hexylxanthat = Z10-Xanthat; Sa. f. d. Sulfid-Flot.; „Engrg. Min. J.“, Juni 1956, 116 s. Cyclohexylxanthat; Sa.	**Sa.**
3675	**Hexylxanthogenäthylformiat**	als anionakt. Sa.; Am. 2689046	**Sa.**
3676	**Hexylxanthogenformiat**	als Sa. f. sulfid. Erze; Am. 2412500	**Sa.**
3677	**Hexylxanthogenmolybdat**	Sa. f. d. Erz-Flot.; Can. 385474	**Sa.**
3678	**Hexylxylylphosphinsäure**	Sa.; Am. 2594454	**Sa.**
3679	**Hexylxylolpolyoxyäthylenätheralkohol**	Sa/Sch.; Franz. 1109798 Sch.; Brit. 782107, 782407, Belg. 532530	**Sa/Sch., Sch.**
3680	**Hifoam**	= Sulfatamidderivat; Hilfs-Sa. f. oxyd. Eisenerze; DP. 844131	**Sa.**
3681	**Hippursäure**	= Benzoylglykokoll, $C_6H_5 \cdot CO \cdot NH \cdot CH_2 \cdot COOH$ s. = Aminosäure; Sa.	**Sa.**
3682	**Histon** (ein Protein)	Netzm.; Am. 2208758, Brit. 526701 Netzm.-Überzug auf Thiocarbanilid-Sa.; Am. 2185591 Schlamm-Dr. b. d. Sylvinit-Flot.; Am. 2365805 Flockm.; „Chem. Ztrlbl.“ 1959, 11033 s. Proteine; Netzm., Dr., Flockm., Kondm.	**Kondm., Netzm., Dr., Flockm.**
3683	**Hochofenöle**	Sa.; Petersen 158	**Sa.**
3684	**Hochofenschlacke** (Fayalit)	Kalk-Dr. b. d. Magnesit- u. Dolomit-Flot.; Am. 2507012, 2507013 Schwerst. f. Trenntrüben d. Steinkohlen-Schwimmsinkscheidung; „Aufbrtg. d. Steinkohle“, Teil I, Essen 1960, 267/68	**Schwerst., Dr.**
3685	**Hochofenteerkreosotöl**	s. „Barrett Nr. 4“; Sa., Sch., Modif.	**Sa., Sch., Modif.**
3686	**Holzalkohol**	s. = Methanol; Lösm.	**Lösm.**
3687	**Holzasche**	Pyrit-Dr. f. d. Flot. v. Mo-Erzen; „Chemical Abstracts“ 1959, 13026	**Dr.**
3688	**Holzäther**	Schlamm-Dr. b. d. Steinkohlen-Flot.; DP. 1002702 in kleinen Mengen als Flockm. f. d. Sedimentation d. Feststoffe in Kohlenwaschwässern; DP. 1052321 Flockm. f. Flot.-Schlämme, Abwässer usw.; Brit. 775805 zusammen mit kolloidalen Polymerisaten — wie Polyacrylsäure, Polyvinylmethyläther — bzw. Mischpolymerisaten als Flockm. z. Verhinderung des Auftretens von Schwimmkohle; DP. 1006361	**Dr., Flockm.**

Lfd. Nr.	Bezeichnung (Zusammensetzung)	besondere Verwendung mit zugehöriger Literaturangabe	Verwendungsüberblick
3689	**Holz/Chloressigsäure-Reaktpr.**	s. = Holzäther; Dr.	**Dr.**
3690	**Holzkeosot**	s. Hartholzkreosot; Sa/Sch., Modif.	**Sa/Sch., Modif.**
3691	**Holzölfettsäure**	s. = Eleostearinsäure; Sa.	**Sa.**
3692	**Holzteer**	Sch. b. d. Ölschiefer-Flot.; Schweiz. 205406 s. Buchenholzteer; Sa. s. Nadelholzteer; Sch.	**Sa., Sch.**
3693	**Holzteeröle**	Schaumverbesserer; bes. f. d. Pyrit-Flot.; „Erzmetall", Okt. 1953, 391 Flockm. f. tonreiche Kohlenschlämme; „Glückauf" 1950, 1186 Sch/Sa. f. d. Kohlen-Flot.; DP. 582723 Sa. f. d. MnO_2-Flot.; Am. 2861687 Sa. z. Flot. von Faserkohle aus Steinkohle; DP. 582723 s. „Gefanol I"; Sa/Sch., Netzm.	**Sa., Sch/Sa., Sch. Regler, Flockm.**
3694	**Holzteerpech**	Sch.; Brit. 173830	**Sch.**
3695	**Hostapon CT**	= Kokosölfettsäuretaurid; Sa/Sch. f. feinstkörnigen Wolframit u. Scheelit; „Bergb.-Wiss." 1960, 352/360	**Sa/Sch.**
3696	**Hostapon CT/Medialan-Mischg.**	Sa/Sch. f. oxyd. Fe-Erze; „Bergb.-Wiss." 1960, 363/78	**Sa/Sch.**
3697	**Hostapon MT**	= Talgsäuretaurid; Sa/Sch. f. feinstkörnigen Wolframit u. Scheelit; „Bergb.-Wiss." 1960, 352/360	**Sa/Sch.**
3698	**Hostapon MT/Medialan-Mischung**	Sa/Sch. f. oxyd. Fe-Erze; „Bergb.-Wiss." 1960, 363/78	**Sa/Sch.**
3699	**Hostapon T**	= Oleinsäuremethyltaurid; Netzm., Stüpel Sa/Sch. f. feinstkörnigen Wolframit u. Scheelit; „Bergb.-Wiss." 1960, 352/360	**Sa/Sch., Netzm.**
3700	**Hostapal B**	= Alkylphenolpolyglykolsulfat; Netzm., Stüpel	**Netzm.**
3701	**Hostapal C**	= Alkylphenolpolyglykoläther; Netzm., Stüpel [desgl. Hostapal W]	**Netzm.**
3702	**Humate**	= Huminsäuresalze insbes. NH_4-Humat als Flockm. f. wäßrige Kohlendispersionen; „Glückauf" 1957, 349 s. Huminsäure; Dr., Kondm.	**Dr., Flockm., Kondm.**
3703	**Humectol CX**	= Na-Oxystearinsäuredibutylamidsulfonat; Karrer Netzm.; Blücher „Auskunftsbuch f. d. chem. Industrie" 1954, 773	**Netzm.**
3704	**Huminsäure**	Dr. f. Glanz- u. Mattkohle beim Ausschwimmen der Faserkohle; DP. 650031 für sich allein oder i. Mischg. m. Antimon- u./oder Pyroantimonsäure als Steinsalz-Dr. b. d. Schönit/Steinsalz- oder Leonit/Steinsalz-Flot.; DP. 945622 s. Humate; Flockm. Dr. f. d. unselektiv flotierenden Begleitsalze u. Verwachsungen b. d. Sylvinit-Nachflot.; DP. 1043233 Kondm. f. elektrostat. aufzubereitende Kalisalze; DP. 1076593	**Dr., Kondm., Flockm.**

Lfd. Nr.	Bezeichnung (Zusammensetzung)	besondere Verwendung mit zugehöriger Literaturangabe	Verwendungs-überblick
3705	**Hüttenschlacke**	Kalk-Dr. b. d. Magnesit- u. Dolomit-Flot.; Am. 2507012, 2507013	**Dr.**
3706	**Hyamin**	= Alkylbenzyldimethylammoniumchlorid; Emulg.; Manegold 43	**Emulg.**
3707	**Hydantoinsäure**	s. Phenylthiohydantoinsäure; Sa.	**Sa.**
3708	**Hydrazine**	Sa.; Östr. P. 86639 s. Acetonphenyl-, Acetphenyl-, Diphenylhydrazin, Diphenylthiocarbazol = Dithizon, Hydrazobenzol, Tribromphenylhydrazin; Sa. s. Diphenylhydrazin; Sa., Regler	**Sa., Regler**
3709	**Hydrazin/Aldehyd-Reaktpr.**	= Hydrazone; s. d.; Sa.	**Sa.**
3710	**Hydrazinbenzol**	s. = Phenylhydrazin; Sa., Pass.	**Sa., Pass.**
3711	**Hydraziniumchloride**	s. Alkyl-, Alkylaryl-, Aryl-, Aralkyl-hydrazinchlorid; Sa. Sa.; Franz. 1165100, Am. 2909567	**Sa.**
3712	**Hydrazobenzol**	s. = Diphenylhydrazin; Sa., Regler	**Sa., Regler**
3713	**Hydrazone**	als Sa.; Östr. 86639 = Aldehyd/Hydrazin-Reaktpr.; Karrer zus. m. Kerosin; Sa.; „Chemical Abstracts" 1959, 13026	**Sa.**
3714	**Hydrazophenyl**	= Phenylhydrazon; s. d.; Sa.	**Sa.**
3715	**Hydrine**	s. Chlor-, Bromhydrin, Dichlorhydrin; sind Glyzerinester = Glyzeride; Sa., Sa/Sch.	**Sa/Sch., Sa.**
3716	**Hydroabietylalkohol**	s. Abietylalkohol; Modif.	**Modif.**
3717	**Hydroabietylalkohol/($C_8/_{18}$-)Alkylamin-Mischg.**	Sa. f. d. schaumlose Flot. von grobkörnigem Sylvinit; Am. 2937751	**Sa.**
3718	**Hydroabietylakohol-Kerosin-Lösg./Alkylamin-Mischung**	Sa. f. d. schaumlose Flot. von grobkörnigem Sylvinit; Am. 2937751	**Sa.**
3719	**Hydroabietylakohol-sulfat**	= Abietinolsulfat, Abietylalkoholsulfat s. Dihydroabietylakoholsulfat; Emulg.	**Emulg.**
3720	**Hydroabietylxanthat**	Sa., Netzm.; Am. 2106558	**Sa., Netzm.**
3721	**Hydroacetphenol**	s. Dihydroacetphenol; Dr.	**Dr.**
3722	**Hydroarylonitril**	als Flockm.; Brit. 725460 u. Franz. 1083610	**Flockm.**
3723	**Hydroacrylonitril/Vinylacetat-Copolymer**	als Gangart-Dr. f. sulfid. Erze; Am. 2740522	**Dr.**
3724	**Hydroacrylonitrilmethacrylonitril/Vinylacetat-Copolymer**	als Gangart-Dr. f. sulfid. Erze; Am. 2740522	**Dr.**
3725	**Hydroarylxanthat**	Sa.; Am. 1813342	**Sa.**
3726	**Hydrobenzoesäure-alkylester**	Schaumplastizierer; Am. 2689043	**Modif.**

Lfd. Nr.	Bezeichnung (Zusammensetzung)	besondere Verwendung mit zugehöriger Literaturangabe	Verwendungs-überblick
3727	**Hydrobenzoesäure-aralkylester**	Schaumplastizierer; Am. 2689043	**Modif.**
3728	**Hydrochem 66**	= Polycarboxyl-Derivate d. agava sisillana; als Flockm. f. Kohlenschlämme; „Montanwiss. Literaturber.", Sept. 1959, S. 1028	**Flockm.**
3729	**Hydrochinon**	= Chinol, Benzoldiol, Dioxybenzol, Tecquinol, $OH \cdot C_6H_4 \cdot OH$; „Merck Index" 1960 Sch.; „Min. Technology" 1946, 283 Dr. f. Glanz- u. Mattkohle beim Ausschwimmen d. Faserkohle mittels Phenol; DP. 650031, Petersen 208	**Sch., Dr.**
3730	**Hydrochinonglukosid**	s. = Arbutin; Netzm.	**Netzm.**
3731	**Hydrochinonmono-glucopyranosid**	s. = Arbutin; Netzm.	**Netzm.**
3732	**Hydrocyansäurepoly-merisate**	Disp., Entflockungsm.; Am. 2855365	**Disp.**
3733	**Hydrofluorkieselsäure**	an Stelle von H_2SO_4 als Akt. b. d. Erzflotation; Brit. 4938/1914	**Akt.**
3734	**Hydrofuran**	s. Tetrahydrofuran; Regler	**Regler**
3735	**Hydrogalloltannin**	s. = Gallussäure; Dr., Netzm., Kondm.	**Dr., Netzm., Kondm.**
3736	**Hydrogasölsäure** (= Hydrursäure)	Baryt-Sa.; „Montanwiss. Literaturber." 1960, 319/20	**Sa.**
3737	**Hydrokresol**	Sch.; Can. 340833 s. Hexahydrokresol; Sch.	**Sch.**
3738	**Hydrolose**	s. = Methylcellulose; Sa., Dr., Netzm., Flockm.	**Sa., Netzm., Flockm., Dr.**
3739	**Hydromethylphenol**	s. Hexahydromethylphenol; Sch.	**Sch.**
3740	**Hydron/White Spirit-oyd-Mischg.**	Mischg. aus 10% Hydron [aus d. Destillation v. Baumwollsaatöl] u. 90% White-Spiritoyd [= Carbonsäure + KWstoffe] als anionakt. Sa. f. d. Flot. v. Schwarzmetallerzen; „Bergb.-Wiss." 1959, 120	**Sa.**
3741	**Hydronaphthalin** ($C_{10}H_{12}$)	s. Tetrahydronaphthalin = Tetralin; Modif.	**Modif.**
3742	**Hydronaphthalinhy-droperoxyd**	s. Tetra-, Decahydronaphthalinhydroperoxyd; Sch.	**Sch.**
3743	**Hydronaphthol**	s. Decahydronaphthol; Akt.	**Akt.**
3744	**Hydrophan F**	Netzm.; „Schlägel u. Eisen" 1950, 9	**Netzm.**
3745	**Hydropolyacrylo-nitril**	Flockm.; Brit. 725460, 760653, Franz. 1083610 Gangart-Dr.; Am. 2740522, Brit. 749213 s. „Pang"; Flockm. s. Guanidinhydropolyacrylnitril; Dr. s. Flokal 101; Flockm.	**Flockm., Dr.**
3746	**Hydrostyrol/Malein-säureanhydrid-Co-polymer**	Gangart-Dr. b. d. Flot. sulfid. Erze; Am. 2740522	**Dr.**
3747	**Hydrotalgamin**	s. Armeen HTD; Sa.	**Sa.**
3748	**Hydrotalgaminacetat**	s. „Armac HTD"; Sa.	**Sa.**

Lfd. Nr.	Bezeichnung (Zusammensetzung)	besondere Verwendung mit zugehöriger Literaturangabe	Verwendungsüberblick
3749	**Hydrotalgamintrimethylammoniumchlorid**	s. = Arquad HTD; Sa.	**Sa.**
3750	**Hydrotallölamid/Alkylamin-Mischung**	Sa. f. d. schaumlose Flot. von grobkörnigem Sylvinit; Am. 2937751	**Sa.**
3751	**Hydroterpentinöl**	= hydratisiertes Aufschlußprodukt terpenhaltiger Koniferen mittels Na SO_4 bzw. H_2SO_3; Sch.; DP. 744601	**Sch.**
3752	**Hydroximfettsäure**	Sa/Sch.; DP. 700735	**Sa/Sch.**
3753	**Hydroxy ....**	s. auch Oxy	
3754	**Hydroxyacyldiamidesterpolymere**	Sa/Sch.; Netzm.; Am. 2384080	**Sa/Sch., Netzm.**
3755	**Hydroxyalkylamidalkoholsulfat**	s. Sulframin DR; Netzm.	**Netzm.**
3756	**Hydroxyalkylisocarbamid**	Erz-Sa.; Can. 397998	**Sa.**
3757	**Hydroxyalloocimenamin**	Sa.; Am. 2338797	**Sa.**
3758	**Hydroxyaminofettsäureester**	s. „Negamine 142 A"; Netzm.	**Netzm.**
3759	**Hydroxyanilin**	s. = Aminophenol; Sa., Sch.	**Sa., Sch.**
3760	**Hydroxyanisol**	s. = Guajakol; Sch.	**Sch.**
3761	**Hydroxyäthansulfonsäure/Carbonsäure-Reaktpr.**	Sa/Sch., Netzm.; Brit. 366916	**Sa/Sch., Netzm.**
3762	**Hydroxyäthoxyäthoxyäthylpiperazinpalmitatacetat**	Sch., Netzm.; Am. 2541260 s. Dialkoxypiperazin-Derivate	**Sch., Netzm.**
3763	**Hydroxyäthylamin**	s. = Äthanolamin; Sa., Dr., Netzm., Flockm., Lösm., Emulg.	**Sa., Dr., Netzm., Flockm., Lösm., Emulg.**
3764	**Hydroxyäthylaminopropylhydrazinchlorid**	als Sa.; Franz. 1165100	**Sa.**
3765	**Hydroxyäthylaminopropylhydroxyäthyloctadecylhydrazinchlorid**	Sa.; Franz. 1165100	**Sa.**
3766	**Hydroxyäthyläthylendiamin**	als Sa.; Am. 2389763	**Sa.**
3767	**Hydroxyäthylcellulose**	Ton- u. Erzschlamm-Flockm.; Am. 2937143	**Flockm.**
3768	**Hydroxyäthyldiäthylhydrazinchlorid**	Sa.; Franz. 1165100	**Sa.**

Lfd. Nr.	Bezeichnung (Zusammensetzung)	besondere Verwendung mit zugehöriger Literaturangabe	Verwendungs-überblick
3769	**Hydroxyäthyldihydroabietylhydrazinchlorid**	als Sa.; Franz. 1165100	**Sa.**
3770	**Hydroxyäthyldimethylhydrazinchlorid**	Sa.; Franz. 1165100	**Sa.**
3771	**Hydroxyäthylheptadecenylimidazol**	= Hydroxyäthylheptadecenylglyoxalin = Amin 22L u. Amin 220; Sa.; Am. 2811489	**Sa.**
3772	**Hydroxyäthylmethoxyäthoxyäthylpiperazin**	Sch., Netzm.; Am. 2541260 s. Dialkoxypiperazin-Derivate; Sch., Netzm.	**Sch., Netzm.**
3773	**Hydroxyäthylmethylhydrazinchlorid**	Sa.; Franz. 1165100	**Sa.**
3774	**Hydroxyäthylphenylhydrazinchlorid**	Sa.; Franz. 1165100	**Sa.**
3775	**Hydroxybenzochinon**	Netzm.; Am. 2395866	**Netzm.**
3776	**Hydroxybenzol**	s. = Phenol; Sch., Disp.	**Sch., Disp.**
3777	**Hydroxybenzolsulfonsäure/Formaldehyd-Kondspr.**	s. = Phenolsulfonsäure/Formaldehyd-Kondspr.; Dr., Netzm.	**Dr., Netzm.**
3778	**Hydroxybenzothiazol**	Sa. f. oxyd. Pb-, Zn-, Fe-Erze; „Chemical Abstracts" 1943, 1682; 1945, 2471	**Sa.**
3779	**Hydroxybenzyldimethylhydrazinchlorid**	als Sa.; Franz. 1165100	**Sa.**
3780	**Hydroxybenzylsäure**	s. = Salicylsäure; Sa., Regler, Kondm.	**Sa., Regler, Kondm.**
3781	**Hydroxybenzylsäure/Alkohol-Lösung**	s. Salicylsäure/. . . . ; Sa/Sch.	**Sa/Sch.**
3782	**Hydroxybornylenamin**	s. Hydroxyterpenamin; Sa.	**Sa.**
3783	**Hydroxybornylenäther**	s. Hydroxyterpenäther; Sa/Sch.	**Sa/Sch.**
3784	**Hydroxycamphan**	s. = Borneol; Sch.	**Sch.**
3785	**Hydroxycamphanamin**	s. Hydroxyterpenamin; Sa.	**Sa.**
3786	**Hydroxycamphanäther**	s. Hydroxyterpenäther; Sa/Sch.	**Sa/Sch.**
3787	**Hydroxycaranamin**	s. Hydroxyterpenamin; Sa.	**Sa.**
3788	**Hydroxycaranäther**	s. Hydroxyterpenäther; Sa/Sch.	**Sa/Sch.**
3789	**Hydroxychinolin** (= Chinolinol, Oxin, Carbostyril, $(CH{:}CH)C_6H_4(N{:}COH)$)	Sa. f. oxyd. Erze; „Chemical Abstracts" 1942, 5390, 5890; 1943, 1682; 1944, 1152; 1945, 2471 Sa. f. Nb-Mineralien; Brit. 798768 Sa.; „Mining Technology" 1946, 273 s. Chinolinol; Sa. s. Oxybenzochinolin; Netzm. s. Oxydichinolin; Netzm., Dr. s. Oxynaphthochinolin; Netzm. s. Naphthazarin; Dr.	**Sa.**
3790	**Hydroxycritmenamin**	s. Hydroxyterpenamin; Sa.	**Sa.**
3791	**Hydroxycritmenäther**	s. Hydroxyterpenäther; Sa/Sch.	**Sa/Sch.**
3792	**Hydroxycymen**	s. = Cymenol; Sch.	**Sch.**

Lfd. Nr.	Bezeichnung (Zusammensetzung)	besondere Verwendung mit zugehöriger Literaturangabe	Verwendungs-überblick
3793	**Hydroxycymolamin**	s. Hydroxyterpenamin; Sa.	**Sa.**
3794	**Hydroxycymoläther**	s. Hydroxyterpenäther; Sa/Sch.	**Sa/Sch.**
3795	**Hydroxydichinon**	Netzm.; Am. 2395866	**Netzm.**
3796	**Hydroxydimethylaminomethylbenzyldimethylhydrazinchlorid**	Sa.; Franz. 1165100	**Sa.**
3797	**Hydroxydipentenamin**	Sa.; Am. 2338797	**Sa.**
3798	**Hydroxydipentenäther**	s. Hydroxyterpenäther; Sa/Sch.	**Sa/Sch.**
3799	**Hydroxydiphenylsulfonat**	s. = Phenylphenolsulfonat; Sa., Netzm.	**Sa., Netzm.**
3800	**Hydroxyisopropylamin**	s. = Aminopropanol; Sa.	**Sa.**
3801	**Hydroxykampferamin**	s. Hydroxyterpenamin; Sa.	**Sa.**
3802	**Hydroxykampferäther**	s. Hydroxyterpenäther; Sa/Sch.	**Sa/Sch.**
3803	**Hydroxylamin/Aldehyd-Reaktpr.**	= Aldoxime; s. d.; Sa.	**Sa.**
3804	**Hydroxylenol**	Sch.; Franz. 1097142	**Sch.**
3805	**Hydroxymenthenamin**	s. Hydroxyterpenamin; Sa.	**Sa.**
3806	**Hydroxymenthenäther**	s. Hydroxyterpenäther; Sa/Sch.	**Sa/Sch.**
3807	**Hydroxymethylmethanalkyläther**	s. = Pentaerythritolalkyläther; Sch/Sa.	**Sch/Sa.**
3808	**Hydroxymethylpropandiolakyläther**	s. = Pentaerythritolalkyläther; Sch/Sa.	**Sch/Sa.**
3809	**Hydroxymyrcenamin**	Sa.; Am. 2383797	**Sa.**
3810	**Hydroxynaphthalin**	s. = Naphthol; Sa/Sch., Akt.	**Sa/Sch., Akt.**
3811	**Hydroxynaphthalindisulfonsäure**	s. Dioxynaphthalindisulfonsäure; Netzm.	**Netzm.**
3812	**Hydroxynitrile**	z. B. Acetoncyanohydrin; Sa. f. d. selektive Flot. von Pb/Cu/Zn-Erzen; Can. 594133	**Sa.**
3813	**Hydroxyphenylphthalid**	s. = Phenolphthalein; Sa., Dr., Akt., Kondm.	**Sa., Dr., Akt., Kondm.**
3814	**Hydroxypinenamin**	s. Hydroxyterpenamin; Sa.	**Sa.**
3815	**Hydroxypinenäther**	s. Hydroxyterpenäther; Sa/Sch.	**Sa/Sch.**
3816	**Hydroxypyridindicarbonsäure**	= Chelidaminsäure; Gangart-Dr.; Am. 2414199	**Dr.**
3817	**Hydroxypyron**	5-Hydroxy-2-(hydroxymethyl)-4-pyron = = Kojilsäure; s. d. Dr.	**Dr.**
3818	**Hydroxyterpenamine**	Sa.; Am. 2338797	**Sa.**
3819	**Hydroxyterpenäther**	Sa/Sch.; Am. 2321979	**Sa/Sch.**
3820	**Hydroxyterpinolenamin**	Sa.; Am. 2338797	**Sa.**
3821	**Hydroxyterpinolenäther**	s. Hydroxyterpenäther; Sa/Sch.	**Sa/Sch.**

Lfd. Nr.	Bezeichnung (Zusammensetzung)	besondere Verwendung mit zugehöriger Literaturangabe	Verwendungs-überblick
3822	**Hydroxytetramethylen-cumarin**	s. = Diäthyldithiophosphat; Sa.	**Sa.**
3823	**Hydroxytoluol**	s. = Benzylalkohol; Sch/Sa. s. Dioxytoluol; Sa.	**Sch/Sa.**
3824	**Hydrozimtalkohol**	s. = Phenylpropylalkohol; Sa/Sch.	**Sch/Sa.**
3825	**Hydrursäure**	s. = Hydrogasölsäure; Sa.	**Sa.**
3826	**Hygroskopische Feststoffe**	wie CaO, MgO, als Zusatz z. feuchtem Schüttgut beim Sieben; Brit. 781547, Franz. 1134596	**Trockm.**
3827	**Hypochlorit**	Na-Hypochlorit = NaClO = Clorox als Cu- u. Fe-Dr. b. d. Nachflot. Cu/Fe-haltiger MoS_2-Konzentrate; Am. 2811255 als Akt. i. Ggw. v. wasserlösl. Sulfonat b. d. Flot. von Be-haltigen Pegmatiten; Am. 2666587	**Dr., Akt.**
3828	**Hyposchwefelsäure** (unterschweflige Säure, $H_2S_2O_4$)	bzw. deren Salze = Hyposulfite als ZnS- u. FeS_2-Dr.; DP. 495704, Petersen 199, Can. 302246	**Dr.**

Lfd. Nr.	Bezeichnung (Zusammensetzung)	besondere Verwendung mit zugehöriger Literaturangabe	Verwendungs-überblick
3829	**Ichthyolöle**	Schwefelprodd. aus Schiefern, die vor allem Fische u. a. Seetiere als Fossilien führen; enthalten geringe Mengen an Pyridinbasen; Akt. u. schaumverbessernde Kondm. insbes. f. d. Pyrit-Flot.; „Erzmetall“ 1953, 391	**Akt., Modif.**
3830	**Idaho-Kartoffelstärke**	als Flockm.; „Min. Enrg.“ 1959, S. 715/719	**Flockm.**
3831	**Igepal B**	= Dodecyl/Tetradecyl-phenolpolyglykolsulfat; Netzm.; Stüpel Emulg.; Manegold 44	**Netzm., Emulg.**
3832	**Igepal C**	= Dodecylphenolpolyglykoläther; Netzm., Stüpel Emulg.; Manegold 44	**Netzm., Emulg.**
3833	**Igepal CA**	= Äthylenoxyd/Alkylkresol-Kondspr.; Sa/Sch. f. d. Flot. v. Uranerzen; Am. 2697518 = Alkylphenolpolyglykoläther; Netzm.; Stüpel Emulg.; Manegold 44	**Emulg., Sa/Sch., Netzm.**
3834	**Igepal CA Extra**	= $C_{8}/_{9}$-Alkylphenolpolyoxyäthylenester; nichtionogenes Netzm.; Am. 2797196 Emulg.; Manegold 44	**Netzm., Emulg.**
3835	**Igepal NA**	= Tetradecylbenzolsulfonat; Netzm.; Stüpel Emulg.; Manegold 44	**Netzm., Emulg.**
3836	**Igepal W** (extra konz)	= Dodecylphenolpolyglykoläther; Netzm.; Stüpel Emulg.; Manegold 44	**Netzm., Emulg.**
3837	**Igepon A**	= Oleinsäureisäthionsäureester, $C_{17}H_{33}COOH_2CH_2SO_3Na$; Netzm.; Stüpel = Na-Oleinoxyäthylsulfonat; Emulg.; Manegold 43	**Netzm.**
3838	**Igepon AP extra**	= Fettsäureisäthionsäureester; Netzm.; Stüpel	**Netzm.**
3839	**Igepon AP**	= Oleinsäureestersulfonat; Sa. f. oxyd. Fe-Erze; DP. 844131 als Netzm.; Römpp „Chemie-Lexikon“, Bd. II, 1953, S. 1240 als Flockm.; „Chem. Ztrlbl.“ 1959, Nr. 45/I, S. 14544	**Flockm., Netzm. Sa.**
3840	**Igepon B** (auch Igepon G)	= Na-Oleinhydroxybutylamid/Schwefelsäure-Ester bzw. Schwefelsäureester des Oleinsäureamids von 3-Hydroxy-1-aminobutan, $C_{17}H_{33}CONH(CH_2)_3CH(SO_4Na)CH_3$; Netzm.; Stüpel	**Netzm.**
3841	**Igepon C**	= Oleinäthanolamidsulfat, $C_{17}H_{33}COHNC_2H_4SO_4Na$; Netzm.; Stüpel Netzm.; Blücher „Auskunftsbuch f. d. chem. Industrie“ 1954, 778, Römpp 1953, II/1240 Flockm.; „Chem. Ztrlbl.“ 1959, 14544	**Netzm., Flockm.**
3842	**Igepon CN-42**	= Na-N-Cyclohexyl-N-palmitinlaurat; Sa.; Am. 2884474 Netzm.; Römpp „Chemie-Lexikon“ 1953, II/1240 Flockm.; „Chem. Ztrlbl.“ 1959, 14544	**Sa., Netzm., Flockm.**

Lfd. Nr.	Bezeichnung (Zusammensetzung)	besondere Verwendung mit zugehöriger Literaturangabe	Verwendungsüberblick
3843	**Igepon L**	Netzm.; Blücher „Auskunftsbuch . . .“ 1954, 778, Römpp „Chemie-Lexikon“ 1953, II/1240 Flockm.; „Chem. Ztrlbl.“ 1959, 14544	**Netzm., Flockm.**
3844	**Igepon T**	= Na-Stearinmethylaminoäthylsulfonat, Na-Oleinaminoäthylsulfonat, Na-Oleinmethyltaurid, $C_{17}H_{33}CON—CH_3C_2H_4SO_3Na$ Sa. f. d. Flot. oxyd. Eisenerze; DP. 844131 Netzm.; Römpp, Blücher	**Sa., Netzm., Flockm., Emulg.**
3845	**IM-11 Soda/Stärke-Mischg.**	Sa. f. d. Schwarzmetall-Flot.; „Bergb.-Wiss.“ 1959, 120	**Sa.**
3846	**Imide**	s. Diphenylenimid = Carbazol; Sa. s. Äthylenimidpolymer = Polyäthylenimid Flockm.	**Sa., Flockm.**
3847	**Imidazol**	= Glyoxalin, Diazol, Iminazol, Miazol, Pyrromonazol, Diazacyclopentadien, $C_3H_4N_2$; „Merck Index“ 1960 kationakt. Fe-Sa. b. d. Feldspat-Flot.; Am. 2578790, Can. 487808 Sa. f. oxyd. Zinkerze; Franz. 1136073 Sa. f. nichtsulfid., nichtsilikat. Mineralien; Can. 435632 s. Dodecyl-, Oxyäthylheptadecenyl-, Octylaminoäthyl-, Mercaptobenz-imidazol; Sa. Flockm. z. Filtern v. Schlämmen; Am. 2509260 s. Amin 220, Amin 22 L; Sa., Sa/Sch. s. Thiotetrahydroimidazol; Sa.	**Sa., Sa/Sch., Flockm.**
3848	**Imidazolalkylderivate**	Sa. f. d. Flot. silikat. Mineralien; Am. 2380698 s. Alkylimidazolhydrochlorid; Sa. Flockm. beim Filtrieren v. Schlämmen; Am. 2509260	**Sa., Flockm.**
3849	**Imidazolidin**	s. Thioimidazolidin; Sa.	**Sa.**
3850	**Imidazolinchlorid**	s. Alrosep MB; Netzm.	**Netzm.**
3851	**Imidazolinhydrochlorid**	kationakt. Sa.; Brit. 578694 s. Dodecylimidazolhydrochlorid; Sa.	**Sa.**
3852	**Imidazolpolymere**	s. Aminodi-**I.**; Sa.	**Sa.**
3853	**Imidazolsulfonat**	s. Heptadecylbenz-**I.** = Ultravon K u. W; Netzm.	**Netzm.**
3854	**Imiddiacetsäure**	s. = Imidodiessigsäure; Dr.	**Dr.**
3855	**Imidodiessigsäure**	= Imiddiacetsäure, $HN\langle {CH_2COOH \atop CH_2COOH}$ Gangart-Dr.; Am. 2414199, „Min. Techn.“ 1946, 278	**Dr.**
3856	**Imidothiodiazol**	Sa.; Am. 1825501	**Sa.**
3857	**Iminazol**	s. = Imidazol; Sa., Sa/Sch., Flockm.	**Sa., Sa/Sch., Flockm.**
3858	**Imincarbamid** ($NHC(NH_2)_2$)	s. = Guanidin; Sa.	**Sa.**
3859	**Indigo-Abfall**	fällt b. d. Erzeugung von geschwefeltem Terpentinöl als Restprod. an, billig u. nicht giftig, enthält etwa 47% Terpen-	**Sa/Sch.**

Lfd. Nr.	Bezeichnung (Zusammensetzung)	besondere Verwendung mit zugehöriger Literaturangabe	Verwendungs-überblick
		alkohole; zusammen m. nichtpolaren Reagenzien, wie Petroleum, bildet Indigo-Abfall ein Flot.-Mittel m. sammelnden u. schäumenden Eigg. f. d. Kohlen-Flot.; „Erdöl u. Kohle" 1958, 527 s. Isatin; Dr.	
3860	**Indischbalsam**	s. = Perubalsam; Dr.	**Dr.**
3861	**Indolchinon**	s. = Isatin; Dr.	**Dr.**
3862	**Indrawet**	= Alkylbenzolsulfonat; Netzm., Stüpel	**Netzm.**
3863	**Indulin**	= Azin; Gangart-Dr. b. d. Erz-Flot.; Am. 2211686	**Dr.**
3864	**Indulinblau**	als MoS_2-Dr. b. d. Flot. von Mo- u. Cu-Sulfiderzen; Am. 2095967	**Dr.**
3865	**Indusöl**	= destill. Tallöl; Sa.; „Engrg. Min. J.", Juni 1956, 114	**Sa.**
3866	**Indusölsulfonat** (= destl. Tallölsulfonat)	Sa. f. oxyd. Fe-Erze; DP. 844131	**Sa.**
3867	**Inertgas**	in die Trübe eingeführt, als Akt. f. d. Kohlenruß-Flot.; Am. 2725985	**Akt.**
3868	**Intracol R**	Netzm.; Am. 2797196	**Netzm.**
3869	**Intral**	nichtion. Ton-Disp.; Am. 2797196	**Disp.**
3870	**Inulin**	= zuckerunähnl. Polysaccharid Netzm.; Am. 2208758, Brit. 526701	**Netzm.**
3871	**Invadin**	= Na-Alkylbenzolsulfonat; Netzm.; „Engrg. Min. J.", Juni 1956, 114	**Netzm.**
3872	**Invadin N**	= Na-Alkylphenylsulfonat; Hilfs-Sa. z. Flot. oxyd. Eisenerze; DP. 844131	**Sa.**
3873	**Invertseifen**	Netzm.; Römpp „Chemie-Lexikon" 1953, II, 1240 = Alkylbenzyldimethylammoniumchlorid; Emulg.; Manegold 43	**Emulg., Netzm.**
3874	**Ioct Sulfonat**	= öllösl. Erdölsulfonat; Sa. f. oxyd. Eisenerze; DP. 844131	**Sa.**
3875	**Iporit**	= Na-Alkylnaphthalinsulfonat; Emulg.; Manegold 43	**Emulg.**
3876	**Irgatan**	Netzm.; Am. 2208758, Brit. 526701	**Netzm.**
3877	**Irisch Moos**	Kalk-Dr. b. d. Quarz/Kalk-Flot.; Am. 2341046	**Dr.**
3878	**Irishgum**	= aus Maisstärke hergestelltes Dextrin; s. d.	**Flockm., Dr., Netzm.**
3879	**Isatin** (= Indolchinon, Indigooxyd)	Gangart-Dr.; Am. 2395866 Indigooxyd)	**Dr.**
3880	**Islandmoosextrakt**	Flockm.; DP. 517055	**Flockm.**
3881	**Isoalkenylxanthat**	Sa.; Can. 356306 Golderz-Sa.; Am. 2101647	**Sa.**
3882	**Isoamylammoniumdiisoamyldithiocarbamat**	Sa.; Am. 1879871	**Sa.**
3883	**Isoamyldithiocarbamat**	s. Di- **I.**; Sa., Akt.	**Akt., Sa.**
3884	**Isoamyldithiophosphat**	Sa.; „Chemical Abstracts" 1959, 15894	**Sa.**

Lfd. Nr.	Bezeichnung (Zusammensetzung)	besondere Verwendung mit zugehöriger Literaturangabe	Verwendungs-überblick
3885	**Isoamylketon**	Sch. f. d. Flot. oxyd. Erze; Am. 2000350 s. Ketone; Sch., Lösm.	**Sch., Lösm.**
3886	**Isoamylphenylketon**	Sch. f. d. Flot. oxyd. Erze; Am. 2000350	**Sch.**
3887	**Isoamylxanthat**	Sa. f. d. Flot. sulfid. Pb/Zn-Erze; „Erzmetall" 1961, 24	**Sa.**
3888	**Isobutanol**	s. Butanol, Methylisobutanol; Sch. s. Diisobutanol	**Sch.**
3889	**Isobutenylxanthat**	Sa.; Am. 2101648	**Sa.**
3890	**Isobutylaminoessigsäure**	= Isobutylglycin, Leucin; s. d. Sa.	**Sa.**
3891	**Isobutylglycin**	= Leucin; s. d.; Sa. = Aminoisobutylessigsäure, Isobutylaminoessigsäure	**Sa.**
3892	**Isobutylglykolat**	Hämatit-, Kalkspat-Sa.; Can. 416124	**Sa.**
3893	**Isobutylketon**	Sch. f. d. Flot. oxyd. Erze; Am. 2000350	**Sch.**
3894	**Isobutylnaphthalinsulfonat**	= Nekal B; s. d. = Alkylnaphthalinsulfonat; s. d.	**Sa., Sa/Sch., Netzm.**
3895	**Isobutylnaphthalinsulfonsäure**	= Nekal B; als Sa/Sch.; Am. 2697518 = Alkylnaphthalinsulfonsäure; s. d.	**Sa., Sa/Sch., Netzm.**
3896	**Isobutylphenol**	als Sch.; Taggart 12—45 u. Am. 2250190	**Sch.**
3897	**Isobutylphenylketon**	Sch. f. d. Flot. oxyd. Erze; Am. 2000350	**Sch.**
3898	**Isodecylamin**	gemischt m. „Alamine" oder „Armeen" als Phosphatit-Sa.; Am. 2914174	**Sa.**
3899	**Isododecyltrioxyäthyldimethylmorpholinformiat**	Netzm.; DP. 746108 $= C_{12}H_{25} \cdot (O \cdot C_2H_4)_3 \cdot N \left\langle \begin{matrix} CH_2-CH(CH_3) \\ CH_2-CH(CH_3) \end{matrix} \right\rangle O.\ HCOOH;$	**Netzm.**
3900	**Isododecyltrioxyäthylmorpholinformiat**	Netzm.; DP. 746108 $= C_{12}H_{25} \cdot (O \cdot C_2H_4)_3 \cdot N \left\langle \begin{matrix} CH_2-CH_2 \\ CH_2-CH_2 \end{matrix} \right\rangle O.\ HCOOH;$	**Netzm.**
3901	**Isohexadecenylamin**	gemischt m. „Alamine" oder „Armeen" als Phosphatit-Sa.; Am. 2914174	**Sa.**
3902	**Isoleucin**	= n-Butylglycin, Butylaminoessigsäure als Sa.; s. Aminosäuren	**Sa.**
3903	**Isonaphthol** (= β-Naphthol)	s. Naphthol; Sa/Sch., Akt.	**Sa/Sch., Akt.**
3904	**Isonitroaceton**	Gangart Dr.; „Min. Technology" 1946, 277	**Dr,**
3905	**Isooctanol/($C_{8/18}$-)Alkylamin-Mischung**	Sa. f. d. schaumlose Flot. von grobkörnigem Sylvinit; Am. 2937751	**Sa.**
3906	**Isooctylphenylpolyäthylenäther**	als Netzm.; DP. 1030802	**Netzm.**
3907	**Isophthalsäure**	= m-Phthalsäure als pH-Regler f. oxyd. Erze; DP. 844131 s. Phthalsäure; Regler, Akt., Kondm., Dr., Akt., Sch., Modif. s. Benzoldicarbonsäure; Sa.	**Sa. Sch., Kondm., Regler, Modif., Dr., Akt.**
3908	**Isopropanol**	= sec. Propanol, Isopropylalkohol, Petrosol, Dimethylcarbinol, $(CH_3)_2CHOH$ s. Propanol; Lösm.	**Lösm.**

Lfd. Nr.	Bezeichnung (Zusammensetzung)	besondere Verwendung mit zugehöriger Literaturangabe	Verwendungs-überblick
3909	**Isopropanol/Acrolein-Reaktpr.**	als Sch.; Am. 2561251	**Sch.**
3910	**Isopropanolamin**	$CH_3CH(OH)CH_2NH_3$ Sa.; Am. 2389763	**Sa.**
3911	**Isopropanol/P_2S_5-Reaktpr.**	Sa/Sch.; Can. 339814	**Sa/Sch.**
3912	**Isopropoxyalkanol-phthalsäurediester**	Sch. f. Cu-Silikate; DP. 922401, Am. 2732940, Brit. 739073	**Sch.**
3913	**Isopropoxyäthan**	Sch.; Am. 2687214	**Sch.**
3914	**Isopropoxybenzole**	Sch.; Am. 2776749	**Sch.**
3915	**Isopropoxycrotonsäureester**	Sch.; Am. 2776748, Can. 563445	**Sch.**
3916	**Isopropoxydioxan**	Sch. f. Kohle u. Nichterze; Am. 2657800	**Sch.**
3917	**Isopropyladipat**	Sch.; DP. 904762, Am. 2690260	**Sch.**
3918	**Isopropylalkohol** (= Dimethylcarbinol)	s. = Isopropanol; Lösm.	**Lösm.**
3919	**Isopropylamin** (Aminopropan, $(CH_3)_2CHNH_2$)	s. Alkylamin; Sa/Sch.	**Sa/Sch.**
3920	**Isopropylaminododecylbenzolsulfonat**	Netzm. f. d. Steinkohlen-Siebentwässerung; Brit. 738061	**Netzm.**
3921	**Isopropylaminoessigsäure**	= Isopropylglycin, Valin; s. d. als Sa.; s. Aminosäuren	**Sa.**
3922	**Isopropyläther**	= Diisopropyläther, $(CH_3)_2CHOCH(CH_3)_2$ s. Dipropylenglykolisopropyläther, Propylenglykolisopropyläther; Sch.	**Sch.**
3923	**Isopropyläthylthionocarbamat**	Erz-Sa.; Am. 2691635	**Sa.**
3924	**Isopropylbenzol**	s. = Cumol; Kondm.	**Kondm.**
3925	**Isopropyldithiophosphat**	Sa. f. sulfid. Cu-Erze; Am. 2919025	**Sa.**
3926	**Isopropylentrithiocarbonat**	Sa.; Franz. 838171	**Sa.**
3927	**Isopropylenxanthat**	Sa.; Can. 356306	**Sa.**
3928	**Isopropylisopropylxanthat**	= S-Allylester; Sa.; DP. 866331	**Sa.**
3929	**Isopropylketon**	Sch. f. d. Erz-Flot.; Am. 2000350	**Sch.**
3930	**Isopropylmercaptid**	Pb- I. als Sa.; Brit. 549975	**Sa.**
3931	**Isopropylnapthalinsulfonat**	s. Aerosol OS; Akt. s. Nekal A; Sa/Sch., Netzm. Netzm.; DP. 802389, Am. 2266954	**Sa/Sch., Netzm., Akt.**
3932	**Isopropylnaphthalinsulfonsäure**	= Nekal A; Sa/Sch.; Am. 2697518 Netzm.; Römpp, Blücher	**Sa/Sch., Netzm.**
3933	**Isopropylnaphthyltrimethylammoniumjodid**	Sa.; Am. 2389763	**Sa.**
3934	**Isopropylphenol**	als Sch.; Taggart 12—45 u. Am. 2250190	**Sch.**
3935	**Isopropylphenylketon**	Sch. f. d. Flot. oxyd. Erze; Am. 2000350	**Sch.**
3936	**Isopropylpimelat**	s. Diisopropylpimelat; Sch.	**Sch.**

Lfd. Nr.	Bezeichnung (Zusammensezungt)	besondere Verwendung mit zugehöriger Literaturangabe	Verwendungs-überblick
3937	**Isopropylsuberat**	s. Diisopropylsuberat; Sch.	**Sch.**
3938	**Isopropylsulfenyl-piperidin**	Sa.; Am. 2807615	**Sa.**
3939	**Isopropylthiophospho-rylchlorid**	Sa. f. d. Flot. sulfid. Erze; Am. 2621789, Brit. 702957	**Sa.**
3940	**Isopropylthiuram**	s. Thiuram; Sa.	**Sa.**
3941	**Isopropyltoluol**	s. = Cymol; Sch.	**Sch.**
3942	**Isopropyltoluolsulfonat**	s. = Cymolsulfonat; Sch/Sa.	**Sch/Sa.**
3943	**Isopropylxanthat**	Sa.; Brit. 782107 Sa. f. d. PbS-Flot.; „Chem. Ztrlbl.“ 1958, 7877 s. Isopropylisopropyl-xanthat; Sa. s. Methylisopropylxanthat; Sa. s. AC 343, Aero Xanthat 322 u. 343, Z 9-, Z 11-Xanthat; Sa.	**Sa.**
3944	**Isopropylxanthat/ Äthylenglykolchlor-formiat-Reaktpr.**	Sa.; Brit. 650493	**Sa.**
3945	**Isothiuronium-Ver-bdgg.**	Sa.; Brit. 768067	**Sa.**
3946	**Istin**	s. = Chrysazin; Dr.	**Dr.**

Lfd. Nr.	Bezeichnung (Zusammensetzung)	besondere Verwendung mit zugehöriger Literaturangabe	Verwendungs-überblick
3947	**Jaguar 503, -PK 3, MD**	= synthet. Flockm. f. d. Aufbereitungswaschwasserklärung; „Aach. Bl." 1956, 65/88, „Erzmetall" 1957, 423 Flockm. f. d. Saugzugfiltration von Schlämmen; „Coal Age", Dez. 1957, 75	**Flockm.**
3948	**Jod**	als Dr. f. sulfid. Zn-, Cu-Erze; Petersen S. 201	**Dr.**
3949	**Jodfettsäuren**	s. = Halogenfettsäuren; Sa.	**Sa.**
3950	**Jodmethylenmerkurijodid/Methylenjodid-Lösg.**	Schwerfl. f. diamanthaltige Gemenge; Am. 2730235, Brit. 745764	**Schwerfl.**
3951	**Johannisbrotkernmehl**	= stärkeähnl. Stoff; Flockm.; „Glückauf" 1956, 1036	**Flockm.**

Lfd. Nr.	Bezeichnung (Zusammensetzung)	besondere Verwendung mit zugehöriger Literaturangabe	Verwendungs-überblick
3952	**K-101**	s. = Ammoniumthiocyanat; Akt.	**Akt.**
3953	**Kakteensaft**	als Flockm. f. Erztrüben; Am. 2117378	**Flockm.**
3954	**Kalisalz**	körniges Kalisalz i. gesättigter Lauge als Schwerst. f. d. Stripa-Schwimmsinkscheidung; DP. 1033605	**Schwerst.**
3955	**Kaliumbicarbonat** ($KHCO_3$)	z. Verbesserung d. Wirksamkeit der Amin- oder Diamin-Sammler b. d. Flot. v. Nb-Mineralien; Can. 599760	**Akt.**
3956	**Kaliumbisulfat** $KHSO_4$	Regler; „Erzmetall" 1958, 207	**Regler**
3957	**Kaliumferricyanid** ($K_3Fe_3(CN)_6$)	Dr. f. Chalcopyrit u. Arsenopyrit b. d. Molybdänit-Flot.; „Chemical Abstracts" 1959, 13026	**Dr.**
3958	**Kaliumferrocyanid** ($K_4Fe(CN)_6$)	zusammen m. $CuSO_4$ als Akt. für gedrückte Zinkblende; DP. 938241	**Akt.**
3959	**Kaliumpermanganat** (K_2MnO_7)	Regler; „Erzmetall" 1958, 207 selekt. Sulfid-Dr.; „Encyclopedia of Chemical Technology" 1951, 608	**Regler, Dr.**
3960	**Kaliumsulfat** (K_2SO_4)	Hilfsreagens f. d. Kaolinton-Flot. zwecks Entfernung farbiger Bestandteile; Am. 2894628	**Akt.**
3961	**Kaliumsulfit** (K_2SO_3)	b. d. Sulfid-Flot. als Flot.-Verzögerer u. Disp. f. verschiedenartige Sulfide; Brit. 19344/1914	**Pass., Disp.**
3962	**Kalk** $Ca(OH)_2$ = gelöschter Kalk, Kalkmilch, (CaO = gebrannter Kalk)	CaO u. $Ca(OH)_2$ als Dr.; Petersen 200 Pyrit-Dr.; „Engrg. Min. J.", Juni 1956, 114 Flockm.; DP. 1002703, Brit. 155875 Taggart 15—06 Flockm. z. Entwässerung v. Erz oder Kohle in Schleudern, Filtern usw.; „Glückauf" 1950, 1195	**Dr., Flockm.**
3963	**Kalkstein** ($CaCO_3$)	K.-Pulver vergrößert d. Absetzgeschwindigkeit v. Feststoffen im Wasser; „Verfahrenstechn. Berichte", 12. 7. 1957, S. 1118 Schwerst. f. d. Schwimmsinkscheidung; „Glückauf" 1955, 1164	**Schwerst., Flockm.**
3964	**Kampfer**	Sch. f. d. Graphit-Flot.; Östr. 167699 = Ketocamphan	**Sch.**
3965	**Kampferalkylsulfid**	s. Terpenalkylsulfid; Sa.	**Sa.**
3966	**Kampferäther**	s. Terpenäther; Sa/Sch.	**Sa/Sch.**
3967	**Kampfercarbinol**	s. Terpencarbinol; Sch.	**Sch.**
3968	**Kampfercyanoacyl-Verbdg.**	s. Terpencyanoacyl-Verbdg.; Sch., Sa/Sch.	**Sch., Sa/Sch.**
3969	**Kampfer/Cymolsulfonat/Wasser-Lösg.**	Sa/Sch.; „Chemical Abstracts" 1950, 526	**Sa/Sch.**
3970	**Kampferdiol**	s. Terpendiol; Sa.	**Sa.**
3971	**Kampferester**	s. Terpenester; Sa/Sch.	**Sa/Sch.**
3972	**Kampferhaloalkyläther/Amin-Kondspr.**	s. Terpenhaloalkyläther/Amin-Kondspr.; Sa.	**Sa.**
3973	**Kampferhydroperoxyd**	s. Terpenhydroperoxyd; Sch.	**Sch.**

Lfd. Nr.	Bezeichnung (Zusammensetzung)	besondere Verwendung mit zugehöriger Literaturangabe	Verwendungs-überblick
3974	**Kampfermercaptan**	s. Terpenmercaptan; Sa. = Kampfersulfhydrat, -thioalkohol, -thiol	**Sa.**
3975	**Kampfersäure**	Sch. f. d. Graphit-Flotation; Östr. P. 167699	**Sch.**
3976	**Kanadabalsam**	Glimmer-Dr. b. d. Sulfid-Flotation; Petersen 208	**Dr.**
3977	**Kaolin**	z. Nachbehandlg. v. Glimmer- oder Feldspat-Flot.-Konzentraten zwecks Adsorption u. Entfernung d. Flotationsmittelfilmes; Am. 2665004 u. Brit. 675359	**Adsorptm.**
3978	**Karaya-Gummi**	Netzm.; Am. 2208758	**Netzm.**
3979	**Karionoxyanin**	s. = Sorbitoloxyamin; Sa.	**Sa.**
3980	**Karrageen**	Netzm.; Am. 2208758, Brit. 526701	**Netzm.**
3981	**Kartoffelstärke**	als Fusit-Dr. b. d. Kohlen-Flot.; Am. 1499872 als Flockungsm.; „Glückauf" 1956, S. 1036 Dextrin aus Kartoffelstärke = Leiogomme; s. „Dextrin" s. Idaho-Kartoffelstärke; Flockm.	**Flockm., Dr.**
3982	**Kartoffelstärke/Glyzerin/Borneol/Wasser-Suspension**	Flockm. z. Ausflocken von Kohleteilchen aus Kohlewaschwässern; Brit. 507553	**Flockm.**
3983	**Kasein**	= eiweißartiger Stoff, ein Phosphorproteid Emulg. f. Sammleröle; Petersen 173 Netzm.; Am. 2208758, Brit. 526701 Fusit-Dr. b. d. Kohlen-Flot.; Brit. 186143 Schlamm-Dr. b. d. Kalisalz-Flot.; „Chemie-Ing.-Techn." 1955, 2 Kaseinleim als Flockm.; „Bergb.-Wiss." 1958, 137	**Netzm., Dr., Flockm., Emulg.**
3984	**Kautschin**	s. = Dipenten; Sch. Akt. z. Verbesserung d. Flot. v. edelmetallhaltigen Erzen; Can. 324407	**Sch., Akt.**
3985	**Kaydol**	s. = Petrolatum; Sa., Modif., Flockm.	**Sa., Modif., Flockm**
3986	**Kemenol** (= Komenol, ein Na-Alkylarylsulfonat)	Netzm. b. d. Scheelit-Flot.; Am. 2373305 Sa. f. oxyd. Eisenerze; DP. 844131	**Sa., Netzm.**
	Kelcin	s. = Lecithin; Sa.	**Sa.**
3987	**Keratin** (ist ein Protein)	als Dr. b. d. KCl-Flot.; Am. 2365805 als Netzm.; Am. 2208758 u. Brit. 526701 als Netzm.-Überzug auf Thiocarbanilid-Sa.; Am. 2185591 als Flockm.; „Chem. Ztrlbl." 1959, Nr. 34/I, S. 11033 s. Proteine; Netzm., Dr., Flockm., Kondm.	**Dr., Netzm., Flockm., Kondm.**
3988	**Kernseifen** (= Na-Seifen)	Sa.; Petersen 189 z. Bitumenverdrängung aus bituminösen Erzen vor der weiteren Aufbrtg.; DP. 527141	**Sa.**
3989	**Kerosin** (= Petroleum, Leuchtöl; s. Mineralöl, Paraffinöl)	Sa. f. Kohle u. Graphit; „Bulletin No R_1—B_3 Reagents" 1955, 1 als Sa. neben Nadelholzteer als Sch. f. d. Kohlen-Flot. z. Abtrennung teerartiger u. cuticularer Komponenten; „Chem. Ztrlbl." 1959, 10108 s. „Minsker Öl"	**Sa.**

Lfd. Nr.	Bezeichnung (Zusammensetzung)	besondere Verwendung mit zugehöriger Literaturangabe	Verwendungs-überblick
3990	**Kerosin/Azofarbstoff-Mischg.**	Sa.; „Chem. Abstr." 1959, 13026	**Sa.**
3991	**Kerosin/Emcol X 25-Emulsion**	Sa. f. Kohle u. Graphit; „Bulletin No. R_1—B_3 Reagents" 1955, 1	**Sa.**
3992	**Kerosin/Heizöl/Fettsäure-Mischung**	anionakt. Sa. f. d. „Negativion"-Flot. v. Phosphatit; Am. 2811254	**Sa.**
3993	**Kerosinphosphin**	als Akt. b. d. Flot. von oxyd. Erzen; Am 2825458	**Akt.**
3994	**Kerosinsulfat**	als Sa/Sch. zusammen m. einem Chlorid, insbes. NaCl, als Elektrolyt f. d. Kohlen-Flot.; „Glückauf" 1959, 1338	**Sa/Sch.**
3995	**Kerosinsulfat/Wasser-Emulsion**	Sa. f. d. Kohlen-Flot.; „Glückauf" 1958, 1077 s. Ölemulsion; Sa., Netzm.	**Sa., Netzm.**
3996	**Ketocamphan**	s. = Kampfer; Sch.	**Sch.**
3997	**Ketomercaptothiodiazol**	s. Thioketomercaptothiodiazol; Sa.	**Sa.**
3998	**Ketone** (= Oxo-Verbdgg.; $R_2C{=}O$)	Sch., insbes. f. Nichteisenerze; „Chem. Abstr." 1959, 7887 Lösm. z. Aufschlämmung von Ton aus Kalirohsalzen; DP. 1083192 s. Aceton = Dimethylketon; Sch., Kondm., Lösm. s. Äthylmethylketon; Netzm., Lösm. s. Di-, Diisopropylketon; Sch. s. Propylmethylketon; Sch., Lösm. s. Diäthylketon = Propion; Sch. s. Diisoamylketon; Sch. s. Diamylketon = Capronon; Sch. s. Dipropylketon = Butyron; Sch. s. Arylketone; Sch. s. Dibutylketon = Valeron; Sch. s. Butylketon; Sch. s. Methyläthylketon; Netzm., Sch., Lösm. s. Alkylarylketone; Sch. s. Diketone; Sa., Dr. s. Propylisobutylketon; Sch. s. Äthylisobutylketon; Sch.	**Netzm., Lösm., Sch., Kondm.**
3999	**Ketonalkohole**	s. = Oxyketone	**Sa., Sch., Dr., Netzm.**
4000	**Keton/Alkohol-Mischung**	s. „B—23"; Sch.	**Sch.**
4001	**Ketonsulfonat**	s. Melioran F 6; Netzm.	**Netzm.**
4002	**Ketonxanthat**	Xanthat aus Ketonen, Alkalihydroxyd u. CS_2 als Sa.; Am. 1814734	**Sa.**
4003	**Ketoxime**	s. Oxime; Sa.	**Sa.**
4004	**KH-3**	Flockm., insbes. f. d. Vakuumfiltration v. Mineralschlämmen; „Coal Age", Dez. 1957, 75	**Flockm.**
4005	**Kiefernöle**	= Terpenalkohole/KWstoffe-Mischg.; Sch.; „Engrg. Minn. J.", Juni 1956, 115 neben d. Fichtenölen = Pineöl, von denen sie sich durch ihren Harzgehalt unterscheiden, sind sie die wichtigsten Schäumer; Petersen 163	**Sch.**

Lfd. Nr.	Bezeichnung (Zusammensetzung)	besondere Verwendung mit zugehöriger Literaturangabe	Verwendungs-überblick
4006	**Kiefernölsulfonat**	Sa.; Petersen 170	**Sa.**
4007	**Kiesabbrände**	Schwerstoff f. d. Trenntrübe z. Steinkohlen-Schwimmsinkscheidung; „Aufbrtg. d. Steinkohle", Teil I, 1960, 217	**Schwerst.**
4008	**Kieselfluorwasserstoffsäure** (H_2SiF_6)	Akt.; DP. 695191 pH-Regler b. d. Flot. oxyd. Eisenerze; DP. 844131 Quarz-, Serpentin- u. Kalkspat-Dr. b. d. Magnesit-Flot.; DP. 720997 Dolomit-Dr. b. d. Magnesit-Flot.; DP. 945081 s. Na_2SiF_6; Dr.	**Dr., Regler, Akt.**
4009	**Kieselgur**	z. Entölung v. Flot.-Konzentraten; Am. 2766883	**Entöl.**
4010	**Kieselsäure** (H_2SiO_3)	Flockm. f. d. Wasseraufbrtg.; „Verfahrenstechn. Berichte" 1957, 1118	**Flockm.**
4011	**Kieselsäurefluorid**	s. = Silicofluorid; Sa., Dr., Akt. s. Hydrofluorkieselsäure; Akt.	**Sa., Dr., Akt.**
4012	**Kleesäure**	s. = Oxalsäure; Dr., Netzm., Disp., Regler	**Dr., Netzm., Disp., Regler**
4013	**Knochenleim**	= Sud 154, als Flockungsm.; „Bergb.-Wiss." 1958, S. 137	**Flockm.**
4014	**Knochenöl**	Sa. b. d. Rohphosphat-Flot.; Am. 2103283, Franz. 826364	**Sa.**
4015	**Kobaltsulfat** ($CoSO_4$)	zusammen mit $CuSO_4$ als Akt. f. gedrückte ZnS-Erze; DP. 938241	**Akt.**
4016	**KOD** **KODT**	= Dichloräthan/Hexamethylendiamin-Kondens.-Prod.; als Flockm. z. Verbesserung d. Filtration von Flot.-Konzentraten; „Chem. Ztrlbl." 1959, Nr. 45/I, S. 14544	**Flockm.**
4017	**Kohle**	fein zerkleinerte Kohle als Mittel z. Reinigung von Flot.-Schäumen; DP. 566024 angeschwelte Kohle als Sa/Sch. b. d. Steinkohlen-Flot.; DP. 395950 s. Zeo Karb; Disp. s. Aktivkohle; Dr., Adsorptm., Akt., Entöler	**Sa/Sch., Disp.**
4018	**Kohlendioxyd** (CO_2)	eingeleitet in die Flot.-Trübe f oxyd. Erze, insbes. Kassiterit, als Gangart-Modif.; Brit. 538530 CO_2-Gehalt d. Flot.-Trübe verbessert Chalcopyrit-Flot.; „The Min. J.", Mai 1959, 561 pH-Regler b. d. Flot. oxyd. Eisenerze bzw. von Sylvin; DP. 844131 bzw. Am. 2703646 Dr. f. Ca- u. Mg-Ionen b. d. Kohlen-Flot.; Norweg. P. 86355	**Modif., Akt., Regler, Dr.**
4019	**Kohlengaskondensat**	Sch.; Brit. 208226	**Sch.**
4020	**Kohlenhydrate**	1. = Saccharide; Sa., Netzm., Dr., Flockm., Akt.	**Sa., Akt., Netzm., Flockm., Dr.**
4021	**Kohlenoxyd** (CO)	als Akt. zusammen m. Phosgen als Sa. f. d. Graphit-Flot.; Franz. 1066558 u. Brit. 748018	**Akt.**
4022	**Kohlensäure**	als pH-Regler; DP. 844131	**Regler**
4023	**Kohlensäurediamid**	s. = Carbamid, Harnstoff; Sa.	**Sa.**

Lfd. Nr.	Bezeichnung (Zusammensetzung)	besondere Verwendung mit zugehöriger Literaturangabe	Verwendungs-überblick
4024	**Kohlensäureesteramide**	s. = Urethane; Sa.	**Sa.**
4025	**Kohlenteer**	Netzm. z. Kohlenentwässerung; Am. 1606867, Brit. 193947 s. Steimkohlenteer; Sa/Sch.	**Sa/Sch., Netzm.**
4026	**Kohlenteer/Dioxydi-phenyldisulfid-Mischg.**	Sa.; Can. 315858	**Sa.**
4027	**Kohlenteerkreosotöl**	s. Barrett-Öle; Sa., Sch., Sch-Modif.	**Modif., Sa., Sch.**
4028	**Kohlenteeröl**	Sch.; Petersen 172, Brit. 243383 s. Kreosot; Sch., Sa/Sch. Sa/Sch. f. d. Steinkohlen-Flot.; ,,Bergb.-Arch.“ 1948, 88/103	**Sa/Sch., Sch.**
4029	**Kohlenteerpech**	Sa/Sch. f. Steinkohle; Östr. 191378	**Sa/Sch.**
4030	**Kojilsäure**	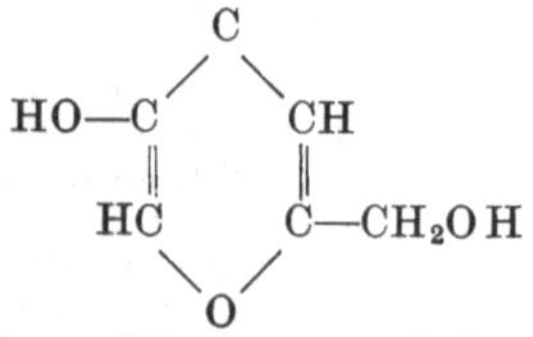 5-Hydroxy-2(hydroxymethyl)-4-pyron Gangart-Dr.; Am. 2395866	**Dr.**
4031	**Kokosamin**	s. Armeen CD; Sa. Netzm. z. Konsistenzminderung v. Schwerstofftrüben d. Schwimmsinkscheidung v. Mineralien; DP. 1089701	**Sa., Netzm.**
4032	**Kokosaminacetat** (K 1261)	s. = Armac CD; Sa. s. AM-Coco; Sa. Sa/Sch. z. Wolframit-, Rutil- u. Kassiterit-Flot. aus Monazitsand; Am. 2610738 Flockm.; ,,Bergb.-Wiss.“ 1958, 137 Netzm. z. Konsistenzminderung v. Schwerstofftrüben d. Schwimmsinkscheidung; DP. 1089701	**Sa.,Sa/Sch.,Netzm., Flockm.**
4033	**Kokosamin/Äthylen-oxyd-Reaktpr.**	= ,,Ethomeen C/20“, ein Polyäthoxyamin; s. d.	**Flockm., Sa/Sch.**
4034	**Kokosaminchlorid**	Netzm. z. Konsistenzverminderung v. Schwerstofftrüben d. Schwimmsinkscheidung; DP. 1089 701	**Netzm.**
4035	**Kokosaminhydro-chlorid**	Sa/Sch. f. d. Chromit-Flot.; ,,Bergb.-Wiss.“ 1956, 101 kationakt. Quarz-Sa. b. d. Eisenerz-Flot.; Flockm. f. Quarz; ,,Bergb.-Wiss.“ 1955, 247 bzw. 252; DP. 1131614 s. ,,AM-Coco C“; Sa.	**Sa., Sa/Sch., Flockm.**
4036	**Kokosamintrimethyl-ammoniumchlorid**	s. = Arquad C; Sa.	**Sa.**
4037	**Kokosoldiäthylengly-kolchloracetat**	Sch.; Am. 2145443	**Sch.**
4038	**Kokosölfettsäure**	s. Neo-Fat 255; Sa.	**Sa.**
4039	**Kokosölfettsäurealkyl-amin**	s. = Alamine; Sa.	**Sa.**

Lfd. Nr.	Bezeichnung (Zusammensetzung)	besondere Verwendung mit zugehöriger Literaturangabe	Verwendungs-überblick
4040	**Kokosölfettsäure/Benzolsulfonsäure-Reaktpr.**	als Sa.; Brit. 553982	**Sa.**
4041	**Kokosölfettsäurelysalbinat**	s. Maypon K; Netzm.	**Netzm.**
4042	**Kokosölfettsäuremonoglyzeridsulfat**	s. = „Syntex L"; Sa.	**Sa.**
4043	**Kokosölfettsäure/Piperazin-Reaktpr.**	als Silikat-Sa.; Am. 2362276	**Sa.**
4044	**Kokosölfettsäuresarcosid**	s. = Medialan KA; Sa/Sch.	**Sa/Sch.**
4045	**Kokosölfettsäuretaurid**	s. = Hostapon CT; Sa/Sch.	**Sa/Sch.**
4046	**Kokosölfettsäure/Toluolsulfonsäure-Reaktpr.**	als Sa.; Brit. 553982	**Sa.**
4047	**Kokosöl/Fischöl/Spermöl-Sulfonat**	als Sa. f. oxyd. Fe-Erze; Am. 2414 714	**Sa.**
4048	**Kokosölglyzerinchloracetat**	Sch.; Am. 2145443	**Sch.**
4049	**Kokosölmonoglyzeridsulfonat**	s. Syntex L; Sa.	**Sa.**
4050	**Kokosölsarcosinsäure**	s. Sarcosyl-LC; Sa/Sch., Emulg.	**Sa/Sch., Emulg.**
4051	**Koks**	0,5% Koks-Zus. b. d. Gold-Flot. verbessert das Gold-Ausbringen u. bildet einen schweren Schaum; Michell „The Practice of Mineral Dressing" 1950, 56	**Modif., Akt.**
4052	**Kollidin** (= Trimethylpyridin, $C_8H_{11}N$, Äthylmethylpyridin)	= Mischg. d. 3 Toluidine [o-, m-, p-Toluidin] s. Toluidin; Sch., Lösm. s. = Äthylmethylpyridin; Sa.	**Sch., Lösm., Sa.**
4053	**Kolloide**	= disperse Systeme aus dispergierten Teilchen von 0,001 bis 0,1 Mikron; Römpp „Chemie-Lexikon" 1950, 903 s. Silikagel; Disp. anorgan. Kolloide, wie Fullererde oder Bentonit, z. Nachflotation von Sylvin; Am. 2706559 pflanzl. Kolloide, insbes. wäßrige Auszüge aus Caraghenmoos oder Islandmoos, als Sedimentationsmittel für wäßrige Aufschlämmungen; DP. 517055	**Disp., Flockm.**
4054	**Kolophonium**	Rückstandsmasse aus d. Kiefernharzdestillation, besteht fast ausschließlich aus Harzsäuren, insbes. Abietinsäure s. Harzsäuren; Sa., Sa/Sch., Sch., Flockm., Modif., Emulg. s. Abietinsäure; Sa., Emulg. Pineöl = Produkt zwischen Kolophonium u. Terpentinöl	**Sa., Sa/Sch., Sch., Flockm., Modif., Emulg.**
4055	**Kolophoniumabietat**	Sa/Sch. f. Zn-Erze; Ital 536692	**Sa/Sch.**

Lfd. Nr.	Bezeichnung (Zusammensetzung)	besondere Verwendung mit zugehöriger Literaturangabe	Verwendungs- überblick
4056	**Kolophoniumacetat**	= „Rada"; Silikat-Sa. b. d. Feldspat-, Phosphatit-, Quarz-Flot.; „Engrg. Min. J." 1956, 115	**Sa.**
4057	**Kolophoniumamin- acetat**	Sa. f. d. 1. Stufe d. zweistufigen Pyrochlor-Flot. aus Kalkspat, Apatit u. Quarz enthaltendem Sovit; Am. 2951585, Brit. 800717	**Sa.**
4058	**Kolophonium/Fett- säure-Mischung**	s. Trostol; Sa.	**Sa.**
4059	**Kolophoniumöl/Pine- öl-Mischung**	s. = Tarol; Sch.	**Sch.**
4060	**Kolophoniumsäure- seifen**	s. = Rosinate, Dresinate; Sa., Sa/Sch., Sch., Emulg., Modif.	**Modif., Sa., Sa/Sch. Sch., Emulg.**
4061	**Komenol**	s. = Kemenol; Sa., Netzm.	**Sa., Netzm.**
4062	**Kongorot**	= Na-Diphenyldiazonaphthylaminsulfonat; „Merck Index" 1960 MoS_2-Dr. b. d. Flot. sulfid. Mo/Cu-Erze; Am. 2095967	**Dr.**
4063	**Kontol 118**	nichtionogenes Netzm.; Am. 2797196	**Netzm.**
4064	**Korenyl 30, -56, -80**	= Alkylbenzolsulfonat; Netzm.; Stüpel	**Netzm.**
4065	**Korksäurealkylester** (= Suberate)	Sch.; DP. 904762, Am. 2690260 Akt. u. Schaumverbesserer [Modif.] f. sulfid. Erze; Am. 2689043/046 s. Alkyl-, insbes. Diäthyl-, Dibutyl-, Diisopropyl-, Dihexylsuberat; Sch., Akt., Modif.	**Sch., Akt., Modif.**
4066	**Korndextrin**	s. Dextrin; Dr., Flockm., Regler z. Nachflot. v. karbonat. Edelmetallmineralien; Can. 392729	**Dr., Flockm., Regler**
4067	**Kornölglyzerinester/ Alkylamin-Mischung**	Sa. f. d. schaumlose Flot. von grobkörnigem Sylvinit; Am. 2937751	**Sa.**
4068	**Kornölsulfonat**	Sa. f. d. Flot. oxyd. Eisenerze; Am. 2414714	**Sa.**
4069	**Kornstärke**	s. = Amijel; Dr. substituierte Kornstärke, wie Perl-, Aminoäthylstärke, Stärke-phosphat, -sulfonat, -xanthat, oxydierte Stärke, sind schlechtere Fe- u. Quarz-Dr. als gewöhnliche Stärke; „Min. Engrg." 1954, 922/923	**Dr.**
4070	**Kornzucker**	s. = Traubenzucker; Dr., Kondm.	**Dr., Kondm.**
4071	**Kreelon 4 D**	= Alkylbenzolsulfonat; Netzm.; Stüpel	**Netzm.**
4072	**Kreosot, -öle** (= saure phenolartige Destill.-Prod. aus Steinkohlen-, Braunkohlen- oder Holzteer)	Sch.; Petersen 172, Brit. 243383 Sa/Sch. f. d. Kohlen-Flot.; DP. 1064442 Schaumstabilisator [Modif.] b. d. Golderz-Flot.; „Engrg. Min. J." 1959, 110/112, 116/118 Sa/Sch. f. sulfid. Erze, zäher Schaum; „Engrg. Min. J." 1956, 113 s. „Barrett"; Sa., Sch., Modif. s. Holzkresot, Hartholzkresot; Sch., Sa/Sch. Sa., Sch.; „Encyclopedia of Chemical Technology" 1951, 605	**Sa., Sch., Sa/Sch. Modif.**
4073	**Kreosot/Alkohol-Mi- schung**	Sa/Sch. f. d. Kohlen-Flot.; DP. 1064442	**Sa/Sch.**

Lfd. Nr.	Bezeichnung (Zusammensetzung)	besondere Verwendung mit zugehöriger Literaturangabe	Verwendungs-überblick
4074	**Kreosot/Tensatil-Mischung**	Sa/Sch. f. d. Feinstkohlen-Flot.; „Erdöl u. Kohle" 1958, 528	**Sa/Sch.**
4975	**Kresol** (Kresylol, Trikresol, Kresylsäure, Methylphenol $CH_3 \cdot C_6H_4 \cdot OH$)	Sch.; Brit. 294198 Encyclopedia of Chemical Technology" 1951, 605 Sa.; Petersen 268; „Erdöl u. Kohle" 1955, 638 s. Halogenkresol; Sa. s. Aeroflote = Phosokresole; Sa. Sa/Sch. f. d. Kohlen-Flot.; DP. 1064442 s. „Igepal CA"; Sa/Sch., Netzm. s. Hexahydrokresol; Sch. s. Dimethylphenol = Xylenol; Sa. s. Alkylphenol; Sch/Sa. s. Alkylkresol; Sch. Sch. f. d. Cu-Flot. aus sulfid. Pb/Zn/Cu/Pyrit-Komplexerzen; „Engrg. Min. J." 1961, 25	**Sch/Sa., Sch., Sa., Sa/Sch.**
4076	**Kresol/Alkohol-Mischung**	Sa/Sch. f. d. Steinkohlen-Flot.; DP. 1064442	**Sa/Sch.**
4077	**Kresolamin**	Sa.; Am. 2389763	**Sa.**
4078	**Kresol/Dithiophosphat-Lösg.**	Salze d. Dialkylmono- **und** Dialkyldithiophosphorsäure gelöst in Kresol als Sa. f. d. Flot. sulfid. Cu-, Pb- u. Zn-Erze; Can. 604072	**Sa.**
4079	**Kresol/Oleinsäure-Mischg.**	Sch.; Am. 2069365, Brit. 294198	**Sch.**
4080	**Kresolphosphinsulfonat**	Akt. b. d. Flot. v. oxyd. Erzen; Am. 2825458	**Akt.**
4081	**Kresol/Phosphorpentasulfid-Reaktpr.**	s. Aeroflote, Dikresyldithiophosphorsäure; Sa.	**Sa.**
4082	**Kresol/Pineöl-Sulfonat**	s. Pineöl/Kresol-Sulfonat; Emulg.	**Emulg.**
4083	**Kresol/Rotöl/Varlacoid-Mischg.**	anionakt. Quarz-Sa.; Am. 2364777	**Sa.**
4084	**Kresol/Terpentinölpolymer-Kondspr.**	Sa. f. d. Kohle- u. Graphit-Flot.; DP. 849831	**Sa.**
4085	**Kresol/Varlacoid-Mischg.**	anionakt. Quarz-Sa.; Am. 2364777	**Sa.**
4086	**Kresol/Wassergasteer-Mischung**	Sa/Sch. f. sulfid. Pb/Zn-Erze; Michell, „The Practice of Mineral Dressing" 1950, 54	**Sa/Sch.**
4087	**Kresylate**	Alkali-, Erdalkali-Kresylat als Sch. f. d. Steinkohlen-Flot.; Brit. 741085	**Sa/Sch., Sch.**
4088	**Kresyldithiophosphorsäure**	Sa. f. d. Flot. sulfid. u. edelmetallhaltiger Erze; Am. 2919025 Kondm. z. Hydrophobisieren d. Oberfläche von Diamanten f. d. Haftscheidung; „Glückauf" 1959, 1338 Sa.; DP. 871132	**Sa., Kondm.**
4089	**Kresylol**	s. = Kresol; Sa., Sa/Sch., Sch., Sch/Sa.	**Sa., Sa/Sch., Sch., Sch/Sa.**
4090	**Kresylsäure**	s. = Kresol, Kresylate; Sa., Sa/Sch., Sch., Sch., Sch/Sa.	**Sa., Sa/Sch., Sch/Sa., Sch.**
4091	**Kresylsulfid**	Sa.; Brit. 362366	**Sa.**
4092	**Kronitex**	s. = Trikresylphosphat; Sa., Akt., Kondm.	**Sa., Kondm., Akt.**

Lfd. Nr.	Bezeichnung (Zusammensetzung)	besondere Verwendung mit zugehöriger Literaturangabe	Verwendungs-überblick
4093	**Krupp**	Netzm.; „Schlägel u. Eisen“ 1950,9	**Netzm.**
4094	**Kryptophenole**	s. = Alkylphenole; Sa., Sa/Sch., Sch., Sch/Sa.	**Sa., Sch/Sa., Sa/Sch., Sch.**
4095	**Kupfer**	Schwerstoff f. d. Schwimmsinkscheidung; Am. 2206980, Östr. 176521	**Schwerst.**
4096	**Kupferchlorid** ($CuCl_2$)	Akt. b. d. Kobalt-Flot.; Am. 2403640	**Akt.**
4097	**Kupferron**	s. „Cupferron“; Sa., Akt.	**Akt., Sa.**
4098	**Kupfersulfat** ($CuSO_4 \cdot 5\,H_2O$)	Akt. b. d. Kobaltit-Flot.; Am. 2403640 Akt. f. gedrückte Zinkblende; Petersen 209 Kondm. z. Verbesserung d. Zerkleinerung v. Mineralien; DP. 1071455 Regler; „Erzmetall“ 1958, 207 Verbesserung seiner Wirksamkeit durch Ionisierung mittels Kurz- oder Ultrakurzwellen; DP. 888531 zusammen mit Aldehyden (Formaldehyd), Chloralhydrat, Furfurol, wasserlösl. Se-, Co-, Hg-, Ag-, Ferrosalzen, Na_2S, oder NH_4-Persulfat als Zinkblende-Akt; DP. 938241/242, Am. 3006471	**Akt., Regler, Kondm.**
4099	**Kurrolsche Metaphosphate**	Sa/Sch.; DP. 740875	**Sa/Sch.**
4100	**Kylo 27**	Flockm. f. d. Vakuumfiltration von Mineralschlämmen; „Coal Age“, Dez. 1957, 75	**Flockm.**
4101	**Kynurenin**	(= $H_2N—C_6H_4—C(COOH)=CH—CH(NH_2)COOH$, eine Diaminodicarbonsäure) Gangart-Dr.; Am. 2414199	**Dr.**

Lfd. Nr.	Bezeichnung (Zusammensetzung)	besondere Verwendung mit zugehöriger Literaturangabe	Verwendungs-überblick
4102	**Lactate**	Aminlactate als Sa. f. d. Flot. von Zinkerzen, insbes. v. Galmei; Franz. 61640	**Sa.**
4103	**Lactinsäure**	s. = Milchsäure; Sch., Dr., Lösm., Regler	**Sch., Dr., Lösm., Regler**
4104	**Lactose** (ein Polysaccharid)	reduzierendes Kondm. f. nichtmagnet. Eisenoxyderze — Hämatit, Göthit — vor deren Flotation oder Magnetscheidung; Am. 2952532	**Kondm.**
4105	**Lactoseester**	Lactosestearat, -oleat, -octoat, -palmitat, benzoat, -acetat usw. als reduzierendes Kondm. f. nichtmagnet. Eisenoxyderze — Hämatit, Göthit — vor deren Flotation oder Magnetscheidung; Am. 2952532	**Kondm.**
4106	**Lamepon**	= Oleinlysalbinat [m. 3—6 Polypeptidketten]; Netzm.; Stüpel Emulg.; Manegold 43	**Netzm., Emulg.**
4107	**Latecoll AS**	Flockm.; „Bergb.-Wiss." 1958, 137	**Flockm.**
4108	**Lauge**	Heiße alkal. Laugen als Lösm. z. Herstellung nahezu aschefreier Steinkohle aus Aufbereitungskonzentraten; „Auszüge deutscher Patentanmeldungen", 1.11. 1948, Bd. 15, 187	**Lösm.**
4109	**Laurate**	= Laurinsäure-, Dodecylsäuresalze bzw. -seifen verschiedene Laurate als Sa.; Brit. 554814 Na-Laurat/Na-Caprinat-Mischg. als Sa. f. d. Schwerspat-Flot.; DP. 1061715 s. Fettsäureseifen; Sa., Sa/Sch., Netzm., Flockm.	**Sa., Sa/Sch., Netzm., Flockm.**
	Laurin . . .	s. Dodecyl . . .	
4110	**Lauroguanamin**	s. Triazin; Netzm.	**Netzm.**
4111	**Lauroguanamin/Alkylenoxyd-Kondspr.**	Sa., Netzm., Emulg.; Am. 2381121	**Sa., Netzm., Emulg.**
4112	**Lavagenat**	= Äthylenoxyd-Kondenspr.; Netzm.; Stüpel	**Netzm.**
4113	**Laventin**	Netzm.; Blücher = Nekal + Zusatzstoff; Emulg.; Manegold 43	**Netzm., Emulg.**
4114	**Lävulose**	s. = Fructose; Kondm.	**Kondm.**
4115	**Lawson**	s. = Naphthalinsäure; Regler, Dr., Kondm., Sa., Akt.	**Sa., Regler, Akt., Kondm., Dr.**
4116	**Lecithin** (Phospholutein, Lecithol, Vitellin, Kelecin, Granulestin, $C_{43}H_{88}NO_9P$)	Sa. f. oxyd. Erze; „Chemical Abstracts" 1947, 2670	**Sa.**
4117	**Lecithoproteid**	Dr. b. d. Sylvin-Flot.; Am. 2365805 Netzm.; Am. 2208758, Brit. 526701 Netzm.-Überzug auf Thiocarbanilid-Sa.; Am. 2185591 Flockm.; „Chem. Ztrlbl." 1959, 11033	**Netzm., Dr., Flockm.**

Lfd. Nr.	Bezeichnung (Zusammensetzung)	besondere Verwednung mit zugehöriger Literaturangabe	Verwendungs-überblick
4118	**Leim**	Glimmer- u. Kalkspat-Dr. b.d. Pb/Cu-Erz-Flot,; Petersen 207 Schlamm-Dr. b. d. Sylvin-Flot.; Can. 432682 Flockm.; Taggart 15—06, 15—08 s. Tierleim Netzm.; Am. 2208758, Brit. 526701 s. Kaseinleim, Knochenleim, Sichozell-Leim; Flockm. Mattkohlen-Dr. b. d. Glanzkohlen/Mattkohlen-Flot.; ,,Glückauf" 1934, 246 Regler; ,,Erzmetall" 1958, 207 polyvalentes Hilfs-Kondm. i. Mischg. m. anionaktivem Kondm. (z. B. $C_{4/9}$-Fettsäuregemisch) f. elektrostat. aufzubereitenden Kalihartsalze; DP. 1095762 s. Halba	**Dr., Flockm., Netzm., Regler, Kondm.**
4119	**Leinölsäure**	s. Linolsäure; Sa., Flock., Kondm.	**Kondm., Sa., Flockm.**
4120	**Leinsaatöl**	s. Linolsäure; Sa., Flockm., Kondm.	**Flockm., Sa., Kondm.**
4121	**Leinsamenöl**	s. Linolsäure; Sa., Flockm., Kondm.	**Kondm., Sa., Flockm.**
4122	**Leiocom** (= Leiogomme)	= aus Kartoffelstärke hergestelltes Dextrin s. = Dextrin; Dr., Regler, Kondm., Flockm.	**Dr., Regler, Kondm., Flockm**
4123	**Lenocal**	Netzm.; Blücher, ,,Auskunftsbuch der chem. Industrie" 1954, 773	**Netzm.**
4124	**Leonil C**	= Laurinalkoholpolyglykoläther; Netzm.; Stüpel Emulg.; Manegold 44	**Netzm., Emulg.**
4125	**Leonil O**	= Olein/Cetylalkohol-polyglykoläther; Netzm.; Stüpel Emulg.; Manegold 44	**Netzm., Emulg.**
4126	**Leonil FFO**	= Hexyl/Heptyl-β-naphtholpolyglykoläther; Netzm.; Stüpel Emulg.; Manegold 44	**Emulg., Netzm.**
4127	**Lepidin** $C_{10}H_9N$, 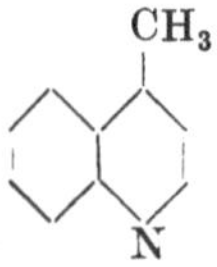	s. = Methylchinolin; Sa., Dr.	**Sa., Dr.**
4128	**Leuchtöl**	s. = Kerosin; Sa. Sa.; Petersen 170	**Sa.**
4129	**Leucin**	= Aminoisobutylessigsäure, Aminoisocapronsäure, Isobutylglycin, $(CH_3)_2CHCH_2CH(NH_2)COOH$ s. Palmitoleucin; Sa.	**Sa.**
4130	**Leukol** (C_9H_7N)	s. = Chinolin; Netzm., Sa., Sa/Sch.	**Netzm., Sa., Sa/Sch.**
4131	**Licareol**	s. = Linalool; Sch.	**Sch.**
4132	**Lichtgrün SF**	Kondm. f. elektrostat. aufzubereitenden Sylvinit; DP. 1056551 s. Triphenylmethanfarbstoffe; Sa., Dr., Akt.	**Kondm., Sa., Dr., Akt.**
4133	**Licoric-Wurzel**	als Netzm.; Taggart 12—10	**Netzm.**

Lfd. Nr.	Bezeichnung (Zusammensetzung)	besondere Verwendung mit zugehöriger Literaturangabe	Verwendungs-überblick
4134	**Ligninsulfonate**	Netzm.; Taggart 12—10 Dr.; Taggart 12—32 Fe_2O_3-Dr. b. d. umgekehrten Flot. quarziger Fe-Erze; Am. 2403481 Ba-, Ca-, Mg-, Na- oder NH_4-Ligninsulfonat als Hilfs-Sa. f. d. Flot. sulfid. Cu-Erze; Am. 2471384, 2485083, Brit. 630213 als Netzm.-Überzug auf Thiocarbanilid-Sa.; Am. 2185591 Alkali- oder Erdalkali-Ligninsulfonat allein oder zusammen m. Na-Phosphaten als Kalk- u. Dolomit-Dr. b. d. Magnesit-Flot.; DP. 945081, Am. 2363104. Ca- oder Na-**L.** alsDisp.; Brit. 596522 s. Goulac; Dr. s. Maracell E; Disp. s. Marasperse; Disp., Dr. s. Marathon; Sa., Dr. s. NAL-153"; Disp. s. Palcotan; Dr., Disp. s. Orzan A; Sa.	**Sa., Netzm., Dr., Disp.**
4135	**Ligninsulfonat/Natriumfluorid-Mischg.**	Kondm. f. d. Spodumen-Flot. aus spodumenhaltigen Be-Erzen; „Min. Engrg.“ 1960, 1244	**Kondm.**
4136	**Ligninsulfonat/Wasserglas-Mischg.**	Dr., Disp.; Brit. 759564	**Dr., Disp.**
4137	**Ligninsulfonsäuren**	= Harzsäuren, die aus dem Sulfit- oder Sulfatextraktionsverfahren z. Herstellung von Cellulose aus Holz stammen; Sa. f. oxyd. Erze u. Nichterze; Petersen 171 Zinkblende-Dr. b. d. PbS/ZnS-Flot.; DP. 647288 s. Ligninsulfonate; Sa., Dr., Netzm., Disp.	**Sa., Dr., Netzm., Disp.**
4138	**Lilacin**	s. = Terpineol; Sch.	**Sch.**
4139	**Limonen**	s. = Dipenten; Sch., Akt	**Sch.,Akt.**
4140	**Linalool** (= 2,6-Dimethyloctadienol, Licareol, $(CH_3)_2CCH(CH_2)_2C(CH_3)CHCH_2OH$, ein tert. acycl. Terpenalkohol)	s. Terpenalkohole; Sch.	**Sch.**
4141	**Linatex**	Verschleißschutzmittel in Aufbereitungsanlagen; „Glückauf“ 1960, 348/51	**Schutzm.**
4142	**Linde Silicone X-520**	Disp.; Am. 2884474	**Disp.**
4143	**Lindol**	s. = Trikresylphosphat; Sa., Akt., Kondm.	**Sa., Kondm., Akt.**
4144	**Linolelaidinsäure**	als Sa. f. quarzige Fe-Erze; „Min. Engrg.“ 1959, S. 922	**Sa.**
4145	**Linolensäure** ($C_{17}H_{29}COOH$)	Bestandteil des Tallöls; Sa.; „Bergb.-Wiss.“ 1958, 34 Sa. f. verwitterte Phosphat-Mineralien; „Erzmetall“ 1957, 344	**Sa.**
4146	**Linoleylalkohol**	= Octadecyldienylalkohol, Stearindienylalkohol, $C_{18}H_{33}OH$ Sa/Sch.; Am. 2012609	**Sa/Sch.**

Lfd. Nr.	Bezeichnung (Zusammensetzung)	besondere Verwendung mit zugehöriger Literaturangabe	Verwendungs-überblick
4147	**Linoleylamin**	= Octadecyldienylamin, Stearindienylamin s. Armeen-S u. -HTD; Sa.	**Sa.**
4148	**Linoleylsulfat**	Sa., insbes. f. Nichtsulfide; Am. 2074699, 2120217 Sylvin-Sa.; „Chemie-Ing.-Techn." 1955, 2	**Sa.**
4149	**Linoleylsulfoacetat**	Sa. f. Nichtsulfide; Am. 2120217	**Sa.**
4150	**Linolglyzerinester/Alkylamin-Mischung**	Sa. f. d. schaumlose Flot. von grobkörnigem Sylvinit; Am. 2937751	**Sa.**
4151	**Linolsäure** ($C_{17}H_{31}COOH$ = Leinölsäure)	Sa.; Am. 2669355 s. „Elastoil"; Sa. anionakt. Quarz-Sa. b. d. Flot. oxyd. Eisenerze; Am. 2364618 Sa. f. verwitterte Phosphorite; „Erzmetall" 1957, 344 z. Konditionieren v. elektrostat. aufzubereitenden Kalisalzen; DP. 1076593 Flockm.; Am. 2394083	**Kondm., Sa., Flockm.**
4152	**Linolsäurediselenocyanat**	Sa. f. sulfid. u. oxyd. Mineralien; Am. 1863013	**Sa.**
4153	**Linolsäuredithiocyanat**	Sa. f. sulfid. u. oxyd. Mineralien; Am. 1863013	**Sa.**
4154	**Linolsäurehexaselenocyanat**	Sa. f. sulfid. u. oxyd. Mineralien; Am. 1863013	**Sa.**
4155	**Linolsäurehexathiocyanat**	Sa. f. sulfid. u. oxyd. Mineralien; Am. 1863013	**Sa.**
4156	**Linolsäureseife**	Sa.; Petersen 189	**Sa.**
4157	**Linolsäuresulfonat**	Sa. f. oxyd. Eisenerze; Am. 2414714 Zinnstein-Sa.; „Erzmetall" 1955, 154	**Sa.**
4158	**Lintz-Reagens**	Netzm.; „Engrg. Min. J.", Juni 1956, 114	**Netzm.**
4159	**Liononoxyamin**	s. = Sorbitoloxyamin; Sa.	**Sa.**
4160	**Lipal 40**	= Nonaäthylenglykolmonooleat; nichtion. Ton-Disp.; Am. 2797196	**Disp.**
4161	**Lipoproteid**	Schlamm-Dr. b. d. Sylvin-Flot.; Am. 2365805 Netzm.; Am. 2208758, Brit. 526701 Netzm.-Überzug auf Thiocarbanilid-Sa; Am. 2195591 Flockm.; „Chem. Ztrlbl." 1959, 11033 s. Proteine	**Dr., Netzm., Flockm.**
4162	**Liqro** (= Rohtallöl, Nebenprod. aus d. Papierfabrikation)	Sa. f. Nichterze; „Encyclopedia of Chemical Technology" 1951, Bd. 6, S. 607	**Sa.**
4163	**Lissapol A u. C**	= Dodecylsulfat, Netzm.; Stüpel s. Gardinole; Disp., Netzm., Emulg.	**Disp., Netzm., Emulg.**
4164	**Lissapol N**	= Alkylphenylpolyoxyäthylenätheralkohol, Alkylphenolpolyglykoläther Sch.; Brit. 782107 nichtionogenes Flockm. f. Kohlenzechenabwässer; „Colliery Engrg.", März 1959, 105/110 Netzm. als Zusatz z. 1. Flotationsstufe b. zweistufigen Pyrochlor-Flot. aus Sovit; Am. 2951585	**Sch., Flockm. Netzm.**

Lfd. Nr.	Bezeichnung (Zusammensetzung)	besondere Verwendung mit zugehöriger Literaturangabe	Verwendungs-überblick
4165	**Lissolamin V**	s. = Hexadecyltrimethylammonium-bromid; Sa.	**Sa.**
4166	**Locust-Gummi**	Netzm.; Am. 2208758	**Netzm.**
4167	**Lomar PW**	= Na-Naphthalinsulfonat; Netzm.; Am. 2884474	**Netzm.**
4168	**Lorol**	= Fettalkoholgemisch: 15% Octyl- u. Decylalkohol, 40% Laurinalkohol, 30% Myristinalkohol, 15% Cetyl-Stearin- u. Oleinalkohol; Stüpel	**Sa/Sch.**
4169	**Lorolamin**	kationakt. Sa.; Taggart 12—17	**Sa.**
4170	**Löß**	Schwerstoff f. d. Trenntrübe z. Steinkohlen-Schwimmsinkscheidung; „Aufbrtg. d. Steinkohle“, Teil I, 1960, 217	**Schwerst.**
4171	**Lubrol MOA**	= Fettalkoholäthylenoxydkondensat; Flockm. f. d. Feinkohlenentwässerung; „Chem. Ztrlbl.“ 1959, 1653	**Flockm.**
4172	**Lumorol**	= Alkylbenzolsulfonat/Alkylsulfat-Mischung; Netzm.; Stüpel	**Netzm.**
4173	**Lumo-Säure**	= Alkylbenzolsulfosäure; Netzm.; Stüpel	**Netzm.**
4174	**Lutidin** (= Äthylpyridin, Dimethylpyridin, C_7H_9N)	Sch.; Brit. 145852 s. Repellate; Netzm.	**Sch., Netzm.**
4175	**Lutidinsäure** (= α,β-Pyridindicarbonsäure, Dimethylpyridinsäure)	2,4- L. als Gangart-Dr.; Am. 2414199	**Dr.**
4176	**Lycin**	s. = Betain; Sa.	**Sa.**
4177	**Lycinderivate**	s. = Betainderivate; Sa.	**Sa.**
4178	**Lysalbinat**	s. Olein- L. = Lamepon A; Maypon C; Netzm. s. Kokosölfettsäure-L. = Maypon K; Netzm.	**Netzm.**
4179	**Lytron 886, 887**	= Vinylacetat/Maleinanhydrid-Copolymer; anionakt. Polyelektrolyt als Flockm. für Kaolin- u. Hämatit-Dispersionen; „Min. Engrg.“ 1956, 830 Flockm. f. d. Vakuum-Filtration; „Coal Age“, Dez. 1957, 75 Schlamm-Flockm. b. d. Sylvin-Flot.; Am. 2836972, 2919026	**Flockm.**

Lfd. Nr.	Bezeichnung (Zusammensetzung)	besondere Verwendung mit zugehöriger Literaturangabe	Verwendungs-überblick
4180	**MAAPO**	= Mischg. aus je 50% Methylamylalkohol u. Pineöl; Sch. f. d. Rutil-Flot. aus Meeressanden; Am. 2792940	**Sch.**
4181	**Magnesium** (Mg)	Mg-Pulver als Kondm. während d. Zerkleinerung von zu flotierenden sulfid. Pb/Zn-Erzen; Can. 525279	**Kondm.**
4182	**Magnesiumchlorid** ($MgCl_2$)	als Flockungsm.; DP. 1002703	**Flockm.**
4183	**Magnesiumhydroxyd** ($Mg(OH)_2$)	Pass. z. Überziehen u. Inaktivieren der schlammbildenden Tonteilchen b. d. Phosphatit-Flot.; Am. 2757796	**Pass.**
4184	**Magnesiumoxyd** (MgO)	Trocknungsmittel als Zusatz beim Sieben von feuchtem Schüttgut; DP. 1018002, Brit. 781547, Franz. 1134596	**Trockm.**
4185	**Magnesiumsilicate** ($\sim Mg_2Si_3O_8 \cdot 5H_2O$)	wie Asbest, Serpentin, Steatit, Talk z. Stabilisierung der Bleiglanz- oder Schwerspat-Schweretrübe f. d. Schwimmsinkscheidung; Brit. 473973	**Regler**
4186	**Magnesiumsulfat** ($MgSO_4$)	Flockm.; Taggart 15—06 u. 15—08 $MgSO_4$ als Hilfsreagens z. Flot. v. Kaolin-Ton zwecks Entfernung farbiger Bestandteile; Am. 2894628	**Flockm.**
4187	**Mahogany-Seifen**	= öllösl. Petroleumsulfonate; als Sa. f. d. Flot. von Nichterzen; Am. 1170665, 2069182, 2120217, 2303931, 2373688 für sich oder dispergiert in Erdöl-KW-stoffen, Alkoholen oder Ölen, als Fe-Oxyd-Sa.; Am. 2410376 s. = „Oronite Purified Sulfonate-L“; Sa.	**Sa.**
4188	**Mahoganysulfonat**	als Sa. f. d. Erz-Flot.; Am. 2310240 Mahogany-Petroleumsulfonat — aus der Sulfonierung mit rauchender H_2SO_4 einer Erdölfraktion mit 30—36% Aromaten — als Sa. f. d. Baryt-Flot.; Am. 2834463 u. Can. 591599 s. auch „Mahogany Sherosop“; Sa/Sch.	**Sa., Sa/Sch.**
4189	**Mahogany Sherosop F-445**	= Na-Salz d. Petroleumsulfonsäuren; als Sa/Sch.; „Engrg. Min. J.“, Juni 1956, S. 114	**Sa/Sch.**
4190	**Mainolat**	= Alkylsulfonat; Netzm.; Stüpel	**Netzm.**
4191	**Maismehl**	Fusit-Dr. b. d. Kohlen-Flot.; Brit. 186143	**Dr.**
4192	**Maisöl/Mineralöl-Mischung**	Sulfiderz-Sa.; Am. 2395639	**Sa.**
4193	**Maisölseife**	Sa.; Petersen 189	**Sa.**
4194	**Maisstärke**	als Mn-Erz-Dr. während des Ausschwimmens As-haltiger Begleitmineralien b. d. Mn-Erz-Flot.; Franz. 1137115 als Fusit-Dr. b. d. Kohlen-Flot.; Am. 1499872 als Flockm.; „Glückauf“ 1956, S. 1036	**Flockm., Dr.**
4195	**Malachitgrün** (= Dimethylamintriphenylcarbinol, Tetramethyldiamintriphenylcarbinol)	s. = Brilliantgrün; Sa., Dr., Akt. Chrysokoll-Sa.; „The Min. J.“ 1960, 145 Sa.; „Chemical Abstracts“ 1948, 4005	**Sa., Dr., Akt.**

Lfd. Nr.	Bezeichnung (Zusammensetzung)	besondere Verwendung mit zugehöriger Literaturangabe	Verwendungs-überblick
4196	**Maleinsäure** (= Äthylendicarbonsäure, HOOC·CH=CH·COOH, Toxilsäure)	s. Octadecylmaleinsäure; Sa.	**Sa.**
4197	**Malein(säure)anhydrid** (Furandion, $C_4H_2O_3$)	pH-Regler b. d. Flot. oxydischer Eisenerze; DP. 844131 Kondm. f. elektrostatisch aufzubereitende Kalirohsalze; DP. 1063092, 1077611	**Regler, Kondm.**
4198	**Maleinsäureanhydrid/Hydrostyrol-Copolymer**	Gangart-Dr. f. sulfid. Erze; Am. 2740522	**Dr.**
4199	**Maleinsäureanhydrid/Phthalsäureanhydrid-Mischg.**	Kondm. f. elektrostat. aufzubereitende Kalisalze; DP. 1063092, 1077611	**Kondm.**
4200	**Maleinsäureanhydrid/Polystyrolsulfonat-Copolymer**	Gangart-Dr. f. sulfid. Erze; Am. 2740522	**Dr.**
4201	**Maleinsäureanhydrid/Styrol-Polymer**	Gangart-Dr. f. sulfid. Erze; Am. 2740522 Flockm.; Brit. 725460, Franz. 1083610	**Dr., Flockm.**
4202	**Malein(säure)anhydrid/Vinylacetat-Copolymer**	Gangart-Dr. f. sulfid. Erze; Am. 2740522 = Lytron 886/887; ein anionakt. Polyelektrolyt als Flockm. f. Kaolin- u. Hämatit-Aufschlämmungen; „Min. Engrg.", Aug. 1956, 830	**Dr., Flockm.**
4203	**Malein(säure)anhydrid-Copolymer**	Gangart-Dr. b. d. Flot. sulfid. Erze; Am. 2740522	**Dr.**
4204	**Malein(säure)anhydrid/Vinylformiat-Copolymer**	Gangart-Dr. b. d. Flot. sulfid. Erze; Am. 2740522	**Dr.**
4205	**Malein(säure)anhydrid/Vinylmethyläther-Copolymer**	Gangart-Dr. b. d. Flot. sulfid. Erze; Am. 2740522 Sedimentierhilfsmittel z. Verhinderung des Auftretens von Schwimmkohle; DP. 1006361	**Dr., Flockm.**
4206	**Maleinsäure/Oxypropylglukose-Reaktpr.**	Sa/Sch.; Am. 2626935	**Sa/Sch.**
4207	**Maleinsäure/Polyacrylamid-Copolymer**	Flockm. f. Erz- u. Kohlenschlämme; „Chem. Ztrlbl." 1960, 11771	**Flockm.**
4208	**Maleinsäure/Polyacryllat-Copolymer**	Flockm. f. Erz- u. Kohlenschlämme; „Chem. Ztrlbl." 1960, 11771	**Flockm.**
4209	**Maleinsäure/Polymethacrylat-Copolymer**	Flockm. f. Erz- u. Kohlenschlämme; „Chem. Ztrlbl." 1960, 11771	**Flockm.**
4210	**Maleinsäure/Styrol-Copolymer**	s. Styromal; Flockm., Disp., Dr.	**Flockm., Disp., Dr.**
4211	**Maleinsäure/Vinylmethyläther-Mischpolymer**	als Sedimentierhilfsmittel z. Verhinderung des Auftretens von Schwimmkohle; DP. 1006361	**Flockm.**

Lfd. Nr.	Bezeichnung (Zusammensetzung)	besondere Verwendung mit zugehöriger Literaturangabe	Verwendungs-überblick
4212	**Maltose** ($C_{12}H_{22}O_{11} \cdot H_2O$)	= Malzzucker, ein Disaccharid Dr.; DP. 812902 reduzierendes Kondm. f. nichtmagnet. Eisenoxyderze — Hämatit, Göthit — vor deren Flotation oder Magnetscheidung; Am. 2952532	**Dr., Kondm.**
4213	**Maltoseester**	Maltosestearat, -octoat, -palmitat, benzoat, -acetat usw. als reduzierendes Kondm. f. nichtmagnet. Eisenoxyderze — Hämatit, Göthit — vor deren Flotation oder Magnetscheidung; Am. 2952532	**Kondm.**
4214	**Malzkeimlinge**	Sch.; „Chem. Ztrlbl." 1954, S. 10090	**Sch.**
4215	**Malzzucker**	s. = „Maltose"; Dr.	**Dr.**
4216	**Manchesterbraun**	s. = Bismarckbraun; Sa.	**Sa.**
4217	**Mandelsäure** ($C_6H_5CH(OH)COOH$)	= Amygdalinsäure, Benzoglykolsäure, Phenylglykolsäure, α-Phenylhydroxyessigsäure Sa.; Petersen 190	**Sa.**
4218	**Mandelsäure/Alkohol-Lösung**	Sa/Sch. f. oxyd. Erze; Am. 1960526	**Sa/Sch.**
4219	**Manganchlorid** ($MnCl_2$)	reduzierendes Kondm. f. nichtmagnet. Eisenoxyderze — Hämatit, Göthit — vor deren Flotation oder Magnetscheidung; Am. 2952532	**Kondm.**
4220	**Mangansulfat** ($MnSO_4$)	Akt. b. d. MnO_4-Flot.; „Bulletin No R_1—B_3 Reagents" 1955, 11	**Akt.**
4221	**Mannitlauratsulfonat**	als Sa. f. oxyd. Fe-Erze; DP. 844131 u. Am. 2414714	**Sa.**
4222	**Mannitolmonooleat-sulfonat**	Sa. f. oxyd. Erze; DP. 844131, Am. 2414714	**Sa.**
4223	**Mannitolmonopalmitat**	Sa. f. Nichtsulfide; Am. 2120217 s. Polyoxyäthylenmannitolmonopalmitat; Netzm.	**Sa., Netzm.**
4224	**Mannitoloxyamine**	Sa.; Am. 2389736	**Sa.**
4225	**Mannogalactan**	besteht aus 67% Mannose u. 33% Galactose; Am. 2919802 = Galactomannan aus dem Samen einiger Leguminosen, z. B. dem Endosperm des Guar-Hülsenfrüchtlers; Disp. b. d. Sylvinit-Flot.; DP. 919703 u. DP. 947453, Am. 2696912, Franz. 65123 Ton-Disp. b. d. Sylvin-Flot.; Am. 2919026, 2934208 Schlamm-Disp. b. d. Flot. sulfid. Erze Am. 2919802, Can. 616687 Schlamm Dr. b. d. Kalisalz Flot.; „Chemie-Ing.-Techn." 1955, 2 s. Guar; Flockm. Mannogalactose als polyvalenter Hilfsstoff i. Mischg. mit einem anionakt. Kondm., wie Phthalimid, für elektrostat. aufzubereitende Kalihartsalze; DP. 1095762	**Kondm., Flockm., Disp., Dr.**

Lfd. Nr.	Bezeichnung (Zusammensetzung)	besondere Verwendung mit zugehöriger Literaturangabe	Verwendungs-überblick
4226	**Mannosepolymerisat**	= Seminose-, Carubinosepolymerisat s. Glukomannan; Dr., Pass. s. Guartec; Dr., Disp., Flockm.	**Dr., Pass., Disp., Flockm.**
4227	**Maracell E**	= vorwiegend partiell desulfoniertes Na-Lignosulfonat; Schlamm-Disp. b. d. Sylvinit-Flot.; Am. 2846068	**Disp.**
4228	**Marasperse C**	= Ca-Lignosulfonat; Dr.; „Engrg. Min. J.“, Juni 1956, 114 Schlamm-Disp. b. d. Sylvinit-Flot.; Am. 2846068	**Disp., Dr.**
4229	**Marasperse CB**	= Na-Lignosulfonat; Dr.; „Engrg. Min. J.“, Juni 1956, 114 Schlamm-Disp. b. d. Sylvinit-Flot.; Am. 2836297 u. 2846068	**Dr., Disp.**
4230	**Marasperse N**	76%iges, z. T. desulfoniertes Na-Lignosulfonat; Schlamm-Disp. b. d. Sylvinit-Flot.; Am. 2846068	**Disp.**
4231	**Marathon Extrakt**	= Ligninsulfonat, Sulfitablaugeprodukt d. Papierindustrie Sa. f. d. Flußspat-Flot.; Am. 2497863 Fe_2O_3-Dr. b. d. umgekehrten Flot. quarziger Eisenerze; Am. 2403481 s. Sulfitablauge; Dr., Kondm.	**Sa., Dr., Kondm.**
4232	**Margarine**	Kondm. f. elektrostat. aufzubereitende Kalirohsalze; DP. 1076593	**Kondm.**
4233	**Marlon u. -Paste**	= Dodecylbenzolsulfonat; Netzm.; Stüpel	**Netzm.**
4234	**Marlopon**	= Triäthanolamindodecylbenzolsulfonat; Netzm.; Stüpel	**Netzm.**
4235	**Marlox**	= anionakt. Waschmittel m. hohem Netz- u. Dispergier-Vermögen; Römpp „Chemie-Lexikon“ 1958, II, 2743	**Netzm., Disp.**
4236	**Maypon AL Nr. 2**	= Fettsäureeiweißkondensat; Netzm.; Stüpel	**Netzm.**
4237	**Maypon C**	= Oleinsäurelysalbinat; Netzm.; Stüpel	**Netzm.**
4238	**Maypon K**	= Kokosölfettsäurelysalbinat; Netzm.; Stüpel	**Netzm.**
4239	**Medialan A**	s. = Oleinsarkosid, $C_{17}H_{33}CON(CH_3)CH_2COONa$; Netzm.; Stüpel Sa/Sch. f. feinstkörnigen Wolframit u. Scheelit; „Bergb.-Wiss.“ 1960, 352/360	**Sa/Sch., Netzm.**
4240	**Medialan KA**	= Na-Kokosölfettsäuresarcosid; Sa/Sch. f. feinstkörnigenWolframit u. Scheelit; „Bergb.-Wiss.“ 1960, 352/360 Sa/Sch. f. d. Scheelit/Zinnstein-Flot.; „Bergb.-Wiss.“ 1960, 360/363	**Sa/Sch.**
4241	**Medialan LL-99**	= Na-Lauroylsarcosid; Netzm.; „Merck Index“	**Netzm.**
4242	**Medialan LP-41**	= Na-Oleylsarcosinat; Netzm.; „Merck Index“	**Netzm.**
4243	**Medialan LT-52**	= Na-Stearoylsarcosinat; Netzm.; „Merck Index“	**Netzm.**
4244	**Medialan/Arkopal-Mischung**	Sa/Sch. f. oxyd. Eisenerze; „Bergb.-Wiss.“ 1960, 363/378	**Sa/Sch.**
4245	**Medialan/Dodecylsarkosid-Mischung**	Sa/Sch. f. oxyd. Fe-Erze; „Bergb.-Wiss.“ 1960, 363/78	**Sa/Sch.**

Lfd. Nr.	Bezeichnung (Zusammensetzung)	besondere Verwendung mit zugehöriger Literaturangabe	Verwendungs-überblick
4246	**Medialan/Hostapon CT-Mischung**	Sa/Sch. f. oxyd. Fe-Erze; „Bergb.-Wiss." 1960, 363/78	**Sa/Sch.**
4247	**Medialan/Hostapon MT-Mischg.**	Sa/Sch. f. oxyd. Fe-Erze; „Bergb.-Wiss.," 1960, 363/78	**Sa/Sch.**
4248	**Medialan/Na-Oleat-Mischung**	Sa/Sch. f. oxyd. Fe-Erze; „Bergb.-Wiss." 1960, 363/78	**Sa/Sch.**
4249	**Medialan/Phenylsulfonat HSR-Mischg.**	Sa/Sch. f. oxyd. Fe-Erze; „Bergb.-Wiss." 1960, 363/78	**Sa/Sch.**
4250	**Medialan/Talgsäure-sarkosid-Mischg.**	Sa/Sch. f. oxyd. Fe-Erze; „Bergb.-Wiss." 1960, 363/78	**Sa/Sch.**
4251	**Meerwasser**	s. Seewasser; Sch., Flockm., Akt.	**Sch., Flockm., Akt.**
4252	**Melamin** (= Triaminotriazin, $C_3H_6N_6$)	Netzm.; Am. 2809934	**Netzm.**
4253	**Melamin/Alkylenoxyd-Kondspr.**	Sa., Netzm., Emulg.; Am. 2381121 s. Glycidol/Melamin-Kondspr.; Sa., Netzm., Emulg.	**Sa., Netzm., Emulg.**
4254	**Melanilin**	s. = Diphenylguanidin; Sa.	**Sa.**
	Melasse	Netzm.-Überzug auf Thiocarbanilid-Sa.; Am. 2185591	**Netzm.**
4255	**Melibiose** (ein Disaccharaid)	reduzierendes Kondm. f. nichtmagnet. Eisenoxyderze — Hämatit, Göthit — vor deren Flotation oder Magnetscheidung; Am. 2952532 s. Polysaccharide; Dr., Netzm., Kondm.	**Dr., Netzm., Kondm.**
4256	**Melioran F6**	= fettaromat. Phenon- oder Ketonsulfonat; Netzm.; Stüpel	**Netzm.**
4257	**Melibioseester**	reduzierendes Kondm. f. nichtmagnet. Eisenoxyderze — Hämatit, Göthit — vor deren Flotation oder Magnetscheidung; Am. 2952532	**Kondm.**
4258	**Mellissylsulfat**	Sa., insbes. f. Nichtsulfide; Am. 2120217 Sa. f. d. Sylvin-Flot.; „Chemie-Ing.-Techn." 1955, 2 Na-**M.** als Sa/Sch.; DP. 906321	**Sa., Sa/Sch.**
4259	**Mellitsäure** ($C_6(COOH)_6$)	s. = Benzolhexacarbonsäure; Sa.	**Sa.**
4260	**Mellitsäure/Alkohol-Lösung**	s. Benzolhexacarbonsäure/ . . . ., Sa/Sch.	**Sa/Sch.**
4261	**Menhadenöl**	Chromit-Sa.; Am. 2412217	**Sa.**
4262	**Menthadien**	s. = Dipenten; Sch., Akt.	**Sch., Akt.**
4263	**Menthan**	p-Menthan = Hexahydrocymol; Sch.	**Sch.**
4264	**Menthanol** (Hexahydrothymol $C_{10}H_{20}O$ = Menthol)	s. Terpenalkohole; Sch.	**Sch.**
4265	**Menthen**	s. = Carvomenthen; Sch.	**Sch.**
4266	**Menthencarbinol**	Sch. f. Erze u. Flußspat; DP. 809421, Schweiz. 279545	**Sch.**
4267	**Menthenhydroperoxyd**	als Sch. f. d. Erz-Flot.; Am. 2535345	**Sch.**
4268	**Menthenthiol**	Sa.; Am. 2402698	**Sa.**
4269	**Menthol**	s. = Menthanol; Sch.	**Sch.**

Lfd. Nr.	Bezeichnung (Zusammensetzung)	besondere Verwendung mit zugehöriger Literaturangabe	Verwendungs- überblick
4270	**Mercaptane** (= Thioalkohole, Thiole, Organosulfhydrate, Sulfhydril-Verbdgg.)	Sa.; Petersen 173, Am. 1728764, 1934440, 1904460 s. Pyridenmercaptan, Thiokresol, Thionaphthol, Thiophenol; Sa. s. Mercaptide; Sa. s. Dodecylmercaptan, Terpenmercaptan; Sa. s. Alkylmercaptan, Äthyl-, Hexylmercaptan; Sa. s. Allyl-, Vinyl-, Pyridinmercaptan; Sa., Netzm. Sa.; „Min. Engrg." 1957, 1267/68 s. Cyclohexylpenten-, Dimethylhepten-, Dimethylhexen-, Dimethylneopentylpenten-, Methyläthylbuten-, Methyläthylpenten-, Octylnonen-, Tridecenthiol; Sa., Netzm. Sulfiderz-Sa.; „Encyclopedia of Chemical Technology" 1951, 607 Sa. f. geröstete Co/Ni-Erze; „Chem. Abstr." 1958, 7049 Sa. f. carbonat. Cu-Erze; Can. 290822 s. Dipenten-, Menthen-, Pinen-, Terpineol-, Terpinolen-mercaptan; Sa.	**Sa., Netzm.**
4271	**Mercaptan/Amin-Mischung**	Sa., insbes. f. oxyd. Zn-Erze; Franz. 1011166 u. 1011183	**Sa.**
4272	**Mercaptide**	= Alkalisalze d. Mercaptane; Sa.; Petersen 173 s. Isopropyl-, Propylmercaptide; Sa.	**Sa.**
4273	**Mercaptoanthrachinon**	$C_6H_4(CO)_2CH_3SH$ Sa.; Petersen 174	**Sa.**
4274	**Mercaptoarylenglyoxalin**	s. = Mercaptoarylenimidazol; Sa.	**Sa.**
4275	**Mercaptoarylenimidazol**	Sa. f. sulfid. Zn-, Pb-, Cu-Erze; Am. 2644580	**Sa.**
4276	**Mercaptobenzimidazol**	Sa., insbes. f. sulfid. Zn-, Pb-, Cu-Erze; Am. 2644580	**Sa.**
4277	**Mercaptobenzothiazol** (= Captax, Mertax, $C_6H_4NC(S)\cdot SH$, Benzothiazolthiol)	Sa. f. d. Flot. v. Ni/Cu-Steinen; Am. 2432456 Erz-Sa.; Petersen 270, „The Min. J.", 25. 3. 1960, 15, Can. 339815 Sa.; „Erzmetall" 1959, 220 s. = Floatogen; Sa. Sa. f. oxyd. Cu-Erze; Am. 2829770 s. = Reagent 404, 425, 444; Sa. s. Methyl-, Amino-, Dimethylamino-, Phenylthioketo-mercaptobenzothiazol; Sa. Oxydationsinhibitor b. d. Kohlen-Flot.; Am. 2346151 s. Aero Promoter 404, 425; Sa. Sa. f. d. selektiven PbS/ZnS-Flot.; Can. 290801	**Sa.**
4278	**Mercaptobenzothiazol/Diarylguanidin/Zn-Cl_2/Formaldehyd-Kondspr.**	Sa.; Am. 2412801	**Sa.**

Lfd. Nr.	Bezeichnung (Zusammensetzung)	besondere Verwendung mit zugehöriger Literaturangabe	Verwendungs-überblick
4279	**Mercaptobuten**	Sa.; Am. 2626279	**Sa.**
4280	**Mercaptobuttersäure** (HSC_3H_6COOH)	Sulfid-Dr. b. d. Flot. von sulfid. Erzen; Am. 2449984	**Dr.**
4281	**Mercaptocaprylsäure**	Sulfid-Dr. b. d. Flot. von sulfid. Erzen; Am. 2449984	**Dr.**
4282	**Mercaptodiazin**	Sa. f. sulfid. Zn-, Cu-Erze; Am. 2628716	**Sa.**
4283	**Mercaptooxazol**	Sa.; Am. 1801318	**Sa.**
4284	**Mercapto-Sammler R 404**	f. d. Chrysokoll-Flot.; „The Min. J." 1959, S. 193 als Sa. f. sulfid. Cu-Erze; „The Min. J." 1960, S. 145	**Sa.**
4285	**Mercaptothiazole** (= C_3H_3NS, Thiazolmercaptane, Thiobiazolinsulfhydrate, Mercaptothiodiazole)	Sa.; Am. 1716104, 1780000, 1801317, 1806632, 1807860 s. Thioketomercaptothiodiazol; Sa. s. Phenylthioketomercaptothiodiazol; Sa. s. Mercaptobenzothiazol; Sa.	**Sa.**
4286	**Mercaptotrimethyldihydropyrimidin**	Sa. f. sulfid. Pb/Zn/Fe-Erze; Can. 464673 Sa. f. d. selektive Flot. v. sulfid. Zn/Cu-Erzen; Am. 2628716, Brit. 617944	**Sa.**
4287	**Merpentine**	= Na-Alkylnaphthalinsulfonat; z. Konditionieren von Sylvinit f. d. elektrostat. Aufbrtg.; DP. 1056551 Netzm.; Am. 2884474	**Netzm., Kondm.**
4288	**Merpisap AB**	= Alkylbenzolsulfonat; Netzm.; Stüpel	**Netzm.**
4289	**Merpol C**	= Alkylsulfat; Netzm.; Am. 2884474	**Netzm.**
4290	**Mersolat**	= anionakt. Cerylsulfonat; Sa/Sch.; DP. 906321 u. 1064891, Brit. 405163 Sa/Sch. f. Eisenerze; „Chem. Ztrlbl." 1953, 5910 Netzm.; Römpp „Chemie-Lexikon" 1958 Kondm. f. elektrostat. aufzubereitenden Sylvinit; DP. 1056551, 1076593, 1077611, 1095762	**Kondm., Sa/Sch., Netzm.**
4291	**Mersolat/Prästabitöl-Mischung**	z. Kond. von elektrostatisch aufzubereitenden Kalisalzen; DP. 1061713	**Kondm.**
4292	**Mertax**	s. = Mercaptobenzothiazol; Sa.	**Sa.**
4293	**Mesitalkohol**	s. = Aceton; Sch., Lösm., Kondm.	**Sch., Lösm., Kondm.**
4294	**Mesotol**	s. = Salicylsäureäthylester; Modif.	**Modif.**
4295	**Mesquite-Gummi**	Netzm.; Am. 2208758 Kalkspat-Dr. b. d. kationakt. Quarz-Flot.; Am. 2341046	**Netzm., Dr.**
4296	**Metallpulver**	Zn-, Al- oder Mg-Pulver als Kondm. b. d. Zerkleinerung von zu flotierenden sulfid. Pb/Zn-Erzen; Can. 525279	**Kondm.**
4297	**Metalyn**	= Tallöl/Methylalkohol-Ester s. = Tallölmethylester; Sa.	**Sa.**
4298	**Metalyn/Alkylamin-Mischung**	s. = Tallölmethylester/Alkylamin-Mischg.; Sa.	**Sa.**
4299	**Metalynsulfonat**	s. Tallölmethylestersulfonat; Sa.	**Sa.**
4300	**Metamyl**	als Flockm. f. Mineralien; „Bergbautechnik", März 1960, S. 153/154	**Flockm.**

Lfd. Nr.	Bezeichnung (Zusammensetzung)	besondere Verwendung mit zugehöriger Literaturangabe	Verwendungsüberblick
4301	**Metanil-Gelb** (= Tropaeolin, Na-Metanilazodiphenylamin, Na-Sulfobenzolazodiphenylamin, $NaSO_3 \cdot C_6H_4N:N \cdot C_6H_4 \cdot NH \cdot C_6H_5$; „Merck Index")	Sa.; „Chemical Abstracts" 1948, 4005	**Sa.**
4302	**Metaphosphate**	Na-M. als Sa/Sch. f. d. Magnesit-Flot.; Am. 2208143 Na-Polymetaphosphat als Dolomit- u. Kalkspat-Dr. b. d. Magnesit-Flot.; DP. 945081 Alkali-Polymetaphosphat als Disp. u. Komplexbildner zusammen m. oberflächenakt. organ. Verbdgg. — Toluol, Aceton usw. — z. Verbesserung d. Zerkleinerung v. Mineralien; DP. 1071455 s. Pseudolösungen; Sa/Sch.	**Sa/Sch., Dr., Disp.**
4303	**Metasilicatpentahydrat**	s. = Metso; Dr., Disp.	**Dr., Disp.**
4304	**Methacid**	s. = Toluol; Sa., Sa/Sch., Kondm., Lösm.	**Sa., Sa/Sch., Kondm., Lösm.**
4305	**Methacrylamidalkylester**	Flockm.; Brit. 760653	**Flockm.**
4306	**Methacrylamidpolymere**	Ton-Sa. b. d. Ton-Flot. aus Kalisalzen; Franz. 1139954 Mischpolymerisate von Methacrylamid mit Acrylsäure, Methacrylsäure, Acrylsäuremethyl- oder -äthylester als Flockm. z. Verhinderung d. Auftretens v. Schwimmkohle; DP. 1006361	**Sa., Flockm.**
4307	**Methacrylat**	s. Dimethylaminoäthylenmethacrylat; Flockm.	**Flockm.**
4308	**Metharylatestercopolymer**	s. Acryloid 150; Netzm.	**Netzm.**
4309	**Methacrylsäurealkylester**	Flockm.; Brit. 760653 s. Acryloid 150; Netzm.	**Flockm., Netzm.**
4310	**Methacrylsäureesterpolymere**	Ton-Sa. b. d. Ton-Flot. aus Kalisalzen; Franz. 1139954	**Sa.**
4311	**Methacrylsäure/Methylmethacrylsäure-Copolymer**	s. Flockal 152; Flockm.	**Flockm.**
4312	**Methacrylsäurepolymere**	Ton-Sa. b. d. Ton-Flot. aus Kalisalzen; Franz. 1139954	**Sa.**
4313	**Methacrylvinylessigsäure**	Schlamm-Dr. b. d. Kohlen- oder Erz-Flot.; Am. 2740522, Brit. 749213	**Dr.**
4314	**Methamyl**	Na- u. NH_4-Methamyl; Flockm. f. Erz- u. Kohlenschlämme; wirken in größeren Mengen als Disp.; „Chem. Ztrlbl." 1960, 11771	**Flockm., Disp.**
4315	**Methan** (CH_4)	s. Triäthoxymethan; Sch. s. Dichlormethan; Lösm. s. Triphenylmethanfarbstoffe	**Sch., Lösm.**
4316	**Methanal**	s. = Formaldehyd; Netzm.	**Netzm.**

Lfd. Nr.	Bezeichnung (Zusammensetzung)	besondere Verwendung mit zugehöriger Literaturangabe	Verwendungs-überblick
4317	**Methanol** (CH_3OH)	= Methylalkohol, Holzalkohol veraltete Bezeichnung: Carbinol polares Lösm. z. Aufschlämmen von Ton aus Kalisalzen; DP. 1083192	**Lösm.**
4318	**Methanol/Acrolein-Reaktpr.**	als Sch.; Am. 2561251	**Sch.**
4319	**Methanol/Cinnamin-aldehyd-Reaktpr.**	als Sch.; Am. 2561251	**Sch.**
4320	**Methanol/Crotonalde-hyd-Reaktpr.**	als Sch.; Am. 2561251	**Sch.**
4321	**Methanol/Tallöl-Ester**	s. = Metalyn; Sa.	**Sa.**
4322	**Methanol/Wasser-Mi-schung**	als Flotationsflüssigkeit b. d. Steinkohlen-Flot.; „Glückauf" 1960, 741/47	**Akt.**
4323	**Methansäure** (HCOOH)	s. = Ameisensäure; Regler	**Regler**
4324	**Methansulfonsäure**	s. Oxymethansulfonsäure; Dr.	**Dr.**
4325	**Methenamin**	s. = Hexamethylentetramin; Netzm.	**Netzm.**
4326	**Methenylphenylen-diamin**	s. = Benzimidazol; Sa.	**Sa.**
4327	**Methenylphenylen-diaminsulfonat**	s. = Benzimidazolsulfonat; Netzm.	**Netzm.**
4328	**Methocel**	s. = Methylcellulose; Sa., Dr., Netzm., Flockm.	**Sa., Dr., Netzm., Flockm.**
4329	**Methoxyalkanolphthal-säurediester**	Sch. f. Cu-Silikate; DP. 922401, Am. 2732073, Brit. 739073	**Sch.**
4330	**Methoxyalkylbiguanid-salze**	Sa., Netzm., Emulg.; Am. 2350453	**Sa., Netzm., Emulg.**
4331	**Methoxyalkylphthalat**	Sch.; Am. 2732940, Brit. 739073	**Sch.**
4332	**Methoxyalkylpolysulfid**	Sa. f. zementierte Cu-Erze; „Chemical Abstracts" 1958, 9930	**Sa.**
4333	**Methoxyäthan**	Erz-Sch.; Am. 2591289	**Sch.**
4334	**Methoxyäthanol** (= Glykoläther)	als Lösm. z. Aufschlämmung von Ton aus Kalisalzen; DP. 1083192	**Lösm.**
4335	**Methoxyäthanolacetat**	= Glykolätherester als Lösm. f. d. Aufschlämmung von Ton aus Kalisalzen; DP. 1083192	**Lösm.**
4336	**Methoxyäthoxyäthanol**	s. = Methylcarbitol; Sch.	**Sch.**
4337	**Methoxyäthoxybenzol**	Sch.; Am. 2776749 s. Methoxybenzol; Sch.	**Sch.**
4338	**Methoxyäthoxycroton-säureester**	Sch.; Am. 2776748, Can. 563445	**Sch.**
4339	**Methoxybenzol**	= Anisol, Methylphenyläther, Phenol-methyläther, $C_6H_5OCH_3$ Sch.; Am. 2776749 s. Methoxyäthoxybenzol; Sch. s. Trimethoxybenzol; Sch., Sch/Sa. s. Hydroxyanisol = Guajakol; Sch.	**Sch.**
4340	**Methoxycarbonylsulfid**	s. Methoxythiocarbonylmethoxycarbonyl-sulfid; Sa.	**Sa.**
4341	**Methoxycrotonsäure-ester**	Sch.; Am. 2776748, Can. 563445	**Sch.**

Lfd. Nr.	Bezeichnung (Zusammensetzung)	besondere Verwendung mit zugehöriger Literaturangabe	Verwendungs-überblick
4342	**Methoxydecylbenzylpyridiniumchlorid**	Sa.; Holl. 73869	**Sa.**
4343	**Methoxydialkylsulfid**	Sch.; „Industrial and Engrg. Chemistry", Teil II, März 1958, 445	**Sch.**
4344	**Methoxydimethoxymethyldimethyltetrahydropyran**	Sch.; Am. 2574919 u. Brit. 709802	**Sch.**
4345	**Methoxydodecylbenzylpyridiniumchlorid**	Sa.; Holl. 73869	**Sa.**
4346	**Methoxymethylbutylxanthat**	Sa. f. zement. Cu-Erze; „Chemical Abstracts" 1958, 8873	**Sa.**
4347	**Methoxymethyldihexylenglykol**	s. = Methoxymethyldimethylpentandiol; Sch.	**Sch.**
4348	**Methoxymethyldihexylenglykoldiacetat**	s. = Methoxymethyldimethylpentandiol-diacetat; Sch.	**Sch.**
4349	**Methoxymethyldimethylpentandiol**	Sch.; DP. 933663, Am. 2803345, Brit. 747658, Can. 514129	**Sch.**
4350	**Methoxymethyldimethylpentandioldiacetat**	Sch.; DP. 933663, Am. 2803345, Brit. 747658	**Sch.**
4351	**Methoxyoctylbenzylpyridiniumchlorid**	Sa.; Holl. 73869	**Sa.**
4352	**Methoxyoctylbenzyltrimethylammoniumchlorid**	Sa.; Holl. 73869	**Sa.**
4353	**Methoxyphenol**	s. „Guajakol"; Sch.	**Sch.**
4354	**Methoxypiperazinderivate**	Sch., Netzm.; Am. 2541260	**Sch., Netzm.**
4355	**Methoxypolyäthylenglykol**	Schlamm-Dr. b. d. Sylvinit-Flot.; Am. 2724499	**Dr.**
4356	**Methoxypolyäthylenglykolpolymer**	s. = „MGP 750"; Regler	**Regler**
4357	**Methoxypropandiol**	s. Oxyäthylaminomethoxypropandiol; Sa.	**Sa.**
4358	**Methoxypropenylbenzol**	= Anethol; Sch.	**Sch.**
4359	**Methoxypropionat**	Sch.; DP. 933663, Am. 2803345, Brit. 747658	**Sch.**
4360	**Methoxypropylphthalat**	Sch. f. Cu-Silikate; DP. 922401, Am. 2732940, Brit. 739073	**Sch.**
4361	**Methoxythiocarbonylmethoxycarbonylsulfid**	= Methylxanthogenmethylformiat Sa.; Brit. 296270	**Sa.**
4362	**Methylacetat** ($CH_3 \cdot COO \cdot CH_3$)	als Lösm. z. Aufschlämmung von Ton aus Kalisalzen; DP. 1083192	**Lösm.**
4363	**Methylacetsäure**	s. = Methylessigsäure, Propionsäure; Sch.	**Sch.**
4364	**Methylacrolein/Alkohol-Reaktpr.**	s. Crotonaldehyd/Äthanol-, Crotonaldehyd/Isopropanol-, Crotonaldehyd/Methanol-, Crotonaldehyd/Propanol-Reaktpr.; Sch.	**Sch.**
4365	**Methylacrylamid**	Flockm. f. Ton- u. Erzschlämme; Am. 2937143	**Flockm.**

Lfd. Nr.	Bezeichnung (Zusammensetzung)	besondere Verwendung mit zugehöriger Literaturangabe	Verwendungs-überblick
4366	**Methylacrylsäureester**	s. = Crotonsäureester; Sch.	**Sch.**
4367	**Methylalanin**	s. = Betain; Sa.	**Sa.**
4368	**Methylalaninderivate**	s. Betainderivate; Sa.	**Sa.**
4369	**Methylaldehyd**	s. = Formaldehyd; Netzm.	**Netzm.**
4370	**Methylalkohol**	s. = Methanol; Lösm.	**Lösm.**
4371	**Methylalkoholsulfat**	s. = Methylsulfat	**Sa/Sch., Sa., Netzm., Flockm. Emulg.**
4372	**Methylamin**	= Monomethylamin, Aminomethan, CH_3NH_2 s. Alkylamin; Sa., Sa/Sch.	**Sa., Sa/Sch.**
4373	**Methylaminacetat**	Sa. f. d. Kainit-Flot.; Am. 2766885, Brit. 752109 Zinkerz-, insbes. Galmei-Sa.; Franz. 61640	**Sa.**
4374	**Methylamin/Alamine-Mischg.**	Sa. f. d. Phosphatit-Flot.; Am. 2914174	**Sa.**
4375	**Methylamin/Alkylen-amin-Mischg.**	Sylvin-Sa.; Am. 2689649 Sa.; Can. 395829	**Sa.**
4376	**Methylaminchlorhydrat**	Zinkerz-, insbes. Galmei-Sa.; Franz. 61640	**Sa.**
4377	**Methylaminchlorid**	= CH_3NH_2Cl kationakt. Sa.; „Aach. Bl." 1959, Nr. 3, 81/110 s. Arquad 2HT; Sa., Flockm. s. Trimethylammoniumchlorid; Sa.	**Sa., Flockm.**
4378	**Methylaminfluorid**	Zinkerz-, insbes. Galmei-Sa.; Franz. 61640	**Sa.**
4379	**Methylaminhydrochlo-rid**	kationakt. Chromit-Sa.; „Erzmetall" 1959, 310	**Sa.**
4380	**Methylaminlactat**	Zinkerz-, insbes. Galmei-Sa.; Franz. 61640	**Sa.**
4381	**Methylaminoäthylen-methacrylat**	Flockm.; Brit. 768665 Gangart-Dr. b. d. Flot. sulfid. Erze; Am. 2740522, Brit. 749213	**Dr., Flockm.**
4382	**Methylaminoäthyl-laurat**	Flockm. z. Filtrieren v. Schlämmen; Am. 2509261	**Flockm.**
4383	**Methylamin(o)äthyl-polymethacrylat**	Gangart-Dr. b. d. Flot. sulfid. Erze; Am. 2740522, Brit. 749213	**Dr.**
4384	**Methylaminoäthylsul-fonat**	s. Igepon T; Sa., Netzm., Flockm.	**Sa., Netzm., Flockm.**
4385	**Methylaminoessigsäure**	s. = Sarcosin; Sa.	**Sa.**
4386	**Methylaminoessig-säure/Dodecylsäure-Kondspr.**	s. = Dodecylsarcosid; Sa/Sch.	**Sa/Sch.**
4387	**Methylaminoessig-säure/Kokosölfett-säure-Kondspr.**	s. Medialan KA = Kokosölfettsäure-sarcosid; Sa/Sch.	**Sa/Sch.**
4388	**Methylaminoessig-säure/Oleinsäure-Kondspr.**	s. Medialan A = Oleinsäuresarcosid; Sa/Sch., Netzm.	**Sa/Sch., Netzm.**
4389	**Methylaminoessig-säure/Talgsäure-Kondspr.**	s. = Talgsäuresarcosid; Sa/Sch.	**Sa/Sch.**

Lfd. Nr.	Bezeichnung (Zusammensetzung)	besondere Verwendung mit zugehöriger Literaturangabe	Verwendungs-überblick
4390	**Methylamin(o)mercaptobenzothiazol**	Sa.; Am. 1852107	**Sa.**
4391	**Methylaminophenylbuten**	Sa.; Brit. 730031 s. Methalbenzylaminophenylbuten; Sa.	**Sa.**
4392	**Methylaminopropandiol**	s. = Aminomethylpropandiol; Sa. Sa.; Am. 2389763	**Sa.**
4393	**Methylammoniummethylsulfat**	s. Trimethylammoniummethylsulfat; Sa.	**Sa.**
4394	**Methylamylacetat**	= Methylisobutylcarbinolacetat, $CH_3COOCH(CH_3)CH_2CH(CH_3)_2$ Sch.; „Engrg. Min. J.", Juni 1956, 114	**Sch.**
4395	**Methylamylalkohol**	= Methylisobutylcarbinol, MIBC, Methylpentanol, $(CH_3)_2CHCH_2CH(OH)CH_3$ Sch. f. oxyd. Zn-Erze; Am. 2482895 s. „MAAPO"; Sch. Sch.; Am. 2666587 Sylvin-Sch.; DP. 905721, Am. 2836297, 2919026 Carnallit-Sch.; DP. 969981 Sch. f. d. Flot. von Ton aus Kalirohsalzen; DP. 1054392, Franz. 1139954 Sch. f. d. Steinkohlen-Flot.; „Erdöl u. Kohle" 1958, 526 Sch. f. d. Pyrochlor-Flot.; Brit. 880717 ausgezeichneter Sch. f. d. Sulfid-Flot., gibt einen brüchigen Schaum; „Bulletin No. R_1—B_3-Reagents" 1955, 11 Sch. f. sulfid. Cu-Erze; „Min. Engrg." 1958, 462 s. Aerofroth 70; Sch. als grenzflächenaktiver Stoff, für sich allein, vorzugsweise zusammen mit Polymerphosphaten, z. B. polymerem Alkalimetaphosphat, als Disp. u. Komplexbildner [Modif.] zur Verbesserung d. Zerkleinerung v. Mineralien; DP. 1071455	**Sch., Disp., Modif.**
4396	**Methylamylalkohol/($C_{8/18}$-)Alkylamin-Mischg.**	Sa. f. d. schaumlose Flot. von grobkörnigem Sylvinit; Am. 2937751 Kondm. f. elektrostat. aufzubereitenden Sylvinit; Am. 2762505 Sa/Sch. z. Flot. von Zementrohstoffen; Brit. 781626	**Kondm., Sa., Sa/Sch.**
4397	**Methylamylalkohol/Mineralöl-Mischung**	Sa/Sch. f. d. Kohlen-Flot.; DP. 1064442; „Glückauf" 1957, 321; „Erdöl u.Kohle" 1958, 528	**Sa/Sch.**
4398	**Methylamylalkohol/Pineöl-Mischung**	je 50% = „MAAPO"; als Sch. z. Flot. von Rutil aus Meeressand; Am. 2792940	**Sch.**
4399	**Methylamylamin**	Hilfs-Sa.; „Encyclopedia of Chemical Technology" 1951, 607	**Sa.**
4400	**Methylanilin**	s. = Toluidin; Sch., Lösm. s. Dimethylanilin = Xylidin; Lösm.	**Sch., Lösm.**
4401	**Methylarylsulfonat**	s. Alkylarylsulfonat; Sa., Sa/Sch., Netzm., Disp., Regler, Flockm., Kondm.	**Sa., Sa/Sch., Netzm., Disp., Regler, Flockm., Kondm.**

Lfd. Nr.	Bezeichnung (Zusammensetzung)	besondere Verwendung mit zugehöriger Literaturangabe	Verwendungs-überblick
4402	**Methyläther**	s. Cellulosemethyläther; Sa. s. Brenzkatechinmonomethyläther; Sch.	**Sa., Sch.**
4403	**Methyläthylbenzyl-hydroperoxyd**	als Sch.; Am. 2535344	**Sch.**
4404	**Methyläthylbutenthiol**	Sa., Netzm.; Am. 2346102	**Sa., Netzm.**
4405	**Methyläthylcarbinol**	= sec.-Butylalkohol, $CH_3CH(CH_2)OH$ s. Dimethyläthylcarbinol = tert. Amylalkohol; Sch. s. Butanol; Sch., Sch/Sa., Sa/Sch., Lösm.	**Sch., Sch/Sa., Sa/Sch., Lösm.**
4406	**Methyläthyldithiocarbamat**	Erz-Sa.; Am. 2691635	**Sa.**
4407	**Methyläthylketon** ($CH_3COC_2H_5$)	Netzm. z. Viscositätsminderung von Mineralölen zwecks Paraffinwachs-Flot.; Brit. 734124 s. = Äthylmethylketon; Sch., Lösm., Regler	**Netzm., Sch., Lösm.**
4408	**Methyläthylpententhiol**	Sa., Netzm.; Am. 2346102	**Sa., Netzm.**
4409	**Methyläthylpyridin**	s. = Kollidin; Sa., Sch., Lösm.	**Sa., Sch., Lösm.**
4410	**Methyläthylsulfonjodid**	s. Octadecylmethyläthylsulfonjodid; Sa.	**Sa.**
4411	**Methyläthylxanthat**	= Äthylmethylxanthat; Sa.; Petersen 167	**Sa.**
4412	**Methylbenzol**	s. = Toluol; Sa., Sch/Sa., Kondm., Lösm. s. Dimethylbenzol = Xylol; Sa/Sch., Sch., Kondm. s. Methylisopropylbenzol = Cymol; Sch.	**Sa., Sa/Sch., Kondm., Lösm.**
4413	**Methylbenzolamin**	s. Dimethylbenzolamin = Xylidin; Sa.	**Sa.**
4414	**Methylbenzolsulfonat**	s. Alkylbenzolsulfonat; Sa., Netzm., Kondm.	**Sa., Netzm., Kondm.**
4415	**Methylbenzolsulfonsäure**	s. = Toluolsulfonsäure; Regler	**Regler**
4416	**Methylbenzylalkohol**	s. Dimethylbenzylalkohol; Sch.	**Sch.**
4417	**Methylbenzylamino-phenylbuten**	Sa.; Brit. 730031	**Sa.**
4418	**Methylbenzyldodecyl-dimethylammoniumchlorid**	Sa., Netzm.; Am. 2676986	**Sa., Netzm.**
4419	**Methylbenzylhydroperoxyd**	Sch.; Am. 2535344 s. Dimethylbenzylhydroperoxyd; Sch.	**Sch.**
4420	**Methylbenzylphosphinsäure**	Sa.; Am. 2594454	**Sa.**
4421	**Methylbenzylpolyoxy-äthylenätheralkohol**	Sa/Sch.; Franz. 1109798 Sch.; Brit. 782107, 782407, Belg. 532530	**Sa/Sch., Sch.**
4422	**Methylbutanol**	s. Amylalkohol; Sa/Sch., Sch. s. Methylisobutanol; Netzm., Modif.	**Sa/Sch., Sch.**
4423	**Methylbutylsulfenyl-dithiocarbamat**	Sa.; Am. 2807615	**Sa.**
4424	**Methylbutylsulfo-succinat**	s. Aerosol MA; Netzm.	**Netzm.**
4425	**Mehylcarbinol**	s. Dimethylcarbinol = Isopropanol; Lösm. s. Trimethylcarbinol = tert. Butanol; Sa/Sch., Sch., Sch/Sa., Lösm. s. Methylisobutylcarbinol; Sch., Disp., Modif.	**Sa/Sch., Sch., Sch/Sa., Lösm.**

Lfd. Nr.	Bezeichnung (Zusammensetzung)	besondere Verwendung mit zugehöriger Literaturangabe	Verwendungs-überblick
4426	**Methylcarbitol** (= Methoxyäthoxyäthanol, Diäthylenglykolmonomethyläther, $CH_3OCH_2CH_2OCH_2$-CH_2OH)	als Talk-Sch.; „Fortschritte d. Verfahrenstechnik" 1956/57, S. 630	**Sch.**
4427	**Methylcatechol**	s. = Guajakol; Sch.	**Sch.**
4428	**Methylcellulose** (= Cellulosemethyläther, Methocel, Cellothyl, Syncelose, Bagolax, Cethylose, Cethytin, Cologel, Cellumeth, Hydrolose, Tylose; „Merck Index" 1960)	Sa. b. d. Kohlenruß-Flot.; Am. 2725985 Schlamm-Dr. b. d. Kalisalz-Flot.; DP. 931703, DP. 872182, Am. 2363520 u. 2364520 Netzm.; Am. 2208758, Brit. 526701 Ton- u. Erzschlamm-Flockm.; Am. 2937143 s. Carboxymethylcellulose; Flockm., Dr. s. Tylose; Dr., Kondm.	**Flockm., Dr., Netzm., Sa., Kondm.**
4429	**Methylcetylbenzylammoniumchlorid**	s. Triton X—400; Sa.	**Sa.**
4430	**Methylchinolin**	= Chinaldin, Chinolingelb, Lepidin, $C_{10}H_9N$ Sa. f. d. Flot. v. Nb-Mineralien; Am. 2875896, Brit. 798768 s. = Chinaldin; Sa., Dr.	**Sa., Dr.**
4431	**Methylchinolinol**	Sa. f. d. Flot. v. Nb-Mineralien, wie Columbit; Am. 2878896, Brit. 798768, 826827	**Sa.**
4432	**Methylchlorthiophosphat**	Sa.; DP. 819999, Am. 2692893	**Sa.**
4433	**Methyl Cotton Blue**	Gangart-Dr. b. d. Erz-Flot.; Am. 2211686 s. Triphenylmethanfarbstoffe; Sa., Dr., Akt.	**Sa., Dr., Akt.**
4434	**Methylcumol**	s. = Cymol; Sch.	**Sch.**
4435	**Methylcyanäthylhydrazinchlorid**	Sa.; Franz. 1165100	**Sa.**
4436	**Methylcyclohexan**	= Methylhexahydrobenzol, $C_6H_{11}CH_3$ Kondm. z. Verbesserung d. Convertol-Aufbrtg.; „Min. Engrg." 1959, 1153/54 s. Dimethylcyclohexan; Kondm.	**Kondm.**
4437	**Methylcyclohexanol**	= Hexahydromethylphenol, Hexahydrokresol, Methylhexalin, $CH_3C_6H_{10}OH$ Sch.; Petersen 164 neben üblichen Sammlern verbessert die Sylvin-Flot.; Pat.-Anm. C 2170 VI/1c, bekanntgem. 4. 12. 1952	**Sch.**
4438	**Methylcyclohexylsulfojodid**	s. Dodecylmethylcyclohexylsulfojodid; Sa.	**Sa.**
4439	**Methylcyclotetrasiloxan**	s. Octamethylcyclotetrasiloxan; Sa.	**Sa.**
4440	**Methylcymol**	s. Cymol; Sch.	**Sch.**
4441	**Methyldimethylpentandioldiacetat**	Methoxy-**M.**; s. d.	**Sch.**
4442	**Methyldithiocarbamat**	Sa. f. d. Erz-Flot.; Am. 2691635	**Sa.**

Lfd. Nr.	Bezeichnung (Zusammensetzung)	besondere Verwendung mit zugehöriger Literaturangabe	Verwendungs-überblick
4443	**Methyldithiophosphat**	Sa. f. d. Flot. sulfid. Cu-Erze; Am. 2919025	**Sa.**
4444	**Methyldixanthogen**	Sa. f. d. Erz-Flot.; Can. 575644	**Sa.**
4445	**Methyldodecyl-amidinformiat**	Sa.; Brit. 568186	**Sa.**
4446	**Methyldodecylbenzyl-ammoniumhydro-chlorid**	Sa/Sch. f. d. Glimmer-Flot.; DP. 1044733	**Sa/Sch.**
4447	**Methyldodecyldithio-carbamat**	Sa., Disp.; Am. 2127375	**Sa., Disp.**
4448	**Methyldodecylphenyl-ammoniumphenyl-sulfonat**	Sa., Netzm.; Am. 2605281	**Sa., Netzm.**
4449	**Methyldodecylphos-phoniumbromid**	s. Trimethyldodecylphosphoniumbromid; Sa.	**Sa.**
4450	**Methyldodecylphos-phoniumjodid**	s. Trimethyldodecylphosphoniumjodid; Sa.	**Sa.**
4451	**Methyleicosylammo-niumjodid**	s. Trimethyleicosylammoniumjodid; Sa.	**Sa.**
4452	**Methylenblau**	= Methylthioninchlorid, Tetramethyl-thioninchlorid, Dimethylaminophen-azathioninchlorid, $C_{16}H_{18}ClN_3S \cdot 3\ H_2O$; „Merck Index" 1960 Sa.; „Chemical Abstracts" 1948, 4005 MoS_2-Dr. b. d. Flot. sulfid. Mo/Cu-Erze; Am. 2095967	**Sa., Dr.**
4453	**Methylenbromid**	Schwerfl. f. d. Schwimmsinkscheidung von Steinkohle; „Aufbrtg. d. Steinkohle", Teil I, 1960, 217	**Schwerfl.**
4454	**Methylenchlorid** (CH_2Cl_2)	= Methylenbichlorid, Dichlormethan s. Chlor-KWstoffe; Lösm., Schwerfl.	**Lösm., Schwerfl.**
4455	**Methylenglykol**	s. Trimethylenglykol; Sch.	**Sch.**
4456	**Methylenglykol-diäthylacetal**	s. Dimethylenglykoldiäthylacetal; Sch. s. Tetramethylenglykoldiäthylacetal; Sch.	**Sch.**
4457	**Methylenimin**	s Dimethylenimin; Flockm.	**Flockm.**
4458	**Methylenjodid**	Lösg. v. Jodmethylenmerkurijodid in Methylenjodid als Schwerfl. f. d. Schwimmsinkscheidung von diamant-haltigen Gemengen; Am. 2730235	**Schwerfl.**
4459	**Methylenoxyd**	s. = Formaldehyd; Netzm.	**Netzm.**
4460	**Methylenstearamid/ Alkylamin-Mischung**	Sa. f. d. schaumlose Flot. von grobkörnigem Sylvinit; Am. 2937751	**Sa.**
4461	**Methylensulfid** (gehört z. Gruppe d. Thiophane)	s. Methylpenta-, Penta-, Tetramethylen-sulfid; Sa.	**Sa.**
4462	**Methylentetramin**	s. Hexamethylentetramin; Netzm.	**Netzm.**
4463	**Methylentrithio-carbonat**	Sa.; Franz. 838171	**Sa.**
4464	**Methylenxanthat**	Sa.; Can. 356306	**Sa.**
4465	**Methyleosin**	MoS_2-Dr. b. d. Flot. sulfid. Mo/Cu-Erze; Am. 2095967	**Dr.**

Lfd. Nr.	Bezeichnung (Zusammensetzung)	besondere Verwendung mit zugehöriger Literaturangabe	Verwendungs-überblick
4466	**Methylessigsäure**	s. = Propionsäure; Sch. s. Methylacetat; Lösm.	**Sch., Lösm.**
4467	**Methylester**	s. Methylglykolester; Sch. s. Methylacetat; Lösm.	**Sch., Lösm.**
4468	**Methylglutamat**	Sch.; Am. 2690260	**Sch.**
4469	**Methylglycin**	s. = Sarcosin; Sa. = Alanin; Karrer	**Sa.**
4470	**Methylglycin/Dodecyl-säure-Kondspr.**	s. = Dodecylsarcosid; Sa/Sch.	**Sa/Sch.**
4471	**Methylglycin/Kokos-ölfettsäure-Kondspr.**	s. Medialan KA = Kokosölfettsäure-sarcosid; Sa/Sch.	**Sa/Sch.**
4472	**Methylglycin/Olein-säure-Kondspr.**	s. Medialan A = Oleinsäuresarcosid; Sa/Sch., Netzm.	**Netzm., Sa/Sch.**
4473	**Methylglycin/Talg-säure-Kondspr.**	s. = Talgsäuresarcosid; Sa/Sch.	**Sa/Sch.**
4474	**Methylglykokoll**	s. = Methylglycin, Sarcosin; Sa.	**Sa.**
4475	**Methylglykol**	s. = Propylenglykol; Sch.	**Sch.**
4476	**Methylglykoläther**	s. Dowfroth 250; Sch.	**Sch.**
4477	**Methylglykolester**	Sch. f. d. Flot. v. Berylliummineralien; Am. 2385819	**Sch.**
4478	**Methylglyoxalin**	s. = Methylimidazol; Sa.	**Sa.**
4479	**Methylglyoxim**	s. Dimethylglyoxim; Sa.	**Sa.**
4480	**Methylglyzerinmono-sulfosäureester**	Sa., Netzm., Emulg.; Franz. 837370	**Sa., Netzm., Emulg.**
4481	**Methylguanidinsulfat**	= $C_2H_7N_3 \cdot H_2SO_4$ Zinkblende-Sa.; „Min. Engrg.“ 1959, 219/220	**Sa.**
4482	**Methylguanylguanidin**	Sa. f. d. Zinkblende-Flot.; „Min. Engrg.“, Febr. 1959, 219/220	**Sa.**
4483	**Methylheptenmercap-tan**	Sa., Netzm.; Am. 2346102	**Sa., Netzm.**
4484	**Methylhexadecyl-benzylammonium-chlorid**	s. Triton K 60; Sa., Netzm.	**Sa., Netzm.**
4485	**Methylhexahydro-benzol**	s. = Methylcyclohexan; Kondm.	**Kondm.**
4486	**Methylhexahydro-phenol**	s. = Methylcyclohexanol; Sch.	**Sch.**
4487	**Methylhexalin** ($C_7H_{14}O$)	= Methylcyclohexanol, Methylhexahydro-phenol, Hexahydromethylphenol Sch.; Petersen 268	**Sch.**
4488	**Methylhexanol**	s. Dupont Frother B 23; Sch.	**Sch.**
4489	**Methylhexenmercap-tan**	Sa., Netzm.; Am. 2346102	**Sa., Netzm.**
4490	**Methylhexylamin-chlorhydrat**	s. Trimethylhexylaminchlorhydrat; Sa. s. Methylaminchlorhydrat; Sa.	**Sa.**
4491	**Methylhexylcarbinol**	= sec.-Octylalkohol s. Octylalkohol; Sa., Sa/Sch.	**Sa., Sa/Sch.**
4492	**Methylhydroperoxyd**	s. Dialkylarylmethylhydroperoxyd; Sch. s. Diphenylmethylhydroperoxyd; Sch.	**Sch.**

Lfd. Nr.	Bezeichnung (Zusammensetzung)	besondere Verwendung mit zugehöriger Literaturangabe	Verwendungs-überblick
4493	**Methylhydrosilicon**	Hilfs-Sa. neben einem Alkylamin-Sa. z. Flot. von Sylvin aus grobkörnigem Sylvinit; Am. 2934208	**Sa.**
4494	**Methylimidazol**	= Methylglyoxalin, CH_3COCHO, ein Dialdehyd kationakt. Sa.; Brit. 578694 Flockm. z. Filtrieren beim Schlämmen; Am. 2509260	**Sa., Flockm.**
4495	**Methylimidformiat, -hydrochlorid**	Sa. f. d. Flot. saurer Mineralien; Brit. 568186	**Sa.**
4496	**Methylimidhydro-chlorid**	Sa.; Brit. 568186	**Sa.**
4497	**Methylisobutanol**	Netzm. z. Aufsprühen auf die nachzu-flotierenden Kohlen-Vorflotations-konzentrate zwecks Schaumzerstörung u. Schaumstabilisator-Modif.- während der Nachflotation; DP. 1064442	**Netzm., Modif.**
4498	**Methylisobutylcarbinol**	s. = Methylamylalkohol; Sch., Disp., Modif. Sch. f. d. Flot. komplexer Sulfid/Oxyd-Erze; „Min. Engrg.“ 1960, 1267. Sch. f. d. Pyrochlor-Flot. aus Sovit; Am. 2951585, Brit. 800717	**Sch., Disp., Modif.**
4499	**Methylisobutyl-carbinolacetat**	= Methylamylacetat Sch.; „Engrg. Min. J.“, Juni 1956, 114	**Sch.**
4500	**Methylisopropylbenzol**	s. = Cymol; Sch.	**Sch.**
4501	**Methylisopropylbenzol-sulfonat**	s. = Cymolsulfonat; Sch/Sa.	**Sch/Sa.**
4502	**Methylisopropyl-benzylalkohol**	s. Dimethylisopropylbenzylalkohol; Sch.	**Sch.**
4503	**Methylisopropylcyclo-hexadien**	s. = Dipenten; Sch., Akt.	**Sch., Akt.**
4504	**Methylisopropylcyclo-hexen**	s. = Carvomenthen; Sch.	**Sch.**
4505	**Methylisopropyl-xanthat**	Sa. f. d. Erz-Flot.; Am. 2691635	**Sa.**
4506	**Methylketon**	s. Aceton = Dimethylketon; Sch., Kondm., Lösm.	**Sch., Kondm., Lösm.**
4507	**Methylkresol**	Sch.; Can. 390793	**Sch.**
4508	**Methylkresylphosphin-säure**	Sa.; Am. 2594454	**Sa.**
4509	**Methylkresylpolyoxy-äthylenätheralkohol**	Sa/Sch.; Franz. 1109798 Sch.; Brit. 782107, 782407, Belg. 532530	**Sa/Sch., Sch.**
4510	**Methyllaurinbenzyl-ammoniumhydro-chlorid**	s. Dimethyllaurinbenzylammoniumhydro-chlorid; Sa/Sch.	**Sa/Sch.**
4511	**Methylmercaptan** ($(CH_3)_2S$)	s. Alkylmercaptan; als Sa.	**Sa.**
4512	**Methylmercapto-benzothiazol**	Sa.; Am. 1847664	**Sa.**

Lfd. Nr.	Bezeichnung (Zusammensetzung)	besondere Verwendung mit zugehöriger Literaturangabe	Verwendungs-überblick
4513	**Methylmethacryl-säure/Methacryl-säure-Copolymer**	s. Flockal 152; Flockm.	**Flockm.**
4514	**Methylmethoxyäthyl-disulfid**	Sa. f. zement. Cu-Erze; ,,Chemical Abstracts" 1958, 8873	**Sa.**
4515	**Methylmethylbenzyl-alkohol**	s. Di-M.; Sch.	**Sch.**
4516	**Methylmethylbenzyl-hydroperoxyd**	Sch. f. d. Kohlen- u. Erz-Flot.; Am. 2545132	**Sch.**
4517	**Methylmethylenocta-dienamin**	s. = Myrcenamin; Sa.	**Sa.**
4518	**Methylmorpholin-chlorid**	s. Aminomethylmorpholinchlorid; Sa.	**Sa.**
4519	**Methylnaphthalin** ($C_{10}H_7CH_3$)	Kondm. z. Verbesserung d. Convertol-Feinkohlenaufbrtg.; ,,Min. Engrg." 1959, 1153/54	**Kondm.**
4520	**Methylnaphthalin-phosphinsäure**	Sa.; Am. 2594454	**Sa.**
4521	**Methylnaphthalin-phosphonsäure**	Sa.; Am. 2594454	**Sa.**
4522	**Methylnaphthalin-polyoxyäthylen-ätheralkohol**		**Sa/Sch., Sch.**
4523	**Methylnaphthalin-sulfonat**	s. Alkylnaphthalinsulfonat; Sa., Sa/Sch., Netzm., Disp., Regler	**Sa.,Sa/Sch.,Netzm., Disp., Regler**
5424	**Methylnaphthalin-methylhydroperoxyd**	Sa/Sch.; Am. 2757207	**Sa/Sch.**
4525	**Methylnatriumsulfonat**	s. Alkyl-Na-sulfonat; Sa.	**Sa.**
4526	**Methylneopentyl-pentenmercaptan**	Sa., Netzm.; Am. 2346102	**Sa., Netzm.**
4527	**Methylnitrobenzyl-thionothiolphosphat**	Sa.; Am. 2609383	**Sa.**
4528	**Methylnitrobenzyl-thiophosphat**	Sa.; Am. 2609383	**Sa.**
4529	**Methylnitrotolyl-thiophosphat**	Sa.; Am. 2520393	**Sa.**
4530	**Methylnonanol**	s. Trimethylnonanol; Netzm., Modif.	**Netzm., Modif.**
4531	**Methyloctadecenyl-aminphthalamat**	Sa., Netzm.; Am. 2101323	**Sa., Netzm.**
4532	**Methyloctadienol**	s. Dimethyloctadienol; Sch.	**Sch.**
4533	**Methyloctylamin-phthalamat**	Sa., Netzm.; Am. 2101323	**Sa., Netzm.**
4534	**Methyloctylanilin**	Sa. f. Zn-Silikate; ,,Chemical Abstracts" 1955, 12235	**Sa.**
4535	**Methyloleat/($C_{8/18}$-) Alkylamin-Mischung**	Sa. f. d. schaumlose Flot. von grobkörnigem Sylvinit; Am. 2937751	**Sa.**

Lfd. Nr.	Bezeichnung (Zusammensetzung)	besondere Verwendung mit zugehöriger Literaturangabe	Verwendungs-überblick
4536	**Methylpentamethylen-sulfid**	gehört z. Gruppe d. Thiophane Sa. f. d. Erz-Flot.; Am. 2169313, Brit. 534983	**Sa.**
4537	**Methylpentandiol-diacetat**	s. Methoxymethyldi- **M.**; Sch. = Hexylenglykoldiacetat	**Sch.**
4538	**Methylpentandiol**	= Hexylenglykol s. Methoxymethyldimethylpentandiol; Sch.	**Sch.**
4539	**Methylpentanol**	s. = Methylamylalkohol; Sch., Disp., Modif.	**Disp., Modif., Sch.**
4540	**Methylpentylalkohol**	s. = Methylamylalkohol; Sch., Modif., Disp.	**Sch., Disp., Modif.**
4541	**Methylphenol**	s. = Kresol; Sa., Sa/Sch., Sch., Sch/Sa. s. Dimethylphenol = Xylenol; Sa. s. Hexahydromethylphenol; Sch.	**Sa., Sa/Sch., Sch., Sch/Sa.**
4542	**Methylphenolpolyoxy-äthylenäther**	s. Triton NE; Sa/Sch., Netzm.	**Sa/Sch., Netzm.**
4543	**Methylphenolpolyoxy-äthylenester**	s. „Igepal CA Extra"; Sa/Sch., Disp.	**Sa/Sch. Disp.**
4544	**Methylphenylamin**	s. Dimethylphenylamin = Xylidin; Lösm.	**Lösm.**
4545	**Methylphenyläther**	s. = Methoxybenzol; Sach.	**Sch.**
4546	**Methylphenylcyclo-hexyltetrahydro-oxazin**	Sa.; Brit. 730031	**Sa.**
4547	**Methylphenylensulfat**	s. Alkylphenylensulfat; Sa.	**Sa**
4548	**Methylphenylhydrazin-chlorid**	Sa.; Franz. 1165100	**Sa.**
4549	**Methylphenylmethan**	s. Cumol; Kondm.	**Kondm.**
4550	**Methylphenylphosphin-säure**	Sa.; Am. 2594454	**Sa.**
4551	**Methylphenylpoly-äthylenäther**	Netzm.; DP. 1030802	**Netzm.**
4552	**Methylphenylpolyoxy-äthylenätheralkohol**	Sa/Sch.; Franz. 1109798 Sch.; Brit. 782107, 782407, Belg. 532530	**Sa/Sch., Sch.**
4553	**Methylphosphat**	Sa. f. Nichtsulfide; Am. 2120217	**Sa.**
4554	**Methylphosphor-bromidthioat**	Cu-Sa. b. d. Flot. v. anoxydierten Sulfid-erzen; Am. 2901107	**Sa.**
4555	**Methylphthalat**	s. Phthalsäuredialkylester; Sch., Akt., Modif.	**Sch., Akt., Modif.**
4556	**Methylpolyalkylen-polyamid, -amin**	Sa. f. quarzige Erze; Am. 2569417	**Sa.**
4557	**Methylpolyäthylen-äther**	Netzm.; DP. 1030802	**Netzm.**
4558	**Methylpolyäthylenoxyd**	s. Alkylpolyäthylenoxyd; Sa/Sch., Netzm., Disp., Emulg.	**Sa/Sch., Netzm., Disp., Emulg.**
4559	**Methylpolyoxyäthylen-äther**	Sch. allgemein; Sa/Sch. f. d. Kohle-Flot.; Brit. 782107, Belg. 532530	**Sa/Sch., Sch.**
4560	**Methylpolyoxyäthylen-ätheralkohol**	Sch. u. Sa/Sch. f. d. Kohle-Flot.; Brit. 782107, 782407, Franz. 1109798, Belg. 532530	**Sch., Sa/Sch.**
4561	**Methylpolyoxynitroso-phenol**	Sa/Sch. f. silikat. Cu-Erze; „Chemical Abstracts" 1953, 1549	**Sa/Sch.**

Lfd. Nr.	Bezeichnung (Zusammensetzung)	besondere Verwendung mit zugehöriger Literaturangabe	Verwendungs-überblick
4562	**Methylpolysiloxan**	Quarz-Sa.; „Chem. Abstr.“ 1954, 13571 s. Dow Corning Silicone Fluid F 258; Sa.	**Sa.**
4563	**Methylpropandiolamin**	s. = Methylaminopropandiol; Sa.	**Sa.**
4564	**Methylpropanol**	2-Methyl-2-propanol = tert. Butanol, = Trimethylcarbinol s. Butanol; Sa., Sch., Sch/Sa., Sa/Sch., Lösm.	**Sa., Sch., Sch/Sa., Sa/Sch., Lösm.**
4565	**Methylpropylcarbinol** (= sec.-Amylalkohol $CH_3(CH_2)_2CH(OH)CH_3$)	s. = Amylalkohol; Sch., Sa/Sch.	**Sch., Sa/Sch.**
4566	**Methylpropylketon** (Propylaceton, $CH_3 \cdot CO \cdot C_3H_7$)	als Sch.; Am. 2000350 s. = Propylmethylketon; Lösm.	**Sch., Lösm.**
4567	**Methylpyridin**	s. = Picolin; Sch. s. Äthylmethylpyridin = Kollidin; Sa., Sch., Lösm. s. Dimethylpyridin = Lutidin; Sch.	**Sch.**
4568	**Methylpyridinium-bromid**	s. = Picolinbromid; Sa., Sa/Sch. Sa. bzw. Sa/Sch. f. oxyd. Mineralien; „Erzmetall“ 1958, 545	**Sa., Sa/Sch.**
4569	**Methylpyridinsäure**	s. Lutidinsäure = Dimethylpyridinsäure; Dr.	**Dr.**
4570	**Methylsarcosin**	s. = Betain, Lycin, Methylalamin, Trimethylglycin; Sa.	**Sa.**
4571	**Methylsarcosinderivate**	s. Betainderivate; Sa.	**Sa.**
4572	**Methylsilichloroform**	s. = Methyltrichlorsilan; Kondm.	**Kondm.**
4573	**Methylsilicon**	Erz-Sa.; „Chemical Abstracts“ 1958, 8918 s. Dow Corning Silicone Fluid; Sa.	**Sa.**
4574	**Methylstearat/($C_{8/18}$-) Alkylamin-Mischg.**	Sa. f. d. schaumlose Flot. von grobkörnigem Sylvinit; Am. 2937751	**Sa.**
4575	**Methylsulfamido-Verbdgg.**	s. Alkylsulfamido-Verbdgg.; Sa.	**Sa.**
4576	**Methylsulfat**	s. Alkylsulfat; Sa., Sa/Sch., Netzm., Flockm., Kondm., Emulg.	**Sa., Sa/Sch., Netzm., Flockm. Kondm., Emulg.**
4577	**Methylsulfenamid**	Sa.; Am. 2807615	**Sa.**
4578	**Methylsulfenyltrithio-carbonat**	Sa.; Am. 2634291	**Sa.**
4579	**Methylsulfomethyl-sulfat**	s. Dodecyldimethylsulfomethylsulfat; Sa. kationakt. Quarz-Sa. f. d. Quarz/Kalk-Flot.; Am. 2341046	**Sa.**
4580	**Methylsulfonat**	Sa. f. d. Kalisalz-Flot.; DP. 806842, 840682, 918861 Sa.; Petersen 163 Netzm.; DP. 802389 Netzm. z. Zerstören v. Kohlenflot.-Schäumen; „Glückauf“ 1932, 626 Netzm. z. Verbesserung d. Filtration von Flot.-Konzentraten; „Chem. Ztrlbl.“ 1959, 14544 Netzm. z. Viscositätsminderung v. Schwerstofftrüben d. Schwimmsinkscheidung; DP. 1089701	**Sa., Netzm.**
4581	**Methylsulfosuccinat**	Netzm.; DP. 844131	**Netzm.**
4582	**Methylthiocarbamat**	s. Methyläthylthiocarbamat; Sa.	**Sa.**

Lfd. Nr.	Bezeichnung (Zusammensetzung)	besondere Verwendung mit zugehöriger Literaturangabe	Verwendungs-überblick
4583	**Methylthiocarbonat**	Sa. f. d. Erz-Flot.; Am. 2691635 Sa.; Stüpel	**Sa.**
4584	**Methylthioninchlorid**	s. = Methylenblau; Sa., Dr.	**Sa., Dr.**
4585	**Methylthiophan**	Sa. f. sulfid. Zinkerze; Can. 393245	**Sa.**
4586	**Methylthiophosphat**	Sa.; Brit. 310186	**Sa.**
4587	**Methylthiophosphoryl-bromid**	Sa/Sch. f. sulfid. Cu-Erze; Am. 2901107	**Sa/Sch.**
4588	**Methylthiophosphoryl-chlorid**	Sa. f. sulfid. Erze; Am. 2621789, Brit. 702957	**Sa.**
4589	**Methylthiosulfat**	Sa. Am. 1723295	**Sa.**
4590	**Methylthiourethan**	Sa.; Can. 311054	**Sa.**
4591	**Methylthiuram**	s. = Tetramethylthiuran; Sa.	**Sa.**
4592	**Methyltolylhydrazin-chlorid**	Sa.; Franz. 1165100	**Sa.**
4593	**Methyltrichlorsilan**	gasförm. Kondm. z. Hydrophobierung von naßmechan. aufzubereitenden Erzen; Am. 2564546	**Kondm.**
4594	**Methyltrimethylamin**	Sa. f. d. selektive Sulfiderz-Flot.; „Erzmetall" 1958, 199/209	**Sa.**
4595	**Methyltrithio-carbonat**	Sa. f. d. Erz-Flot.; Am. 2691635	**Sa.**
4596	**Methylvinyläther**	s. = Vinylmethyläther; Flockm.	**Flockm.**
4597	**Methylvinylpyri-diniumsalze**	s. Polymethylvinylpyridiniumsalze; Flockm.	**Flockm.**
4598	**Methylviolett**	= Pentamethylparafuchsin, ein Triphenylmethanfarbstoff Sa.; „Chem. Abstr." 1948, 4005 Gangart-Dr. b. d. Erz-Flot.; Am. 2211686 s. Triphenylmethanfarbstoffe; Sa., Dr., Akt.	**Sa., Dr., Akt.**
4599	**Methylxanthat**	als Sa.; Stüpel, S. 356	**Sa.**
4600	**Methylxanthogen-formiat**	Sa. f. d. Sulfid-Flot.; Am. 2412500	**Sa.**
4601	**Methylxanthogen-methylformiat**	s. = Methoxythiocarbonylmethoxycarbonylsulfid; Sa.	**Sa.**
4602	**Methylxanthogen-molybdat**	Sa. f. d. Erz-Flot.; Can. 385474	**Sa.**
4603	**Methylxylylendihydro-peroxyd**	Sch.; Am. 2535344	**Sch.**
4603 a	**Methylxylylphosphin-säure**	Sa.; Am. 2594454	**Sa.**
4604	**Methylxylylpolyoxy-äthylenätheralkohol**	Sa/Sch.; Franz. 1109798 Sch.; Brit. 782107, 782407, Belg. 532530	**Sa/Sch., Sch.**
4605	**Metramin**	s. = Hexamethylentetramin; Netzm.	**Netzm.**
4606	**Metso**	= Na-Metasilicatpentahydrat; Gangart-Dr., „Engrg. Min. J.", Juni 1956, 114 Schlamm-Disp.; „Encyclopedia of Chemical Technology" 1951, 607	**Dr., Disp.**
4607	**Mexican marigold**	s. Tagetes-Extrakt; Sa.	**Sa.**

Lfd. Nr.	Bezeichnung (Zusammensetzung)	besondere Verwendung mit zugehöriger Literaturangabe	Verwendungs-überblick
4608	**MGP 750**	= Methoxypolyäthylenglykolpolymer; als Schlamm-Regler b. d. Sylvinit-Flot.; Am. 2919026	**Regler**
4609	**Miazol**	s. = Imidazol; Sa., Sa/Sch., Flockm.	**Sa., Sa/Sch., Flockm.**
4610	**MIBC**	s. = Methylisobutylcarbinol; Sch., Disp., Modif.	**Sch., Disp., Modif.**
4611	**Micate**	= Tallölseife; Sa/Sch.; „Engrg. Min. J“., Juni 1956, 114 Sa/Sch. f. Nichterze; „Bulletin No. R_1 bis B_3 Reagents“, 1955, 11	**Sa/Sch.**
4612	**Micol**	s. = Hexadecyltrimethylammonium-bromid; Sa.	**Sa.**
4613	**Milchsäure** (= Lactinsäure, α-Oxy-propionsäure, $CH_3CH(OH)COOH$)	Sch.; Taggart 12—43 Glimmer-Dr.; „Engrg. Min. J.“, Juni 1956, 114 Gangart-Dr.; „Min. Techn.“ 1946, 277 Lösm. z. Entfernen von Kalkkrusten an Filterbelägen; Am. 1101639 pH-Regler b. d. Flot. oxyd. Fe-Erze; DP. 844131 Quarz-Dr.; „Chem. Abstr.“ 1959, 2979	**Regler, Sch., Dr., Lösm.**
4614	**Miltopan D 503**	Sa/Sch. f. d. Sylvinit-Flot.; „Helvetia Chimica Acta“ 1959, 2667/71	**Sa/Sch.**
4615	**Mineralöl**	s. Mittelöle; Sa. s. Weißöl; Sa. s. Erdöl; Sa. s. Kerosen; Sa. s. Petroleum; Sa., Regler s. „P.E-Schwimmöl“; Sa. s. Schmieröl; Sa. Flockm.; Franz. 917478 s. Heizöl; Sa., Modif. s. Dieselöl; Sa. s. Rohpetroleum; Sa. s. Gasöl; Sa., Flockm. s. Petrolatum; Sa.	**Modif., Sa., Flockm.**
4616	**Mineralöl/Alkohol-Mischung**	Sch/Sa. z. Kohlenwaschwasser-Flot.; Am. 2713420	**Sch/Sa.**
4617	**Mineral(leicht)öl/Fettamin-Sulfonat**	Phosphatit-Sa.; Am. 2724501	**Sa.**
4618	**Mineralöl/Fettsäure-derivat-Emulsion**	Phosphatit-Sa.; Franz. 1021134	**Sa.**
4619	**Mineralöl/Fettsäuren/Naphthalinharz/Alkohol-Mischung**	Sa/Sch.; Brit. 359332	**Sa/Sch.**
4620	**Mineralöl/Maisöl-Mischung**	Sulfiderz-Sa.; Am. 2395639	**Sa.**
4621	**Mineralöl/Methyliso-butylcarbinol-Mischung**	Sa/Sch. f. d. Kohlen-Flot.; DP. 1064442	**Sa/Sch.**
4622	**Mineralöl/Rapsöl-Mischung**	Sulfiderz-Sa.; Am. 2395639	**Sa.**

Lfd. Nr.	Bezeichnung (Zusammensetzung)	besondere Verwendung mit zugehöriger Literaturangabe	Verwendungs-überblick
4623	**Mineralöl/Rapsöl-sulfonat-Mischung**	Sa.; Petersen, S. 172	**Sa.**
4624	**Mineralöl/Rizinusöl-Mischung**	Sulfiderz-Sa.; Am. 2395639	**Sa.**
4625	**Mineralöl/Rizinusöl-sulfonat-Mischung**	Sa.; Petersen S. 172	**Sa.**
4626	**Mineralöl/Seifen-Emulsion**	Hämatit-Sa.; Am. 2563447 s. Gasöl/Seifen-Emulsion; Modif.	**Modif., Sa.**
4627	**Mineralöl/Sojabohnen-öl-Mischung**	Sulfiderz-Sa.; Am. 2395639	**Sa.**
4628	**Mineralölsulfonat**	Sa.; Am. 2305032 s. „MP-189"; Sa. s. Erdölsulfonat, Petroleumsulfonat; Sa.	**Sa.**
4629	**Mineralöl/Tallöl/Alkylarylsulfat-Emulsion**	s. „Umix"; Sa.	**Sa.**
4630	**Mineralöl/Tallöl-derivat-Emulsion**	Phosphatit-Sa.; Franz. 1021134	**Sa.**
4631	**Mineralöl/Triäthanol-aminoleat-Emulsion**	Flockm. z. Filtrierung v. Schlämmen; Franz. 917478	**Flockm.**
4632	**Minerec A, -B, -27**	= Dixanthogen; Sa.; Taggart 12—11 Mo-Erz-Sa.; Am. 2811255 = Diäthyldithio-bis-thionoformiat; Sa.; „Engrg. Min. J.", Juni 1956, 114 Sulfiderz-Hilfs-Sa.; „Encyclopedia of Chemical Technology" 1951, 607 Minerec A als Sa. m. Methylisobutylcarbinol als Sch. f. d. Flot. komplexer Sulfid/Oxyd-Erze; „Min. Engrg." 1960, 1267	**Sa.**
4633	**Minsker Öl**	= oxydiertes Kerosin; Sch. f. d. Zinkblende-Flot.; „Chem. Ztrlbl." 1958, 11649	**Sch.**
4634	**Miragen**	= nichtion. Ton-Disp.; Am. 2797196	**Disp.**
4635	**Mirapon RK**	= sulfon. Fettsäureamidderivat, ein Amidosulfonat; Netzm.; Am. 2884474	**Netzm.**
4636	**Mittelöle**	Sa. f. d. Steinkohlen-Flot.; DP. 1002702	**Sa.**
4637	**Mixed Crude Armeen Lot 5593**	= Mischung aus gleichen Teilen „Armeen Residue" u. „Armeen T"; Sa. f. d. Phosphatit-Flot.; Am. 2914174	**Sa.**
4638	**Mizellen**	= sich zu Riesenmolekeln v. kolloidalen Abmessungen vereinigende Seifenteilchen; Sa.; Petersen 189 nichtionogen Netzm.; Stüpel	**Sa., Netzm.**
4639	**Modinal**	s. = Gardinole; Disp., Netzm., Emulg.	**Disp., Netzm., Emulg.**
4640	**Mogus**	= Getreideprodukt; Flockm. zur Klärung v. Kohlenwaschwässern; „Chem. Ztrlbl." 1940, I, 3211	**Flockm.**
4641	**Molasse**	Netzm.; Brit. 526701	**Netzm.**
4642	**Na-Molybdat** ($Na_2MoO_4 \cdot 2H_2O$)	Kupferglanz-Dr.; DP. 627158	**Dr.**
4643	**Monoabietylphthalat**	Na- M. als Sch.; Am. 2099120	**Sch.**

Lfd. Nr.	Bezeichnung (Zusammensetzung)	besondere Verwendung mit zugehöriger Literaturangabe	Verwendungs-überblick
4644	**Monoacyläthylendiamin**	Sylvin-Sa., Netzm.; Am. 2387201	**Sa., Netzm.**
4645	**Monoacylpiperazin**	Silikat-Sa.; Am. 2362276	**Sa.**
4646	**Monoalkyldithiocarbamate**	oder deren Oxydationsprodukte als Sa.; DP. 871132	**Sa.**
4647	**Monoalkylnaphthalinphosphonsäure**	Sa.; Am. 2594454	**Sa.**
4648	**Monoalkylolcyanamid/ Amin-Kondspr.**	kationakt. Sa.; Am. 2336437	**Sa.**
4649	**Monoalkylolcynamid/ Carbonsäure-Kondspr.**	Sa.; Am. 2258320	**Sa.**
4650	**Monoaminonaphthalin**	= Naphthylamine; s. d.; Sa.	**Sa.**
4651	**Monoaminopolycarbonsäuren**	Gangart-Dr.; Am. 2414199 s. Imidodiessigsäure; Dr. s. Glutaminsäure; Dr., Kondm. s. Methylenglutaminsäure; Sa., Dr.	**Sa., Dr., Kondm.**
4652	**Monoamylamin**	als Sa.; „Erzmetall“, Mai 1958, S. 199/209	**Sa.**
4653	**Monoaryldithiocarbamate**	oder deren Oxydationsprodukte als Sa.; DP. 871132	**Sa.**
4654	**Monoäthanolamin** ($NH_2(CH_2)_2OH$)	= 2-Aminoäthanol, Colamin, 2-Oxyäthylamin, ist ein Aminoalkohol, Alkanolamin, Alkamin Sa.; Am. 2389763 Gangart-Dr.; „Min. Technology“ 1946, 277 Lösm. z. Kohlen-Lösungsaufbrtg.; „Chem. Ztrlbl.“ 1954, 7781 Netzm.; „Blücher „Auskunftsbuch f. d. chem. Industrie“ 1954, 773	**Netzm., Sa., Lösm., Dr.**
4655	**Monoäthanolamin/ $C_{12}/_{14}$-Carbonsäure-Kondspr.**	Netzm., Disp., Emulg.; Can. 360000	**Netzm., Disp., Emulg.**
4656	**Monoäthanolamindiäthylenglykolmonobutyläther**	als Sa. f Nichterze; Am. 2120217	**Sa.**
4657	**Monoäthanolamin/ Terpinylchloräthyläther-Kondspr.**	Sa. f. Nichterze; Am. 2316625	**Sa.**
4658	**Monoäthanolamintoluolsulfonat/Palmölfettsäure-Reaktpr.**	Sa. f. d. silikat. Gangart v. Nichterzen; Can. 436592	**Sa.**
4659	**Monoäthanolmonobutanolamin**	als Sa.; Am. 2389763	**Sa.**
4660	**Monoäthanolmonopropanolamin**	Sa.; Am. 2389763	**Sa.**
4661	**Monoäthylamin**	als Sa.; „Erzmetall, Mai 1958, S. 199—209	**Sa.**
4662	**Monoäthyläthanolamin**	Sa.; Am. 2389763	**Sa.**
4663	**Mono-/Diäthyldithiophosphat-Mischg.**	Sa. f. sulfid. Cu-Erze; Am. 2919025	**Sa.**

Lfd. Nr.	Bezeichnung (Zusammensetzung)	besondere Verwendung mit zugehöriger Literaturangabe	Verwendungs-überblick
4664	**Monoäthylcarbamid**	Sa. f. d. Flot. v. Pb/Zn-Erzen; Am. 2664198	**Sa.**
4665	**Monoäthylenglykol-chloracetat**	Sch.; Am. 2145443	**Sch.**
4666	**Monoäthylenglykol-monomethyläther**	als Lösm. für die Aufschlämmung von Ton aus Kalisalzen; DP. 1083192	**Lösm.**
4667	**Monoäthylolcyanamid/ Amin-Kondspr.**	kationakt. Sa.; Am. 2336437	**Sa.**
4668	**Monoäthylphenyl-phenolammonium-sulfat**	als Netzm.; Am. 2904415	**Netzm.**
4669	**Monobutanolamin**	Sa.; Am. 2389763	**Sa.**
4670	**Monobutylamin**	Sa.; „Erzmetall" 1958, 199/209 s. Alkylamin; Sa., Sa/Sch.	**Sa., Sa/Sch.**
4671	**Monobutyläthanolamin**	Sa.; Am. 2389763	**Sa.**
4672	**Monobutyldiphenyl-monosulfonat**	s. Aresket; Sa., Netzm.	**Sa., Netzm.**
4673	**Mono-/Dibutyldithio-phosphat-Mischung**	Sa. f. sulfid. Cu-Erze; Am. 2919025	**Sa.**
4674	**Monobutylolcyanamid**	Sa., Netzm., Emulg.; Am. 2293027	**Sa., Netzm., Emulg.**
4675	**Monobutylphenyl-phenolmonosulfonat**	s. Areskap; Sa., Netzm.	**Sa., Netzm.**
4676	**Monocarbonpoly-aminosäuren**	ausgezeichnete Gangart-Dr.; „Min. Technology" 1946, 278 s. = Polyaminomonocarbonsäure; Dr.	**Dr.**
4677	**Monocarbonsäuredi-äthylenglykolester**	Sch. f. Kohle u. Erze; DP. 933663, Am. 2803345, Brit. 747658, Can. 514129	**Sch.**
4678	**Monocarbonsäure-polymerisate**	aliphat. **M.** als Flockm.; Brit. 725460 u. Franz. 1083610	**Flockm.**
4679	**Monochloracetyl-carbamide**	Sa.; Am. 2562863	**Sa.**
4680	**Monochloracetyl-methylcarbamid**	Sa.; Am. 2562863	**Sa.**
4681	**Monochloracetyl-phenylcarbamid**	Sa.; Am. 2562863	**Sa.**
4682	**Monochloressigsäure** $ClCH_2COOH$	s. Halogenfettsäuren; Sa.	**Sa.**
4683	**Monochlorhydrin-monosulfosäureester**	Sa., Netzm., Emulg.; Franz. 837370	**Sa., Netzm., Emulg.**
4684	**Monocholesterindi-hydroorthophosphat**	als Sa. f. nichtsulfid. Mineralien; Am. 2120217	**Sa.**
4685	**Monodecylolamin**	Sa.; Am. 2389763	**Sa.**
4686	**Monodecylphthalat**	Sch. f. d. Kohlen-Flot.; Am. 2099120	**Sch.**
4687	**Monodihydroabietyl-phthalat**	K— **M.** als Sch.; Am. 2099120	**Sch.**
4688	**Monodihydroabietyl-succinat**	K— **M.** als Sch. f. Kohle u. Nichtsulfide; Am. 2099120	**Sch.**
4689	**Monododecylphthalat**	als Sch. f. d. Kohlen-Flot.; Am. 2099120	**Sch.**

Lfd. Nr.	Bezeichnung (Zusammensetzung)	besondere Verwendung mit zugehöriger Literaturangabe	Verwendungs-überblick
4690	**Monofettsäure-diglyzerinester**	Sa. f. Nichtsulfide; Am. 2120217	**Sa.**
4691	**Monofettsäure-glyzeridsulfat**	s. = „Arctic Syntex M"; Sa., Netzm. s. Syntex L, M; Sa., Netzm.	**Sa., Netzm.**
4692	**Monoglyzerindodecyl-säureester**	Sa. f. oxyd. Erze; Am. 2312466	**Sa.**
4693	**Monohexadecylolamin**	Sa.; Am. 2389763	**Sa.**
4694	**Monohexanolamin**	Sa.; Am. 2389763	**Sa.**
4695	**Monohexylamin**	als Sa.; „Erzmetall", Mai 1958, S. 199/209	**Sa.**
4696	**Monoisobutanolamin**	Sa.; Am. 2389763	**Sa.**
4697	**Monolaurinamin**	= Monododecylamin Sa.; Am. 2389763	**Sa.**
4698	**Monolaurinsulfoacetat**	Sa. f. Nichtsulfide; Am. 2120217	**Sa.**
4699	**Monomethylamin**	s. = Methylamin; Sa., Sa/Sch.	**Sa., Sa/Sch.**
4700	**Monooctadecylamin-acetat**	i. Mischg. m. Monohexadecylaminacetat u. Octadecenylaminacetat; Sa. f. d. Sylvin-Flot.; Am. 2596407	**Sa.**
4701	**Monooctadecylolamin**	Sa.; Am. 2389763	**Sa.**
4702	**Monooctadecyl-phthalat**	Sch. f. d. Kohlen-Flot.; Am. 2099120	**Sch.**
4703	**Monooctanolamin**	Sa.; Am. 2389763	**Sa.**
4704	**Monooctylphenyl-phosphat**	Sch.; DP. 894561	**Sch.**
4705	**Monooctylphthalat**	Sch. f. d. Kohlen-Flot.; Am. 2099120	**Sch.**
4706	**Monooctylsuccinat**	K— **M.** als Sch. f. Kohle u. Nichtsulfide; Am. 2099120	**Sch.**
4707	**Monooleinsäure-diglyzerinester**	Sa. f. Nichtsulfide; Am. 2120217	**Sa.**
4708	**Monooxycarbonsäuren**	s. Glykolsäure (Sa/Sch.), Milchsäure (Dr., Regler), Äthylenmilchsäure = β-Oxy-propionsäure, β-Oxybuttersäure Oxycarbonsäureester = Lactone	**Dr., Sa/Sch., Regler**
4709	**Monopentanolamin**	Sa.; Am. 2389763	**Sa.**
4710	**Monophenylthio-carbamid**	als Sa.; Petersen S. 167 u. Östr. 88232	**Sa.**
4711	**Monophenylthiolphos-phonsäureäthyl-mercaptoäthylester**	Sa.; DP. 1014107	**Sa.**
4712	**Monopolbrillantöl**	Schaumverdünner [Modif.] b. d. Glimmer/Quarz-Flot.; DP. 738614 s. = Monopolseife; Sa/Sch., Netzm., Emulg., Kondm., Modif.	**Sa.,Sa/Sch.,Netzm., Emulg.,Kondm., Modif.**
4713	**Monopolseife**	= Rizinolsulfonat aus d. Sulfonierung von Rizinusöl mit konz. H_2SO_4; gehört z. Gruppe d. Türkischrotöle; Sa.; Petersen 191 s. Rizinolsulfonat; Sa.,/Sa/Sch., Netzm., Emulg., Kondm., Modif. s. = Monopolbrillantöl; Modif.	**Sa.,Sa/Sch.,Netzm., Emulg.,Kondm., Modif.**
4714	**Monopropanolamin**	Sa.; Am. 2389763	**Sa.**

Lfd. Nr.	Bezeichnung (Zusammensetzung)	besondere Verwendung mit zugehöriger Literaturangabe	Verwendungs-überblick
4715	**Monosaccharide**	s. Galaktose; Disp., Dr., Flockm. s. Glukoside; Netzm., Dr. Monosaccharide, wie Glukose, Dextrose, Fructose, oder deren Ester, wie Glukosestearat, -oleat, -benzoat usw. als reduzierendes Kondm. f. nichtmagnet. Eisenoxyden — Hämatit, Göthit — vor deren Flotation oder Magnetscheidung; Am. 2952532	**Flockm., Disp., Dr., Kondm., Netzm.**
4716	**Monosaccharidester**	s. Glukose-, Xylose-, Fructoseester; Kondm. s. Dextroseester; Sa., Kondm.	**Sa., Kondm.**
4717	**Monosaccharidpolymerisat**	s. Mannosepolymerisat; Flockm., Dr.	**Flockm., Dr.**
4718	**Monostearinchloracetat**	Sch.; Am. 2145443	**Sch.**
4719	**Monostearindisulfoacetat**	Sa., Netzm.; Am. 2166141/145	**Sa., Netzm.**
4720	**Monostearinsäure/Dextrose-Ester**	s. Dextrosemonostearinsäureester	**Sa.**
4721	**Monostearinsulfoacetat**	Sa., Netzm.; Am. 2166141/145 s. = Octadecylsulfoacetat; Sa.	**Sa., Netzm.**
4722	**Monoterpineolmethylester/Terpenalkohol-Mischg.**	s. = Terposol; Sch.	**Sch.**
4723	**Montopol**	= prim. Alkylsulfat; Netzm.; Stüpel	**Netzm.**
4724	**Moosextrakte**	s. Caraghenmoosextrakt, Islandmoosextrakt; Flockm.	**Flockm.**
4725	**Moprofix**	s. Gardinole; Disp., Netzm., Emulg.	**Disp., Netzm., Emulg.**
4726	**Morcowet 469**	= Alkylnaphthalinsulfonat; Netzm.; Am. 2884474	**Netzm.**
4727	**Morpholinbromid**	s. Hexadecyloxyäthylenmorpholinbromid; Sa.	**Sa.**
4728	**Morpholinchlorid**	s. Aminomethyl-, Aminohydroxyäthylmorpholinchlorid; Sa.	**Sa.**
4729	**Morpholinformiat**	s. Isododecyltrioxyäthyldimethyl-**M.**, Isododecyltrioxyäthyl-**M.**; Netzm.	**Netzm.**
4730	**Morpholinmethyldiacetylammelin**	Sa., Netzm., Emulg.; Am. 2210831	**Sa., Netzm., Emulg.**
4731	**MP-189**	= Na-Alkylsulfonat; Hilfs-Sa. f. oxyd. Eisenerze; DP. 844131	**Sa.**
4732	**Mucin**	Schlamm-Dr. b. d. Kalisalz-Flot.; „Chemie-Ing.-Techn.“ 1955, 2 s. Glukoproteid; Netzm., Dr., Flockm.	**Netzm., Dr., Flockm.**
4733	**Mucinsäuremonopalmitat** (= Tetrahydroxyadipinsäure-, Saccharolactinsäure-monopalmitat)	Sa. f. Nichtsulfide; Am. 2120217	**Sa.**
4734	**Mylonaft**	als Flockm. z. Filtern v. Flot.-Konzentraten u. z. Sedimentation v. Schlämmen; „Montanwiss. Literber.“, Sept. 1959, S. 1027	**Flockm.**

Lfd. Nr.	Bezeichnung (Zusammensetzung)	besondere Verwendung mit zugehöriger Literaturangabe	Verwendungs-überblick
4735	**Myrcenamin** (= Methylmethylen-octadien)	s. Hydroxymyrcenamin; Sa.	**Sa.**
4736	**Myricylsulfat**	Sa., insbes. f. Nichtsulfide; Am. 2120217 Sa/Sch.; DP. 906321 Sylvin-Sa.; „Chemie-Ing.-Techn." 1955, 2	**Sa., Sa/Sch.**
4737	**Myristate**	= Myristinsäure-, Tetradecylsäuresalze bzw. -seifen Na-Myristat als Sa. f. d. Flot. pegmatit. U-Erze; „Chem. Ztrlbl." 1958, 543 s. Fettsäureseifen; Sa., Sa/Sch., Netzm., Flockm.	**Sa., Sa/Sch., Netzm., Flockm.**
4738	**Myristinalkohol**	s. = Tetradecylalkohol; Sa/Sch.	**Sa/Sch.**
4739	**Myriston**	s. = Ditridecylketon; Sch., Lösm.	**Sch., Lösm.**
4740	**Myrrhe**	harzhaltiges Schutzkolloid Glimmer-Dr. b. d. Sulfid-Flot.; Peters. 208	**Dr.**
4741	**Myrtenal**	Sch. f. Erze; „Chemical Abstracts" 1953, 3208	**Sch.**
4742	**Myrtenol**	Sch. f. d. Erz-Flot.; „Chemical Abstracts" 1953, 3208	**Sch.**

Lfd. Nr.	Bezeichnung (Zusammensetzung)	besondere Verwendung mit zugehöriger Literaturangabe	Verwendungs-überblick
4743	**Nacconol HG**	= Na-Alkylarylsulfonat; als Sa. f. Talk u. Nichterze; DP. 844131 = Alkylbenzolsulfonat; Netzm.; Stüpel	**Sa., Netzm.**
4744	**Nacconol LAL**	= Laurinsulfoacetat; Sa. f. Talk u. Nichterze; „Engrg. Min. J.", Juni 1956, S. 114	**Sa.**
4745	**Nacconol NR**	= Alkylbenzolsulfonat; Netzm.; Stüpel „Chemical Engrg.", Mai 1949, S. 153/155 als Sa. f. Talk u. Nichterze; „Engrg. Min. J.", Juni 1956, S. 114 neutrales Netzm. m. sammelnden u. schäumenden Eigenschaften z. Flot. v. Talk u. ähnl. Nichterzen; „Bulletin R_1—B_3 Reagents" 1955, S. 11 = Na-Dodecylbenzolsulfonat; Karrer	**Sa/Sch., Sa., Netzm.**
4746	**Nacconol NRSF**	= Alkylbenzolsulfonat; Netzm.; Stüpel	**Netzm.**
4747	**Nacconol SSO**	= Alkylbenzolsulfonat; Netzm.; Stüpel	**Netzm.**
4748	**Nadelholzteer**	Sch. z. Flot. v. teerartigen u. cuticularen Komponenten aus Kohlen; „Chem. Ztrlbl." 1959, 10108	**Sch.**
4749	**NAL-153**	besteht vorwiegend aus Lignosulfonaten; gelöst in 5%-iger NaOH als Schlamm-Disp. b. d. Sylvinit-Flot.; Am. 2846068	**Disp.**
4750	**Nansa**	= Alkylbenzolsulfonat; Netzm.; Stüpel	**Netzm.**
4751	**Naphthalan**	s. = Decahydronaphthalin; Modif., Kondm.	**Modif., Kondm.**
4752	**Naphthalidin**	s. = Naphthylamin; Sa., Sa/Sch.	**Sa., Sa/Sch.**
4753	**Naphthalinazonaphthol**	Sa.; Östr. 86639	**Sa.**
4754	**Naphthalincarbonsäure**	s. = Naphthoesäure; Sa.	**Sa.**
4755	**Naphthalindisulfon-säure**	Netzm.; Am. 2208758, Brit. 526701	**Netzm.**
4756	**Naphthalindisulfon-säureanhydrid**	Kondm. f. elektrostat. aufzubereitende Kalirohsalze; DP. 1063092	**Kondm.**
4757	**Naphthalinharz/ Mineralöl/Fettsäure/ Alkohol-Mischg.**	Sa/Sch.; Brit. 359332	**Sa/Sch.**
4758	**Naphthalinhydro-peroxyd**	Sch.; Am. 2535345	**Sch.**
4759	**Naphthalin/Paraffin-wachs-Kondenspr.**	s. Paraflow; Netzm.	**Netzm.**
4760	**Naphthalinsäure**	s. Phthalsäure; Sa., Kondm., Regler, Dr., Akt. Sa.; Petersen 190 = Lawson, Oxynaphthochinon	**Sch., Sa., Kondm., Regler, Modif., Dr., Akt.**
4761	**Naphthalinsäure-Alkohol-Lösung**	Sa/Sch. f. oxyd. Erze; Am. 1960526	**Sa/Sch.**
4762	**Naphthalinsäure-anhydrid**	Kondm. f. elektrostat. aufzubereitende Kalirohsalze; DP. 1063092, 1077611	**Kondm.**
4763	**Naphthalinsulfonate**	s. Lomar = Na-Naphthalinsulfonat; Netzm. s. Alkylnaphthalinsulfonate; Sa., Sa/Sch., Netzm., Disp., Regler, Kondm., Emulg., Flockm. s. Espumin; Sa/Sch.	**Sa., Sa/Sch., Netzm., Disp., Regler, Kondm., Emulg., Flockm.**

Lfd. Nr.	Bezeichnung (Zusammensetzung)	besondere Verwendung mit zugehöriger Literaturangabe	Verwendungs-überblick
4764	**Naphthalinsulfonat/ Formaldehyd-Kondenspr.**	s. Formaldehyd/ . . . . .; Dr., Netzm. s. Tanak; Disp., Netzm.	**Dr., Netzm., Disp.**
4765	**Naphthalinsulfonsäure** ($C_{10}H_7 \cdot SO_3H$)	Emulg. f. Sa-Emulsionen; DP. 668641 Netzm.; Blücher 773 s. Alkylnaphtalinsulfonsäure, Sa., Netzm.	**Netzm., Emulg.**
4766	**Naphthalinsulfonsäure/ Formaldehyd-Kondspr.**	s. Blancol; Disp.	**Disp.**
4767	**Naphthalinthio-phosphorsäure**	Sa.; Can. 321318	**Sa.**
4768	**Naphthalol** (= β-Naphthol)	s. Naphthol; Sa/Sch., Akt.	**Sa/Sch., Akt.**
4769	**Naphthamin**	s. = Hexamethylentetramin; Netzm.	**Netzm.**
4770	**Naphthan**	s. = Decahydronaphthalin; Modif., Kondm	**Modif., Kondm.**
4771	**Naphtha Solvent**	bekannt als „Stoddard's Solvent"; Modif. zusammen m. Tallöl u. a. Fettsäuren z. Flot. v. Ilmenit u. Rutil aus Meeressanden; „Bulletin No. R_1—B_3 Reagents" 1955, 11	**Modif.**
4772	**Naphthazarin**	= 5,6-Dioxy-1,4-naphthochinon; Gangart-Dr.; Am. 2395866; „Min. Techn." 1946, 278	**Dr.**
4773	**Naphthenamin**	= Cyclohexanamin kationakt. Sa. f. d. Phosphatit-Flot.; Am. 2818976, Can. 553340	**Sa.**
4774	**Naphthenate**	Alkali-, Erdalkali-Naphthanat als Sa/Sch. f. d. Steinkohlen-Flot.; Brit. 741085 Na-Naphthenat als Sa. z. Flot. von Gemischen aus Halit u. Astrakanit, die z. B. aus der Lösungsbehandlg. von Salpeter stammen; Am. 2765077 Na-Sulfonaphthanat als Emulgator = Sherosope; s. d. Sylvin-Sa.; „Chem. Ztrlbl." 1943, I, 2525 Flockm. z. Entwässerung v. Flot.-Konzentraten; „Glückauf" 1959, 1230 Co-Naphthenat als reduzierendes Kondm. f. nichtmagnet. Eisenoxyderze — Hämatit, Göthit — vor deren Flotation od. Magnetscheidung; Am. 2952532	**Kondm., Emulg., Sa/Sch., Sa., Flockm.**
4775	**Naphthenatsulfonat**	s. Surpasol RX; Sa.	**Sa.**
4776	**Naphthenhydrochlorid**	Sa. f. karbonat. Mineralien, insbes. f. Kalkspat; Can. 392170	**Sa.**
4777	**Naphthenhydroper-oxyd**	s. = Cyclohexanhydroperoxyd; Sch.	**Sch.**
4778	**Naphthensäure** (= Hexahydrobenzoesäure, Cyclohexancarbonsäure, $C_7H_{12}O_2$)	Sa. f. Phosphatit, Flußspat, oxyd. Cu-Erze; Petersen. 190, DP. 600863, Am. 2669355 Scheelit-Sa.; Am. 2607479 s. „Nil" Sch/Sa.; „Engrg. Min. J.", Juni 1956, 114 s. = „Acidol"; Sa.	**Kondm., Sch/Sa., Sa., Sa/Sch.**

Lfd. Nr.	Bezeichnung (Zusammensetzung)	besondere Verwendung mit zugehöriger Literaturangabe	Verwendungs-überblick
		Sa/Sch. b. d. Magnesit-Flot.; Am. 2363104 Sa. f. Eisenerze; Am. 2410377 Konditionierungsmittel f. elektrostat. aufzubereitende Kalisalze; DP. 1076593 i. Mischg. m. einem. polyvalenten Hilfsstoff, z. B. Rohrzucker, als Kondm. f. elektrostat. aufzubereitende Kalihartsalze; DP. 1095762	
4779	**Naphthidin/Toluidin/Benzidin/Pineöl-Mischg.**	Sa/Sch. f. sulfid. Cu/Zn-Erze; „Chemical Abstracts" 1954, 8159	**Sa/Sch.**
4780	**Naphthochinolin** ($C_{10}H_6O_2$)	Sa/Sch. f. d. Steinkohlen-Flot. zwecks Maceralanreicherung; „Glückauf" 1960, 741/47 s. Polyoxynaphthochinon, Dioxynaphthochinon = Naphthazarin; Dr. s. Lawson = Oxynaphthochinon, Naphthalinsäure; Sa., Regler, Dr., Kondm., Akt.	**Sa/Sch., Dr.**
4781	**Naphthoesäure**	= Naphthalincarbonsäure Sa. f. d. Glassand-Flot.; Am. 2106745	**Sa.**
4782	**Naphthohydrochinon-disulfonsäure**	s. = Dioxynaphthalindisulfonsäure; Netzm.	**Netzm.**
4783	**Naphthol** (Hydroxynaphthalin, $C_{10}H_7OH$, Isonaphthol, Naphthalol)	Sa/Sch. f. d. Steinkohlen-Flot. zwecks Maceralanreicherung; „Glückauf" 1960, 741/47 neben üblichen Sammlern als Akt. z. Verbesserung d. Sylvin-Flot.; Patentanm. C 2170 VI/1 c, bekanntg. 4. 12. 1952 s. Benzolazo-, Naphthalinazo-, Nitrobenzolazo-, Oxybenzolazo-, Chlorbenzolazo-, Sulfobenzolazo-naphthol; Sa.	**Sa/Sch., Akt.**
4784	**Naphtholamin**	Sa.; Am. 2389763	**Sa.**
4785	**Naphtholdisulfonsäure**	Netzm.; Am. 2208758, Brit. 526701 s. Dioxynaphthalindisulfonsäure; Netzm.	**Netzm**
4786	**Naphtholpolyglykoläther**	s. Hexyl/Heptyl-β- N. = Leonil FFO; Netzm.	**Netzm.**
4787	**β-Naphthol/Schwefelsäure-Reaktpr.**	Erz-Sa.; Brit. 19355/1914	**Sa.**
4788	**Naphtholsulfocarbonsäure**	Netzm.; Blücher, 773	**Netzm.**
4789	**β-Naphtholteersulfonat**	Disp. f. Erze; Brit. 538908	**Disp.**
4790	**Naphthylamin**	= Aminonaphthalin, Naphthalidin, $C_{10}H_7NH_2$ = X-Kuchen; Sa.; Petersen 4, 167, 184 Lösg. v. α-Naphthylamin in Xylidin = „X—Y-Mischg.; Sa.; Am. 1785742 Sa.; „Engrg. Min. J." 1928, 901, DP. 353725 Sa. f. Karbonate, wie Kalkspat, Magnesit; Am. 2217685 Sa/Sch. f. d. Steinkohlen-Flot. zwecks Maceralanreicherung; „Glückauf" 1960, 741/47	**Sa., Sa/Sch.**

Lfd. Nr.	Bezeichnung (Zusammensetzung)	besondere Verwendung mit zugehöriger Literaturangabe	Verwendungs-überblick
4791	**Naphthylamindisulfonsäure**	Sa. f. d. Glassand-Flot.; Am. 2106745 Netzm.; Am. 2208758, Brit. 526701	**Sa., Netzm.**
4792	**Naphthylaminhydrochlorid**	$= C_{10}H_7NH_2 \cdot HCl$ Sa. f. d. Glassand-Flot.; Am. 2106745	**Sa.**
4793	**Naphthylchlorphenylsulfonchlorid**	Flockm.; Am. 2807648	**Flockm.**
4794	**Naphthyldithiocarbamat**	Sa. f. oxyd. Erze; Am. 1972247 Sa.; DP. 871132	**Sa.**
4795	**Naphthylestersulfonat**	s. Dynesol; Kondm.	**Kondm.**
4796	**Naphthylhydrazin**	Sa.; Östr. P. 86639	**Sa.**
4797	**Naphthylphenylsulfonchlorid**	Flockm.; Am. 2807648	**Flockm.**
4798	**Natriumcyanid (NaCN)**	Dr. f. Sulfid-Mineralien; „Engrg. Min. J.", Juni 1956, 115 Regler; „Erzmetall" 1958, 207 Kobaltit-Dr.; Am. 2403640	**Dr., Regler**
4799	**Na_2CO_3** (Na-Carbonat, Soda)	Dolomit-Dr. b. d. Magnesit-Flot.; DP. 945081 Dr.; Petersen 201 pH-Regler b. d. selekt. Pb/Zn-Flot. u. Nichterz-Flot.; „Erzmetall" 1958, 207; Brit. 9049/1913 Konditionierungsmittel z. Verbesserung d. Zerkleinerung v. Mineralien; DP. 1071455 Schlamm-Disp.; „Encyclopedia of Chemical Technology" 1951/609	**Regler, Dr., Kondm., Disp.**
4800	**Na_2CS_3** (Na-Thiocarbonat)	Akt. u. Sulfidierungsmittel f. oxyd. Pb/Cu-Erze; Petersen 215	**Akt., Sulfidm.**
4801	**NaCl** (Na-Chlorid, Koch-(salz)	Kondm. z. Vorbehandlg. d. Flotationstrübe f. d. Flot. v. schwerspathaltigem Flußspat; Patentanm. K 11121 VI/1 c, bekanntgem. 16. 10. 1952 NaCl-Lösg. als Schwerfl. f. d. Schwimmsinkscheidung v. Steinkohle; „Aufbrtg. v. Steinkohle", Teil I, 1960, 217	**Kondm., Schwerfl.**
4802	**NaClO** (Na-Hypochlorit)	s. Clorox u. Hypochlorit; Dr., Akt.	**Dr., Akt.**
4803	**$Na_2Cr_2O_7$** (Na-Pyrochromat)	pH-Regler; „Erzmetall" 1958, 207 Dr. b. d. Nachflot. von Zn-Erz-Konzentraten; Petersen 202	**Regler, Dr.**
4804	**NaF** (Na-Fluorid)	Dr. f. Fe-, Zn-Sulfide; „Engrg. Min. J.", Juni 1956, 116 pH-Regler; „Erzmetall" 1958, 207 zusammen mit Ligninsulfonat als Kondm. f. d. Spodumen-Flot. aus spodumenhaltigen Be-Erzen; „Min. Engrg." 1960, 1244 Quarz-Pass. z. Verhütung d. Quarz-Aktivierung durch Fe-Ionen i. d. 2. Stufe d. zweistufigen Pyrochlor-Flot. aus Sovit; Am. 2951585, Brit. 800717	**Dr., Regler, Kondm., Pass.**

Lfd. Nr.	Bezeichnung (Zusammensetzung)	besondere Verwendung mit zugehöriger Literaturangabe	Verwendungsüberblick
4805	**$Na_4Fe(CN)_6$** (Na-Ferrocyanid)	Sulfid-Dr., bes. b. d. Molybdänit-Flot. von Cu-Konzentraten; ,,Engrg. Min. J.", Juni 1956, 115 pH-Regler; ,,Erzmetall" 1958, 207	**Dr., Regler**
4806	**$NaHCO_3$** (Na-Bicarbonat)	s. ,,Zeromist"; Dr., Netzm. pH-Regler; ,,Encyclopedia of Chemical Technology" 1951; 609 Dr., Petersen 201 z. Verbesserung d. Wirksamkeit d. Amin- oder Diamin-Sammler f. d. Flot. von Nb-Mineralien; Can. 599760	**Dr., Regler, Akt.**
4807	**NaH_2PO_4** (Na-Hydrophosphat)	Fe-Dr. b. d. Manganerz-Flot.; ,,Engrg. Min. J.", 1956, 99	**Dr.**
4808	**$NaHSO_3$** (Na-Hydrosulfit)	Dr. f. Fe-, Zn-Sulfide; ,,Engrg. Min. J.", Juni 1956, 116 s. Benzylchlorid/Na-Hydrosulfit-Reaktpr.; Sa.	**Dr.**
4809	**$NaNO_2$** (Na-Nitrit)	pH-Regler; ,,Erzmetall" 1958, 207	**Regler**
4810	**Na_2O_2** (Na-Peroxyd)	Akt.; Am. 2826301	**Akt.**
4811	**NaOH** (Natriumhydroxyd, Natronlauge)	Dolomit-Dr. b. d. Magnesit-Flot.; DP. 945081 Kondm. z. Verbesserung d. Zerkleinerung v. Mineralien; DP. 1071455 NaOH z. Ausscheiden von Quarz u. Silikaten aus Mn-Erzen oder Mn-Flotationskonzentraten; ,,Min. Engrg." 1953, Nr. 4, 413/417; 5. Alkali-Lösgg.	**Dr., Kondm.**
4812	**Na_3PO_4** (Na-Phosphat)	Alkali-Dr.; ,,Engrg. Min. J.", Juni 1956, 116 Na_3PO_4/Dextrin-Mischg. als Akt. z. Ausschwimmen d. Quarzes b. d. Rhodonit-Flot.; Am. 2666588	**Dr.**
4813	**$Na_4P_2O_7$** (Na-Pyrophosphat)	Kalkspat-Dr. b. d. Magnesit-Flot.; ,,Engrg. Min. J.", Juni 1956, 116 pH-Regler; ,,Erzmetall", 1958, 207 Disp., Dr.; ,,Encyclopedia of Chemical Technology" 1951, 609	**Disp., Dr., Regler**
4814	**$Na_6P_6O_{18}$**	Disp. u. Dr. f. Unreinheiten b. d. Glimmer-Flot.; DP. 1044733	**Disp., Dr.**
4815	**Na_2S** (Na-Sulfid)	Sulfidierungsm.; Petersen 215 Kobaltit-Dr.; Am. 2403640 Zn-Dr. b. d. Flot. von Pyrit aus Zn-Konzentraten; ,,Industrial and Engrg. Chemistry" II, 1958, 445 Sulf.-Mittel f. anoxydierte Erze; ,,Erzmetall" 1959, 624/26 Au-Dr. b. d. Ag-Erz-Flot.; ,,Engrg. Min. J.", Juni 1956, 116 pH-Regler; ,,Erzmetall" 1958, 207 z. Entfernung von Sammlern aus Flot.-Konzentraten; ,,Chemical Abstracts" 1958, 1907 Zusammen mit $CuSO_4$ als Zinkblende-Akt.; DP. 938242	**Sulf., Dr., Regler**

Lfd. Nr.	Bezeichnung (Zusammensetzung)	besondere Verwendung mit zugehöriger Literaturangabe	Verwendungs-überblick
4816	**Na_2SO_3** (Na-Sulfit)	pH-Regler; „Erzmetall" 1958, 207 Dr. f. Fe-, Zn-Sulfide; Petersen 199 u. „Engrg. Min. J.", Juni 1956, 116 f. d. Sulfid-Flot. als Flot.-Verzögerer u. Disp. f. verschiedenartige/Sulfide; Brit. 19344/1914	**Pass., Regler, Disp., Dr.**
4817	**Na_2SO_4** (Na-Sulfat)	pH-Regler; „Erzmetall" 1958, 207 Akt. z. Verbesserung d. Wirkung v. Flock.-Mitteln f. Kohlenzechenabwässer; „Colliery Engrg.", März 1959, 105/110	**Regler, Akt.**
4818	**$Na_2S_2O_5$** (Na-Pyrosulfit)	Dr. f. Fe-, Zn-Sulfide; „Engrg. Min. J.", Juni 1956, 115	**Dr.**
4819	**Na_2SiF_6** (Na-Silicofluorid)	Quarz-, Feldspat-Dr.; „Engrg. Min. J.", Juni 1956, 116 Akt. f. Ni-haltigen Pyrrhotit; Am. 2693278 Akt. f. oxyd. Fe-Erze; „Chemical Abstracts" 1956, 6000 Sa-Akt. b. d. Chromit-Flot.; Am. 2412217	**Akt., Dr.**
4820	**Na_2SiO_3** (Wasserglas)	Gangart- u. Kalkspat-Dr.; Petersen S. 205 Quarz-Dr.; „Engrg. Min. J.", Juni 1956, 116 u. Am. 2507012 Akt. z. Verbesserung d. Wirkung von Flock.-Mitteln f. Kohlenzechenabwässer; „Colliery Engrg., März 1959, 105/110 Kobaltit-Dr.; Am. 2403640 Ton-, Feinschlamm-Disp.; DP. 405112, „Mayer-Schranz" 1931, 279, „Glückauf" 1931, 1445 Regler; „Erzmetall" 1958, 207 Muschelmehl-Disp.; DP. 821481 Fe-Dr. b. d. Manganerz-Flot.; „Engrg. Min. J." 1956, 99 Sulfid-Dr.; „Encyclopedia of Chemical Technology" 1951, 609 z. Enttonung u. Entschlämmung von Rohwaschkohle; „Glückauf" 1931, 1445	**Disp., Akt., Regler, Dr.**
4821	**Natrol**	s. = Cellulosics CMHEC; Sa., Flockm.	**Sa., Flockm.**
4822	**Negamine 142 A**	= Oxyaminofettsäureester; Netzm.; Am. 2797196	**Netzm.**
4823	**Nekal A**	= Diisopropylnaphthalinsulfonat; Netzm.; Stüpel Sa/Sch.; Am. 2697518 Emulg.; Manegold 43 s. Laventin, Tutogen; Emulg.	**Sa/Sch., Netzm., Emulg.**
4824	**Nekal B**	= Isobutylnaphthalinsulfonat; Sa/Sch.; Am. 2697515 Emulg.; Manegold 43	**Sa/Sch., Netzm., Emulg.**
4825	**Nekal BX**	= Diisobutylnaphthalinsulfonat; Netzm.; Stüpel Emulg.; Manegold 43	**Netzm., Emulg.**
4826	**Nekal NF**	= Na-Dialkylnaphthalinsulfonat; Am. 2884474 Emulg.; Manegold 43	**Netzm., Emulg.**
4827	**Nema**	s. = Tetrachloräthylen; Lösm.	**Lösm.**

Lfd. Nr.	Bezeichnung (Zusammensetzung)	besondere Verwendung mit zugehöriger Literaturangabe	Verwendungs-überblick
4828	**Neo-Fat 8**	= Octylsäure; Steinsalz-Sa.; „Engrg. Min. J.", Juni 1956, 114	**Sa.**
4829	**Neo-Fat 10**	= Decylsäure; Sa.; „Engrg. Min. J.", Juni 1956, 114	**Sa.**
4830	**Neo-Fat 12**	= Dodecylsäure; Sa.; „Engrg. Min. J.", Juni 1956, 114	**Sa.**
4831	**Neo-Fat 14**	= Tetradecylsäure; Sa.; „Engrg. Min. J.", Juni 1956, 114	**Sa.**
4832	**Neo-Fat 16**	= Hexadecylsäure; Sa.; „Engrg. Min. J.", Juni 1956, 114	**Sa.**
4833	**Neo-Fat 16—54**	= eutekt. Hexadecylsäure/Octadecylsäure-Mischg.; Sa.; „The Condensed Chemical Dictionary", 5. Aufl., 1956	**Sa.**
4834	**Neo-Fat 18**	= Octadecylsäure; Sa.; „Engrg. Min. J.", Juni 1956, 114	**Sa.**
4835	**Neo-Fat 42—06, 07, 12**	= fraktion. Tallöl; anionakt. Sa. f. Flußspat, Schwerspat, Beryll, Magnetit, Hämatit, Kalkspat, Spodumen; „Engrg. Min. J.", Juni 1956, 114	**Sa.**
4836	**Neo-Fat 55**	= destill. Palmölfettsäure; Sa.; „The Condensed Chemical Dictionary", 5. Aufl., 1956	**Sa.**
4837	**Neo-Fat 65**	= destill. Tierfettsäure; Sa.; „The Condensed Chemical Dictionary", 5. Aufl., 1956	**Sa.**
4838	**Neo-Fat 88—18**	Olein-, Linol-, Stearin-, Palmitinsäure-Mischg. 76/10/7/6-%; Sa.; „Erzmetall" 1959, 311	**Sa.**
4839	**Neo-Fat 92—04**	wie Neo-Fat 94—04; Sa.; „Erzmetall" 1959, 311	**Sa.**
4840	**Neo-Fat 94—04**	= raffin. Oleinsäure; anionakt. Sa. f. Flußspat, Schwerspat, Beryll, Magnetit, Hämatit, Kalkspat, Spodumen; „Engrg. Min. J.", Juni 1956, 114	**Sa.**
4841	**Neo-Fat 139**	= raffin. Baumwollsaatöl; Sa. f. Flußspat, Schwerspat, Beryll, Magnetit, Hämatit, Kalkspat, Spodumen; „Engrg. Min. J.", Juni 1956, 115	**Sa.**
4842	**Neo-Fat 140**	Olein-, Linol-, Linolensäure-Mischg. 44/55/1-%; Sa.; „Erzmetall" 1959, 311	**Sa.**
4843	**Neo-Fat 255**	= destill. Kokosölfettsäure; Sa.; „The Condensed Chemical Dictionary", 5. Aufl., 1956	**Sa.**
4844	**Neolene 300**	= Dodecyltoluolsulfonat; Netzm.; Stüpel Netzm. f. d. MnO_2-Flot.; Am. 2861687	**Netzm.**
4845	**Neolene 400**	= Dodecylbenzolsulfonat; Netzm.; Stüpel = Phenylpolypropylenalkansulfonat; Netzm.; Am. 2903431	**Netzm.**
4846	**Neomerpin N**	= Alkylnaphthalinsulfonat; Hilfs-Sa. f. oxyd. Eisenerze; DP. 844131 Netzm. z. Zerstören von Kohlenflot.-Schäumen; „Glückauf" 1932, 626	**Sa., Netzm.**
4847	**Neopen SS**	= Abietinsäuresulfonat; Sa. f. d. Flot. oxyd. Eisenerze; DP. 844131	**Sa.**
4848	**Neopol**	= Oleinsäuresarkosid; Netzm.; Stüpel	**Netzm.**
4849	**Neopol T**	= Oleinsäuremethyltaurid; Netzm.; Stüpel	**Netzm.**

Lfd. Nr.	Bezeichnung (Zusammensetzung)	besondere Verwendung mit zugehöriger Literaturangabe	Verwendungs-überblick
4850	**Neutralöl**	Sa. f. d. Kohlen-Flot.; „Chem. Ztrlbl.“ 1955, 5218 s. Mineralöl, Dieselöl, Heizöl usw.	**Sa.**
4851	**Neutralölsulfate**	Netzm. z. Verminderung d. Konsistenz von Schwerstofftrüben d. Schwimmsink-scheidung; DP. 1089701	**Netzm.**
4852	**Neutronix 331/333**	= Fettsäurepolyglykolester, Polyäthylen-glykolfettsäureester; Netzm.; Stüpel, Am. 2903431 nichtion. Ton-Disp.; Am. 2797196	**Disp., Netzm.**
4853	**Neutronix 600**	= Alkylphenolpolyglykoläther; Netzm.; Stüpel als Ton-Disp.; Am. 2797196	**Netzm., Disp.**
4854	**Nickel-Verbdgg.**	wasserlösl. Ni-Verbdgg., wie $NiSO_4 \cdot 6\ H_2O$, als Akt. f. Cu-Sulfide; Am. 2035458, Brit. 447521	**Akt.**
4855	**Nigrosin**	= Azin, ein Farbstoff; Gangart-Dr. b. d. Erz-Flot.; Am. 2211686 Disp.; Brit. 596522	**Dr., Disp.**
4856	**Nigrosinsulfonat**	Disp.; Brit. 596522	**Disp.**
4857	**Nikotinchlorid**	s. Amino- N.; Sa.	**Sa.**
4858	**Nil**	verschiedene Nil-Arten: Diglykollaurat, Diglykololeat, Glyzerinmonorizinoleat, Naphthensäure, Polyäthylenglykol u. Polyglykol; Netzm.; Am. 2884474	**Netzm.**
4859	**Nilin**	= Alkylarylsulfonat; Netzm.; Stüpel	**Netzm.**
4860	**Ninol 128**	= Fettsäure-Diäthanolamid; Netzm.; Schönfeldt Emulg.; Manegold 43	**Netzm., Emulg.**
4861	**Ninol 200**	= Fettsäure/Diäthanolamin-Kondenspr.; als Netzm.; Stüpel als Sa.; Taggart 12—17 u. Am. 2173909 Emulg.; Manegold 43	**Sa., Netzm., Emulg.**
4862	**Ninol 400, 57 A, 517, 521**	= Fettsäure/Dialkylolamin-Kondspr. Netzm.; Stüpel, Sa.; Taggart 12—17, Am. 2173909 s. DLT-Reagents; Sa. Emulg.; Manegold 43	**Sa., Netzm., Emulg.**
4863	**Nitrate,** anorgan.	Schwermetall-Nitrate als Dolomit-Dr. b. d. Magnesit-Flot.; DP. 945081	**Dr.**
4864	**Nitrile**	= Säurederivate, die statt der Carboxyl-gruppe die Gruppe C≡N enthalten, = Alkylcyanide s. Dinitril; Sa. s. Perchlorfluornitrile; Sa. s. Hydroxynitril = Acetoncyanohydrin; Sa. s. Alkylsulfamidoacetonitril; Sa. s. Alkylnitrile; Sa.	**Sa.**
4865	**Nitril/Amin-Mischung**	Sa.; Am. 2298281, Can. 424198	**Sa.**
4866	**Nitril/Decylsäure-Mischung**	Erz-Sa.; Am. 2166093	**Sa.**
4867	**Nitril/Dodecylsäure-Mischung**	Erz-Sa.; Am. 2166093	**Sa.**

Lfd. Nr.	Bezeichnung (Zusammensetzung)	besondere Verwendung mit zugehöriger Literaturangabe	Verwendungs-überblick
4868	**Nitril/Heptylsäure-Mischung**	Erz-Sa.; Am. 2166093	**Sa.**
4869	**Nitril/Nonylsäure-Mischung**	Erz-Sa.; Am. 2166093	**Sa.**
4870	**Nitril/Octylsäure-Mischung**	Erz-Sa.; Am. 2166093	**Sa.**
4871	**Nitrilotriacetat**	Na-N. = Trilon A; s. d.	**Dr.**
4872	**Nitril/Phosphorpenta-sulfid-Reaktpr.**	Sa.; Am. 1813346	**Sa.**
4873	**Nitril/Tetradecylsäure-Mischung**	Erz-Sa.; Am. 2166093	**Sa.**
4874	**Nitril/Tridecylsäure-Mischung**	Erz-Sa.; Am. 2166093	**Sa.**
4875	**Nitril/Undecylsäure-Mischung**	Erz-Sa.; Am. 2166093	**Sa.**
4876	**Nitrilotriäthanol**	s. = Triäthanolamin; Netzm., Emulg.	**Netzm., Emulg.**
4877	**Nitrite**	NH_4-, Alkali-, Erdalkalinitrite als Akt. b. d. Flot. oxyd. Cu-Erze; Am. 2648431	**Akt.**
4878	**Nitroalkylbenzol-sulfonsäure**	s. Carboxynitroalkylbenzolsulfonsäure; Netzm.	**Netzm.**
4879	**Nitroarylalkylthio-phosphat**	s. Nitrophenyl-dimethyl-thiophosphat; Nitrophenyl-diäthyl-thiophosphat; Nitrophenyl-diisopropyl-thiophosphat; Sa.	**Sa.**
4880	**Nitroäthan** ($CH_3 \cdot CH_2 \cdot NO_2$)	als Lösm. z. Aufschlämmung von Ton aus Kalisalzen; DP. 1083192	**Lösm.**
4881	**Nitrobenzol** ($C_6H_5NO_2$)	Sa/Sch.; Petersen 168	**Sa/Sch.**
4882	**Nitrobenzolazonaph-thol**	Sa. f. d. Magnesit-Flot.; DP. 945081	**Sa.**
4883	**Nitrobenzolazo-salicylat**	s. = „Alizaringelb"; Kondm.	**Kondm.**
4884	**Nitrobenzylthio-phosphate**	Sa.; Am. 2609383	**Sa.**
4885	**Nitromethan**	= Nitrocarbol, CH_3NO_2 Kondm. z. Verbesserung d. Zerkleinerung von Mineralien; DP. 1071455 Lösm. z. Aufschlämmung von Ton aus Kalirohsalzen; DP. 1083192	**Kondm., Lösm.**
4886	**Nitronsäuresalze**	Sa. f. Flußspat, Scheelit; „Montanwiss. Literaturber." 1960, 319	**Sa.**
4887	**Nitroparaffine**	s. Nitromethan, -äthan, -propan; Kondm., Lösm.	**Kondm., Lösm.**
4888	**Nitroparaffin/Alkalien-Reaktpr.**	Sa. f. oxyd. Erze; „Chemical Abstracts" 1959, 18832	**Sa.**
4889	**Nitrophenol** ($C_6H_4(OH)NO_2$)	als Sch.; „Mining Technology" 1946, S. 283	**Sch.**
4890	**Nitrophenyldialkyl-phosphat**	Sa.; Am. 2520393	**Sa.**

Lfd. Nr.	Bezeichnung (Zusammensetzung)	besondere Verwendung mit zugehöriger Literaturangabe	Verwendungs-überblick
4891	**Nitrophenyldialkyl-thiophosphat**	Sa.; Schweiz. 286110, Am. 2482063, 2520393	**Sa.**
4892	**Nitrophenyldiäthyl-thiophosphat**	Sa.; Schweiz. 286110, Am. 2482063 u. 2520393	**Sa.**
4893	**Nitrophenyldiisopropyl-thiophosphat**	Sa.; Schweiz. 286110, Am. 2482063 u. 2520393	**Sa.**
4894	**Nitrophenyldimethyl-thiophosphat**	Sa.; Schweiz. 286110, Am. 2482063 u. 2520393	**Sa.**
4895	**Nitropropan** ($CH_3CH_2CH_2NO_2$)	als Lösm. z. Aufschlämmung von Ton aus Kalisalzen; DP. 1083192	**Lösm.**
4896	**Nitrosoaceton**	s. Diisonitrosoaceton; Dr.	**Dr.**
4897	**Nitrosoalkylnaphthol**	Wolframit-Sa.; „Chemical Abstracts" 1959, 12143	**Sa.**
4898	**Nitrosonaphthol** ($C_{10}H_7NO_2$)	α-Nitroso-β-naphthol z. Konditionieren von elektrostat. aufzubereitenden Kaliroh-salzen zwecks Kainit/Sylvin-Trennung; DP. 1077611, 1095762 s. Nitrosoalkylnaphthol; Sa.	**Kondm.**
4899	**Nitrosophenol** (= Chinonoxim, $HO \cdot C_6H_4 \cdot NO$)	s. Alkylpolyoxynitrosophenol; Sa/Sch.	**Sa/Sch.**
4900	**Nitrosophenyl-hydroxylamin**	s. = Cupferron; Sa., Akt.	**Sa., Akt.**
4901	**Nitrosoresorcin**	Sch.; Brit. 186760	**Sch.**
4902	**Nitrosynthinamin**	Carnallit-Sa.; „Glückauf" 1960, 538	**Sa.**
4903	**Nitrothionaphthol**	Sa. f. Cu-Sulfide; „Montanwissenschaft-liche Literaturberichte" 1960, 437, „Chem. Ztrlbl." 1960, 17589	**Sa.**
4904	**Nitroxanthogensäure**	s. = Pikrinsäure; Dr.	**Dr.**
4905	**Nivitinoxyamin**	s. = Sorbitoloxyamin; Sa.	**Sa.**
4906	**Nonaäthylenglykol-monooleat**	= „Lipal 40"; s. d.	**Disp.**
4907	**Nonadecenylamin**	s. Alkylenamin	**Sa.**
	Nonadecenyläthylen-diamin	als Carnallit-Sa.; DP. 969981	**Sa.**
4908	**Nonadecenyläthylen-diaminacetat**	als Carnallit-Sa.; DP. 969981	**Sa.**
4909	**Nonadecenyldimethyl-amin**	Sa.; Brit. 730031	**Sa.**
4910	**Nonadecylamin** ($CH_3(CH_2)_{18}NH_2$)	s. Alkylamin; Sa., Sa/Sch. Pyrochlor-Sa.; Can. 599684	**Sa., Sa/Sch.**
4911	**Nonadecylaminacetat**	als KCl-Sa.; DP. 965931 s. Alkylaminacetat; Sa.	**Sa.**
4912	**Nonadecylguanidin**	Sylvin-Sa.; „Chemie-Ing.-Techn." 1955, 2	**Sa.**
4913	**Nonanal/Arylsulfon-säure-Kondspr.**	s. = Nonylaldehyd/Arylsulfonsäure-Kondspr.; Dr.	**Dr.**
4914	**Nonanol**	= Nonylalkohol; Sa/Sch.	**Sa/Sch.**

Lfd. Nr.	Bezeichnung (Zusammensetzung)	besondere Verwendung mit zugehöriger Literaturangabe	Verwendungs-überblick
4915	**Nonic 218**	= Polyäthylenglykol-tert.-dodecylthioäther, = Non-Ionic 218, = Nyon 218; Netzm.; Stüpel Netzm.; Am. 2797196 Sch. f. d. Sylvinit-Flot.; Am. 2846068	**Sch., Netzm.**
4916	**Non-Ionic 218**	s. = Nonic 218; Sch., Netzm.	**Sch., Netzm.**
4917	**Nonisol 100**	= Polyäthylenglykoldodecylsäureester; Netzm.; Am. 2884474	**Netzm.**
4918	**Nonisol 300**	= Polyäthylenglykolstearinester; Netzm.; Am. 2884474	**Netzm.**
4919	**Nonylaldehyd/Arylsulfonsäure-Kondspr.**	MoS_2-Dr. b. d. Flot. sulfid. Cu/Mo-Erze; Am. 2187930	**Dr.**
4920	**Nonylalkohol**	= Nonanol, $C_9H_{19}OH$ Sa/Sch.; Am. 2012609 s. Trimethylnonanol; Netzm., Modif.	**Sa/Sch.**
4921	**Nonylalkohol/Äthylenoxyd-Kondenspr.**	s. = Lubrol MOA, Stockopol WW; Netzm., Flockm.	**Netzm., Flockm.**
4922	**Nonylalkoholsulfat**	s. = Nonylsulfat; Sa., Sa/Sch., Kondm., Netzm., Flockm., Emulg.	**Sa., Sa/Sch., Kondm., Netzm., Flockm., Emulg.**
4923	**Nonylamin** ($C_9H_{19}NH_2$)	Carnallit-Sa.; DP. 969981 Sylvin-Sa.; DP. 1008222, Am. 2365805 Netzm. z. Konsistenzminderung v. Schwerstofftrüben d. Schwimmsinkscheidung; DP. 1089701, Am. 2899392 s. Dinonylamin; Sa. s. Alkylamin; Sa., Sa/Sch.	**Sa., Sa/Sch., Netzm.**
4924	**Nonylamin/Abietinsäuremethylester-Mischg.**	Sa. f. d. schaumlose Flot. v. grobkörnigem Sylvinit; Am. 2937751	**Sa.**
4925	**Nonylaminacetat**	s. Alkylaminacetat; Sa. als Carnallit-Sa.; DP. 969981 Netzm. z. Konsistenzminderung von Schwerstofftrüben d. Schwimmsinkscheidung; DP. 1089701, Am. 2899392	**Sa., Netzm.**
4926	**Nonylamin/Alamine-Mischg.**	Phosphatit-Sa.; Am. 2914174	**Sa.**
4927	**Nonylamin/Alkohol-Mischung**	Sa. f. d. schaumlose Flot. v. grobkörnigem Sylvinit; Am. 2937751	**Sa.**
4928	**Nonylamin/Alkylenamin-Mischg.**	Sylvin-Sa.; Am. 2689649 Sa.; Can. 395829	**Sa.**
4929	**Nonylamin/Alkylnitril-Mischg.**	Sa.; Can. 410809/810	**Sa.**
4930	**Nonylamin/Armeen-Mischg.**	Phosphatit-Sa.; Am. 2914174	**Sa.**
4931	**Nonylaminchlorhydrat**	s. = Nonylaminhydrochlorid; Sa. Netzm. z. Konsistenzminderung von Schwerstofftrüben d. Schwimmsinkscheidung; DP. 1089701, Am. 2899392	**Sa., Netzm.**

Lfd. Nr.	Bezeichnung (Zusammensetzung)	besondere Verwendung mit zugehöriger Literaturangabe	Verwendungs-überblick
4932	**Nonylaminchlorid**	s. Alkylaminchlorid; Sa. Netzm. z. Konsistenzminderung v. Schwerstofftrüben d. Schwimmsinkscheidung; DP. 1089701, Am. 2899392	**Sa., Netzm.**
4933	**Nonylamin/Ester-Mischung**	Sa. f. d. schaumlose Flot. von grobkörnigem Sylvinit; Am. 2937751	**Sa.**
4934	**Nonylamin/Fettsäureamid-Mischung**	Sa. f. d. schaumlose Flot. von grobkörnigem Sylvinit; Am. 2937751	**Sa.**
4935	**Nonylaminfluorid**	Zinkerz-, insbes. Galmei-Sa.; Franz. 61640	**Sa.**
4936	**Nonylaminhydrochlorid**	s. Alkylaminhydrochlorid; Sa. s. = Nonylaminchlorhydrat; Netzm.	**Sa. Netzm.**
4937	**Nonylaminlactat**	Zinkerz-, insbes. Galmei-Sa.; Franz. 61640	**Sa.**
4938	**Nonylamin/Pflanzenöl-Mischung**	Sa. f. d. schaumlose Flot. von grobkörnigem Sylvinit; Am. 2937751	**Sa.**
4939	**Nonylaminphthalamat**	Sa., Netzm.; Am. 2101323	**Sa. Netzm.**
4940	**Nonylamin/Tieröl-Mischung**	Sa. f. d. schaumlose Flot. von grobkörnigem Sylvinit; Am. 2937751	**Sa.**
4941	**Nonylarylpolyoxyäthylenätheralkohol**	Sa/Sch.; Franz. 1109798 Sch.; Brit. 782107, 782407, Belg. 532530	**Sa/Sch., Sch.**
4942	**Nonylarylsulfonat**	s. Alkylarylsulfonat; Sa., Sa/Sch., Netzm., Disp., Regler, Flockm., Kondm.	**Sa., Sa/Sch., Netzm., Disp., Regler, Flockm., Kondm.**
4943	**Nonylcarbinol**	Sch. f. d. Sylvin-Flot.; DP. 905721	**Sch.**
4944	**Nonyldiäthylenglykolsulfat**	Sa. f. d. Flot. nichtsulfid. Mineralien; Am. 2120217	**Sa.**
4945	**Nonyldinitril**	Sa. f. d. Erz-Flot.; Can. 395283	**Sa.**
4946	**Nonyldithiocarbamat**	Sa.; DP. 871132	**Sa.**
4947	**Nonylglykol**	Netzm. als Schaumzerstörer z. Aufsprühen auf den nachzuflotierenden Kohlen-Vorflotationsschaum u. als Schaumstabilisator [Modif.] während der Nachflotation; DP. 1064442 Sch. f. d. Kalirohsalz-Flot.; DP. 872182	**Sch., Modif., Netzm.**
4948	**Nonylglykolester**	s. Nonylsäuremonodiäthylenglykolester; Sch.	**Sch.**
4949	**Nonylguanidin**	Sylvin-Sa.; „Chem.-Ing.-Techn." 1955, 2	**Sa.**
4950	**Nonylimidazol**	kationakt. Sa.; Brit. 578694 Flockm. beim Filtrieren v. Schlämmen; Am. 2509260	**Sa., Flockm.**
4951	**Nonylimidformiat, -hydrochlorid**	Sa. f. d. Flot. saurer Mineralien; Brit. 568186	**Sa.**
4952	**Nonylketon**	Sch. f. d. Flot. oxyd. Erze; Am. 2000350	**Sch.**
4953	**Nonylmercaptan**	Sa. f. oxyd. Eisenerze; Am. 2125337	**Sa.**
4954	**Nonylmercaptosulfenamid**	Sa.; Am. 2807615	**Sa.**
4955	**Nonylnatriumsulfonat**	Sa. f. d. Flot. kieserit. Kalirohsalze; DP. 918861	**Sa.**
4956	**Nonylnaphthalinsulfonat**	s. Alkylnaphthalinsulfonat; Sa., Sa/Sch., Netzm., Disp., Flockm., Kondm., Regler	**Sa., Sa/Sch., Netzm., Disp., Flockm., Kondm., Regler**

Lfd. Nr.	Bezeichnung (Zusammensetzung)	besondere Verwendung mit zugehöriger Literaturangabe	Verwendungs-überblick
4957	**Nonyloxyäthylen-ätheralkohol**	s. Alkyloxyäthylenätheralkohol; Sa/Sch., Sch.	**Sa/Sch., Sch.**
4958	**Nonylphenol**	Sch.; Am. 2250190, Can. 390793 Sch/Sa. f. Pb-Erze; „Engrg. Min. J.", Juni 1956, 113	**Sch., Sch/Sa.**
4959	**Nonylphenoxytetra-äthoxyäthanol**	als Netzm.; Am. 2904415	**Netzm.**
4960	**Nonylphenylpoly-äthylenäther**	Netzm.; DP. 1030802	**Netzm.**
4961	**Nonylphosphat**	Sa. f. Nichtsulfide; Am. 2120217	**Sa.**
4962	**Nonylphthalat**	Sch. f. d. Kohlen-Flot.; Am. 2099120	**Sch.**
4963	**Nonylpolyalkylen-polyamid, -amin**	Sa. f. quarzige Erze; Am. 2569417	**Sa.**
4964	**Nonylpolyäthylenäther**	Netzm.; DP. 1030802	**Netzm.**
4965	**Nonylpolyäthylenoxyd**	s. Alkylpolyäthylenoxyd; Sa/Sch., Netzm., Disp., Emulg.	**Sa/Sch., Netzm., Disp., Emulg.**
4966	**Nonylpolyoxyäthylen-äther**	Sch. allgemein, Sa/Sch. f. d. Kohlen-Flot.; Brit. 782107, Belg. 532530	**Sa/Sch., Sch.**
4967	**Nonylpolyoxyäthylen-ätheralkohol**	Sch. u. Sa/Sch. f. d. Kohle-Flot.; Brit. 782107, 782407, Franz. 1109798, Belg. 532530	**Sch., Sa/Sch.**
4968	**Nonylpolyoxynitroso-phenol**	Sa/Sch. f. silikat. Cu-Erze; „Chemical Abstracts" 1953, 1549	**Sa/Sch.**
4969	**Nonylpyridin**	s. Repellate; Netzm.	**Netzm.**
4970	**Nonylpyridiniumbromid**	kationakt. Quarz-Sa. f. d. Quarz/Kalkstein-Flot.; Am. 2341046	**Sa.**
4971	**Nonylpyridiniumchlorid**	kationakt. Quarz-Sa. f. d. Quarz/Kalk-Flot.; Am. 2341046	**Sa.**
4972	**Nonylpyridiniumjodid**	Sa.; Am. 2389763, Brit. 463261	**Sa.**
4973	**Nonylsäure** (= Pelargonsäure)	Sa.; DP. 745363 s. Emfac 1202; Sa.	**Sa.**
4974	**Nonylsäuremono-diäthylenglykolester**	s. = Pelargonsäure .... ; Sch.	**Sch.**
4975	**Nonylsäuremono-glycerinester**	s. = Pelargonsäure .... ; Sch.	**Sch.**
4976	**Nonylsäure/Nitril-Mischung**	Erz-Sa.; Am. 2166093	**Sa.**
4977	**Nonylsulfamido-Verbdgg.**	s. Alkylsulfamido-Verbdgg.	**Sa.**
4978	**Nonylsulfat** (= Nonylalkoholsulfat)	Sa. f. d. Flot. v. Thenardit = Na_2SO_4; „Erzmetall" 1959, 127 Sa., insbes. f. Nichtsulfide; Am. 2120217 Sa/Sch.; DP. 906321 Sylvin-Sa.; „Chemie-Ing.-Techn." 1955, 2 Kondm. f. elektrostat. aufzubereitenden Sylvinit; DP. 1056551 s. Alkylsulfat; Flockm., Netzm., Emulg.	**Emulg., Sa., Sa/Sch., Netzm., Flockm., Kondm.**
4979	**Nonylsulfenamid**	Sa.; Am. 2807615	**Sa.**
4980	**Nonylsulfenyltrithio-carbonat**	Sa.; Am. 2634291	**Sa.**

Lfd. Nr.	Bezeichnung (Zusammensetzung)	besondere Verwendung mit zugehöriger Literaturangabe	Verwendungs-überblick
4981	**Nonylsulfoacetat**	Sa. f. d. Flot. nichtsulfid. Mineralien; Am. 2120217	**Sa.**
4982	**Nonylsulfonat**	Sa. f. d. Kalisalz-Flot.; DP. 806842, 840682, 918861 Sa.; Petersen 163 Netzm.; DP. 802389 Netzm. z. Zerstören v. Kohlenflot.-Schäumen; „Glückauf" 1932, 626 Netzm. z. Verbesserung d. Filtration von Flot.-Konzentraten; „Chem. Ztrlbl." 1959, 14544 Netzm. z. Viscositätsminderung von Schwerstofftrüben der Schwimmsinkscheidung; DP. 1089701 s. Alkylsulfonate; Sa., Sa/Sch., Netzm., Dr., Disp., Akt., Kondm.	**Sa., Sa/Sch., Netzm., Dr., Disp., Akt., Kondm.**
4983	**Nonylthiocarbonat**	Sa.; Stüpel	**Sa.**
4984	**Nonylthiophan**	Sa. f. sulfid. Zn-Erze; Can. 393245	**Sa.**
4985	**Nonylthiophosphat**	Sa.; Brit. 310186	**Sa.**
4986	**Nonylthiosulfat**	Sa.; Am. 1723295	**Sa.**
4987	**Nonylthiourethan**	Sa.; Can. 311054	**Sa.**
4988	**Nonyltrimethylamin**	Sa. f. d. selektive Sulfiderz-Flot.; „Erzmetall" 1958, 199/209	**Sa.**
4989	**Nonyltrithiocarbonat**	Sa.; Am. 2600737	**Sa.**
4990	**Nopalcol**	nichtion. Ton-Disp.; Am. 2797196	**Disp.**
4991	**Nopco 1067**	ein Alkylarylsulfonat; Netzm.; Stüpel	**Netzm.**
4992	**Nopco 1179-R**	= Fettsäureaminkondensat; Netzm.; Stüpel	**Netzm.**
4993	**Nopco 2031**	ein Oxystearinsulfonat; Netzm.; Am. 2884474	**Netzm.**
4994	**Nopinen**	= β-Pinen; Sch. f. d. Graphit-Flot.; Östr. 167699	**Sch.**
4995	**Novonacco**	= Na-Alkylnaphthalinsulfonat; Netzm.; Am. 2884474	**Netzm.**
4996	**Nucleoproteid** (s. Proteide)	Schlamm-Dr. b. d. Sylvin-Flot.; Am. 2365805 Netzm.; Am. 2208758, Brit. 526701 Netzm.-Überzug auf Thiocarbanilid-Sa.; Am. 2185591 Flockm.; „Chem. Ztrlbl." 1959, 11033	**Netzm., Dr., Flockm.**
4997	**Nujol**	= Petrolatum, raffiniertes Weißöl Sa.; „Encyclopedia of Chemical Technology" 1951, 608 s. = Petrolatum; Sa., Modif., Flockm.	**Sa., Modif., Flockm.**
4998	**Nullapon**	s. = Äthylendiamintetraessigsäure; Dr., Pass. Gangart-Dr. b. d. Flot. nichtsulfid. Mineralien; Am. 2414199, „Min. Techn." 1946, 279	**Dr., Pass.**
4990	**Nyfapon U**	= Olein/Hexadecylsulfat; Netzm.; Stüpel	**Netzm.**
5000	**Nyon 218**	s. = Nonic 218; Sch., Netzm.	**Sch., Netzm.**

Lfd. Nr.	Bezeichnung (Zusammensetzung)	besondere Verwendung mit zugehöriger Literaturangabe	Verwendungs-überblick
5001	**Ocimenol**	s. = Undecylalkohol; Sa/Sch.	**Sa/Sch.**
	Octadecadienylamin	als Sa.; „Erzmetall", Mai 1958, S. 199/209	**Sa.**
5002	**Octadecadienylamin-acetat**	= $C_{18}H_{33}NH_2O_2C_2H_3$ Sylvin-Sa.; DP. 965931	**Sa.**
5003	**Octadecandioldichlor-formiat/Äthyl-xanthat-Reaktpr.**	Sa.; Brit. 650493	**Sa.**
5004	**Octadecandioldi-schwefelsäureester**	s. Gardinol KD; Netzm.	**Netzm.**
5005	**Octadecandiolsulfonat**	s. = Oxystearinsulfonat; Sa., Sa/Sch., Netzm., Kondm. Sa. f. d. Flot. oxyd. Eisenerze; DP. 844131, Brit. 586961	**Sa., Sa/Sch., Netzm., Kondm.**
5009	**Octadecanol**	s. = Octadecylalkohol; Sa/Sch.	**Sa/Sch.**
5007	**Octadecen**	= $C_{18}H_{36}$ bzw. $CH_3 \cdot (CH_2)_{15} \cdot CH{:}CH_2$ Kondm. z. Verbesserung d. Convertol-Feinkohlenaufbrtg.; „Min. Engrg." 1959, 1153/54	**Kondm.**
5008	**Octadecensäure**	s. = Oleinsäure; Sa., Sa/Sch., Netzm., Kondm.	**Sa., Sa/Sch., Netzm., Kondm.**
5009	**Octadecenyl . . .**	s. Olein	
5010	**Octadecylaldehyd-sulfonat**	s. Alframin; Sa., Netzm.	**Sa., Netzm.**
5011	**Octadecylalkohol**	= Octadecanol, Stearinalkohol, $CH_3(CH_2)_{16}CH_2OH$ Sa/Sch.; Am. 2012609	**Sa/Sch.**
5012	**Octadecylalkohol/Äthylenoxyd-Kondenspr.**	s. Lubrol MOA, Stockopol WW; Netzm., Flockm.	**Netzm., Flockm.**
5013	**Octadecylalkoholsulfat**	s. = Octadecylsulfat; Sa., Sa/Sch., Netzm., Flockm., Kondm., Emulg.	**Sa., Sa/Sch., Netzm., Flockm., Kondm., Emulg.**
5014	**Octadecylamidin, -hydrochlorid**	Sa. f. d. Erz-Flot.; Brit. 568186	**Sa.**
5015	**Octadecylamin** (= Stearinamin, $CH_3(CH_2)_{17}NH_2$)	Sylvin-Sa.; DP. 919703, 1008222, Am. 2365805, 2721657 Carnallit-Sa.; DP. 969981 Sa.; Can. 391923 kationakt. Pechblende-Sa.; Am. 2570120 Sa. f. oxyd. Erze; Franz. 1136073 Netzm. z. Konsistenzminderung v. Schwerstofftrüben d. Schwimmsinkscheidung; DP. 1089701, Am. 2899392 s. „Alamine 26", „Armeen 18D u. 218", „Dinoramac"; Sa. s. Duomeen T; Sa., Flockm. s. Alkylamin; Sa., Sa/Sch. s. Armeen 218; Sa.	**Sa., Sa/Sch. Netzm., Flockm.**
5016	**Octadecylamin/Abietinsäuremethyl-ester-Mischg.**	Sa. f. d. schaumlose Flot. v. grobkörnigem Sylvinit; Am. 2937751	**Sa.**

Lfd. Nr.	Bezeichnung (Zusammensetzung)	besondere Verwendung mit zugehöriger Literaturangabe	Verwendungs-überblick
5017	**Octadecylaminacetat** ($C_{18}H_{37}NH_2OOCCH_3$)	Sylvin-Sa.; DP. 965931, 1056071, Can. 432682 Fe-Sa. b. d. Feldspat-Flot,; Am. 2578790 Carnallit-Sa.; DP. 969981 Sa/Sch. f. d. Salpeter-Flot.; Am. 2727626 Netzm. z. Konsistenzminderung von Schwerstofftrüben d. Schwimmsinkscheidung; DP. 1089701, Am. 2899392 s. „Armac TD", „Alamac", „Am. Ac. 1180C"; Sa.	**Sa., Sa/Sch., Netzm.**
5018	**Octadecylamin/ Alamine-Mischg.**	Phosphatit-Sa.; Am. 2914174	**Sa.**
5019	**Octadecylamin/Alkohol-Mischung**	Sa. f. d. schaumlose Flot. von grobkörnigem Sylvinit; Am. 2937751	**Sa.**
5020	**Octadecylamin/Alkylenamin-Mischg.**	Sylvin-Sa.; Am. 2689649 Sa.; Can. 395829	**Sa.**
5021	**Octadecylamin/Alkylnitril-Mischg.**	Sa.; Can. 410809/810	**Sa.**
5022	**Octadecylamin/ Armeen-Mischg.**	Phosphatit-Sa.; Am. 2914174	**Sa.**
5023	**Octadecylamin/ Äthylenoxyd-Reaktpr.**	= Polyäthoxyamin s. Ethomeen 18/15, 18/60; Sa/Sch., Flockm.	**Sa/Sch., Flockm.**
5024	**Octadecylaminbromid**	s. Trimethylstearinbromid; Sa.	**Sa.**
5025	**Octadecylaminchlorid**	= $C_{18}H_{37}NH_2Cl$; kationakt. Sa.; „Aach. Bl." 59, 81/110 = Arquad 18; s. d. Netzm. z. Konsistenzminderung v. Schwerstofftrüben d. Schwimmsinkscheidung; DP. 1089701, Am. 2899392	**Netzm., Sa.**
5026	**Octadecylamin/Fettsäureamid-Mischg.**	Sa. f. d. schaumlose Flot. von grobkörnigem Sylvinit; Am. 2937751	**Sa.**
5027	**Octadecylamin/Ester-Mischung**	Sa. f. d. schaumlose Flot. von grobkörnigem Sylvinit; Am. 2937751	**Sa.**
5028	**Octadecylaminfluorid**	Zinkerz-Sa.; Franz. 61640	**Sa.**
5029	**Octadecylaminhydrochlorid**	kationakt. Quarz-Sa. f. d. Quarz/Kalkspat-Flot.; Am. 2341046 Chromit-Sa.; „Erzmetall" 1959, 310 Sylvin-Sa.; Brit. 564338 Netzm. z. Konsistenzminderung v. Schwerstofftrüben d. Schwimmsinkscheidung; v. Mineralien; DP. 1089701	**Sa., Netzm.**
5030	**Octadecylaminlactat**	Zinkerz-, insbes. Galmei-Sa.; Franz. 61640	**Sa.**
5031	**Octadecylaminoglutarsäure**	s. = Octadecylglutaminsäure; Sa.	**Sa.**
5032	**Octadecylamin/Oleinamin-Mischung**	Sa. f. kieserit. Kalisalze; DP. 895287	**Sa.**
5033	**Octadecylaminopropandicarbonsäure**	s. = Octadecylglutaminsäure; Sa.	**Sa.**
5034	**Octadecylaminopyrotartarsäure**	s. = Octadecylglutaminsäure; Sa.	**Sa.**

Lfd. Nr.	Bezeichnung (Zusammensetzung)	besondere Verwendung mit zugehöriger Literaturangabe	Verwendungsüberblick
5035	**Octadecylamin/Pflanzenöl-Mischung**	Sa. f. d. schaumlose Flot. von grobkörnigem Sylvinit; Am. 2937751	**Sa.**
5036	**Octadecylamin-phthalamat**	Sa., Netzm.; Am. 2101323	**Sa., Netzm.**
5037	**Octadecylaminstearin-amidäthylphosphat**	s. = Victamin D; Sa.	**Sa.**
5038	**Octadecylamin/Tieröl-Mischung**	Sa. f.d. schaumlose Flot. von grobkörnigem Sylvinit; Am. 2937751	**Sa.**
5039	**Octadecylarylsulfonat**	s. Alkylarylsulfonat; Sa., Sa/Sch., Netzm., Disp., Regler, Flockm., Kondm.	**Sa.,Sa/Sch.,Netzm., Disp., Regler, Flockm., Kondm.**
5040	**Octadecyläthylenoxyd**	= Peregal; Emulg.; Manegold 44	**Emulg.**
5041	**Octadecylbetain**	s. DPN; Sa.	**Sa.**
5042	**Octadecylbiguanid-acetat, -hydro-bromid, -hydro-chlorid, -hydrojodid**	Sa., Netzm., Emulg.; Am. 2350453	**Sa., Netzm., Emulg.**
5043	**Octadecylbutylester**	Sa. f. oxyd. Erze; Am. 2312466	**Sa.**
5044	**Octadecylchinolin-bromid**	Sa.; Brit. 463261	**Sa.**
5045	**Octadecylchloracetat**	s. Mono-, Di-stearinchloracetat; Sch.	**Sch.**
5046	**Octadecyldiaminacetat**	s. = Duomac T; Sa., Flockm.	**Sa., Flockm.**
5047	**Octadecyldiäthylendi-hydroorthophosphat**	Sa. f. Nichtsulfide; Am. 2120217	**Sa.**
5048	**Octadecyldiäthylen-glykol**	NH_4-Salz als Sa. f. nichtsulfid. Mineralien; Am. 2120217	**Sa.**
5049	**Octadecyldicarboxy-äthylsulfosuccinat**	s. Aerosol 22; Netzm., Akt.	**Netzm., Akt.**
5050	**Octadecyldienylalkohol**	s. = Linoleylalkohol; Sa/Sch.	**Sa/Sch.**
5051	**Octadecyldienylamin**	s. = Linoleylamin; Sa.	**Sa.**
5052	**Octadecyldienylsulfat**	s. = Linoleylsulfat; Sa.	**Sa.**
5053	**Octadecyldienylsulfo-acetat**	s. = Linoleylsulfoacetat; Sa.	**Sa.**
5054	**Octadecyldiglyzerin-ester**	Sa. f. oxyd. Erze; Am. 2312466	**Sa.**
5055	**Octadecyldimethyl-ammoniumchlorid**	s. Arquad 2HT; Sa., Flockm.	**Sa., Flockm.**
5056	**Octadecyldimethyl-benzylammonium-chlorid**	Quarz- u. Scheelit-Sa.; „Montanwiss. Literaturber.“ 1960, 679 s. Triton K-60; Sa., Netzm.	**Sa., Netzm.**
5057	**Octadecyldimethyl-hydrazinchlorid**	als Sa.; Franz. 1165100	**Sa.**
5058	**Octadecyldimethyl-pyrrolidin**	Sa., Emulg.; Am. 2497839	**Sa., Emulg.**
5059	**Octadecyldisulfosucci-nat**	s. = Aerosol 18; Akt., Netzm.	**Netzm., Akt.**

Lfd. Nr.	Bezeichnung (Zusammensetzung)	besondere Verwendung mit zugehöriger Literaturangabe	Verwendungs-überblick
5060	**Octadecylglutamin-säure**	= Octadecylamino-glutarsäure, -propan-dicarbonsäure Sa. f. nichtsulfid. Mineralien; Am. 2120217	**Sa.**
5061	**Octadecylglutamin-säurepalmitylester**	Sa. f. Nichtsulfide; Am. 2120217	**Sa.**
5062	**Octadecylglykol**	Sch. f. d. Kalirohsalz-Flot.; DP. 872182	**Sch.**
5063	**Octadecylglykolester**	Sa. f. oxyd. Erze; Am. 2312466	**Sa.**
5064	**Octadecylglyoxalin**	= Octadecylimidazol; Sa.	**Sa.**
5065	**Octadecylglyzerid**	s. Octadecylglyzerinester; Sa.	**Sa.**
5066	**Octadecylglyzerid-sulfonat**	sulfon. Gemisch aus Mono- u. Diglyzeriden d. Octadecylsäure; als Sa. f. oxyd. Fe-Erze; Am. 2414714 = Glyzerinoctadecylestersulfonat	**Sa.**
5067	**Octadecylglyzerinester**	Sa. f. oxyd. Erze; Am. 2312466	**Sa.**
5068	**Octadecylglyzerinsulfat**	$C_{17}H_{35}\cdot COO\cdot CH_2\cdot CHOH\cdot CH_2\cdot SO_4Na$ Sch.; Taggart 12—43 Sa. f. oxyd. Erze; DP. 844131, Am. 2414714	**Sch., Sa.**
5069	**Octadecylguanamin**	s. = Stearoguanamin; Sa.	**Sa.**
5070	**Octadecylguanamin/ Alkylenoxyd-Kondspr.**	s. Stearoguanamin/Alkylenoxyd-Kondspr.; Sa., Netzm., Emulg.	**Sa., Netzm., Emulg.**
5071	**Octadecylguanidin**	Sylvin-Sa.; „Chemie-Ing.-Techn.“ 1955, 2	**Sa.**
5072	**Octadecylhexadecyl-sulfat**	s. Empicol CST; Netzm.	**Netzm.**
5073	**Octadecylhydrobetain**	Hämatit-Sa.; Can. 392169	**Sa.**
5074	**Octadecylimidazol**	kationakt. Sa.; Brit. 578694 Flockm. b. Filtrieren von Schlämmen; Am. 2509260	**Sa., Flockm.**
5075	**Octadecylimidformiat, -hydrochlorid**	Sa. f. d. Flot. saurer Mineralien; Brit. 568186	**Sa.**
5076	**Octadecylmaleinsäure**	$= C_{17}H_{35}\cdot C(COOH){:}CH\cdot COOH$ Sa. f. d. Flot. nichtsulfid. Mineralien; Am. 2120217 Sch.; Taggart 12—43	**Sa., Sch.**
5077	**Octadecylmercaptan**	Sa. f. oxyd. Eisenerze; Am. 2125337, 2410377	**Sa.**
5078	**Octadecylmercapto-sulfenamid**	Sa.; Am. 2807615	**Sa.**
5079	**Octadecylmethyläthyl-sulfonjodid**	kationakt. Quarz-Sa. f. d. Quarz/Kalkspat-Flot,; Am. 2341046	**Sa.**
5080	**Octadecylmethyl-pyridiniumbromid**	s. = Octadecylpicolinbromid; Sa.	**Sa.**
5081	**Octadecylmethyl-aminoäthylsulfonat**	s. Igepon T; Sa., Netzm., Flockm., Emulg.	**Sa., Netzm., Flockm., Emulg.**
5082	**Octadecylmonoamin**	als Sa. f. oxyd. Zn-Erze; Franz. 1136073	**Sa.**
5083	**Octadecylnaphthalin-sulfonat**	s. Alkylnaphthalinsulfonat; Sa., Sa/Sch., Netzm., Disp., Flockm., Kondm., Regler	**Sa., Sa/Sch., Netzm., Disp., Flockm., Kondm., Regler**
5084	**Octadecylnatrium-sulfonat**	Sa. f. d. Flot. kieserit. Kalirohsalze; DP. 918861	**Sa.**

Lfd. Nr.	Bezeichnung (Zusammensetzung)	besondere Verwendung mit zugehöriger Literaturangabe	Verwendungs-überblick
5085	**Octadecylolamin**	Sa. f. d. Chromit-Flot.; Michell 291 Sa.; Am. 2389763	**Sa.**
5086	**Octadecyloldiäthylen-triamin**	Sa.; Am. 2389763	**Sa.**
5087	**Octadecylolpolyamin**	Sa.; Am. 2389763	**Sa.**
5088	**Octadecyloltriäthylen-tetramin**	Sa.; Am. 2389763	**Sa.**
5089	**Octadecyloxyäthyldi-äthylentriamin-hydrobromid**	kationakt. Sa. z. Ausschwimmen von Quarz oder Silikaten aus Kalkstein, Bauxit usw.; Am. 2569417, Brit. 578694	**Sa.**
5090	**Octadecyloxyäthyldi-äthylentriamin-hydrochlorid**	Sa. z. Ausschwimmen von Quarz oder Silikaten aus Kalkstein, Bauxit usw.; Am. 2569417, Brit. 578694	**Sa.**
5091	**Octadecyloxyäthylen-ätheralkohol**	s. Alkyloxyäthylenätheralkohol; Sa/Sch., Sch.	**Sa/Sch., Sch.**
5092	**Octadecylphenol**	Sch.; Am. 2250190, Can. 390793 Sch/Sa. f. Pb-Erze; „Engrg. Min. J.“, Juni 1956, 113	**Sa/Sch., Sch.**
5093	**Octadecylphenylpoly-äthylenäther**	Netzm.; DP. 1030802	**Netzm.**
5094	**Octadecylphosphat**	Sa. f. Nichtsulfide; Am. 2120217	**Sa.**
5095	**Octadecylphthalat**	Sch. f. d. Kohlen-Flot.; Am. 2099120	**Sch.**
5096	**Octadecylpicolin-bromid**	als Sa.; Brit. 463261 = Octadecylmethylpyridiniumbromid	**Sa.**
5097	**Octadecylpiperazin-äthanol-HBr**	Sch., Netzm., Emulg.; Am. 2574407	**Sch., Netzm., Emulg.**
5098	**Octadecylpolyalkylen-polyamid, -amin**	Sa. f. quarzige Erze; Am. 2569417	**Sa.**
5099	**Octadecylpolyäthylen-äther**	Netzm.; DP. 1030802	**Netzm.**
5100	**Octadecylpolyäthylen-oxyd**	s. Alkylpolyäthylenoxyd; Sa/Sch., Netzm., Disp., Emulg.	**Sa/Sch., Netzm., Disp., Emulg.**
5101	**Octadecylpolyoxy-äthylenäther**	Sch. allgemein, Sa/Sch. f. d. Kohlen-Flot.; Brit. 782107, Belg. 532530	**Sa/Sch., Sch.**
5102	**Octadecylpolyoxy-äthylenätheralkohol**	Sch. u. Sa/Sch. f. d. Kohlen-Flot.; Brit. 782107, 782407, Franz. 1109798, Belg. 532530	**Sa/Sch., Sch.**
5103	**Octadecylpolyoxy-nitrosophenol**	Sa/Sch. f. Cu-Silikate; „Chemical Abstracts“ 1953, 1549	**Sa/Sch.**
5104	**Octadecylpropylen-diamin**	s. Duomeen T; Sa., Flockm.	**Sa., Flockm.**
5105	**Octadecylpyridin**	s. Repellate; Netzm.	**Netzm.**
5106	**Octadecylpyridinium-bromid**	Sa.; Am. 2389763, Brit. 463261 kationakt. Quarz-Sa. f. d. Quarz/Kalk-Flot.; Am. 2341046	**Sa.**
5107	**Octadecylpyridinium-chlorid**	Sa.; Am. 2389763, Brit. 463261 kationakt. Quarz-Sa. f. d. Quarz/Kalk-Flot.; Am. 2341046	**Sa.**
5108	**Octadecylpyridinium jodid**	Sa.; Am. 2389763, Brit. 463261	**Sa.**

Lfd. Nr.	Bezeichnung (Zusammensetzung)	besondere Verwendung mit zugehöriger Literaturangabe	Verwendungsüberblick
5109	**Octadecylsarcosinsäure**	s. Sarcosyl-S; Sa/Sch., Emulg.	**Sa/Sch., Emulg.**
5110	**Octadecylsäure** ($C_{17}H_{35}COOH$, Bassiasäure, Cetylessigsäure, Stearinsäure, Talgsäure)	Sa. f. oxyd. Fe-Erze; Brit. 206565 Sa. f. oxyd. Mn-Erze; Brit. 460072 Sa. f. verwitterte Phosphate; „Erzmetall" 1957, 344 Sa.; „Bergb.-Wiss." 1958, 34 s. Sulfo-Stearinsäure; Sa. s. „Neo-Fat 18"; Sa. s. Stearate; Sa., Netzm.	**Sa., Netzm.**
5111	**Octadecylsäurediglyzerinester**	Sa. f. oxyd. Erze; Am. 2312466	**Sa.**
5112	**Octadecylsäurebutylester**	Sa. f. oxyd. Erze; Am. 2312466	**Sa.**
5113	**Octadecylsäuredextroseester**	Sa. f. Nichtsulfide; Am. 2120217	**Sa.**
5114	**Octadecylsäureglykolester**	Sa. f. oxyd. Erze; Am. 2312466	**Sa.**
5115	**Octadecylsäureglyzerinester**	Sa. f. oxyd. Erze; Am. 2312466	**Sa.**
5116	**Octadecylsäure/Hexadecylsäure-Mischung**	s. „Neo Fat 16—54"; Sa.	**Sa.**
5117	**Octadecylsäuremethylester/Alkylamin-Mischg.**	s. = Talgmethylester/Alkylamin-Mischg.; Sa.	**Sa.**
5118	**Octadecylsäuremonoglyzerinester**	Sa. f. oxyd. Erze; Am. 2312466	**Sa.**
5119	**Octadecylsäure/Na-Oleat/Paraffin-Mischg.**	Pechblende-Sa.; „The Min. J." 1960, 687	**Sa.**
5120	**Octadecylsäure/Polyalkylenpolyamin-Kondens.-Prod.**	als Sa. für Quarz- aus Phosphaten oder von Feldspat u. Glimmer aus quarzhaltigen Mineralien; Am. 2364272 u. Brit. 547292	**Sa.**
5121	**Octadecylsäuresarkosid**	s. Talgsäuresarkosid; Sa/Sch.	**Sa/Sch.**
5122	**Octadecylsäuresarkosid/Medialan-Mischg.**	s. Talgsäuresarkosid/. . . ; Sa/Sch.	**Sa/Sch.**
5123	**Octadecylsäureseifen**	s. = Stearate	**Sa., Netzm.**
5124	**Octadecylsäuresucroseester**	Sa. f. Nichtsulfide; Am. 2120217	**Sa.**
5125	**Octadecylsäuretaurid**	s. = Talgsäuretaurid; Sa/Sch.	**Sa/Sch.**
5126	**Octadecylsulfamido-Verbdgg.**	s. Alkylsulfamido-Verbdgg.; Sa.	**Sa.**
5127	**Octadecylsulfat**	Sa.; Am. 2074699, 2120217, Can. 360802 Sa/Sch.; DP. 1064891, Brit. 405163 Sa. f. Thenardit u. Glaubersalz; „Erzmetall" 1959, 127 s. Avirol 80; Sa/Sch., Netzm.	**Flockm., Kondm., Sa., Emulg., Sa/Sch., Netzm.**

Lfd. Nr.	Bezeichnung (Zusammensetzung)	besondere Verwendung mit zugehöriger Literaturangabe	Verwendungs- überblick
		s. „Duponol LS-Paste"; Sa. s. „Empicol CST"; Netzm. s. Alkylsulfate; Sa., Netzm., Flockm., Kondm., Emulg.	
5128	**Octadecylsulfat/Olein-säure-Mischung**	Sa/Sch. f. oxyd. bzw. nichtsulfid. Mineralien; DP. 1029761	**Sa/Sch.**
5129	**Octadecylsulfenamid**	Sa.; Am. 2807615	**Sa.**
5130	**Octadecylsulfenyltri-thiocarbonat**	Sa.; Am. 2634291	**Sa.**
5131	**Octadecylsulfoacetat**	Sa. f. Nichtsulfide; Am. 2120217 s. = Mono-, Distearinsulfoacetat; Sa., Netzm.	**Sa., Netzm.**
5132	**Octadecylsulfonat**	Sa.; Petersen 163 Netzm.; DP. 802389 Sa. f. d. Kalisalz-Flot.; DP. 806842, 840682, 918861 Sa. f. d. Flot. oxyd. Eisenerze; DP. 844131, Östr. 175854 Netzm. z. Zerstören v. Kohlenflot.-Schäumen; „Glückauf" 1932, 626 Netzm. z. Verbesserung d. Filtration von Flot.-Konzentraten; „Chem. Ztrlbl." 1959, 14544 Netzm. z. Viscositätsminderung v. Schwerstofftrüben der Schwimmsinkscheidung von Mineralien; DP. 1089701 s. Alkylsulfonate; Sa., Sa/Sch., Netzm., Dr., Disp., Akt., Kondm. s. Oxystearinsulfonat; Sa., Sa/Sch., Netzm., Kondm.	**Sa., Sa/Sch., Netzm., Dr., Disp., Akt., Kondm.**
5133	**Octadecylsulfosuccinat**	s. Aerosol 18; Akt., Netzm.	**Akt., Netzm.**
5134	**Octadecyltartarsäure**	Sa. f. Nichtsulfide; Am. 2120217	**Sa.**
5135	**Octadecyltetradi-carbonyläthylsulfo-succinat**	s. = Aerosol 22; Akt.	**Akt.**
5136	**Octadecylthiophosphat**	Sa.; Brit. 310186	**Sa.**
5137	**Octadecylthiosulfat**	Sa.; Am. 1723295	**Sa.**
5138	**Octadecylthiourethan**	Sa.; Can. 311054	**Sa.**
5139	**Octadecyltrimethyl-amin**	Sa. f. d. selektive Sulfiderz-Flot.; „Erzmetall" 1958, 199/209	**Sa.**
5140	**Octadecyltrimethyl-ammoniumbromid**	kationakt. Quarz-Sa.; Am. 2341046 Sa. f. Kalisalze; „Erzmetall" 1959, 131 s. Arquad 18; Sa.	**Sa.**
5141	**Octadecyltrimethyl-ammoniumchlorid**	s. = Arquad 18; Sa. kationakt. Quarz-Sa. b. d. Quarz/Kalk-Flot.; Am. 2341046	**Sa.**
5142	**Octadecyltrimethyl-glycocoll**	s. Octadecylbetain „DPN"; Sa.	**Sa.**
5143	**Octadecyltrithio-carbonat**	Sa.; Am. 2600737	**Sa.**
5144	**Octaldoxim**	Sa.; „Chemical Abstracts" 1939, 5330 u. „Industrial and Engrg. Chemistry" 1940, 654	**Sa.**

Lfd. Nr.	Bezeichnung (Zusammensetzung)	besondere Verwendung mit zugehöriger Literaturangabe	Verwendungs-überblick
5145	**Octamethylcyclotetra-siloxan**	als Sa. s. „Siloxane"	**Sa.**
5146	**Octan** C_8H_{18}	Kondm. z. Verbesserung d. Convertol-Feinkohlenaufbrtg.; „Min. Engrg." 1959, 1153/54 s. Triäthoxyoctan; Sch.	**Kondm.**
5147	**Octanal/Arylsulfon-säure-Kondenspr.**	s. = Octylaldehyd/. . . . ; Dr., Sa., Netzm.	**Dr., Netzm., Sa.**
5148	**Octandicarbonsäure-alkylester**	s. = Sebacate; Akt., Modif.	**Akt., Modif.**
5149	**Octandioylsäurealkyl-ester**	s. = Korksäurealkylester, Suberate; Sch., Akt., Modif.	**Sch., Akt., Modif.**
5150	**Octanol**	s. = Octylalkohol; Sa/Sch., Sa.	**Sa/Sch., Sa.**
5151	**Octanolamin**	s. Mono-, Dioctanolamin; Sa.	**Sa.**
5152	**Octanoläthylenglykol-äther**	als Sch.; DP. 1001652, „Chem. Abstr." 1960, 4334	**Sch.**
5153	**Octen** $CH_3(CH_2)_5CH{:}CH_2$, C_8H_{16}	als Mittel z. Verbesserung d. Convertol-Feinkohlenaufbrtg.; „Min. Eng.", Nov. 59, S. 1153/54	**Kondm.**
5154	**Octansäure**	s. = Octylsäure; Sa.	**Sa.**
5155	**Octenylxanthat**	Sa.; Am. 2101648	**Sa.**
5156	**Octinsäure**	s. Octylsäure; Sa.	**Sa.**
5157	**Octoate**	Sn-, Fe-, Saccharid-, Polysaccharid-octoate als reduzierende Kondm. f. nichtmagnetische Eisenoxyderze — Hämatit, Göthit — vor deren Flotation oder Magnetscheidung; Am. 2952532	**Kondm.**
5158	**Octoylsäure**	s. Octylsäure; Sa.	**Sa.**
5159	**Octylacetsäure**	s. = Octylessigsäure, Decylsäure; Sa.	**Sa.**
5160	**Octyladipat**	Sch.; DP. 904762, Am. 2690260	**Sch.**
5161	**Octylaldehyd/Aryl-sulfonsäure-Kondspr.**	MoS_2-Dr. b. d. Flot. sulfid. Cu/Mo-Erze; Am. 2187930	**Dr.**
5162	**Octylalkohol**	= Octanol, Caprylalkohol, Äthylhexylalkohol, $C_8H_{17}OH$ Sa/Sch. z. Flot. von Rohförderkohle; „Erdöl u. Kohle" 1955, 244 Sa/Sch. m. äußerst sammelnder Wirkg.; „Glückauf" 1956, 1441 Sa/Sch. z. Flot. v. Kohlen i. Ggw. v. Tonschlämmen; „Chem. Ztrlbl." 1959, 15874 Sa/Sch.; Am. 2012609 Sa. z. Flot. v. Kohlenschlämmen; „Bergb.-Wiss." 1960, 542 s. = Äthylhexanol; Sa., Sa/Sch.	**Sa/Sch., Sa.**
5163	**Octylalkohol/Äthylen-oxyd-Kondenspr.**	s. = Lubrol MOA, Stockopol WW; Netzm., Flockm. als Sch., insbes. f. sulfid.Erze; DP. 1001652, Am. 2950818, Brit. 824661	**Netzm., Flockm., Sch.**

Lfd. Nr.	Bezeichnung (Zusammensetzung)	besondere Verwendung mit zugehöriger Literaturangabe	Verwendungs-überblick
5164	**Octylalkohol/Dipenten-Mischg.**	Erz-Sch.; Can. 365029	**Sch.**
5165	**Octylalkoholsulfat**	s. = Octylsulfat; Sa., Sa/Sch., Netzm.	**Sch., Sa., Flockm., Sa/Sch., Kondm. Netzm., Emulg.**
5166	**Octylamin** (= Caprylamin, $CH_3(CH_2)_7NH_2$)	Sylvin-Sa.; DP. 1008222, Am. 2365805 Pechblende-Sa.; Am. 2570120 s. Alkylamin; Sa., Sa/Sch. s. Armeen 8D; Sa. Netzm. z. Konsistenzminderung v. Schwerstofftrüben d. Schwimmsinkscheidung; DP. 1089701 s. Dioctylamin; Sa. Phosphatit-Sa.; Can. 391923	**Sa., Sa/Sch., Netzm.**
5167	**Octylamin/Abietinsäuremethylester-Mischg.**	Sa. f. d. schaumlose Flot. v. grobkörnigem Sylvinit; Am. 2937751	**Sa.**
5168	**Octylaminacetat**	Sa. f. d. Sylvin-Flot.; Am. 2721657 Netzm. z. Konsistenzminderung v. Schwerstofftrüben d. Schwimmsinkscheidung v. Mineralien; DP. 1089701 s. Armac 8D; Sa. s. Alkylaminacetat; Sa.	**Sa., Netzm.**
5169	**Octylamin/Alamine-Mischg.**	Phosphatit-Sa.; Am. 2914174	**Sa.**
5170	**Octylamin/Alkohol-Mischung**	Sa. f. d. schaumlose Flot. von grobkörnigem Sylvinit; Am. 2937751	**Sa.**
5171	**Octylamin/Alkylen-amin-Mischg.**	Sylvin-Sa.; Am. 2689649 Sa.; Can. 395829	**Sa.**
5172	**Octylamin/Alkylnitril-Mischg.**	Sa.; Can. 410809/810	**Sa.**
5173	**Octylamin/Armeen-Mischg.**	Phosphatit-Sa.; Am. 2914174	**Sa.**
5174	**Octylaminäthylimid-azol**	Sa. f. d. Flot. d. silikat. Gangart oxyd. Erze; Am. 2494132	**Sa.**
5175	**Octylaminchlorhydrat**	Zinkerz-, insbes. Galmei-Sa.; Franz. 61640 Netzm. z. Konsistenzminderung v. Schwerstofftrüben d. Schwimmsinkscheidung v. Mineralien; DP. 1089701	**Sa., Netzm.**
5176	**Octadecylaminchlor-hydrat**	als Sa. z. Flot. v. Glimmer u. Feldspat aus Granit; „Montanwissenschaftl. Literaturberichte“ 1960, S. 85 Netzm. z. Konsistenzminderung v. Schwerstofftrüben der Schwimmsinkscheidung v. Mineralien; DP. 1089701	**Sa., Netzm.**
5177	**Octylaminchlorid**	Netzm. z. Konsistenzminderung v. Schwerstofftrüben d. Schwimmsinkscheidung v. Mineralien; DP. 1089701 kationakt. Sa.; „Aach. Bl.“ 1959, 81/110	**Sa., Netzm.**
5178	**Octylamin/Ester-Mischung**	Sa. f. d. schaumlose Flot. v. grobkörnigem Sylvinit; Am. 2937751	**Sa.**
5179	**Octylamin/Fettsäure-amid-Mischung**	Sa. f. d. schaumlose Flot. von grobkörnigem Sylvinit; Am. 2937751	**Sa.**

Lfd. Nr.	Bezeichnung (Zusammensetzung)	besondere Verwendung mit zugehöriger Literaturangabe	Verwendungs-überblick
5180	**Octylaminfluorid**	Zinkerz-, insbes. Galmei-Sa.; Franz. 61640	**Sa.**
5181	**Octylaminhydrochlorid**	Sylvin-Sa.; Am. 2088325 s. DP. 243; Sa., Sa/Sch. s. Alkylaminhydrochlorid; Sa.	**Sa., Sa/Sch.**
5182	**Octylaminlactat**	Zinkerz-, insbes. Galmei-Sa.; Franz. 61640	**Sa.**
5183	**Octylamin/Pflanzenöl-Mischung**	Sa. f. d. schaumlose Flot. v. grobkörnigem Sylvinit; Am. 2937751	**Sa.**
5184	**Octylaminphthalamat**	Sa., Netzm.; Am. 2101323	**Sa., Netzm.**
5185	**Octylamin/Tieröl-Mischung**	Sa. f. d. schaumlose Flot. v. grobkörnigem Sylvinit; Am. 2937751	**Sa.**
5186	**Octylarylsulfonat**	s. Alkylarylsulfonat; Sa., Sa/Sch., Netzm., Disp., Regler, Flockm., Kondm.	**Sa., Sa/Sch., Netzm., Disp., Regler, Flockm., Kondm.**
5187	**Octyläthanolamin**	Flockm. z. Filtrieren von Schlämmen; Am. 2509261	**Flockm.**
5188	**Octylbenzolsulfonat**	s. Alkylbenzolsulfonat; Sa., Netzm.	**Sa., Netzm.**
5189	**Octylbenzyldodecyl-dimethylammonium-chlorid**	Sa., Netzm.; Am. 2676986	**Sa., Netzm.**
5190	**Octylbenzylmethyl-hydroperoxyd**	Sch. f. d. Kohlen- u. Erz-Flot.; Am. 2545132	**Sch.**
5191	**Octylbenzylpolyoxy-äthylenätheralkohol**	Sa/Sch.; Franz. 1109798 Sch.; Brit. 782107, 782407, Belg. 532530	**Sa/Sch., Sch.**
5192	**Octyldiäthyldithio-carbamat**	Sa., Disp.; Am. 2127375	**Sa., Disp.**
5193	**Octylbenzylphosphin-säure**	Sa.; Am. 2594454	**Sa.**
5194	**Octyldiäthylenglykol-sulfat**	Sa. f. d. Flot. nichtsulfid. Mineralien; Am. 2120217	**Sa.**
5195	**Octyldiäthylentriamin-hydrobromid, -hydrochlorid**	s. Dodecyloctyldiäthylentriaminhydro-bromid, -hydrochlorid; Sa.	**Sa.**
5196	**Octyldinitril**	Sa. f. d. Erz-Flot.; Can. 395283	**Sa.**
5197	**Octyldithiocarbamat**	Sa.; DP. 871132	**Sa.**
5198	**Octylessigsäure**	s. = Decylsäure; Sa.	**Sa.**
5199	**Octylester**	Glyzerin-, Diäthylenglykol-octylester als Sa/Sch.; Am. 2362432	**Sa/Sch.**
5200	**Octylglykol**	Sch. f. d. Kalirohsalz-Flot.; DP. 872182	**Sch.**
5201	**Octylguanidin**	Sylvin-Sa.; „Chemie-Ing.-Techn." 1955, 2	**Sa.**
5202	**Octylimidazol**	kationakt. Sa.; Brit. 578694 Flockm. beim Filtrieren v. Schlämmen; Am. 2509260	**Sa., Flockm.**
5203	**Octylimidformiat, -hydrochlorid**	Sa. f. d. Flot. saurer Mineralien; Brit. 568186	**Sa.**
5204	**Octylketon**	s. Dioctylketon = Pelargon; Sch., Lösm. Sch. f. d. Flot. oxyd. Erze; Am. 2000350	**Sch., Lösm.**
5205	**Octylkresol**	Sch.; Can. 390793	**Sch.**

Lfd. Nr.	Bezeichnung (Zusammensetzung)	besondere Verwendung mit zugehöriger Literaturangabe	Verwendungs-überblick
5206	**Octylkresyldihydrophosphat**	Sch.; Östr. 176564	**Sch.**
5207	**Octylkresylmethylhydroperoxyd**	Sch. f. d. Kohlen- u. Erz-Flot.; Am 2545132	**Sch.**
5208	**Octylkresylphosphinsäure**	Sa.; Am. 2594454	**Sa.**
5209	**Octylkresylpolyoxyäthylenätheralkohol**	Sa/Sch.; Franz. 1109798 Sch.; Brit. 782107, 782407, Belg. 532530	**Sa/Sch., Sch.**
5210	**Octylmercaptan**	Sa. f. oxyd. Eisenerze; Am. 2125337, 2410377	**Sa.**
5211	**Octylmercaptosulfenamid**	Sa.; Am. 2807615	**Sa.**
5212	**Octylmethacrylat/ Laurinmethacrylat-Copolymer**	s. Acryloid 170; Netzm.	**Netzm.**
5213	**Octylnaphthalinphosphinsäure**	Sa.; Am. 2594454	**Sa.**
5214	**Octylnaphthalinpolyoxyäthylenätheralkohol**	Sa/Sch.; Franz. 1109798 Sch.; Brit. 782107, 782407, Belg. 532530	**Sa/Sch., Sch.**
5214a	**Octylnaphthalinsulfonat**	s. Alkylnaphthalinsulfonat; Sa., Sa/Sch., Netzm., Disp., Flockm., Kondm., Regler	**Sa., Sa/Sch., Netzm., Disp., Flockm., Kondm., Regler**
5215	**Octylnaphthylmethylhydroperoxyd**	Sch. f. d. Kohlen- u. Erz-Flot.; Am. 2545132	**Sch.**
5216	**Octylnatriumsulfonat**	Sa. f. d. Flot. kieserit. Kalirohsalze; DP. 918861	**Sa.**
5217	**Octylnonenthiol**	Sa., Netzm.; Am. 2346102	**Sa., Netzm.**
5218	**Octyloxyäthylenätheralkohol**	s. Alkyloxyäthylenätheralkohol; Sa/Sch., Sch.	**Sa/Sch., Sch.**
5219	**Octylphenol**	= Diisobutylphenol Sch.; Am. 2250190, Brit. 390793 Sch/Sa. f. Pb-Erze; „Engrg. Min. J.", Juni 56, 113	**Sch., Sch/Sa.**
5220	**Octylphenolpolyoxyäthylenäther**	s. Triton NE; Sa/Sch.; Netzm., Emulg.	**Sa/Sch., Netzm., Emulg.**
5221	**Octylphenolpolyoxyäthylenester**	s. Igepal CA Extra; Netzm., Emulg.	**Netzm., Emulg.**
5222	**Octylphenoxycarbonsäure**	Sa., insbes. f. schwerspathaltigen Flußspat; DP. 962871	**Sa.**
5223	**Octylphenoxypolyoxyäthylenäthanol**	s. Isooctylphenoxypolyoxyäthylenäthanol; Netzm.	**Netzm.**
5224	**Octylphenyldihydrophosphat**	Sch.; Östr. 176564	**Sch.**
5225	**Octylphenylmethylhydroperoxyd**	Sch. f. d. Kohlen- u. Erz-Flot.; Am. 2545132	**Sch.**

Lfd. Nr.	Bezeichnung (Zusammensetzung)	besondere Verwendung mit zugehöriger Literaturangabe	Verwendungs-überblick
5226	**Octylphenylphosphat**	Sch.; DP. 894561	**Sch.**
5227	**Octylphenylphosphin-säure**	Sa.; Am. 2594454	**Sa.**
5228	**Octylphenylpoly-äthylenäther**	als Netzm.; DP. 1030802	**Netzm.**
5229	**Octylphenylpolyoxy-äthylenätheralkohol**	Sa/Sch.; Franz. 1109798 Sch.; Brit. 782107, 782407, Belg. 532530	**Sa/Sch., Sch.**
5230	**Octylphenylsulfonat**	s. Invadin N; Sa.	**Sa.**
5231	**Octylphosphat**	Sa. f. Nichtsulfide; Am. 2120217 s. Victawet 12, 14; Disp.	**Sa., Disp.**
5232	**Octylphthalamat**	Sa., Netzm.; Am. 2101323	**Sa., Netzm.**
5233	**Octylphthalat**	Sch. f. d. Kohlen-Flot.; Am. 2099120	**Sch.**
5234	**Octylpimelat**	Sch.; DP. 904762, Am. 2690260	**Sch.**
5235	**Octylpolyalkylen-polyamid, -amin**	Sa. f. quarzige Erze; Am. 2569417	**Sa.**
5236	**Octylpolyäthylenäther**	Netzm.; DP. 1030802	**Netzm.**
5237	**Octylpolyoxyäthylen-äther**	Sch. allgemein, Sa/Sch. f. d. Kohle-Flot.; Brit. 782107, Belg. 532530	**Sa/Sch., Sch.**
5238	**Octylpolyäthylenoxyd**	s. Alkylpolyäthylenoxyd; Sa/Sch., Netzm., Disp., Emulg.	**Sa/Sch., Netzm., Disp., Emulg.**
5239	**Octylpolyoxyäthylen-ätheralkohol**	Sch. u. Sa/Sch. f. d. Kohle-Flot.; Brit. 782107, 782407, Franz. 1109798, Belg. 532530	**Sa/Sch., Sch.**
5240	**Octylpolyoxynitroso-phenol**	Sa/Sch. f. silikat. Cu-Erze; „Chemical Abstracts" 1953, 1549	**Sa/Sch.**
5241	**Octylpyridin**	s. Repellate; Netzm.	**Netzm.**
5242	**Octylpyridiniumbromid**	kationakt. Quarz-Sa. b. d. Quarz/Kalk-stein-Flot.; Am. 2341046	**Sa.**
5243	**Octylpyridiniumchlorid**	kationakt. Quarz-Sa. f. d. Quarz/Kalk-Flot.; Am. 2341046 Sa.; Am. 2389763, Brit. 463261	**Sa.**
5244	**Octylpyridiniumjodid**	Sa.; Am. 2389763, Brit. 463261	**Sa.**
6245	**Octylpyrophosphat**	Sa. f. oxyd. Eisenerze; DP. 844131	**Sa.**
5246	**Octylsäure**	= Hexylessigsäure, Octansäure, Octoyl-säure, Octinsäure, Caprylsäure, Capril-säure, $C_7H_{15}COOH$ Sa.; DP. 745363 s. Mercaptocaprylsäure; Dr.	**Sa.**
5247	**Octylsäure/Diäthylen-glykol-Ester**	Sa/Akt. f. Nichtsulfiderze; Am. 2362432	**Akt.**
5248	**Octylsäure/Glyzerin-Ester**	Sa-Akt. f. Nichtsulfiderze; Am. 2362432	**Akt.**
5249	**Octylsäure/Nitril-Mischung**	Erz-Sa.; Am. 2166093	**Sa.**
5250	**Octylsilicon**	Erz-Sa.; „Chemical Abstracts" 1958, 8918	**Sa.**
5251	**Octylsuberat**	Sch.; DP. 904762, Am. 2690260	**Sch.**
5252	**Octylsuccinat**	Sch. f. Kohle u. Nichtsulfide; Am. 2099120	**Sch.**
5253	**Octylsulfamido-Verbdgg.**	s. Alkylsulfamido-Verbdgg.; Sa.	**Sa.**

Lfd. Nr.	Bezeichnung (Zusammensetzung)	besondere Verwendung mit zugehöriger Literaturangabe	Verwendungs-überblick
5254	**Octylsulfat** (= Octylalkohol-Capryl-sulfat)	Sylvin-Sa.; Am. 2182845 Sa., insbes. f. Nichtsulfide; Am. 2074699, 2120217 s. = Duponol C; Sa. s. = Duponol 80; Sa., Disp., Netzm., Emulg. s. = Duponol 100; Sa. s. Texapon; Netzm. s. Alkylsulfate; Sa., Sa/Sch., Sch., Netzm., Flockm., Kondm., Emulg.	**Sa., Sa/Sch., Sch., Netzm., Flockm. Disp., Kondm., Emulg.**
5255	**Octylsulfenamid**	Sa.; Am. 2807615	**Sa.**
5256	**Octylsulfenyltrithio-carbonat**	Sa.; Am. 2634291	**Sa.**
5257	**Octylsulfoacetat**	Sa. f. Nichtsulfide; Am. 2120217	**Sa.**
5258	**Octylsulfonat**	Sa. f. d. Kalisalz-Flot.; DP. 806842, 840682, 918861 Sa.; Petersen 163 Netzm.; DP. 802389 Netzm. z. Verbesserung d. Filtration v. Flot.-Konzentraten; „Chem. Ztrlbl.“ 1959, 14544 Netzm. z. Zerstören v. Kohlenflot.-Schäumen; „Glückauf“ 1932, 626 Netzm. z. Viscositätsminderung v. Schwerstofftrüben der Schwimmsink-scheidung; DP. 1089701 s. Alkylsulfonate; Sa., Sa/Sch., Netzm., Dr., Disp., Kondm., Akt.	**Sa., Sa/Sch., Netzm., Dr., Disp., Kondm., Akt.**
5259	**Octylsulfosuccinat**	s. Dioctylsulfosuccinat; Sa., Netzm., Akt.	**Sa., Netzm., Akt**
5260	**Octylsulfotricaballylat**	s. Trioctylsulfotricaballylat; Sa.	**Sa.**
5261	**Octylthiocarbonat**	Sa.; Stüpel	**Sa.**
5262	**Octylthiophan**	Sa. f. sulfid. Zinkerze; Can. 393245	**Sa.**
5263	**Octylthiophosphat**	Sa.; Brit. 310186	**Sa.**
5264	**Octylthiophosphoryl-bromid**	s. Dioctylthiophosphorylbromid; Sa/Sch.	**Sa/Sch.**
5265	**Octylthiophosphoryl-chlorid**	s. Dioctylthiophosphorylchlorid; Sa., Sa/Sch.	**Sa., Sa/Sch.**
5266	**Octylthiosulfat**	Sa.; Am. 1723295	**Sa.**
5267	**Octylthiourethan**	Sa.; Can. 311054	**Sa.**
5268	**Octyltolylmethyl-hydroperoxyd**	Sch. f. d. Kohlen- u. Erz-Flot.; Am. 2545132	**Sch.**
5269	**Octyltriäthylammo-niumjodid**	Sa.; Am. 2389763	**Sa.**
5270	**Octyltrimethylamin**	Sa. f. d. selektive Sulfiderz-Flot.; „Erz-metall“ 1958, 199/209	**Sa.**
5271	**Octyltrimethylammo-niumchlorid**	s. = Arquad 8; Sa.	**Sa.**
5172	**Octyltrithiocarbonat**	Sa.; Am. 2600737	**Sa.**

Lfd. Nr.	Bezeichnung (Zusammensetzung)	besondere Verwendung mit zugehöriger Literaturangabe	Verwendungs-überblick
5273	**Octylxanthogenformiat**	Sa. f. d. Sulfiderz-Flot.; Am. 2412500	**Sa.**
5274	**Octylxylylmethyl-hydroperoxyd**	Sch. f. d. Kohlen- u. Erz-Flot.; Am. 2545132	**Sch.**
5275	**Octylxylylphosphin-säure**	Sa.; Am. 2594454	**Sa.**
5276	**Octylxylylpolyoxy-äthylenätheralkohol**	Sa/Sch.; Franz. 1109798 Sch.; Brit. 782107, 782407, Belg. 532530	**Sa/Sch., Sch.**
5277	**Oiticicaöl/Castoröl-Kondenspr.**	oxyalkyliertes **O.**; Sa., Netzm.; Am. 2510335	**Sa., Netzm.**
5278	**Oleate** (= $CH_3\cdot(CH_2)_7\cdot CH$: $CH\cdot(CH_2)_7\cdot COONa$, Oleinsäureseifen)	Sa.; Petersen 189 Na-Oleat als Sch.; Brit. 105627 Na-Oleat als anionakt. Quarz-Sa. f. d. Eisenerz-Flot.; Am. 2364778, 2419945 Na-Oleat als Sa. f. oxyd. u. Nichterz-mineralien; „Engrg. Min. J.", Juni 1956, 116 Na-Oleat als Sa. f. d. Flot. v. Baryt bzw. mit Fe_2O_3 verunreinigtem Baryt; DP. 1061715 Alkali-Oleat als Sa/Sch. z. Ausschwimmen As-haltiger Begleitmineralien, wie Tilasit, aus mit Maisstärke gedrückten Mn-Erzen; Franz. 1137115 Na-Oleat als Sa. f. d. Diamat-Flot.; „Glückauf" 1959, 1339 s. Diaminooleat; Sa. Na-Oleat als Emulg. f. Pechblende-Sa.; „The Min. J.", 1960, 687 s. Fettsäureseifen; Sa., Sa/Sch., Netzm., Flockm.	**Emulg., Sa., Netzm., Sa/Sch., Flockm.**
5279	**Oleatdithiophosphat**	Kondm. z. Hydrophobieren d. Oberfläche von Diamanten f. d. Haftscheidung; „Montanwissenschaftl. Literatur-berichte" 1960, 456	**Kondm.**
5280	**(Na)-Oleat/Medialan-Mischung**	Sa/Sch. f. oxyd. Fe-Erze; „Bergb.-Wiss." 1960, 363/78	**Sa/Sch.**
5281	**Na-Oleat/Phosphor-kresylsäure-Mischg.**	Sa/Sch. f. d. Flußspat-Flot.; Brit. 319685	**Sa/Sch.**
5282	**Oleatsulfonat**	s. Glyzerinmono-**O.**; Sa. s. Glyzerinoleatsulfonat; Sa. s. Glyzerinrizinoleatsulfonat; Sa. s. Sorbitantrioleatsulfonat; Sa. s. Mannitoleatsulfonat; Sa. s. Äthyloleatsulfonat; Sa. s. Diäthylenglykol-, Propylenglykolmono-oleatsulfonat; Sa.	**Sa.**
5283	**Olefine** (= Alkene, Alkylene)	s. Diisobutylen, Penten, Dodecen, Hexa-decen, Octadecen; Kondm., Modif. s. Tetraisopropylenderivat; Netzm.	**Modif., Kondm., Netzm.**
5284	**Oleinalkohol**	= Oleyl-, Elain-, Octadecenylalkohol, $C_{18}H_{35}OH$ Sa/Sch.; Am. 2012609	**Sa/Sch.**
5285	**Oleinalkoholpolygly-koläther**	s. Leonil O; Netzm.	**Netzm.**

Lfd. Nr.	Bezeichnung (Zusammensetzung)	besondere Verwendung mit zugehöriger Literaturangabe	Verwendungs-überblick
5286	**Oleinalkoholsulfat**	s. = Oleinsulfat; Sa., Netzm.	**Sa., Netzm.**
5287	**Oleinamin** (= Oleyl ...., Elain ...., Octadecenylamin)	Sylvin-Sa.; DP. 919703, 1008222, Am. 2365805, 2721657 Carnallit-Sa.; DP. 969981 s. Armeen; Sa. s. Alamine 26; Sa. s. AM—1180; Sa. Oxydationsinhibitor b. d. Kohlen-Flot.; Am. 2346151	**Sa.**
5288	**Oleinaminacetat** ($C_{18}H_{35}NH_2O_2C_2H_3$)	Carnallit-Sa.; DP. 969981 s. „AM—1180", „Armac TD"; Sa.	**Sa.**
5289	**Oleinaminoäthylsulfonat**	s. Igepon T; Sa., Netzm., Flockm., Emulg.	**Sa., Netzm., Flockm., Emulg.**
5290	**Oleinaminpthalamat**	Sa., Netzm.; Am. 2101323	**Sa., Netzm.**
5291	**Oleinamin/Stearinamin-Mischg.**	Sa. f. d. Flot. kieserit. Kalirohsalze; DP. 895287	**Sa.**
5292	**Oleinäthanolamidsulfat**	s. = „Igepon C"; Netzm., Flockm.	**Flockm., Netzm.**
5293	**Oleinäthionat**	s. Igepon A; Netzm.	**Netzm.**
5294	**Oleinäthylendiamin**	Carnallit-Sa.; DP. 969981	**Sa.**
5295	**Oleinäthylendiaminacetat**	Carnallit-Sa.; DP. 969981	**Sa.**
5296	**Oleinäthylendiamintrimethylammoniummethylsulfat**	Sa.; Brit. 463261	**Sa.**
5297	**Oleinäthylendiamintrimethylammoniumäthylsulfat**	Sa.; Brit. 463261	**Sa.**
5298	**Oleinbenzolsulfonat**	Sa. f. d. Flot. oxyd. Eisenerze; DP. 844131	**Sa.**
5299	**Olein/Cetylalkoholpolyglykoläther**	s. Leonil O; Netzm. Flockm.; Schönfeldt	**Netzm., Flockm.**
5300	**Oleindiamin**	s. „Cataflot S"; Sa.	**Sa.**
5301	**Oleindiäthylenglykol**	NH_4-O. als Sa. f. Nichtsulfide; Am 2120217	**Sa.**
5302	**Oleindithiophosphat**	Kondm. z. Hydrophobieren d. Oberfläche von Diamanten f. d. Haftscheidung; „Montanwissenschaftliche Literaturberichte" 1960, 456 Sa.; Am. 2063629	**Sa., Kondm.**
5303	**Olein-/Hexadecylsulfat**	s. Empicol CHC; Netzm. s. Nyfapon U; Netzm.	**Netzm.**
5304	**Oleinhydroxybutylamid/Schwefelsäure-Ester**	s. = Igepon B; Netzm.	**Netzm.**
5305	**Oleinlysalbinat**	s. Lamepon A; Netzm. s. Maypon C; Netzm.	**Netzm.**
5306	**Oleinmethyltaurid**	s. „Igepon T"; s. d.; Netzm., Sa., Flockm., Emulg.	**Netzm., Sa., Emulg., Flockm.**
5307	**Oleinoxyäthylsulfonat**	s. Igepon A; Netzm., Emulg.	**Netzm., Emulg.**
5308	**Oleinphosphat**	Sa. f. d. Flot. oxyd. Eisenerze; DP. 844131	**Sa.**
5309	**Oleinpotalbinat**	s. = Oleinlysalbinat; Netzm., Emulg.	**Netzm., Emulg.**

Lfd. Nr.	Bezeichnung (Zusammensetzung)	besondere Verwendung mit zugehöriger Literaturangabe	Verwendungs-überblick
5310	**Oleinlysalbinat-Na**	= Oleinpotalbinat, Lamepon; Emulg.; Manegold 43 s. Lamepon; Netzm., Emulg. s. Maypon C; Netzm.	**Netzm., Emulg.**
5311	**Oleinsarcosinsäure**	s. Sarcosyl-O; Sa/Sch., Emulg.	**Sa/Sch., Emulg.**
5312	**Oleinsäure** ($C_{17}H_{33}COOH$; Octadecensäure, Rotöl, Ölsäure, Elainsäure)	Sa. f. d. Mn-Erz-Flot.; „Chem. Ztrlbl." 1941, II, 3238 Zinnstein-Sa.; „Erzmetall" VIII, 153 s. „Emersol 201"; Sa. s. „Neo-Fat"; Sa. s. = „Rotöl"; Sa. Sa/Sch. b. d. Kieserit-Flot.; DP. 1064891 Bestandteil d. Tallöls; Sa.; „Bergb.-Wiss." 1958, 34 Netzm.; „Aach. Bl." 1958, H. 1/2, 12 Kondit.-Mittel f. elektrostat. aufzubereitende Mineralien; DP. 1076593 Sa/Sch. f. d. Diamant-Flot.; „Glückauf" 1959, 1338 Sa. f. quarzige Eisenerze; „Min. Engrg." 1959, 922 Kondm. f. d. Zerkleinerung v. Mineralien; DP. 1071455	**Kondm., Sa., Sa/Sch., Netzm.**
5313	**Oleinsäure/Alkylsulfat-Mischg.**	Sa/Sch. f. oxyd. Eisenerze, Chromit, Phosphatit, Flußspat usw.; Can. 598232	**Sa/Sch.**
5314	**Oleinsäure/Aminoäthansulfosäure-Reaktpr.**	als Netzm. b. d. Erz-Sedimentation, -Herd- u. Setzwäsche; Am. 2266954 s. Hostapon T; Sa/Sch.	**Netzm., Sa/Sch.**
5315	**Oleinsäureäthanolamidsulfat**	s. Igepon C; Netzm.	**Netzm.**
5316	**Oleinsäure/Benzolsulfonsäure-Reaktpr.**	als Sa.; Brit. 553982	**Sa.**
5317	**Oleinsäure/Diäthyldiäthylendiamin-Reaktpr.**	s. Sapamine; Sa., Netzm.	**Sa., Netzm.**
5318	**Oleinsäurediselenocyanat**	Sa. f. sulfid. oder oxyd. Mineralien; Am. 1863013	**Sa.**
5319	**Oleinsäuredithiocyanat**	Sa. f. sulfid. oder oxyd. Mineralien; Am. 1863013	**Sa.**
5320	**Oleinsäureester**	s. „Pentamull" = Oleinsäurepentaerythritolester; Disp. s. Diäthylenglykoläthersulfoacetatoleinsäureester; Sa.	**Disp., Sa.**
5321	**Oleinsäureestersulfonat**	s. Igepon AP; Sa., Netzm., Flockm.	**Sa., Netzm., Flockm.**
5322	**Oleinsäure/Gasöl-Emulsion**	Sa/Sch. f. d. Flot. von Manganerzkonzentraten aus der Hydrozyklonscheidung; „Chem. Ztrlbl." 1961, 275	**Sa/Sch.**
5323	**Oleinsäureglyceridselenocyanat**	Sa. f. sulfid. u. oxyd. Mineralien; Am. 1863013	**Sa.**
5324	**Oleinsäureglyceridthiocyanat**	Sa. f. sulfid. u. oxyd. Mineralien; Am. 1863013	**Sa.**

Lfd. Nr.	Bezeichnung (Zusammensetzung)	besondere Verwendung mit zugehöriger Literaturangabe	Verwendungs-überblick
5325	**Oleinsäureisäthionsäureester**	s. Antaron N—185; Fenopon A, Igepon A u. AP; Netzm., Emulg.	**Netzm., Emulg.**
5326	**Oleinsäure/Kresol-Mischung**	Sch.; Am. 2069365, Brit. 294198	**Sch.**
5327	**Oleinsäure/Kresol/Varlacoid-Mischg.**	anionakt. Quarz-Sa.; Am. 2364777	**Sa.**
5328	**Oleinsäuremethyltaurid**	s. Antaron L—135, Arctic Syntex T, Cyclopon A, Fenopon A, Hostapon T, Igepon T, Neopol T; Netzm. s. Hostapon T; Sa/Sch.	**Sa/Sch., Netzm.**
5329	**Oleinsäure/Octadecylalkoholsulfat-Mischung**	Sa/Sch. f. oxyd. u. nichtsulfid. Mineralien; DP. 1029761	**Sa/Sch.**
5330	**Oleinsäure/Palmitoleinsäure-Mischung**	s. Fischölfettsäuren; Sa.	**Sa.**
5331	**Oleinsäurepentaerythritolester**	nichtionog. Ton-Disp.; Am. 2797196	**Disp.**
5332	**Oleinsäure/Petroleumsulfonat-Reaktpr.**	als Sa.; Brit. 708475	**Sa.**
5333	**Oleinsäure/Petroleumsulfonat/Na-Oleat-Mischg.**	Sa. f. d. Flot. v. U-haltigem Granit; „The Mining J." 1961, 42	**Sa.**
5334	**Oleinsäure/Polyalkylenpolyamin-Kondspr.**	Sa. z. Ausschwimmen von Quarz aus Phosphatmineralien oder von Glimmer u. Feldspat aus quarzhaltigen Mineralien; Am. 2364272, Brit. 547292	**Sa.**
5335	**Oleinsäurepolyoxyäthylenkondensat**	s. Texofor Cl; Sch.	**Sch.**
5336	**Oleinsäure/Polyphosphat-Mischung**	Kondm. z. Verbesserung d. Zerkleinerung von Mineralien; DP. 1071455	**Kondm.**
5337	**Oleinsäure/Reagenz 40-Emulsion**	als Flußspat-Sa.; „Erzmetall", Jan. 60, S. 41	**Sa.**
5338	**Oleinsäuresarkosid**	s. Medialan A; Sa/Sch., Netzm. s. Neopol; Netzm.	**Sa/Sch., Netzm.**
5339	**Oleinsäureseifen**	s. = Oleate; Sa., Sa/Sch.	**Sa., Sa/Sch.**
5340	**Oleinsäuresulfonat**	Ölsäure, behandelt mit 20 Gew.-% H_2SO_4 oder Chlorsulfonsäure, als Sa. f. oxyd. Fe-Erze; DP. 844131 s. Mersolat; Sa/Sch., Kondm., Netzm. Emulg. f. Sa-Emulsionen; DP. 668641	**Sa/Sch., Emulg., Sa., Kondm., Netzm.**
5341	**Oleinsäure/Na-Sulfonat/Na_2SiO_3/Wasser-Reaktpr.**	Flußspat-Sa.; Am. 2698088	**Sa.**
5342	**Oleinsäuretaurid**	s. Hostapon T; Sa/Sch., Netzm.	**Sa/Sch., Netzm.**
5343	**Oleinsäure/Toluolsulfosäure-Reaktpr.**	Sa.; Brit. 553982	**Sa.**

Lfd. Nr.	Bezeichnung (Zusammensetzung)	besondere Verwendung mit zugehöriger Literaturangabe	Verwendungs-überblick
5344	**Oleinsulfat** (= Oleinalkoholsulfat)	Sa.; Am. 2074699, 2120217 s. Duponol CA; Sa. s. Alkylsulfat; Sa., Netzm., Emulg. Sylvin-Sa.; „Chemie-Ing.-Techn.“ 1955, 2 s. Cyclanon O, Gardinol CA, Sulfetal O; Netzm.	**Sa., Netzm., Kondm., Emulg.**
5345	**Oleinsulfat/Dodecyl-sulfat-Mischung**	s. Sulfetal OC; Netzm. Netzm.; Am. 2266954	**Netzm.**
5346	**Oleinsulfat/Undecan- oder Undecen-Mischung**	als Sa/Sch.; DP. 906321	**Sa/Sch.**
5347	**Oleinsulfoacetat**	Sa. f. Nichtsulfide; Am. 2120217 Sa., Netzm.; Am. 2166141/145	**Sa., Netzm.**
5348	**Ölemulsionen**	= durch Seifen in beständige Emulsionen übergeführte wasserunlösl. Mineral-, Tier- oder Pflanzenöle; Sa.; Petersen 192 instabile Öl-in-Wasser-Emulsion als Netzm. z. Aufsprühen auf Kohle vor dem Sieben oder Windsichten; DP. 1076592 s. Kerosinsulfat-, Waschölsulfat-Emulsion; Sa.	**Sa., Netzm.**
5349	**Oleylakohol**	s. = Oleinalkohol; Sa/Sch.	**Sa/Sch.**
5350	**Olivenöl**	z. Konditionieren von elektrostatisch aufzubereitenden Kalisalzen; DP. 1076593 Chromit-Sa.; Am. 2412217	**Sa., Kondm.**
5351	**Olivenölglyzerinester/Alkylamin-Mischung**	Sa. f. d. schaumlose Flot. von grobkörnigem Sylvinit; Am. 2937751	**Sa.**
5352	**Olivenölsulfonat**	Sa.; Petersen 170 s. Türkischrotöl; Sa., Sa/Sch., Modif., Netzm., Emulg., Kondm.	**Sa., Sa/Sch., Modif., Netzm., Emulg., Kondm.**
5353	**Omo**	ein Alkylarylsulfonat; als Flockm. f. Kohlenzechenabwässer; „Colliery Engrg.“, März 1959, S. 105/110	**Flockm.**
5354	**Önanthal**	s. = Heptaldehyd; Sa.	**Sa.**
5355	**Önanthaldehyd**	s. = Heptaldehyd; Sa.	**Sa.**
5356	**Önanthon**	s. = Dihexylketon; Sch., Lösm.	**Sch., Lösm.**
5357	**Önanthsäure**	s. = Heptylsäure; Sa., Sa/Sch.	**Sa., Sa/Sch.**
5358	**„Onium“-Verbdgg.**	s. „Quaternäre Onium-Verbdgg.“; Sa., Sa/Sch., Sch., Netzm., Emulg.	**Sa., Sa/Sch., Sch., Netzm., Emulg.**
5359	**OP-10** (R–  –$O(CH_2CH_2O)_9CH_2CH_2OH$, (R = vorwiegend C_8H_{17})	ein Alkylphenol/Äthylenoxyd-Reaktpr.; als Netzm.; als Sch/Sa. f. mit Kohle verunreinigte sulfid. Erze, wie HgS, $CuFeS_2$, PbS, FeS_2, MoS_2, insbes. f. d. Flot. von Zinnober (HgS); „Chem. Ztrlbl.“ 1960, S. 278	**Sch/Sa., Netzm.**
5360	**Opoil**	= Tallöl/Fettsäure-Mischg.; Pyrit-Sa.; Am. 2669355	**Sa.**
5361	**Oranap**	= Na-Alkylnaphthalinsulfonat; Sa. f. oxyd. Eisenerze; DP. 844131	**Sa.**
5362	**Oranit B**	= Polyalkylnaphthalinsulfonat; Netzm.; Blücher „Auskunftsbuch f. d. chem. Industrie“ 1954, 773	**Netzm.**
5363	**Organophosphinsäuren**	u. deren Ester als Sa.; Am. 2594454	**Sa.**

Lfd. Nr.	Bezeichnung (Zusammensetzung)	besondere Verwendung mit zugehöriger Literaturangabe	Verwendungs-überblick
5364	**Organophosphonsäuren**	u. deren Ester als Sa.; Am. 2594454	**Sa.**
5365	**Organopolysiloxane**	als Sa.; „Aach. Bl.", April 59, H. 1, S. 1—24 s. Dow Corning Silicone Fluid 550; Sa. s. Dow Corning Silicone Fluid F-258; Sa. s. Dow Corning Silicone Fluid 200; Sa. Hilfs-Sa. neben einem Alkylamin als Sylvin-Sa. b. d. Flot. v. grobkörnigem Sylvinit; Am. 2934208 s. Dimethyl-, Phenyl-, Methylhydrosilicon; Sa.	**Sa.**
5366	**Organosulfhydrate**	s. = Mercaptane; Sa.	**Sa.**
5367	**Organothiophosphin-säuren**	u. deren Ester als Sa.; Am. 2594454	**Sa.**
5368	**Organothiophosphon-säuren**	u. deren Ester als Sa.; Am. 2594454	**Sa.**
5369	**Ornithin** ($H_2N(CH_3)CH(NH_2)$-COOH)	= Polyaminomonocarbonsäure, Diaminovaleriansäure; Gangart-Dr.; Am. 2414199 u. „Min. Techn." 1946, 279	**Dr.**
5370	**Ornite**	Alkylarylsulfonat; Mittel z. Kontrolle d. Größe d. Agglomerate b. d. Agglomerierung v. Mn-Erzen durch Flotation; „Min. Engrg." 1957, 1368/72	**Netzm.**
5371	**Oronite D-40, D-60**	= Alkylbenzolsulfonat; Netzm.; Stüpel = Phenylpolypropylenalkansulfonat; Am. 2903431	**Netzm.**
5372	**Oronite Purified Sulfo-nat-L**	= Mahoganypetroleumsulfonat; als Sa. f. d. Baryt-Flot.; Am. 2834463	**Sa.**
5373	**Oronite S**	= Na-Salz d. sulfon. Reaktionsproduktes aus Tetraisopropylen u. einem niederen Benzolhomolog; Netzm. b. d. MnO_2-Flotation; Am. 2861687	**Netzm.**
5374	**Oronite Wetting Agent**	öllösl. Erdöl-Nebenprod.; Sa.; „Engrg. Min. J.", Juni 1956, 114	**Sa.**
5375	**Oranite Wetting Agent S**	wasserlösl. anionakt. Netzm. aus 51% Na-Sulfonat, 7% Na SO_4 u. 41% Wasser; Emulg. f. Tallöl/Heizöl-Emulsion z. Fl. v. oxyd. Mn-Erzen; „Bulletin No. R_1—B_3 Reagents" 1955	**Emulg., Netzm.**
5376	**Orvus Es-Paste**	= prim. Alkylsulfat [$>C_{12}$]; Netzm.; Stüpel	**Netzm.**
5377	**Orso**	= geblasene neutrale Seife eines Pflanzenöles; Sa. f. d. Wolframit-Flot.; Michell, „The Practice of Mineral Dressing" 1950, 261 Sa.; „Min. J.", Juli 43, 338/39, „Engrg. Min. J.", Juni 1956, 114	**Sa.**
5378	**Orvus WA**	= Laurinsulfat; Netzm.; Stüpel	**Netzm.**
5379	**Orzan A**	= NH_4-Ligninsulfonat; Sa. f. d. Flot. seltener Erden; „Montan-Rdsch." 1957, Heft 7	**Sa.**

Lfd. Nr.	Bezeichnung (Zusammensetzung)	besondere Verwendung mit zugehöriger Literaturangabe	Verwendungs-überblick
5380	**Oxalsäure** (= Äthandisäure, Kleesäure, HOOC·COOH)	Netzm.; Am. 2208758, Brit. 526701 pH-Regler b. d. Flot. oxyd. Eisenerze; DP. 844131 Gangart Dr.; Petersen 208 Dolomit-Dr. b. d. Magnesit-Flot.; DP. 945081 Quarz-Dr.; „Chemical Abstracts" 1959, 2979 Ton-Disp.; DP. 405112 s. Dithiooxalsäure; Sa.	**Dr., Netzm., Disp., Regler**
5381	**Oxamide**	s. Dithiooxamid; Sa.	**Sa.**
5382	**Oxazole**	Mercaptooxazole als Sa.; Am 1801318 s. Alkaterge; Netzm.	**Sa., Netzm.**
5383	**Oxazolinchlorid**	s. Heptadecylamino- **O.**; Sa.	**Sa.**
5384	**Oxime**	Aldoxim = Aldehyd/Hydroxylamin-Reaktpr., Ketoxim = Keton/Hydroxylamin-Reaktpr. Sa.; Brit. 186760, „Chemical Abstracts" 1939, 5330 s. Aldoxime; Sa., Sch., Dr.	**Sa., Sch., Dr.**
5385	**Oxin**	s. = Chinolinol; Sa.	**Sa.**
5386	**Oxiran**	s. = Alkylenoxyd	**Sa/Sch., Netzm., Flockm.**
5387	**Oxiran-Verbindungen**	s. = Äthylenoxyd-Verbdgg.; Sa/Sch., Sch., Netzm., Flockm.	**Netzm., Sa/Sch., Flockm., Sch.**
5388	**Oxo-Verbdgg.**	= Aldehyde, Ketone, Ketene, Chinone; s. auch Hydroxy-Verbdgg. Oxo-Verbdgg. sind solche m. doppelt-gebundenem Sauerstoff-Atom: Aldehyde (R—CH=O), Ketone (R_2C=O), Ketene, Chinone (O==O); Klages	**Netzm., Sch., Sa., Regler, Dr.**
5389	**Oxol**	s. = Furan; Lösm.	**Lösm.**
5390	**Oxomethan**	s. = Formaldehyd; Netzm.	**Netzm.**
5391	**Oxy-Verbdgg.**	= Gruppenname f. d. **Gesamtheit** d. Hydroxy-Verbdgg.; „**Oxy**"-Verbdgg. werden unterteilt in d. eigentlichen **Hydroxy**-Verbdgg. (= Alkohole), **Alkoxy**-Verbdgg. (= Äther) u. **Acoxy**-Verbdgg. (= Ester); s. „Hydroxy"-Verbdgg.	**Sch., Sch/Sa., Netzm.**
5392	**Oxy . . .**	s. Hydroxy	
5393	**Oxyacetophenon**	s. Di-**O.**; Dr.	**Dr.**
5394	**Oxyacyldiamide**	Sa., Netzm.; Am. 2384080	**Sa., Netzm.**
5395	**Oxyaldehyde** (= Aldose; s. d.	s. Glykolaldehyd s. Aldose; Akt., Flockm.	**Akt., Flockm.**
5396	**Oxyaldehydpolymerisat**	s. Galaktose- u. Mannosepolymerisat; Dr., Flockm.	**Dr., Flockm.**
5397	**Oxyalkylamin/Carbonsäureacylhalogenid-Reaktpr.**	Sa. f. Pyrolusit; Am. 2389763	**Sa.**
5398	**Oxyalkylaminodioxan**	Netzm.; Sch/Sa.; Am. 2384605	**Netzm., Sch/Sa.**

Lfd. Nr.	Bezeichnung (Zusammensetzung)	besondere Verwendung mit zugehöriger Literaturangabe	Verwendungs-überblick
5399	**Oxyalkyldimethyl-methylendiphenol**	Sa.; Am. 2564191	**Sa.**
5400	**Oxyalkyldimethyl-methylendixylenol**	Sa.; Am. 2564191	**Sa.**
5401	**Oxyalkyldiolester**	Sa/Sch., Netzm.; Am. 2446045	**Sa/Sch., Netzm.**
5402	**Oxyalkylenäther**	s. Polyoxyalkylenäther; Sch.	**Sch.**
5403	**Oxyalkylglyoxalharz**	Sa.; Am. 2564192	**Sa.**
5404	**Oxyalkylphenolalde-hydharze**	Sa., Netzm.; Am. 2581367	**Sa., Netzm.**
5405	**Oxyalkylphenolfur-furolharze**	Sa., Netzm.; Am. 2589062	**Sa., Netzm.**
5406	**Oxyalkylphenolharze**	Sa.; Am. 2564191, 2564192 u. 2571116	**Netzm., Sa.**
5407	**Oxyamine**	s. = Aminoalkohole; Sa., Dr., Netzm., Flockm., Lösm., Emulg. Oxyamine von Glykolen, Zuckern, Zuckeralkoholen, z. B. von Äthylenglykol, Diäthylenglykol, cycl. Oxyamine, wie Cyclohexyläthanolamin, Mannitoloxyamine, Cyclohexylbutanolamin; Sa.; Am. 2389763 s. Glyzerinoxyamin; Sa.	**Sa., Dr., Netzm., Flockm., Lösm., Emulg.**
5408	**Oxyamino-Fettsäure-ester**	s. = „Negamine 142A“; als Netzm.; Am. 2797196 s. = Aminoalkohol/Fettsäure-Ester; Sa/Sch., Netzm.	**Netzm.**
5409	**Oxyaminopropionsäure**	s. = Oxyalanin, Serin; Sa.	**Sa.**
5410	**Oxyanisol**	s. = Hydroxyanisol, Guajakol; Sch.	**Sch.**
5411	**Oxyanthrachinon**	s. Poly-. **O.** s. Polyoxychinolin s. Di-. **O.**=Chinizarin; Dr. s. Tetra.- **O.** = Chinalizarin; Dr.	**Dr.**
5412	**Oxyätherxanthate**	als Sa.; Am. 1970508	**Sa.**
5413	**Oxyäthylaminometh-oxypropandiol**	Sa.; Am. 2389763	**Sa.**
5414	**Oxyäthylbenzol**	Sa. f. d. Flot. oxyd. Antimonerze; „Chemiker Ztg.“, Nov. 59, 681/85, 746/53	**Sa.**
5415	**Oxyäthylcellulose/ Glykol-Mischung**	Schlamm-Sa. b. d. Sylvinit-Flot.; DP. 860032	**Sa.**
5416	**Oxyäthylcellulose/ Weißöl-Mischung**	Sa/Sch. f. Ca-haltige Mineralien, wie $CaWO_4$, CaF_2; Am. 2824643	**Sa/Sch.**
5417	**Oxyäthyldimethyl-morpholinformiat**	Netzm.; DP. 746108	**Netzm.**
5418	**Oxyäthylenätheralko-hol**	s. Poly-, Alkyl-, Aryl-, Alkylarylpolyoxyäthylenätheralkohol; Sa/Sch., Sch., Flockm.	**Sa/Sch., Sch., Flockm.**
5419	**Oxyäthylendiamin**	Sa.; Am. 2389763	**Sa.**
5420	**Oxyäthylenlaurin-alkohol**	s. Polyoxyäthylenlaurinalkohol; Emulg.	**Emulg.**
5421	**Oxyäthylenmannitan-palmitat**	Netzm. z. Verbesserung d. Kohlenentwässerung; Brit. 738061	**Netzm.**

Lfd. Nr.	Bezeichnung (Zusammensetzung)	besondere Verwendung mit zugehöriger Literaturangabe	Verwendungs-überblick
5422	**Oxyäthylenoctylphenol**	s. Triton x-100; Netzm.	**Netzm.**
5423	**Oxyäthylensorbitan-hexaoleat**	Netzm. f. d. Kohlen-Siebentwässerung; Brit. 738061	**Netzm.**
5424	**Oxyäthylensorbitan-monooleat**	s. Tween 81; Flockm.	**Flockm.**
5425	**Oxyäthylensorbitan-monopalmitat**	s. Tween 40; Flockm.	**Flockm.**
5426	**Oxyäthylensorbitan-monostearat**	s. Tween 60; Flockm.	**Flockm.**
5427	**Oxyäthylensorbitan-trilaurat**	Netzm. f. d. Kohlen-Siebentwässerung; Brit. 738061	**Netzm.**
5428	**Oxyäthylenthioäther**	s. Detergent MXP; Netzm.	**Netzm.**
5429	**Oxyäthylfettsäure**	s. Emulphor N-430; Netzm.	**Netzm.**
5430	**Oxyäthylenmorpholin-bromid**	Sa.; Brit. 463261	**Sa.**
5431	**Oxyäthylmorpholin-formiat**	s. Isododecyltrioxyäthylmorpholinformiat; Netzm.	**Netzm.**
5432	**Oxyäthylmyristin-amidinhydrochlorid**	Sa. f. saure Mineralien; Brit. 568186	**Sa.**
5433	**Oxyäthylpflanzenöl**	s. Emulphor EL-719; Netzm.	**Netzm.**
5434	**Oxybenzoeessigsäure-ester**	Alkyl- oder Aralkylester der Oxybenzoeessigsäure als Akt. f. sulfid. Erze; Am. 2689043/046	**Akt.**
	Oxybenzolazonaphthol	Sa. f. d. Magnesit-Flot.; DP. 945081	**Sa.**
5435	**Oxybenzolcarbonsäure**	s. = Salicylsäure; Sa., Dr., Regler, Kondm.	**Sa., Regler, Dr., Kondm.**
5436	**Oxybenzylakohol**	s. = Saligenin; Sch/Sa.	**Sch/Sa.**
5937	**Oxybutylbenzol**	s. Dioxybutylbenzol; Sa.	**Sa.**
5438	**Oxycarbonsäuren**	s. = Halogenfettsäuren; Sa.	**Sa.**
5439	**Oxychlorbenzol**	Netzm.; Am. 2208758, Brit. 526701	**Netzm.**
5440	**Oxycholesten**	s. Cholesterin; Sa.	**Sa.**
5441	**Oxydimethylbenzol**	s. = Xylenol; Sa., Sch/Sa.	**Sa., Sch/Sa.**
5442	**Oxydiphenyl**	Netzm.; Am. 2208758, Brit. 526701	**Netzm.**
5443	**Oxydiphenylsulfid**	Sa.; Can. 315858	**Sa.**
5444	**Oxydoäthan-Verbindungen**	s. = Äthylenoxyd-Verbdgg.; Sa/Sch., Netzm., Flockm.	**Netzm., Sa/Sch., Flockm.**
5445	**Oxyfumarsäure**	H—C—COOH ‖ HO—C—COOH Gangart-Dr.; Petersen 208 Schlamm-Disp.; Am. 1234288	**Dr., Disp.**
5446	**Oxyglukoside**	s. Polyoxyglukoside; Dr., Netzm., Disp., Flockm., Regler, Kondm.	**Dr., Netzm., Disp., Flockm., Regler, Kondm.**
5447	**Oxyglutaminsäure**	$HOOC—CHOH—CH_2—CH<^{COOH}_{NH_2}$ eine Aminosäure Zinnstein-Sa.; „Erzmetall" 1955, 153	**Sa.**

Lfd. Nr.	Bezeichnung (Zusammensetzung)	besondere Verwendung mit zugehöriger Literaturangabe	Verwendungs-überblick
5448	**Oxymaleinsäure**	H—C—COOH ‖ COOH—C—OH Gangart-Dr.; Petersen 208 Schlamm-Disp.; Am. 1234288	**Dr., Disp.**
5449	**Oxymethan**	s. = Formaldehyd; Netzm.	**Netzm.**
5450	**Oxymethansulfinsäure**	Alkali- u. Zn-Salze derselben als Zinkblende-Drücker b. d. Flot. sulfid. Pb/ZnS-Erze; DP. 1020282	**Dr.**
5451	**Oxymethansulfonsäure**	insbes. deren Alkali- oder Zn-Salze, als Zinkblende-Dr. b. d. Flot. sulfid. Pb/Zn-Erze; DP. 1020282	**Dr.**
5452	**Oxymethylen**	s. = Formaldehyd; Netzm.	**Netzm.**
5452a	**Oxymethylenblau**	Sa. f. Zn-Silikate; „Chemical Abstracts" 1955, 12235	**Sa.**
5553	**Oxnaphthalindisulfonsäure**	Netzm.; Am. 2208758, Brit. 526701	**Netzm.**
5454	**Oxynaphthochinon**	s. = Naphthalinsäure; Regler, Kondm., Dr. Dr.; Am. 2395866 s. Polyoxynaphthochinon; Dr.	**Kondm., Regler, Dr.**
5455	**Oxynaphtholsäure**	Sa.; Petersen 190	**Sa.**
5456	**Oxynaphtholsäure/Alkohol-Lösung**	Sa/Sch. f. oxyd. Erze; Am. 1960526	**Sa/Sch.**
5457	**Oxyneurin**	s· = Betain; Sa.	**Sa.**
5458	**Oxypentamethylenbutylmercaptosulfenamid**	s. = Butylmercaptosulfenylmorpholin; Sa.	**Sa.**
5459	**Oxyphenol**	s. = Resorcinol; Sch.	**Sch.**
5460	**Oxyphenylbenzol**	s. Dioxyphenylbenzol; Netzm.	**Netzm.**
5461	**Oxypropantricarbonsäure**	s. = Tricarballylsäure; Dr., Regler, Disp.	**Regler, Dr., Disp.**
5462	**Oxypropionsäure**	α-Oxypropionsäure = Milchsäure, Lactinsäure, β-Oxypropionsäure = Äthylenmilchsäure s. Milchsäure; Sch., Dr., Lösm., Regler	**Sch., Dr., Lösm., Regler**
5463	**Oxypropylenglykoläther**	s. Poly-**O.**; Sch., Sa/Sch.	**Sch., Sa/Sch.**
5464	**Oxypropylglukose/Bernsteinsäure-Reaktpr.**	Sa/Sch.; Am. 2626935	**Sa/Sch.**
5465	**Oxypropylglukose/Citraconsäure-Reaktpr.**	Sa/Sch.; Am. 2626935	**Sa/Sch.**
5466	**Oxypropylglukose/Dicarbonsäure-Reaktpr.**	als Sa/Sch.; Am. 2626935	**Sa/Sch.**
5467	**Oxypropylglukose/Diglykolsäure-Reaktpr.**	Sa/Sch.; Am. 2626935	**Sa/Sch.**
5468	**Oxypropylglukose/Maleinsäure-Reaktpr.**	Sa/Sch.; Am. 2626935	**Sa/Sch.**

Lfd. Nr.	Bezeichnung (Zusammensetzung)	besondere Verwendung mit zugehöriger Literaturangabe	Verwendungs-überblick
5469	**Oxypropylglukose/ Phthalsäure-Reaktpr.**	Sa/Sch.; Am. 2626935	**Sa/Sch.**
5470	**Oxysäuren**	wie Milchsäure, Zitronensäure u. deren Salze als Gangart-Dr.; Petersen 208 Disp. f. Flotationsschlämme; Am. 1234288 s. Milchsäure; Sch., Dr., Regler, Lösm. s. Oxyfumarsäure; Dr., Disp. s. Oxymaleinsäure; Dr., Disp. s. Tricarballylsäure; Regler	**Sch., Dr., Regler, Disp., Lösm.**
5471	**Oxystearinsäure**	z. Konditionieren v. elektrostat. aufzubereitenden Kalisalzen; DP. 1076593	**Kondm.**
5472	**Oxystearinsäuredibutylamidsulfonat**	s. = Humectol CX; Netzm.	**Netzm.**
5473	**Oxystearinsulfonat**	s. = Octadecandiolsulfonat; Sa., Sa/Sch., Netzm. Sa/Sch. f. d. Flot. v. Kieserit aus Kalirohsalzen; DP. 1064891 s. Gardinol KD; Netzm. s. = Prästabitöl; Sa., Sa/Sch., Kondm. s. = Nopco 2031; Netzm.	**Sa., Sa/Sch., Netzm., Kondm.**
5474	**Oxyterpentin**	hydrophob. Modif. neben Amin-Sa. z. Flotation von Kalisalzen; Can. 580365	**Modif.**
5475	**Oxyzimtsäure**	= Cumarinsäure, Benzopyronsäure, $C_6H_4(OH)CH{=}CH{\cdot}COOH$ Sa.; Petersen 190	**Sa.**
5476	**Oxyzimtsäure/Alkohol-Lösung**	Sa/Sch. f. oxyd. Erze; Am. 1960526	**Sa/Sch.**
5477	**Ozon (O_3)**	Kondm. z. Vorbehandlung von Flotationstrüben; Am. 1869352	**Kondm.**

Lfd. Nr.	Bezeichnung (Zusammensetzung)	besondere Verwendung mit zugehöriger Literaturangabe	Verwendungs-überblick
5478	**Padophene**	s. = Phenothiazin; Sa/Sch.	**Sa/Sch.**
5479	**Palatinol**	s. = Dibutylphthalat; Sch., Akt., Modif.	**Sch., Akt., Modif.**
5480	**Palconat**	= Na-Phenolat; Kalkspat-Dr. b. d. Flußspat- u. Scheelit-Flot.; „Engrg. Min. J.“, Juni 1956, 114	**Dr.**
5481	**Palcosulfonat**	s. = Palcotan; Dr., Disp.	**Dr., Disp.**
5482	**Palcotan**	= Na-Palcosulfonat; Ligninsulfonat aus Rotholzrinde; Disp. z. Entflocken d. Flot.-Trübe b. d. Zinnober-Flot.; „Erzmetall“ 1958, 132 Kalkspat-Dr. b. d. Flußspat-u. Scheelit-Flot.; „Engrg. Min. J.“ Juni 1956, 115)	**Disp., Dr.**
5483	**Palmetto-Gummi**	Kalkspat-Dr. b. d. Quarz/Kalkspat-Flot.; Am. 2341046	**Dr.**
5484	**Palmitate**	= Hexadecylsäureseifen, -ester Sa.; Petersen 189 Na-Palmitat als Sch.; DP. 392121, Brit. 105627 Netzm. z. Konsistenzminderung v. Schwerstofftrüben d. Schwimmsinkscheidung v. Mineralien; DP. 1089701 Na- oder K-Palmitat z. Bitumenentziehung aus bituminösen Erzen vor d. weiteren Aufbrtg.; DP. 527141 s. Mannitolmono-, Mucinsäuremono-palmitat; Sa. Saccharid-, Polysaccharidpalmitate als reduzierende Kondm. f. nichtmagnet. Eisenoxyderze — Hämatit, Göthit — vor deren Flotation oder Magnetscheidung; Am. 2952532 s. Fettsäureseifen; Sa., Sa/Sch., Netzm., Flockm.	**Sa., Sch., Netzm., Flockm., Kondm.**
5485	**Palmitin . . . .**	s. Hexadecyl . . .	
5486	**Palmitolamin**	= Hexadecylolamin; Sa.	**Sa.**
5487	**Palmitoleinsäure** (Hexadecensäure, $CH_3(CH_2)_5CH{:}CH(CH_2)_7COOH$)	Mischungen aus Palmitolein- u. Palmitin- bzw. Oleinsäure = Fischölfettsäuren; als Sa. f. quarzige Fe-Erze; „Min. Engrg.“ 1959, S. 922	**Sa.**
5488	**Palmitoglycin**	Sa. f. Nichtsulfide; Am. 2120217	**Sa.**
5489	**Palmitoleucin**	Sa. f. Nichtsulfide; Am. 2120217	**Sa.**
5490	**Palmitoloctadecylglutaminsäureester**	Sa. f. Nichtsulfide; Am. 2120217	**Sa.**
5491	**Palmiton**	s. = Dipentadecylketon; Sch., Lösm.	**Sch., Lösm.**
5492	**Palmitoxymethylpyridiniumbromid**	s. Carbopalmitoxmethylpyridiniumbromid; Sch.	**Sch.**
5493	**Palmkernfettalkoholsulfat**	Sylvin-Sa.; Pat.-Anm. C 2170 VI/1c, bekanntgem. 4. 12. 1952	**Sa.**
5494	**Palmkernfettamin**	Sylvin-Sa.; Pat-Anm. C 2170 VI/1c, bekanntgem. 4. 12. 1952	**Sa.**
5495	**Palmölfettsäure**	dest. **P.** = Neo-Fat 55 Sa. Chromit-Sa.; Am. 2412217	**Sa.**

Lfd. Nr.	Bezeichnung (Zusammensetzung)	besondere Verwendung mit zugehöriger Literaturangabe	Verwendungs-überblick
5496	**Palmölfettsäure/Monoäthanolamintoluolsulfonat-Reaktpr.**	Sa. f. d. silikat. Gangart v. Nichterzen; Can. 436592	**Sa.**
5497	**Palmöl(fettsäure)sulfonat**	als Sa.; Petersen S. 170 als Sa/Sch.; DP. 659431	**Sa/Sch., Sa.**
5498	**Pamak-Fettsäuren**	= Tallölfettsäuren d. Hercules Powder Co., USA; Sa. f. oxyd. Fe-, Mn-Erze, Baryt, Flußspat usw.; „Engrg. Min. J.“, März 1960, 128	**Sa.**
5499	**Pang**	= Hydropolyacrylonitril; Prod. aus d. partiellen Hydrolyse von Polyacrylnitril; als Flockm. z. Verbesserung d. Filtration von oxyd. Pb- u. Cu-Flot.-Konzentration; „Chem. Ztrlbl.“ 1959, Nr. 45/I, S. 14544	**Flockm.**
5500	**Panuco-Rohöl**	Sa. f. Kohle u. Nichtsulfide; Am. 2099120	**Sa.**
5501	**Paraffinöl**	s. = Leuchtöl, Kerosen, Mineralöl, Nujol, Petrolatum; Sa., Modif., Flockm. Sa.; Petersen 170 Sa. f. d. Kieserit-Flot.; DP. 918861	**Modif., Flockm., Sa.**
5502	**Paraffin/Fettsäure-Emulsion**	Pechblende-Sa.; „The Min. J.“ 1960, 687	**Sa.**
5503	**Paraffin/Octadecylsäure/Na-Oleat-Mischg.**	Pechblende-Sa.; „The Min. J.“ 1960, 687	**Sa.**
5504	**Paraffinwachs/Naphthalin-Kondenspr.**	s. Paraflow; Netzm.	**Netzm.**
5505	**Paraffinwachsoxydationsprodd.**	Sa.; DP. 850431, Am. 1787938, Brit. 298736	**Sa.**
5506	**Paraflow**	= komplexes Paraffinwachs/Naphthalin-Kondspr.; Netzm.; Am. 2820013	**Netzm.**
5507	**Paraformaldehyd-Verbdgg.**	s. = Formaldehyd-Verbdgg.; Netzm., Dr., Disp., Akt., Sa.	**Netzm., Dr., Disp., Akt., Sa.**
5508	**Parafuchsin** (= Rosanilin)	s. Triphenylmethan; Sa., Dr., Akt.	**Sa., Dr., Akt.**
5509	**Paramenthanalkohol/($C_{8/18}$-)Alkylamin-Mischg.**	Sa. f. d. schaumlose Flot. von grobkörnigem Sylvinit; Am. 2937751	**Sa.**
5510	**Paranol**	s. = Aminophenol; Sa., Sch.	**Sa., Sch.**
5511	**Paraöl**	Sa/Sch. f. d. Kohlen-Flot.; „Bergb.-Arch.“ 1948, 88/103	**Sa/Sch.**
5512	**Paratone**	= Polyisobutylenpolymer; Netzm.; Am. 2820013	**Netzm.**
5513	**Parellin**	ein Steinkohlenheizöl; Sa.; Petersen 170	**Sa.**
5514	**Parillin**	s. = Saponin-Glukoside; Netzm., Dr.	**Netzm., Dr.**
5515	**Parnol**	= Alkyltoluolsulfonat; Netzm.; Stüpel	**Netzm.**
5516	**Paroleine**	s. = Petrolatum; Sa., Modif., Flockm.	**Sa., Modif., Flockm.**
5517	**Patent Blue A**	Gangart-Dr. b. d. Erz-Flot.; Am. 2211686 s. Triphenylmethanfarbstoffe; Sa., Dr., Akt.	**Sa., Dr., Akt.**

Lfd. Nr.	Bezeichnung (Zusammensetzung)	besondere Verwendung mit zugehöriger Literaturangabe	Verwendungs-überblick
5518	**Pech**	aus d. Harz- oder Holzdestillation als Sch.; Brit. 173830 s. Kohlenteerpech; Sa/Sch. s. Harzpech, Holzteerpech; Sch.	**Sch., Sa/Sch.**
5519	**Pech/Petroleum/ Schäumer-Mischung**	als Sa/Sch.; Am. 1688975	**Sa/Sch.**
5520	**Pech/Petroleum/Xan-that-Mischg.**	Sa.; Am. 1830908	**Sa.**
5521	**Pechsulfonat**	s. Pflanzenpechsulfonat; Sa.	**Sa.**
5522	**Peglo**	nichtionog. Emulg.; „Chem. Engrg.“, Mai 1960, 78	**Emulg.**
5523	**Pektin** (= zuckerunähnliches Polysaccharid)	Netzm.; Am. 2208758, Brit. 526701 Kalkstein-Dr. b. d. Quarz-Flot.; Am. 2341046	**Netzm., Dr.**
5524	**Pelargon**	s. = Dioctylketon; Sch., Lösm.	**Sch., Lösm.**
5525	**Pelargonaldehyd/Aryl-sulfonsäure-Kon-denspr.**	s. = Nonylaldehyd/Arylsulfonsäure-Kondspr.; Dr.	**Dr.**
5526	**Pelargonate**	= Pelargonsäure-, Nonylsäuresalze, -seifen s. Fettsäureseifen; Sa., Sa/Sch., Netzm., Flockm.	**Sa., Sa/Sch., Netzm., Flockm.**
5527	**Pelargonin**	= Anthocyanin-Glukosid; Netzm.; Am. 2208758, Brit. 526701	**Netzm.**
5528	**Pelargonsäure** (= Nonylsäure $CH_3(CH_2)_7COOH$)	s. Emfac 1202; Sa. s. = Nonylsäure; Sa.	**Sa.**
5529	**Pelargonsäuremono-diäthylenglykolester**	Hilfs-Sa. f. nichtsulfid. Erze; Am. 2362432	**Sa.**
5530	**Pelargonsäuremono-glyzerinester**	Hilfs-Sa. f. nichtsulfid. Erze; Am. 2362432	**Sa.**
5531	**Peltogen**	Emulg. f. Pechblende-Sa.; „The Min. J.“ 1960, 687	**Emulg.**
5532	**Pentachloräthan**	Schwerfl. f. d. Schwimmsinkscheidung von Steinkohle; „The Min. J.“ 1961, 215	**Schwerfl.**
5533	**Pentadecylaldehyd-sulfonat**	s. „Alframin“; Sa., Netzm.	**Sa., Netzm.**
5534	**Pentadecylalkohol**	ist ein Fettalkohol; s. d.	**Sa/Sch., Sch/Sa.**
5535	**Pentadecylakohol/ Äthylenoxyd-Kon-denspr.**	s. Lubrol MOA, Stockpol WW; Netzm., Flockm.	**Netzm., Flockm.**
5536	**Pentadecylalkohol-sulfat**	s. = Pentadecylsulfat; Sa., Sa/Sch., Netzm., Flockm., Kondm., Emulg.	**Sa., Sa/Sch., Netzm., Flockm., Kondm., Emulg.**
5537	**Pentadecylamidin, -hydrochlorid**	Sa. f. d. Erz-Flot.; Brit. 568186	**Sa.**
5538	**Pentadecylamin**	Sa. f. d. Pyrochlor-Flot.; Can. 599684 Netzm. z. Konsistenzminderung v. Schwerstofftrüben d. Schwimmsinkscheidung v. Mineralien; DP. 1089701, Am. 2899392 s. Alkylamin; Sa., Sa/Sch. Sa.; Can. 391923	**Sa., Sa/Sch., Netzm.**

Lfd. Nr.	Bezeichnung (Zusammensetzung)	besondere Verwendung mit zugehöriger Literaturangabe	Verwendungs-überblick
5539	**Pentadecylamin/Abietinsäuremethylester-Mischg.**	Sa. f. d. schaumlose Flot. v. grobkörnigem Sylvinit; Am. 2937751	**Sa.**
5540	**Pentadecylaminacetat**	Netzm. z. Konsistenzminderung v. Schwerstofftrüben d. Schwimmsinkscheidung v. Mineralien; DP. 1089701, Am. 2899392 Sa. f. d. Sylvin- u. Carnallit-Flot.; DP. 965931, 969981, 1056071	**Sa., Netzm.**
5541	**Pentadecylamin/Alkohol-Mischung**	Sa. f. d. schaumlose Flot. von grobkörnigem Sylvinit; Am. 2937751	**Sa.**
5542	**Pentadecylamin/Alkylenamin-Mischg.**	Sylvin-Sa.; Am. 2689649 Sa.; Can. 395829	**Sa.**
5543	**Pentadecylamin/Alkylnitril-Mischg.**	Sa.; Can. 410809/810	**Sa.**
5544	**Pentadecylaminchlorhydrat**	s. Alkylaminchlorhydrat; Sa. Netzm. z. Konsistenzminderung v. Schwerstofftrüben d. Schwimmsinkscheidung; DP. 1089701	**Sa., Netzm.**
5545	**Pentadecylaminchlorid**	s. Alkylaminchlorid; Sa. Netzm. z. Konsistenzminderung v. Schwerstofftrüben d. Schwimmsinkscheidung; DP. 1089701, Am. 2899392 kationakt. Sa.; „Aach. Bl.“ 1959, 81/110	**Sa., Netzm.**
5546	**Pentadecylamin/Ester-Mischung**	Sa. f. d. schaumlose Flot. von grobkörnigem Sylvinit; Am. 2937751	**Sa.**
5547	**Pentadecylamin/Fettsäureamid-Mischg.**	Sa. f. d. schaumlose Flot. von grobkörnigem Sylvinit; Am. 2937751	**Sa.**
5548	**Pentadecylaminfluorid**	Sa. f. d. Zinkerz-, insbes. Galmei-Flot.; Franz. 61640	**Sa.**
5549	**Pentadecylaminhydrochlorid**	kationakt. Quarz-Sa. f. d. Quarz/Kalkspat-Flot.; Am. 2295459, 2341046 Chromit-Sa.; „Erzmetall“ 1959, 310 Sylvin-Sa.; Brit. 564338	**Sa.**
5550	**Pentadecylaminlactat**	Zinkerz-, insbes. Galmei-Sa.; Franz. 61640	**Sa.**
5551	**Pentadecylamin/Pflanzenöl-Mischung**	Sa. f. d. schaumlose Flot. von grobkörnigm Sylvinit; Am. 2937751	**Sa.**
5552	**Pentadecylamin-phthalamat**	Sa., Netzm.; Am. 2101323	**Sa., Netzm.**
5553	**Pentadecylamin/Tieröl-Mischung**	Sa. f. d. schaumlose Flot. von grobkörnigem Sylvinit; Am. 2937751	**Sa.**
5554	**Pentadecylarylsulfonat**	s. Alkylarylsulfonat; Sa., Sa/Sch., Netzm., Disp., Regler, Flockm., Kondm.	**Sa., Sa/Sch., Netzm., Disp., Regler, Flockm., Kondm.**
5555	**Pentadecyläthylendiamin**	Pyrochlor-Sa.; Am. 3014585	**Sa.**
5556	**Pentadecylbetain**	kationakt. Quarz-Sa. f. d. umgekehrte Eisenerz-Flot.; Am 2547148	**Sa.**
5557	**Pentadecylbiguanidacetat, hydrochlorid, hydrojodid, -hydrobromid**	Sa., Netzm., Emulg.; Am. 2 350 453	**Sa., Netzm., Emulg.**

Lfd. Nr.	Bezeichnung (Zusammensetzung)	besondere Verwendung mit zugehöriger Literaturangabe	Verwendungs- überblick
5558	**Pentadecyldimethyl- hydrazinchlorid**	Sa.; Franz. 1165100	**Sa.**
5559	**Pentadecyldimethyl- pyrrolidin**	Sa., Emulg.; Am. 2497839	**Sa., Emulg.**
5560	**Pentadecylglykol**	Sch. f. d. Kalisalz-Flot.; DP. 872182	**Sch.**
5561	**Pentadecylglyoxalin**	s. = Pentadecylimidazol; Sa.	**Sa.**
5562	**Pentadecylguanidin**	Sylvin-Sa.; „Chemie-Ing.-Techn.“ 1955, 2	**Sa.**
5563	**Pentadecylhydrobetain**	Hämatit-Sa.; Can. 392169	**Sa.**
5564	**Pentadecylimidazol**	kationakt. Sa.; Brit. 578694 Flockm. beim Filtrieren von Schlämmen Am. 2509260	**Sa., Flockm.**
5565	**Pentadecylimidformiat, -hydrochlorid**	Sa. f. d. Flot. saurer Mineralien; Brit. 568186	**Sa.**
5566	**Pentadecylketon**	s. Ketone; Sch., Lösm.	**Sch., Lösm.**
5567	**Pentadecylmercaptan**	Sa. f. oxyd. Eisenerze; Am. 2125337, 2410377	**Sa.**
5568	**Pentadecylmercapto- sulfenamid**	Sa.; Am. 2807615	**Sa.**
5569	**Pentadecylnaphthalin- sulfonat**	s. Alkylnaphthalinsulfonat; Sa., Sa/Sch., Netzm., Disp., Flockm., Kondm., Regler	**Sa., Sa/Sch., Netzm., Disp., Flockm., Kondm., Regler**
5570	**Pentadecylnatrium- sulfonat**	Sa. f. d. Flot. kieserit. Kalirohsalze; DP. 918861	**Sa.**
5571	**Pentadecylolamin**	Sa.; Am. 2389763 Sa. f. d. Chromit-Flot.; Michell 291	**Sa.** **Sa.**
5572	**Pentadecyloldiäthylen- triamin**	Sa.; Am 2389763	**Sa.**
5572a	**Pentadecylolpolyamin**	Sa.; Am. 2389763	**Sa.**
5573	**Pentadecyloltriäthylen- tetramin**	Sa.; Am. 2389763	**Sa.**
5574	**Pentadecyloxyäthylen- ätheralkohol**	s. Alkyloxyäthylenätheralkohol; Sa/Sch., Sch.	**Sa/Sch., Sch.**
5575	**Pentadecylphenol**	Sch.; Am. 2250190, Can. 390793 Sch/Sa. f. Pb-Erze; „Engrg. Min. J.“, Juni 1956, 113	**Sch., Sch/Sa.**
5576	**Pentadecylphenylpoly- äthylenäther**	Netzm.; DP. 1030802	**Netzm.**
5557	**Pentadecylphosphat**	Sa. f. Nichtsulfide; Am. 2120217	**Sa.**
5578	**Pentadecylphthalat**	Sa. f. d. Kohlen-Flot.; Am. 2099120	**Sch.**
5579	**Pentadecylpolyalkylen- polyamid, -amin**	Sa. f. quarzige Erze; Am. 2569417	**Sa.**
5580	**Pentadecylpolyäthylen- äther**	Netzm.; DP. 1030802	**Netzm.**
5581	**Pentadecylpolyäthylen- oxyd**	s. Alkylpolyäthylenoxyd; Sa/Sch., Netzm., Disp., Emulg.	**Sa/Sch., Netzm., Disp., Emulg.**
5582	**Pentadecylpolyoxy- äthylenäther**	Sch. allgemein, Sa/Sch. f. d. Kohlen-Flot.; Brit. 782107, Belg. 532530	**Sa/Sch., Sch.**

Lfd. Nr.	Bezeichnung (Zusammensetzung)	besondere Verwendung mit zugehöriger Literaturangabe	Verwendungs-überblick
5583	**Pentadecylpolyoxy-äthylenätheralkohol**	Sch. u. Sa/Sch. f. d. Kohlen-Flot.; Brit. 782107, 782407, Franz. 1109798, Belg. 532530	**Sa/Sch., Sch.**
5584	**Pentadecylpolyoxy-nitrosophenol**	Sa/Sch. f. Cu-Silikate; „Chemical Abstracts“ 1953, 1549	**Sa/Sch.**
5585	**Pentadecylpropylen-diamin**	s. Duomeen T; Sa., Flockm.	**Sa., Flockm.**
5586	**Pentadecylpyridin**	s. Repellate; Netzm.	**Netzm.**
5587	**Pentadecylpyridinium-bromid**	kationakt. Quarz-Sa. f. d. Quarz/Kalk-Flot.; Am. 2341 046	**Sa.**
5588	**Pentadecylpyridinium-chlorid**	kationakt. Quarz-Sa. f. d. Quarz/Kalk-Flot.; Am. 2341046 Sa.; Am. 2389763, Brit. 463261	**Sa.**
5589	**Pentadecylpyridinium-jodid**	Sa.; Am. 2389763, Brit. 463261	**Sa.**
5590	**Pentadecylsulfamido-Verbdg.**	s. Alkylsulfamido-Verbdgg.; Sa.	**Sa.**
5591	**Pentadecylsulfat**	= Pentadecylalkoholsulfat Erz-Sa.; Can. 360802 Sa/Sch.; DP. 1064891, Brit. 405163 s. Alkylsulfat; Sa., Sa/Sch., Netzm., Flockm., Kondm., Emulg.	**Sa., Sa/Sch., Netzm., Flockm. Kondm., Emulg.**
5592	**Pentadecylsulfenyl-trithiocarbonat**	Sa.; Am. 2634291	**Sa.**
5593	**Pentadecylsulfid**	s. Dialkylsulfid; Sch.	**Sch.**
5594	**Pentadecylsulfoacetat**	Sa. f. Nichtsulfide; Am. 2120217	**Sa.**
5595	**Pentadecylsulfonat**	Sa.; Petersen 163 Netzm.; DP. 802389 Sa. f. d. Kalisalz-Flot.; DP. 806842, 840682, 918861 Sa. f. d. Flot. oxyd. Eisenerze; DP. 844131, Östr. 175854 Netzm. z. Zerstören v. Kohlenflot.-Schäumen; „Glückauf“ 1932, 626 Netzm. z. Verbesserung d. Filtration v. Flot.-Konzentraten; „Chem. Ztrlbl.“ 1959, 14544 Netzm. z. Viscositätsminderung von Schwerstofftrüben der Schwimmsink-scheidung; DP. 1089701 s. Alkylsulfonate; Sa., Sa/Sch., Netzm., Dr., Disp., Akt., Kondm.	**Sa., Sa/Sch., Netzm., Dr., Disp., Akt., Kondm.**
5596	**Pentadecylthiophos-phat**	Sa.; Am. 2063629, Brit. 310186	**Sa.**
5597	**Pentadecylthiosulfat**	Sa.; Am. 1723295	**Sa.**
5598	**Pentadecylthiourethan**	Sa.; Can. 311054	**Sa.**
5599	**Pentadecyltrimethyl-amin**	Sa. f. d. selektive Sulfiderz-Flot.; „Erz-metall“ 1958, 199/209	**Sa.**
5600	**Pentadecyltrithio-carbonat**	Sa.; Am. 2600737	**Sa.**

Lfd. Nr.	Bezeichnung (Zusammensetzung)	besondere Verwendung mit zugehöriger Literaturangabe	Verwendungs-überblick
5601	**Pentaerythritoalkyläther** (= Hydroxymethylmethan-, Hydroxymethylpropandiol-, Tetramethylolmethanalkyläther)	Sch/Sa.; Am. 2687214, Brit. 706711	**Sch/Sa.**
5602	**Pentaerythritololeinsäureester**	s. = Pentamull; Disp.	**Disp.**
5603	**Pentaerythritoltetraäthyläther**	Sch/Sa.; Am. 2687214, Brit. 706711	**Sch/Sa.**
5604	**Pentafluoräthylheptafluorbutylenoxyd**	Sa/Sch., Lösm.; Am. 2644823	**Sa/Sch., Lösm.**
5605	**Pentamethylenbutylmercaptosulfenamid**	s. = Butylmercaptosulfenylpiperidin; Sa.	**Sa.**
5606	**Pentamethylendiamin** ($H_2N(CH_2)_5 \cdot NH_2$)	= Cadaverin, Cyclopentandiamin s. Diamine; Sa.	**Sa.**
5607	**Pentamethylenglykoldiacetat**	s. = Pentandioldiacetat; Sch.	**Sch.**
5608	**Pentamethylenhexylmercaptosulfenamid**	s. = Hexylmercaptosulfenylpiperidin; Sa.	**Sa.**
5809	**Pentamethylensulfid**	= Cyclopentansulfid, $C_5H_{10}S$; gehört zur Gruppe d. Thiophane Erz-Sa.; Am. 2169313, Brit. 534983; Can. 393245 s. Methylpentamethylensulfid; Sa.	**Sa.**
5610	**Pentamethylparafuchsin**	s. = Methylviolett; Sa., Dr., Akt.	**Akt., Sa., Dr.**
5611	**Pentamull**	= Pentaerythritololeinsäuremonoester; nichtionog. Ton-Disp.; Am. 2797196	**Disp.**
5612	**Pentan** (C_5H_{12})	s. Tetraalkoxypentan, Tetraäthoxypentan; Sch.	**Sch.**
5613	**Pentanal/Arylsulfonsäure-Kondenspr.**	s. = Amylaldehyd/ . . . .; Dr.	**Dr.**
5614	**Pentanal/Butylamin-Rktpr.**	s. Valeraldehyd . . . .; Sa.	**Sa.**
5615	**Pentandicarbonsäurealkylester**	s. Pimelinsäurealkylester; Sch., Akt., Modif.	**Sch., Akt., Modif.**
5616	**Pentandioldiacetat**	= Pentamethylenglykoldiacetat, Dioxypentandiacetat Sch.; DP. 933663, Am. 2803345, Brit. 747658 s. Methoxymethyldimethylpentandiolacetat; Sch.	**Sch.**
5617	**Pentanol**	s. = Amylalkohol; Sa., Sa/Sch., Sch. s. Ditetrahydrofurylpentanol; Sch. s. Methylpentanol; Sch., Disp., Netzm.	**Sa., Sa/Sch., Sch.**
5618	**Pentanolamin**	Sa.; Am. 2389763 s. Mono-, Dipentanolamin; Sa.	**Sa.**
5619	**Pentanoläthylenglykoläther**	als Sch.; DP. 1001652, „Chem. Abstr.“ 1960, 4334	**Sch.**

Lfd. Nr.	Bezeichnung (Zusammensetzung)	besondere Verwendung mit zugehöriger Literaturangabe	Verwendungs-überblick
5620	**Pentapropylenglykol-butyläther**	als Sch.; Am. 2695101 u. 2611485	**Sch.**
5621	**Pentansulfonat**	s. Zeromist; Netzm.	**Netzm.**
5622	**Pentasolamylxanthat**	als Sa.; Petersen S. 180 K-Pentasolamylxanthat als Arsenkies-Sa.; Am. 2512669 K-Pentasolamylxanthat = „Z-6-Xanthat"; als Mn-Erz-Sa.; Am. 2666588	**Sa.**
5623	**Pentasol Frother 26**	= synthet. Amylalkohol Sch.; „Engrg. Min. J.", Juni 1956, 115	**Sch.**
5624	**Pentasol Frother 124**	Amylalkohol-Mischg.; Sch.; „Engrg. Min. J.", Juni 1956, 115	**Sch.**
5625	**Pentasolxanthat**	= US-Bezeichnung f. Amylxanthat s. Amylxanthat, Pentasolamylxanthat; Sa. = „Z-6"; Sa.; Taggart 12—08 K-Pentasolxanthat; Sa.; Am. 2611485	**Sa.**
5626	**Penten** $CH_3(CH_2)_2CH{:}CH_2$, C_5H_{10}	als Mittel z. Verbesserung d. Convertol-Feinkohlenaufbrtg.; „Min. Eng.", Nov. 1959, S. 1153/54	**Modif.**
5627	**Pentenylxanthat**	Sa.; Am. 2101648	
5628	**Pentosan**	Ton-Disp. b. d. Flot. von grobkörnigem Sylvinit; Am. 2934208	**Disp.**
5629	**Pentylalkohol**	s. = Amylalkohol; Sa., Sa/Sch., Sch.	**Sa., Sa/Sch., Sch.**
5630	**Pentylenamin**	s. = Amylenamin; Sa.	**Sa.**
5631	**Pentylformsäure**	s. = Hexylsäure; Sa.	**Sa.**
5632	**Pentylmercaptosulfen-amid**	Sa.; Am. 2807615	**Sa.**
5633	**Peptide**	s. Polypeptide; Flockm.	**Flockm.**
5634	**Pepton**	eiweißartiger Stoff; Emulg. f. Sammleröle; Petersen 173	**Emulg.**
5635	**Perchlorfluornitrile**	Sa.; Am. 2788362	**Sa.**
5636	**Perchlorsäure**	pH-Regler f. d. Flot. oxyd. Eisenerze; DP. 844131	**Regler**
5637	**Perclene**	s. = Tetrachloräthylen; Lösm.	**Lösm.**
5638	**Peregal**	s. = Octadecyläthylenoxyd; Emulg.	**Emulg.**
5639	**Perfluoralkansulfon-säure**	insbes. Zeromist, anstelle von polaren KWstoff-Verbdgg. als Netzm., Dr.; „Chem. Age" 1957, 883/884	**Netzm., Dr.**
5640	**Perfluorcarbonsäure**	als Sa. f. Hämatit u. Nichtsulfide; „Min. Engrg." 1955, 1149/52	**Sa.**
5641	**Perfluorsulfonsäure**	als Sa. f. Hämatit u. Nichtsulfide; „Min. Engrg." 1955, S. 1149/52	**Sa.**
5642	**Perlstärke**	= substituierte Kornstärke Dr. f. Fe-Oxyde; „Erzmetall" 1955, 187, „Min. Engrg." 1954, 922/924	**Dr.**
5643	**Permanganate** ($MeMnO_4$)	Dr. f. Bleiglanz, Zinkblende, Glanzkohle; Petersen 204, 208 $KMnO_4$ als Sulfid-Dr.; „Engrg. Min. J." Juni 1956, 115; Brit. 22145/1914 $KMnO_4$ als Netzm.; Am. 2208758, Brit. 526701 Alkali-Permanganat als Arsenopyrit-Dr. b. d. Pyrit-Flot.; Brit. 600456 $KMnO_4$ i. Mischg. m. Ferri- oder Ferrocyanid als Pyrit-Dr. b. d. Flot. sulfid. Co- u. Ni-Erze; Am. 2399845	**Dr., Netzm.**

Lfd. Nr.	Bezeichnung (Zusammensetzung)	besondere Verwendung mit zugehöriger Literaturangabe	Verwendungsüberblick
5644	**Perubalsam** (= Indischbalsam, Chinaöl)	Glimmer-Dr. b. d. Sulfid-Flot.; Petersen 208	**Dr.**
5645	**Persol**	= Fettsäuremethyltaurid; Netzm.; Stüpel	**Netzm.**
5646	**P.E.-Schwimmöl**	= **Petroleum-Extrakt-Schwimmöl;** niedrigsiedende Petroleumdestillate u. Crackprodukte, die völlig wasserunlöslich sind u. aus aliphat. KW-stoffen ohne polare Gruppen bestehen; keine schäumende Wirkg.; als Sa. lediglich für unpolare Mineralien, wie Graphit, Schwefel u. Kohle, geeignet; Petersen 170	**Sa.**
5647	**Petroblends**	= Petroleumsulfonate, wie Sonneborn Reagents; Sa. f. d. Flot. v. Phosphatit, Schwerspat, Flußspat, Feldspat u. oxyd. Mn-Erze; „Engrg. Min. J.", Juni 1956, 116	**Sa.**
5648	**Petroläther/Tetrachlorkohlenstoff-Mischung**	Schwerfl. f. d. Schwimmsinkscheidung; „Glückauf" 1957, 123/124	**Schwerfl.**
5649	**Petrolatum** (festes Petrolatum = Vaseline, Saxoline, Cosmoline)	flüssiges Petrolatum = Mineralöl, Weißöl, Paraffinöl, Kaydol, Alboline, Nujol, Paroleine, Saxol, Adepinöl, Glymol; „Merck Index" 1960 s. = Mineralöl; Sa., Modif., Flockm. oxydiertes Petrolatum als Sa/Sch.; „Glückauf" 1958, 1661	**Sa., Modif., Flockm. Sa/Sch.**
5650	**Petrolatumseife, oxydierte**	Sa. f. oxyd. Mo-Erze; „Chemical Abstracts" 1958, 8919	**Sa.**
5651	**Petroleum** (s. „Erdöl, Kerosin, Mineralöl, „PE-Schwimmöl")	s. Kerosin; Sa. Rohpetroleum/Handelspetroleum-Mischung; Sa. f. d. Kohlen-Flot.; Am. 2094646 oxyd. Petroleum; Sa. f. quarzige Fe-Erze; „Glückauf" 1953, 673 Petroleumfraktion als Schaumregler; Brit. 446418	**Sa., Regler, Flockm.**
5652	**Petroleum/Pech/Schäumer-Mischung**	als Sa/Sch.; Am. 1688975	**Sa/Sch.**
5253	**Petroleum/Pech/Xanthat-Mischg.**	Sa.; Am. 1830908	**Sa.**
5654	**Petrol(eum)sulfonate**	= Grünsäuren; Granat-Sa.; Am. 2428763 s. Grünsäuren; Sa. Netzm.; Am. 2904415 Bauxit-Sa.; Am. 2769542 Glimmer-Sa.; Am. 2643770 Sa. f. Nichtsulfide; DP. 849982 Sa. f. oxyd. Erze; DP. 844131 s. „Mahoganyseifen", „Mahogany Sherosop"; Sa., Sa/Sch. s. Calolsulfonat; Sa. s. Acto; Netzm. s. Eldrol; Sa. s. O-Emulsifier; Sa. s. Mahogany-Petroleumsulfonat; Sa. s. „Oronite Purified Sulfonat-L"; Sa.	**Sa/Sch., Sa., Netzm.**

Lfd. Nr.	Bezeichnung (Zusammensetzung)	besondere Verwendung mit zugehöriger Literaturangabe	Verwendungs-überblick
		s. Petronat, Petrosul; Sa. s. „TX—2043, —2044"; Sa. s. Erdölsulfonate; Sa. s. Reagent 407, 801, 825; Sa. s. Sonesal-Grünsäuren, Sonneborn Reagents; Sa. Sa. f. d. Flot. von Be-Erzen nach Ausschwimmen des Glimmers mittels eines Amin-Sa.; „The Min. J.", Jan. 1961, 99	
5655	**Petrolsulfonat/Ölsäure-Reaktpr.**	als Sa.; Brit. 708475	**Sa.**
5656	**Petroleumsulfonat/Ölsäure/Na-Oleat-Mischg.**	Sa. f. d. Flot. v. U-haltigem Granit; „The Min. J." 1961, 42	**Sa.**
5657	**Petroleumsulfonat/Tallöl-Emulsion**	zusammen m. Heizöl als Sa. f. d. Chromit-Flot.; „The Min. J.", Jan. 1961, 99	**Sa.**
5658	**Petronat**	= Petroleumsulfonat; Sa. f. oxyd. Eisenerze; DP. 844131 Sa. f. d. Bauxit-Flot.; Am. 2769542 Sa. f. d. Schwerspat-Flot.; Am. 2834463	**Sa.**
5659	**Petrosol**	s. = Isopropanol; Lösm.	**Lösm.**
5660	**Petrosol/P_2S_5-Reaktpr.**	s. Isopropanol/P_2S_5-Reaktpr.; Sa/Sch.	**Sa/Sch.**
5661	**Petrosul**	= Na-Petroleumsulfonat; Sa. f. d. Bauxit-Flot.; Am. 2769542	**Sa. Netzm.**
5662	**Petrowet R**	= Na-Alkylsulfonat; Netzm.; Am. 2884474	
5663	**Petrow-Kotakt**	= Sulfonat [ähnliche „Igepone"]; als Flockm. z. Verbesserung d. Filtration v. Flot.-Konzentraten; „Chem. Ztrlbl." 1959, Nr. 45/I, S. 14544	**Flockm.**
5664	**Pflanzenalbumin**	Netzm.; Am. 2208758, Brit. 526701	**Netzm.**
5665	**Pflanzenextrakte**	z. B. wäßrige Auszüge von Caraghenmoos, Islandmoos usw. als Flockm. f. Mineralaufschlämmungen; DP. 517055 s. Kakteensaft; Flockm. s. Tagetes-Extrakt; Sa.	**Sa., Flockm.**
5666	**Pflanzenfettalkohol-sulfonat**	s. Palmkernfettalkoholsulfonat; Sa.	**Sa.**
5667	**Pflanzenfettamin**	s. Palmkernfettamin; Sa.	**Sa.**
5668	**Pflanzen(öl)fettsäuren**	s. „Emersol 300"; Sa. s. Weidenöl; Sa/Sch. s. „Neo-Fat 55, 255"; Sa. s. Emulphor EL 719 s. „Reagent 710, 712"; Sa. s. Kokosölfettsäure; Sa. s. Olivenöl, Palmöl, Rizinusöl, Sonnenblumenöl, Sesamöl; Sa. s. Wermutöle; Sch.	**Sch., Sa/Sch., Sa.**
5669	**Pflanzenfettsäureseife**	geblasene neutrale **Pfl.** = „Orso"; s. d.; Sa.	**Sa.**
5670	**Pflanzenleim**	s. Ceralin; Dr.	**Dr.**
5671	**Pflanzenöl/Alkylamin-Mischung**	Sa. f. d. schaumlose Flot. von grobkörnigem Sylvinit; Am. 2937751	**Sa.**

Lfd. Nr.	Bezeichnung (Zusammensetzung)	besondere Verwendung mit zugehöriger Literaturangabe	Verwendungs-überblick
5672	**Pflanzenölglyzerinester/Alkylamin-Mischung**	Sa. f. d. schaumlose Flot. von grobkörnigem Sylvinit; Am. 2937751 s. Baumwollsaatöl-, Kornöl-, Linol-, Olivenöl-glyzerinester/Alkylamin-Mischg.; Sa.	**Sa.**
5673	**Pflanzenöl/Äthanolamin-Reaktpr.**	s. Hercota; Emulg.	**Emulg.**
5674	**Pflanzenöl/Mineralöl-Mischung**	s. Maisöl/. . . ., Rapsöl/ . . . ., Rizinusöl/ . . ., Sojabohnenöl/Mineralöl-Mischung; Sa.	**Sa.**
5675	**Pflanzenölpech/Polyalkylenpolyamin-Reaktpr.**	polumkehrbarer, d. h. bei pH $<$ 10 kationakt., bei pH $>$ 10 anionakt. Sa.; Am. 2857331	**Sa.**
5676	**Pflanzenölseife**	s. „Orso"; Sa.	**Sa.**
5677	**Pflanzenölsulfonat**	s. Triumpföl Z; Sa. s. Prästabitöl; Sa. s. Sojaölsulfonat; Sa. s. Teesamenölsulfonat; Sa.	**Sa.**
5678	**Pfanzenpechsulfonat**	Sa. f. d. Flot. oxyd. Eisenerze; DP. 844131	**Sa.**
5679	**Pflanzentanninextrakt**	Eisenoxyd-Dr. b. d. Flot. saurer Fe-Erze; Am. 2415416	**Dr.**
5680	**Phellandren** ($C_{10}H_{16}$)	Bestandteil des Pineöls; Sch.; Petersen 163, 268	**Sch.**
5681	**Phenol** (= Carbolsäure, Phenolsäure, Phenylsäure, C_6H_5OH Hydroxybenzol)	Sch.; Petersen 164, Brit. 145852 Sch. f. d. Gold-Flot.; Brit. 175394 Disp. f. Torfkohle; Östr. 166041 s. Dihydroacetphenol; Dr. s. Hydroxyphenol = Resorcinol; Sch., Netzm. s. Aminophenol; Sa. s. Palconat; Dr. s. Hexahydrophenol, Methylhexahydrophenol; Sch. s. Alkylphenol; Sch. s. Dimethylphenol = Xylenol; Sch., Sch/Sa. s. Halogenphenole; Sa/Sch. s. Methylhexahydrophenol = Methylhexalin; Sch. s. Dioxy-, Trioxybenzole s. Thiophenol; Sa. s. Thiophenol; Sa. s. Saligenin; Sch/Sa. s. Methylphenol = Kresol; Sch., Sa.	**Sch., Disp., Dr.**
5682	**Phenol-Aeroflot**	= Diaryldithiophosphat; Sa.; „Chemical Abstracts" 1958, 17000	**Sa.**
5683	**Phenolamin**	s. = Aminophenol; Sa.	**Sa.**
5684	**Phenolat**	Na-Phenolat oder Phenolatlauge als Sa. neben einem geeigneten Flotationsöl f. d. Kohle- oder Graphitflotation; „Ausz. dtsch. Pat.-Anmeldungen", 1. 11. 1948, Bd. 15, 212	**Sa.**
5685	**Phenolcarbonsäuren**	s. Gallussäure; Dr., Netzm., Kondm. s. Mandelsäure; Sa. s. Salicylsäure; Sa., Regler, Kondm.	**Sa., Dr., Netzm., Regler, Kondm.**
5686	**Phenolester**	s. Dikresyldithiophosphorsäure; Sa.	**Sa.**

Lfd. Nr.	Bezeichnung (Zusammensetzung)	besondere Verwendung mit zugehöriger Literaturangabe	Verwendungs-überblick
5687	**Phenolglukoside**	Netzm.; Am. 2208758, Brit. 526701 s. Arbutin, Salicin, Tannin; Netzm., Dr., Disp.	**Disp., Netzm., Dr.**
5688	**Phenolmethyläther**	s. = Methoxybenzol; Sch.	**Sch.**
5689	**Phenolmonosaccharid-derivate**	s. = Glukoside; Netzm., Dr., Disp., Flockm.	**Netzm., Dr., Disp., Flockm.**
5690	**Phenolphthalin**	= Hydroxyphenylphthalid, $C_{20}H_{14}O_4$, ein Triphenylmethanfarbstoff s. Triphenylmethanfarbstoffe; Sa., Dr., Akt., Kondm.	**Sa., Dr., Akt., Kondm.**
5691	**Phenol/Pineöl-Sulfonat**	s. Pineöl/Phenol-Sulfonat; Emulg.	**Emulg.**
5692	**Phenolpolyglykolsulfat**	s. Alipal; Netzm.	**Netzm.**
5693	**Phenolpolymerisate**	als Sa/Sch. f. d. Erz-Flot.; DP. 966261	**Sa/Sch.**
5694	**Phenolpolyoxyäthylen-äther**	s. Triton NE; Sa/Sch., Netzm., Emulg.	**Sa/Sch., Netzm., Emulg.**
5695	**Phenolpolyoxyäthylen-ester**	s. Igepal CA Extra; Netzm., Emulg.	**Netzm. Emulg.**
5696	**Phenolsäure**	s. = Phenol; Sch., Disp., Dr.	**Sch., Disp., Dr.**
5697	**Phenolsulfate**	Sch.; Am. 2230565	**Sch.**
5698	**Phenolsulfonsäure/Formaldehyd-Kondenspr.**	= Hydroxybenzolsulfonsäure/Formaldehyd-Kondspr. Dr., Netzm.; Am. 2187930, 2208 758, Brit. 526701	**Dr., Netzm.**
5699	**Phenoltrinitrat**	s. = Pikrinsäure; Dr.	**Dr.**
5700	**Phenonsulfonat**	s. Melioran F 6; Netzm.	**Netzm.**
5701	**Phenothiazin**	= Thiodiphenylamin, Dibenzothiazin, Phenoxur, Contaverm, Fenoverm, Padophene, Phenovis, $C_{12}H_9NS$; „Merck Index" s. Dithiodiphenylamin; Sa/Sch.	**Sa/Sch.**
5702	**Phenoxycarbonsäuren**	s. Alkyl-†Ph.; Sa.	**Sa.**
5703	**Phenylacrylsäure**	= Zimtsäure; s. d.; Kond.	**Kondm.**
5704	**Phenylacrylsäure/Alkohol-Lösung**	s. Zimtsäure/....; Sa/Sch.	**Sa/Sch.**
5705	**Phenylamin**	s. = Anilin; Sa., Sch., Modif., Lösm. s. Diphenylamin; Sa., Sa/Sch.	**Sa., Sch., Modif., Lösm.**
5706	**Phenylaminpropandiol**	Sa.; Am. 2389763	**Sa.**
5707	**Phenylaniline**	s. Diphenylamin; Sa., Sa/Sch.	**Sa., Sa/Sch.**
5708	**Phenyläthanolamin**	Sa.; Am. 2389763	**Sa.**
5709	**Phenyläther** (= Diphenyläther, $C_6H_5 \cdot O \cdot C_6H_5$)	Propylenglykol-**Ph.** als Sch. f. d. Erz-Flot.; Am. 2611485 u. 2695101 Tripropylenglykol-**Ph.** als Sch.; Am. 2611485 s. auch Methylphenyläther	**Sch.**
5710	**Phenyläthylalkohol**	= Benzylcarbinol; $C_6H_5CH_2CH_2OH$ Sch/Sa. f. d. Kohlen-Flot.; „Montanwiss. Literaturber.", Sept. 1959, 1024	**Sch/Sa.**
5711	**Phenyläthylcarbinol**	Sch.; Am. 2467369	**Sch.**
5712	**Phenyläthylen**	s. = Styrol, Vinylbenzol; Netzm. s. Diphenyläthylen = Stilben; Dr.	**Netzm., Dr.**
5713	**Phenyläthylendiamin**	s. Diphenyläthylendiamin; Regler	**Regler**

Lfd. Nr.	Bezeichnung (Zusammensetzung)	besondere Verwendung mit zugehöriger Literaturangabe	Verwendungs-überblick
5714	**Phenyläthylketon**	s. = Äthylphenylketon; Sch.	**Sch.**
5715	**Phenyläthylmethyl-carbinol**	Sch.; Am. 2467369	**Sch.**
5716	**Phenyläthylthiocarb-amid** (C_6H_5—$NHCSNHC_6H_5$)	Sa/Sch.; Petersen 168	**Sa/Sch.**
5717	**Phenyläthylxanthat**	s. Benzylphenyläthylxanthat; Sa.	**Sa.**
5718	**Phenylazophenyltri-methylammonium-methylsulfat**	Sa.; Am. 2389763	**Sa.**
5719	**Phenylbenzolamin**	s. = Diphenylamin; Sa., Sa/Sch.	**Sa., Sa/Sch.**
5720	**Phenylbromidnaphthol**	s. = Brombenzolnaphthol; Sa.	**Sa.**
5721	**Phenylbutylmercapto-sulfenamid**	Sa.; Am. 2807615	**Sa.**
5722	**Phenylbutylsulfenamid**	Sa.; Am. 2807615	**Sa.**
5723	**Phenylcarbamid** ($C_6H_5 \cdot NH \cdot CO \cdot NH_2$)	Sa. f. sulfid. Pb/Zn-Erze; Am. 2664198 s. Diphenylcarbamid; Sa.	**Sa.**
5724	**Phenylcarbinol**	s. = Benzylalkohol; Sch/Sa.	**Sch/Sa.**
5725	**Phenylcarbonsäure**	s. = Benzoesäure; Sa., Regler, Dr., Kondm.	**Sa., Regler, Dr., Kondm.**
5726	**Phenylchlorphenyl-sulfoniumchlorid**	Flockm.; Am. 2807648	**Flockm.**
5727	**Phenylchlorsilan** (= Phenyltrichlorsilan)	Sa.; s. „Silane“	**Sa.**
5728	**Phenylchlorthiophos-phat**	Sa.; Schwed. 125605	**Sa.**
5729	**Phenyldiamin**	s. = Diphenyldiamin = Benzidin; Kondm.	**Kondm.**
5730	**Phenyldiäthylamino-propan**	Sa.; Brit. 730031	**Sa.**
5731	**Phenyldiazonaphthyl-aminsulfonat**	s. = Kongorot; Dr.	**Dr.**
5732	**Phenyldihydrazin-chlorid**	als Sa.; Franz. 1165100	**Sa.**
5733	**Phenyldimethylamino-pyrazolon**	Sa/Sch. z. Steinkohlen-Flot. zwecks Maceralanreicherung; „Glückauf“ 1960, 741/47	**Sa/Sch.**
5734	**Phenyldimethylcar-binol**	Sch.; Am. 2467369	**Sch.**
5735	**Phenyldipropylhydr-azinchlorid**	als Sa.; Franz. 1165100	**Sa.**
5736	**Phenyldisulfid**	Erz-Sa.; Can. 319673	**Sa.**
5737	**Phenyldithiocarbamat**	Sa.; DP. 871132	**Sa.**
5738	**Phenyldithiophosphin-säurealkylester**	Sa.; Am. 2881200	**Sa.**
5739	**Phenylenbraun**	s. = Bismarckbraun; Sa.	**Sa.**
5740	**Phenylendimethylcar-binol**	Sch.; Am. 2467369	**Sch.**

Lfd. Nr.	Bezeichnung (Zusammensetzung)	besondere Verwendung mit zugehöriger Literaturangabe	Verwendungs-überblick
5741	**Phenylenimid**	s. Diphenylenimid = Carbazol; Sa.	**Sa.**
5742	**Phenylessigsäure**	= α-Toluylsäure; $C_6H_5 \cdot CH_2 \cdot COOH$ Sa.; Petersen 190 Kondm. f. elektrostat. aufzubereitende Kalirohsalze; DP. 1076593, 1077611	**Sa., Kondm.**
5743	**Phenylessigsäure/Alkohol-Lösung**	Sa/Sch. f. oxyd. Erze; Am. 1960526	**Sa/Sch.**
5744	**Phenylglycin** ($C_6H_5NHCH_2COOH$)	Sa.; Petersen 185 chelatbildende Verbdg.; Sa. f. oxyd. Eisenerze; „Min. Technology" 1946, 273	**Sa.**
5645	**Phenylglycin/Alkohollösung**	Sa/Sch. f. oxyd. Erze; Am. 1960526	**Sa/Sch.**
5746	**Phenylglykoläther**	s. Polypropylenglykolphenyläther; Sch.	**Sch.**
5747	**Phenylglykolsäure**	s. = Mandelsäure; Sa.	**Sa.**
5748	**Phenylglykolsäure/Alkohol-Lösung**	s. Mandelsäure/....; Sa/Sch.	**Sa/Sch.**
5749	**Phenylglyoxim**	Sa.; Brit. 186760	**Sa.**
5750	**Phenylguanidin**	s. Di- u. Triphenylguanidin; Sa.	**Sa.**
5751	**Phenylhydrazin**	= Hydrazinbenzol, $C_6H_5 \cdot NH \cdot NH_2$ s. Tribrom-, Acetonphenylhydrazin; Sa. s. Diphenylhydrazin; Sa., Pass.	**Sa., Pass.**
5752	**Phenylhydrazin/Aldehyd-Reaktpr.**	= Phenylhydrazon; s. d.; Sa.	**Sa.**
5753	**Phenylhydrazon**	als Sa.; Östr. 86639 = $(CH_3)_2C:N \cdot NHC_6H_5$; Karrer = Aldehyd/Phenylhydrazin-Reakpr.; Karrer	**Sa.**
5754	**Phenylhydroxyessigsäure**	s. = Mandelsäure; Sa.	**Sa.**
5755	**Phenylhydroxyessigsäure/Alkohol-Lösg.**	s. Mandelsäure/....; Sa/Sch.	**Sa/Sch.**
5756	**Phenylhydroxylamin**	C_6H_5NHOH s. Nitrosophenylhydroxylamin = Cupferron; Sa., Akt.	**Sa., Akt.**
5757	**Phenylin**	s. Diphenylin = Benzidin; Kondm.	**Kondm.**
5758	**Phenylisothiocyanat** (C_7H_5NS)	Sa.; Östr. P. 88232	**Sa.**
5758a	**Phenylketon**	Sch. f. d. Flot. oxyd. Erze; Am. 2000350 s. Isoamyl-, Isobutyl-, Isopropyl-, Äthylphenylketon; Sch.	**Sch.**
5759	**Phenylmercaptan**	s. = Thiophenol; Sa.	**Sa.**
5760	**Phenylmethan**	s. = Toluol; Sa., Sa/Sch., Kondm., Lösm. s. Triphenylmethanfarbstoffe; Sa., Dr., Akt., Kondm.	**Sa., Sa/Sch., Kondm., Lösm.**
5761	**Phenylmethanol**	s. = Benzylalkohol; Sch/Sa.	**Sch/Sa.**
5762	**Phenylmethylamin**	s. = Benzylamin; Sch., Lösm.	**Sch., Lösm.**
5763	**Phenylmethylhydroperoxyd**	Sch. f. d. Erz-Flot.; Am. 2535344	**Sch.**
5764	**Phenylmethylpolysiloxan**	s. Dow Corning Silicone Fluid 550; Sa.	**Sa.**
5765	**Phenylmorpholinbuten**	Sa.; Brit. 730031	**Sa.**

Lfd. Nr.	Bezeichnung (Zusammensetzung)	besondere Verwendung mit zugehöriger Literaturangabe	Verwendungs-überblick
5766	**Phenylnitrosohydroxylamin**	s. = Cupferron; Sa., Akt.	**Sa., Akt.**
5767	**Phenyloctylaminobuten**	Sa.; Brit. 730031	**Sa.**
5768	**Phenylphenolsulfonat**	= Hydroxydiphenylsulfonat, Xenolsulfonat s. Areskap; Sa., Netzm. s. Aresklene; Sa., Netzm.	**Sa., Netzm.**
5769	**Phenylphosphindithiosäureanhydrid**	Sa.; Am. 2727067	**Sa.**
5770	**Phenylphosphinsäurechlorid**	Sa/Sch.; Am. 2724725/726	
5771	**Phenylphosphinthiosäurechlorid**	Sa/Sch.; Am. 2724725/726	**Sa/Sch.**
5772	**Phenylpolyäthylenäther**	Benzyloxydi-, Alkyl-, Octyl-, Isooctyl-, Dodecyl-**Ph.** als Netzm.; DP. 1030802	**Netzm.**
5773	**Phenylpolypropylenalkansulfonat**	s. = Oronite; Netzm. s. = Ultrawet; Sa. s. = Neolene; Netzm.	**Netzm., Sa.**
5774	**Phenylpropan**	s. = Cumol; Kondm.	**Kondm.**
5775	**Phenylpropylalkohol**	= Hydrozimtalkohol, $C_6H_5CH_2CH_2CH_2OH$ Sch/Sa. f. d. Kohlen-Flot.; „Montanwiss. Literaturber.", Sept. 1959, 1024	**Sch/Sa.**
5776	**Phenylsäure**	s. = Phenol; Sch., Disp., Dr.	**Sch., Disp., Dr.**
5777	**Phenylsilicon**	Hilfs-Sa. neben einem Alkylamin-Sa. z. Flot. von Sylvin aus grobkörnigem Sylvinit; Am. 2934208	**Sa.**
5778	**Phenylstearinsäure**	Sa. f. d. Flot. quarziger Eisenerze; „Min. Engrg." 1959, 922 u. 1960, 491/498	**Sa.**
5779	**Phenylsulfid**	Sa.; Brit. 362366, Austral. 17134/1928 s. Diaminophenylsulfid; Sa. s. Diamidodiphenylsulfid; Sa.	**Sa.**
5780	**Phenylsulfonat HSR/ Medialan-Mischg.**	Sa/Sch. f. oxyd. Fe-Erze; „Bergb.-Wiss." 1960, 363/78	**Sa/Sch.**
5781	**Phenylthiocarbamid**	= Phenylthioharnstoff, $C_6H_5NHCSNH_2$, $S = C\langle{}^{NH_2}_{HNC_6H_5}$ Sa., Dr., „Min. Technology" 1946, 272/286 Sa.; Petersen 167; Östr. P. 88232 s. Diphenylthiocarbamid = Thiocarbanilid; Sa.	**Dr., Sa.**
5782	**Phenylthiocarbazol**	s. Diphenylthiocarbazol = Dithizon; Sa.	**Sa.**
5783	**Phenylthiohydantoinsäure**	Sa.; „Min. Technology" 1946, 273	**Sa.**
5784	**Phenylthioketomercaptothiazol**	Sa.; Am. 1852107	**Sa.**
5785	**Phenylthiophosphinsäuremercaptoäthylester**	Sa.; DP. 1014107	**Sa.**
5786	**Phenyltrichlorsilan**	gasförm. Kondm. z. Hydrophobierung von naßmechan. aufzubereitenden Erzen; Am. 2564546	**Kondm.**

Lfd. Nr.	Bezeichnung (Zusammensetzung)	besondere Verwendung mit zugehöriger Literaturangabe	Verwendungs-überblick
5787	**Phenyltrimethylammoniummethylsulfat**	s. Diphenylazophenyltrimethylammoniummethylsulfat; Sa.	**Sa.**
5788	**Phosgen**	Chloroformylchlorid = Carbonylchlorid, $COCl_2$ Hilfs-Sa. b. d. Graphit-Flot. i. Ggw. von CCl_4 oder CO; Brit. 748018, Franz. 1066558	**Sa.**
5789	**Phosokresole** (= mit P_2S_5 behandelte Kresole)	s. = Aeroflote; Sa.	**Sa.**
5790	**Phosokresol/Natronlauge-Mischg.**	Magnesit-Sa.; Östr. 197300	**Sa.**
5791	**Phosphate**	lösl. Phosphate, z. B. Superphosphatdünger, als PbS-Dr. b. d. PbS/ZnS-Flot.; Am. 2349637 Na-Phosphate zusammen m. Wasserglas als selektiv wirkende Reagenzien b. d. Flot. von Schwefel-Mineralien; „Verfahrenstechn. Berichte“ 1958, Nr. 1462, 2322 Alkali-Hexametaphosphate oder andere lösl. Polyphosphate neben üblichen Flot.-Mitteln b. d. Kalisalz-Flot. als Mittel z. Verhinderung d. Abscheidung schwerlösl. Ca-Salze aus der Traglauge, als Hilfs-Sa. u. Schlammblockierer; DP. 969543 Na_3PO_4 oder Na_2HPO_4 als Ersatz f. Soda, Dr.; Petersen 201 Polyphosphate als Fe_2O_3-Dr.; Schwartz-Perry, „Surface Active Agents“, 1949, 492 s. Alkyl-, Arylthiophosphate; Sa. Na_3PO_4 als Netzm.; Am. 2208758, Brit. 526701 Na-Triphosphat-, -Pyrophosphat, polymeres Na-Meta- u. Polyphosphat allein oder zusammen mit Alkali- oder Erdalkali-Lignosulfonaten als Dolomit- u. Kalkspat-Dr. b. d. Magnesit-Flot.; DP. 945081 Kurrolsche Metaphosphate als Sa/Sch.; DP. 740875 Phosphate z. Verbesserung d. Wirkg. v. Flockungsmitteln f. Kohlenzechenabwässer; „Colliery Engrg.“, März 1959, 105/110	**Sa., Sa/Sch., Dr., Akt., Disp.**
5792	**Phosphatide** (= Phospholipoide)	s. Sojaölphosphatide; Regler	**Regler**
5793	**Phosphatidsäure**	Sa. f. d. Flot. oxyd. Eisenerze; DP. 844131	**Sa.**
5794	**Phosphatstärke**	als Dr. f. Fe-Oxyde; „Erzmetall“ 1955, S. 187	**Dr.**
5795	**Phosphine**	Akt. oder Modif. b. d. Flot. oxyd. Erze; Am. 2825458 Sa.; „Chem. Abstracts“ 1948, 4005 s. Emcol 4150—Phosphin; Sa. s. Kerosen-, Triphenyl-, Benzylchloridphosphin, Phosphorhydride; Akt.	**Sa., Akt., Modif.**

Lfd. Nr.	Bezeichnung (Zusammensetzung)	besondere Verwendung mit zugehöriger Literaturangabe	Verwendungs-überblick
5796	**Phosphindithiosäure-anhydrid**	Sa.; Am. 2727067 s. Diphenylphosphindithiosäureanhydrid; Sa.	**Sa.**
5797	**Phosphinsäurechlorid**	Sa/Sch.; Am. 2724725/726 s. Dichlorphenyl-, Diphenyl-, Ditolyl-phosphinsäurechlorid; Sa/Sch.	**Sa/Sch.**
5798	**Phosphinthiosäure-halogenid**	Sa/Sch.; Am. 2724725/726 s. Dichlorphenyl-, Diphenyl-, Ditolyl-phosphinthiosäurechlorid, Ditolylphosphin-thiosäurebromid; Sa/Sch.	**Sa/Sch.**
5799	**Phosphite**	organ. Phosphtie als Sa.; Am. 1813343	**Sa.**
5800	**Phosphokresole**	s. Phosokresole; Sa.	**Sa.**
5801	**Phospholipoide**	s. = Phosphatide; Regler	**Regler**
5802	**Phosphobutein**	s. = Lecithin; Sa.	**Sa.**
5803	**Phosphomolybdän-säure**	$= 20 MoO_3 \cdot 2 H_3PO_4 \cdot 48 H_2O$ Kondm. z. Vorbehandlg. von oxyd. Chromerzen; Östr. 140565, Am. 2082817	**Kondm.**
5804	**Phosphonamide**	Sa. f. d. Kalisalz-Flot.; „Bergbautechnik": 1956, 667 Eisenmineralien-Sa. b. d. Feldspat-Flot.; Am. 2578790 Sa.; Am. 2382178	**Sa.**
5805	**Phosphoniumbromid, -chlorid**	s. Trimethyldodecylphosphoniumbromid, -jodid; Sa.	**Sa.**
5806	**Phosphoralkylverbin-dungen**	s. = Phosphine; Akt., Sa.	**Akt., Sa.**
5807	**Phosphorhydride**	feste, flüssige oder gasförmige Phosphor-hydride als Akt. b. d. Flot. oxyd. Erze; Am. 2825458	**Akt.**
5808	**Phosphorigsäuresalze**	als Korrosions- u. Oxydationsinhibatoren b. d. Kohlen-Flot.; Am. 2346151	**Pass.**
5809	**Phosphorkresol**	Sa/Sch.; Am. 2208143, 2125631 s. Dikresyldithiophosphorsäure u. Aero-flote; Sa.	**Sa/Sch.**
5810	**Phosphorkresol/Na-Oleat-Mischg.**	Sa/Sch. f. d. Flußspat-Flot.; Brit. 319685	**Sa/Sch.**
5811	**Phosphorpentasulfid** (P_2S_5)	Hilfs-Sa. f. oxyd. Cu-Erze; Am. 2648431	**Sa.**
5812	**Phosphorpentasulfid/ Alkohol-Reaktpr.**	Sa/Sch.; Am. 1837115	**Sa/Sch.**
5813	**Phosphorpentasulfid/ Amin-Reaktpr.**	Sa. f. oxyd. Erze; Am. 1783206/207	**Sa.**
5814	**Phosphorpentasulfid/ Isopropanol-Re-aktspr.**	Sa/Sch.; Can. 339814	**Sa/Sch.**
5815	**Phosphorpentasulfid/ Kresol-Reaktpr.**	s. Aeroflote, Dikresyldithiophosphorsäure; Sa.	**Sa.**
5816	**Phosphorpentasulfid/ Mercaptoderivat-Re-aktpr.**	Sa/Sch.; Am. 1812939	**Sa/Sch.**
5817	**Phosphorpentasulfid/ Nitril-Reaktpr.**	Sa.; Am. 1813346	**Sa.**

Lfd. Nr.	Bezeichnung (Zusammensetzung)	besondere Verwendung mit zugehöriger Literaturangabe	Verwendungs-überblick
5818	**Phosphorpentasulfid/ Pyridinbasen-Reaktpr.**	Sa.; Am. 1813345	**Sa.**
5819	**Phosphorpentasulfid/ Teersäure-Reaktpr.**	Sa. oder Sa/Sch. f. Erze; Am. 1974704	**Sa., Sa/Sch.**
5820	**Phosphorproteid**	Dr. b. d. Sylvin-Flot.; Am. 2365805 Netzm.; Am. 2208758, Brit. 526701 Netzm.-Überzug auf Thiocarbanilid-Sa.; Am. 2185591 Flockm.; „Chem. Ztrlbl.“ 1959, 11033 s. Kasein; Dr., Netzm., Flockm., Emulg.	**Dr., Netzm., Flockm., Emulg.**
5821	**Phosphorsäure**	pH-Regler b. d. Flot. oxyd. Eisenerze; DP. 844131	**Regler**
5822	**Phosphorsäuralkylester**	Schaumplastizierer; Am. 2689043 Akt. f. sulfid. Erze; Am. 2689043/046	**Modif., Akt.**
5823	**Phosphorsäurearalkylester**	Schaumplastizierer; Am. 2689043 s. Trikresyl-, Tritolylphosphat Akt. f. sulfid. Erze; Am. 2689043/046	**Modif.**
5824	**Phosphorsäurediäthylmethylmercaptoäthylester**	Sa.; DP. 1014107	**Sa.**
5825	**Phosphorsäureester**	anionakt. Sa. f. d. Flußspat-Flot.; „Bergb.-Wiss.“ 1958, 75 Akt. f. sulfid. Erze; Am. 2689043/046 Korrosions- u. Oxydationsinhibitoren b. d. Kohlen-Flot.; Am. 2346151 s. „Victawet“; Disp. s. Thiophosphorsäureester; Sa.	**Disp., Sa., Akt.**
5826	**Phosphor/Schwefel/ Stickstoff-Verbdgg.**	ohne C-Gehalt; Sa. f. oxyd. u. karbonat. Erze; DP. 574266	**Sa.**
5827	**Phosphorylchloride**	s. Thiophosphorylchloride; Sa., Sa/Sch.	**Sa/Sch., Sa.**
5828	**Phosphoten**	Sa. f. Zirkon, Kassiterit, Quarz u. Feldspat; „Chemical Abstracts“ 1957, 4898	**Sa.**
5829	**Phosphorwolframsäure**	Kondm. z. Vorbehandlg. von oxyd. Fe-Erzen; Östr. 140565, Am. 2082817	**Kondm.**
5830	**Phthalate**	Schaum-Plastizierer u. Akt. f. sulfid. Erze; Am. 2689043/046 s. Diäthyl-, Dibutyl-, Dihexylphthalat; Modif., Akt. s. Monoabietyl, Monodecyl-, Monodihydroabietyl-, Monooctadecyl-, Monooctylphthalat; Sch. s. Diäthoxyäthyl-, Dimethoxypropylphthalat; Sch.	**Sch., Modif., Akt.**
5831	**Phthaleine**	s. = Phenolphthalein, Fluorescin, Eosin, Erythrosin s. Triphenylmethanfarbstoffe; Sa., Dr., Akt., Kondm.	**Sa., Dr., Akt., Kondm.**
5832	**Phthalimid**	i. Mischg. m. polyvalenten Hilfsstoffen als Kondm. f. elektrostatisch aufzubereitende Kalihartsalze; DP. 1095762	**Kondm.**
5833	**Phthalsäure** (C_6H_4-$(COOH)_2$)	o-Phthalsäure = Naphthalinsäure, Benzoldicarbonsäure, m-Phthalsäure = Isophthalsäure, p-Phthalsäure = Terephthalsäure pH-Regler f. oxyd. Eisenerze; DP. 844131	**Sa., Kondm., Regler, Sch., Modif., Dr., Akt.**

Lfd. Nr.	Bezeichnung (Zusammensetzung)	besondere Verwendung mit zugehöriger Literaturangabe	Verwendungs-überblick
		s. Benzoldicarbonsäure; Sa. s. Phthalate; Modif., Akt., Sch. Kondm. f. elektrostat. aufzubereitende Kalisalze; DP. 1076593 u. 1077611 Quarz-Dr.; „Chem. Abstr." 1959, 2979	
5834	**Phthalsäure/Alkohol-Lösg.**	s. Benzoldicarbonsäure/Alkohol-Lösg.; Sa/Sch.	**Sa/Sch.**
5835	**Phthalsäurealkylester**	s. Diäthyl-, Dibutyl-, Dihexyl-, Diisopropyl-, Dipropyl-phthalat; Sch., Akt., Modif.	**Sch., Akt., Modif.**
5836	**Phthalsäureanhydrid** (C_8H_4-O_3)	Kondm. f. elektrostat. aufzubereitende Kalisalze; DP. 1063092, 1077611	**Kondm.**
5837	**Phthalsäureanhydrid/Bernsteinsäureanhydrid-Mischg.**	Kondm. f. elektrostat. aufzubereitende Kalisalze; DP. 1063092, 1077611	**Kondm.**
5838	**Phthalsäureanhydrid/Maleinsäureanhydrid-Mischung**	Kondm. für elektrostat. aufzubereitende Kalisalze; DP. 1063092, 1077611	**Kondm.**
5839	**Phthalsäurearalkylester**	s. Aralkylphthalat; Akt., Modif.	**Akt., Modif.**
5840	**Phthalsäuredialkoxyalkylester**	als Sch.; DP. 922401, Am. 2732940, Brit. 739073, Can. 530211	**Sch.**
5841	**Phthalsäuredialkylester**	Sch.; DP. 922401, Brit. 739073, Am. 2732940 Schaumverbesserer u. Akt. f. sulfid. Erze; Am. 2689043/046	**Sch., Akt., Modif.**
5842	**Phtalsäuredimethoxypropylester**	als Sch.; DP. 922401, Brit. 739073, Am. 2732940	**Sch.**
5843	**Phthalsäure/Oxypropylglukose-Reaktpr.**	Sa/Sch.; Am. 2626935	**Sa/Sch.**
5844	**Piccolastic A-25, A-50**	= Styrolharzpolymere; Haftm. f. d. Thermohaftscheidung von Steinsalzmineralien; „Min. Engrg." 1960, 918/921	**Haftm.**
5845	**Picolin** (C_6H_7N = Methylpyridin)	Sch.; DP. 659431, Brit. 145852	**Sch.**
5846	**Picolinbromid**	s. Octadecyl- **P.**; Sa. s. =Methylpyridiniumbromid; Sa., Sa/Sch.	**Sa., Sa/Sch.**
5847	**Picolinsäure**	= α-Pyridincarbonsäure s. Dipicolinsäure als Dr.	**Dr.**
5848	**Pikrinsäure** ($C_6H_2(NO_2)_3OH$)	= Trinitrophenol, Nitroxanthogensäure, Carbazotinsäure, Phenoltrinitrat MoS_2-Dr.; Am. 2095967	**Dr.**
5849	**Pikrinsäuredialkylester**	s. Dibutylguanidinpikrat; Sa.	**Sa.**
5850	**Pimelinsäurealkylester**	s. Diäthyl-, Dibutyl-, Diisopropylpimelat; Sch., Akt., Modif.	**Akt., Sch., Modif.**
5851	**Pimelindiacetat**	s. = Heptandioldiacetat; Sch.	**Sch.**
5852	**Pinan** (bicycl. Terpen)	Sch. f. d. Graphit-Flotation; Östr. 167699 s. Pinen = Pinanderivat; Sch.	**Sch.**
5853	**Pinanalkohol**	s. Terpenalkohol; Sch.	**Sch.**
5854	**Pinanalkohol/($C_8/_{18}$-)-Alkylamin-Mischung**	Sa. f. d. schaumlose Flot. von grobkörnigem Sylvinit; Am. 2937751	**Sa.**

Lfd. Nr.	Bezeichnung (Zusammensetzung)	besondere Verwendung mit zugehöriger Literaturangabe	Verwendungsüberblick
5855	**Pinen** ($C_{10}H_{16}$,bicycl.Terpen)	(Bestandteil d. Pineöles) Sch.; Petersen 163, 266 β-Pinen = Nopinen; Sch. Sch.; Petersen 163, 266 Sch. f. d. Graphit-Flotation; Östr. 167699	**Sch.**
5856	**Pinenalkylsulfid**	s. Terpenalkylsulfid; Sa.	**Sa.**
5857	**Pinenamylätherthiocyanacetat**	Sch.; Am. 2239495	**Sch.**
5858	**Pinenäther**	s. Terpenäther; Sa/Sch.	**Sa/Sch.**
5859	**Pinencarbinol**	s. Terpencarbinol; Sch.	**Sch.**
5860	**Pinencyanoacyl-Verbdg.**	s. Terpencyanoacyl-Verbdg.; Sch., Sa/Sch.	**Sch., Sa/Sch.**
5861	**Pinendiol**	s. Terpendiol; Sa.	**Sa.**
5862	**Pinenester**	s. Terpenester; Sa/Sch.	**Sa/Sch.**
5863	**Pinenhaloalkyläther/Amin-Kondspr.**	s. Terpenhaloalkyläther/Amin-Kondspr.; Sa.	**Sa.**
5864	**Pinenhydroperoxyd**	Sch.; Am. 2535345	**Sch.**
5865	**Pinenmercaptan**	Sa.; Am. 2402698 = Pinensulfhydrat, -thioalkohol, -thiol	**Sa.**
5866	**Pinensulfonat**	Sa/Sch.; Brit. 586961	**Sa.**
5867	**Pineöle** (= Fichtenöle)	Prod. aus d. Baumstümpfen d. amerikan. Fichte primus palustris; die wichtigsten Sch.; Petersen 163 enthalten Terpineol, Borneol, Fenchylalkohol, Camphan, Terpin, Pinen, Phellandren, Silvestren, ferner Fenchol, Anethol, Dipenten u. Methylchavicol; Sch.; „Min. Engrg.“, Januar 1952, 68 s. = GNS Nr. 5“, Sch. s. Tarol, Yarmor F; Sch. Sylvin-Sch.; Am. 2919026 s. Risor; Sch. Sa/Sch. f. d. Kohlen-Flot.; „Bergb.-Archiv“ 1948, 88/103 Sa. f. d. Chromit-Flot.; „Erzmetall“ 1959, 392 Sch. f. d. MnO_2-Flot.; Am. 2861687	**Sa., Sch., Sa/Sch.**
5868	**Pineöl/Äthylxanthat/Na-Resinat-Emulsion**	Sa/Sch. f. d. Pyrit-Flot.; Am. 2636604	**Sa/Sch.**
5869	**Pineöl/Emulgator-Mischung**	wobei d. Emulg. aus Pineöl/Kresol-Sulfonat, Pineöl/Phenol-Sulfonat, Dihydroabietylalkaholsulfat bestehen kann; Sch.; Am. 2286374	**Sch.**
5870	**Pineöl/Kolophoniumöl-Mischung**	s. = Tarol; Sch.	**Sch.**
5871	**Pineöl/Kresol-Sulfonat**	Emulg. f. Pineöl-Sch.; Am 2286374	**Emulg.**
5872	**Pineöl/Methylamylalkohol-Mischung**	je 50% = „MAAPO“; als Sch. z. Flot. von Rutil aus Meeressand; Am. 2792940	**Sch.**
5873	**Pineöl/Phenol-Sulfonat**	Emulg. f. Pineöl-Sch.; Am. 2286374	**Emulg.**

Lfd. Nr.	Bezeichnung (Zusammensetzung)	besondere Verwendung mit zugehöriger Literaturangabe	Verwendungs-überblick
5874	**Piperazin** (= Diäthylendiamin, $C_4H_{10}N_2$)	s. Dodecylpiperazin, Sch., Netzm., Emulg. s. Dialkoxypiperazin; Sch., Netzm.	**Sch., Netzm., Emulg.**
5875	**Piperazinäthanol**	Sch., Netzm., Emulg.; Am. 2574407 s. Dodecyl-**P.**	**Sch., Netzm., Emulg.**
5876	**Piperazinäthanol-HBr**	s. Octadecyl-P.	**Sch., Netzm., Emulg.**
5877	**Piperazin-HBr**	s. Dodecyl-**P.**; Sa.	**Sa.**
5878	**Piperazin/Kokosölfett-säure-Reaktpr.**	Silikat-Sa.; Am. 2362276	**Sa.**
5879	**Piperazinpalmitat-acetat**	s Hydroxyäthoxyäthoxyäthyl-**P.**	**Sch., Netzm.**
5880	**Piperidin** ($C_5H_{10}NH$), = Hexahydropyridin)	Lösm. z. Kohlen-Lösungsaufbrtg.; „Chem. Ztrlbl." 1954, 7781	**Lösm.**
5881	**Piperidinmethylthio-ammelinmethyläther**	Sa/Sch., Netzm., Emulg.; Am. 2210831	**Sa/Sch., Netzm., Emulg.**
5882	**Pista-Flockungsver-verfahren**	= Ausflocken d. Schwebstoffteilchen b. d. Aufbereitungswaschwasserklärung mit Hilfe von Eisenspänen; „Aach. Bl." 1954, 97/139	**Flockm.**
5883	**PK3**	= synthet. hochmolekulares Flockm.; „Glückauf" 1956, 1036	**Flockm.**
5884	**PL-164**	= Dodecylmethacrylat/Diäthylamino-äthylenmetharylat-Copolymer; Flockm.; Am. 2892784	**Flockm.**
5885	**Pluramin S-100**	= Fettsäureaminkondensat; Netzm.; Stüpel	**Netzm.**
5886	**Pluronic L62, L64, F68**	= Polyoxyäthylen-bzw. Polyoxypropy-lenätheralkohol; Sch.; Brit. 782107, Franz. 1109798, Belg. 532530	**Sch.**
5887	**Polyacetale**	Sch.; Brit. 661184 s. Diacetal, Triacetal; Sch.	**Sch.**
5888	**Polyacrylamid-Lösg.**	Flockm. f. Mineralaufschlämmungen; Brit. 725460, 768665, Franz. 1083610, 1113951, 1111206 Schlamm-Dr.; Am. 2740522, Brit. 749213, 760653 Ton-Sa. f. d. Ton-Flot. aus Kalisalzen; Franz. 1139954, Am. 2923408 s. Separan 2619; Sa., Flockm., Dr., Disp. s. Vinylyden; Sa.	**Disp., Flockm., Sa., Dr.**
5889	**Polyacrylamid/Malein-säure-Copolymer**	Flockm. f. Erz- u. Kohlenschlämme; „Chem. Ztrlbl." 1960, 11771	**Flockm.**
5890	**Polyacrylamid/Vinyl-acetat-Copolymer**	Flockm. f. Erz- u. Kohlenschlämme; „Chem. Ztrlbl." 1960, 11771	**Flockm.**
5891	**Polyacrylat**	Na-**P.** als Ton- u. Erzschlamm-Flockm.; Am. 2937143 NH_4 oder Na-**P.** als Gangart-Dr. f. sulfid. Erze; Am. 2740522, Brit. 749213 NH_4-, Diäthanol-NH_4-, Guanidin-**P.** als Flockm.; Brit. 725460, Franz. 1083610	**Flockm.**
5892	**Polyacrylat/Malein-säure-Copolymer**	Flockm. f. Erz- u. Kohlenschlämme; „Chem. Ztrlbl." 1960, 11771	**Flockm.**

Lfd. Nr.	Bezeichnung (Zusammensetzung)	besondere Verwendung mit zugehöriger Literaturangabe	Verwendungs-überblick
5893	**Polyacrylat/Vinylacetat-Copolymer**	Flockm. f. Erz- u. Kohlenschlämme; „Chem. Ztrbl." 1960, 11771	**Flockm.**
5894	**Polyacrylat/Vinylalkohol-Copolymer**	als Gangart-Dr. f. sulfid. Erze; Am. 2740522	**Dr.**
5895	**Polyacrylonitril**	Ton-Sa. f. d. Ton-Flot. aus Kalirohsalzen; Franz. 1139954 Gangart-Dr. b. d. Flot. sulfid. Erze; Am. 2740522, Brit. 749213 s. Hydropolyacrylonitril; Dr., Flockm.	**Sa., Dr., Flockm.**
5896	**Polyacrylonitrilamid**	Gangart-Dr. b. d. Flot. sulfid. Erze; Am. 2740522, Brit. 749213	**Dr.**
5897	**Polyacrylsäure**	Schlamm-Dr. b. d. Steinkohlen-Flot.; DP. 1002702 Schlamm-Dr. b. d. Flot. sufid. Erze; Am. 2740522, Brit. 749213 Flockm.; Brit. 725460, Franz. 1083610 Ton-Sa. f. d. Ton-Flot. aus Kalisalzen; Franz. 1139954 s. Sedipur CA3; Kondm.	**Sa., Dr., Flockm., Kondm.**
5898	**Polyacrylsäure/Holzäther-Mischung**	als Flockm. z. Verhinderung des Auftretens von Schwimmkohle; DP. 1006361	**Flockm.**
5899	**Polyacylpolyalkylenpolyamine**	Sa., Netzm.; Am. 2583772	**Sa., Netzm.**
5900	**Polyalkohole**	s. Glykol; 2wertiger Alkohol; Flockm., Sa., Sch. s. Glyzerin; 3wertiger Alkohol; Flockm., Sa., Sch. s. Erythrit, Pentaerythrit, Hexite, Heptite	**Flockm., Sch., Sa.**
5901	**Polyalkoxyalkan**	s. Hexamethoxydecan; Sch/Sa. s. Tetraalkoxybutan; Sch., Sch/Sa.	**Sch., Sch/Sa.**
5902	**Polyalkoxyalkylphthalat**	s. Dialkoxy . . .; Sch.	**Sch.**
5903	**Polyalkoxyamin**	s. Polyäthoxyamin; Sa/Sch., Flockm.	**Sa/Sch., Flockm.**
5904	**Polyalkoxyäthan**	s. Tetrabutoxyäthan; Sch.	**Sch.**
5905	**Polyalkoxybenzol**	Di-, Tri-, Tetra-alkoxybenzol als Sch.; Am. 2776749 u. Can. 563524	**Sch.**
5906	**Polyalkoxydialkylsulfid**	s. Tetraalkoxy . . .; Sch.	**Sch.**
5907	**Polyalkoxydisulfide**	s. Tetraalkoxydisulfide; Sch.	**Sch.**
5908	**Polyalkoxymethan**	s. Triäthoxymethan; Sch. s. Tetrabutoxymethan; Sch.	**Sch.**
5909	**Polyalkoxyoctan**	s. Triäthoxyoctan; Sch.	**Sch.**
5910	**Polyalkoxyparaffine**	s. Di-, Tri-, Tetraalkoxyparaffine; Sch. s. Hexamethoxydekan, Tetramethoxybutan, Triäthoxypropan; Sch/Sa.	**Sch/Sa., Sch.**
5911	**Polyalkyladipat**	s. Dialkyladipat; Sch.	**Sch.**
5912	**Polyalkylamidinformiat**	s. Dimethyldodecylamidinformiat; Sa.	**Sa.**
5913	**Polyalkylamin**	s. Di-, Trialkylamin; Sa.	**Sa.**
5014	**Polyalkylaminäthylsulfat**	s. Trialkylammoniumäthylsulfat; Sa.	**Sa.**
5915	**Polyalkylaminbromid**	s. Trimethylstearinaminbromid; Sa.	**Sa.**

Lfd. Nr.	Bezeichnung (Zusammensetzung)	besondere Verwendung mit zugehöriger Literaturangabe	Verwendungsüberblick
5916	**Polyalkylaminchlorhydrat**	s. Trimethylhexylaminchlorhydrat; Sa.	**Sa.**
5917	**Polyalkylaminchlorid**	s. Dimethylammoniumchlorid; Sa., Flockm. s. Dioctadecyldimethylammoniumchlorid; = Arquad 2HT; Sa., Flockm. s. Triäthyllaurinaminchlorid; Netzm.	**Flockm., Sa., Netzm.**
5918	**Polyalkylaminmercaptoberyothiazol**	s. Dimethylaminomercaptobenzothiazol; Sa.	**Sa.**
5919	**Polyalkylanilin**	s. Dimethylanilin; Sa. s. Dimethyloctylanilin; Sa.	**Sa.**
5920	**Polyalkylamin(o)propylhydrazinchlorid**	s. Diäthylamino . . .; Sa.	**Sa.**
5921	**Polyalkylarylendihydroperoxyd**	s. Dimethylxylylendihydroperoxyd; Sch.	**Sch.**
5922	**Polyalkylarylhydrazinchlorid**	s. Diäthylphenylhydrazinchlorid; Sa.	**Sa.**
5923	**Polyalkylarylmethylhydroperoxyd**	Sch. f. d. Kohlen- u. Erz-Flot.; Am. 2545132	**Sch.**
5924	**Polyalkyläthylendiamin**	Netzm.; Blücher, „Auskunftsbuch f. d. chem. Industrie" 1954, 773	**Netzm.**
5925	**Polyalkylbenzol**	s. Dimethylbenzol = Xylol; Sa/Sch; Sch. s. Trimethylbenzol = Mesitylen, Pseudocumol s. Tetramethylbenzol: = Prehnitol, Isodurol, Durol s. Triäthylbenzol; Regler s. Diäthylbenzol; Regler	**Regler, Sa/Sch., Sch.**
5926	**Polyalkylbenzolamin**	s. Dimethylbenzolamin, = Xylidin; Sa.	**Sa.**
5927	**Polyalkylbenzylaminhydrochlorid**	s. Trialkylbenzylaminhydrochlorid; Sa/Sch.	**Sa/Sch.**
5928	**Polyalkylbenzylhydroperoxyd**	s. Methyläthyl-, Dimethylmethylbenzyl-; Sch.	**Sch.**
5929	**Polyalkylcarbinol**	s. Dialkyl-, Trialkylcarbinol; Sch., Sch/Sa.	**Sch., Sch/Sa.**
5930	**Polyalkylcetylbenzylaminchlorid**	s. Dimethylcetylbenzylammoniumchlorid; Sa.	**Sa.**
5931	**Polyalkylcitrat**	s. Trialkylcitrat; Akt., Regler	**Akt., Regler**
5932	**Polyalkyldimethylaminchlorid**	s. Dioctadecyldimethylammoniumchlorid; = Arquad 2 HT; Flockm., Sa.	**Flockm., Sa.**
5933	**Polyalkyldithiocarbamat**	s. Diäthyldithiocarbamat; Sa. s. Methyläthyldithiocarbamat; Sa.	**Sa.**
5934	**Polyalkyldithiophosphat**	s. Diäthyldithiophosphat; Sa. s. Dibutyldithiophosphat; Sa. s. Dithiodialkylphosphat; Sch/Sa.	**Sa., Sch/Sa.**
5935	**Polyalkyldithiothionoformiat**	s. Diäthyldithio-bis-thionoformiat; = Minerec A u. B; Sa.	**Sa.**
5936	**Polyalkyldodecylphosphoniumhydroxyd**	s. Diäthyl-, Triäthyl-phosphoniumhydroxyd; Sa.	**Sa.**
5937	**Polyalkylenamin/Tallöl-Reaktpr.**	polumkehrbarer Sa.; Am. 2857331	**Sa.**
5938	**Polyalkylencarbinol**	s. Diäthylencarbinol = Amylalkohol; Sch.	**Sch.**

Lfd. Nr.	Bezeichnung (Zusammensetzung)	besondere Verwendung mit zugehöriger Literaturangabe	Verwendungs-überblick
5939	**Polylakylendihydro-orthophosphat**	s. Octadecyldiäthylendihydroorthophosphat; Sa.	**Sa.**
5940	**Polyalkylenglykol-alkyläther**	s. Dipropylenglykoliso-, Tri-, Tetra-, Pentapropylenglykol-butyläther; Sch. s. Polyäthylenglykoldodecylthioäther; Sch. s. Polypropylenmethylglykoläther = „Dowfroth 250"; Sch. s. Carbitol Solvent = Diäthylenglykol-äthyläther s. Monoäthanolamindiäthylenglykolmono-butyläther; Sa.	**Sch.**
5941	**Polyalkylenglykol-alkylester**	s. Diäthylenglykoloctylester; Sch/Sa. s. Diäthylenglykolalkylester = Carbitole; Sch.	**Sch/Sa., Sch.**
5942	**Polyalkylenglykol-aminsulfat**	s. Laurindiäthylenglykolammonium-sulfat; Sa.	**Sa.**
5943	**Polyalkylenglykol-äther**	s. Carbitole; Sch.	**Sch.**
5944	**Polyalkylenglykol-car-bonylalkylxanthat**	s. Diäthylenglykolcarbonyl-äthylxanthat, -butylxanthat; Sa.	**Sa.**
5945	**Polyalkylenglykolcar-bonylalkyldithio-phosphat**	s. Diäthylenglykolcarbonyldiäthyldithio-phosphat; Sa.	**Sa.**
5946	**Polyalkylenglykoldi-isobutyrat**	s. Diäthylenglykol . . .; Sch.	**Sch.**
5947	**Polyalkylenglykolester**	s. Carbitole; Sch.	**Sch.**
5948	**Polyalkylenglykolmo-nocarbonsäureester**	s. Diäthylenglykol . . .; Sch. s. Diäthylenglykol-monolaurat-, mono-oleat; Sa. s. Diäthylenglykoloctylester; Sch/Sa.	**Sa., Sch., Sch/Sa.**
5949	**Polyalkylenglykoloxy-amine**	s. Diäthylenglykoloxyamine; Sa.	**Sa.**
5950	**Polyalkylenglykolrizi-noleatsulfonat**	s. Diäthylenglykol . . .; Sa.	**Sa.**
5951	**Polyalkylenglykol-sulfat**	s. Diäthylenglykolsulfat; Sa.	**Sa.**
5952	**Polyalkylenglykolsul-fonsäure**	s. „Emulsol X—1"	**Sa., Sch., Sa/Sch., Dr., Netzm.**
5953	**Polyalkylenpolyalkyl-amin**	s. Nonadecenyldimethylamin; Sa.	**Sa.**
5954	**Polyalkylenpolyamide**	N-alkylierte oder N'-acylierte Poly-alkylenpolyamide als Sa. f. d. Flot. quarziger Erze; Am. 2569417	**Sa.**
5955	**Polyalkylenpolyamine**	s. Polyäthylenpolyamine; Sa., Netzm., Lösm., Pass. s. Polyacylpolyalkylenpolyamine; Sa., Netzm.	**Sa., Netzm., Lösm., Pass.**
5956	**Polyalkylenpolyamin-alkylolderivate**	s. Diäthylentriaminalkylolderivate; Sa.	**Sa.**

Lfd. Nr.	Bezeichnung (Zusammensetzung)	besondere Verwendung mit zugehöriger Literaturangabe	Verwendungs-überblick
5957	**Polyalkylenpolyamin/ Baumwollsaatöl-Reaktpr.**	als polumkehrbarer, d. h. bei pH < 10 kationakt., bei pH > 10 anionakt. Sa.; Am. 2857331	**Sa.**
5958	**Polyalkylenpolyamin/ Fettsäure-Kondensprod.**	z. B. P./Laurin-, Palmitin-, Myristin-, Stearin-, Ölsäure-Kondensprod. als Sa. f. d. Entfernung v. Quarz aus Phosphaten oder von Glimmer u. Feldspat aus quarzhaltigen Mineralien; Am. 2364272 u. Brit. 547292	**Sa.**
5959	**Polyalkylenpolyamin/ Fettsäureacylierungsmittel-Reaktpr.**	Quarz-, Silikat-Sa. b. d. Phosphat-, Bauxit-, Kalk-Flot.; Am. 2494132	**Sa.**
5960	**Polyalkylenpolyamin/ Fettsäureglyzerid-Reaktpr.**	als Sa.; Brit. 547292	**Sa.**
5961	**Polyalkylenpolyamin/ Hexadecylsäure-Kondspr.**	Sa. z. Ausschwimmen v. Quarz aus Phosphaten oder von Feldspat u. Glimmer aus quarzigen Mineralien; Am. 2364272	**Sa.**
5962	**Polyalkylenpolyaminhydrobromid**	s. Diäthylentriaminhydrobromid; Sa.	**Sa.**
5963	**Polyalkylenpolyaminhydrochlorid**	s. Diäthylentriaminhydrochlorid; Sa.	**Sa.**
5964	**Polyalkylenpolyamin/ Tallöl-Reaktpr.**	polumkehrbarer Sa., d. h. bei pH < 10 kationakt., bei pH > 10 anionakt. Sa.; Am. 2857331	**Sa.**
5965	**Polyalkylglyoxim**	s. Dimethylglyoxim; Sa.	**Sa.**
5966	**Polyalkylguanidin**	s. Dibutylguanidin; Sa.	**Sa.**
5967	**Polyalkylguanidinnitrat**	s. Dibutylguanidinnitrat; Sa.	**Sa.**
5968	**Polyalkylguanidinpicrat**	s. Dibutylguanidinpicrat; Sa.	**Sa.**
5969	**Polyalkylguanylguanidin**	s. Dimethylguanylguanidin; Sa.	**Sa.**
5970	**Polyalkylhydrazinchlorid**	s. Diäthylcyclohexyhydrazinchlorid; Sa. Sa.; Franz. 1165100 s. Trimethyl-, Triäthyl-, Tripropyl-, Tributyl-, Triheptyl-, Hexadecyldimethyl-, Octadecyldimethylhydrazinchlorid; Sa.	**Sa.**
5971	**Polyalkylimidformiat**	s. Dialkyllaurinimidformiat; Sa.	**Sa.**
5972	**Polyalkylimidhydrochlorid**	s. Diäthylimidhydrochlorid; Sa.	**Sa.**
5973	**Polyalkylketon**	s. Diäthylketon; Sch. s. Dimethylketon; Netzm., Disp. s. Diamylketon; Sch. s. Dipropylketon; Sch. s. Dihexylketon; Sch. s. Dioctylketon; Sch. s. Diisoamylketon; Sch.	**Sch., Regler, Netzm., Disp.,**
5974	**Polyalkyllaurinbenzylaminchlorid**	s. Dimethyllaurin . . .; Sa/Sch.	**Sa/Sch.**

Lfd. Nr.	Bezeichnung (Zusammensetzung)	besondere Verwendung mit zugehöriger Literaturangabe	Verwendungs-überblick
5975	**Polyalkylmethylbenzylhydroperoxyd**	s. Dimethyl-p-methylbenzylhydroperoxyd; Sch.	**Sch.**
5976	**Polyalkylnaphthalin-methylpyridinium-chlorid**	= Emcol 888; Sa.; Am. 2578790	**Sa.**
5977	**Polyalkylnaphthalin-sulfonate**	s. Nekal, Betan, Oranit, Neomerpin s. Daxad; Regler, Dr., Disp.	**Sa/Sch., Sa., Netzm., Regler, Dr., Disp.**
5978	**Polyalkyloctadienol**	s. Dialkyloctadienol; Sch.	**Sch.**
5979	**Polyalkylphenylphe-nolsulfonat**	s. Dibutylphenyl... = Aresklene; Sa., Netzm.	**Sa., Netzm.**
5980	**Polyalkylphosphat**	s. Dipalmitinphosphat; Sa.	**Sa.**
5981	**Polyalkylphosphoni-umhydroxyd**	s. Diäthyl-, Triäthyldodecylphosphonium-hydroxyd; Sa.	**Sa.**
5982	**Polyalkylphthalat**	s. Dibutyl-, Dihexylphthalat; Sch.	**Sch.**
5983	**Polylakylpolydithio-phosphat**	s. Tetraäthyltetrathiodiphosphat; Sa.	**Sa.**
5984	**Polyalkylpolyoxy-äthylenäther**	s. Dialkyl...; Sch., Sa/Sch.	**Sch., Sa/Sch.**
5985	**Polyalkylpyridin**	s. Dimethylpyridin = Lutidin; Sch. s. Trimethylpyridin = Kollidin; Sch.	**Sch.**
5986	**Polyalkylsebacat**	s. Dibutyl-, Dihexylsebacat; Akt., Sch.	**Akt., Sch.**
5987	**Polyalkylstyrol**	s. Santodex; Netzm.	**Netzm.**
5988	**Polyalkylsuccinat**	s. Diamylsuccinat; Sch.	**Sch.**
5989	**Polyalkylsulfide**	s. Tetraalkoxydialkylsulfid; Sch.	**Sch.**
5990	**Polyalkylsulfoacetat**	s. Äthylhexylsulfoacetat; Sa.	**Sa.**
5991	**Polyalkylsulfosuccinat**	s. Aerosol AY, -MA, -OT; Netzm.	**Netzm.**
5992	**Polyalkyltartrat**	s. Dibutytartrat; Akt.	**Akt.**
5993	**Polyalkyltetrathiodi-phosphat**	s. Teträthyltetrathiodiphosphat; Sa.	**Sa.**
5994	**Polyalkylthiophosphat**	s. Didodecyldithiophosphat, Dihexadecyl-thioorthophosphat, Tridodecyltetrathio-orthophosphat, Tridodecyltrithioortho-phosphat, -phosphat, Tetrahexadecyl-dithiopyrophosphat, Tetratetradecyl-trithiopyrophosphat, Tritetradecyl-monothioorthophosphat, Trioctadecyl-dithioorthophosphat; Sa.	**Sa.**
5995	**Polyalkylthiophor-phorylbromid**	s. Dialkyl...; Sa/Sch.	**Sa/Sch.**
5996	**Polyalkylthiophos-phorylchlorid**	Sa. f. sulfid. Erze; Am. 2621789 Sa/Sch. f. sulfid. Cu-Erze; Am. 2901107	**Sa., Sa/Sch.**
5997	**Polyalkylthiuram**	s. Tetramethylthiuram; Sa. s. Teträthylthiuram; Sa.	**Sa.**
5998	**Polyalkyltrithio-carbonat**	s. Dimethyltri...; Sa. s. Diamyltrithiokohlensäureester; Sa.	**Sa.**
5999	**Polyalkylxanthat**	s. Äthylmethylxanthat; Sa.	**Sa.**
6000	**Polyallylalkohol**	Feststoff-Disp. i. Flot.-Trüben; DP. 831553	**Disp.**

Lfd. Nr.	Bezeichnung (Zusammensetzung)	besondere Verwendung mit zugehöriger Literaturangabe	Verwendungs-überblick
6001	**Polyamine**	Sa. f. d. Zinkerz-Flot.; Franz. 1136073 Sa.; Am. 2389763	**Sa.**
6002	**Polyaminomono-carbonsäuren**	wie Ornithin, Arginin, Guanidinessigsäure als Gangart-Dr.; Am. 2414199 s. = Monocarbonpolyaminosäuren; Dr.	**Dr.**
6003	**Polyaminocarbon-säuren**	s. Polyaminomonocarbonsäuren; Dr. s. Polyaminopolycarbonsäuren; Dr. s. Aminocarbonsäuren; Sa. s. Uroxaminsäure; Dr. s. Kynurenin; Dr. s. Arginin, Ornithin, Guanidinessigsäure; Dr.	**Sa., Dr.**
6004	**Polyaminodiimidazol-Derr.**	Sa.; Am. 2374354	**Sa.**
6005	**Polyaminodiphenyl-tolylcarbinol**	s. „Fuchsin"; Dr.	**Dr.**
6006	**Polyaminopolycarbon-säuren**	s. = Polycarbonpolyaminosäuren; Dr.	**Dr.**
6007	**Polyamylamin**	s. Triamylamin; Sa.	**Sa.**
6008	**Polyamylcitrat**	s. Triamylcitrat; Akt., Regler	**Akt., Regler**
6009	**Polyamylketon**	s. Di-, Diiso-amylketon; Sch.	**Sch.**
6010	**Polyamylpimelat**	s. Diamylpimelat; Sch.	**Sch.**
6011	**Polyamylsuberat**	s. Diamylsuberat; Sch.	**Sch.**
6012	**Polyamylsuccinat**	s. Diamylsuccinat; Akt., Regler, Netzm.	**Akt., Regler, Netzm.**
6013	**Polyamylsulfosuccinat**	s. Diamylsulfosuccinat = Aerosol AY; Netzm.	**Netzm.**
6014	**Polyamyltartrat**	s. Diamyltartrat; Akt., Regler	**Akt., Regler**
6015	**Polyarylcitrat**	s. Triarylcitrat; Akt., Regler	**Akt., Regler**
6016	**Polyaryldithiophosphat**	s. Dithiodiarylphosphat; Sch/Sa.	**Sch/Sa.**
6017	**Polyarylhydrazine**	s. Hydrazobenzol; Sa.	**Sa.**
6018	**Polyarylphosphat**	s. Trikresylphosphat; Sa. s. Triarylphosphat; Akt., Regler	**Sa., Akt., Regler**
6019	**Polyarylthiocarbazon**	s. Diphenylthiocarbazon = Dithizon; Sa.	**Sa.**
6020	**Polyäthanolamin**	s. Diäthanolamin; Sa. s. Triäthanolamin; Netzm.	**Sa., Netzm.**
6021	**Polyäthanolamin-dodecylbenzolsulfo-nat**	s. Tri- . . . = Marlopon; Netzm.	**Netzm.**
6022	**Polyäthanolamin-dodecylsulfat**	s. Tri- . . . = Texapon, Extrakt T; Netzm.	**Netzm.**
6023	**Polyäthanolamino-oleat**	s. Tri- . . .; Emulg.	**Emulg.**
6024	**Polyäthanolaminpoly-acrylat**	s. Diäthanolammoniumpolyacrylat; Flockm., Dr.	**Flockm., Dr.**
6025	**Polyäthoxyamine**	s. Ethomeene; Sa/Sch., Flockm.	**Sa/Sch., Flockm.**
6026	**Polyäthoxyamyl-phthalat**	s. Diäthoxyamylphthalat; Sch.	**Sch.**
6027	**Polyäthoxyäthoxy-benzol**	Sch.; Am. 2776749	**Sch.**

Lfd. Nr.	Bezeichnung (Zusammensetzung)	besondere Verwendung mit zugehöriger Literaturangabe	Verwendungs-überblick
6028	**Polyäthoxyäthyl-phthalat**	s. Di-; Sch.	**Sch.**
6029	**Polyäthoxybenzol**	Sch.; Am. 2776749 s. Di-, Tri-, Tetraäthoxybenzol	**Sch.**
6030	**Polyäthoxyparaffine**	s. Tetraäthoxyparaffine; Sch. s. Triäthoxyparaffine; Sch. s. Diäthoxyparaffine; Sch.	**Sch.**
6031	**Polyäthyladipat**	s. Diäthyladipat; Sch., Regler	**Sch.**
6032	**Polyäthylamin**	s. Di-, Triäthylamin; Sa.	**Sa.**
6033	**Polyäthylamin(o)-äthyloleylamid-acetat**	s. Diäthyl- . . .; Sa.	**Sa.**
6034	**Polyäthylamin(o)-äthylolelyamid-hydrochlorid**	s. Diäthyl . . .; Sa.	**Sa.**
6035	**Polyäthylaminjodid**	s. Dodecyltriäthylaminjodid; Sa.	**Sa.**
6036	**Polyäthylbenzol**	s. Triäthylbenzol; Regler	**Regler**
6037	**Polyäthylenäther** (= Fettalkoholpoly-äthylenoxyde)	Alkyl-, Aryl-, Alkylaryl-, Dodecyl-, Benzyloxydiphenyl-polyäthylenäther; Netzm.; DP. 1030802 nichtionogene Netzm.; „Erzmetall" 1958, 590	**Netzm.**
6038	**Polyäthylenglykol**	= „Nil"; s. d. s. Diäthylenglykol; Sa.	**Netzm., Sa.**
6039	**Polyäthylenglykol-acetal**	Sch. f. Pb/Zn- u. Cu/Zn/FeS-Erze; „Chemical Abstracts" 1959, 177	**Sch.**
6040	**Polyäthylenglykol-dodecylsäureester**	s. Nonisol 100; Netzm.	**Netzm.**
6041	**Polyäthylenglykol-dodecylthioäther**	s. Nonic 218; Sch., Netzm.	**Sch., Netzm.**
6042	**Polyäthylenglykol-fettsäureester**	s. = Sterox CD; Netzm. s. = Neutronyx 330, 331; Disp., Netzm.	**Netzm., Disp.**
6043	**Polyäthylenglykololeat**	s. Lipal 40; Disp.	**Disp.**
6044	**Polyäthylenglykol-stearinester**	s. Nonisol 300; Netzm.	**Netzm.**
6045	**Polyäthylenimin**	= Polyaziridin, Polyazacyclopropan, Polydimethylenimin Flockm. f. wäßrige Mineralaufschlämmungen; Brit. 760279, 760653, 760869, Franz. 1111206, 1113951	**Flockm.**
6046	**Polyäthylenoxyde**	Fettalkohol-**P.** als nichtionogene Netzm.; „Erzmetall" 1958, S. 590	**Netzm.**
6047	**Polyäthylenpolyamine**	s. Diäthylentriamin; Sa., Lösm. s. Triäthylentetramin; Sa., Netzm., Pass. s. Tetraäthylenpentamin; Netzm., Pass.	**Netzm., Lösm., Sa., Pass.**
6048	**Polyäthylenpolyamin-diamid**	Quarz-Sa. b. d. Phosphorit-Flot.; Brit. 571591	**Sa.**
6049	**Polyäthylenpolyamin/ Tallöl-Reaktpr.**	s. Tallöl/Polyäthylenpolyamin-Reaktpr.; Sa.	**Sa.**
6050	**Polyäthylphenyl-hydrazinchlorid**	Sa.; Franz. 1165100	**Sa.**

Lfd. Nr.	Bezeichnung (Zusammensetzung)	besondere Verwendung mit zugehöriger Literaturangabe	Verwendungs-überblick
6051	**Polyazacyclopropan**	s. = Polyäthylenimin; Flockm.	**Flockm.**
6052	**Polyaziridin**	s. = Polyäthylenimin; Flockm.	**Flockm.**
6053	**Polybenzoealkylsulfonat**	s. Daxad; Dr., Disp., Regler	**Dr., Disp., Regler**
6054	**Polycarbonmonoaminosäuren**	= Monoaminopolycarbonsäuren, z. B. Asparagin-, Glutamin-, Iminoessig-, Chelidamin-, Pyridincarbon-, 2,3-Chinolin-, 2,4-Lutidin-, 2,6-Dipicolin-, 2,5-Isocinchomerinsäure; als Gangart-Dr.; Am. 2414199 s. Glutaminsäure; Dr., Kondm.	**Dr., Kondm.**
6055	**Polycarbonpolyaminosäuren**	wie Ornithin, Arginin, Guanidinessigsäure, Kynurenin; Dr.; Am. 2414199	**Dr.**
6056	**Polycarbonsäuren**	s. Dicarbonsäuren; Dr., Akt., Flockm., Sa. s. Tricarbonsäuren; Dr., Regler, Disp.	**Flockm., Sa., Dr., Akt., Regler, Disp.**
6057	**Polycarbonsäureestersulfonat**	Netzm.; DP. 1071455	**Netzm.**
6058	**Polydimethylaminoäthylacrylat**	Ton- u. Erzschlamm-Flockm.; Am. 2937143	**Flockm.**
6059	**Poly-β-dimethylaminoäthylenmethacrylat**	Flockungsm.; Brit. 768665	**Flockm.**
6060	**Polydimethylaminomethacrylat**	Ton- u. Erzschlamm-Flockm.; Am. 2937143	**Flockm.**
6061	**Polydimethylenimin**	s. = Polyäthylenimin; Flockm.	**Flockm.**
6062	**Polyelektrolyte**	= polymere Elektrolyte, die anionaktiv (z. B. Acrylamidderivate), kationaktiv (z. B. Polyvinylpyridinbutylbromid) oder nichtionogen sein können (z. B. Proteine, Polypeptide); Flockm.; „Chem. Ztrlbl." 1959, 11033	**Flockm.**
6063	**Polyglykol**	Schlamm-Disp. b. d. Sylvinit-Flot.; Am. 2724499, 2836297 s. Nil; Netzm. s. Tergitol TMN 650; Flockm.	**Disp., Netzm., Flockm.**
6064	**Polyglykol/Acrylonitrilpolymer-Gemisch**	als Schlammregler [Disp.] b. d. Sylvinit-Flot.; Am. 2836297	**Disp.**
6065	**Polyglykol/Na-Alkylarylsulfonat-Mischung**	s. Arkolene WX; Netzm.	**Netzm.**
6066	**Polyglykoläther**	Schlamm-Disp. b. d. Sylvinit-Flot.; Am. 2724499, 2836297 s. Leonil C, -FFO, -O; Netzm. s. Sterox; Disp.	**Disp., Netzm.**
6067	**Polyglykoläther/Acrylonitrilpolymer-Gemisch**	als Schlammregler [Disp.] b. d. Sylvinit-Flot.; Am. 2836297	**Disp.**
6068	**Polyglykolester**	s. Emulphor AG.; Disp. s. Emulsifier 610 A; Disp.	**Disp.**

Lfd. Nr.	Bezeichnung (Zusammensetzung)	besondere Verwendung mit zugehöriger Literaturangabe	Verwendungs-überblick
6069	**Polyglyzerin**	als Sa.; s. „Flotacol" wie Di-, Tri-Tetraglyzerin z. Verbesserung d. kationakt. Flot.; Am. 2362432 Polyglyzerinderivate als Sa. f. Kalisalze; Am. 2182845	**Sa.**
6070	**Polyhalosilane**	gasförmige Kondm. z. Hydrophobierung von naßmechan. aufzubereitenden Erzen; Am. 2564546 s. Äthyltrichlor-, Diäthyldichlor-, Methyltrichlor-, Phenyltrichlorsilan; Kondm.	**Kondm.**
6071	**Polyhexose**	Dr. b. d. Fusit-Flot. aus Steinkohle; Am. 1499872 u. 1944529 s. Dextrin, Stärke; Dr., Netzm., Flockm., Kondm., Regler	**Kondm., Netzm., Dr., Flockm., Regler**
6072	**Polyisobutylenpolymer**	s. Paratone; Netzm.	**Netzm.**
6073	**Polyisopropoxybenzol**	Sch.; Am. 2776749	**Sch.**
6074	**Polymerisate**	hydrolysierte HCN-Polymerisate als Dispergier- u. Entflockungsmittel; Am. 2855365 Flockm.; Brit. 725406, Franz. 1083610 s. Acryloid; Netzm. hochmolekulare carboxygruppenhaltige Polymerisate; Flockm. z. Klären v. Trüben; DP. 1037420 s. Santodex; Sa., Dr., Flockm., Netzm. s. Paratone; Netzm. s. Allylalkoholpolymerisat; Sa. s. Polymethacrylat; Sa., Dr., Flockm. s. Guartec; Flockm. s. Gukomannan; Dr. s. Maleinanhydrid/Styrol-Polymer; Flockm. s. Lytron 886/887; Flockm. s. Maleinsäure/Vinylmethyläther-Mischpolymer; Flockm. s. Acrylamid-, Vinylchlorid-, Vinyliden-Polymer; Sa. s. Polyacrylonitril, Polyacrylamid, Polyacrylsäure, Polyacrylat, Guanidinpolyacrylat, Vinylpyridinacrylonitril; Dr.	**Sa., Dr., Flockm., Netzm.**
6075	**Polymerphosphate**	wie polymere Alkali-Metaphosphate-, Polyphosphate, -Pyrophosphate als Dispergatoren u. Komplexbildner zusammen mit grenzflächenaktiven organischen Verbdgg. — wie Toluol, Aceton, Methylisobutylcarbinol — zur Verbesserung d. Zerkleinerung von Mineralien; DP. 1071455	**Disp.**
6076	**Polymethacrylat**	NH_4- oder Na-**P.** als Gangart-Dr. f. sulfid. Erze; Am. 2740522 u. Brit. 749213 als Ton-Sa. b. d. Ton-Flot. aus Kalisalzen; Franz. 1139954 Flockm. f. Erz- u. Kohlenschlämme; „Chem. Ztrlbl." 1960, 11771	**Sa., Dr., Flockm.**
6077	**Polymethacrylat/ Maleinsäure-Copolymer**	Flockm. f. Erz- u. Kohlenschlämme; „Chem. Ztrlbl." 1960, 11771	**Flockm.**

Lfd. Nr.	Bezeichnung (Zusammensetzung)	besondere Verwendung mit zugehöriger Literaturangabe	Verwendungs-überblick
6078	**Polymethacrylat/ Vinylacetat-Copolymer**	Flockm. f. Erz- u. Kohlenschlämme; „Chem. Ztrlbl." 1960, 11771	**Flockm.**
6079	**Polymethacrylsäure**	als Ton-Sa. b. d. Ton-Flot. aus Kalisalzen; Franz. 1139954	**Sa.**
6080	**Polymethacrylsäure-ester**	als Ton-Sa. b. d. Ton-Flot. aus Kalisalzen; Franz. 1139954 s. Acryloid; Netzm.	**Netzm., Sa.**
6081	**Polymethacrylsäure/ Holzäther-Mischg.**	Flockm. z. Verhinderung des Auftretens von Schwimmkohle; DP. 1006361	**Flockm.**
6082	**Polymethoxyäthoxy-benzol**	Sch.; Am. 2776749	**Sch.**
6083	**Polymethoxybenzol**	Sch.; Am. 2776749	**Sch.**
6084	**Polymethylvinyl-pyridinsalze**	= polykationakt. Elektrolyte als Flockm. f. Erzschlämme; „Bergb.-Wiss." 1960, 541	**Flockm.**
6085	**Polyox**	als Flockm.; „Min. Engrg.", Januar 1960, S. 19	**Flockm.**
6086	**Polyoxyalkylen-äthanol**	s. Emulphor BC-840; Netzm.	**Netzm.**
6087	**Polyoxyalkylenäther**	Sch.; Can. 584317	**Sch.**
6088	**Polyoxyalkylfurfurol-aminester**	Sa.; Am. 2652388	**Sa.**
6089	**Polyoxyanthrachinon**	als Gangart-Dr.; Am. 2395866 u. „Mining Technology", 1946, S. 278 s. Alizarin, Anthrachrysol, Anthraruffin, Chryazin, Naphthazarin, Purpurin, Chinazarin, Chinalizarin; als Gangart-Dr. s. Tetraoxyanthrachinon; Dr.	**Dr.**
6090	**Polyoxyarylglukoside**	s. = Tannin; Dr., Disp., Netzm., Regler s. Alizaringlukosid; Netzm. s. Anthrachinonglukosid; Netzm. s. Aloin; Netzm. s. Phenolglukoside; Netzm. s. Salicin; Netzm. s. Arbutin; Netzm. s. Ruberythrinsäure; Netzm. s. Apiin, Glycyrrhizin; Netzm. s. Anthocyaninglukosid, Pelargonin, Digitalin, Saponinglukosid, Parillin; Netzm.	**Dr., Disp., Netzm., Regler**
6091	**Polyoxyäthyldimethyl-morpholinformiat**	s. Isododecyltrioxyäthyldimethylmorpholinformiat; Netzm.	**Netzm.**
6092	**Polyoxyäthylenäther**	s. Triton NE; Sa/Sch., Netzm., Emulg.	**Sa/Sch., Netzm., Emulg.**
6093	**Polyoxyäthylenäther-alkohol**	Sa/Sch.; Franz. 1109798 s. Lissapol N; Sch., Flockm. s. Pluronic; Sch. s. Alkylpolyoxyäthylenätheralkohol; Sa/Sch., Sch.	**Sa/Sch., Sch., Flockm.** **Sa/Sch., Sch.,**
6094	**Polyoxyäthylenester**	s. Igepal CA Extra; Sa/Sch., Disp.	**Disp., Sa/Sch.**
6095	**Polyoxyäthylen-kondensat**	s. Sterox; Netzm. s. Triton X-100; Netzm. s. Polyoxyäthylenätheralkohol; Sch., Sa/Sch.	**Sch., Netzm., Sa/Sch.**

Lfd. Nr.	Bezeichnung (Zusammensetzung)	besondere Verwendung mit zugehöriger Literaturangabe	Verwendungs-überblick
6096	**Polyoxyäthylenlaurin-alkohol**	Emulg. f. Sa/Sch.-Öle b. d. Pyrit-Flot.; Am. 2690259	**Emulg.**
6097	**Polyoxyäthylenman-nitanmonopalmitat**	Netzm. z. Verbesserung d. Kohlenent-wässerung; Brit. 738061	**Netzm.**
6098	**Polyoxyäthylenoctyl-phenol**	s. Triton X-100; Netzm.	**Netzm.**
6099	**Polyoxyäthylensorbi-tanmonolaurat**	s. = Tween 20; Flockm.	**Flockm.**
6100	**Polyoxyäthylensorbi-tanmonooleat**	Flockm. z. Entwässern u. Filtern von Flotationskonzentraten; Am. 2864765 s. Tween 81; Flockm.	**Flockm.**
6101	**Polyoxyäthylensorbi-tanmonopalmitat**	s. Tween 40, Flockm.	**Flockm.**
6102	**Polyoxyäthylensorbi-tanmonostearat**	s. Tween 60; Flockm.	**Flockm.**
6103	**Polyoxyäthylenthio-äther**	s. Detergent MXP; Netzm.	**Netzm.**
6104	**Polyoxyäthylfettsäure**	s. Emulphor N-430; Netzm.	**Netzm.**
6105	**Polyoxyäthylmorpho-linformiat**	s. Isododecyltrioxyäthylmorpholin-formiat; Netzm.	**Netzm.**
6106	**Polyoxyäthylpflanzen-fettsäure**	s. Emulphor EL-719; Netzm.	**Netzm.**
6107	**Polyoxybutylbenzol**	s. Dioxybutylbenzol; Sa.	**Sa.**
6108	**Polyoxyglukoside**	s. Arbutin, Salicin; Netzm. s. Tannin; Dr., Flockm., Disp., Netzm., Regler, Kondm.	**Dr., Flockm., Disp., Netzm., Regler, Kondm.**
6109	**Polyoxymethylen**	s. = Formaldehyd; Netzm.	**Netzm.**
6110	**Polyoxynaphthochinon**	Gangart-Dr.; „Min. Technology" 1946, 278	**Dr.**
6111	**Polyoxyphenolglukosid**	s. Salicin; Netzm.	**Netzm.**
6112	**Polyoxypropylen-glykoläther**	Sch. für alle Mineralien, Sa/Sch. für d. Kohlen-Flot.Brit. 782107, Bdg. 532530	**Sa/Sch.,Sch.**
6213	**Polyoxyterpene**	Sa/Sch.; Am. 2376369	**Sa/Sch.**
6114	**Polypeptide**	sind nichtion. Polyelektrolyte; Flockm.; „Chem. Ztrlbl." 1959, S. 11033	**Flockm.**
6115	**Polyphenole**	als Sa/Sch. f. d. Erz-Flot.; DP. 966261	**Sa/Sch.**
6116	**Polyphosphate**	P. wie Polyron u. Tripolyphosphat als An-hydrit-Dr. b. d. Flot. v. Kieserit aus Kalirohsalzen in reinem Wasser als Trag-lauge u. mittels Ölsäure als Sa/Sch.; DP. 1064891 s. auch Polymerphosphate; Disp. s. Na-Triphosphat; Dr.	**Disp., Dr.**
6117	**Polypropoxybenzol**	Sch.; Am. 2776749	**Sch.**
6118	**Polypropylenglykol**	als Sch. f. sulfid. Cu-Erze; Am. 2919025 s. „Ucon LB-1800 X; Sch.	**Sch.**
6119	**Polypropylenglykol-alkyläther**	Sch.; Am. 2695101 u. 2611485 s. Dowfroth 250; Sch. s. Di-, Tri-, Tetra-, Pentapropylenglykol-butyläther, Dipropylenglykoliso-propyläther; Sch.	**Sch.**

Lfd. Nr.	Bezeichnung (Zusammensetzung)	besondere Verwendung mit zugehöriger Literaturangabe	Verwendungs-überblick
6120	**Polypropylenglykolphenyläther**	als Sch. f. d. Erz-Flot.; Am. 2611485	**Sch.**
6121	**Polypropylenmethylglykoläther**	s. = Dowfroth 250; Sch.	**Sch.**
6122	**Polyron**	s. = Polyphosphat; Dr.	**Dr.**
6123	**Polysaccharide**	Schlamm-Dr. b. d. Sylvinit-Flot.; DP. 1008221 als polyvalentes Hilfs-Kondm. i. Misch. m. einem anionakt. Kondm. f. elektrostat. aufzubereitende Kalihartsalze; DP. 1095762 s. Inulin; Netzm. s. Stärke; Netzm., Dr., Flockm., Kondm., Regler s. Pektin; Netzm., Dr. s. Maltose; Dr., Kondm. s. Sucrose, Lactose, Cellobiose, Gentiobiose; Kondm.	**Netzm., Dr., Kondm.**
6124	**Polysaccharidester**	s. Sucroseester; Sa., Kondm. reduzierendes Kondm. f. nichtmagnet. Eisenoxyderze — Hämatit, Göthit — vor deren Flotation oder Magnetscheidung; Am. 2952532	**Sa., Kondm.**
6125	**Polysäuren**	kompl. Polysäuren von Zn, W, V, Ge oder Mo als Akt. f. oxyd. Erze; Brit. 460072	**Akt.**
6126	**Polystyrolderivat**	s. Separan 2610; Sa., Disp., Dr., Flockm., Kondm.	**Sa., Disp., Dr., Flockm.,Kondm.**
6127	**Polystyrolsulfonat/Maleinanhydrid-Copolymer**	Gangart-Dr. f. sulfid. Erze; Am. 2740522	**Dr.**
6128	**Polysulforizinat**	z. B. NH_4-**P** als Netzm. z. Kohlenentwässerung; DP. 652705	**Netzm.**
6129	**Polythionate** (Salze d. Polythionsäuren; H_2SzO_6	Zn- u. Fe-Polythionate als Dr. f. Zinkblende u. Schwefelkies; DP. 490875, Am. 1788331	**Dr.**
6130	**Polyvinylacrylamin**	als Flockungsm.; Franz. 1113951, Brit. 760279, Brit. 760653, 760869, 761021	**Flockm.**
6131	**Polyvinylalkohol**	Sa/Sch. f. d. Sylvinit-Flot.; DP. 951141 Netzm.; Am. 2208758, Brit. 526701 polyvalentes Hilfs-Kondm. i. Mischg. mit einem anionakt. Kondm., z. B. Mersolat, f. elektrostat. aufzubereitende Kalihartsalze; DP. 1095762	**Sa/Sch., Netzm., Kondm.**
6132	**Polyvinyläthyläther/Holzäther-Mischg.**	Flockm. z. Verhinderung d. Auftretens von Schwimmkohle; DP. 1006361	**Flockm.**
6133	**Polyvinylchlorid**	als Ton-Sa. b. d. Ton-Flot. aus Kalisalzen; Franz. 1139954	**Sa.**
6134	**Polyvinyliden**	als Ton-Sa. b. d. Ton-Flot. aus Kalisalzen; Franz. 1139954	**Sa.**
6135	**Polyvinylmethyläther/Holzäther-Mischg.**	Flockm. z. Verhinderung des Auftretens von Schwimmkohle; DP. 1006361	**Flockm.**
6136	**Polyvinylpyridinbutylbromid**	ein kation. Polyelektrolyt als Flockm.; „Chem. Ztrlbl.“ 1959, S. 11033	**Flockm.**

Lfd. Nr.	Bezeichnung (Zusammensetzung)	besondere Verwendung mit zugehöriger Literaturangabe	Verwendungs-überblick
6137	**Polyvinylpyrrolidon/ Cellulosederivat-Mischg.**	Flockm. f. wäßrige Mineralsuspensionen; DP. 1002703	**Flockm.**
6138	**Polyvinyltoluolsulfonat**	Kohlen-Flockm.; Brit. 812228	**Flockm.**
6139	**Portlandzement**	Quarz-Akt. b. d. Quarz-Flot. aus Eisenerzen; Am. 2551893 Kalkspat-Dr. b. d. Magnesit- u. Dolomit-Flot.; Am. 2507012/013	**Dr., Akt.**
6140	**Potassole**	kationakt. Sa/Sch. f. d. Flot. v. Kalirohsalzen u. speziellen Oxyderzen; „Erzmetall“ 1958, H. 9, 31	**Sa/Sch.**
6141	**Prästabilit**	Netzm.; Blücher „Auskunftsbuch f. d. chem. Industrie“ 1954, 773	**Netzm.**
6142	**Prästabitöl**	= Na-Oxystearinsulfonat; Kondm. f. elektrostat. aufzubereitenden Sylvinit; DP. 1056551 Sa/Sch. f. d. Flot. kieserit. Kalisalze; DP. 860033 Sa. f. d. Kalisalz-Flot.; „Bergbautechnik“ 1956, 667	**Sa/Sch., Sa., Kondm.**
6143	**Prästabitöl/Mersolat-Mischung**	z. Kond. von elektrostat. aufzubereitenden Kalisalzen; DP. 1061713	**Kondm.**
6144	**Prästabitöl/Rizinolsulfonat-Mischung**	z. Kond. von elektrostat. aufzubereitenden Kalisalzen; DP. 1061713	**Kondm.**
6145	**Prästol 2880, 2990**	Flockm.; „Bergb.-Wiss.“ 1958, 137	**Flockm.**
6146	**Pril**	ein Waschmittel, als Netzm.; Römpp „Chemie-Lexikon“ 1953, II, 1240	**Netzm.**
6147	**Primärteer**	s. Steinkohlen- **P.** = Ursol; Sa/Sch., Flockm.	**Flockm., Sa/Sch.**
6148	**Primene 81-R**	Sa. f. Nichterze; „Engrg. Min. J.“, Juni 1956, S. 115	**Sa.**
6149	**Primene JM—T**	= zweigkettiges prim. aliphat. Amin; Sa. f. Nichterze; „Engrg. Min. J.“, Juni 1956, 115	**Sa.**
6150	**Prolamin** (ein Gliadin-Protein)	Netzm.; Am. 2208758, Brit. 526701 Netzm.-Überzug auf Thiocarbanilid-Sa.; Am. 2185591 s. Gliadin; Netzm., Dr., Flockm. Schlamm-Dr. b. d. Sylvinit-Flot.; Am. 2365805 Flockm.; „Chem. Ztrlbl.“ 1959, 11033 s. Proteine; Netzm., Dr., Flockm., Kondm.	**Netzm., Dr., Flockm., Kondm.**
6151	**Prolin**	s. = Pyrrolidin-α-carbonsäure; Sa.	**Sa.**
6152	**Propan** (C_3H_8)	Mittel z. Viscositätsminderung von Mineralölen zwecks Paraffinwachs-Flot.; Brit. 734124 s. Tetraalkoxypropan, Tetraäthoxypropan, Triäthoxypropan; Sch., Sch/Sa.	**Modif.**
6153	**Propanal/Arylsulfonsäure-Kondenspr.**	= Propionaldehyd/Arylsulfons.-Kondensp.; Dr.; s. d.	**Dr.**
6154	**Propandicarbonsäurealkylester**	s. = Glutarsäurealkylester; Sch.	**Sch.**
6155	**Propandiol**	s. = Propylenglykol; Sch. s. = Trimethylenglykol; Sch.	**Sch.**

Lfd. Nr.	Bezeichnung (Zusammensetzung)	besondere Verwendung mit zugehöriger Literaturangabe	Verwendungs-überblick
6156	**Propandiolamin**	s. = Aminopropandiol; Sa.	**Sa.**
6157	**Propanol**	= Propylalkohol, $CH_3CH_2CH_2OH$; sec.-Propanol = Isopropanol polares Lösm. z. Aufschlämmen von Ton aus Kalisalzen; DP. 1083192 Sa/Sch. f. d. Graphit-Flot.; ,,Chem. Ztrlbl.'' 1960, 13487	**Lösm., Sa/Sch.**
6158	**Propanol/Acrolein-Reaktpr.**	als Sch.; Am. 2561251	**Sch.**
6159	**Propanolamin**	s. = Aminopropanol; Sa. Sa.; Am. 2389763	**Sa.**
6160	**Propanolaminoäthanol**	s. = Monoäthanolmonopropanolamin; Sa.	**Sa.**
6161	**Propanol/Cinnamin-aldehyd-Reaktpr.**	als Sch.; Am. 2561251	**Sch.**
6162	**Propanol/Crotonaldehyd-Reaktpr.**	als Sch.; Am. 2561251	**Sch.**
6163	**Propanon**	s. = Aceton; Sch., Kondm., Lösm.	**Sch., Kondm., Lösm.**
6164	**Propansäure**	s. = Propionsäure; Sch.	**Sch.**
6169	**Propantriol**	s. = Glyzerin; Sch.	**Sch.**
6166	**Propenal/Alkohol-Reaktpr.**	s. Acrolein/Alkohol-Reaktspr.; Sch.	**Sch.**
6167	**Propenoinsäure**	s. = Arylsäure; Regler	**Regler**
6168	**Propenol**	s. = Allylalkohol; Disp.	**Disp.**
6169	**Propenylanisol**	s. = Anethol; Sch.	**Sch.**
6170	**Propion**	s. = Diäthylketon; Sch., Lösm.	**Sch., Lösm.**
6171	**Propionaldehyd/Arylsulfonsäure-Kondenspr.**	als MoS_2-Dr. b. d. Flot. v. MoS_2 u. Cu-Sulfiden; Am. 2187930 Propionaldehyd = $CH_3 \cdot CH_2 \cdot CHO$	**Dr.**
6172	**Propionate** (= Propionsäuresalze, Propylsäuresalze, -seifen)	s. Dodecylsulfopropionat; Sa. s. Alkylsulfamidopropionate; Sa. s. Fettsäureseifen; Sa., Sa/Sch., Flockm., Netzm.	**Sa., Sa/Sch., Flockm., Netzm.**
6173	**Propionsäure**	= Propansäure, Propylsäure, Methylessigsäure, CH_3CH_2COOH Sch.; Taggart 12—43 s. Oxypropionsäure = Milchsäure; Sch., Dr., Lösm., Regler s. Alkylsulfamidopropionsäure; Sa.	**Sch.**
6174	**Propoxyalkanolphthalsäurediester**	Sch. f. Cu-Silikate; DP. 922401, Am. 2732940, Brit. 739073	**Sch.**
6175	**Propoxyalkylbiguanidsalze**	Sa., Netzm., Emulg.; Am. 2350453	**Sa.,Netzm.,Emulg.**
6176	**Propoxyalkylphthalat**	Sch.; Am. 2732940, Brit. 739073	**Sch.**
6177	**Propoxyalkylpolysulfid**	Sa. f. zementierte Cu-Erze; ,,Chemical Abstracts'' 1958, 9930	**Sa.**
6178	**Propoxyäthan**	s. Diisopropoxyäthan; Sch. s. Tetrapropoxyparaffin; Sch. Sch. f. d. Flot. sulfid. Erze; Can. 501762	**Sch.**

Lfd. Nr.	Bezeichnung (Zusammensetzung)	besondere Verwendung mit zugehöriger Literaturangabe	Verwendungs-überblick
6179	**Propoxybenzol**	Sch.; Am. 2776749 s. Isopropoxybenzol; Sch.	Sa.
6180	**Propoxycarbonylsulfid**	s. Propoxythiocarbonylpropoxycarbonyl-sulfid; Sa.	Sch.
6181	**Propoxycrotonat**	Sch.; Am. 2776748, Can. 563445	
6182	**Propoxydialkylsulfid**	Sch.; „Industrial and Engrg. Chemistry", Teil II, März 1958, 445	Sch.
6183	**Propoxydioxan**	s. Tetraisopropoxydioxan; Sch.	Sa.
6184	**Propoxydipropoxy-methyltetrahydro-pyran**	Sch.; Am. 2574919, Brit. 709802	Sch. Sch.
6185	**Propoxypiperazin-derivate**	Sch., Netzm.; Am. 2541260	Sch.
6186	**Propoxypropan**	Sch.; Am. 2591289	Sch.
6187	**Propoxythiocarbonyl-propoxycarbonyl-sulfid**	= Propylxanthogenpropylformiat Sa.; Brit. 296270	Sch., Netzm.
6188	**Propylacetat**	als Lösm. z. Aufschlämmen von Ton aus Kalisalzen; DP. 1083192	Sch.
6189	**Propylacrylamid**	Flockm. f. Ton- u. Erzschlämme; Am. 2937143	Sa.
6190	**Propyladipat**	Sch.; DP. 904762, Am. 2690260 s. Diisopropyladipat; Sch.	
6191	**Propylalkohol**	s. Propanol; Sa/Sch., Lösm.	Lösm.
6192	**Propylalkoholsulfat**	s. = Propylsulfat; Sa., Sa/Sch., Netzm., Flockm., Kondm., Emulg.	
6193	**Propylamin ($C_3H_7NH_2$)**	s. Alkylamin; Sa., Sa/Sch.	Sch.
6194	**Propylaminacetat**	Sa. f. d. Kainit-Flot.; Am. 2766885, Brit. 752109 Zinkerz-, insbes. Galmei-Sa.; Franz. 61640	Sa/Sch., Lösm. Sa/Sch., Sa., Netzm., Flockm., Emulg.
6195	**Propylamin/Alamine-Mischung**	Sa. f. d. Phosphatit-Flot.; Am. 2914174	
6196	**Propylamin/Alkylen-amin-Mischg.**	Sylvin-Sa.; Am. 2689649 Sa.; Can. 395829	Sa., Sa/Sch.
6197	**Propylamin/Alkyl-nitril-Mischg.**	Sa.; Can. 410809/810	Sa.
6198	**Propylaminchlorhydrat**	Zinkerz-, insbes. Galmei-Sa.; Franz. 61640	Sa.
6199	**Propylaminchlorid**	= $C_3H_7NH_2Cl$; kationakt. Sa.; „Aach. Bl." 1959, H. 3, S. 81/110	Sa.
6200	**Propylamindodecyl-benzolsulfonat**	s. Isopropylamindodecylbenzolsulfonat; Netzm. Netzm. f. d. Steinkohlen-Siebentwässerung; Brit. 738061	Sa. Netzm.
6201	**Propylaminfluorid**	Zinkerz-, insbes. Galmei-Sa.; Franz. 61640	Sa.
6202	**Propylaminlactat**	Zinkerz-, insbes. Galmei-Sa.; Franz. 61640	Sa.
6203	**Propylarylmethyl-hydroperoxyd**	Sch. f. d. Kohlen- u. Erz-Flot.; Am. 2545132	Sa.

Lfd. Nr.	Bezeichnung (Zusammensetzung)	besondere Verwendung mit zugehöriger Literaturangabe	Verwendungs-überblick
6204	**Propylarylsulfonat**	s. Alkylarylsulfonat; Sa., Sa/Sch., Netzm., Disp., Regler, Flockm., Kondm.	**Sa., Sa/Sch., Netzm., Disp., Regler, Flockm. Kondm.**
6205	**Propyläthylendiamin**	Netzm.; Blücher	**Netzm.**
6206	**Propyläthylthiono-carbamat**	Sa. f. d. Erz-Flot.; Am. 2691635	**Sa.**
6207	**Propylbenzolsulfonat**	s. Alkylbenzolsulfonat; Sa., Netzm., Kondm.	**Sa., Netzm., Kondm.**
6208	**Propylbenzyldodecyl-dimethylammonium-chlorid**	Sa., Netzm.; Am. 2676986	**Sa., Netzm.**
6209	**Propylbenzylhydro-peroxyd**	Sch.; Am. 2535344	**Sch.**
6210	**Propylbenzylphosphin-säure**	Sa.; Am. 2594454	**Sa.**
6211	**Propylbenzylpolyoxy-äthylenätheralkohol**	Sa/Sch.; Franz. 1109798 Sch.; Brit. 782107, 782407, Belg. 532530	**Sa/Sch., Sch.**
6212	**Propylcarbinol**	s. Methylpropylcarbinol = Amylalkohol; Sa/Sch., Sch.	**Sa/Sch., Sch.**
6213	**Propyldithiocarbamat**	Sa. f. d. Erz-Flot.; Am. 2691635	**Sa.**
6214	**Propyldithiophosphat**	Sa. f. d. Flot. sulfid. Cu-Erze; Am. 2919025	**Sa.**
6215	**Propyldixanthogen**	Sa. f. d. Erz-Flot.; Can. 575644	**Sa.**
6216	**Propyldodecylamin-phthalamat**	Sa., Netzm.; Am. 2101323	**Sa., Netzm.**
6217	**Propylenaldehyd/Al-kohol-Reaktpr.**	s. Crotonaldehyd/Äthanol-Reaktpr., Crotonaldehyd/Isopropanol-Reaktpr., Crotonaldehyd/Methanol-Reaktpr., Crotonaldehyd/Propanol-Reaktpr.; Sch.	**Sch.**
6218	**Propylenaminderivate**	s. Dipropylentriaminderivate; Sa.	**Sa.**
6219	**Propylenglykol**	= Propandiol, Dihydroxypropan, Methylglykol, $CH_3CHOHCH_2OH$; „Merck Index" 1960 Sa. f. d. Flot. sulfid. Cu-, Pb-, Zn-Erze; Am. 2611485	**Sch.**
6220	**Propylenglykolalkyl-äther**	Sch.; Am. 2611485 s. Propylenglykolbutyläther, Dipropylenglykolisopropyläther, Polypropylenmethylglykoläther; Sch.	**Sch.**
6221	**Propylenglykolbutyl-äther**	Sch.; Am. 2695101	**Sch.**
6222	**Propylenglykoliso-propyläther**	Sch.; Am. 2611485, 2695101	**Sch.**
6223	**Propylenglykolmono-äther**	Sch. f. d. Ton-Flot. aus Kalirohsalzen usw. DP.1054396, Franz. 1139954	**Sch.**
6224	**Propylenglykolmono-laurat**	Netzm. z. Verbesserung d. Steinkohlen-Siebentwässerung; Brit. 738061	**Netzm.**
6225	**Propylenglykolmono-lauratsulfonat**	Sa. f. oxyd. Fe-Erze; Am. 2414714	**Sa.**

Lfd. Nr.	Bezeichnung (Zusammensetzung)	besondere Verwendung mit zugehöriger Literaturangabe	Verwendungs-überblick
6226	**Propylenglykolmono-oleatsulfonat**	als Sa. f. oxyd. Fe-Erze; Am. 2414714	**Sa.**
6227	**Propylenglykolmono-rizinoleat**	s. Flexricin; Sa/Sch.	**Sa/Sch.**
6228	**Propylenglykolmono-ricinoleatsulfonat**	Sa. f. oxyd. Fe-Erze; Am. 2414714	**Sa.**
6229	**Propylenglykolphenyl-äther**	Sch. f. d. Erz-Flot.; Am. 2611485	**Sch.**
6630	**Propylenglykolrizin-oleat**	= „Flexricin 9"; Sa/Sch.; „Engrg. Min. J.", 1956, S. 114	**Sa/Sch.**
6231	**Propylenglykolrizin-oleatsulfonat**	Sa. f. oxyd. Eisenerze; DP. 844131	**Sa.**
6232	**Propylenimidazol**	Flockm. z. Filtrieren v. Schlämmen; Am. 2509260	**Flockm.**
6233	**Propylenmethylglykol-äther**	s. Dowfroth 250; Sch.	**Sch.**
6234	**Propylennitril**	s. = Acrylonitril; Flockm.	**Flockm.**
6235	**Propylenoxyd-Verbdgg.** (Propylenoxyd, C_3H_6O)	Sa/Sch.; „The Min. J. — Annual Review", Mai 1958, 119 s. Pluronic; Sch.	**Sa/Sch., Sch.**
6236	**Propylenoxyd/Triazin-Kondspr.**	Sa., Netzm., Emulg.; Am. 2381121	**Sa., Netzm., Emulg.**
6237	**Propylenpolyamin**	s. Alkylenpolyamin; Sa. s. Dipropylentriamin; Sa.	**Sa.**
6238	**Propylentrithio-carbonat**	Sa.; Franz. 838171	**Sa.**
6239	**Propylenxanthat**	Sa.; Can. 356306 s. Propylendixanthogen; Sa.	**Sa.**
6240	**Propylglutamat**	Sch.; DP. 904762, Am. 2690260	**Sch.**
6241	**Propylglykolester**	Sch. f. Beryllium-Mineralien; Am. 2385819	**Sch.**
6242	**Propylimidazol**	kationakt. Sa.; Brit. 578694 Flockm. beim Filtrieren v. Schlämmen; Am. 2509260	**Sa., Flockm.**
6343	**Propylimidformiat, -hydrochlorid**	Sa. f. d. Flot. saurer Mineralien; Brit. 568186	**Sa.**
6244	**Propylisobutylketon**	Sch. f. d. Flot. oxyd. Erze; Am. 2000350	**Sch.**
6245	**Propylisopropyl-xanthat**	= S-Allylester; Sa.; DP. 866331	**Sa.**
6246	**Propylketon**	s. Di-, Diisopropylketon; Sch.	**Sch.**
6247	**Propylkresol**	Sch.; Can. 390793	**Sch.**
6248	**Propylkresylphosphin-säure**	Sa.; Am. 2594454	**Sa.**
6249	**Propylkresylpolyoxy-äthylenätheralkohol**	Sa/Sch.; Franz. 1109798 Sch.; Brit. 782107, 782407, Belg. 532530	**Sa/Sch., Sch.**
6250	**Propylmercaptan**	Sa. f. oxyd. Eisenerze; Am. 2125337	**Sa.**
6251	**Propylmercaptide**	s. „Mercaptide" Pb-Isopropyl-, Cd-Propylmercaptide usw. als Sa.; Brit. 549975	**Sa.**

Lfd. Nr.	Bezeichnung (Zusammensetzung)	besondere Verwendung mit zugehöriger Literaturangabe	Verwendungs-überblick
6252	**Propylmercapto-sulfenamid**	Sa.; Am. 2807615	**Sa.**
6253	**Propylmethylketon**	s. = Methylpropylketon; Sch. als Lösm. z. Ausschlämmung von Ton aus Kalisalzen; DP. 1083192	**Lösm., Sch.**
6254	**Propylnaphthalin**	Netzm. z. Filtrieren von Schlämmen; Römpp „Chemie-Lexikon", 3. Aufl., 1953, 1240	**Netzm.**
6255	**Propylnaphthalin-phosphinsäure**	Sa.; Am. 2594454	**Sa.**
6256	**Propylnaphthalin-phosphonsäure**	Sa.; Am. 2594454	**Sa.**
6257	**Propylnaphthalinpoly-oxyäthylenäther-alkohol**	Sa/Sch.; Franz. 1109798 Sch.; Brit. 782107, 782407, Belg. 532530	**Sa/Sch., Sch.**
6258	**Propylnaphthalin-sulfonat**	Sa/Sch.; Petersen 191; DP. 844131 Sa.; Am. 1765368 Netzm.; DP. 802389, Am. 2266954 s. Isopropylnaphthalinsulfonat; Sa/Sch., Netzm., Akt. s. Alkanol B; Sa., Netzm. s. Merpentine; Netzm., Kondm. s. Alkylnaphthalinsulfonat; Sa., Sa/Sch., Netzm., Disp., Flockm., Kondm., Regler	**Sa., Sa/Sch., Netzm., Flockm., Akt., Kondm., Disp., Regler**
6259	**Propylnaphthyl-trimethylammo-niumjodid**	Sa.; Am. 2389763	**Sa.**
6260	**Propylnatriumsulfonat**	Sa. f. d. Flot. kieserit. Kalirohsalze; DP. 918861	**Sa.**
6261	**Propylnitrobenzyl-thionothiolphosphat**	Sa.; Am. 2609383	**Sa.**
6262	**Propylnitrobenzyl-thiophosphat**	Sa.; Am. 2609383	**Sa.**
6263	**Propylnitrotolylthio-phosphat**	Sa.; Am. 2520393	**Sa.**
6264	**Propylolamin**	Sa. f. d. Chromit-Flot.; Michell 291	**Sa.**
6365	**Propyloläthylendiamin**	Sa.; Am. 2389763	**Sa.**
6266	**Propyloläthylhexyl-guanidin-HCl**	Sa., Netzm., Emulg.; Am. 2350453	**Sa., Netzm., Emulg.**
6267	**Propyloltriäthylen-tetramin**	Sa., Am. 2389763	
6268	**Propyloxyäthylen-ätheralkohol**	Sch. u. Sa/Sch. f. d. Kohle-Flot.; Brit. 782107, 782407, Franz. 1109798, Belg. 532530	**Sa/Sch., Sch.**
6269	**Propylphenol** ($C_6H_4(OH)C_3H_7$)	Sch.; Am. 2250190, Can. 390793 Sch/Sa. f. Pb-Erze; „Engrg. Min. J.", Juni 1956, 113	**Sch., Sch/Sa.**
6570	**Propylphenylketon**	Sch. f. d. Flot. oxyd. Erze; Am. 2000350	**Sch.**
6271	**Propylphenylphosphin-säure**	Sa.; Am. 2594454	**Sa.**

Lfd. Nr.	Bezeichnung (Zusammensetzung)	besondere Verwendung mit zugehöriger Literaturangabe	Verwendungs-überblick
6272	**Propylphenylpoly-äthylenäther**	Netzm.; DP. 1030802	**Netzm.**
6273	**Propylphenylpolyoxy-äthylenätheralkohol**	Sa/Sch.; Franz. 1109798 Sch.; Brit. 782107, 782407, Belg. 532530	**Sa/Sch., Sch.**
6274	**Propylphosphor-bromidothioat**	Cu-Sa. b. d. Flot. v. anoxydierten Sulfid-erzen; Am. 2901107	**Sa.**
6275	**Propylpimelat**	s. Diisopropylpimelat; Sch., Akt., Modif.	**Sch., Akt., Modif.**
6276	**Propylpolyalkylen-polyamid, -amin**	Sa. f. quarzige Erze; Am. 2569417	**Sa.**
6287	**Propylpolyäthylen-äther**	Netzm.; DP. 1030802	**Netzm.**
6278	**Propylpolyäthylenoxyd**	s. Alkylpolyäthylenoxyd; Sa/Sch., Netzm., Disp., Emulg.	**Sa/Sch., Netzm., Disp., Emulg.**
6279	**Propylpolyoxyäthylen-äther**	Sch. allgemein, Sa/Sch. f. d. Kohle-Flot.; Brit. 782107, Belg. 532530	**Sa/Sch., Sch.**
6280	**Propylpolyoxyäthylen-ätheralkohol**	Sch. u. Sa/Sch. f. d. Kohle-Flot.; Brit. 782107, 782407, Franz. 1109798, Belg. 532530	**Sa., Sa/Sch.**
6281	**Propylpolyoxynitroso-phenol**	Sa/Sch. f. silikat. Cu-Erze; „Chemical Abstracts" 1953, 1549	**Sa/Sch.**
6282	**Propylpyridin**	s. Repellate; Netzm.	**Netzm.**
6283	**Propylpyridinbromid**	Sa. bzw. Sa/Sch. f. oxyd. Mineralien; „Erzmetall" 1958, 545	**Sa., Sa/Sch.**
6284	**Propylsäure**	s. = Propionsäure; Sch.	**Sch.**
6285	**Propylsilicon**	Erz-Sa.; „Chemical Abstracts" 1958, 8918	**Sa.**
6286	**Propylsuberat**	Sch.; DP. 904762, Am. 2690260 Akt. u. Schaumverbesserer [Modif.] b. d. Flot. sulfid. Erze; Am. 2689043/046	**Sch., Akt., Modif.**
6287	**Propylsulfamido-acetat**	s. Alkylsulfamidoacetat; Sa.	**Sa.**
6288	**Propylsulfat**	s. Alkylsulfat; Sa., Sa/Sch., Netzm., Flockm., Kondm., Emulg.	**Sa., Sa/Sch., Netzm., Flockm., Kondm., Emulg.**
6289	**Propylsulfenamid**	Sa.; Am. 2807615	**Sa.**
6290	**Propylsulfenyltrithio-carbonat**	Sa.; Am. 2634291	**Sa.**
6291	**Propylsulfonat**	Sa. f. d. Kalisalz-Flot.; DP. 806842, 840682, 918861 Sa.; Petersen 163 Netzm.; DP. 802389 Netzm. z. Zerstören von Kohlenflot.-Schäumen; „Glückauf" 1932, 626 Netzm. z. Verbesserung d. Filtration von Flot.-Konzentraten; „Chem. Ztrlbl." 1959, 14544 Netzm. z. Viscositätsminderung v. Schwerstofftrüben der Schwimmsinkscheidung; DP. 1089701	**Sa., Netzm.**
6292	**Propylsulfosuccinat**	Netzm.; DP. 844131	**Netzm.**
6293	**Propylthiocarbonat**	Sa.; Stüpel	**Sa.**

Lfd. Nr.	Bezeichnung (Zusammensetzung)	besondere Verwendung mit zugehöriger Literaturangabe	Verwendungs-überblick
6294	**Propylthiophan**	Sa. f. sulfid. Zinkerze; Can. 393245	**Sa.**
6295	**Propylthiophosphat**	Sa.; Brit. 310186	**Sa.**
6296	**Propylthiophosphoryl-bromid**	Sa/Sch. f. d. Flot. sulfid. Cu-Erze; Am. 2901107	**Sa/Sch.**
6297	**Propylthiophosphoryl-chlorid**	Sa. f. sulfid. Erze; Am. 2621789, Brit. 702957 Sa./Sch. f. sulfid. Cu-Erze; Am. 2901107 s. Di-, Diisopropylthiophosphorylchlorid; Sa., Sa/Sch.	**Sa; Sa/Sch.**
6298	**Propylthiosulfat**	Sa.; Am. 1723295	**Sa.**
6299	**Propylthiourethan**	Sa.; Can. 311054	**Sa.**
6300	**Propyltrimethylamin**	Sa. f. d. selektive Sulfiderz-Flot.; „Erzmetall" 1958, 199/209	**Sa.**
6301	**Propyltrithiocarbonat**	Sa.; Am. 2600737	**Sa.**
6302	**Propylxanthat**	s. Isopropylxanthat; Sa. s. Isopropylisopropylxanthat; Sa. s. Methylisopropylxanthat; Sa. s. Propylisopropylxanthat; Sa.	**Sa.**
6303	**Propylxanthogen-formiat**	Sa. f. d. Sulfid-Flot.; Am. 2412500	**Sa.**
6304	**Propylxanthogen-molybdat**	Sa. f. d. Erz-Flot.; Can. 385474	**Sa.**
6305	**Propylxanthogen-propylformiat**	s. = Propoxythiocarbonylpropoxycarbonylsulfid; Sa.	**Sa.**
6306	**Propylxylylphosphin-säure**	Sa.; Am. 2594454	**Sa.**
6307	**Propylxylylpolyoxy-äthylenätheralkohol**	Sa/Sch.; Franz. 1109798 Sch.; Brit. 782107, 782407, Belg. 532530	**Sa/Sch., Sch.**
6308	**Protamin** (ein Protein)	Netzm.; Am. 2208758, Brit. 526701 Netzm.-Überzug auf Thiocarbanilid-Sa.; Am. 2185591 Schlamm-Dr. b. d. Sylvinit-Flot.; Am. 2365805 Flockm.; „Chem. Ztrlbl." 1959, 11033 s. Proteine; Netzm., Dr., Flockm., Kondm.	**Kondm., Netzm., Dr., Flockm.**
6309	**Proteide**	= zusammengesetzte (konjugierte) Proteine; s. d. Chromoproteid (Hämoglobin), Glyko- = Gukoproteid (Mucin), Phosphorproteid (Kasein), Nucleoproteid, Lecithoproteid, Lipoproteid; als Dr. b. d. Sylvin-Flot.; Am. 2365805; als Netzm.; Am. 2208758 u. Brit. 526701; als Netzm.-Überzug auf Thiocarbanilid-Sa.; Am. 2185591; als Flockm.; „Chem. Ztrlbl." 1959, Nr. 34/I, S. 11033 s. Kasein als Emulg.	**Flockm., Netzm., Emulg., Dr.**
6310	**Proteine** (= Eiweißstoffe, Polyelektrolyte)	einfache Proteine: Albumin, Edestin (Globulin), Glutelin, Gliadin (Prolamin), Albuminoide (Collegan) Histone, Protamine, Elastin, Keratin. zusammengesetzte = konjugierte Proteine = Proteide Netzm.; Am. 2208758, Brit. 526701	**Emulg., Netzm., Dr., Kondm., Flockm.**

Lfd. Nr.	Bezeichnung (Zusammensetzung)	besondere Verwendung mit zugehöriger Literaturangabe	Verwendungs-überblick
		Dr. b. d. Sylvinit-Flot.; Am. 2365805	
		Flockm. f. Ton- u. Erzschlämme; Am. 2937143	
		Netzm.-Überzug auf Thiocarbanilid-Sa.; Am. 2185591	
		als polyvalente Hilfs-Kondm. i. Mischg. m. einem anionakt. Kondm. f. elektrostat. aufzubereitende Kalihartsalze; DP. 1095762	
		s. Albumin; Emulg.	
6311	**Pseudolösungen**	der wasserunlösl. Kurrolschen Metaphosphate für sich allein oder mit anderen Flot.-Mitteln als Sa/Sch.; DP. 740875	**Sa/Sch.**
6312	**Purpurin**	= 1,2,4-Trioxyanthrachinon, $C_{14}H_8O_5$	**Dr.**
		Gangart-Dr.; Am. 2395866 u. „Min. Technology" 1946, 278	
6313	**Putrescin**	s. = Tetramethylendiamin; Sa.	**Sa.**
6314	**PX-917**	s. = Trikresylphosphat; Sa., Akt., Kondm.	**Sa., Kondm., Akt.**
	Pyran-Verbdgg.	s. Alkoxydialkoxymethyltetrahydropyran; Alkoxydialkoxymethyldimethyltetrahydropyran; Dialkoxymethyldimethyltetrahydropyran; Trifluormethylnonafluortetrahydropyran; Sch.	**Sch.**
6315	**Pyridin** (C_5H_5N)	Lösm. z. Lösungsaufbrtg. v. Kohle; „Chem. Ztrlbl." 1954, 7781	**Sa., Lösm., Sch.**
		s. Alkylpyridin-Verbdg. = Repellat; Netzm.	
		Sa. f. Eisenerze; Am. 2496050	
		Sch.; Brit. 145852	
		s. Picolin, Lutidin, Kollidin; Sch.	
		s. Piperidin; Lösm.	
6316	**Pyridinbasen**	= techn. Mischg. d. Pyridins u. seiner Homologen	**Sa., Disp.**
		Sa. f. sulfid. Cu- oder Cu/Zn-Erze; „Chemical Abstracts" 1958, 9895	
		Disp. f. Torfkohle; Östr. 166041	
		s. Flotanol; Sa.	
6317	**Pyridinbasen/Äthylmethylpyridin-Mischg.**	s. Flotanol; Sa.	**Sa.**
6318	**Pyridinbasen/Phosphorpentasulfid-Reaktpr.**	Sa.; Am. 1813345	**Sa.**
6319	**Pyridiniumchlorid**	s. Hexyl-, Heptyl-, Octyl-, Dodecylpyridinchlorid; Sa.	**Sa.**
6320	**Pyridiniumbromid**	Alkylpyridinbromid als kationakt. Sa/Sch. f. oxyd. Mineralien; „Erzmetall" 1958, 545	**Sa., Sa/Sch.**
		s. Methylpyridinbromid; Sa.	
		s. Dodecylpyridinbromid; Sa.	
6321	**Pyridiniumbutylbromid**	s. Polyvinylpyridinbutylbromid; Flockm.	**Flockm.**
6322	**Pyridincarbonsäuren**	s. Picolinsäure; Dr.	**Dr.**
		s. Chinolinsäure; Dr.	
		s. Lutidinsäure; Dr.	
		Pyridindicarbonsäure als Gangart-Dr.; Am. 2414199, „Min. Technology" 1946, 279	

Lfd. Nr.	Bezeichnung (Zusammensetzung)	besondere Verwendung mit zugehöriger Literaturangabe	Verwendungs-überblick
6323	**Pyridinmercaptan** (NC_5H_4SH)	Sa.; Am. 1739369	**Sa.**
6324	**Pyridinphenylsulfonat**	s. Dodecyl-**P.**; Sa., Netzm.	**Sa., Netzm.**
6325	**Pyrimidin**	s. Thiopyrimidin, Mercaptotrimethyldihydropyrimidin; Sa.	**Sa.**
6326	**Pyrit** (FeS_n)	Schwerstoff f. Trenntrüben d. Steinkohlen-Schwimmsinkscheidung; „Aufbrtg. d. Steinkohle“, Teil I, 1960, 217	**Schwerst.**
6327	**Pyroantimonsäure**	bzw. deren wasserlösl. Salze i. Mischg. m. Huminsäure als Steinsalz-Dr. b. d. Schönit/Steinsalz- oder Leonit-Steinsalz-Flot.; DP. 945622	**Dr.**
6328	**Pyrocatechol**	s. = Brenzkatechin, Dioxybenzol; Dr., Sa.	**Sa., Dr.**
6329	**Pyrogallol** (= Trioxybenzol, Dioxyphenol, Pyrogallussäure, $C_6H_3(OH)_3$	Flußspat-Dr. b. d. Flot. sulfid. Zn-Erze; DP. 897388 Eisenoxyd-Dr. b. d. Flot. saurer Fe-Erze; Am. 2415416 Netzm.; Am. 2208758, Brit. 526701	**Dr., Netzm.**
6330	**Pyrogallussäure**	s. = Pyrogallol; Dr., Netzm.	**Dr., Netzm.**
6331	**Pyrolusit**	s. = Braunstein; Schwerst.	**Schwerst.**
6332	**Pyromucinaldehyd**	s. = Furfurol; Sch., Akt., Lösm.	**Sch., Akt., Lösm.**
6333	**Pyromucinsäure**	s. = Furoinsäure; Sa.	**Sa.**
6334	**Pyron**	s. Kojilsäure; Dr.	**Dr.**
6335	**Pyrophosphate**	$Na_4P_2O_7$ als Gangart-Dr.; Petersen 208 $Na_4P_2O_7$ als Kalkspat- u. Dolomit-Dr. b. d. Magnesit-Flot.; DP. 945081, Am. 2363104, 2208143 $Na_4P_2O_7$ einer der stärksten Dispergatoren; „Glückauf“ 1932, 626 $Na_4P_2O_7$ als Schlamm-Disp. b. d. Flot. sulfid. Erze; Am. 2919802 $Na_4P_2O_7$ als Disp. u. Komplexbildner zusammen mit grenzflächenakt. organ. Verbdgg. — wie Toluol, Aceton — z. Verbesserung d. Zerkleinerung v. Mineralien; DP. 1071455 s. Octylpyrophosphat; Sa.	**Sa., Dr., Disp.**
6336	**Pyrophyllit**	z. Entölung von Flot.-Konzentraten; Am. 2766883	**Entölm.**
6337	**Pyrosulfite** ($Me_2S_2O_5$)	z. B. Na/Al-, Na/Zn-Pyrosulfit als Zinkblende-Dr. b. d. Flot. sulfid. Pb/Zn-Erze; DP. 812661	**Dr.**
6338	**Pyrrolidin**	s. Alkyldimethyl-P., Dodecyldimethyl-P., Octadecyldimethyl-P.; Sa., Emulg.	**Sa., Emulg.**
6339	**Pyrrolidincarbonsäure** (= Prolin)	s. Aminosäure; Sa.	**Sa.**
6340	**Pyrromonazol**	s. = Imidazol; Sa., Sa/Sch., Flockm.	**Sa., Sa/Sch., Flockm.**

Lfd. Nr.	Bezeichnung (Zusammensetzung)	besondere Verwendung mit zugehöriger Literaturangabe	Verwendungs-überblick
6341	**Quarz** (SiO_2)	kolloidaler Quarz als Akt. b. d. Flot. oxyd. Eisenerze; Am. 2669355, 2669545	**Akt.**
6342	**Quaternäre „Onium"-Verbdgg.**	kationakt. Sa.; „Archiv f. Metallkunde", Okt. 1949, 363 sehr gute Sch.; Taggart 12—46 Emulg. f. Silicon-Sa.; „Aach. Bl.", April 1959, 12 s. Alkylphenolätherammonium-Verbdgg,; Sa. s. Alkylpyridiniumbromid; Sa., Sa/Sch. s. Betain; Sa. s. Hexadecylpyridiniumbromid; Sa. s. Trimethyllaurinammoniumbromid; Sa. s. Alrosep MB; Netzm. s. Arquad; Sa. s. B. T. C; Netzm. s. Triton; Sa., Netzm. s. Quatronix; Sa., Emulg. quaternäre Ammonium- oder Phosphonium-Verbdgg.; Sa. f. nichtsulfid. Erze; Can. 391709	**Emulg., Sch., Sa., Netzm., Sa/Sch.**
6343	**Quatronyx**	= quatern. Ammonium-Verbdgg.; Am. 2884474	**Emulg., Sa.**
6344	**Quebracho** (= Quebrachoholz-Tannin, Catechol-Tannin, 70%ige Tanninsäure)	Kalkspat-Dr. b. d. Flußspat-Flot.; Wolframit-Dr. b. d. Sulfid-Flot.; „Engrg. Min. J.", Juni 1956, 115 Quarz-Dr. b. d. Schwerspat-Flot.; Brit. 554614 Gangart-Dr. b. d. Muscovit-Flot.; Am. 2857051 Dr. f. kalkige u. kieselige Gangart b. d. Wolframit-Flot.; Am. 2373305 Regler; „Erzmetall" 1958, 207 s. Wattle Bark Extract; Dr. s. Tannin	**Dr., Regler**
6345	**Quecksilberchlorid** ($HgCl_2$)	zusammen m. $CuSO_4$ als Akt. für gedrückte Zinkblende; DP. 938241	**Akt.**
6346	**Quix**	ein Alkylsulfat; als Flockm. f. Kohlenzechenabwässer; „Colliery Engrg.", März 1959, S. 105/110	**Flockm.**

Lfd. Nr.	Bezeichnung (Zusammensetzung)	besondere Verwendung mit zugehöriger Literaturangabe	Verwendungs-überblick
6347	**R 404**	s. Mercapto-Sa. R 404	**Sa.**
6348	**Raceminsäure**	s. Tartarsäure; Dr., Regler, Pass.	**Dr., Regler, Pass.**
6349	**Raconit**	= Roh-Butylxanthat; Sa. f. d. Flot. von pyrit. Cu-Erzen; „Erzmetall" 1959, 37/38	**Sa.**
6350	**Rada**	= Kolophoniumacetat; Silikat-Sa. f. d. Feldspat-, Phosphat-, Quarz-Flot.; „Engrg. Min. J.", Juni 1956, 115	**Sa.**
6351	**Ramasit**	Netzm.; Blücher, „Auskunftsbuch f. d. chem. Industrie" 1954, 773	**Netzm.**
6352	**Ramén-Salz**	Regler; „Erzmetall" 1958, 207	**Regler**
6353	**Rapsöl/Mineralöl-Mischung**	Sulfiderz-Sa.; Am. 2395639	**Sa.**
6354	**Rapsölsulfonat**	Sa. f. d. Flot. oxyd. Eisenerze; Am. 2414714	**Sa.**
6355	**Rapsölsulfonat/Fichtenöl-Mischung**	Sa.; Petersen S. 172	**Sa.**
6356	**Rapsölsulfonat/Mineralöl-Mischung**	Sa.; Petersen S. 172	**Sa.**
6357	**Reagens NGT**	Sa. f. d. Zinnstein-Flot.; „Erzmetall" 1955, Nr. 4, 154	**Sa.**
6358	**Reagent 60**	Gangart-Dr. b. d. Flußspat-Flot.; „Erzmetall" 1960, 41	**Dr.**
6359	**Reagent 107**	Sa. z. Schwerspat-Flot. aus Flußspat; „Erzmetall" 1960, 41	**Sa.**
6360	**Reagent 301, 322, 325, 343**	= Xanthate; Sa.; „Engrg. Min. J.", Juni 1956, 115	**Sa.**
6361	**Reagent 404, 425, 444**	= Mercaptobenzthiazol; Sa.; „Engrg. Min. J.", Juni 1956, 115 Sa. f. Chrysokoll aus porphyr. Cu-Erzen; „Mining World" 1959, Nr. 8, 38/40	**Sa.**
6362	**Reagent 407**	= Petroleumsulfonat; Sa. f. d. Bauxit-Flot.; Am. 2769542	**Sa.**
6363	**Reagent 512**	Sa. z. Cerussit-Flot. aus Schwerspat u. Flußspat; „Erzmetall", 1960, 41	**Sa.**
6364	**Reagent 610**	Gangart-Disp.; „Engrg. Min. J.", Juni 1956, 115	**Disp.**
6365	**Reagent 645**	Dr. f. kohlenstoffhaltige Gangart, As- u. Sb-Sulfide; „Engrg. Min. J.", Juni 1956, 115	**Dr.**
6366	**Reagent 710, 712**	= Pflanzenfettsäure; Sa.; „Engrg. Min. J.", Juni 1956, 115	**Sa.**
6367	**Reagent 801, 825**	= Petroleumsulfonsäure; Sa.; „Engrg. Min. J.", Juni 1956, 115	**Sa.**
	Reagent 40/Ölsäure-Emulsion	Flußspat-Sa.; „Erzmetall" 1960, 41	**Sa.**
6368	**Rei**	ein Waschmittel; Netzm.; Römpp „Chemie Lexikon" 1953, II, 1240	**Netzm.**
6369	**Reisölsulfonat**	Sa. f. d. Flot. oxyd. Eisenerze; Am. 2414714	**Sa.**
6370	**Reisstärke**	als Fusit-Dr. b. d. Kohlen-Flot.; Am. 1499872 als Flockungsm.; „Glückauf" 1956, S. 1036 s. auch „Getreidestärke"; Dr., Flockm.	**Flockm., Dr.**

Lfd. Nr.	Bezeichnung (Zusammensetzung)	besondere Verwendung mit zugehöriger Literaturangabe	Verwendungs-überblick
6371	**Renex**	= Tallölester; nichtionog. Ton-Disp.; Am· 2797196	**Disp.**
6372	**Repellate**	= kationakt. Alkylpyridin-Verbdgg. d. Böhme-Fettchemie; Netzm.; Römpp 1958, Bd. II Netzm.; Franz. 816005	**Netzm.**
6373	**Resanole**	d. Ekof; anionakt. Sa/Sch. f. selektive Oxydflotationen; Petersen 273, „Erzmetall" 1958, H. 9, 31	**Sa/Sch.**
6374	**Resinate**	s. = Harzsäureseifen; Sa., Sa/Sch., Sch., Flockm., Modif., Emulg.	**Sa., Sa/Sch., Sch., Flockm., Modif., Emulg.**
6375	**Resinat/Xanthat/ Pineöl/Wasser-Emulsion**	Sa/Sch. f. d. Pyrit-Flot.; Am. 2636604	**Sa/Sch.**
6376	**Resorzinol** (= Dioxybenzol, Hydroxyphenol, $C_6H_4(OH)_2$	Sch.; „Min. Technology" 1946, 283, Brit. 186760	**Sch.**
6377	**RF-54-38**	= flüssiges Amin; Sa. f. Phosphate, Glimmer u. Quarz; „Engrg. Min. J.", Juni 1956, 115	**Sa.**
6378	**Rhodamin 3 B extra**	Anilin-Farbstoff; als Konditionierungsmittel für elektrostatisch aufzubereitende Kalisalze; DP. 1076593 Sa/Sch.; Can. 348954 s. Anilingelb; Sa.	**Sa., Sa/Sch., Kondm.**
6379	**Rhodamide** (MeCNS)	Akt. u. Sulfidm.; Petersen 215 Dr. b. d. selekt. Flot. v. Zn-haltigen Mischerzen; DP. 763681	**Akt., Sulfidm., Dr.**
6380	**Rhodizonilsäure** ($C_6O_3(OH)_2$)	Gangart-Dr.; Am. 2359866	**Dr.**
6381	**Risor**	= rohes dampfdestilliertes Pineöl; Sch.; „Encyclopedia of Chemical Technology" 1951, 609	**Sch.**
6382	**Rizinoleate**	s. Butylrizinoleat; Sa. s. Glyzerinmonorizinoleat = Nil; Netzm.	**Sa., Netzm.**
6383	**Rizinoleylalkohol**	= $CH_3(CH_2)_5CH(OH)CH_2CH{:}CH(CH_2)_7 \cdot CH_2OH$ Sa/Sch.; Am. 2012609	**Sa/Sch.**
6384	**Rizinoleylsulfat**	Sa., insbes. f. Nichtsulfide; Am. 2074699, 2120217 Sa/Sch.; DP. 906321 Sylvin-Sa.; „Chemie-Ing.-Techn." 1955, 2 Sa. f. d. Flot. oxyd. Eisenerze; DP. 844131	**Sa., Sa/Sch.**
6385	**Rizinoleylsulfoacetat**	Sa. f. Nichtsulfide; Am. 2120217	**Sa.**
6386	**Rizinolsäure**	• = $C_{17}H_{32}COOH$, Rizinusölsäure, Rizinussäure, Christpalmöl Bestandteil des Tallöls; Sa.; „Bergb.-Wiss." 1958, 34 Zinnstein-Sa.; „Erzmetall" 1955, 153 Chromit-Sa.; Am. 2412217 Kondm. f. elektrostat. aufzubereitende Kalisalze; DP. 1076593	**Sa., Kondm.**

Lfd. Nr.	Bezeichnung (Zusammensetzung)	besondere Verwendung mit zugehöriger Literaturangabe	Verwendungs-überblick
6387	**Rizinolsäurebutylestersulfonat**	Sa/Sch.; DP. 659431	**Sa/Sch.**
6388	**Rizinolsäureestersulfonat**	= Monopolbrillantöl; Schaumverdünner b. d. Glimmer/Quarz-Flot.; DP. 738164 s. Monopolseife; Sa., Modif. s. Fettsäurealkylestersulfonat; Sa/Sch., Modif.	**Sa., Sa/Sch., Modif.**
6389	**Rizinolsulfonat**	Sa. f. d. Flot. v. Fluß-, Feld-, Schwerspat; Franz. 861579 Sa. f. d. Flot. v. Papierabwässern zwecks Reinigung; DP. 1060812 Kondm. f. elektrostat. aufzubereitende Kalisalze; DP. 1056551, 1061713, 1095762 s. Aquasol AB·90, Monopolseife; Sa., Modif. s. Türkischrotöle; Sa., Sa/Sch., Netzm. s. Sulforizinat, Polysulforizinat; Netzm. Emulg. i. Verbdg. mit Pineöl-Sch.; DP. 668641, Am. 2286374	**Sa., Sa/Sch., Kondm., Modif. Netzm.**
6390	**Rizinolsulfonat/Fichtenöl-Mischung**	Sa.; Petersen S. 172	**Sa.**
6391	**Rizinolsulfonat/Mineralöl-Mischung**	Sa.; Petersen S. 172	**Sa.**
6392	**Rizinolsulfonat/Prästabitöl-Mischung**	Kondm. f. elektrostatisch aufzubereitende Kalisalze; DP. 1056551, 1061713	**Kondm.**
6393	**Rizinolsulfonsäure**	Emulg.; Manegold	**Emulg.**
6394	**Rizinusaminacetat**	Sylvin-Sa.; Am. 2365805	**Sa.**
6395	**Rizinusöl/Äthanolamin-Reaktpr.**	s. Hercota; Emulg.	**Emulg.**
6396	**Rizinusöl/Mineralöl-Mischung**	Sulfiderz-Sa.; Am. 2395639	**Sa.**
6397	**Rizinusölsäure**	s. = Rizinolsäure; Sa., Kondm.	**Sa., Kondm.**
6398	**Rizinussäure**	s. = Rizinolsäure; Sa., Kondm.	**Sa., Kondm.**
6399	**Roccal 50%**	= Alkyldimethylbenzylammoniumchlorid, Benzalkoniumchlorid Sa. f. d. Flot. von Bakterien u. Feststoffen aus Wasser; „Bulletin No R_1—B_3 Reagents“ 1955, 13	**Sa.**
6400	**Rodinal**	s. = Aminophenol; Sa., Sch.	**Sa., Sch.**
6401	**Rohpetroleum**	Sa/Sch. f. Kohle u. Graphit; Petersen 170 Sa. f. d. Flot. kieserit. Kalisalze; DP. 918861 Sa. f. d. MnO_2-Flot.; Am. 2861687 s. Panuco-Rohöl; Sa.	**Sa., Sa/Sch.**
6402	**Rohpetroleum/Talgaminacetat-Mischung**	Sylvinit-Sa.; Am. 2936887, Brit. 840293	**Sa.**
6403	**Rohrzucker**	= Saccharose, Sucrose, $C_{12}H_{22}O_{11}$ polyvalent. Hilfs-Kondm. i. Mischg. mit einem anionakt. Kondm. (z.B. Naphthensäure) f. d. elektrostat. Aufbrtg. von Kalihartsalzen; DP. 1095762	**Kondm.**

Lfd. Nr.	Bezeichnung (Zusammensetzung)	besondere Verwendung mit zugehöriger Literaturangabe	Verwendungs-überblick
6404	**Rohrzuckeroxyamin**	s. Sucroseoxyamin; Sa.	**Sa.**
6405	**Rohsulfatseife**	Sa. f. d. Flußspat-Flot.; „Bergb.-Wiss." 1961, 66	**Sa.**
6406	**Rohsulfatterpentinöl-polymer**	Sch.; DP. 851193 u. 856438	**Sch.**
6407	**Rohsulfatterpentinöl-polymersulfonat**	Sa. f. d. Flußspat-, Schwerspat- oder Kryolith-Flotation; DP. 839181	**Sa.**
6408	**Rosanilin, Rosanilin-chlorhydrat**	s. = Parafuchsin; Sa., Dr., Akt.	**Sa., Dr., Akt.**
6409	**Rosinate**	= Kolophoniumsäureseifen s. = Dresinate; Sa., Emulg. Alkali-Rosinate; Sa/Sch. f. U-Erze; Am. 2697518 Alkali- oder Erdalkali-Rosinat; Sch. f. d. Steinkohlen-Flot.; Brit. 741085 hydrophob. Modif. neben Amin-Sa. b. d. Kalisalz-Flot.; Can. 580365	**Modif., Emulg., Sa., Sa/Sch., Sch.**
6410	**Rosinat/Anilin-Mischung**	anionakt. Quarz-Sa. f. oxyd. Eisenerze; Am. 2364778	**Sa.**
6411	**Rosinsäureseifen**	s. = Rosinate, Kolophoniumsäureseifen, Dresinate; Sa., Sa/Sch., Sch., Emulg.	**Sa., Sa/Sch., Sch., Emulg.**
6412	**Röstkies**	Schwerst. f. d. Schwimmsinkscheidung; „Schlägel u. Eisen" 1955, 141/145	**Schwerst.**
6413	**Rotöl**	s. = Oleinsäure; Sa., Sa/Sch., Netzm., Kondm. anionakt. Sa.; „Engrg. Min. J.", Juni 1956, 115	**Sa., Sa/Sch., Netzm., Kondm.**
6414	**Rotöl/Kresol/Varla-coid-Mischg.**	anionakt. Quarz-Sa.; Am. 2364777	**Sa.**
6415	**RP-Reagentien**	= Produkte aus Alkohol, Benzylchlorid u. NaCNS, z. B. Äthyl-, Isopropyl-, sec. Butyl-, Pentasol-RP in Kresylsäure bzw. in Pentasol; Sa. f. d. Flot. sulfid. Erze; Am. 2405581	**Sa.**
6416	**Ruberythrinsäure**	= Anthrachinon-, Alizarin-, Dioxy-anthrachin-glukosid Netzm.; Am. 2208758, Brit. 526701	**Netzm.**

Lfd. Nr.	Bezeichnung (Zusammensetzung)	besondere Verwendung mit zugehöriger Literaturangabe	Verwendungs-überblick
6417	**S-3019**	Flockm. d. American Cyanamid Co.; „Coal Age“, Dez. 1957, 75	**Flockm.**
6418	**S-3100**	Flockm.; „Coal Age“, Dez. 1957, 75	**Flockm.**
6419	**S.-L** (s. Sarcosyl)	= Dodecylsarcosinsäure; s. d.	**Emulg., Sa/Sch.**
6420	**S.-LC** (s. Sarcosyl)	= Kokosölsarcosinsäure; Sa/Sch. u. Emulg.; „The Condensed Chemical Dictionary“, 5. Aufl., 1956, 967	**Emulg., Sa/Sch.**
6421	**S-NL 30** (s. Sarcosyl)	wäßriges Na-Dodecylsarcosinat; Sa/Sch., Emulg.; „The Condensed Chemical Dictionary“, 5. Aufl., 1956, 967	**Emulg., Sa/Sch.**
6422	**S-NL 100**	= kristallines Na-Dodecylsarcosinat; Sa/Sch., Emulg.; „The Condensed Chemical Dictionary“ 1956, 967	**Sa/Sch., Emulg.**
6423	**S.-O** (s. Sarcosyl)	= Oleinsarcosinsäure; Emulg., Sa/Sch.; „The Condensed Chemical Dictionary“, 5. Aufl., 1956, 967	**Emulg., Sa/Sch.**
6424	**S.-S.** (s. Sarcosyl)	= Octadecylsarcosinsäure; Sa/Sch., Emulg.; „The Condensed Chemical Dictionary“, 5. Aufl., 1956, 967	**Emulg., Sa/Sch.**
6425	**Saccharide** (= Kohlehydrate, Carbohydrate)	s. Monosaccharide; Disp., Dr., Netzm., Flockm., Kondm. Disaccharide; Dr. s. Carbohydrate; Sa. s. Stärke; Sa., Dr., Flockm., Netzm., Disp. s. Inulin; Netzm. s. Pektinstoffe; Dr., Netzm. s. Cellulosederivate; Sa., Dr., Netzm. s. Dextrin; Dr., Flockm., Regler	**Kondm., Disp., Dr., Netzm., Regler, Sa., Flockm.**
6426	**Saccharidester**	wie Saccharidacetate, -octoate, -oleate, -benzoate, -stearate, -palmitate, als reduzierendes Kondm. f. nichtmagnet. Eisenoxyderze — wie Hämatit, Göthit — vor deren Flotation oder Magnetscheidung; Am. 2952532	**Kondm.**
6427	**Saccharidxanthate**	s. Carbohydratxanthate; Sa.	**Sa.**
6428	**Saccharin** $C_6H_4\left\langle{CO \atop SO_2}\right\rangle NH$	= Sulfobenzoesäureimid Kondm. f. elektrostat. aufzubereitende Kalirohsalze zwecks Kainit/Sylvin-Trennung; DP. 1077611 i. Mischg. m. polyvalentem Hilfsstoff (z. B. Tylose) als anionakt. Kondm. f. elektrostat. aufzubereitende Kalihartsalze; DP. 1095762	**Kondm.**
6429	**Saccharolactinsäure-palmitat**	s. = Mucinsäuremonopalmitat; Sa.	**Sa.**
6430	**Saccharose** (ein Disaccharid)	s. = Rohrzucker; Kondm. reduzierendes Kondm. f. nichtmagnet. Eisenoxydester — Hämatit, Göthit — vor deren Flotation oder Magnetscheidung; Am. 2952532	**Kondm.**

Lfd. Nr.	Bezeichnung (Zusammensetzung)	besondere Verwendung mit zugehöriger Literaturangabe	Verwendungs-überblick
6431	**Saccharoseester**	Saccharoseacetat, -stearat, -oleat, -octoat, -benzoat, -palmitat usw. als reduzierendes Kondm. f. nichtmagnet. Eisenoxyderze — Hämatit, Göthit — vor deren Flotation oder Magnetscheidung; Am. 2952532	**Kondm.**
6432	**Safranen**	Sa.; „Chemical Abstracts" 1948, 4005	**Sa.**
6433	**Sägespäne**	von Nadelhölzern als Sch.; Am. 1743463	**Sch.**
6434	**Salicain**	s. = Saligenin; Sch/Sa.	**Sch/Sa.**
6435	**Salicin**	= Salicylalkoholglukosid, Saligeninglukosid, Saligeninglykopyranoid, Polyoxyphenolglukosid, $C_6H_4 \cdot (OC_6H_{11}O_5) \cdot CH_2OH$ Netzm.; Am. 2208758	**Netzm.**
6436	**Salicylaldoxim**	Sa.; „Chemical Abstracts", 1939, 5330 u. „Industrial and Engrg. Chemistry" 1940, 654	**Sa.**
6437	**Salicylalkohol**	s. = Saligenin; Sch/Sa.	**Sch/Sa.**
6438	**Salicylalkoholglukosid**	s. = Salicin; Netzm.	**Netzm.**
6439	**Salicylsäure**	= Hydroxybenzylsäure, Spirsäure, Spiroylsäure, $C_6H_4 \cdot OH \cdot COOH$ Sa.; Petersen 190 Quarz-Dr.; „Chem. Abstr." 1959, 2979 pH-Regler b. d. Flot. oxyd. Eisenerze; DP. 844131 Kondm. f. elektrostat. aufzubereitende Kalisalze; DP. 1076593 s. Acetylsalicylsäure; Kondm.	**Sa., Regler, Kondm.**
6440	**Salicylsäure/Alkohol-Lösung**	Sa/Sch. f. oxyd. Erze; Am. 1960526	**Sa/Sch.**
6441	**Salicylsäurealkylester**	Schaumplastizierer; Am. 2689043	**Modif.**
6442	**Salicylsäurearalkylester**	Schaumplastizierer; Am. 2689043	**Modif.**
6443	**Salicylsäureäthylester**	= Mesotol, Salotan, $OH \cdot C_6H_4 \cdot (COO \cdot CH_2 \cdot CH_3)$ Schaumplastitierer; Am. 2689043	**Modif.**
6444	**Salicylsulfonsäure**	s. = Sulfosalicylsäure; Dr.	**Dr.**
6445	**Saligenin** ($C_4H_4 \cdot CH_2O \cdot OH$)	= Salicylalkohol, Oxybenzylalkohol, Salicain, ist zugleich Phenol u. Arylalkohol Sch/Sa. f. d. Kohlen-Flot.; „Montanwiss. Literaturber.", Sept. 1959, 1024	**Sch/Sa.**
6446	**Saligeninglukosid**	s. Salicin; Netzm.	**Netzm.**
6447	**Saligeninglykopyranoid**	s. = Salicin; Netzm.	**Netzm.**
6448	**Salinenwasser**	Flockm.; Taggart 15—06, 15—08	**Flockm.**
6449	**Salotan**	s. = Salicylsäureäthylester; Modif.	**Modif.**
6450	**Salpetersäure** (HNO_3)	Dr. f. Glanzkohle b. d. Flot. v. Faserkohle mittels Phenol; Petersen 208 pH-Regler; DP. 844131	**Dr., Regler**
6451	**Salzsäure** (HCl)	Schlamm-Dr. b. d. Kalisalz-Flot.; DP. 889132 pH-Regler; DP. 844131	**Dr., Regler**

Lfd. Nr.	Bezeichnung (Zusammensetzung)	besondere Verwendung mit zugehöriger Literaturangabe	Verwendungs-überblick
6452	**Salzwasser**	wie See-, Salinen-, Grubenwasser als Flockm.; Taggart 15—06 u. 15—08	**Flockm.**
6453	**Sammler**	Quarz-Flockm.; ,,Bergbau-Wiss.“ 1955, H. 9, 252	**Sa., Flockm.**
6454	**Sand**	Schwerstoff f. d. Kohlen-Sinkscheidung; ,,The Colliery Guardian Overseas“ 1960, 40, ,,Aufbrtg. d. Steinkohle“, Teil I, 1960, 217	**Schwerst.**
6455	**Sandopan BL**	= prim. Alkylsulfat; Netzm.; Stüpel s. Gardinole; Disp., Netzm., Emulg.	**Disp., Netzm., Emulg.**
6456	**Sandopan PO**	= sulfon. Aminkondensat; Netzm.; Stüpel	**Netzm.**
6457	**Santodex**	= Alkylstyrolpolymerisat; Netzm.; Am. 2820013 Schlamm-Dr.; Am. 2740522, Brit. 749213 Ton-Sa. f. d. Ton-Flot. aus Kalisalzen; Franz. 1139954 Flockm.; Brit. 725460, Franz. 1083610	**Sa., Netzm., Flockm., Dr.**
6458	**Santomerse 1, 2, 3**	= Dodecylbenzolsulfonat, 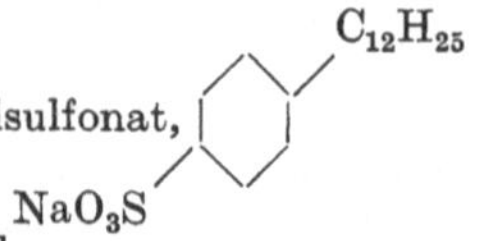 Netzm.; Stüpel als Sa. f. oxyd. Fe-Erze; DP. 844131	**Sa., Netzm.**
6459	**Santomerse D**	= Decylbenzolsulfonat; Netzm.; Stüpel als Sa. f. oxyd. Fe-Erze; DP. 844131	**Sa., Netzm.**
6460	**Sapal**	= Alkylphenolpolyglykoläther; Netzm.; Stüpel	**Netzm.**
6461	**Sapamine**	= Verbdgg., die b. d. Reaktion von Ölsäure mit Diäthyldiäthylendiamin entstehen; Sa.; Petersen 185 kationakt. Sa.; Taggart 12—17 Quarz-Sa. b. d. Gips-Flot.; Eisenerz-Sa.; ,,Engrg. Min. J.“, Juni 1956, 115 Netzm.; Römpp u. Blücher	**Sa., Netzm.**
6462	**Sap Brown**	Farbstoff; Disp.; Brit. 538908 Gangart-Dr. b. d. Erz-Flot.; Am. 2211686	**Disp., Dr.**
6463	**Sapidan**	s. Gardinole; Disp., Netzm., Emulg.	**Disp., Netzm., Emulg.**
6464	**Sapinolöl**	Sa/Sch. f. d. Pb-Erz-Flot.; ,,Bergfreiheit“, März 1955, 114 Sa/Sch. f. sulfid. Erze; ,,Erzmetall“ 1958, Nr. 9, 31 Sch. f. d. Zinkblende-Flot.; DP. 938242 Schaumregler b. d. Zinnstein-Flot.; ,,Erzmetall“ 1955, Nr. 4, 153	**Sa/Sch., Sch., Regler**
6465	**Sapogenat A**	= Alkylphenolpolyglykoläther; Netzm.; Stüpel	**Netzm.**
6466	**Sapogenat B**	= Alkylphenolpolyglykolsulfat; Netzm.; Stüpel	**Netzm.**
6467	**Sapogenat C**	= Alkylphenolpolyglykoläther + Alkylphenolpolyglykolsulfat; Netzm.; Stüpel	**Netzm.**
6468	**Saponin-Glukoside**	wie Parillin; Netzm.; Am. 2208758, Brit. 526701 als Netzm.-Überzug auf Thiocarbanilid-Sa.; Am. 2185591 Dr. f. Mo-Sulfide b. d. Sulfiderz-Flot.; Am. 2070076	**Netzm., Dr.**

Lfd. Nr.	Bezeichnung (Zusammensetzung)	besondere Verwendung mit zugehöriger Literaturangabe	Verwendungs-überblick
6469	**Sarcoside**	s. Medialan A; Sa/Sch., Netzm. s. Medialan KA, Dodecylsarcosid, Talgsäuresarcosid; Sa/Sch.	**Sa/Sch., Netzm.**
6470	**Sarcosin**	= Methylglycin, Methylglykokoll, Aminomethylessigsäure, Methylaminoessigsäure, $CH_3HN \cdot CH_2COOH$; Sa.; „The Condensed Chemical Dictionary", 5. Aufl., 1956, 967 u. Römpp s. Methylsarcosin = Betain; Sa. s. Sarcosyle; Sa/Sch., Emulg.	**Sa.**
6471	**Sarcosin/Dodecylsäure-Kondspr.**	s. = Dodecylsarcosid; Sa/Sch.	**Sa/Sch.**
6472	**Sarcosin/Kokosölfettsäure-Kondspr.**	s. Medialan KA = Kokosölfettsäuresarcosid; Sa/Sch.	**Sa/Sch.**
6473	**Sarcosin/Oleinsäure-Kondspr.**	s. Medialan A = Oleinsäuresarcosid; Sa/Sch., Netzm.	**Sa/Sch., Netzm.**
6474	**Sarcosin/Talgsäure-Kondspr.**	s. = Talgsäuresarcosid; Sa/Sch.	**Sa/Sch.**
6475	**Sarcosinsäuren**	s. Sarcosyl-LC, -L, -O, -S; Sa/Sch., Emulg.	**Sa/Sch., Emulg.**
6476	**Sarcosinate**	s. Sarcosyle; Sa/Sch., Emulg.	**Sa/Sch., Emulg.**
6477	**Sarcosyle**	= oberflächenaktive acylierte Sarcosine als Sa/Sch. u. Emulg.: Sarcosyl-LC = Kokosölsarcosinsäure, S.-L = Laurin-, Dodecylsarcosinsäure, S.-NL 30 = wäßriges Na-Laurinsarcosinat, S.-NL 100 = kristallines Na-Laurinsarcosinat, S.-O = Oleinsarcosinsäure, S.-S = Stearin-, Octadecylsarconsinsäure; sämtlich als Sa/Sch. u. Emulg.; „The Condensed Chemical Dictionary", 1956, 967	**Sa/Sch., Emulg.**
6478	**Sardinenöl**	dient z. Gewinnung höherer Fischölfettsäuren; s. d.; Sa., Sa/Sch. Sardinenöl oder dessen Seifen als Sa/Sch. f. d. Flot. von Mo-, U-Erzen, Flußspat, Schwerspat u. Phosphatmineralien; Franz. 1185849 Chromit-Sa.; Am. 2412217	**Sa., Sa/Sch.**
6479	**Sauerstoff** (O_2)	durch kurzzeitiges Einblasen von O_2 in die Trübe wird b. d. Flot. von Zinkblende, Pyrit u. Chalkopyrit die Adsorption der Äthylxanthat- u. Diäthyldithiophosphat-Sa. erhöht; „Glückauf" 1950, 620 u. 1955, 1328 O_2-Gehalt von 1 bis mehrere 10 mg/l des Flotationswassers begünstigt die Flot. von sulfid. Mineralien, wie PbS, ZnS usw., sowie von Flußspat; „The Mining J." 1959, 561	**Akt.**
6480	**Säureanhydride, organische**	s. Benzoe-, Benzolsulfon-, Butter-, Diphen-, Naphthalin-, Phthal-, Succin-, Sulfobenzoe-, Naphthalindisulfon-, Tetrachlorphthal-, Tetrahydrophthal-, Toluolsulfon-säureanhydrid; Kondm. s. Maleinsäureanhydrid; Regler, Kondm. s. Valeriansäureanhydrid; Kondm.	**Regler, Kondm.**

Lfd. Nr.	Bezeichnung (Zusammensetzung)	besondere Verwendung mit zugehöriger Literaturangabe	Verwendungsüberblick
6481	**Säure-Mischgg.**	Mischgg. aliphat. Säuren mit $C_{4/9}$-Vorlaufsäuren d. Paraffinoxydation als Sa.; DP. 745363 anorgan. Säure-Mischgg. als Schlamm-Dr. b. d. Kalisalz-Flot.; DP. 889132	**Sa., Dr.**
6482	**Säureschlamm**	Sch/Sa. f. d. Sulfid-Flot.; „Engrg. Min. J.", Juni 1956, 111	**Sch/Sa.**
6483	**Saxol**	s. = Petrolatum; Sa., Modif., Flockm.	**Sa., Modif., Flockm.**
6484	**Schäumer/Petroleum/ Pech-Mischung**	als Sa/Sch.; Am. 1688975	**Sa/Sch.**
6485	**Schellack**	z. Konditionieren v. elektrostatisch aufzubereitenden Kalisalzen; DP. 1076593	**Kondm.**
6486	**Schiefer**	Schwerstoff f. d. Kohlen-Sinkscheidung; „The Colliery Guardian Overseas" 1960, 40	**Schwerst.**
6487	**Schieferöle**	Sa.; Petersen 170 Sa. f. d. Flot. von an Aktivkohle adsorbiertem Gold; „Chem. Ztrlbl." 1938, II/756 Sch. f. d. Steinkohlen-Flot.; „Glückauf" 1960, 1113	**Sa., Sch.**
6488	**Schlacke**	Hochofen- oder Hüttenschlacke als Kalkspat-Dr. b. d. Magnesit- oder Dolomit-Flot.; Am. 2507012/013 Cu-Schlacke als Schwerstoff f. d. Schwimmsinkscheidung von Mineralien; „Schlägel u. Eisen" 1955, 141/145	**Dr., Schwerst.**
6489	**Schmalzglyzerinester/ Alkylamin-Mischung**	Sa. f. d. schaumlose Flot. von grobkörni- Sylvinit; Am. 2937751	**Sa.**
6490	**Schmieröl**	Sa. f. d. Eisenerz-Flot.; Am. 2410377 s. Mineralöl	**Sa.**
6491	**Schmierseife** (K-Seife, grüne Seife)	Sa.; Petersen 189 z. Bitumenverdrängung aus bituminösen Erzen vor d. weiteren Aufbrtg.; DP. 527141	**Sa.**
6492	**Schwarzlauge**	aus d. Sulfat-Zellstoffherstlg. als Sa/Sch. f. d. Erz-Flot.; „Chem. Ztrlbl." 1944, I/181	**Sa/Sch.**
6493	**Schwefel**	elementarer S.; Dr.; Brit. 132260	**Dr.**
6494	**Schwefeldioxyd** (SO_2)	neben Cyaniden als Sulfid-Dr., mit Ausnahme von PbS, bei d. Flot. v. Komplexerzen; DP. 638054, „Bergb.-Wiss." 1955, Nr. 9, 254	**Dr.**
6495	**Schwefel-Verbdgg.**	S, P u. N ohne C enthaltende Verbdgg. als Sa. f. oxyd. u. karbonat. Erze; DP. 574266	**Sa.**
6496	**Schwefelkohlenstoff** (CS_2)	i. Mischg. m. Toluidin, Xylidin oder anderen Aminen als Sa. f. d. Flot. von Pb-, Zn- oder Ag-Erzen; Austral. 28983/1930	**Sa.**
6497	**Schwefelkohlenstoff/ Alkalixanthat-Reaktpr.**	Sa.; Am. 1847367	**Sa.**

Lfd. Nr.	Bezeichnung (Zusammensetzung)	besondere Verwendung mit zugehöriger Literaturangabe	Verwendungs-überblick
6498	**Schwefelsäure** (H_2SO_4)	Pyrit-Akt. nach dem Drücken mit Kalk; Quarz-Dr.; „Engrg. Min. J.", Juni 1956, 116 Akt. f. anoxydierte sulfid. Cu-Erze; Am. 2716600 Fe-Lösm. z. Fe-Entfernung aus Tonen; Franz. 1079379 Flockm.; Taggart 15—06, 15—08 Akt. f. Au, ZnS, Arsenopyrit u. Pyrit bei pH $>$ 6; „Chem. Abstr." 1957, 13679; „Chem. Ztrlbl." 1956, 12386 Schwerfl. f. d. Schwimmsinkscheidung; „Glückauf" 1957, 123/124	**Flockm., Akt., Schwerfl., Lösm.**
6499	**Schwefelsäureallylester**	Sa/Sch. f. sulfid. Edelmetall-Erze; Franz. 1054034	**Sa/Sch.**
6500	**Schwefelsäuredodecylestersulfonat**	Sa/Sch.; DP. 659431	**Sa/Sch.**
6501	**Schwefelsäure/Fettalkohol-Ester**	s. Gardinol; Netzm. s. Sulfate, Alkylsulfate; Sa., Sa/Sch., Netzm., Flockm., Emulg., Kondm. Sa/Sch.; Franz. 755895 Netzm.; „Kolloid-Ztschr." 1933, 49	**Sa., Sa/Sch., Netzm., Flockm., Emulg., Kondm.**
6502	**Schwefelsäurefettsäurealkylester**	Sa/Sch. f. oxyd. Erze; DP. 659431	**Sa/Sch.**
6503	**Schwefelwasserstoff** (H_2S)	zusammen m. $CuSO_4$ als Akt. für gedrückte Zinkblende; DP. 938241	**Akt.**
6504	**Schweflige Säure** (H_2SO_3)	pH-Regler b. d. Flot. oxyd. Eisenerze; DP. 844131 wäßr. Lösg. von Mischgg. wasserfreier Salze der schwefligen Säure u. d. Thioschwefelsäure zusammen m. wasserfreien Schwermetallsalzen als sanfter Zinkblende-Dr.; DP. 908602	**Dr., Regler**
6505	**Schwelteerbestandteile**	aus mit Phosphorsäure behandelten Teerfraktionen als Sch.; Brit. 287471	**Sch.**
6506	**Schwermetallsalze, anorgan.**	z. B. $Pb(NO_3)_2$, als Akt. b. d. Glimmer-Flot.; DP. 1044733	**Akt.**
6507	**Schwerspat**	s. = Baryt; Schwerst.	**Schwerst.**
6508	**Sebacate**	= Salze bzw. Ester d. Sebacinsäure = Octandicarbonsäure, $COOH(CH_2)_8COOH$ s. Dibutyl-, Dihexylsebacat; Akt., Modif. Schaumplastizierer; Am. 2689043 s. Dibutyl-, Dihexyl-sebacat; Akt., Regler	**Akt., Modif. Regler,**
6509	**Sebacodinitril**	Sa. f. d. Erz-Flot.; Can. 395283	**Sa.**
6510	**Sedipur A, U** (synthet. BASF-Produkt)	Flockm. f. d. Kohlenwaschwasserklärung; „Aach. Bl." 1956, Nr. 1/2, 65/88 Flockm.; „Glückauf" 1956, 1036, „Bergb.-Wiss." 1958, 137 Flockm. z. Entwässerung von Flot.-Konzentraten; „Glückauf" 1959, 1230	**Flockm.**
6511	**Sedipur CA 3**	= Polyacrylsäurederivat; als polyvalentes Hilfs-Kondm. i. Mischg. m. einem anionaktiven Kondm., z. B. $C_{4/9}$-Fettsäuregemisch, f. d. elektrostat. Aufbrtg. v. Kalihartsalzen; DP. 1095762	**Kondm.**

Lfd. Nr.	Bezeichnung (Zusammensetzung)	besondere Verwendung mit zugehöriger Literaturangabe	Verwendungs-überblick
6512	**Sedomax**	als Flockm. f. Kohlenwaschwässer; „The Min. J.", Zusatzheft 25. 3. 1960, S. 15	**Flockm.**
6513	**Seewasser**	Flockm.; Taggart 15—06 Kohlen-Flot. in Seewasser; DP. 478065, Brit. 159285 Kupferkies-Flot. in Seewasser; Petersen 291 Meerwasser mit einem relativ hohen Elektrolytgehalt [~10 g/l bzw. 30—40 kg/t] dient als Ersatz für einen Teil der üblichen Schäumer; Petersen 160	**Sch., Flockm., Akt.**
6514	**Seifen**	Pb-, As-, Sb- oder Bi-Seifen als Sa. z. Flot. von Nichteisen-Metallen aus See- oder Grubenwasser; „The Min. J.", 3. 6. 1960, 648 Flockm.; Taggart 15—06, —08 Netzm.; Römpp „Chemie-Lexikon", Bd. II, 1953, 1240 s. Naphthenate; Sa., Sa/Sch., Flockm., Emulg. s. Kern-, Schmierseifen; Sa. s. Mahoganyseife; Sa. s. Maisölseife; Sa. s. Fettsäureseifen; Sa., Sa/Sch., Sch/Sa., Flockm., Netzm., Regler Lösg. einer Ca- oder Mg-Seife als Schaum-Modif.; Taggart 12—45) s. Harz-, Wachsseifen; Sa. s. Invertseifen; Netzm.	**Sa., Sa/Sch., Sch/Sa., Netzm., Flockm., Modif., Emulg., Regler**
6515	**Seifen/Mineralöl-emulsion**	Sa. f. d. Hämatit-Flot.; Am. 2563447	**Sa.**
6516	**Seifenrindenextrakte**	Netzm.; Römpp „Chemie-Lexikon" 1953, Bd. II, 1240	**Netzm.**
6517	**Selen-Verbdgg., organische**	Sa. f. d. Flot. oxyd. Erze; Petersen 192, Am. 1697614, 1924607	**Sa.**
6518	**Selendioxyd/Kupfer-sulfat-Mischg.**	Zinkblende-Akt.; DP. 938242	**Akt.**
6519	**Semicarbazid**	= $H_2N \cdot NH \cdot CO \cdot NH_2$; Carbamylhydrazin s. Thiosemicarbazid; Sa., Dr.	**Sa., Dr.**
6520	**Seminosepolymerisat**	s. = Mannosepolymerisat; Dr., Pass., Disp., Flockm.	**Dr., Pass., Disp., Flockm.**
6521	**Separan 2610**	Flockm.; „Aach. Bl." 1956, Nr. 1/2, 65/88; „Glückauf" 1956, 1036; „Engrg. Min. J.", Nov. 1955, 94/96 u. Juni 1956, 115 = Polyacrylamid; als Zus. neben Alkylbenzol- u. Rizinusölsulfonat usw. z. Flot. von Papierindustrie-Abwässern zwecks Reinigung; DP. 1060812 s. Polyacrylamidlösg.; Flockm., Dr. = X-2610, ein Acrylonitrilpolymer, neben anderen Dispergiermitteln als schlammregelnder Disp. b. d. Sylvinit-Flot.; Am. 2919026 s. Acrylonitrilpolymer; Sa. = verm. Polystyrolderivat; polyvalentes Hilfs-Kondm. i. Mischg. m. einem anion-	**Disp., Dr., Sa., Flockm., Kondm.**

Lfd. Nr.	Bezeichnung (Zusammensetzung)	besondere Verwendung mit zugehöriger Literaturangabe	Verwendungs-überblick
		akt. Kondm. (z. B. $C_{4/9}$-Fettsäuremischg.) f. elektrostat. aufzubereitende Kalihartsalze; DP. 1095762 s. Acrylamidpolymer; Sa.	
6522	**Separan 2910**	Flockm.; „Bergb.-Wiss.“ 1958, 137	**Flockm.**
6523	**Separan AP 30**	Flockm.; „Coal Age“, Nov. 1960, 105	**Flockm.**
6524	**Sequestrene AA**	= Tetraammoniumsalz d. Äthylendiamintetraessigsäure; Netzm.,; Am. 2884474 s. Äthylendiamintetraessigsäure; Dr., Pass.	**Netzm., Dr., Pass.**
6525	**Serpentin**	s. Magnesiumsilicate; Regler	**Regler**
6526	**Sesamöl**	Sa.; Brit. 227924 Chromit-Sa.; Am. 2412217	**Sa.**
6527	**Sherosope**	= amerik. Emulgator aus Na-Sulfonaphthenat; Römpp	**Emulg.**
6528	**Shiraz-Gummi**	Netzm.; Am. 2208758	**Netzm.**
6529	**Sichozell-Leim**	= stärkeähnl. Stoff als Flockm.; „Glückauf“ 1956, 1037	**Flockm.**
6530	**Silane** (SiH_4 bzw. Si_nH_{2n+2})	s. Polyhalosilane; Kondm. s. Silicone, Siloxane	**Kondm.**
6531	**Silbernitrat** ($AgNO_3$)	zusammen m. $CuSO_4$ als Akt. für gedrückte Zinkblende; DP. 938241 Regler; „Erzmetall“ 1958, 207	**Regler, Akt.**
6532	**Silichloroform**	s. = Trichlorsilan; Sa., Kondm.	**Sa., Kondm.**
6533	**Silicofluorid**	s. Hydrofluorkieselsäure; Akt. s. Na_2SiF_6; Dr. Na-, K- oder NH_4-Silicofluorid als Akt. z. Verbesserung d. Chromit-Flot.; Am. 2412217	**Dr., Akt.**
6534	**Silicone**	s. Siloxane neben anionakt. Substanzen als Kondm. f. elektrost. aufzubereitende Kalisalze; DP. 1052323 Sa.; DP. [DDR.] 5812 s. Chlorsilan; Sa. s. „Dow Corning 200“, „Dri-Film“; Disp.) Quarz-Sa.; „Chem. Abstr.“ 1954, 13571 s. Butylsiliconharz; Sa. s. Organopolysiloxane, Dimethyl-, Phenyl-, Methylhydrosilicon; Sa. s. „Dow Corning Anti-foam A“, „Dow Corning Fluid 200“, „Linde-Silicone X-520“, „G. E. Antifoam“	**Disp., Kondm., Sa.**
6535	**Siliconemulsion Le 40**	= 40%ige Siliconemulsion mit 1,2% eines Emulgators u. 58,8% Wasser; Sa. f. PbS/ZnS-Erze; „Aach. Bl.“, April 1959, 4/5	**Sa.**
6536	**Silicon(tetra)chlorid** ($SiCl_4$)	s. Chlorsilan; Sa.	**Sa.**
6537	**Silikagel, — Sol** (SiO_2)	Disp. zusammen m. Fettsäure-Sa. z. Flot. oxyd. Fe-Erze; Am. 2669355 u. 2669545 Disp. z. Flot. von oxyd. Fe-, Cu-Erzen u. Phosphatit; Am. 2557361	**Disp.**
6538	**Silikate**	s. Wasserglas; Disp., Akt., Dr., Regler s. Metso; Dr., Disp.	**Disp., Akt., Dr., Regler**

Lfd. Nr.	Bezeichnung (Zusammensetzung)	besondere Verwendung mit zugehöriger Literaturangabe	Verwendungs-überblick
6539	**Siloxane**	Unter **Siloxanen** versteht man Si-Verbindungen, in denen die Si-Atome durch O_2-Brücken verbunden sind und die restlichen Valenzen mit H_2, Halogenen oder organ. Resten abgesättigt sein können. Fehlen H_2 u. Halogene u. sind demzufolge nur organische Reste angelagert, so spricht man von **Siliconen**. Wenn eine geringe Anzahl ihrer KWstoffreste durch OH-Gruppen ersetzt sind, bezeichnet man diese „**alkoholischen Silicone**" als **Silanole**. Fehlen den Siloxanen die O_2-Brücken u. sind die Si-Atome unmittelbar miteinander verknüpft, so nennt man diese Verbindungen **Silane.** — Die **Silicone** verhalhalten sich chemisch äußerst träge, sind **oberflächenaktiv** u. im Wasser fast unlöslich. Sie dienen z. B. als **Entschäumer** u. **Entnetzungsmittel**; Emulsionen von flüssigen oder festen, in organischen Mitteln löslichen **Organopolysiloxanen** als **Sa.**; „Aachen. Blätter", April 1959, Heft 1/2, S. 1—24 Octamethylcyclotetra-Siloxan; schlechter PbS/ZnS—Sa; s. o., S. 18 s. „Dow Corning Silicone Fluid 550", „Dow Corning 200" s. Methylpolysiloxan; Sa.	**Sa.**
6540	**Silvestren**	Bestandteil des Pineöls; Sch.; Petersen 163	**Sch.**
6541	**Sinozon**	= Alkylbenzolsulfonat; Netzm.; Stüpel	**Netzm.**
6542	**Sintereisenerz**	Schwerst. f. d. Schwimmsinkscheidung; Franz. 845103	**Schwerst.**
6543	**Sinterpyrit**	Schwerst. f. d. Schwimmsinkscheidung; Franz. 845103	**Schwerst.**
6544	**Sipon**	= prim. Alkylsulfat; Netzm.; Stüpel	**Netzm.**
6545	**Sojaamine**	s. „Armeen SD"; Sa. Sa.; „Engrg. Min. J.", Juni 1956, 113	**Sa.**
6546	**Sojaaminacetat**	Sa/Sch. f. d. Flot. von Wolframit, Rutil u. Kassiterit aus Monazitsand; Am. 2610738 s. Armac SD; Sa.	**Sa., Sa/Sch.**
6547	**Sojaamin/Äthylen-oxyd-Reaktpr.**	s. „Ethomeen S/12, S/15, S/20, S/25", = Polyäthoxyamine; Flockm., Sa/Sch.	**Flockm., Sa/Sch.**
6548	**Sojaamin/Nitril-Mischung**	s. Armoflot S; Sa.	**Sa.**
6549	**Sojaamintrimethyl-ammoniumchlorid**	s. = Arquad S; Sa.	**Sa.**
6550	**Sojabohnenöl/Mineral-öl-Mischung**	Sulfiderz-Sa.; Am. 2395639	**Sa.**
6551	**Sojadiamin**	s. Duomeen S; Sa., Flockm.	**Sa., Flockm.**
6552	**Sojafettsäuresulfonat**	als Sa. f. oxyd. Fe-Erze; DP. 844131	**Sa.**
6553	**Sojaölphosphatide**	Schaumverbesserer; Brit. 401619	**Modif.**
6554	**Sojaölsulfonat**	Sa. f. oxyd. Fe-Erze; Am. 2414714 s. Sulfosojasäuresulfonat; Sa.	**Sa.**

Lfd. Nr.	Bezeichnung (Zusammensetzung)	besondere Verwendung mit zugehöriger Literaturangabe	Verwendungsüberblick
6555	**Sojaschlamm**	der bei der Sojafabrikation anfallende Sojaschlamm als Sa/Sch.; Am. 1688975	**Sa/Sch.**
6556	**Sojatrimethylammoniumchlorid**	s. Arquad S; Sa.	**Sa.**
6557	**Solaröl**	s. = Braunkohlenteeröl; Sa., Sa/Sch., Flockm., Modif.	**Sa., Sa/Sch., Sch., Flockm., Modif.**
6558	**Solox**	= denaturierter Äthylakohol; Sch.; „Encyclopedia of Chemical Technology" 1951, 609	**Sch.**
6559	**Solvant L**	= Rückstandsprodukt aus der Herstellung von Lösungsmitteln auf der Grundlage von Ceton; sehr akt. Sa/Sch. f. d. Kohlen-Flot.; „Erdöl u. Kohle" 1958, 528	**Sa/Sch.**
6560	**Sonesal-Grünsäuren**	= wasserlösl. Erdölsulfonate; Sa. f. d. Flot. oxyd. Eisenerze; DP. 844131	**Sa.**
6561	**Sonneborn Reagents**	= Petroleumsulfonate wie Petroblends; Sa. f. d. Flot. v. Phosphatit, Schwerspat, Flußspat, Feldspat oder oxyd. Mn-Erze; „Engrg. Min. J.", Juni 1956, 116	**Sa.**
6562	**Sonnenblumenölfettsäure**	Chromit-Sa.; Am. 2412217	**Sa.**
6563	**Sorbitanabietat**	Netzm. f. d. Steinkohlen-Siebentwässerung; Brit. 738061	**Netzm.**
6564	**Sorbitanhexaoleat**	s. Oxyäthylensorbitanhexaoleat; Netzm.	**Netzm.**
6565	**Sorbitanmonolaurat**	Sa. f. d. Flot. oxyd. Erze; DP. 844131 Netzm. f. d. Steinkohlenentwässerung; Brit. 738061 s. Span 20; Netzm.	**Sa., Netzm.**
6566	**Sorbitanmonooleat**	s. Span 80; Disp. Netzm. f. d. Steinkohlen-Siebentwässerung; Brit. 738061	**Disp., Netzm.**
6567	**Sorbitanmonooleatpolyoxyäthyläther**	als Flockm. z. Entwässern u. Filtern von Flot.-Konzentraten; Am. 2864765	**Flockm.**
6568	**Sorbitanmonotallölester**	Netzm. f. d. Steinkohlen-Siebentwässerung; Brit. 738061	**Netzm.**
6569	**Sorbitanoxyamin**	als Sa.; Am. 2389763	**Sa.**
6570	**Sorbitantrioleat**	s. Span 85; Netzm. Netzm. f. d. Steinkohlen-Siebentwässerung; Brit. 738061	**Netzm.**
6571	**Sorbitantrioleatsulfonat**	als Sa.f. oxyd. Erze; DP. 844131	**Sa.**
6572	**Sorbitoloxyamin**	= Glucitol-, Sorbit-, Sorbol-, Nivitin-, Karion-, Lionon-, Diakarmon-oxyamin; „Merck Index" 1960 Sa.; Am. 2389763	**Sa.**
6573	**Sorbitoltrilaurat**	s. Oxyäthylen-S.; Netzm.	**Netzm.**
6574	**Sorbitoxyamin**	s. = Sorbitoloxyamin; Sa.	**Sa.**
6575	**Sorboloxyamin**	s. = Sorbitoloxyamin; Sa.	**Sa.**
6576	**Sowpren**	hydrophobes Haftm. f. d. Haftscheidung von Mineralien; „Chem. Ztrlbl." 1948, I/164	**Haftm.**
6577	**Sowpren/Thiokol-Mischung**	hydrophobes Haftm. f. d. Haftscheidung von Mineralien; „Chem. Ztrlbl." 1948, I/164	**Haftm.**

Lfd. Nr.	Bezeichnung (Zusammensetzung)	besondere Verwendung mit zugehöriger Literaturangabe	Verwendungs-überblick
6578	**Sozolsäure/Formaldehyd-Kondspr.**	s. = Phenolsulfonsäure/Formaldehyd-Kondspr.; Dr., Netzm.	**Dr., Netzm.**
6579	**SP-702**	= wasserlösl. Erdölsulfonat; Sa. f. d. Flot. oxyd. Eisenerze; DP. 844131	**Sa.**
6580	**Span 20**	= Sorbitanmonolaurat; Am. 2884474 s. Sorbitanmonolaurat; Netzm., Sa.	**Netzm., Sa.**
6581	**Span 80**	= Sorbitanmonooleat; nichtionog. oberflächenakt. Ton-Disp.; Am. 2797196, Am. 2884474	**Disp.**
6582	**Span 85**	= Sorbitantrioleat; Netzm.; Am. 2884474	**Netzm.**
6583	**Spermacetiöl**	s. Spermöl; Sa.	**Sa.**
6584	**Spermöl**	= Spermacetiöl, Walratöl vom Spermwal, ist ein Monoester Sa.; Am. 2331722 Sa. f. d. Flot. oxyd. Eisenerze; Am. 2414714 s. Walöl; Sa.	**Sa.**
6585	**Spermöl/Fischöl/Kokosöl-Sulfonat**	Sa. f. oxyd. Erze; Am. 2414714	**Sa.**
6586	**Spirit Orange**	= Azo-Farbstoff; Gangart-Dr. b. d. Erz-Flot.; Am. 2211686	**Dr.**
6587	**Spirit Red**	Gangart-Dr. b. d. Erz-Flot.; Am. 2211686	**Dr.**
6588	**Spiritus**	s. = Äthanol; Sch/Sa., Sch., Sa., Lösm.	**Lösm., Sch., Sch/Sa., Sa.**
6589	**Spirsäure**	s. = Salicylsäure; Sa., Regler, Kondm.	**Sa., Regler, Kondm.**
6590	**Stahl**	St. m. hohem C-Gehalt als Schwerst. f. d. Schwimmsinkscheidung; Am. 2206980, Östr. 176521	**Schwerst.**
6591	**Stannibromid/Antimonbromid-Mischung**	Schwerfl. f. d. Schwimmsinkscheidung; Taggart 19—151/152	**Schwerfl.**
6592	**Stannibromid/Tetrachlorkohlenstoff-Mischung**	Schwerfl. f. d. Schwimmsinkscheidung; „Taggart" 19—151/152	**Schwerfl.**
6593	**Stärke** (= zuckerunähnliches Polyaccharid)	s. Reis-, Weizen-, Kartoffel-, Mais-, Tapioka-Stärke; Dr. s. Reis-, Weizen-, Kartoffel-, Mais-Stärke, Flocgel, Carubu-Johannisbrotkernmehl, Sichozell-Leim; Flockm. ist ein Flotationsgift b. d. Kohlen-Flot.; „Glückauf" 1955, 654 Graphit-Dr. b. d. Sulfidflotation; Faserkohle-Dr. b. d. Steinkohlenflotation; Schlamm-Dr. b. d. Golderz-Flot.; Phosphat-Dr. b. d. Phosphat/Quarz-Flot.; Petersen 207/208 Quarz-Dr. b. d. Flot. oxyd. Fe-Erze; Am. 2364778 Mn-Dr. b. Ausschwimmen v. Quarz aus quarzigen Mn-Erzen; „The Min. J." 1961, 42	**Flockm., Dr., Kondm., Netzm., Regler**

Lfd. Nr.	Bezeichnung (Zusammensetzung)	besondere Verwendung mit zugehöriger Literaturangabe	Verwendungs-überblick
		Flockm.; DP. 1002703, Taggart 15—06, 15—08 s. Amijel = Kornstärke; Dr. s. „Tragacine Powdafloc"; Dr., Disp. s. Flockal 202,5; Flockm. Schlamm-Dr. b. d. Kalisalz-Flot.; DP. 931703, 1008221 galaktinisierte bzw. dextrinisierte Stärke als Dr. b. d. Flußspat-Flot.; Am. 2497863 s. Brueder-Flockm. s. Dextrin; Dr., Netzm., Flockm., Regler, Kondm. Regler; „Erzmetall" 1958, 207 Kalk-Dr. b. d. Quarz/Kalk-Flot.; Am. 2341046	
6594	**Stärkeacetat**	Sa.; „Chemical Abstracts" 1952, 1800 Sa. f. d. Flot. oxyd. Eisenerze; Am. 2629493/494 Netzm.; Am. 2208758, Brit. 526701	**Sa., Netzm.**
6595	**Stärkeäther/Polymerisationsprodukt-Mischung**	Sedimentationshilfsmittel z. Verhindern des Auftretens v. Schwimmkohle; DP. 1006361	**Disp.**
6596	**Stärkederivate**	modifiziertes Stärkeprodukt, das eine Kaltwasserlöslichkeit zwischen 5 u. 80%, einen Ferricyanidreduktionswert zwischen 20 u. 250, und nicht mehr als 2% wasserlösl. Zucker, praktisch keine Rohstärke enthält, als Eisenerz-Dr. b. d. kation. Quarz-Flot. aus quarzhaltigen Eisenerzen; DP. 812902 Stärkederivate, die durch Einführung von Carboxyl- bzw. Sulfonsäuregruppen hydrophyliert wurden, als Gangart-Dr.; Holl. 73987	**Dr.**
6597	**Stärkeglykolat**	Schlamm-Dr. b. d. Kalisalz-Flot.; DP. 931703	**Dr.**
6598	**Stärkegummi**	s. = Dextrin; Dr., Flockm., Regler, Kondm.	**Dr., Flockm., Kondm., Regler**
6599	**Stärkephosphat**	Dr. f. Fe-Oxyde; „Min. Engrg." 1954, 922/24	**Dr.**
6600	**Stärkesulfonat**	Dr. f. Eisenoxyde; „Min. Engrg." 1954, 922/24	**Dr.**
6601	**Stärkexanthat**	Xanthat eines aus Stärke, Cellulose u. Dextrin bestehenden Carbohydrates als **Sa.** f. oxyd. Fe-Erze; Am. 2629493 Na-, K-Stärkexanthat als Sa. f. oxyd. Fe-Erze; Am. 2629494 Fe-Quarz-Dr.; „Min. Engrg." 1954, 922/923 Hilfs-Sa. f. d. quarzige Gangart oxyd. Fe-Erze; Can. 499304/305	**Dr., Sa.**
6602	**Stärkezucker**	s. = Traubenzucker; Dr., Kondm.	**Dr., Kondm.**
6603	**Stearate** (= Octadecylsäureseifen u. -ester)	Sa.; Petersen 189 Na- oder K-Stearat z. Bitumenverdrängung aus bitumenhaltigen Erzen vor der weiteren Aufbereitung; DP. 527141	**Sa/Sch., Sa., Flockm., Kondm., Netzm.**

Lfd. Nr.	Bezeichnung (Zusammensetzung)	besondere Verwendung mit zugehöriger Literaturangabe	Verwendungs-überblick
		s. Glyzerinmonostearat; Netzm. Glyzerintristearat = Tristearin = Stearin Pb-, Saccharid-, Polysaccharidstearate als reduzierende Kondm. f. nichtmagnet. Eisenoxyderze — Hämatit, Göthit — vor deren Flotation oder Magnetscheidung; Am. 2952532 s. Fettsäureseifen; Sa., Sa/Sch., Netzm., Flockm.	
6604	**Stearin**	s. = Glyzerintristearat; Sa.	**Sa.**
6605	**Stearin-Derivate**	s. Octadecyl-Derivate	
6606	**Stearinharz/Öl-Mischg.**	Haftm. f. d. Haftscheidung von Mineralien; Can. 326203	**Haftm.**
6607	**Stearoguanamin**	s. Triazin; Netzm.	**Netzm.**
6608	**Stearoguanamin/Alkylenoxyd-Kondspr.**	Sa., Netzm., Emulg.; Am. 2381121, 2413755 s. Glycidol/Stearoguanamin-Kondspr.; Sa., Netzm., Emulg.	**Sa., Netzm., Emulg.**
6609	**Stearolsäure**	s. Taririnsäure; Sa/Sch.	**Sa/Sch.**
6610	**Stearon**	s. = Diheptadecylketon; Sch., Lösm.	**Sch., Lösm.**
6611	**Steatit**	s. Magnesiumsilicate; Regler	**Regler**
6612	**Steinkohlenteer**	Sa/Sch.; Petersen 170 gereinigter Steinkohlenteer = Tarmac; Römpp Steink.-Tieftemperatur-, -Primärteer = Ursol; Römpp s. Kohlenteer; Netzm.	**Netzm., Sa/Sch.**
6613	**Steinkohlenteeröl**	als Netzm. f. d. Entwässerung; „Aach. Bl." 1958, H. 1/2, S. 12 s. Kohlenteeröl, Kreosot; Sch., Sa/Sch., Regler	**Sch., Sa/Sch., Regler, Netzm.**
6614	**Steinkohlenteerpech**	Sa/Sch. f. Steinkohle; Östr. 191378	**Sa/Sch.**
6615	**Steinsalz**	körniges Steinsalz i. gesättigter Lauge als Schwerfl. f. d. Stripa-Sinkscheidung; DP. 1033605 als Mittel z. Viscositätserhöhung des Aufbereitungswassers; Franz. 1116258	**Schwerst.**
6616	**Stergene**	ähnlich „Lissapol" als nichtionogenes Flockm. f. Kohlenzechenabwässer; „Colliery Engrg.", März 1959, S. 105/110	**Flockm.**
6617	**Sterin**	s. = Cholesterin; Sa.	**Sa.**
6618	**Sterox CD**	= Tallölester mit 12 Äthylenoxyd-Molen pro Tallöl-Mol, Tallöladdukt, Polyglykoläther, Polyoxyäthylenkondensat nichtion. Ton-Disp.; Am. 2797196 Netzm.; Stüpel, Am. 2903431	**Disp., Netzm.**
6619	**Stilben**	= Diphenyläthylen; s. d. s. „Sun Yellow"; Dr.	**Dr.**
6620	**Stilbendiamin**	= Diphenyläthylendiamin; s. d.; Regler	**Regler**
6621	**Stiromal**	als Flockm. f. Mineralien; „Bergbautechnik", März 1960, S. 153/154	**Flockm.**
6622	**Stockopol CN**	= Alkylbenzolsulfonat/Alkylsulfat-Mischg.; Netzm.; Stüpel	**Netzm.**
6623	**Stockopol FNF**	= Alkylbenzolsulfonat/Fettsäureamidkondensat-Mischg.; Netzm.; Stüpel	**Netzm.**

Lfd. Nr.	Bezeichnung (Zusammensetzung)	besondere Verwendung mit zugehöriger Literaturangabe	Verwendungs-überblick
6624	**Stockopol L**	ein Alkylbenzolsulfonat; Netzm.; Römpp „Chemie-Lexikon" 1958, II, 4218	**Netzm.**
6625	**Stockopol N**	= Alkylbenzolsulfonat; Netzm.; Stüpel	**Netzm.**
6626	**Stockopol WW**	= nichtionogenes Fettalkohol/Äthylenoxyd-Konds.; Netzm.; Römpp	**Netzm.**
6627	**Stoddard's Solvent**	s. = Naphtha Solvent; Modif.	**Modif.**
6628	**Strontiumsalze**	Sr-Salze neben Pflanzenextrakten, wie wäßrigen Auszügen von Caraghenmoos, isländ. Moos, als Flockm. f. Mineralaufschlämmungen; DP. 517055	**Flockm.**
6629	**Styrol** (= Vinylbenzol, Cinnamin, Cinnamol, $C_6H_5CH = CH_2$, Phenyläthylen)	Netzm. z. Verbesserung d. Convertol-Feinkohlenaufbrtg.; „Min. Engrg." 1959, 1153/54 s. Polystyrolder. „Separan 2610"	**Netzm.**
6630	**Styrolaldehyd/Alkohol-Reaktpr.**	s. Cinnaminaldehyd/Äthanol-, -Isopropanol-, -Methanol-, -Propanol-Reaktpr.; Sch.	**Sch.**
6631	**Styrolharzpolymere**	Haftmittel f. d. Thermohaftscheidung von Steinsalz; „Min. Engrg." 1960, 918/921 s. „Piccolastic"; Haftm.	**Haftm.**
6632	**Styrol/Malein(säure)-anhydrid-Polymer**	als Flockm.; Brit. 725460 u. Franz. 1083610 als Gangart-Dr. f. sulfid. Erze; Am. 2740522; f. Styromal	**Flockm., Dr.**
6633	**Styrol/NH_4-Maleat-Copolymer**	Gangart-Dr. f. sulfid. Erze; Am. 2740532 s. Styromal; Flockm., Disp.	**Flockm., Dr., Disp.**
6634	**Styromal**	= NH_4-Styrol/Maleinanhydrid-Copolymer; Flockm. f. Erz- u. Kohlenschlämme; wirkt in größeren Mengen als Disp.; „Chem. Ztrlbl." 1960, 11771, 1961, 2422 s. Styrol/NH_4-Maleat-Copolymer; Dr.	**Flockm., Disp., Dr.**
6635	**Styron**	= Zimtalkohol; s. d.; Sch/Sa.	**Sch/Sa.**
6636	**Suberate**	s. = Korksäurealkylester; Sch., Akt., Modif.	**Sch., Akt., Modif.**
6637	**Succinate**	= Succinsäureester Akt. u. Schaumverbesserer [Modif.] f. sulfid. Erze; Am. 2689043/046 s. Diamylsuccinat; Akt., Modif. s. Diamylsulfosuccinat; Netzm. s. Dioctylsulfosuccinat; Sa., Netzm., Akt. s. Octadecyldisulfosuccinat; Netzm., Akt. s. Monooctyl-, Monodihydroabietylsuccinat; Sch.	**Sa., Sch., Netzm., Akt., Modif.**
6638	**Succinonitril**	s. = Dinitril; Sa.	**Sa.**
6639	**Succinylchlorid/Äthylmonothiocarbonat-Reaktpr.**	Erz-Sa.; Brit. 418301	**Sa.**
6640	**Succinylchlorid/Butylmonothiocarbonat-Reaktpr.**	Erz-Sa.; Brit. 418301	**Sa.**

Lfd. Nr.	Bezeichnung (Zusammensetzung)	besondere Verwendung mit zugehöriger Literaturangabe	Verwendungsüberblick
6641	**Succinsäure**	= Bernsteinsäure, $HOOC(CH_2)_2COOH$ Quarz-Dr.; „Chem. Abstr." 1959, 2979 s. Aminosuccinsäure = Asparaginsäure; Dr. s. Dioxysuccinsäure = Weinsäure, Tartarsäure; Dr. Regler	**Dr.**
6642	**Succinsäureanhydrid**	Kondm. f. elektrostatisch aufzubereitende Kalirohsalze; DP. 1063092, 1077611	**Kondm.**
6643	**Succinsäureanhydrid/Phthalsäureanhydrid-Mischg.**	Kondm. f. elektrostatisch aufzubereitende Kalisalze; DP. 1063092, 1077611	**Kondm.**
6644	**Succinsäuredinitril**	s. = Dinitril; Sa.	**Sa.**
6645	**Succinsäureester**	s. = Succinate; Sa., Sch., Netzm., Akt., Modif.	**Sa., Sch., Netzm., Akt., Modif.**
6646	**Succinsäure/Oxypropylglukose-Reaktpr.**	Sa/Sch.; Am. 2626935	**Sa/Sch.**
6647	**Sucrose** (= Polysaccharid)	s. = Rohrzucker; Kondm. reduzierendes Kondm. f. nichtmagnet. Eisenoxyderze — Hämatit, Göthit — vor deren Flotation oder Magnetscheidung; Am. 2952532 s. Polysaccharide; Dr.	**Dr., Kondm.**
6648	**Sucroseester**	Sucrosemonostearat als Sa. f. Nichtsulfide; Am. 2120217 Sucrosestearat. -acetat, -octoat, -oleat, benzoat, -palmitat usw. als reduzierendes Kondm. für nichtmagnet. Eisenoxyderze — Hämatit, Göthit — vor deren Flotation oder Magnetscheidung; Am. 2952532	**Sa., Kondm.**
6649	**Sucroseoxyamine**	Sa.; Am. 2389763	**Sa.**
6650	**Sud 154**	s. Knochenleim; Flockm.	**Flockm.**
6651	**Sulfacetamidderivate**	s. Hifoam; Sa. s. Sulfamidoacetat; Sa. s. Sulfamidoacetonitril; Sa.	**Sa.**
6652	**Sulfamat**	Pb-Sulfamat-Lsg. als Trennfl. z. Schwimmsinkscheidung kleiner Diamanten; „Engrg. Min. J.", Oktober 1958, 145	**Schwerfl.**
6653	**Sulfamidoacetat**	Sa. f. sulfid. u. oxyd. Mineralien, wie Flußspat u. Kalkspat; DP. 897389	**Sa.**
6654	**Sulfamidoacetonitril**	Sa. f. sulfid. u. oxydische Mineralien, wie Flußspat u. Kalkspat; DP. 897389	**Sa.**
6655	**Sulfamidobutyrat**	Sa. f. sulfid. u. oxyd. Mineralien, wie Flußspat u. Kalkspat; DP. 897389	**Sa.**
6656	**Sulfamidopropionat**	Sa. f. sulfid. u. oxyd. Mineralien, wie Flußspat u. Kalkspat; DP. 897389	**Sa.**
6657	**Sulfamidosäuren**	s. Alkylsulfamidsäuren; Sa.	**Sa.**
6658	**Sulfaminsäuren**	= Aryl·NH·SO_3H pH-Regler b. d. Flot. oxyd. Erze; DP. 844131	**Regler**
6659	**Sulfanol**	= Na-Salz d. Eicosylbenzolsulfonsäure Sa/Sch. f. sulfid. Erze; „Erzmetall" 1958, Nr. 9, 31	**Sa/Sch.**
6660	**Sulfatate**	Sa. f. oxyd. Eisenerze; DP. 844131 s. = Sulfonate; Sa., Sa/Sch., Sch., Netzm., Dr., Disp., Kondm.	**Sa., Sa/Sch., Sch., Netzm., Dr., Disp., Kondm.**

Lfd. Nr.	Bezeichnung (Zusammensetzung)	besondere Verwendung mit zugehöriger Literaturangabe	Verwendungs-überblick
6661	**Sulfetal C**	= Dodecylsulfat; Netzm.; Stüpel	**Netzm.**
6662	**Sulfetal O**	= Oleinsulfat; Netzm.; Stüpel	**Netzm.**
6663	**Sulfetal OC**	= Oleinsulfat + Laurinsulfat; Netzm.; Stüpel	**Netzm.**
6664	**Sulfhydrate**	s. = Mercaptane; Sa., Netzm. s. Thiobiazolinsulfhydrate = Mercaptothiazole; Sa.	**Sa., Netzm.**
	Sulfhydril-Verbdgg.	s. = Mercaptane; Sa., Netzm.	**Sa., Netzm.**
6665	**Sulfiderzabbrände**	s. Röstkies; Schwerstoff	**Schwerst.**
6666	**Sulfitablaugen**	aus der Papierindustrie, enthalten Ligninsulfonate; als Fe_2O_3-Dr. b. d. umgekehrten (Quarz-)Flot. quarziger Eisenerze; Am. 2403481 Kondm. z. Verbesserung d. Zerkleinerung von Mineralien, insbes. von Schwerspat; DP. 1071455 s. Bindaren-Fluor, Goulac, Marathonextrakte, TDA; Dr.	**Dr., Kondm.**
6667	**Sulfitcellulose**	als Netzm.; Brit. 526701 u. Am. 2208758	**Netzm.**
6668	**Sulfitöle**	Sch., insbes. z. Flot. v. Nichteisenerzen; „Chemical Abstracts" 1959, 7887	**Sch.**
6669	**Sulfoacetate**	s. Nacconol LAL = Dodecylsulfoacetat; Sa. s. Tetradecylsulfoacetat; Sa.	**Sa.**
6670	**Sulfobenzoesäure**	Sa.; Petersen 190 s. Benzolsulfonsäure; Sa.	**Sa.**
6671	**Sulfobenzoesäure/ Alkohol-Lösung**	Sa/Sch. f. oxyd. Erze; Am. 1960526	**Sa/Sch.**
6672	**Sulfobenzoesäure-anhydrid**	Kondm. f. elektrostat. aufzubereitende Kalirohsalze; DP. 1063092	**Kondm.**
6673	**Sulfobenzoesäureimid**	s. = Saccharin; Kondm.	**Kondm.**
6674	**Sulfobenzolazobenzol-azonaphtholsäure**	Na-Salz als Sa.; Östr. 86638	**Sa.**
6675	**Sulfobenzolazodi-phenylamin**	s. = Metanil-Gelb; Sa.	**Sa.**
6676	**Sulfobenzolazonaph-thol**	o-, m-, p-Sulfobenzolazo-α-naphthol als Magnesit-Sa.; DP. 945081	**Sa.**
6677	**Sulfocarbonsäuren**	Netzm.; Blücher „Auskunftsbuch f. d. chem. Industrie" 1954, 773	**Netzm.**
6678	**Sulfocarbonsäureester**	deren NH_4-Salze als Sa/Sch., Netzm., Emulg.; Am. 2166141/145, 2221377 u. 2255285, 2285773 s. Sulfothiocarbonsäurealkylester = Xanthate	**Sa/Sch., Netzm., Emulg.**
6679	**Sulfoacetylsäure**	s. = Sulfopalmitinsäure; Sa.	**Sa.**
6680	**Sulfobenzoesäureimid**	s. = Saccharin; Kondm.	**Kondm.**
6681	**Sulfocyanat**	Na-Sa. als ZnS-Dr. b. d. PbS/ZnS-Flot.; Am. 1961899	**Dr.**
6682	**Sulfohexadecylsäure**	Sa. f. d. Flot. v. Be-Mineralien, Schwerspat u. oxyd. Eisenerze; „Engrg. Min. J.", Juni 1956, 112	**Sa.**
6683	**Sulfoleate**	s. Rizinolsulfonat = „Türkischrotöl"; Sa., Sa/Sch., Netzm., Regler, Kondm.	**Regler, Netzm., Sa., Kondm., Sa/Sch.**

Lfd. Nr.	Bezeichnung (Zusammensetzung)	besondere Verwendung mit zugehöriger Literaturangabe	Verwendungs-überblick
6684	**Sulfonaphthenat**	s. Sherosope; Emulg. s. Surpasol RX; Sa.	**Emulg., Sa.**
6685	**Sulfonate**	s. Alkyl-, Alkylaryl-, Arylsulfonate Sch.; Petersen 163 Sulfonate cycl. u. acycl. KWstoffe als Sa. f. d. Kalisalz-Flot.; DP. 840682 s. Surpasol RX; Sa.	**Kondm., Sa., Sa/Sch., Dr., Disp., Sch., Netzm.**
6686	**Sulfonat-Mischg.**	aus öllösl. Sulfonaten u. wasserlösl. Petroleumsulfonaten als anionakt. Sa. f. Nichtsulfide, z. B. Phosphatmineralien; DP. 849982	**Sa.**
6687	**Sulfonat N 56**	= Na-Alkylbenzolsulfonat- Kondm. f. elektrostat. aufzubereitende Kalisalze; DP. 1056551, 1095762 Netzm.; „Schlägel u. Eisen" 1950, 9	**Netzm., Kondm.**
6688	**(ternäre) Sulfonium-Verbdgg.**	Sa. f. nichtsulfid. Erze; Can. 391709	**Sa.**
6689	**Sulfooctadecylsäure**	Sa. f. Baryt, Beryll, Fe-Oxyde; „Engrg. Min. J.", Juni 1956, 112	**Sa.**
6690	**Sulfooleat**	wie Na-S. als Netzm. z. Kohlenentwässerung; DP. 652705	**Netzm.**
6691	**Sulfophenolcarbonsäure**	s. Sulfosalicylsäure; Dr.	**Dr.**
6692	**Sulfopon OK**	= prim. Alkylsulfat; Netzm.; Stüpel	**Netzm.**
6693	**Sulfopropionat**	s. Dodecylsulfopropionat; Sa.	**Sa.**
6694	**Sulforizinat**	wie Na-S. oder NH_4-Polysulforizinat als Netzm. z. Kohlenentwässerung; DP. 652705	**Netzm.**
6695	**Sulfosalicylsäure**	= Salicylsulfonsäure, Carbohydroxybenzolsulfonsäure, $C_6H_3OHSO_2OHCOOH \cdot 2\,H_2O$	**Dr.**
6696	**Sulfosäuren**	zusammen m. aliphat. oder Halogen-KWstoffen als Sa/Sch.; DP. 906321 Sa/Sch. f. oxyd. Mineralien; Pat.-Anm. K 162630 VI/1c i. „Fiat-Berichte" v. 1. 11. 1948 s. Naphthol-, Naphthalin-disulfosäure; Netzm. s. „Emulsol X-1"; Sa/Sch., Sa., Netzm., Dr. s. Naphthylamindisulfosäure; Sa., Netzm. Netzm.; Blücher „Auskunftsbuch f. d. chem. Ind." 1954, 773	**Sa., Sa/Sch., Netzm., Dr.**
6697	**Sulfosäure/Aldehyd-Kondenspr.**	s. Aldehyd/Arylsulfosäure-Kondenspr.; Dr.	**Dr.**
6698	**Sulfosojasäuresulfonat**	Sa. f. d. Flot. oxyd. Eisenerze; DP. 844131	**Sa.**
6699	**Sulfosuccinate** (= Sulfosuccinsäureester)	Netzmittelüberzug auf Thiocarbanilid-Sa.; Am. 2185591 Netzm.; Am. 2266954 s. Aerosol OT; Sa., Akt., Netzm. s. Aerosol 18, 22; Akt., Netzm. s. Aerosol AY, MA; Netzm. s. Dialkylsulfosuccinat; Netzm. s. Dioctylsulfosuccinat; Sa., Akt., Netzm. Na-Sulfosuccinat Emulg.; Manegold	**Sa., Akt., Netzm., Emulg.**

Lfd. Nr.	Bezeichnung (Zusammensetzung)	besondere Verwendung mit zugehöriger Literaturangabe	Verwendungsüberblick
6700	**Sulfosuccinsäureestersulfonate**	Netzm.; Am. 2266954	**Netzm.**
6701	**Sulfothiocarbonsäurealkylester**	s. = Xanthate; Sa., Dr., Flockm.	**Sa., Dr., Flockm.**
6702	**Sulfoxylsäurederivate**	Lösm. f. U-Komponenten aus säurebehandelten Phosphatmineralien; Am. 2945741 s. Formaldehydsulfoxylat; Lösm.	**Lösm.**
6703	**Sulframin AB 85**	= Alkylbenzolsulfonat; Netzm.; Stüpel	**Netzm.**
6704	**Sulframin AS**	= Alkylbenzolsulfonat; Netzm.; Stüpel	**Netzm.**
6705	**Sulframin DR**	= Na-Hydroxyalkylamidalkoholsulfat; Netzm.; Am. 2884474	**Netzm.**
6706	**Sulframin KE**	= Alkylarylsulfonat; Netzm.; Am.2884474	**Netzm.**
6707	**Sulframin N**	= Na-Dialkylnaphthalinsulfonat; Netzm.; Am. 2884474	**Netzm.**
6708	**Sultafonöl**	= Fettsäureestersulfonat; schaumverdünnendes Modifm. b. d. Glimmer-Flot.; DP. 738614	**Modif.**
6709	**Sumac-Tannin**	s. Gallol-Tannin; Dr., Disp., Netzm., Regler	**Dr., Disp., Netzm. Regler**
6710	**Sun Yellow**	= Stilben; Farbstoff; Gangart-Dr. b. d. Flot.; Am. 2211686	**Dr.**
6711	**Superfloc 16**	ein hochmolekulares Polymerisat; Flockm. f. d. Filtration, Entschlämmung u. Reinigung von Industrieabwässern usw.; „The Min. J.", 13. 11. 1959, 481 Flockm. f. Kohle- oder Erztrüben; „Engrg. Min. J.", Sept. 1959, 41	**Flockm.**
6712	**Superphosphatdünger**	PbS-Dr. b. d. selektiven PbS/ZnS-Flot.; Am. 2349637	**Dr.**
6713	**Surf**	ein Alkylarylsulfonat; als Flockm. f. Kohlenzechenabwässer; „Colliery Engrg.", März 1959, S. 105/110	**Flockm.**
6714	**Surpasol RX**	= Naphthenatsulfonate; Sa. f. oxyd. Eisenerze; DP. 844131	**Sa.**
6715	**Syncelose**	s. = Methylcellulose; Sa., Dr., Netzm., Flockm.	**Sa., Dr., Netzm., Flockm.**
6716	**Syntergen MV**	= Fettsäureamidsulfonat; Netzm.; Stüpel	**Netzm.**
6717	**Syntex A**	s. = Artic Syntex A; Sa., Netzm.	**Sa., Netzm.**
6718	**Syntex L** (= Kokosölmonoglyzeridsulfat)	anionakt. MoS_2-Sa.; „Engrg. Min. J.", Juni 1956, 116	**Sa.**
6719	**Syntex M**	s. Arctic Syntex M; Sa., Netzm.	**Sa., Netzm.**
6720	**Syntheseöl**	Syntheseölemulsion i. Triäthanolamin (als Emulgator) als Flockm. z. Filtrierung v. Schlämmen; Franz. 917478	**Flockm.**

Lfd. Nr.	Bezeichnung (Zusammensetzung)	besondere Verwendung mit zugehöriger Literaturangabe	Verwendungs-überblick
6721	**Tagetes-Extrakt**	aus Tagetes minuta oder T. erecta bzw. „Mexican marigold" [= Goldblume]; Sa.; Brit. 565568	**Sa.**
6722	**Talgamin**	$C_{14/20}$-Talgamin als Sa. f. d. Glimmer-Flot.; Am. 2857051 destill. Talgamin als Sa.; „Engrg. Min. J.", Juni 1956, 112 Netzm. z. Konsistenzminderung v. Schwerstofftrüben d. Schwimmsinkscheidung v. Mineralien; DP. 1089701 s. Armeen TD, HTD; Sa., Netzm.	**Sa., Netzm.**
6723	**Talgaminacetat**	Netzm. z. Konsistenzverminderung von Schwerstofftrüben d. Schwimmsinkscheidung; DP. 1089701 s. „Armac TD"; Sa.	**Netzm., Sa.**
6724	**Talgaminacetat/Dieselöl-Mischung**	Sylvinit-Sa.; Am. 2936887, Brit. 840293	**Sa.**
6725	**Talgaminacetat/Rohpetroleum-Mischung**	Sylvinit-Sa.; Am. 2936887, Brit. 840293	**Sa.**
6726	**Talgamin/Äthylenoxyd-Reaktpr.**	s. „Ethomeen T/12, T/15, T/25" = Polyäthoxyamine; Flockm., Sa/Sch.	**Flockm., Sa/Sch.**
6727	**Talgaminchlorid**	Netzm. z. Konsistenzverminderung v. Schwerstofftrüben d. Schwimmsinkscheidung; DP. 1089701	**Netzm.**
6728	**Talgamintrimethylammoniumchlorid**	s. = Arquad T; Sa.	**Sa.**
6729	**Talgdiamin**	s. Duomeen T; Sa., Flockm.	**Sa., Flockm.**
6730	**Talgdiaminacetat**	s. Duomac T; Sa., Flockm.	**Sa., Flockm.**
6731	**Talgdiaminopropan**	s. Duomeen T; Sa., Flockm.	**Sa., Flockm.**
6732	**Talgmethylester/($C_{8/18}$-)Alkylamin-Mischg.**	Sa. f. d. schaumlose Flot. von grobkörnigem Sylvinit; Am. 2937751	**Sa.**
6733	**Talgsäuresarkosid**	Sa/Sch. f. feinstkörnigen Wolframit u. Scheelit; „Bergb.-Wiss." 1960, 352/360	**Sa/Sch.**
6734	**Talgsäuresarkosid/Medialan-Mischg.**	Sa/Sch. f. oxyd. Fe-Erze; „Bergb.-Wiss." 1960, 363/78	**Sa/Sch.**
6735	**Talgsäuretaurid**	s. = Hostapon MT; Sa/Sch.	**Sa/Sch.**
6736	**Talk**	z. Entölung v. Flot.-Komponenten; Am. 2766883 s. Magnesiumsilicate; Regler	**Entöl., Regler**
6737	**Tallöl** (= Flußharz, Harzsäure)	anionakt. Quarz-Sa. b. d. Eisenerz-Flot.; Am. 2419945 u. Am. 2547148 s. Actinol C = rohes Tallöl; Sa/Sch. s. „Umix"; Sa. s. Actinol D = raffiniertes Tallöl; Sa/Sch. s. Trostol = rohes Tallöl; Sa. s. Indusöl; Sa. s. Chatham-Fettsäure; Sa. s. „Liqro"; Sa. s. Neo Fat 42—06, 42—07, 42—12; Sa. s. Pamak-Fettsäure; Sa. Tallöle = Rückstandsprodd. d. Cellulose-	**Sa/Sch., Sa.**

Lfd. Nr.	Bezeichnung (Zusammensetzung)	besondere Verwendung mit zugehöriger Literaturangabe	Verwendungs-überblick
		industrie; in ihnen sind als Bestandteile m. sammelnden Eigg. enthalten: Palmitin-, Stearin-, Olein-, Linol-, Linolen-, Abietin- u. Rizinolsäure; „Bergb.-Wiss." 1958, 34	
6738	**Tallöl-Addukt**	s. Sterox CD; Netzm., Disp.	**Netzm., Disp.**
6739	**Tallöl/Alkylenpoly-amin-Reaktpr.**	polumkehrbarer, d. h. bei pH < 10 kationaktiver, bei pH > 10 anionaktiver Sa.; Am. 2857331	**Sa.**
6740	**Tallöl/Äthoxypoly-äthylenpolyamin-Reaktpr.**	s. Äthoxy . . ./. . . .; Dr.	**Dr.**
6741	**Tallöl/Äthylenoxyd-Kondenspr.**	in Mischg. mit Tallöl als Hilfs-Sa. f. oxyd. W- u. Fe-Erze; Canad. 598311	**Sa.**
6742	**Tallöl/Benzolsulfon-säure-Reaktpr.**	als Sa.; Brit. 553982	**Sa.**
6743	**Tallölderivat/Mineral-öl-Emulsion**	Phosphatit-Sa.; Franz. 1021134	**Sa.**
6744	**Tallöl/Dieselöl/Alkyl-arylsulfat-Emulsion**	s. „Umix"; Sa.	**Sa.**
6745	**Tallöl/Dieselöl-Mi-schung**	Sa. f. nichtsulfid. Erze; wirksamer als Tallöl allein; „Erzmetall" 1958, 87 s. Umix; Sa.	**Sa.**
6746	**Tallölester**	s. Metalyn; Sa. s. Renex; Disp. s. Sterox; Disp., Netzm. s. Sorbitanmonotallölester; Netzm.	**Sa., Netzm., Disp.**
6747	**Tallöl/Fettsäure-Ge-misch**	als Pyrit-Sa.; Am. 2669355 s. Facoil, Opoil; Sa.	**Sa.**
6748	**Tallöl/Fettsäureester-sulfonat-Mischg.**	Pechblende-Sa.; „The Min. J." 1960, 687	**Sa.**
6749	**Tallöl/Heizöl-Mischg.**	zusammen mit Alkylphenolpolyglykoläther-Emulg. als Flockm. f. unentschlämmten Ilmenit; „Bergakademie" 1960, 577 s. Umix; Sa.	**Sa., Flockm.**
6750	**Tallöl/Heizöl/Alkyl-arylsulfat-Emulsion**	s. „Umix"; Sa.	**Sa.**
6751	**Tallölmethylester** (= Metalyn)	Sa. f. Fe-Erze; Am. 2410377 s. Renex; Disp.	**Sa., Disp.**
6752	**Tallölmethylester/($C_{8/18}$-)Alkylamin-Mischg.**	Sa. f. d. schaumlose Flot. von grobkörnigem Sylvinit; Am. 2937751	**Sa.**
6753	**Tallölmethylester-sulfonat**	Sa.; Brit. 586961 = Metalynsulfonat	**Sa.**
6754	**Tallöl/Petroleum-sulfonat-Emulsion**	zusammen m. Heizöl als Sa. f. d. Chromit-Flot.; „The Min. J.", Jan. 1961, 99	**Sa.**

Lfd. Nr.	Bezeichnung (Zusammensetzung)	besondere Verwendung mit zugehöriger Literaturangabe	Verwendungsüberblick
6755	**Tallöl/Polyäthylen-polyamin-Reaktpr.**	als Silikat-Sa.; Am. 2312387, 2839191/192 polumkehrbarer, d. h. bei pH < 10 kationakt., bei pH > 10 anionakt. Sa.; Am. 2857331	**Sa.**
6756	**Tallölseife**	s. „Micate"; Sa/Sch. Sa. f. d. Kohlenwaschwasser-Flot.; Am. 2713420 s. „Tallso"; Sa.	**Sa., Sa/Sch.**
6758	**Tallölsulfonat**	Sa. f. quarzige oxyd. Eisenerze; DP. 844131, Am. 2607486	**Sa.**
6759	**Tallöl/Toluolsulfonsäure-Reaktpr.**	s. Indusölsulfonat; Sa. als Sa.; Brit. 553982	**Sa.**
6760	**Tallso**	= rohe Tallölseife; Sa.; „Encyclopedia of Chemical Technology" 1951, 610	**Sa.**
6761	**T—A-Mischg.**	= Thiocarbamid in Anilin gelöst; Sa.; Petersen 186	**Sa.**
6762	**Tanak**	= Formaldehyd/Naphthalinsulfonsäure-Kondspr.; Disp.; Brit. 596522	**Disp, Netzm.**
6762	**Tannin** (Tanninsäure, Gerbsäure, Gallotanuinsäure, Digallussäure, $C_{14}H_{10}O$)	Netzm.; Am. 2208758, Brit. 526701 Gangart-Dr. b. d. Flußspat-Flot.; Petersen 207 Kalk-Dr. b. d. Magnesit-Flot.; Am. 2208143 Fe_2O_3-Dr b. d. umgekehrten Flot. quarziger Eisenerze; Am. 2415416 Flockm.; Taggart 15—06, 15—08 Disp. f. Torfkohle; Östr. 166041 Regler; „Erzmetall" 1958, 207 Disp. f. tonige, kalkige oder kohlige Gangart bituminöser Erze; DP. 575545 Netzm.; Am. 2208758, Brit. 526701 Dr. f. d. silikat. Gangart b. d. Mn—Erz—Flot.; Am. 1911865 Dr. f, Mattkohle b. d. Glanzkohlen—Flot.; „Glückauf" 1934, 246 Fusit—Dr. b. d. Kohlen—Flot.; Brit. 186143 Kalk—Dr. b. d. Quarz—Flot.; auf Kalkstein; Am. 2341046 Dr. f. Glanz- u. Mattkohle beim Ausschwimmen von Faserkohle; DP. 650031 s. Quebracho; Dr., Regler s. Quebrac; Dr., Regler als polyvalentes Hilfs-Kondm. i. Mischg. mit einem anionakt. Kondm., z. B. $C_{4/9}$-Fettsäuregemisch, f. elektrostat. aufzubereitende Kalihartsalze; DP. 1095762	**Dr., Flockm., Disp., Regler, Kondm., Netzm.**
6763	**Tapiokastärke**	als Fusit-Dr. b. d. Kohlen-Flot.; Am. 1499872, Brit. 186143 s. auch „Getreidestärke" Flockm. b. d. Saugzugfiltration von Schlämmen; „Coal Age", Dezember 1957, 75	**Flockm., Dr.**

Lfd. Nr.	Bezeichnung (Zusammensetzung)	besondere Verwendung mit zugehöriger Literaturangabe	Verwendungs-überblick
6764	**Taririnsäure** ($C_{17}H_{31}COOH$)	als Sa/Sch. b. d. Magnesit-Flot.; Am. 2349094 = isomer m. d. Stearolsäure = ungesättigte Carbonsäure, Acetylencarbonsäure	**Sa/Sch.**
6765	**Tarmac**	s. Steinkohlenteer; Sa/Sch., Netzm.	**Sa/Sch., Netzm.**
6766	**Tarol**	= Mischg. aus dampfdestilliertem Fichtenöl u. Kolophoniumöl; Sch.; Taggart 12—44 = rohes Pineöl; Römpp	**Sch.**
6767	**Tartarsäure** = Weinsäure, Weinsteinsäure, Dioxybernsteinsäure, Dioxysuccinsäure, HOOC·CHOH·CHOH·COOH	pH-Regler f. oxyd. Fe-Erze; DP. 844131 Quarz-Dr.; „Chem. Abstracts“ 1959, 2979 s. Octadecyltartarsäure; Sa. s. Aminopyrotartarsäure = Glutaminsäure; Dr. Quarz-Pass. z. Verhütung d. Quarz-Aktivierung durch Fe-Ionen i. d. 2. Stufe d. zweistufigen Pyrochlor-Flot. aus Sovit; Am. 2951585, Brit. 800717	**Dr., Pass., Regler**
6768	**Tartarsäurealkylester**	Schaumplastizierer u. Akt. f. sulfid. Erze; Am. 2689043/046 s. Dibutyl-, Diamyl-tartrat; Akt., Regler	
6769	**Tartarsäurearalkylester**	Schaumplastizierer u. Akt. f. sulfid. Erze; Am. 2689043/046	**Modif., Akt.**
6770	**Tauride**	s. Hostapon CT, Hostapon MT; Sa/Sch. s. Hostapon T; Sa/Sch., Netzm.	**Akt., Modif.**
6771	**Taurin**	= Aminoäthansulfonsäure, $NH_2(CH_2)_2SO_3H$ Sa.; Petersen 186 Sa. f. d. oxyd. Pb-Erze; „Min. Technology“ 1946, 272	**Sa/Sch., Netzm.** **Sa.**
6772	**Taurin-Cholsäure**	s. = Taurocholsäure; Sa.	
6773	**Taurin/Fettsäure-Kondspr.**	s. Tauride; Sa/Sch., Netzm.	**Sa.** **Sa/Sch., Netzm.**
6774	**Taurocholsäure**	= Taurin-Cholsäure; $C_{26}H_{45}NO_7S$ Sa.; Brit. 186760	**Sa.**
6775	**T. D. A.**	= Sulfitablaugeprodukt; Fe_2O_3-Dr. b. d. umgekehrten Flot. quarziger Eisenerze; Am. 2403481 s. Sulfitablauge; Dr., Kondm.	**Dr., Kondm.**
6776	**Tecquinol**	s. = Hydrochinon; Sch., Dr.	**Sch., Dr.**
6777	**Teepol**	s. = Tepol; Netzm., Flockm., Disp., Emulg.	**Disp., Netzm., Flockm., Emulg.**
6768	**Teere**	s. Schwelteerbestandteile; Sch. s. Kohlenteer; Netzm., Sa/Sch. s. Steinkohlenteer; Sa/Sch. Sa/Sch. f. Steinkohle; Östr. 191378 s. Wassergasteer; Sa/Sch. s. Holzteer; Sch., Sa. s. Generatorgasteer; Sa/Sch. s. Torfteerextrakt; Sa/Sch.	**Sa/Sch., Sch., Sa., Netzm.**
6779	**Teermittelöl**	= Teerdestillationsöl m. Siedepunkt zwischen 220 u. 360 °C; Sa. f. d. Steinkohlenfeinstkorn-Flot.; „Glückauf“ 8. 11. 1958, 1621	**Sa.**

Lfd. Nr.	Bezeichnung (Zusammensetzung)	besondere Verwendung mit zugehöriger Literaturangabe	Verwendungs-überblick
6780	**Teeröle**	s. Kohlenteeröl, Kreosot; Sch., Sa/Sch., Regler s. Teermittelöl; Sa. s. Holzteeröle; Sch/Sa., Sch., Modif., Flockm. neben H_2SO_4 als Sa/Sch. z. Flot. von Ilmenit, Zirkon u. Monazit aus Meeressanden; „Min. Engrg." 1955, Nr. 2, 138/139 s. Benzolhydroxylderivate; Sch.	**Sch., Sa/Sch., Modif., Flockm., Sa., Sch/Sa.**
6781	**Teerölpolymerisate**	Sa/Sch.; DP. 966261	**Sa/Sch.**
6782	**Teeröl/Triäthanol-aminoleat-Emulsion**	Flockm.; Franz. 917478	**Flockm.**
6783	**Teersäuren**	hydrierte Teersäuren sind bes. gute Sch.; Petersen 164	**Sch.**
6784	**Teersäure/Phosphor-pentasulfid-Reaktpr.**	Sa. oder Sa/Sch. f. Erze; Am. 1974704	**Sa., Sa/Sch.**
6785	**Teesamenölsulfonat**	Sa. f. d. Flot. oxyd. Eisenerze; Am. 2414714	**Sa.**
6786	**Tefurole**	Sa/Sch. f. d. Flot. sulfid. Erze; „Erzmetall" 1958, H. 9, 31	**Sa/Sch.**
6787	**Tellur-Verbdgg., organ.**	Sa. f. d. Flot. oxyd. Erze; Am. 1924607	**Sa.**
6788	**Tensatil/Kreosot-Mischg.**	Sa/Sch. f. d. Flot. v. Feinstkohle <1 mm; „Erdöl u. Kohle" 1958, 528	**Sa/Sch.**
6789	**Tensopol**	= prim. Alkylsulfat; Netzm.; Stüpel	**Netzm.**
6790	**TEPA**	s. = Tetraäthylenpentamin; Modif. Netzm.; Am. 2894907	**Netzm., Modif.**
6791	**Tepol**	= sec. Tridecylsulfat; Netzm., Stüpel Flockm. f. Kohlenwaschwässer; „Colliery Engrg.", März 1959, 105/110 s. Gardinole; Disp., Netzm., Emulg.	**Disp., Netzm., Flockm., Emulg.**
6792	**Terephthalsäure**	= p-Phthalsäure; pH-Regler f. oxyd. Eisenerze; DP. 844131 s. Phthalsäure; Sa., Sch., Kondm., Dr., Modif., Akt.	**Kondm., Dr., Sch., Sa., Akt., Modif., Regler**
6793	**Tergavon**	s. Gardinole; Disp., Netzm., Emulg.	**Disp., Netzm., Emulg.**
6794	**Tergitol 7** (= Na-Heptadecylsulfat)	Flockm. z. Sedimentation v. wäßrigen Erz-Suspensionen; Am. 2266954	**Flockm.**
6795	**Tergitol Anionic 4**	= Na-Dodecylsulfat; Sa/Sch. u. Netzm. f. d. Flot. von Nichtsulfiden; „Engrg. Min. J.", Juni 1956, 116	**Sa/Sch., Netzm.**
6796	**Tergitol NPG-10**	als Netzm. z. Entwässerung von Kohlen-Flotationskonzentraten; „Glückauf" 1952, S. 1070	**Netzm.**
6797	**Tergitol NPX**	= nichtionogener Alkylarylpolyglykoläther; Netzm., Disp.; „Engrg. Min. J.", Juni 1956, 116	**Disp., Netzm.**
6798	**Tergitol Penetrant 4**	= Na-Äthylmethylundecansulfat; Schaum-Plastifizierer b. d. Flotation oxyd. Fe-Erze; DP. 844131 Sa/Sch., Netzm.; „Bulletin No R_1—B_3 Reagents" 1955	**Modif., Sa/Sch., Netzm.**

Lfd. Nr.	Bezeichnung (Zusammensetzung)	besondere Verwendung mit zugehöriger Literaturangabe	Verwendungs-überblick
6799	**Tergitol Penetrant 7**	= Na-Diäthyltridecanolsulfat; Netzm., Sa/Sch.; „Bulletin No R_1—B_3 Reagents", 1955	**Netzm., Sa/Sch.**
6800	**Tergitol TMN 650**	als Schlamm-Flockm. b. d. Sylvinit-Flot.; Am. 2836297	**Flockm.**
6801	**Tergitol Wetting Agent**	als Sch.; „Min. Engrg.", Januar 1952, S. 67	**Sch.**
6802	**Terpene**	Ionisierung durch Kurz-, Ultrakurz- oder elektr. Wellen z. Verbesserung ihrer Wirksamkeit als Sch.; DP. 888531 **Terpene**: Caran, Cymol = Methylcumol, Dipenten, Camphan, Kampfer, Critmen, Carvomenthen = p-Menthen, Terpinolen, Dihydroterpinolen, Bornylen, Hexahydrocymol, Pinan, Pinen	**Sch.**
6803	**Terpenalkohole**	Citronellol, Campher, Borneol, Geraniol, Linalool, Menthanol = Menthol, Terpineol, Pinanalkohol Sch.; DP. 752613 s. auch Terposol; Sch.	**Sch.**
6804	**Terpenalkohol/Alkylamin-Mischg.**	s. Pinanalkohol/Alkylamin-Mischg.; Sa.	**Sa.**
6805	**Terpenalkohol/Terpinylmethyläther-Mischg.**	s. = Terposol; Sch.	**Sch.**
6806	**Terpenalkylsulfid**	Sa.; Am. 2373343	**Sa.**
6807	**Terpenamine**	s. Hydroxyterpenamine; Sa.	**Sa.**
6808	**Terpenamylätherthiocyanacetat**	s. Pinenamylätherthiocyanacetat; Sch.	**Sch.**
6809	**Terpenäther**	Sa/Sch.; Am. 2321978 s. Hydroxyterpenäther; Sa/Sch.	**Sa/Sch.**
6810	**Terpencarbinole**	Sch. f. Erze u. Flußspat; DP. 809421, Schweiz. 279545	**Sch.**
6811	**Terpencarbonsäure**	s. Abietinsäure, Diterpencarbonsäure; Sa., Emulg.	**Sa., Emulg.**
6812	**Terpencyanoacyl-Verbdgg.**	Sch.; Am. 2239495 u. 2275606 Sa/Sch.; Am. 2272400	**Sa/Sch., Sch.**
6813	**Terpendiol**	Sa.; Am. 2402698	**Sa.**
6814	**Terpenester**	Sa/Sch.; Am. 2272400	**Sa/Sch.**
6815	**Terpenhaloalkyläther/Amin-Kondspr.**	Sa. f. Nichterze; Am. 2316625	**Sa.**
6816	**Terpenhydroperoxyde**	Sch. f. d. Erz-Flotation; Am. 2535344/345	**Sch.**
6817	**Terpenmercaptan** (= Terpensulfhydrat, Terpenthiol, Terpenthioalkohol)	Erz-Sa.; Am. 2073492, 2402698 u. 2413648 s. Dipenten-, Menthen-, Pinen-, Terpineol-, Terpinolen-mercaptan; Sa.	**Sa.**
6818	**Terpenmethylätherthiocyanbutyratester**	s. Terpinolenmethylätherthiocyanbutyratester; Sch.	**Sch.**
6819	**Terpensäure**	s. Camphansäure; Sch. s. Kampfersäure; Sch.	**Sch.**

Lfd. Nr.	Bezeichnung (Zusammensetzung)	besondere Verwendung mit zugehöriger Literaturangabe	Verwendungs-überblick
6820	**Terpensulfonat**	s. Pinensulfonat; Sa/Sch. s. Cymolsulfonat; Sch/Sa., Sa.	**Sa., Sa/Sch., Sch/Sa.**
6821	**Terpensulfonat/ Kampfer/Wasser-Lösg.**	s. Cymolsulfonat/Kampfer/Wasser-Lösg.; Sa/Sch.	**Sa/Sch.**
6822	**Terpentinöl**	besteht i. wesentlichen aus α- u. β-Pinen; der nicht destillierte Rückstand d. Terpentinöls, d. Kolophium, besteht fast ausschließlich aus Harzsäuren, insbesondere Abietinsäure; Beyer s. Rohsulfatterpentinölpolymer; Sch. s. Terpentinölhydrat; Sch. s. Terpentinölpolymerisat; Sa/Sch.	**Sa/Sch., Sch.**
6823	**Terpentinöl/Gummi-Lösg.**	Erz-Sa.; Brit. 133277	**Sa.**
6824	**Terpentinölhydrat**	Sch.; DP. 744601	**Sch.**
6825	**Terpentinölpolymerisat**	als Sa/Sch. f. d. Erz-Flot.; DP. 966261	**Sa/Sch.**
6826	**Terpentinölpolymer/ p-Kresol-Kondenspr.**	als Sa. f. d. Kohlen-Flot.; DP. 849831	**Sa.**
6827	**Terpentinölpolymer/ Phenol-Kondspr.**	Sa. f. Kohle, Graphit usw.; DP. 849831	**Sa.**
6828	**Terpentinölpolymer/ Phenol/Alkylphenol/ Terpenalkohol/Harz-Kondspr.**	für sich allein oder zusammen mit Methylisobutanol, Diisobutanol, Nonylglykol, 3-Heptanol u./oder 2,6,8-Trimethylnonanol; Sa/S. f. d. Kohlen-Flotation; DP. 1064442	**Sa/Sch.**
6829	**Terpentinölpolymersulfonat**	s. Rohsulfatterpentinölpolymersulfonat; Sa.	**Sa.**
6830	**Terpentinölsulfonat**	Sa.; Petersen 170	**Sa.**
6831	**Terpentinsulfhydrat**	Sa.; Am. 2413648	**Sa.**
6832	**Terpin** ($C_{10}H_{20}O$)	Bestandteil d. Pineöles; Sch.; Petersen 163, 266	**Sch.**
6833	**Terpindithiocyanoacetat**	Sa/Sch.; Am. 2272400	**Sa/Sch.**
6834	**Terpindithiocyanoacylat**	Sa/Sch.; Am. 2272400	**Sa/Sch.**
6835	**Terpindithiocyanobutyrat**	Sa/Sch.; Am. 2272400	**Sa/Sch.**
6836	**Terpindithiocyanopropionat**	Sa/Sch.; Am. 2272400	**Sa/Sch.**
6837	**Terpineol** ($C_{10}H_{18}O$ = Lilacin, Terpenalkohol d. Menthanreihe)	Sch.; Petersen 161, 267 Sch. f. sulfid. Erze; Brit. 824661 vermindert d. Auftriebsgeschwindigkeit der Gasblasen; „The Min. J.“, Mai 1959, 127 s. Flotol; Sa/Sch., Sch.	**Sch.**
6838	**Terpineolmethylester/ Terpenalkohol-Mischg.**	s. Terposol; Sch.	**Sch.**

Lfd. Nr.	Bezeichnung (Zusammensetzung)	besondere Verwendung mit zugehöriger Literaturangabe	Verwendungs-überblick
6839	**Terpineolthiol**	Sa.; Am. 2402698	**Sa.**
6840	**Terpinolen**	s. Terpene; Sch.	**Sch.**
6841	**Terpinolenalkylsulfid**	s. Terpenalkylsulfid; Sa.	**Sa.**
6842	**Terpinolenamin**	s. Hydroxyterpinolenamin; Sa.	**Sa.**
6843	**Terpinolenäther**	s. Terpenäther; Sa/Sch.	**Sa/Sch.**
6844	**Terpinolencarbinol**	s. Terpencarbinol; Sch.	**Sch.**
6845	**Terpinolencyanoacyl-Verbdg.**	s. Terpencyanoacyl-Verbdg.; Sch., Sa/Sch.	**Sch., Sa/Sch.**
6846	**Terpinolendiol**	s. Terpendiol; Sa.	**Sa.**
6847	**Terpinolenester**	s. Terpenester; Sa/Sch.	**Sa/Sch.**
6848	**Terpinolenhaloalkyläther/Amin-Kondspr.**	s. Terpenhaloalkyläther/Amin-Kondspr.; Sa.	**Sa.**
6849	**Terpinolenhydroperoxyd**	Sch.; Am. 2535345	**Sch.**
6850	**Terpinolenmercaptan**	s. Terpenmercaptan; Sa. = Terpinolensulfhydrat, -thioalkohol, -thiol s. Terpinolenthiol; Sa.	**Sa.**
6851	**Terpinolmethyläther-thiocyanbutyrat-ester**	Sch.- Am. 2239495	**Sch.**
6852	**Terpinolenthiol**	Sa.; Am. 2402698	**Sa.**
6853	**Terpinylchloräthyläther/Amin-Kondspr.**	Sa. f. Nichterze; Am. 2316625	**Sa.**
6854	**Terpinylchloräthyläther/Anilin-Kondspr.**	Sa. f. Nichterze; Am. 2316625	**Sa.**
6855	**Terpinylchloräthyläther/Äthanolamin-Kondspr.**	Sa. f. Nichterze; Am. 2316625	**Sa.**
6856	**Terpinylchloräthyläther/Äthylenamin-Kondspr.**	Sa. f. Nichterze; Am. 2316625	**Sa.**
6857	**Terpinylmethyläther/Terpenalkohol-Mischg.**	s. = Terposol; Sch.	**Sch.**
6858	**Terpodien**	s. = Dipenten; Sch., Akt.	**Sch., Akt.**
6859	**Terposol**	= Terpinylmethyläther/Terpenalkohol-Mischg.; Sch.; „Engrg. Min. J.", Juni 1956, 116 = Mischg. aus 60% Mono- u. Diterpineolmethylester u. 40% tert. Terpenalkohol; Ersatz f. Pineöl; Römpp	**Sch.**

Lfd. Nr.	Bezeichnung (Zusammensetzung)	besondere Verwendung mit zugehöriger Literaturangabe	Verwendungs-überblick
6860	**TETA**	= Triäthylentetramin; Netzm., Regler; Am. 2894907	**Regler, Netzm.**
6861	**Tetraalkoxyäthan**	Sch.; Am. 2591289	**Sch.**
6862	**Tetraalkoxybenzole**	Sch.; Am. 2776749, Can. 563524	**Sch.**
6863	**Tetraalkoxybutan**	Sch/Sa.; Am. 2687214, Brit. 706711 Sch.; Am. 2591289, Can. 557716	**Sch., Sch/Sa.**
6864	**Tetraalkoxydialkyl-sulfide**	Sch.; ,,Industrial and Engrg. Chemistry'', Teil II, März 1958, 445	**Sch.**
6865	**Tetraalkoxydisulfide**	Erz-Sch.; ,,Chemical Abstracts'' 1957, 9460	**Sch.**
6866	**Tetraalkoxyparaffine**	als Sch.; Am. 2591289, Brit. 665420, Can. 557716 z.B. Tetrapropoxyäthan oder -butan; als Sch. f. Kohle u. Nichterze; Brit. 701821 s. Tetra-alkoxypentan, -alkoxypropan, Tetraäthoxy-äthan, -pentan, -propan, Tetrapropoxypropan, -äthan; Sch. s. Tetraalkoxybutan; Sch., Sch/Sa.	**Sch/Sa., Sch.**
6867	**Tetraalkoxypentan**	als Sch.; Am. 2591289	**Sch.**
6868	**Tetraalkoxypropan**	Sch.; Am. 2591289 Sch/Sa.; Am. 2687214, Brit. 706711 s. Tetraalkoxyparaffine; Sch.	**Sch., Sch/Sa.**
6869	**Tetraalkylenpentamin**	als polumkehrbarer Sa.; Am. 2857331	**Sa.**
6870	**Tetraalkylthiuram**	s. Tetramethylthiuram; Sa.	**Sa.**
6871	**Tetraäthoxyäthan**	Erz-Sch.; Am. 2591289, Brit. 665420, Can. 498707	**Sch.**
6872	**Tetraäthoxybenzol**	Sch.; Am. 2776749	**Sch.**
6873	**Tetraäthoxyparaffine**	Sch.; Am. 2732940, Brit. 665420, 701821 s. Tetraäthoxypropan; Sch., Sch/Sa. s. Tetraalkoxyparaffine; Sch., Sch/Sa.	**Sch., Sch/Sa.**
6874	**Tetraäthoxypropan**	Sch. f. d. Erz-Flot.; Am. 2591289, Brit. 665420, Can. 498707 Sch/Sa.; Am. 2 687214, Brit. 706711	**Sch., Sch/Sa.**
6875	**Tetraäthoxypentan**	Sch. f. d. Erz-Flot.; Am. 2591289, Brit. 665420, Can. 498707	**Sch.**
6876	**Tetraäthylenpentamin**	s. = TEPA; Netzm. Oxydationsinhibitor b. d. Kohlen-Flot.; Am. 2346151	**Modif., Netzm.**
6877	**Tetraäthylenpentamin/ Baumwollsaatöl-Reaktpr.**	polumkehrbarer, d.h. bei pH $<$ 10 kationakt., bei pH $>$ 10 anionakt. Sa.; Am. 2857331	**Sa.**
6878	**Tetraäthylenpentamin/ Decylsäure-Kondenspr.**	Quarz-Sa.; Am. 2364272, Brit. 547292	**Sa.**
6879	**Tetraäthylenpentamin/ Dodecylsäure-Kondenspr.**	Quarz-Sa.; Am. 2364272, Brit. 547292	**Sa.**
6880	**Tetraäthylenpentamin/ Hexadecylsäure-Kondenspr.**	Quarz-Sa.; Am. 2364272, Brit. 547 292	**Sa.**

Lfd. Nr.	Bezeichnung (Zusammensetzung)	besondere Verwendung mit zugehöriger Literaturangabe	Verwendungsüberblick
6881	**Tetraäthylenpentamin/ Oleinsäure-Kondenspr.**	Quarz-Sa.; Am. 2364272, Brit. 547292	**Sa.**
6882	**Tetraäthylenpentamin/ Rizinolsäure-Kondenspr.**	Quarz-Sa.; Am. 2 364272, Brit. 547 292	**Sa.**
6883	**Tetraäthylenpentamin/ Stearinsäure-Kondenspr.**	Quarz-Sa.; Am. 2364272, Brit. 547292	**Sa.**
6884	**Tetraäthylenpentamin/ Tallöl-Reaktpr.**	polumkehrbarer, d.h. bei pH < 10 anionakt., bei pH > 10 kationakt. Sa.; Am. 2857331	**Sa.**
6885	**Tetraäthylenpentamin/ Tetradecylsäure-Kondenspr.**	Quarz-Sa.; Am. 2364272, Brit. 547292	**Sa.**
6886	**Tetraäthyltetrathiodiphosphat**	Sa.; Am. 1763851/852	**Sa.**
6887	**Tetraäthylthiuramdisulfid**	= Thiuram s. Thiuramdisulfid; Sa.	**Sa.**
6888	**Tetrabromäthan**	für sich allein oder i. Mischg. m. Äthylendibromid als Schwerfl. f. d. Schwimmsinkscheidung von pegmatit. Quarz/Feldspat-Mineralien; „The Min. J.“ 1961, 215	**Schwerfl.**
6889	**Tetrabromäthylen**	s. =Acetylentetrabromid; Schwerfl., Lösm.	**Schwerfl., Lösm.**
6890	**Tetrabromfluoreszin**	s. Eosinblau, Eosingelb; Dr., Kondm.	**Dr., Kondm.**
6891	**Tetrabutoxyäthan**	Sch.; Am. 2687214	**Sch.**
6892	**Tetrabutoxymethan**	Sch.; Am. 2732940	**Sch.**
6893	**Tetrabutyltetrathiodiphosphat**	Sa. f. sulfid. Erze; Can. 497931	**Sa.**
6894	**Tetrabutylthiuramdisulfid**	s. Thiuramdisulfid; Sa.	**Sa.**
6895	**Tetracap**	s. = Tetrachloräthylen; Lösm.	**Lösm.**
6896	**Tetracarnit**	Netzm.; Blücher „Auskunftsbuch f. d. chem. Industrie“ 1954, 773	**Netzm.**
6897	**Tetrachloräthylen**	= Acetylentetrachlorid, Nema, Tetracap, Perclene, Ankilostin, Didakene, $Cl_2HC:CHCl_2$; „Merck Index“ 1960 Lösm. z. Aufschlämmung von Ton aus Kalisalzen; DP. 1083192	**Lösm.**
6898	**Tetrachlorkohlenstoff** (CCl_4 = Tetrachlormethan)	für sich allein, verzugsweise zusammen mit als Disp. u. Komplexbildnern wirkenden Polymerphosphaten als Kondm. z. Verbesserung d. Zerkleinerung von Mineralien; DP. 1071455 als Akt. f. d. Graphit-Flot.; Brit. 748018, Franz. 1066558 Schwerfl. f. d. Schwimmsinkscheidung; Taggart 19—151/152, „Glückauf“ 1957, 123/124	**Akt., Kondm., Schwerfl.**

Lfd. Nr.	Bezeichnung (Zusammensetzung)	besondere Verwendung mit zugehöriger Literaturangabe	Verwendungs-überblick
6899	**Tetrachlorkohlenstoff/ Acetylentetra-bromid-Mischung**	Schwerfl. f. d. Schwimmsinkscheidung; Taggart 19—151/152, „Erdöl u. Kohle" 1953, 25	**Schwerfl.**
6900	**Tetrachlorkohlenstoff/ Benzol-Mischung**	Schwerfl. f. d. Schwimmsinkscheidung; „Glückauf" 1957, 123/124	**Schwerfl.**
6901	**Tetrachlorkohlenstoff/ Bromoform-Mischung**	Schwerfl. f. d. Schwimmsinkscheidung; „Erdöl u. Kohle" 1953, 25	**Schwerfl.**
6902	**Tetrachlorkohlenstoff/ Petroläther-Mischung**	Schwerfl. f. d. Schwimmsinkscheidung; „Glückauf" 1957, 123/124	**Schwerfl.**
6903	**Tetrachlorkohlenstoff/ Stannibromid-Mischung**	Schwerfl. f. d. Schwimmsinkscheidung; Taggart 19—151/152	**Schwerfl.**
6904	**Tetrachlorkohlenstoff-xylol**	Sa/Sch. f. d. Flot. von Wolle u. Kunstfasern; „Chemiker-Ztg." 1953, 828	**Sa/Sch.**
6905	**Tetrachlorkohlenstoff/ Xylol-Mischung**	Schwerfl. f. d. Schwimmsinkscheidung; „Glückauf" 1957, 123/124	**Schwerfl.**
6906	**Tetrachlormethan**	s. = Tetrachlorkohlenstoff; Akt., Kondm., Schwerfl.	**Akt., Kondm., Schwerfl.**
6907	**Tetrachlorphthal-säureanhydrid**	Kondm. f. elektrostat. aufzubereitende Kalirohsalze; DP. 1063092	**Kondm.**
6908	**Tetradecan**	= $CH_3(CH_2)_{12}CH_3$ als Mittel z. Verbesserung d. Convertol-Feinkohlenaufbrtg.; „Min. Eng.", Nov. 1959, S. 1153/54	**Kondm.**
6909	**Tetradecanol**	s. = Tetradecylalkohol; Sa/Sch.	**Sa/Sch.**
6910	**Tetradecen** ($CH_3(CH_2)_{11}CH{:}CH_2$, $C_{14}H_{28}$)	Kondm. z. Verbesserung d. Convertol-Feinkohlenaufbrtg.; „Min. Eng.", Nov. 1959, S. 1153/54	**Kondm.**
6911	**Tetradecylacetsäure**	s. = Tetradecylessigsäure, Hexadecylsäure; Sa., Sa/Sch., Netzm.	**Sa., Sa/Sch., Netzm.**
6912	**Tetradecylaldehyd-sulfonat**	s. „Alframin"; Sa., Netzm.	**Sa., Netzm.**
6913	**Tetradecylalkohol** ($C_{14}H_{29}OH$, Myristinalkohol)	Sa/Sch.; Am. 2012609	**Sa/Sch.**
6914	**Tetradecylalkohol/ Äthylenoxyd-Kondenspr.**	s. Lubrol MOA, Stockopol WW; Netzm., Flockm.	**Netzm., Flockm.**
6915	**Tetradecylalkohol-sulfat**	s. = Tetradecylsulfat; Sa., Sa/Sch., Netzm., Flockm., Kondm., Emulg.	**Sa., Sa/Sch., Netzm., Flockm., Kondm., Emulg.**
6916	**Tetradecylamidin, -hydrochlorid**	Sa. f. d. Erz-Flot.; Brit. 568186	**Sa.**
6917	**Tetradecylamin** ($C_{14}H_{29}NH_2$, Myristinamin)	Sylvin-Sa.; DP. 919703 Pechblende-Sa.; Am. 2570120 Netzm. z. Konsistenzminderung v. Schwer-	**Sa., Netzm.**

Lfd. Nr.	Bezeichnung (Zusammensetzung)	besondere Verwendung mit zugehöriger Literaturangabe	Verwendungs-überblick
		stofftrüben d. Schwimmsinkscheidung; DP. 1089701, Am. 2 899 392 s. Armeen 14D; Sa. Sa.; Can. 391923 Pyrochlor-Sa; Canad. (599684)	
6918	**Tetradecylamin/ Abietinsäuremethylester-Mischg.**	Sa. f. d. schaumlose Flot. v. grobkörnigem Sylvinit; Am. 2937751	**Sa.**
6919	**Tetradecylaminacetat** ($C_{14}H_{32}NO_2C_2H_3$)	Sylvin-Sa.; DP. 965 931 Netzm. z. Konsistenzminderung von Schwerstofftrüben d. Schwimmsinkscheidung; DP. 1089701, Am. 2899392	**Sa., Netzm.**
6920	**Tetradecylamin/ Alamine-Mischung**	Phosphatit-Sa.; Am. 2914174	**Sa.**
6921	**Tetradecylamin/ Alkohol-Mischung**	Sa. f. d. schaumlose Flot. von grobkörnigem Sylvinit; Am. 2937751	**Sa.**
6922	**Tetradecylamin/ Alkylenamin-Mischg.**	Sylvin-Sa.; Am. 2689649 Sa.; Can. 395829	**Sa.**
6923	**Tetradecylamin/Alkylnitril-Mischg.**	Sa.; Can. 410809/810	**Sa.**
6924	**Tetradecylamin/ Armeen-Mischung**	Phosphatit-Sa.; Am. 2914174	**Sa.**
6925	**Tetradecylaminchlorhydrat**	= Tetradecylaminhydrochlorid, Sa., SaSch., Netzm.	**Sa., Netzm. Sa/Sch.**
6926	**Tetradecylaminchlorid** ($C_{14}H_{29}NH_3Cl$)	kationakt. Sa.; „Aach. Bl." 1959, 81/110 Chromit-Sa.; „Erzmetall" 1959, 310 Netzm. z. Konsistenzminderung v. Schwerstofftrüben d. Schwimmsinkscheidung; DP. 1089701, Am. 2 899 396	**Sa., Netzm.**
6927	**Tetradecylamin/Ester-Mischung**	Sa. f. d. schaumlose Flot. von grobkörnigem Sylvinit; Am. 2937751	**Sa.**
6928	**Tetradecylamin/Fettsäureamid-Mischg.**	Sa. f. d. schaumlose Flot. von grobkörnigem Sylvinit; Am. 2937751	**Sa.**
6929	**Tetradecylaminfluorid**	Zinkerz-, insbes. Galmei-Sa.; Franz. 61640	**Sa.**
6930	**Tetradecylaminhydrochlorid**	kationakt. Chromit-Sa.; „Erzmetall" 1959, 310 s. DP. 243; Sa/Sch., Sa. Quarz-Sa. f. die Quarz/Kalkspat-Flot.; Am. 2 295459, 2341046 Sylvin-Sa.; Brit. 564338 Netzm. z. Konsistenzminderung v. Schwerstofftrüben d. Schwimmsinkscheidung; DP. 1089701	**Sa., Sa/Sch.**
6931	**Tetradecylaminlactat**	Zinkerz-, insbes. Galmei-Sa.; Franz. 61640	**Sa.**
6932	**Tetradecylamin/ Pflanzenöl-Mischung**	Sa. f. d. schaumlose Flot. von grobkörnigem Sylvinit; Am. 2937751	**Sa.**
6933	**Tetradecylaminphthalamat**	Sa., Netzm.; Am. 2101323	**Sa., Netzm.**
6934	**Tetradecylamin/ Tieröl-Mischung**	Sa. f. d. schaumlose Flot. von grobkörnigem Sylvinit; Am. 2937751	**Sa.**

Lfd. Nr.	Bezeichnung (Zusammensetzung)	besondere Verwendung mit zugehöriger Literaturangabe	Verwendungs-überblick
6935	**Tetradecylarylsulfonat**	s. Alkylarylsulfonat; Sa., Sa/Sch., Netzm., Disp., Regler, Flockm., Kondm.	**Sa., Sa/Sch., Netzm., Disp., Regler, Flockm., Kondm.**
6936	**Tetradecyläthylendiaminhydrochlorid**	= $C_{13}H_{27}CH_2—NH—(CH_2)_2—NH_2 \cdot HCl$ Sa.; Brit. 575695	**Sa.**
6937	**Tetradecylbetain**	kationakt. Quarz-Sa. f. d. umgekehrte Eisenerz-Flot.; Am. 2547148	**Sa.**
6939	**Tetradecylbiguanidacetat, -hydrochlorid, hydrojodid, -hydrobromid**	Sa., Netzm., Emulg.; Am. 2350453	**Sa., Netzm., Emulg.**
6940	**Tetradecyldimethylhydrazinchlorid**	Sa.; Franz. 1165100	**Sa.**
6941	**Tetradecyldimethylpyrrolidin**	Sa., Emulg.; Am. 2497839	**Sa., Emulg.**
6942	**Tetradecyldimethylsulfonbromid**	kationakt. Quarz-Sa. f. d. Quarz/Kalkstein-Flot.; Am. 2341046	**Sa.**
6943	**Tetradecyldimethylsulfonmethylsulfat**	kationakt. Quarz-Sa. f. d. Quarz/Kalkspat-Flot.; Am. 2341046	**Sa.**
6944	**Tetradecyl/Dodecylphenolpolyglykolsulfat**	s. Igepal B; Netzm.	**Netzm.**
6945	**Tetradecylessigsäure**	s. = Hexadecylsäure; Sa., Sa/Sch., Netzm.	**Sa., Sa/Sch., Netzm.**
6946	**Tetradecylglykol**	Sch. f. d. Kalirohsalz-Flot.; DP. 872182	**Sch.**
6947	**Tetradecylglyoxalin**	s. Tetradecylimidazol; Sa.	**Sa.**
6948	**Tetradecylguanidin**	Sylvin-Sa.; „Chemie-Ing.-Techn.“ 1955, 2	**Sa.**
6949	**Thiocarbamylhydrazin**	s. = Thiosemicarbazid; Sa., Dr.	**Sa., Dr.**
6950	**Tetradecylguanylcarbamidjodid**	kationakt. Sa.; Brit. 573 310	**Sa.**
6951	**Tetradecylhydrobetain**	Hämatit-Sa.; Can. 392169	**Sa.**
6952	**Tetradecylimidazol**	kationakt. Sa.; Brit. 578694 Flockm. beim Filtrieren v. Schlämmen; Am. 2509260	**Sa., Flockm.**
6953	**Tetradecylimidformiat, -hydrochlorid**	Sa. f. d. Flot. saurer Mineralien; Brit. 568186	**Sa.**
6954	**Tetradecylmercaptan**	Sa. f. oxyd. Eisenerze; Am. 2125337, 2410377	**Sa.**
6955	**Tetradecylmercaptosulfenamid**	Sa.; Am. 2807615	**Sa.**
6956	**Tetradecylnaphthalinsulfonat**	s. Alkylnaphthalinsulfonat; Sa., Sa/Sch., Netzm., Disp., Flockm., Kondm., Regler, Emulg.	**Sa., Sa/Sch., Emulg., Netzm., Disp., Flockm., Kondm., Regler**

Lfd. Nr.	Bezeichnung (Zusammensetzung)	besondere Verwendung mit zugehöriger Literaturangabe	Verwendungs-überblick
6957	**Tetradecylnatrium-sulfonat**	Sa. f. d. Flot. kieserit. Kalirohsalze; DP. 918861	**Sa.**
6958	**Tetradecylolamin**	Sa. f. d. Chromit-Flot.; Michell 291 Sa.; Am. 2389763	**Sa.**
6959	**Tetradecyloldiäthylen-triamin**	Sa.; Am. 2389763	**Sa.**
6960	**Tetradecylolpolyamin**	Sa.; Am. 2389763	**Sa.**
6961	**Tetradecyloltriäthylen-tetramin**	Sa.; Am. 2389763	**Sa.**
6962	**Tetradecyloxyäthylen-ätheralkohol**	s. Alkyloxyäthylenätheralkohol; Sa/Sch., Sch.	**Sa/Sch., Sch.**
6963	**Tetradecylphenol**	Sch.; Am. 2250190, Can. 390793 Sch/Sa. f. Pb-Erze; „Engrg. Min. J.“, Juni 1956, 113	**Sch., Sch/Sa.**
6964	**Tetradecylphenolpoly-glykolsulfat**	s. Igepal B; Netzm.	**Netzm.**
6965	**Tetradecylphenylpoly-äthylenäther**	Netzm.; DP. 1030802	**Netzm.**
6966	**Tetradecylphosphat**	Sa. f. Nichtsulfide; Am. 2120217	**Sa.**
	Tetradecylphthalat	Sch. f. d. Kohlen-Flot.; Am. 2099120	**Sch.**
6967	**Tetradecylpolyalkylen-polyamid, -amin**	Sa. f. quarzige Erze; Am. 2569417	**Sa.**
6968	**Tetradecylpolyäthylen-äther**	Netzm.; DP. 1030802	**Netzm.**
6969	**Tetradecylpolyäthylen-oxyd**	s. Alkylpolyäthylenoxyd; Sa/Sch., Netzm., Disp., Emulg.	**Sa/Sch., Netzm., Disp., Emulg.**
6970	**Tetradecylpolyoxy-äthylenäther**	Sch. allgemein, Sa/Sch. f. d. Kohlen-Flot.; Brit. 782107, Belg. 532530	**Sa/Sch., Sch.**
6971	**Tetradecylpolyoxy-äthylenätheralkohol**	Sch. u. Sa/Sch. f. d. Kohlen-Flot.; Brit. 782107, 782407, Franz. 1109798, Belg. 532530	**Sa/Sch., Sch.**
6972	**Tetradecylpolyoxy-nitrosophenol**	Sa/Sch. f. silikat. Cu-Erze; „Chemical Abstracts“ 1953, 1549	**Sa/Sch.**
6973	**Tetradecylpropylen-diamin**	s. Duomeen T; Sa., Flockm.	**Sa., Flockm.**
6974	**Tetradecylpyridin**	s. Repellate; Netzm.	**Netzm.**
6975	**Tetradecylpyridinium-bromid**	kationakt. Quarz-Sa. f. d. Quarz-/Kalk-Flot.; Am. 2341046	**Sa.**
6976	**Tetradecylpyridinium-chlorid**	kationakt. Quarz-Sa. f. d. Quarz/Kalk-Flot.; Am. 2341046 Sa.; Am. 2389763, Brit. 463261	**Sa.**
6977	**Tetradecylpyridinium-jodid**	Sa.; Am. 2389763, Brit. 463261.	**Sa.**
6978	**Tetradecylsäure**	= Myristinsäure, $C_{13}H_{27}COOH$ Pechblende-Sa.; „The Min. J.“ 1960, 687 s. Neo Fat 14; Sa. s. Myristate; Sa.	**Sa.**

Lfd. Nr.	Bezeichnung (Zusammensetzung)	besondere Verwendung mit zugehöriger Literaturangabe	Verwendungs-überblick
6979	**Tetradecylsäure/ Diäthylentriamin-Kondspr.**	Sa. f. d. silikat. Gangart v. Nichterzen; Am. 2364272, Brit. 547292, Can. 436592	**Sa.**
6980	**Tetradecylsäure/ Monäthanolamin-Kondspr.**	Netzm., Disp., Emulg.; Can. 360000	**Netzm., Disp., Emulg.**
6981	**Tetradecylsäure/Nitril-Mischung**	Erz-Sa.; Am. 2166093	**Sa.**
6982	**Tetradecylsäure/Poly-alkylenpolyamin-Kondspr.**	Sa. f. d. flotative Entfernung von Quarz aus Phosphaten oder von Feldspat u. Glimmer aus quarzhaltigen Mineralien; Am. 2364272, Brit. 547292	**Sa.**
6983	**Tetradecylsäure/Toluol-sulfonsäure-Reaktpr.**	Sa.; Brit. 553982	**Sa.**
6984	**Tetradecylsulfamido-Verbdgg.**	s. Alkylsulfamido-Verbdgg.; Sa.	**Sa.**
6985	**Tetradecylsulfat**	Sa., insbes. f. Nichtsulfide; Am. 2120217 Sa/Sch.; DP. 906321 u. 1064891, Brit. 405163 Sylvin-Sa.; „Chemie-Ing.-Techn." 1955, 2 anionakt. Chromit-Sa.; „Erzmetall" 1959, 311 s. Alkylsulfat; Netzm., Flockm., Kondm., Emulg. Erz-Sa.; Can. 360802	**Sa., Emulg., Sa/Sch., Netzm., Flockm., Kondm.**
6986	**Tetradecylsulfenamid**	Sa.; Am. 2807615	**Sa.**
6987	**Tetradecylsulfenyltri-thiocarbonat**	Sa.; Am. 2634291	**Sa.**
6988	**Tetradecylsulfoacetat**	Sa.; Am. 2120217	**Sa.**
6989	**Tetradecylsulfonat**	Sa.; Petersen 163 Netzm.; DP. 802389 Sa. f. d. Kalisalz-Flot.; DP. 806842, 840682, 918861 Sa. f. d. Flot. oxyd. Eisenerze; DP. 844131, Östr. 175854 Netzm. z. Verbesserung d. Filtration von Flot.-Konzentraten; „Chem. Ztrlbl." 1959, 14544 Netzm. z. Zerstören v. Kohlenflot.-Schäumen; „Glückauf" 1932, 626 Netzm. z. Viscositätsminderung v. Schwerstofftrüben der Schwimmsinkscheidung; DP. 1089701 s. Alkylsulfonate; Sa., Sa/Sch., Netzm., Dr., Disp., Akt., Kondm.	**Sa., Sa/Sch., Netzm., Dr., Disp., Akt.,**
6990	**Tetradecylthiometa-phosphat**	Sa.; Am. 2063629 Sa.; Brit. 310186	**Sa.**
6991	**Tetradecylthiosulfat**	Sa.; Am. 1723295	**Sa.**
6992	**Tetradecylthiourethan**	Sa.; Can. 311054	**Sa.**
6993	**Tetradecyltrimethyl-amin**	sehr selektiv wirkender Sa. f. sulfid. Erze; „Erzmetall" 1958, 199/209	**Sa.**

Lfd. Nr.	Bezeichnung (Zusammensetzung)	besondere Verwendung mit zugehöriger Literaturangabe	Verwendungs-überblick
6994	**Tetradecyltrimethyl-ammoniumchlorid**	s. Arquad 14; Sa.	**Sa.**
6995	**Tetradecyltrithiocar-bonat**	Sa.; Am. 2600737	**Sa.**
6996	**Tetraeicosylpentathio-pyrophosphat**	Sa.; Am. 2063629	**Sa.**
6997	**Tetraessigsäure**	s. Äthylendiamintetraessigsäure; Dr.	**Dr.**
6998	**Tetrahexadecyldithio-pyrophosphat**	Sa.; Am. 2063629	**Sa.**
6999	**Tetrahydrobenzaldehy-dacetale**	Sch.; Brit. 697905	**Sch.**
7000	**Tetrahydrobutanäthyl-äther**	s. Erythritoläthyläther; Sch/Sa.	**Sch/Sa.**
7001	**Tetrahydrobutanester**	= Erythritolester; Disp.	**Disp.**
7002	**Tetrahydrofuran**	Lösungszusatz neben Sa/Sch.-Ölen auf d. Basis von polymerisierten Terpentinölen, Teerölen u. Harzen; DP. 966261	**Lösm.**
7003	**Tetrahydrofurylbutanol**	als Sch. f. Sulfide; Am. 2767842	**Sch.**
7004	**Tetrahydrofuryl-pentanol**	Sch. f. Sulfide; Am. 2767842	**Sch.**
7005	**Tetrahydronaphthalin**	s. = Tetralin; Modif.	**Modif.**
7006	**Tetrahydronaphthalin-hydroperoxyd**	Sch.; Am. 2535345	**Sch.**
7007	**Tetrahydrooxazin**	Sa.; Brit. 730031 s. Methylphenylcyclohexyl-T.; Sa.	**Sa.**
7008	**Tetrahydrophthalsäure-anhydrid**	Kondm. f. elektrostat. aufzubereitende Kalirohsalze; DP. 1063092	**Kondm.**
7009	**Tetrahydropyran-Ver-bdgg.**	s. Trifluormethylnonafluor-**T.**; Sch. s. Alkoxydialkoxmethyldimethyl-**T.**; Sch. Alkoxydialkoxmethyl-dimethyl-**T.**; Sch. Dialkoxyalkoxymethyldimethyl-**T.**; Sch.	**Sch.**
7010	**Tetrahydrothiodiazin-thione**	Sa.; Am. 1801320	**Sa.**
7011	**Tetrahydroxyadi-pinsäurepalmitat**	s. = Mucinsäuremonopalmitat; Sa.	**Sa.**
7012	**Tetraisopropoxyäthan**	Sch. f. sulfid. Erze; Can. 501762	**Sch.**
7013	**Tetraisopropoxydioxan**	Sch. f. Kohle u. Nichterze; Am. 2657800	**Sch.**
7014	**Tetraisopropylen/Ben-zolhomolog-Sulfonat**	Netzm. f. d. MnO_2-Flot.; Am. 2861687 s. Neolen 400, Oronite S; Netzm.	**Netzm.**
7015	**Tetraisopropylthiuram-disulfid**	s. Thiuramdisulfid; Sa.	**Sa.**
7016	**Tetralin**	= Tetrahydronaphthalin; Modif. z. scharfen Trennung d. Schaumschicht gegenüber d. Trübe b. d. Kalirohsalz-Flot. mit Alkylaminen als Sa/Sch.; DP. 1008222, 1068191	**Modif.**

Lfd. Nr.	Bezeichnung (Zusammensetzung)	besondere Verwendung mit zugehöriger Literaturangabe	Verwendungs-überblick
7017	**Tetramethoxybenzol**	Sch.; Am. 2776749	**Sch.**
7018	**Tetramethoxybutan**	Sch/Sa.; Am. 2687214, Brit. 706711	**Sch/Sa.**
7019	**Tetramethoxyparaffine**	Sch. f. d. Erz-Flot.; Am. 2591289 u. 2732940 s. Tetramethoxybutan; Sch/Sa.	**Sch., Sch/Sa.**
7020	**Tetramethylammoniumfettsäureseife**	Phosphatit-Sa.; Can. 373687	**Sa.**
7021	**Tetramethylbicycloheptenäthylamin**	Sa.; Brit. 730031	**Sa.**
7022	**Tetramethyldiaminotriphenylcarbinol**	s. = Malachitgrün; Sa.	**Sa.**
7023	**Tetramethylendiamin**	= Putrescin, $H_2N(CH_2)_4 \cdot NH_2$; Karrer als Sa.; s. Diamine	**Sa.**
7024	**Tetramethylenglykoldiäthylacetal**	s. = Butandioldiäthylacetal; Sch. Tetramethylenglykol = Butandiol-1,4	**Sch.**
7025	**Tetramethylenglykoldiisobutyrat**	s. = Butandioldiisobutyrat; Sch.	**Sch.**
7026	**Tetramethylensulfid** (C_4H_8S)	gehört z. Gruppe d. Thiophane Erz-Sa.; Am. 2169313, Brit. 534983	**Sa.**
7027	**Tetramethylolmethanalkyläther**	s. = Pentaerythritolalkyläther; Sch/Sa.	**Sch/Sa.**
7028	**Tetramethylthioninchlorid**	s. = Methylenblau; Sa., Dr.	**Sa., Dr.**
7029	**Tetramethylthiuramdisulfid**	= Bis-(dimethylthiocarbamyl)-disulfid, $[(CH_3)_2NCS]S_2$, Thiuram s. Thiuramdisulfid; Sa.	**Sa.**
7030	**Tetrammonium-Verbdgg.**	Sa. f. Eisenerze; Am. 2496050	**Sa.**
7031	**Tetraoxyanthrachinon**	1,2-Tetraoxyanthrachinon = Anthrachrysol; 1,2,5,8-Tetraoxyanthrachinon = Chinalizarin; Dr.	**Dr.**
7032	**Tetrapropoxyäthan**	Sch. f. sulfid. Erze; Can. 501762	**Sch.**
7033	**Tetrapropoxyparaffine**	Sch.; Am. 2591289, 2732940, Brit. 662122 Sch. f. Kohle u. Nichterze; Brit. 701821 s. Tetrapropoxy-, Tetraisopropoxyäthan; Sch.	**Sch.**
7034	**Tetrapropylenglykolbutyläther**	Sch.; Am. 2611485, 2695101	**Sch.**
7035	**Tetrapropylenglykolmonomethyläther**	Sch. f. sulfid. Erze, Kalisalze, Flußspat, Phosphatmineralien; DP. 1001652, Brit. 824661 s. Dowfroth 250; Sch.	**Sch.**
7036	**Tetrapropylenmonomethyläther**	Sch.; „Chemical Abstracts“ 1959, 21501	**Sch.**
7037	**Tetrapropylthiuramdisulfid**	s. Thiuramdisulfid; Sa.	**Sa.**
7038	**Tetrapyrophosphat**	s. Pyrophosphate; Sa., Dr., Disp. Na-Tetrapyrophosphat = $Na_4P_2O_7 \cdot 10H_2O$ als Kalkspat-Dr. b. d. Magnesit-Flot.; „Engrg. Min. J.“, Juni 1956, 116	**Sa., Dr., Disp.**

Lfd. Nr.	Bezeichnung (Zusammensetzung)	besondere Verwendung mit zugehöriger Literaturangabe	Verwendungs-überblick
7039	**Tetratetradecyltrithio-pyrophosphat**	Sa.; Am. 2063629	**Sa.**
7040	**Tetrathiodiphosphat**	Sa. f. sulfid. Erze; Can. 497931 s. Tetrabutyltetrathiodiphosphat; Sa.	**Sa.**
7041	**Tetrol**	s. = Furan; Lösm.	**Lösm.**
7042	**Texapon Extrakt A**	= NH_4-Dodecylsulfat Netzm.; „Erzmetall“ 1958, 590	**Netzm.**
7043	**Texapon Extrakt T**	= Triäthanolaminlaurinsulfat; Netzm.; Stüpel	**Netzm.**
7044	**Texapon W**	= Laurinsulfat; Netzm.; Stüpel	**Netzm.**
7045	**Texapon Z**	= prim. Alkylsulfat; Netzm.; Stüpel	**Netzm.**
7046	**Texofor Cl**	= Oleinsäurepolyoxyäthylenkondensat; Sch.; Brit. 782107	**Sch.**
7047	**Thalliumformiat-Lösung**	Schwerfl. f. d. Schwimmsinkscheidung; Taggart 19—151/152	**Schwerfl.**
7048	**Thapsiasäure** ($C_{14}H_{28}(COOH)_2$)	Sa/Sch. f. d. Flot. von Nichterzen, wie Schwerspat, Flußspat usw.; Belg. 532530	**Sa/Sch.**
7049	**Thapsiate**	Sa/Sch. f. d. Flot. von Nichterzen, wie Schwerspat, Flußspat usw.; Belg. 532530	**Sa/Sch.**
7050	**Thialdin**	Sa.; Östr. P. 88232	**Sa.**
7051	**Thiazole**	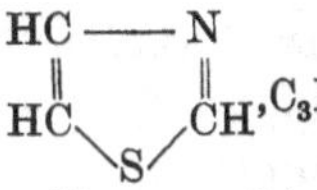 , C_3H_3NS s. Mercaptothiazole; Sa.	**Sa.**
7052	**Thiazolmercaptan**	s. = Mercaptothiazol; Sa.	**Sa.**
7053	**Thiazolpolysulfide**	Sa.; Am. 1807859	**Sa.**
7054	**Thioacetaldehydacetal**	Sa. f. zement. Cu-Erze; „Chemical Abstracts“ 1958, 8873	**Sa.**
7055	**Thioacetamid**	chelatbildende Verbg.; Sa.; „Min. Techn.“ 1946, 274 Sulfidierungsm. f. oxyd. bzw. karbonat. Erze; DP. 938243, Am. 2724500	**Sa., Sulfid.**
7056	**Thioacyl-Verbdgg.**	Sa.; Am. 1836760	**Sa.**
7057	**Thioalkohole**	s. Mercaptane; Sa., Netzm.	**Sa., Netzm.**
7058	**Thioalkylamid**	Sulfidierungsmittel f. oxyd. bzw. karbon. Cu-, Pb-, Zn-Erze; DP. 938243 u. Am. 2724500 s. Thioformamid; Sa.	**Sa., Sulfid.**
7059	**Thioamide**	Sulfidm. f. oxyd. bzw. karbonat. Erze; DP. 938243, Am. 2724500 s. Thioalkyl-, Thioacet-, Thioformamid; Sa., Sulfid.	**Sa., Sulfid.**
7060	**Thioamidoamine**	Sa. f. oxyd. Zn-Erze; Franz. 1136073	**Sa.**
7061	**Thioanilin** (= Diamidodiphenyl-sulfid)	Sa.; Östr. P. 88232	**Sa.**
7062	**Thioarsenate**	Alkali-Thioarsenate als Sa.; Can. 323947	**Sa.**
7063	**Thioate**	s. Dialkylphosphorbromidothioat; Sa. s. Diäthylphosphorchloridothioat; Sa.	**Sa.**
7064	**Thioäther**	s. = Alkylsulfid; Sa., Sch.	**Sa., Sch.**

Lfd. Nr.	Bezeichnung (Zusammensetzung)	besondere Verwendung mit zugehöriger Literaturangabe	Verwendungs-überblick
7065	**Thioäthylalkohol**	s. = Äthylmercaptan; Sa.	**Sa.**
7066	**Thioäthylenglykoldibutyrat**	Sa. f. zement. Cu-Erze; „Chemical Abstracts" 1958, 8873	**Sa.**
7067	**Thioazyl-Verbdgg.**	Sa.; Am. 1836760	**Sa.**
7067a	**Thiobiazolinsulfhydrate**	s. = Mercaptothiodiazole; Sa.	**Sa.**
7068	**Thioborneol**	Sa. f. d. Erz-Flot.; Am. 2073492	**Sa.**
7069	**Thiocarbamat**	Sa.; Taggart 12—11 s. Carbamat, Dithiocarbamat, Dialkyl-, Isopropylthiocarbamat; Sa.	**Sa.**
7070	**Thiocarbamid** (= Thioharnstoff, $S{=}C(NH)_2$)	Sa.; Petersen 167, 186; Am. 1364308, Östr. 88232 Sa.; „Min. Techn." 1946, 273/286 Sulfidm. f. oxyd., karbonat. oder anoxydierte sulfid. Erze; DP. 938243 s. Phenylthiocarbamid; Sa. s. Phenyläthylthiocarbamid; Sa/Sch. s. Dibutylthiocarbamid; Sa. s. Diphenylthiocarbamid; Sa. s. Dixylylthiocarbamid; Sa.	**Sa., Sulfid.**
7071	**Thiocarbamid/Anilin-Lösg.**	s. T—A-Mischg.; Sa.	**Sa.**
7072	**Thiocarbamidhydrojodid**	s. Dodecylguanyl-**Th.**; Sa.	**Sa.**
7073	**Thiocarbaminsäure** $S{=}C\langle{}^{SH}_{NH_2}$	Sa.; Petersen 186	**Sa.**
7074	**Thiocarbanilid** (= Diphenylthiocarbamid $C_6H_5NHCSNHC_6H_5$)	s. = Diphenylthiocarbamid; Sa. Sa.; Petersen 166 als 20%ige Lösung in o-Toluidin = T—T-Mischg.; Sa.; Petersen 185 s. Aero-Thiocarbanilid; Sa.	**Sa.**
7075	**Thiocarbanilid/Dithiophosphorsäure-Mischg.**	Sa.; Can. 366269	**Sa.**
7076	**Thiocarbazol**	Sa.; Am. 1852107 s. Diphenylthiocarbazol; Sa.	**Sa.**
7077	**Thiocarbonate, anorgan.**	Alkali-Thiocarbonat wie Na_2CS_3, als Akt. u. Sulfidierungsmittel f. oxyd. Pb/Cu-Erze; Petersen 215	**Akt., Sulfidm.**
7078	**Thiocarbonate, organ.**	s. = Xanthate; Sa., Flockm. s. Äthyl-, Butyl-monothiocarbonat; Sa. s. Trithiocarbonate; Sa.	**Sa., Flockm.**
7079	**Thiocarbonsäure**	s. Dithiocarbonsäure; Sa.	**Sa.**
7080	**Thiocarbonsäurealkylester**	s. = Xanthate; Sa., Flockm., Dr.	**Sa., Flockm., Dr.**
7081	**Thiocarbonsäurederivate**	wie Dixanthogen, Xanthogenanhydrid als Sa.; Brit. 275561/563	**Sa.**
7082	**Thiocyanacetatester**	des Pinenamyläthers; Sch.; Am. 2239495	**Sch.**
7083	**Thiocyanat**	Alkali- oder NH_4-Thiocyanat; Fe-Akt.; Am. 2512669 Sulfidm.; Brit. 314822	**Akt., Sulfidm.**

Lfd. Nr.	Bezeichnung (Zusammensetzung)	besondere Verwendung mit zugehöriger Literaturangabe	Verwendungs-überblick
7084	**Thiocyanbutyratester**	d. Terpinolenmethyläthers; Sch.; Am. 2239495	**Sch.**
7085	**Thiocyansäure** (S=C=N—H, H—S—C≡N)	Sa.; Petersen 186	**Sa.**
7086	**Thiodialkylphosphate**	Sch/Sa.; Am. 1893018, Franz. 665179	**Sch/Sa.**
7087	**Thiodiarylphosphate**	Sch/Sa.; Am. 1893018, Franz. 665179	**Sch/Sa.**
7088	**Thiodiazinthion**	Sa.; Am. 1801320	**Sa.**
7089	**Thiodiazol**	s. Imidothiodiazol; Sa.	**Sa.**
7090	**Thiodimethyltrimethylsiloxysilaheptanoat**	Erz-Sa.; Am. 2583322 s. Thiosilafettsäuresalze	**Sa.**
7091	**Thiodiphenylamin**	s. = Phenothiazin; Sa/Sch. s. Dithiodiphenylamin; Sa/Sch.	**Sa/Sch.**
7092	**Thioformaldehyd**	Sa.; Am. 1878154	**Sa.**
7093	**Thioformamid**	als Sulfidierungsm. f. karbonat., oxyd. oder anoxydierte sulfid. Erze; DP. 938243 als Sa. f. nichtsulfid. Erze; Am. 2724500	**Sulfm., Sa.**
7094	**Thiofuranthiol**	s. = Thiophenthiol; Sa.	**Sa.**
7095	**Thiogeraniol**	Erz-Sa.; Am. 2073492	**Sa.**
7096	**Thioglykolsäure** ($HS \cdot CH_2 \cdot COOH$)	Sulfid-Dr. b. d. Flot. sulfid. Erze; Am. 2449984	**Dr.**
7097	**Thioharnstoff**	s. = Thiocarbamid; Sa., Sulfid.	**Sa., Sulfid.**
7098	**Thiohydantoinsäure**	s. Phenyl-**Th.**; Sa.	**Sa.**
7099	**Thioimidazolidine**	= Thiotetrahydroimidazole bzw. glyoxaline Sa.; Am. 1803317 u. 2801317, „Min. Techn.“ 1946, 274	**Sa.**
7100	**Thioketomercaptothiodiazol**	Sa. f. oxyd. Erze; Am. 1894344 s. Phenylthioketomercaptothiazol; Sa.	**Sa.**
7101	**Thiokol/Sowpren-Mischg.**	hydrophobes Haftm. f. d. Haftscheidung von Mineralien; „Chem. Ztrlbl.“ 1948, I, 164	**Haftm.**
7102	**Thiokresol** ($CH_3C_6H_4 \cdot SH$)	Sa.; Petersen 167	**Sa.**
7103	**Thiole**	s. = Mercaptane; Sa., Netzm.	**Sa., Netzm.**
7104	**Thiolandithion**	Sa.; Am. 2515927	**Sa.**
7105	**Thiolester**	Sa.; Am. 2626279	**Sa.**
7106	**Thiolinalool**	Sa. f. Erze; Am. 2073492	**Sa.**
7107	**Thiophosphinsäure-mercaptoäthylester**	s. Diphenyl-**Th.**; Sa.	**Sa.**
7108	**Thiophosphonsäure-äthylmercaptoäthylester**	s. Monophenyl-**Th.**; Sa.	**Sa.**
7109	**Thiophosphorsäuredidiäthyläthylmercaptoäthylester**	Sa.; DP. 1014107	**Sa.**
7110	**Thiolphosphorsäure-dimethylmethylmercaptoäthylester**	Sa.; DP. 1014107	**Sa.**

Lfd. Nr.	Bezeichnung (Zusammensetzung)	besondere Verwendung mit zugehöriger Literaturangabe	Verwendungs-überblick
7111	**Thiolphosphorsäure-methylphenylmercaptoäthylester**	Sa.; DP. 1014107	**Sa.**
7112	**Thionaphthol** ($C_{10}H_7SH$)	Sa.; Petersen 174 Sa. f. Cu-Sulfide; „Montanwiss. Literaturber.“ 1960, 437, „Chem. Ztrlbl.“ 1960, 17589	**Sa.**
7113	**Thioninchlorid**	= Diaminophenothiazonchlorid, $C_{12}H_{11}ClN_3S$ s. Methylenbau = Methylthioninchlorid; Sa., Dr.	**Sa., Dr.**
7114	**Thiooxalat**	Sulfid-Dr. b. d. Flot. sulfid. Erze; Am. 2449984	**Dr.**
7115	**Thiooxalsäure**	Sa.; „Min. Technology“ 1946, 272/286 Dr.; Am. 2449984	**Sa., Dr.**
7116	**Thiooxamid**	Sa.; „Min. Technology“ 1946, 272/286	**Sa.**
7117	**Thiophane** (CnH_2nS, heterocycl. Sulfide)	Sa. f. sulfid. Erze; Taggart 12—11; Can. 393245 s. Methylpentamethylensulfid; Alkylthiophen, Pentamethylensulfid, Tetramethylensulfid; Sa.	**Sa.**
7118	**Thiophenol**	= Benzolthiol, Phenylmercaptan; $C_6H_5 \cdot SH$ Sa.; Petersen 174 Sa. f. sulfid. Cu-Erze; „Chem. Ztrlbl.“ 1960, 17589	**Sa.**
7119	**Thiophenolamin**	s. = Aminothiophenol; Sa.	**Sa.**
7120	**Thiophenthiol**	= Thiofuran-, Thiotetrolthiol, Divinylensulfidmercaptan Sa.; Am. 2515242	**Sa.**
7121	**Thiophosphate**	Sa. f. oxyd. Mineralien; Brit. 412926 Na-Thiophosphat als Cu- u. Fe-Dr. b. d. Flotation von MoS_2 aus Cu- u. Fe-haltigen MoS_2-Flotationskonzentraten; Am. 2811255 s. Alkyl-, Aryl-, Dialkylnitrobenzyl-, Dialkylchlor-, Chlornitrophenyldimethylthiophosphat; Sa. s. „Butylaero“; Sa. s. Dithiophosphate; Sa.	**Dr., Sa.**
7122	**Thiophosphatsuccinimide**	Sa.; Am. 2644002	**Sa.**
7123	**Thiophosphorsäure**	s. Dithiophosphorsäure; Sa. s. Thiophosphate; Sa., Dr.	**Sa., Dr.**
7124	**Thiophosphorsäure-amid**	Sa.; Can. 340581	**Sa.**
7125	**Thiophosphorsäure-ester**	Mischungen aus Mono- u. Dithiophosphorsäureestern als Sa. f. sulfid. Cu-Erze; Am. 2919025	**Sa.**
7126	**Thiophosphorylbromid**	Sa/Sch. f. d. Flot. sulfid. Cu-Erze; Am. 2901107	**Sa/Sch.**
7127	**Thiophosphorylchlorid**	Sa. f. d. Flot. sulfid. Erze; Am. 2621789 Sa/Sch. f. d. Flot. sulfid. Cu-Erze; Am. 2901107	**Sa., Sa/Sch.**
7128	**Thiopropylenglykol-dibutyrat**	Sa. f. zementierte Cu-Erze; „Chemical Abstracts“ 1958, 8873	**Sa.**

Lfd. Nr.	Bezeichnung (Zusammensetzung)	besondere Verwendung mit zugehöriger Literaturangabe	Verwendungs-überblick
7129	**Thiopyrimidin**	Sa. f. sulfid. Pb/Zn/Fe-Erze; Can. 464673 Sa. f. d. selektive Flot. v. sulfid. Zn/Cu-Erzen; Am. 2628716, Brit. 617944	**Sa.**
7130	**Thiosalicylsäureamide**	Sa.; Franz. 952586	**Sa.**
7131	**Thiosan**	s. = Thiuram; Sa.	**Sa.**
7132	**Thioschwefelsäure** ($H_2S_2O_3$)	Salze d. Thioschwefelsäure (= Thiosulfate) als Dr., Pass.; Petersen 199	**Dr., Pass.**
7133	**Thiosemicarbazid** (= Thiocarbamylhydrazin, $H_2N \cdot NH \cdot CS \cdot NH_2$)	chelatbildende Verbdg.; Sa., Dr.; „Min. Techn.“ 1946, 272/286	**Sa., Dr.**
7134	**Thiosilafettsäuresalze**	Erz-Sa.; Am. 2583322 s. Thiodimethyltrimethylsiloxysilaheptanoat	**Sa.**
7135	**Thiosilicooxyalkyl-Verbdg.**	Sa.; Can. 310929	**Sa.**
7136	**Thiosulfate**	s. = Thioschwefelsäuresalze; Dr., Pass. neben Bichromaten als Bleierz-Dr. b. d. Flot. von Cu/Pb-Erzen; DP. 629730 b. d. Sulfid-Flot. als Flot.-Verzögerer u. als Mittel z. Vermeidung d. Agglomerierung verschiedenartiger Sulfide; Brit. 19344/1914 s. Alkylthiosulfate; Sa.	**Dr., Pass.**
7137	**Thiosulfonate**	Sa.; DP. 840693	**Sa.**
7138	**Thioterpene**	Erz-Sa.; Am. 2073492	**Sa.**
7139	**Thioterpineol**	Sa. f. Erze; Am. 2073492	**Sa.**
7140	**Thiotetrahydroimidazole**	s. = Thioimidazolidine; Sa. Sa.; „Min. Techn.“ 1946, 274	**Sa.**
7141	**Thiotetrahydroglyoxalin**	s. = Thiotetrahydroimidazol; Sa.	**Sa.**
7142	**Thiotetrolthiol**	s. = Thiophenthiol; Sa.	**Sa.**
7143	**Thiothiazole**	s. Mercaptothiothiazol; Sa.	**Sa.**
7144	**Thiothiazolmercaptan**	s. = Mercaptothiothiazol; Sa.	**Sa.**
7145	**Thiram**	s. = Thiuram; Sa.	**Sa.**
7146	**Thiurame**	s. = Oxydationsprodd. von Thiocarbamaten, mit dem Radikal R_2NCS, Thiurad, Thiosan, Thylate; „Merck Index“ 1960 s. Thiuramdisulfid; Sa.	**Sa.**
7147	**Thiuramdisulfid**	= Dimethylthiocarbamyl-, Tetraäthyl-, Tetramethyl-, Tetrabutyl-, Tetraisopropyl-, Tetrapropylthiuramdisulfid Sa.; Östr. P. 88232, „Chem. Abstracts“ 1958, 7978	**Sa.**
7148	**Thiuronium-Verbdgg.**	s. Iso-**Th.**; Sa.	**Sa.**
7149	**Thymol**	s. = Cymenol; Sch.	**Sch.**
7150	**Thymoxybuttersäure**	eine Alkylphenoxycarbonsäure Sa., insbes. f. schwerspathaltigen Flußspat; DP. 962 871	**Sa.**
7151	**Thymoxyessigsäure**	eine Alkylphenoxycarbonsäure Sa., insbes. f. schwerspathaltigen Flußspat; DP. 962871	**Sa.**

Lfd. Nr.	Bezeichnung (Zusammensetzung)	besondere Verwendung mit zugehöriger Literaturangabe	Verwendungs-überblick
7154	**Tide**	ein Alkylarylsulfonat; als Flockm. f. Kohlenzechenabwässer; „Colliery Engrg.", März 1959, S. 105/110	**Flockm.**
7155	**Tieftemperaturteer**	s. Steinkohlen — T. = Ursol; Sa/Sch., Flockm.	**Flockm., Sa/Sch.**
7156	**Tierfettsäure**	s. Neo-Fat 65; Sa. s. Menhadenöl, Sardinenöl; [Sa/Sch]; Walöl; Sa.	**Sa/Sch., Sa.**
7157	**Tieröl/Alkylamin-Mischung**	Sa. f. d. schaumlose Flot. von grobkörnigem Sylvinit; Am. 2937751 s. Schmalz/Alkylamin-Mischg.; Sa.	**Sa.**
7158	**Tierölpech/Polyalkylenpolyamin-Reaktpr.**	polumkehrbarer, d. h. bei pH $<$ 10 kationakt., bei pH $>$ 10 anionakt. Sa.; Am. 2857331	**Sa.**
7159	**Titaneisenerz**	Schwerst. f. d. Trenntrübe z. Steinkohlen-Schwimmsinkscheidung; „Aufbrtg. d. Steinkohle", Teil I, 1960, 217	**Schwerst.**
7160	**Titazole SA**	= Na-Alkylnaphthalinsulfonat; Netzm.; Am. 2884474	**Netzm.**
7161	**TMN 650**	s. = Tergitol TMN 650; Flockm.	**Flockm.**
7162	**Toluidin** (Methylanilin, $CH_3 \cdot C_6H_4 \cdot NH_2$, Benzylamin, Aminotoluol)	Lösm. in d. „T—T-Mischg"; Petersen 184 Mischg. d. 3 Toluidine oder Pyridinderivate = Kollidin Sch.; Brit. 145852 s. = Benzylamin; Sch., Lösm.	**Sch., Lösm.**
7163	**Toluidin/Benzidin/Naphthidin/Pineöl-Mischg.**	Sa/Sch. f. sulfid. Cu/Zn-Erze; „Chem. Abstr." 1954, 8159	**Sa/Sch.**
7164	**Toluidin/CS_2-Mischung**	Sa. f. Pb-, Zn-, Ag-Erze; Austral. 28983/1930	**Sa.**
7165	**Toluol** (Phenylmethan. = Methylbenzol, $C_6H_5 \cdot CH_3$, Methacid)	Sylvin-Sa.; am 4. 12. 1953 bekanntgemachte Pat.-Anm. C 2170 VI/1 c s. = Methylbenzol s. Aminotoluol = Benzylamin, Toluidin; Sch., Lösm. s. Dioxytoluol; Sa. s. Oxytoluol = Benzylalkohol; Sch/Sa. Kondm. z. Verbesserung d. Convertol-Feinkohlenaufbrtg.; „Min. Engrg." 1959, 1153/54 Kondm. z. Verbesserung d. Zerkleinerung v. Mineralien; DP. 1071455 s. Triphenylmethanfarbstoffe; Sa., Dr., Akt., Kondm.	**Kondm., Sa., Sch/Sa., Lösm.**
7166	**Toluolazophenyltrimethylammoniumjodid**	Sa.; Am. 2389763	**Sa.**
7167	**Toluolazoresorcin**	Sa.; Östr. 86639	**Sa.**
7168	**Toluolsulfonat**	s. = Methylbenzolsulfonat; Sa., Netzm., Kondm.	**Sa., Netzm., Kondm.**
7169	**Toluolsulfonsäure**	= Methylbenzolsulfonsäure, Tosinsäure, $CH_3 \cdot C_6H_4 \cdot SO_3H$ pH-Regler b. d. Flot. oxyd. Erze; DP. 844131	**Regler**
7170	**Toluolsulfonsäure/Aminoalkohol-Ester**	Sa., Netzm., Disp.; Am. 2305083	**Sa., Netzm., Disp.**

Lfd. Nr.	Bezeichnung (Zusammensetzung)	besondere Verwendung mit zugehöriger Literaturangabe	Verwendungs-überblick
7171	**Toluolsulfonsäure-anhydrid**	Kondm. f. elektrostat. aufzubereitende Kalirohsalze; DP. 1063092	**Kondm.**
7172	**Toluolsulfonsäure/Benzolsulfonsäure-Reaktpr.**	Sa.; Brit. 553982	**Sa.**
7173	**Toluolsulfonsäure/Kokosölsäure-Reaktpr.**	Sa.; Brit. 553982	**Sa.**
7174	**Toluolsulfonsäure/Myristinsäure-Reaktpr.**	als Sa.; Brit. 553982	**Sa.**
7175	**Toluolsulfonsäure/Oleinsäure-Reaktpr.**	Sa.; Brit. 553982	**Sa.**
7176	**Toluolsulfonsäure/Tallöl-Reaktpr.**	als Sa.; Brit. 553982	**Sa.**
7177	**Toluylsäure**	s. = Phenylessigsäure; Sa., Kondm.	**Sa., Kondm.**
7178	**Tolyldimethylcarbinol**	Sch.; Am. 2467369	**Sch.**
7179	**Tolylguanidin**	Bleiglanz- u. Zinkblende-Sa.; „Min. Engrg." 1959, 219/20 Sa/Sch. f. d. Flot. v. Cu/Ni-Steinen; Am. 2432456	**Sa., Sa/Sch.**
7180	**Tolylhydrazin**	Sa.; Östr. 86639	**Sa.**
7181	**Tolylmethylcarbinol**	Sch.; Am. 2467369	**Sch.**
7182	**Tolylphosphinsäure-chlorid**	Sa/Sch.; Am. 2724725/726	**Sa/Sch.**
7183	**Tolylphosphinthiosäurebromid, -chlorid**	Sa/Sch.; Am. 2724725/726	**Sa/Sch.**
7184	**Tolylsäure**	s. Toluylsäure; Sa., Kondm.	**Sa., Kondm.**
7185	**Tolylthioarsenat**	Na-T. = $H_3C \cdot C_6H_4 \cdot AsNa_2$; Sa.; Petersen 184	**Sa.**
7186	**Tolylthiocarbamid**	Sa.; Östr. 88232 s. Ditolylthiocarbamid; Sa.	**Sa.**
7187	**Torfteerextrakt**	Sa/Sch.; „Chemical Abstracts" 1937, 2047	**Sa/Sch.**
7188	**Tosinsäure**	s. = Toluolsulfonsäure; Regler	**Regler**
7189	**Toxilsäure**	s. = Maleinsäure; Sa.	**Sa.**
7190	**Tragacanth-Gummi**	Glimmer-Dr. b. d. Sulfid-Flot.; Petersen 208 Kalkspat-Dr. b. d. Quarz-Flot. aus Kalkstein; Am. 2341046 Netzm.; Am. 2208758, Brit. 526701	**Dr., Netzm.**
7191	**Tragacine Powdafloc**	= Stärkebasis-Pulver; Schlamm-Dr. u. -Disp.; „Engrg. Min. J.", Juni 1956, 116	**Dr., Disp.**
7192	**Tragol 4**	Sch. f. d. Schwerspat- u. Flußspat-Flot.; „Bergb.-Wiss." 1958, 74 Sch. f. d. Malachit-Flot.; „Bergb.-Wiss." 1959, 390	**Sch.**
7193	**Traubenzucker** ($C_6H_{12}O_6$)	= Kornzucker, Glukolin, Dextropur, Dextrosol, Dextrose, d-Glukose, Glykose, Harnzucker, Stärkezucker s. Dextrose; Dr., Kondm. als polyvalentes Hilfs-Kondm. i. Mischg. mit einem anionakt. Kondm., z. B. $C_{4/9}$-	**Dr., Kondm.**

Lfd. Nr.	Bezeichnung (Zusammensetzung)	besondere Verwendung mit zugehöriger Literaturangabe	Verwendungs-überblick
		Fettsäuregemisch, f. elektrostat. aufzubereitende Kalihartsalze; DP. 1095762 als Indikator f. Flutwasser; „Bergb.-Wiss.“ 1957, 251 s. Dextrose, Glukose; Kondm.	
7194	**Traubenzuckerester**	s. Dextroseester; Sa., Kondm. s. Glukoseester; Kondm.	**Sa., Kondm.**
7195	**Traubenzuckeroxyamin**	s. = Dextroseoxyamin; Sa.	**Sa.**
7196	**Triacetal**	Sch.; Brit. 661184	**Sch.**
7197	**Trialkoxybenzole**	Sch.; Am. 2776749	**Sch.**
7198	**Trialkoxybutan**	Sch.; DP. 909441, Am. 2561251, 2687214, Brit. 680802, 706711, Can. 462750	**Sch.**
7199	**Trialkoxyparaffine**	Sch.; DP. 909441, Am. 2561251, 2687214, Brit. 680802, 706711 s. Triäthoxypropan; Sch/Sa.	**Sch., Sch/Sa.**
7200	**Trialkylamin**	s. Triäthyl-, Tributyl-, Tripropyl-, Triamyl-, Trihexylamin; Sa.	**Sa.**
7201	**Trialkylbenzylammoniumchlorid**	s. Dimethyldodecylbenzyl-NH_3Cl; Sa/Sch.	**Sa/Sch.**
7202	**Trialkylcarbinol**	s. Trimethylcarbinol = tert. Butylalkohol; Sch.	**Sch.**
7203	**Trialkylcitrat**	Schaum-Modif. u. Akt. b. d. Sulfiderz-Flot.; Am. 2689045/046	**Modif., Akt.**
7204	**Trialkylhydrazinchlorid**	Sa.; Franz. 1165100	**Sa.**
7205	**Trialkylpyridin**	s. Trimethylpyridin = Kollidin; Sa., Sch., Lösm.	**Sa., Sch., Lösm.**
7206	**Trialkylsulfomethylsulfat**	s. Dodecyldimethylsulfomethylsulfat; Sa.	**Sa.**
7207	**Trialkylsulfonbromid**	kationakt. Quarz-Sa. f. d. Quarz/Kalkstein-Flot.; Am. 2341046	**Sa.**
7208	**Triaminodiphenyltolylcarbinolhydrochlorid**	s. = Fuchsin; Sa., Dr., Akt.	**Sa., Dr., Akt.**
7209	**Triaminotriazin**	s. = Melamin; Netzm.	**Netzm.**
7210	**Triammoniumdithioorthophosphat**	= $(NH_4)_3PS_2O_2$ Sa.; Petersen 184	**Sa.**
7211	**Triamylamin**	Sa.; „Erzmetall“, Mai 1958, 199/209	**Sa.**
7212	**Triamylcitrat**	als Akt. f. sulfid. Erze u. z. Verbesserung des Schaumes u. d. Sammlerverteilung; Am. 2689043/046	**Akt., Regler**
7213	**Triamylhydrazinchlorid**	Sa.; Franz. 1165100	**Sa.**
7214	**Triarylcitrat**	als Akt. f. sulfid. Erze, z. Verbesserung des Schaumes u. d. Sammlerverteilung; Am. 2689045/046	**Modif., Akt.**
7215	**Triarylphosphat**	als Akt. f. sulfid. Erze u. z. Verbesserung d. Schaumes u. d. Sammlerverteilung; Am. 2689045/046 s. Trikresylphosphat; Sa. s. Tritolylphosphat; Modif.	**Sa., Akt., Modif.**

Lfd. Nr.	Bezeichnung (Zusammensetzung)	besondere Verwendung mit zugehöriger Literaturangabe	Verwendungs-überblick
7216	**Triarylsulfonium-chlorid**	Flockm.; Am. 2807648	**Flockm.**
7217	**Triäthanolamin** (= Nitrilotriäthanol, $N(CH_2CH_2OH)_3$)	Netzm.; Am. 2205194, Brit. 526701 Emulg. f. Sa.-Emulsionen; DP. 668641 Emulg. f. Flockungsmittel; DP. 917478	**Netzm., Emulg.**
7218	**Triäthanolamindode-cylbenzolsulfonat**	s. Marlopon; Netzm.	**Netzm.**
7219	**Triäthanolamindode-cylsulfat**	s. Texapon Extrakt T; Netzm.	**Netzm.**
7220	**Triäthanolaminoleat**	als Emulgator f. Flockungsm.; Franz. 917478	**Emulg.**
7221	**Triäthanolamin/Pflan-zenöl-Reaktpr.**	s. Hercota; Emulg.	**Emulg.**
7222	**Triäthanolamin/Ter-pinylchloräthyl-äther-Kondenspr.**	Sa. f. Nichterze; Am. 2316625	**Sa.**
7223	**Triäthoxybenzol**	Sch.; Am. 2776749	**Sch.**
7224	**Triäthoxybutan**	Sch.; DP. 909441, Am. 2561251, 2687214, Brit. 706711, Can. 462750	**Sch.**
7225	**Triäthoxymethan**	Sch.; Am. 2687214	**Sch.**
7226	**Triäthoxyoctan**	Sch.; Am. 2687214 s. Triäthoxyparaffin; Sch.	**Sch.**
7227	**Triäthoxyparaffine**	als Sch.; DP. 909441, Am. 2687214 u. 2561251, Brit. 706711	**Sch.**
7228	**Triäthoxypropan**	Sch/Sa.; Am. 2687214, Brit. 706711 s. Triäthoxyparaffine; Sch.	**Sch/Sa., Sch.**
7229	**Triäthylamin** ($(C_2H_5)_3N$)	Sa.; „Erzmetall", Mai 1958, 199/209	**Sa.**
7230	**Triäthylammonium-jodid**	s. Dodecyltriäthylammoniumjodid; Sa.	**Sa.**
7231	**Triäthylbenzol** ($C_6H_3(C_2H_5)_3$)	Kondm. z. Verbesserung d. Convertol-Feinkohlenaufbrtg.; „Min. Engrg.", Nov. 1959, S. 1153/54	**Kondm.**
7232	**Triäthylcetylammo-niumbromid**	s. = Cetyltriäthylaminbromid; Sa.	**Sa.**
7233	**Triäthylcitrat** ($C_6H_5O_7(C_2H_5)_3$)	s. Trialkylcitrat; Sa., Modif.	**Sa., Modif.**
7234	**Triäthyldodecylphos-phoniumhydroxyd**	Sa.; Am. 2389763	**Sa.**
7235	**Triäthylenglykoldiiso-butyrat**	Sch. f. Sulfide; DP. 933663, Brit. 747658, Am. 2803345, Can. 514129	**Sch.**
7236	**Triäthylentetramin**	als Korrosionsinhibitor [Pass.] b. d. Kohlen-Flot.; Am. 2346151 = „TETA"; Netzm.; Am. 2894907 als polumkehrbarer Sa.; Am. 2857331	**Netzm., Pass., Sa.**
7237	**Triäthylentetramin-alkylolderivate**	Sa.; Am. 2389763	**Sa.**
7238	**Triäthylentetramin/ Baumwollsaatöl-Reaktpr.**	als polumkehrbarer Sa.; Am. 2857331	**Sa.**

Lfd. Nr.	Bezeichnung (Zusammensetzung)	besondere Verwendung mit zugehöriger Literaturangabe	Verwendungs-überblick
7239	**Triäthylentetramin/Caprinsäure-Kondenspr.**	Quarz-Sa.; Am. 2364272, Brit. 547292	**Sa.**
7240	**Triäthylentetramin/Laurinsäure-Kondenspr.**	Quarz-Sa.; Am. 2364272, Brit. 547 292	**Sa.**
7241	**Triäthylentetramin/Myristinsäure-Kondenspr.**	Quarz-Sa.; Am. 2364272, Brit. 547 292	**Sa.**
7242	**Triäthylentetramin/Oleinsäure-Kondenspr.**	Quarz-Sa.; Am. 2364272, Brit. 547 292	**Sa.**
7243	**Triäthylentetramin/Palmitinsäure-Reaktpr.**	Quarz-Sa.; Am. 2364272, Brit. 547 292	**Sa.**
7244	**Triäthylentetramin/Rizinolsäure-Kondenspr.**	Quarz-Sa.; Am. 2364272, Brit. 547 292	**Sa.**
7245	**Triäthylentetramin/Stearinsäure-Kondenspr.**	Quarz-Sa.; Am. 2364272, Brit. 547 292	**Sa.**
7246	**Triäthylentetramin/Tallöl-Reaktpr.**	polumkehrbarer, d. h. bei pH $<$ 10 kationakt., bei pH $>$ 10 anionakt. Sa.; Am. 2 857 331	**Sa.**
7247	**Triäthylhexylphosphat**	s. Flexol Plasticizer TOF; Disp.	**Disp.**
7248	**Triäthylhydrazinchlorid**	als Sa.; Franz. 1165100	**Sa.**
7249	**Triäthyllaurinammoniumchlorid**	kationakt. Netzm. z. Aufschließen negativ geladener Asbestsorten in wäßriger Dispersion; DP. 1043231	**Netzm.**
7250	**Triazin** (Triazine: Ammelin, Amylphenylformoguanamin, Hexanguanamin, Lauroguanamin, Stearoguanamin)	Netzm.; Am. 2809934	**Netzm.**
7251	**Triazin/Alkylenoxyd-Kondenspr.**	Sa., Netzm., Emulg.; Am. 2381121 u. 2413755	**Sa.,Netzm.,Emulg.**
7252	**Triazin/Glycidol-Kondenspr.**	Sa., Netzm., Emulg.; Am. 2381121 u. 2413755	**Sa., Netzm.,Emulg.**
7253	**Tribenzylcitrat**	s. Trialkylcitrat; Sa., Modif.	**Sa., Modif.**
7254	**Tribromphenylhydrazin**	Sa.; Östr. 86639	**Sa.**
7255	**Tributoxybutan**	Sch.; DP. 909441, Am. 2561251, 2687214, Brit. 680802, 706711	**Sch.**

Lfd. Nr.	Bezeichnung (Zusammensetzung)	besondere Verwendung mit zugehöriger Literaturangabe	Verwendungs-überblick
7256	**Tributylamin**	Sa. f. d. Talk-Flot.; „Montan-Rdsch." 1957, 261 Sa.; „Erzmetall" 1958, 199/209	**Sa.**
7257	**Tributylcitrat**	Schaumplastizierer u. Akt. f. sulfid. Erze; Am. 2689043/046	**Akt., Modif.**
7258	**Tributylhydrazin-chlorid**	als Sa.; Franz. 1165100	**Sa.**
7259	**Tricaprylsulfotrica-ballylat**	s. = Trioctylsulfotricaballylat; Sa.	**Sa.**
7260	**Tricarballylsäure**	= Oxypropantricarbonsäure pH-Regler f. d. Flot. oxyd. Eisenerze; DP. 844131	**Regler**
7261	**Trichloräthylen** ($CHCl \cdot CCl_2$)	Lösm. z. Aufschlämmung von Ton aus Kalisalzen; DP. 1083192 Schwerfl. f. d. Schwimmsinkscheidung von Steinkohle; „The Min. J." 1961, 215	**Schwerfl., Lösm.**
7262	**Trichloressigsäure** (CCl_3COOH)	s. Halogenfettsäuren; Sa.	**Sa.**
7263	**Trichlorphenoxyessig-säure**	Kondm. f. d. elektrostat. Kainitnachkon-zentrierung; DP. 1077611	**Kondm.**
7264	**Trichlorsilan** (Silichloroform, $SiHCl_3$)	s. Methyltrichlorsilan; Kondm. s. Chlorsilan; Sa.	**Sa., Kondm.**
7265	**Tridecanamidin**	Erz-Sa.; Brit. 568186	**Sa.**
7266	**Tridecanamidinhydro-chlorid**	Erz-Sa.; Brit. 568186	**Sa.**
7267	**Tridecanol** ($C_{13}H_{27}OH$)	s. = Tridecylalkohol; Sa/Sch.	**Sa/Sch.**
7268	**Tridecenthiol**	Sa., Netzm.; Am. 2346102	**Sa., Netzm.**
7269	**Tridecillat**	Na-Tr. als Sa.; „Montanwissenschaftl. Literaturberichte", Nov. 1959, S. 1277	**Sa.**
7270	**Tridecylaldehydsul-fonat**	s. „Alframin"; Sa., Netzm. Tridecylaldehyd = $C_{12}H_{25}CHO$	**Sa., Netzm.**
7271	**Tridecylalkohol**	= Tridecanol, $C_{13}H_{27}OH$ Sa/Sch.; Am. 2012609	**Sa/Sch.**
7272	**Tridecylalkohol/Äthy-lenoxyd-Kondenspr.**	s. = Lubrol MOA, Stockopol WW; Netzm., Flockm.	**Netzm., Flockm.**
7273	**Tridecylalkoholsulfat**	s. = Tridecylsulfat; Sa., Sa/Sch., Netzm., Flockm., Kondm., Emulg.	**Sa., Sa/Sch., Netzm., Flockm., Kondm., Emulg.**
7274	**Tridecylamidin, -hy-drochlorid**	Sa. f. d. Erz-Flot.; Brit. 568186	**Sa.**
7275	**Tridecylamin**	Netzm. z. Konsistenzminderung v. Schwer-stofftrüben d. Schwimmsinkscheidung v. Mineralien; DP. 1089701 s. Alkylamin; Sa., Sa/Sch.	**Sa., Sa/Sch., Netzm.**
7276	**Tridecylamin/Abietin-säuremethylester-Mischg.**	Sa. f. d. schaumlose Flot. v. grobkörnigem Sylvinit; Am. 2937751	**Sa.**

Lfd. Nr.	Bezeichnung (Zusammensetzung)	besondere Verwendung mit zugehöriger Literaturangabe	Verwendungsüberblick
7277	**Tridecylaminacetat**	s. Alkylaminacetat; Sa., Sa/Sch. Netzm. z. Konsistenzminderung v. Schwerstofftrüben d. Schwimmsinkscheidung; DP. 1089701, Am. 2899392	**Netzm., Sa/Sch., Sa.**
7278	**Tridecylamin/Alkohol-Mischung**	Sa. f. d. schaumlose Flot. v. grobkörnigem Sylvinit; Am. 2937751	**Sa.**
7279	**Tridecylamin/Alkylen-amin-Mischg.**	Sylvin-Sa.; Am. 2689649 Sa.; Can. 395829	**Sa.**
7280	**Tridecylamin/Alkyl-nitril-Mischg.**	Sa.; Can. 410809/810	**Sa.**
7281	**Tridecylaminchlor-hydrat**	s. = Tridecylaminhydrochlorid; Sa. Netzm.	**Sa., Netzm.**
7282	**Tridecylaminchlorid**	kationakt. Sa.; „Aach. Bl.“ 1959, 81/110 Netzm. z. Konsistenzminderung v. Schwerstofftrüben d. Schwimmsinkscheidung von Mineralien; DP. 1089701, Am. 2899392	**Sa., Netzm.**
7283	**Tridecylamin/Ester-Mischung**	Sa. f. d. schaumlose Flot. von grobkörnigem Sylvinit; Am. 2937751	**Sa.**
7284	**Tridecylamin/Fett-säureamid-Mischung**	Sa. f. d. schaumlose Flot. von grobkörnigem Sylvinit; Sa. 2937751	**Sa.**
7285	**Tridecylaminfluorid**	Zinkerz-, insbes. Galmei-Sa.; Franz. 61640	**Sa.**
7286	**Tridecylaminhydro-chlorid**	Quarz-Sa. f. d. Quarz/Kalkspat-Flot.; Am. 2295459, 2341046 Sylvin-Sa.; Brit. 564338 s. Alkylaminhydrochlorid; Sa. Netzm. z. Konsistenzminderung v. Schwerstofftrüben d. Schwimmsinkscheidung; DP. 1089701, Am. 2899392	**Sa., Netzm.**
7287	**Tridecylaminlactat**	Zinkerz-, insbes. Galmei-Sa.; Franz. 61640	**Sa.**
7288	**Tridecylamin/Pfan-zenöl-Mischung**	Sa. f. d. schaumlose Flot. von grobkörnigem Sylvinit; Am. 2937751	**Sa.**
7289	**Tridecylaminphthala-mat**	Sa., Netzm.; Am. 2101323	**Sa., Netzm.**
7290	**Tridecylamin/Tieröl-Mischung**	Sa. f. d. schaumlose Flot. von grobkörnigem Sylvinit; Am. 2937751	**Sa.**
7291	**Tridecylarylsulfonat**	s. Alkylarylsulfonat; Sa., Sa/Sch., Netzm., Disp., Regler, Flockm., Kondm.	**Sa., Sa/Sch., Netzm., Disp., Regler, Flockm., Kondm.**
7292	**Tridecylbenzyloxy-äthylimidazolchlorid**	s. Alrosep MB; Netzm.	**Netzm.**
7293	**Tridecylbetain**	kationakt. Quarz-Sa. f. d. umgekehrte Eisenerz-Flot.; Am. 2547148	**Sa.**
7294	**Tridecylbiguanidacetat, -hydrochlorid, -hydrojodid, -hydrobromid**	Sa., Netzm., Emulg.; Am. 2350435	**Sa., Netzm., Emulg.**
7295	**Tridecyldimethylhydr-azinchlorid**	Sa.; Franz. 1165100	**Sa.**
7296	**Tridecyldimethylpyr-rolidin**	Sa., Emulg.; Am. 2497839	**Sa., Emulg.**

Lfd. Nr.	Bezeichnung (Zusammensetzung)	besondere Verwendung mit zugehöriger Literaturangabe	Verwendungs-überblick
7297	**Tridecyldimethylsulfonbromid**	kationakt. Quarz-Sa. f. d. Quarz/Kalkspat-Flot.; Am. 2341046	**Sa.**
7298	**Tridecyldimethylsulfonmethylsulfat**	kationakt. Quarz-Sa. f. d. Quarz/Kalkspat-Flot.; Am. 2341046	**Sa.**
7299	**Tridecylglykol**	Sch. f. d. Kalirohsalz-Flot.; DP. 872182	**Sch.**
7300	**Tridecylglyoxalin**	s. = Tridecylimidazol; Sa., Flockm.	**Sa., Flockm.**
7301	**Tridecylguanidin**	Sylvin-Sa.; „Chemie-Ing.-Techn.“ 1955, 2	**Sa.**
7302	**Tridecylhydrazinchlorid**	Sa.; Franz. 1165100	**Sa.**
7303	**Tridecylhydrobetain**	Hämatit-Sa.; Can. 392169	**Sa.**
7304	**Tridecylimidazol**	kationakt. Sa.; Brit. 578694 Flockm. beim Filtrieren v. Schlämmen; Am. 2509260	**Sa., Flockm.**
7305	**Tridecylimidformiat, -hydrochlorid**	Sa. f. d. Flot. saurer Mineralien; Brit. 568186	**Sa.**
7306	**Tridecylmercaptan**	Sa. f. oxyd. Eisenerze; Am. 2125337, 2410377	**Sa.**
7307	**Tridecylmercaptosulfenamid**	Sa.; Am. 2807615	**Sa.**
7308	**Tridecylnaphthalinsulfonat**	s. Alkylnaphthalinsulfonat; Sa., Sa/Sch., Netzm., Disp., Flockm., Kondm., Regler	**Sa., Sa/Sch., Netzm., Disp., Flockm., Kondm., Regler**
7309	**Tridecylnatriumsulfonat**	Sa. f. d. Flot. kieserit. Kalirohsalze; DP. 918861	**Sa.**
7310	**Tridecylolamin**	Sa. f. d. Chromit-Flot.; Michell 291 Sa.; Am. 2389763	**Sa.**
7311	**Tridecyloldiäthylentriamin**	Sa.; Am. 2389763	**Sa.**
7312	**Tridecylolpolyamin**	Sa.; Am. 2389763	**Sa.**
7313	**Tridecyloltriäthylentetramin**	Sa.; Am. 2389763	**Sa.**
7314	**Tridecyloxyäthylenätheralkohol**	s. Alkyloxyäthylenätheralkohol; Sa/Sch., Sch.	**Sa/Sch., Sch.**
7315	**Tridecylphenol**	Sch.; Am. 2250190, Can. 390793 Sch/Sa. f. Pb-Erze; „Engrg. Min. J.“, Juni 1956, 113	**Sch., Sch/Sa.**
7316	**Tridecylphenylpolyäthylenäther**	Netzm.; DP. 1030802	**Netzm.**
7317	**Tridecylphosphat**	Sa. f. Nichtsulfide; Am. 2120217	**Sa.**
7318	**Tridecylphthalat**	Sch. f. d. Kohlen-Flot.; Am. 2099120	**Sch.**
7319	**Tridecylpolyalkylenpolyamid, -amin**	Sa. f. quarzige Erze; Am. 2569417	**Sa.**
7320	**Tridecylpolyäthylenäther**	Netzm.; DP. 1030802	**Netzm.**

Lfd. Nr.	Bezeichnung (Zusammensetzung)	besondere Verwendung mit zugehöriger Literaturangabe	Verwendungs-überblick
7321	**Tridecylpolyäthylenoxyd**	s. Alkylpolyäthylenoxyd; Sa/Sch., Netzm., Disp., Emulg.	**Sa/Sch., Netzm., Disp., Emulg.**
7322	**Tridecylpolyoxyäthylenäther**	Sch. allgemein, Sa/Sch. f. d. Kohlen-Flot.; Brit. 782107, Belg. 532530	**Sa/Sch., Sch.**
7323	**Tridecylpolyoxyäthylenätheralkohol**	Sch. u. Sa/Sch. f. d. Kohlen-Flot.; Brit. 782107, 782407, Franz. 1109798, Belg. 532530	**Sa/Sch., Sch.**
7324	**Tridecylpolyoxynitrosophenol**	Sa/Sch. f. silikat. Cu-Erze; „Chemical Abstracts" 1953, 1549	**Sa/Sch.**
7325	**Tridecylpropylendiamin**	s. Duomeen T; Sa., Flockm.	**Sa., Flockm.**
7326	**Tridecylpyridinbromid**	kationakt. Quarz-Sa. f. d. Quarz/Kalkstein-Flot.; Am. 2341046	**Sa.**
7327	**Tridecylpyridinchlorid**	kationakt. Quarz-Sa. f. d. Quarz/Kalk-Flot.; Am. 2341046 Sa.; Am. 2389763; Brit. 463261	**Sa.**
7328	**Tridecylpyridinjodid**	Sa.; Am. 2389763, Brit. 463261	**Sa.**
7329	**Tridecylsäure** ($C_{12}H_{25}COOH$)	Sa.; Petersen 188	**Sa.**
7330	**Tridecylsäure/Monoäthanolamin-Kondenspr.**	Netzm., Disp., Emulg.; Can. 360000	**Netzm., Disp., Emulg.**
7331	**Tridecylsäure/Nitril-Mischung**	Erz-Sa.; Am. 2166093	**Sa.**
7332	**Tridecylsulfamido-Verbdgg.**	s. Alkylsulfamido-Verbdgg.; Sa.	**Sa.**
7333	**Tridecylsulfat** (= Tridecylalkoholsulfat)	Sa/Sch.; DP. 1064891, Brit. 405163 Erz-Sa.; Can. 360802 s. Tepol; Netzm., Flockm. s. Alkylsulfat; Kondm., Emulg.	**Sa., Sa/Sch., Netzm., Flockm., Kondm., Emulg.**
7334	**Tridecylsulfenamid**	Sa.; Am. 2807615	**Sa.**
7335	**Tridecylsulfenyltrithiocarbonat**	Sa.; Am. 2634291	**Sa.**
7336	**Tridecylsulfoacetat**	Sa. f. Nichtsulfide; Am. 2120217	**Sa.**
7337	**Tridecylsulfonat**	Sa.; Petersen 163 Netzm.; DP. 802389 Sa. f. d. Kalisalz-Flot.; DP. 806842, 840682, 918861 Sa. f. d. Flot. oxyd. Eisenerze; DP. 844131, Östr. P. 175854 Netzm. z. Zerstören v. Kohlenflot.-Schäumen; „Glückauf" 1932, 626 Netzm. z. Verbesserung d. Filtration v. Flot.-Konzentraten; „Chem. Ztrlbl." 1959, 14544 Netzm. z. Viscositätsminderung v. Schwerstofftrüben der Schwimmsinkscheidung; DP. 1089701 s. Alkylsulfonate; Sa., Sa/Sch., Netzm., Dr., Disp., Akt., Kondm.	**Sa., Sa/Sch., Netzm., Dr., Disp., Akt., Kondm.**

Lfd. Nr.	Bezeichnung (Zusammensetzung)	besondere Verwendung mit zugehöriger Literaturangabe	Verwendungs-überblick
7338	**Tridecylthiophosphat**	Sa.; Brit. 310186	**Sa.**
7339	**Tridecylthiosulfat**	Sa.; Am. 1723295	**Sa.**
7340	**Tridecylthiourethan**	Sa.; Can. 311054	**Sa.**
7341	**Tridecyltrimethylamin**	Sa. f. d. selektive Sulfiderz-Flot.; „Erzmetall“ 1958, 199/209	**Sa.**
7342	**Tridecyltrithiocarbonat**	Sa.; Am. 2600737	**Sa.**
7343	**Tridiphenylsulfonium-chlorid**	Flockm.; Am. 2807648	**Flockm.**
7344	**Tridodecyltetrathio-orthophosphat**	Sa.; Am. 2063629	**Sa.**
7345	**Tridodecyltrithioortho-phosphat**	Sa.; Am. 2063629	**Sa.**
7346	**Tridodecyltrithio-phosphat**	Sa.; Am. 2063629	**Sa.**
7347	**Trifluormethylnona-fluorpentylenoxyd**	Sa/Sch., Lösm.; Am. 2644823	**Sa/Sch., Lösm.**
7348	**Trifluormethylnona-fluortetrahydropyran**	Sch.; Brit. 718318	**Sch.**
7349	**Triheptylcitrat**	Schaum-Modif. u. Akt. f. d. Sulfiderz-Flot.; Am. 2689045/046	**Modif., Akt.**
7350	**Triheptylhydrazin-chlorid**	als Sa.; Franz. 1165100	**Sa.**
7351	**Trihexylamin**	Sa.; „Erzmetall“, Mai 1958, 199/209	**Sa.**
7352	**Trihexylhydrazin-chlorid**	als Sa.; Franz. 1165100	**Sa.**
7353	**Trihydroxyanthra-chinol**	s. Purpurin; Dr.	**Dr.**
7354	**Trihydroxypropan**	s. = Glyzerin; Sch.	**Sch.**
7355	**Triisobutoxybutan**	Sch.; DP. 909441, Am. 2561251, 2687214, Brit. 680802, 706711	**Sch.**
7356	**Triisopropoxybutan**	Sch.; DP. 909441, Am. 2561251, 2687214, Brit. 680802, 706711	**Sch.**
7357	**Trikresol**	s. = Kresol; Sa., Sa/Sch., Sch., Sch/Sa.	**Sa., Sa/Sch., Sch., Sch/Sa.**
7358	**Trikresylphosphat**	= Tritolylphosphat, Lindol, Celluflex, PX-917, Kronitex, $(CH_3C_6H_4O)_3P{:}O$, „Merck Index“ 1960 Sa.; Petersen 184 s. = Tritolylphosphat; Kondm. Akt. f. sulfid. Erze; Am. 2689043/046 Schaumplastizierer [Modif.]; Am. 2689046	**Sa., Akt., Kondm.**
7359	**Trilon A**	= Na-Nitrilotriacetat; Karrer	**Dr.**
7360	**Trilon B**	= Na-Äthylendiamintetraacetat; s.d.; Dr.	**Dr.**
7361	**Trilon X-100**	= Alkylarylpolyätheralkanol; Netzm.; Am. 2943058	**Netzm.**
7362	**Trimethoxybenzol**	Sch/Sa.; Am. 2687214, Brit. 706711 Sch.; Am. 2776749 s. Methoxybenzol = Anisol; Sch.	**Sch., Sch/Sa.**

Lfd. Nr.	Bezeichnung (Zusammensetzung)	besondere Verwendung mit zugehöriger Literaturangabe	Verwendungs-überblick
7363	**Trimethoxybutan**	Sch.; DP. 909441, Am. 2561251, 2687214, Brit. 680802, 706711	**Sch.**
7364	**Trimethoxyparaffine**	s. Trialkoxyparaffine; Sch.	**Sch.**
7365	**Trimethylamin**	= $N(CH_3)_3$ s. Alkyltrimethylamin als Sa.	**Sa.**
7366	**Trimethylamin/Terpinylchloräthyläther-Kondenspr.**	Sa. f. Nichterze; Am. 2316625	**Sa.**
7367	**Trimethylammoniumäthylsulfat**	des Oleinäthylendiamins als Sa.; Brit. 463261	**Sa.**
7368	**Trimethylammoniumbromid**	s. Dodecyl-**Tr.**; Sa.; = DPQ s. Stearin-**Tr.** = DPLA; Sa.	**Sa.**
7369	**Trimethylammoniumchlorid**	s. Soja-**Tr.** = „Arquad S"; Sa. s. Octadecyl-**Tr.** = „Arquad 18"; Dodecyl-**Tr.** = „Arquad 12"; Hexadecyl-**Tr.** = „Arquad 16"; Sa.	**Sa.**
7370	**Trimethylammoniummethylsulfat**	des Monooleinäthylenamins als Sa; Brit. 463261 s. Diphenylazophenyltrimethylammoniummethylsulfat; Sa.	**Sa.**
7371	**Trimethyl-Armeen CD-ammoniumchlorid**	s. = Arquad C; Sa.	**Sa.**
7372	**Trimethyl-Armeen CSD-ammoniumchlorid**	s. = Arquad CS; Sa.	**Sa.**
7373	**Trimethyl-Armeen HTD-ammoniumchlorid**	s. = Arquad HT; Sa.	**Sa.**
7374	**Trimethyl-Armeen SD-ammoniumchlorid**	s. = Arquad S; Sa.	**Sa.**
7375	**Trimethyl-Armeen TD-ammoniumchlorid**	s. = Arquad T; Sa.	**Sa.**
7376	**Trimethylcarbinol**	= tert.-Butylalkohol, $(CH_3)_2COH \cdot CH_3$ s. Butanol; Sa/Sch., Sch., Sch/Sa., Lösm.	**Sa/Sch., Sch., Sch/Sa., Lösm.**
7377	**Trimethylcetylammoniumbromid**	s. = Hexadecyltrimethylammoniumbromid; Sa.	**Sa.**
7378	**Trimethylcetylammoniumchlorid**	s. Hexadecyltrimethylammoniumchlorid; Sa.	**Sa.**
7379	**Trimethylcitrat**	s. Trialkylcitrat; Sa., Modif.	**Sa., Modif.**
7380	**Trimethyldecylammoniumchlorid**	s. = Arquad 10; Sa.	**Sa.**
7381	**Trimethyldodecylammoniumchlorid**	s. = Arquad 12; Sa.	**Sa.**
7382	**Trimethyldodecylphosphoniumbromid**	Sa.; Am. 2389763	**Sa.**
7383	**Trimethyldodecylphosphoniumjodid**	Sa.; Am. 2389763	**Sa.**

Lfd. Nr.	Bezeichnung (Zusammensetzung)	besondere Verwendung mit zugehöriger Literaturangabe	Verwendungs-überblick
7384	**Trimethyleicosylam-moniumjodid**	Sa.; Brit. 463261	**Sa.**
7385	**Trimethylenglykol**	= 1,3-Propandiol, Cyclopropanglykol; $HO \cdot (CH_2)_3 \cdot OH$ Sch. f. d. Flot. sulfid. Erze; Am. 2611485	**Sch.**
7386	**Trimethylglycin**	= Betain, Lycin; Sa.	**Sa.**
7387	**Trimethylglykokoll**	s. = Betain, Lycin; Sa.	**Sa.**
7388	**Trimethylhexadecyl-ammoniumchlorid**	s. = Arquad 16; Sa. s. = Hexadecyltrimethylammonium-chlorid; Sa.	**Sa.**
7389	**Trimethylhexylamin-chlorhydrat**	kationakt. Halit-Sa. b. d. Kainit-Flot.; DP. 1003662, Am. 2766884	**Sa.**
7390	**Trimethylhydrazin-chlorid**	als Sa.; Franz. 1165100	**Sa.**
7391	**Trimethyllaurinam-moniumbromid**	kationakt. Sa.; „Archiv f. Metallkunde“, 1949, 363	**Sa.**
7392	**Trimethylnonanol**	Netzm. z. Aufsprühen zwecks Schaumzer-störung d. nachzuflotierenden Kohlen-Vorflotationsschaumes u. als Schaum-Stabilisator = Modif. während d. Nach-flotation; DP. 1064442	**Netzm., Modif.**
7393	**Trimethylstearinamin-bromid**	Sa. f. Kalisalze; „Erzmetall“ 1959, 131 s. = Octadecyltrimethylammoniumbro-mid; Sa.	**Sa.**
7394	**Trimethyloctadecyl-ammoniumchlorid**	s. = Arquad 18; Sa. s. = Octadecyltrimethylammonium-chlorid; Sa. Sa.; Brit. 463261	**Sa.**
7395	**Trimethyloctylammo-niumchlorid**	s. = Arquad 8; Sa.	**Sa.**
7396	**Trimethylolmethyl-amylguanidinacetat**	Sa., Netzm., Emulg.; Am. 2350453	**Sa., Netzm., Emulg.**
7397	**Trimethylpyridin**	s. = Kollidin; Sa., Sch., Lösm.	**Sa., Sch., Lösm.**
7398	**Trimethyltetradecyl-ammoniumchlorid**	s. = Arquad 14; Sa.	**Sa.**
7399	**Trinaphthylcitrat**	s. Triarylcitrat; Akt., Modif.	**Akt., Modif.**
7400	**Trinaphthylphosphat**	s. Triarylphosphat; Sa., Akt., Modif.	**Sa., Akt., Modif.**
7401	**Trinitrophenol**	s. = Pikrinsäure; Dr.	**Dr.**
7402	**Trioctadecyldithio-orthophosphat**	Sa.; Am. 2063629	**Sa.**
7403	**Trioctylhydrazinchlorid**	Sa.; Franz. 1165100	**Sa.**
7404	**Trioctylsulfotrica-ballylat**	Sa.; Brit. 586961	**Sa.**
7405	**Trioxan**	s. = Formaldehyd; Netzm.	**Netzm.**
7406	**Trioxyanthrachinon**	s. = Purpurin; Dr.	**Dr.**
7407	**Trioxyäthyldimethyl-morpholinformiat**	s. Isododecyltrioxyäthyldimethylmorpho-linformiat; Netzm.	**Netzm.**

Lfd. Nr.	Bezeichnung (Zusammensetzung)	besondere Verwendung mit zugehöriger Literaturangabe	Verwendungs-überblick
7409	**Trioxyäthylmorpholin-formiat**	s. Isododecyltrioxyäthylmorpholinformiat; Netzm.	**Netzm.**
7410	**Trioxybenzoesäure**	s. = Gallussäure; Netzm., Dr., Kondm.	**Netzm., Dr., Kondm.**
7411	**Trioxybenzole** (3wertige Phenole)	Trioxybenzole: Pyrogallol, Phloroglucin, Oxyhydrochinon s. Pyrogallol = Pyrogallussäure; Netzm., Dr.	**Netzm., Dr.**
7412	**Trioxymethylen**	s. = Formaldehyd; Netzm.	**Netzm.**
7413	**Tripentoxybutan**	Sch.; DP. 909441, Am. 2561251, 2687214, Brit. 680802, 706711	**Sch.**
7414	**Triphenylcarbinol-Derivate**	s. = Triphenylmethanfarbstoffe; Sa., Dr., Akt., Kondm.	**Dr., Sa., Akt., Kondm.**
7415	**Triphenylcitrat**	s. Triarylcitrat; Akt., Modif.	**Akt., Modif.**
7416	**Triphenylguanidin**	guter ZnS-Sa.; „Min. Engrg." 1959, 219/220 Sa. f. Ni/Cu-Steine [Ni_2S/Cu_2S]; Am. 2432456 Cu-Sa. aus sulfid. Cu/Zn-Erzen; Can. 495983	**Sa.**
7417	**Triphenylmethanfarb-stoffe**	= Triphenylcarbinolderivate: Fuchsin = Rosanilin, Parafuchsin, Methylviolett = Pentamethylparafuchsin, Phthalein, Phenolphthalein, Fluorescin, Erythrosin, Eosin = Na-Tetrabromfluorescin Sa.; „Chem. Abstr." 1948, 4005 s. Alkyltriphenylmethanfarbstoff; Sa. selektiv. Akt. b. d. Erz-Flot.; „Min. Techn." 1946, 274 Gangart-Dr. b. d. Erz-Flot.; Am. 2211686 s. Eosin; Dr., Kondm. s. Lichtgrün SF; Kondm. s. „Methylviolett", „Methyl Cotton Blue", „Patent Blue A"; Dr., Sa., Akt. s. „Brilliantgrün"; Akt. s. Methylenblau; Sa., Dr.	**Sa., Dr., Akt., Kondm.**
7418	**Triphenylphosphat**	s. Triarylphosphat; Akt., Modif.	**Modif., Akt.**
7419	**Triphenylphosphin**	Akt. b. d. Flot. oxyd. Erze; Am. 2825458	**Akt.**
7420	**Triphenylsulfonium-chlorid**	Flockm.; Am. 2807648	**Flockm.**
7421	**Tripolyphosphat**	Na-Tr. als Dolomit-Dr. b. d. Magnesit-Flot.; DP. 945081 Schlamm-Disp. b. d. Flot. sulfid. Erze; Am. 2919802	**Dr., Disp.**
7422	**Tripropoxybutan**	s. Trialkoxyparaffine; Sch.	**Sch.**
7423	**Tripropylamin**	Sa. f. d. Talk-Flot.; „Montan-Rdsch." 1957, 261 Sa.; „Erzmetall" 1958, 199/209	**Sa.**
7424	**Tripropylarsensulfid** ($(C_3H_7)_3AsS$)	Sa.; Petersen 184	**Sa.**
7425	**Tripropylcitrat**	s. Trialkylcitrat; Sa., Modif.	**Sa., Modif.**
7426	**Tripropylenglykol-butyläther**	als Sch.; Am. 2695101 u. 2611485	**Sch.**

Lfd. Nr.	Bezeichnung (Zusammensetzung)	besondere Verwendung mit zugehöriger Literaturangabe	Verwendungs-überblick
7427	**Tripropylenglykol-phenyläther**	als Sch.; Am. 2695101 u. 2611485	**Sch.**
7428	**Tripropylensulfonsäure**	Sch., Netzm., Disp., Emulg., Lösm.; Am. 2721210	**Sch., Netzm., Disp., Lösm., Emulg.**
7429	**Tripropylhydrazin-chlorid**	als Sa.; Franz. 1165100	**Sa.**
7430	**Tristearin**	s. = Glyzerintristearat; Sa.	**Sa.**
7431	**Tritan** ($(C_6H_5)_3CH$)	s. = Triphenylmethan; -Farbstoff	**Sa., Dr., Akt.**
7432	**Tritetradecylmono-thioorthophosphat**	Sa.; Am. 2063629	**Sa.**
7433	**Trithiocarbonate**	Sa.; Taggart 12—11, Can. 311053 Dr. b. d. Flot. sulfid. oder arsenid. Erze; Pat.-Anm. N 47579 VIb i. „Auszüge deutsch. Pat.-Anmeldungen" („Fiat-Berichte"), Bd. 15; 1. 11. 1948	**Sa., Dr.**
7434	**Trithiokohlensäure-diamylester**	s. Diamyltrithiokohlensäureester; Sa.	**Sa.**
7435	**Tritolylcitrat**	s. Triarylcitrat; Akt. Modif.	**Modif., Akt.**
7436	**Tritolylphosphat**	s. = Trikresylphosphat; Sa., Akt. Schaumplastizierer; Am. 2689046	**Sa., Kondm., Akt.**
7437	**Triton K-60**	= Stearindimethylbenzylammonium-chlorid; Netzm.; Am. 2757196 = Dimethylhexadecylbenzyl-NH_3Cl; Sa.; „Encyclopedia of Chemical Technology" 1951, 610 Emulg.; Manegold 43	**Sa., Netzm., Emulg.**
7438	**Triton NE**	= Alkylarylpolyglykoläther; Netzm., Stüpel = Alkylphenolpolyoxyäthylenäther; als Sa/Sch. f. Uranerze; Am. 2697518 Emulg.; Manegold 44	**Netzm., Sa/Sch., Emulg.**
7439	**Triton X-100**	= Polyoxyäthylenoctylphenol; Netzm.; Am. 2811489 = Polyoxyäthylenkondensat; Netzm., Stüpel = Alkylphenol-Addukt; Schönfeldt	**Netzm.**
7440	**Triton X-200**	= Alkylphenolpolyglykolsulfat; Netzm.; Stüpel Emulg.; Manegold 44	**Netzm., Emulg.**
7441	**Triton X-400**	= Dimethylcetylbenzylammoniumchlorid; kationakt. Sa. f. Nichterze; „Engrg. Min. J.", Juni 1956, S. 116	**Sa.**
7442	**Tritrichlorphenylsulfo-niumchlorid**	Flockm.; Am. 2807648	**Flockm.**
7443	**Triumph**	= Fettsäurepolyglykolester; Netzm.; Stüpel	**Netzm.**
7444	**Triumphöl Z**	= hochsulfon. Pflanzenöl; Sa. f. d. Kalisalz-Flot.; „Bergbautechnik" 1956, 667	**Sa.**
7445	**Tropaeolin**	s. = Metanil-Gelb; Sa.	**Sa.**
7446	**Trostol**	= rohes Tallöl; Sa.; „Encyclopedia of Chemical Technology" 1951, 610 Sa. f. Nichterze; „Engrg. Min. J.", Juni 1956, 116	**Sa.**

Lfd. Nr.	Bezeichnung (Zusammensetzung)	besondere Verwendung mit zugehöriger Literaturangabe	Verwendungs-überblick
7447	**T-T-Mischung**	= 20%ige Lösg. von Thiocarbanilid in o-Toluidin; Sa/Sch.; Petersen 184/185	**Sa/Sch.**
7448	**Türkischrotöle**	= Rizinolsulfonat, Monopolseife; Sa.; Petersen 191 Sa/Sch.; „Engrg. Min. J.", Juni 1956, 116 Netzm.; DP. 802389, Römpp „Chemie-Lexikon" 1953, II, 1240 = Rizinol- oder Olivenölsulfonat; DP. 670048 s. Monopolseife; Sa., Modif. s. Rizinolsulfonat; Sa., Sa/Sch., Netzm., Emulg., Kondm., Modif.	**Sa., Sa/Sch., Modif., Netzm., Emulg., Kondm.**
7449	**Tutogen**	= Nekal/Eiweißabbauprod./Zusatzstoff-Mischg.; Emulg.; Manegold 43	**Emulg.**
7450	**Tween 20**	= Polyoxyäthylensorbitanmonolaurat; Flockm.; Am. 2884474	**Flockm.**
7421	**Tween 40**	= Polyoxyäthylensorbitanmonopalmitat; Flockm.; Am. 2884474	**Flockm.**
7452	**Tween 60**	= Polyoxyäthylensorbitanmonostearat; Flockm.; Am. 2884474	**Flockm.**
7453	**Tween 81**	nichtionogenes Polyoxyäthylensorbitan-monooleat; Flockm. z. Entwässerung von Feinkohle; „Chem. Ztrlbl." 1959, 1653	**Flockm.**
7454	**Tween-Petrol-Emulsion**	Flockm. z. Filtrieren von Schlämmen; „Erzmetall" 1957, 424/425	**Flockm.**
7455	**Twitchell 7250**	= sulfatierter Ester; Sa.; DP. 947453	**Sa.**
7456	**Twitchell-Reagens**	Emulg. f. Sammleröle; DP. 668641 Emulg. f. d. Netzm. Cycloran; Blücher, „Auskunftsbuch f. d. chem. Industrie" 1954, 773	**Emulg.**
7457	**TX-2043, -2044**	= Petroleumsulfonat; Sa. f. Be-Mineralien; „Chemical Abstracts" 1954, 11999	**Sa.**
7458	**Tylose**	s. = Methylcellulose; Sa., Dr., Netzm., Flockm. Schlamm-Dr. b. d. Kalisalz-Flot.; DP. 917361, 1016653 = Na-Carboxymethylcellulose i. Mischg. m. anionaktiven Stoffen als Kondm. f. elektrostatisch aufzubereitende Hartsalze; DP. 1095762	**Sa., Netzm., Dr., Flockm., Kondm.**

Lfd. Nr.	Bezeichnung (Zusammensetzung)	besondere Verwendung mit zugehöriger Literaturangabe	Verwendungs-überblick
7459	**Ucon LB-100X**	= Polypropylenglykol; Sa.; Am. 2898296	**Sch.**
7460	**Ultranat 1, -3**	= öllösl. Erdölsulfonat; Sa. f. oxyd. Eisenerze; DP. 844131	**Sa.**
7461	**Ultrapon S**	= Fettsäureamid; Netzm.; Stüpel	**Netzm.**
7462	**Ultravon K**	= Heptadecylbenzimidazolmonosulfonat; Netzm.; Stüpel	**Netzm.**
7463	**Ultravon W**	= Heptadecylbenzimidazoldisulfonat; Netzm.; Stüpel	**Netzm.**
7464	**Ultrawet**	= Na-Alkylbenzolsulfonat; Sa. f. oxyd. Fe-Erze; DP. 844131 als Sa.; Taggart 12—14 = Phenylpolypropylenalkansulfonat; Am. 2903431	**Sa.**
7465	**Ultrawet 30-DS**	= Alkylbenzolsulfonat; Netzm.; Stüpel guter Sch., Sa. f. Talk u. Steatit; „Engrg. Min. J.“, Juni 1956, S. 116	**Sch., Sa., Netzm.**
7466	**Ultrawet DS**	= Na-Alkylarylsulfonat; als Sa/Sch.; „Engrg. Min. J.“, Juni 1956, S. 116	**Sa/Sch.**
7467	**Ultrawet K**	= Alkylbenzolsulfonat; Netzm.; Stüpel	**Netzm.**
7468	**Ultrawet 35 KX**	= Mischg. aus 68% Wasser u. 32% Na-Dodecylbenzolsulfonat; Netzm.; Am. 2943058	**Netzm.**
7469	**Ultrawet 40 A**	= Alkylarylsulfonat; Netzm. als Zusatz z. 1. Flot.-Stufe b. d. zweistufigen Pyrochlor-Flot.; Am. 2951585	**Netzm.**
7470	**Umix**	= Emulsion von Tallöl und einem Neutralöl, z. B. Dieselöl oder Heizöl, dient unter Zusatz von Alkylarylsulfat als Sa. zum Ausschwimmen des Apatits aus Hämatit; „Glückauf“ 1957, 1348/49, u. „Bergb.-Wiss.“ 1958, 34	**Sa.**
7471	**Unal**	s. = Aminophenol; Sa., Sch.	**Sa., Sch.**
7472	**Undecan oder Undecen**	i. Mischg. m. Olein- oder Dodecylalkoholsulfat als Sa/Sch.; DP. 906321	**Sa/Sch.**
7473	**Undecanol**	s. = Undecylalkohol; Sa/Sch.	**Sa/Sch.**
7474	**Undecylacetsäure**	s. Undecylessigsäure, Tridecylsäure; Sa.	**Sa.**
7475	**Undecylaldehydsulfonat**	s. „Alframin“; Sa., Netzm. Undecylaldehyd = $C_{10}H_{21}CHO$	**Sa., Netzm.**
7476	**Undecylakohol**	= Undecanol, Decylcarbinol, Ocimenol, $C_{11}H_{23}OH$ Sa/Sch.; Am. 2012609	**Sa/Sch.**
7477	**Undecylalkohol/Äthylenoxyd-Kondenspr.**	s. = Lubrol MOA, Stockopol WW; Netzm.,	**Netzm., Flockm.**
7478	**Undecylalkoholsulfat**	s. = Undecylsulfat; Sa., Netzm., Kondm., Emulg.	**Sa., Netzm., Flockm., Kondm., Emulg.**
7479	**Undecylamidinhydrochlorid**	Sa. f. saure Mineralien; Brit. 568186	**Sa.**
7480	**Undecylamin**	Sylvin-Sa.; DP. 919703, 1008222, Am. 2365805 Netzm. z. Konsistenzminderung v. Schwerstofftrüben d. Schwimmsinkscheidung v. Mineralien; DP. 1089701, Am. 2899392 s. Alkylamin; Sa., Sa/Sch.	**Sa., Sa/Sch., Netzm.**

Lfd. Nr.	Bezeichnung (Zusammensetzung)	besondere Verwendung mit zugehöriger Literaturangabe	Verwendungs-überblick
7481	**Undecylamin/Abietin-säuremethylester-Mischg.**	Sa. f. d. schaumlose Flot. v. grobkörnigem Sylvinit; Am. 2937751	**Sa.**
7482	**Undecylaminacetat**	Netzm. z. Konsistenzminderung v. Schwerstofftrüben d. Schwimmsinkscheidung v. Mineralien; DP. 1089701, Am. 2899392 s. Alkylaminacetat; Sa.	**Sa., Netzm.**
7483	**Undecylamin/Alkohol-Mischung**	Sa. f. d. schaumlose Flot. von grobkörnigem Sylvinit; Am. 2937751	**Sa.**
7484	**Undecylamin/Alkylen-amin-Mischg.**	Sa.; Can. 395829 Sylvin-Sa.; Am. 2689649	**Sa.**
7485	**Undecylamin/Alkyl-nitril-Mischg.**	Sa.; Can. 410809/810	**Sa.**
7486	**Undecylamin/Brenz-katechinderivat-Mischg.**	Sa. f. oxyd. Antimon-Erze; „Chemiker-Ztg." 1959, 746/53 u. 681/85	**Sa.**
7487	**Undecylaminchlor-hydrat**	s. = Undecylaminhydrochlorid Sa.	**Sa., Netzm.**
7488	**Undecylaminchlorid**	kationakt. Sa.; „Aach. Bl." 1959, 81/110 Netzm. z. Konsistenzminderung von Schwerstofftrüben d. Schwimmsinkscheidung von Mineralien; DP. 1089701	**Sa., Netzm.**
7489	**Undecylamin/Dioxy-äthylbenzol-Mischg.**	Sa. f. d. Flot. oxyd. Antimonerze; „Chemiker-Ztg.", Nov. 1959, 681/85, 746/53	**Sa.**
7490	**Undecylamin/Ester-Mischung**	Sa. f. d. schaumlose Flot. von grobkörnigem Sylvinit; Am. 2937751	**Sa.**
7491	**Undecylamin/Fett-säureamid-Mischung**	Sa. f. d. schaumlose Flot. von grobkörnigem Sylvinit; Am. 2937751	**Sa.**
7492	**Undecylaminfluorid**	Zinkerz-, insbes. Galmei-Sa.; Franz. 61640	**Sa.**
7493	**Undecylaminhydro-chlorid**	Sylvin-Sa.; Brit. 564338 s. Alkylaminhydrochlorid; Sa. Netzm. z. Konsistenzminderung v. Schwerstofftrüben d. Schwimmsinkscheidung; DP. 1089701, Am. 2899392	**Sa. Netzm.**
7494	**Undecylaminlactat**	Zinkerz-, insbes. Galmei-Sa.; Franz. 61640	**Sa.**
7495	**Undecylamin/Methyl-amylalkohol-Mischg.**	Sa. f. d. schaumlose Flot. v. grobkörnigem Sylvinit; Am. 2937751 Kondm. f. elektrostat. aufzubereitenden Sylvinit; Am. 2762505	**Sa., Kondm.**
7496	**Undecylamin/Pflan-zenöl-Mischung**	Sa. f. d. schaumlose Flot. von grobkörnigem Sylvinit; Am. 2937751	**Sa.**
7497	**Undecylaminphthala-mat**	Sa., Netzm.; Am. 2101323	**Sa., Netzm.**
7498	**Undecylamin/Tieröl-Mischung**	Sa. f. d. schaumlose Flot. von grobkörnigem Sylvinit; Am. 2937751	**Sa.**
7499	**Undecylarylpolyoxy-äthylenätheralkohol**	Sa/Sch.; Franz. 1109798 Sch.; Brit. 782107, 782407, Belg. 532530	**Sa/Sch., Sch.**

Lfd. Nr.	Bezeichnung (Zusammensetzung)	besondere Verwendung mit zugehöriger Literaturangabe	Verwendungs-überblick
7500	**Undecylarylsulfonat**	s. Alkylarylsulfonat; Sa., Sa/Sch., Netzm., Disp., Regler, Flockm., Kondm.	**Sa., Sa/Sch., Netzm., Disp., Regler, Flockm., Kondm.**
7501	**Undecyldiäthylenglykolsulfat**	Sa. f. d. Flot. nichtsulfid. Mineralien; Am. 2120217	**Sa.**
7502	**Undecyldimethyl-hydrazinchlorid**	Sa.; Franz. 1165100	**Sa.**
7503	**Undecyldinitril**	Sa. f. d. Erz-Flot.; Can. 395283	**Sa.**
7504	**Undecyldithiocarbamat**	Sa.; DP. 871132	**Sa.**
7505	**Undecylensäureselenocyanat**	Sa. f. sulfid. oder oxyd. Mineralien; Am. 1863013	**Sa.**
7506	**Undecylensäuresulfonat**	Sa. f. d. Flot. oxyd. Eisenerze; DP. 844131	**Sa.**
7507	**Undecylensäurethiocyanat**	Sa. f. sulfid. oder oxyd. Mineralien; Am. 1863013	**Sa.**
7508	**Undecylessigsäure**	s. = Tridecylsäure; Sa.	**Sa.**
7509	**Undecylglykol**	Sch. f. d. Kalirohsalz-Flot.; DP. 872182	**Sch.**
7510	**Undecylguanidin**	kationakt. Sylvin-Sa.; „Chemie-Ing.-Techn.“ 1955, 2	**Sa.**
7511	**Unifloc**	= Prod. aus Kartoffelstärke, $CaCl_2$ u. $ZnCl_2$; Flockm. z. Klärung von Kohlenwaschwässern; „Chem. Ztrlbl.“ 1940, I, 3211	**Flockm.**
7512	**Undecylimidazol**	kationakt. Sa.; Brit. 578694 Flockm. beim Filtrieren v. Schlämmen; Am. 2509260	**Sa., Flockm.**
7513	**Undecylimidformiat, -hydrochlorid**	Sa. f. d. Flot. saurer Mineralien; Brit. 568186	**Sa.**
7514	**Undecylketon**	Sch. f. d. Flot. oxyd. Erze; Am. 2000350	**Sch.**
7515	**Undecylmercaptan**	Sa. f. oxyd. Eisenerze; Am. 2125337, 2410377	**Sa.**
7516	**Undecylmercaptosulfenamid**	Sa.; Am. 2807615	**Sa.**
7517	**Undecylnaphthalin-sulfonat**	Sa/Sch.; Petersen 191 Sa. f. d. Flot. oxyd. Eisenerze; Am. 1765368 Netzm.; DP. 802389, 844131, Am. 2266954	**Sa., Sa/Sch., Netzm.**
7518	**Undecylnatrium-sulfonat**	Sa. f. d. Flot. kieserit. Kalirohsalze; DP. 918861	**Sa.**
7519	**Undecyloxyäthylen-ätheralkohol**	s. Alkyloxyäthylenätheralkohol; Sa/Sch., Sch.	**Sa/Sch., Sch.**
7520	**Undecylphenol**	Sch/Sa. f. d. Flot. v. Pb-Erzen; „Engrg. Min. J.“, Juni 1956, 113 Sch.; Am. 2250190, Can. 390793	**Sch/Sa., Sch.**
7521	**Undecylphenolpoly-oxyäthylenäther**	s. Triton NE; Sa/Sch., Netzm.	**Sa/Sch., Netzm.**
7522	**Undecylphenolpoly-oxyäthylenester**	s. Igepal CA extra; Netzm.	**Netzm.**

Lfd. Nr.	Bezeichnung (Zusammensetzung)	besondere Verwendung mit zugehöriger Literaturangabe	Verwendungs-überblick
7523	**Undecylphenoxycarbonsäure**	Sa., insbes. f. schwerspathaltigen Flußspat; DP. 962871	**Sa.**
7524	**Undecylphenylpolyäthylenäther**	Netzm.; DP. 1030802	**Netzm.**
7525	**Undecylphenylsulfonat**	s. Invadin N; Sa.	**Sa.**
7526	**Undecylphosphat**	Sa. f. Nichtsulfide; Am. 2120217	**Sa.**
7527	**Undecylphthalat**	Sch. f. d. Kohlen-Flot.; Am. 2099120	**Sch.**
7528	**Undecylpolyalkylenpolyamid, -amin**	Sa. f. quarzige Erze; Am. 2569417	**Sa.**
7529	**Undecylpolyäthylenäther**	Netzm.; DP. 1030802	**Netzm.**
7530	**Undecylpolyäthylenoxyd**	Emulg.; Manegold 44	**Emulg.**
7531	**Undecylpolyoxyäthylenäther**	Sch. allgemein, Sa/Sch. f. d. Kohle-Flot.; Brit. 782107, Belg. 532530	**Sa/Sch., Sch.**
7532	**Undecylpolyoxyäthylenätheralkohol**	Sa/Sch. u. Sch. f. d. Kohlen-Flot.; Brit. 782107, 782407, Franz. 1109798, Belg. 532530	**Sch., Sa/Sch.**
7533	**Undecylpolyoxynitrosophenol**	Sa/Sch. f. silikat. Cu-Erze; „Chemical Abstracts": 1953, 1549	**Sa/Sch.**
7534	**Undecylpropylendiamin**	s. Duomeen T; Sa., Flockm.	**Sa., Flockm.**
7535	**Undecylpyridin**	s. Repellate; Netzm.	**Netzm.**
7536	**Undecylpyridiniumbromid**	Flußspat- u. Schwerspat-Sa.; „Chem. Ztrlbl." 1959, 16123 s. Alkylpyridiniumbromid; Sa., Sa/Sch. kationakt. Quarz-Sa. f. d. Quarz/Kalkstein-Flot.; Am. 2341046	**Sa., Sa/Sch.**
7537	**Undecylpyridiniumchlorid**	kationakt. Quarz-Sa. f. d. Quarz/Kalk-Flot.; Am. 2341046 Sa.; Am. 2389763, Brit. 463261	**Sa.**
7538	**Undecylsäure/Nitril-Mischung**	Erz-Sa.; Am. 2166093	**Sa.**
7539	**Undecylsilicon**	Erz-Sa.; „Chem. Abstr." 1958, 8918	**Sa.**
7540	**Undecylstyrolpolymer**	s. Santodex; Sa., Netzm., Flockm., Dr.	**Sa., Netzm., Flockm., Dr.**
7541	**Undecylsulfamido-Verbdgg.**	s. Alkylsulfamido-Verbdgg.; Sa.	**Sa.**
7542	**Undecylsulfat**	Sa.; Can. 360802 s. Alkylsulfat; Sa., Netzm., Flockm., Kondm., Emulg.	**Sa., Netzm., Flockm., Kondm., Emulg.,**
7543	**Undecylsulfenamid**	Sa.; Am. 2807615	**Sa.**
7544	**Undecylsulfenyltrithiocarbonat**	Sa.; Am. 2634291	**Sa.**
7545	**Undecylsulfoacetat**	Sa. f. Nichtsulfide; Am. 2120217	**Sa.**
7546	**Undecylsulfonat**	s. Alkylsulfonat; Sa., Sa/Sch., Netzm., Dr., Disp., Kondm., Akt.	**Sa., Sa/Sch., Netzm., Dr., Disp., Kondm. Akt.**
7547	**Undecylthiocarbonat**	s. Xanthate; Sa.	**Sa.**

Lfd. Nr.	Bezeichnung (Zusammensetzung)	besondere Verwendung mit zugehöriger Literaturangabe	Verwendungs-überblick
7548	**Undecylthiophan**	Sa. f. sulfid. Zinkerze; Can. 393245	**Sa.**
7549	**Undecylthiophospbat**	Sa.; Brit. 310186	**Sa.**
7550	**Undecylthiosulfat**	Sa.; Am. 1723295	**Sa.**
7551	**Undecylthiourethan**	Sa.; Can. 311054	**Sa.**
7552	**Undecyltrimethylamin**	Sa. f. sulfid. Erze; „Erzmetall" 1958, 199/209	**Sa.**
7553	**Undecyltrithiocarbonat**	Sa.; Am. 2600737	**Sa.**
7554	**Undecylxanthogenformiat**	Sa. f. Sulfide; Am. 2412500	**Sa.**
7555	**Undecyxanthogenmolybdat**	Erz-Sa.; Can. 385474	**Sa.**
7556	**Uramin**	s. = Hexamethylentetramin; Netzm.	**Netzm.**
7557	**Uranin**	= Arylcarbonsäure, Farbstoff; z. Konditionieren von elektrostat. aufzubereitenden Kalisalzen; DP. 1076593	**Kondm.**
7558	**Urethane** (= Kohlensäureesteramide, Carbaminsäureester)	s. Alkylthiourethan; Sa.	**Sa.**
7559	**Uronsäurepolymer**	Ton-Disp. b. d. Flot. von grobkörnigem Sylvinit; Am. 2934208	**Disp.**
7560	**Urotropin**	s. = Hexamethylentetramin; Netzm.	**Netzm.**
7561	**Uroxaninsäure**	$H_2NCOHN{-}\overset{\displaystyle COOH}{\underset{\displaystyle COOH}{C}}{-}NHCONH_2$, eine Diaminodicarbonsäure Gangart-Dr.; „Min. Technology" 1946, 279, Am. 2414199	**Dr.**
7562	**Ursin**	s. = Arbutin; Netzm.	**Netzm.**
7563	**Ursol**	= Steinkohlentieftemperaturteer, Primärteer; Römpp s. Steinkohlenteer; Sa/Sch.	**Sa/Sch.**
7564	**Ursol D**	s. = Phenylendiamin; Sa.	**Sa.**
7565	**Ursol P**	s. = Aminophenol; Sa., Sch.	**Sa., Sch.**
7566	**Utinal**	= Na-Dodecylsulfat; Sa. f. d. Schwerspat-Flot.; Petersen 191 Sa. f. d. Kalisalz-Flot.; „Bergbautechnik" 1956, 667	**Sa.**
7567	**Uvasol**	s. = Arbutin; Netzm.	**Netzm.**
7568	**Uvermene 38**	= Alamine 26; als Sa. f. d. Phosphatit-Flot.; Am. 2914174	**Sa.**

Lfd. Nr.	Bezeichnung (Zusammensetzung)	besondere Verwendung mit zugehöriger Literaturangabe	Verwendungsüberblick
7569	**Valeraldehyd/Arylsulfonsäure-Kondspr.**	MoS_2-Dr. b. d. Flot. sulfid. Cu/Mo-Erze; Am. 2187930 Valeraldehyd = Amylaldehyd, Pentanal, C_4H_9CHO	**Dr.**
7570	**Valeraldehyd/Butylamin-Reaktpr.**	Sa. f. d. Flot. v. Ni/Cu-Steinen; Am. 2432456	**Sa.**
7571	**Valeroguanamin**	für sich oder im Gemisch mit einem Fettsäuregemisch als Mittel zum Konditionieren von elektrostatisch aufzubereitenden Kalisalzen; DP. 1063092 u. 1077611	**Kondm.**
7572	**Valeriansäureanhydrid**	s. Triazin; Netzm.	**Netzm.**
7573	**Valeroguanamin/Alkylenoxyd-Kondspr.**	Sa., Netzm., Emulg.; Am. 2381121 s. Glycidol/Valeroguanamin-Kondspr.; Sa., Netzm., Emulg.	**Sa., Netzm., Emulg.**
7574	**Valeron**	s. = Dibutylketon; Sch., Lösm.	**Sch., Lösm.**
7575	**Valin**	s. = Isopropylglycin; Sa.	**Sa.**
7576	**Varlacoid**	= Fettsäure/Harzsäure-Mischg. bzw. deren Seifen; anionakt. Quarz-Sa. f. d. Quarz-Flot. aus oxyd. Eisenerzen; Am. 2364778	**Sa.**
7577	**Varlacoid/Kresol-Mischg.**	anionakt. Quarz-Sa.; Am. 2364777	**Sa.**
7578	**Varlacoid/Kresol/Oleinsäure-Mischg.**	anionakt. Quarz-Sa.; Am. 2364777	**Sa.**
7579	**Veratrol**	= Brenzkatechindimethyläther s. Brenzkatechinmethyläther; Sch.	**Sch.**
7580	**Verbenol**	Sch. f. Erze; „Chemical Abstracts" 1953, 3208	**Sch.**
7581	**Verbenon**	Sch. f. d. Erz-Flot.; „Chemical Abstracts" 1953, 3208	**Sch.**
7582	**Vesuvin**	s. = Bismarckbraun; Sa.	**Sa.**
7583	**Victamin**	$C_{12}H_{25}—NH—P(OC_2H_5)(=O)(ONH_3C_{12}H_{25})$ Sa. f. d. Zinkerz-Flot.; Franz. 1136073	**Sa.**
7584	**Victamin D**	= Octadecylaminstearinamidäthylphosphat; Am. 2578790	**Sa.**
7585	**Victawet 12, 14**	= Phosphorsäureester höherer Alkohole, wie Octylphosphat; nichtion. Ton-Disp.; Am. 2797196	**Disp.,**
7586	**Vinylacetat/Hydroacrylonitril-Copolymer**	als Gangart-Dr. f. sulfid. Erze; Am. 2740522 Vinylacetat = $CH_3COOCHCH_2$	**Dr.**
7587	**Vinylacetat/Hydroacrylonitrilmethacryllonitril-Copolymer**	als Gangart-Dr. f. sulfid. Erze; Am. 2740522	**Dr.**
7588	**Vinylacetat/Maleinanhydrid-Copolymer**	als Gangart-Dr. f. sulfid. Erze; Am. 2740522 = Lytron 886/887; ein anionakt. Polyelektrolyt als Flockm. f. Kaolin- u. Hämatit-Suspensionen; „Min. Engrg.", Aug. 1956, S. 830	**Dr., Flockm.**

Lfd. Nr.	Bezeichnung (Zusammensetzung)	besondere Verwendung mit zugehöriger Literaturangabe	Verwendungs-überblick
7589	**Vinylacetat/Polyacryl-amid-Copolymer**	Flockm. f. Erz- u. Kohlenschlämme; „Chem. Ztrlbl." 1960, 11771	**Flockm.**
7590	**Vinylacetat/Polymeth-acrylat-Copolymer**	Flockm. f. Erz- u. Kohlenschlämme; „Chem. Ztrlbl." 1960, 11771	**Flockm.**
7591	**Vinylacetat/Polyacry-lat-Copolymer**	Flockm. f. Erz- u. Kohlenschlämme; „Chem. Ztrlbl." 1960, 11771	**Flockm.**
7592	**Vinylalkohol**	s. = Äthanol; Sch/Sa., Sch., Sa., Lösm.	**Sch/Sa., Sch., Sa., Lösm.**
7593	**Vinylakohol/Na-Poly-acrylat-Copolymer**	als Gangart-Dr. f. sulfid. Erze; Am. 2740522	**Dr.**
7594	**Vinylbenzol**	s. = Styrol; Netzm.	**Netzm.**
7595	**Vinylbenzolharzpo-lymer**	s. = Styrolharzpolymere; Haftm.	**Haftm.**
7596	**Vinylcarbinol**	s. = Allylalkohol; Disp.	**Disp.**
7597	**Vinylchlorid**	= Chloräthan, Chloräthylen, CH_2CHCl Vinylchlorid- Polymerisate u. -Copoly-merisate als Ton-Sa. b. d. Ton-Flot. aus Kalirohsalzen; Franz. 1139954	**Sa.**
7598	**Vinylchlorid/Malein-anhydrid-Copolymer**	als Gangart-Dr. f. sulfid. Erze; Am. 2740522	**Dr.**
7599	**Vinylcyanid**	s. = Acrylonitril; Flockm.	**Flockm.**
7600	**Vinylessigsäure** ($H_2C{=}CH \cdot CH_2 \cdot COOH$)	Acryl- oder Methacryl-vinylessigsäure als Schlamm-Dr. b. d. Kohlen- oder Erz-Flot.; Am. 2740522, Brit. 749213	**Dr.**
7601	**Vinylformiat/Malein-anhydrid-Copolymer**	als Gangart-Dr. f. sulfid. Erze; Am. 2740522	**Dr.**
7602	**Vinylformsäure**	s. = Acrylsäure; Regler	**Regler**
7603	**Vinylmercaptan**	Sa., Netzm.; Am. 2346102	**Sa., Netzm.**
7604	**Vinylmethyläther/Ma-leinanhydrid-Copo-lymere**	als Gangart-Dr. f. sulfid. Erze; Am. 2740522 als Sedimentierhilfsmittel z. Verhinderung des Auftretens von Schwimmkohle; DP. 1006361	**Dr., Flockm.**
7605	**Vinylpyridin/Aryloni-tril-Copolymer**	als Gangart-Dr. f. sulfid. Erze; Am. 2740522	**Dr.**
7606	**Vinyltoluol/Acryloni-tril-Copolymersul-fonat**	Flockm. f. Kohlenwaschwasser; Brit. 812228	**Flockm.**
7607	**Vinylyden**	Vinylyden-Polymerisate u. -Copolymeri-sate als Ton- Sa. f. d. Ton-Flot. aus Kalirohsalzen; Franz. 1139954 s. Polyacrylamid-Lösgg.; Sa., Dr., Flockm.	**Sa., Dr., Flockm.**
7608	**Violamin**	= Xanthen; Farbstoff; Gangart-Dr. b. d. Erz-Flot.; Am. 2211686	**Dr.**
7609	**Vitellin**	s. = Lecithin; Sa.	**Sa.**
7610	**Vorlauffettsäure-gemisch**	aus $C_{3/10}$-Säuren; Kondm. für elektrosta-tisch aufzubereitende Kalisalzen; DP. 1076593 u. 1077611	**Kondm.**

Lfd. Nr.	Bezeichnung (Zusammensetzung	besondere Verwendung mit zugehöriger Literaturangabe	Verwendungs-überblick
7611	**Wachs**	es gibt **„Paraffin-Wachse“** (aus geradkettigen Paraffin-KWstoffen) u. **„mikrokristalline oder amorphe Wachse“** (aus Iso- u. Cycloparaffinen); Brit. 792581, S. 1, Z. 10/14 Oxydationserzeugnisse von Wachsen u. Paraffinen als Sa.; Am. 1787938 u. Brit. 298736 Acrylesterwachse = Acryloid; s. d. Bienenwachs enthält als Palmital „Melissylalkohol“; s. d.	**Sa.**
7612	**Wachsalkoholsulfat**	s. Cerylsulfat; Sa.	**Sa.**
7613	**Wachsdiaryldithiophosphorsäure**	Sa.; Am. 2365938	**Sa.**
7614	**Wachsseifen**	Sa.; DP. 1060812	**Sa.**
7615	**Walöl**	Sa. f. d. Chromit-Flot.; Am. 2412217	**Sa.**
7616	**Walölfettsäuregemisch**	Kondm. f. elektrostatisch aufzubereitende Kalisalze; DP. 1076593	**Kondm.**
7617	**Walölsulfonat**	s. Peltogen; Emulg. Sa.; Am. 2331722 Sa. f. d. Flot. oxyd. Eisenerze; Am. 2414714	**Sa., Emulg.**
7618	**Walratöl**	s. = Spermöl, Walöl; Sa.	**Sa.**
7619	**Walzensinter**	s. = Hammerschlag; Schwerst.	**Schwerst.**
7620	**Warolat**	= Alkylsulfonat; Netzm.; Stüpel	**Netzm.**
7621	**Waschberge**	Schwerstoff. f. d. Schwimmsinkscheidung von Mineralien; Franz. 945021 Kohlenwaschberge als Schwerst. f. d. Stripa-Schwimmsinkscheidung harter Steinkohle; DBP. 1059372, Brit. 856636, Franz. 1183491	**Schwerst.**
7622	**Waschmittel, Waschhilfsmittel**	wie Rei, Pril usw. als Netzm.; Römpp „Chemie-Lexikon“, 3. Aufl., 1952, 1240	**Netzm.**
7623	**Waschöl/Wasser-Emulsion**	Sa. f. d. Kohlen-Flot.; „Glückauf“ 1958, 1077 s. Ölemulsionen; Sa., Netzm.	**Sa., Netzm.,**
7624	**Wasserdampf**	Kondm. f. elektrostat. aufzubereitende Kalirohsalze; DP. 1095222	**Kondm.**
7625	**Wassergasteer**	Sa/Sch. f. d. Flot. von Zn-Erzen, insbesondere f. d. Nachflotation von Abgängen; Petersen 171 Sa/Sch. f. sulfid. Pb/Zn-Erze; Michell, „The Practice of Mineral Dressing“ 1950, 54	**Sa/Sch.**
7626	**Wassergasteer/Kresol-Mischung**	Sa/Sch. f. sulfid. Pb/Zn-Erze; Michell „The Practice of Mineral Dressing“ 1950, 54	**Sa/Sch.**
7627	**Wasserglas** (Na_2SiO_3)	s. Natriumsalze: Na_2SiO_3; Dr., Akt., Disp., Regler peptisiert Ton, feine Schlämme usw. u. reinigt damit d. Oberfläche d. Erzteilchen, so daß sie f. d. Angriff d. Flotationsmittel freigelegt werden; bes. wichtig f. d. Flot. oxyd. Erze mit Fettsäure-Sa.; erhöht die Gegensätze zwischen	**Disp., Akt., Regler, Dr.**

Lfd. Nr.	Bezeichnung (Zusammensetzung)	besondere Verwendung mit zugehöriger Literaturangabe	Verwendungs-überblick
		Gangart u. Konzentrat; trägt. z. Bildung leicht brechender Schäume bei, die hierdurch weniger Gangart mitführen; Mayer-Schranz, 1931, 279	
7628	**Wasserglas/Ligninsulfonat-Mischg.**	Dr., Disp.; Brit. 759564	**Dr., Disp.**
7629	**Wasser/Luft-Aerosol**	Kondm. f. elektrostat. aufzubereitende Kalirohsalze; DP. 1095222	**Kondm.**
7630	**Wasserstoff** (H_2)	z. Metallisierung d. Oberflächen von Kassiterit; Brit. 354395	**Kondm.**
7631	**Wasserstoffsuperoxyd** (H_2O_2)	Glanzkohle-Dr. b. d. Flot. von Faserkohle mit Phenol; Petersen 208 verdünnte H_2O_2-Lösgg. z. Aufschließen eisenarmer Erze; DP. 839781	**Dr.**
7632	**Wattle Bark Extract**	ist ein Tannin bzw. Quebracho; Kalkspat-Dr.; „Engrg. Min. J.“, Juni 1956, 116	**Dr.**
7633	**Weidenöl**	Sa/Sch. f. d. Flot. v. Eisenerzen aus Abgängen d. Magnetscheidung; „Bergb.-Wiss.“ 1959, 463	**Sa/Sch.**
7634	**Weinsäure**	s. = Tartarsäure; Dr., Regler, Pass.	**Dr., Regler, Pass.**
7635	**Weinsteinsäure**	s. = Tartarsäure; Dr., Regler, Pass.	**Dr., Regler, Pass.**
7636	**Weißöl**	= raffiniertes Mineralöl; Sa.; Am. 2305032 s. = Nujol; Sa. s. = Petrolatum; Sa., Flockm., Modif.	**Modif., Flockm., Sa.**
7637	**Weißöl/Carboxymethylcellulose-Mischg.**	Sa/Sch. f. Ca-haltige Mineralien, wie $CaWO_4$, CaF_2; Am. 2824643	**Sa/Sch.**
7638	**Weißöl/Hydroxyäthylcellulose-Mischg.**	Sa/Sch. f. d. Flot. v. Ca-haltigen Mineralien, wie $CaWO_4$, CaF_2; Am. 2824643	**Sa/Sch.**
7639	**Weizenstärke**	als Fusit-Dr. b. d. Kohlen-Flot.; Am. 1499872 als Flockungsm.; „Glückauf“ 1956, S. 1036 s. auch „Getreidestärke“	**Flockm., Dr.**
7640	**Wermutöle**	ätherische W. als Sch. f. Komplexerze; „Chem. Ztrlbl.“ 1955, S. 11700	**Sch.**
7641	**Wetanol SA**	Emulg.; „Min. Technology“ 1946, 281	**Emulg.**
7642	**White Spiritoyd/Hydron-Mischg.**	anionakt. Sa. f. d. Schwarzmetallerz-Flot.; „Bergb.-Wiss.“ 1959, 120 White Spiritoyd = Carbonsäure/KWstoff-Mischg.	**Sa.**
7643	**Wismut-Verbdgg.**	Bi-Seifen als Sa. f. d. Flot. v. Nichtseifenmetallen aus See- u. Grubenwasser; Min. J.“, 3. 6. 1960, 648 Steinsalz-Akt.; „Chemie-Ing.-Techn.“ 1955, 2	**Sa., Akt.**
7644	**Witolat(-paste)**	= Alkylsulfonat; Netzm.; Stüpel Kondm. f. elektrostat. aufzubereitenden Sylvinit; DP. 1056551	**Netzm., Kondm.**

Lfd. Nr.	Bezeichnung	besondere Verwendung mit zugehöriger Literaturangabe	Verwendungs-überblick
7645	**X-2610**	s. = Separan 2610; Sa., Disp., Dr., Flockm., Kondm.	**Sa., Disp., Dr., Flockm.,Kondm.**
7646	**Xanthate**	= Xanthogenate, Xanthogensäureester, Alkyldithiocarbonsäuresalze, Dithiokohlensäureester, Sulfothiocarbonsäureester Sa. f. d. Kohlen-Flot.; Brit. 272301 Sa. f. d. Zinkblende-Flot.; Brit. 262462 Sa.; Brit. 275561/562, 294981 Ammoniumäthylxanthat, Amylxanthat; Sa.; Petersen 180 Roh-Butylxanthat = Raconit als Sa. f. d. Flot. von Cu/Pyrit-Erzen; „Erzmetall" 1959, 37/38 Na-, K-Stärkexanthat, Na-Cellulosexanthat, Na-Dextrinxanthat als Sa. f. oxyd. Eisenerze; Am. 2629494 s. Stärkexanthat; Sa., Dr. Äthyl-, Isopropyl-, Butyl-, Amylxanthat als Sa. f. d. Bleiglanz-Flot.; „Chem. Ztrlbl." 1958, 7877 Isoalkenylxanthat als Sa.; Can. 356306 Z 6-, =K-Pentasolamylxanthat als Manganerz-Sa.; Am. 2666588 Isopropylxanthat als Sa.; Brit. 782107 Amylxanthat als Sa. f. d. Magnetkies-Flot.; Am. 2693278 Butylxanthat als Sa.; Am. 2331722 K-Pentasolxanthat; Sa.; Am. 2611485 Oxyätherxanthat; Sa.; Am. 1970508 Isoalkenylxanthat als Golderz-Sa.; Am. 2101647 Äthoxyäthylxanthat; Sa.; „Chemical Abstracts" 1959, 21501 Xanthate, insbes. Äthylxanthat, in d. 3-bis 4fachen der sonst üblichen Menge ohne Schäumerzusätze f. d. PbS/ZnS-Flot.; sind stark selektiv wirkende Sammler mit stark flockenden Eigg.; DP. 1022171 Xanthat-Mischgg. als Sa.; Am. 1716273 höhere Xanthate als Sa. f. oxyd. Pb/Ag-Erze; Am. 1733570 hydriertes aromat. Xanthat als Sa.; Am. 1813343 Cyclohexylxanthat als Sa. f. oxyd. Erze; Am. 1823316 Cellulosexanthat als Sa.; „Metall u. Erz" 1932, 517 Xanthate als Flockm. f. d. Schleuder- oder Filterentwässerung von Erz- oder Kohlenschlämmen; „Glückauf" 1950, 1195 Cellulosexanthat als Schlamm-Dr. b. d. Kalisalz-Flot.; DP. 872182, Am. 2364520 Xanthate als Mittel z. Entaschung von Kohlenschlämmen; „Glückauf" 1931, 1445	**Sa., Sa/Sch., Flockm., Dr., Netzm.**

Lfd. Nr.	Bezeichnung (Zusammensetzung)	besondere Verwendung mit zugehöriger Literaturangabe	Verwendungs-überblick
		Sa/Sch. f. d. Steinkohlen-Flot.; „Glückauf“ 1950, 493/98 Butylxanthat als Sa. f. d. Flot. v. Cu/Zn-Erzen; „Chem. Ztrlbl.“ 1958, 5496 Allylallylxanthat als Sa.; DP. 866331 s. Carbäthoxy-butylxanthat, -äthylxanthat; Sa. s. Methoxmethyl-, Butoxymethyl-butylxanthat; Sa. s. Allylisopropyl-, Propylisopropyl-, Isopropylisopropylxanthat; Sa. s. Alkenylxanthat; Sa. s. Methyl-, Äthyl-, Isopropyl-, Benzolphenyläthyl-, Cyclohexylxanthat; Sa. s. Hexylcellosolvexanthat; Sa. s. Isobutenyl-, Pentenyl-, Hexenyl-, Heptenyl-, Octenyl-, Abietyl-, Hydroabietyl-xanthat; Sa. s. Butylaero-Reagens; Sa. s. Aero Xanthate; Sa. s. Reagent 301, 322, 325, 343; Sa. s. Z-Xanthate; Sa. s. AC 301, 343; Sa. s. Minerec; Sa. s. Äthyldixanthogen; Netzm.	
7647	**Xanthat/Amin-Mischg.**	Sa., insbes. f. oxyd. Zn-Erze; Franz. 1011166 u. 1011183	**Sa.**
7648	**Xanthat/Ammonsalz-Reaktpr.**	Sa.; Am. 1897625	**Sa.**
7649	**Xanthat/Chlorid-Reaktpr.**	Sa.; Brit. 294198	**Sa.**
7650	**Xanthat/Cyanhalogenid-Reaktspr.**	Sa.; Am. 1816145	**Sa.**
7651	**Xanthat/Petroleum/Pech-Mischg.**	Sa.; Am. 1830908	**Sa.**
7652	**Xanthatpreßlinge**	Sa.; DP. 749384	**Sa.**
7653	**Xanthat/Resinat/Pineöl/Wasser-Emulsion**	Sa/Sch. f. d. Pyrit-Flot.; Am. 2636604	**Sa/Sch.**
7654	**Xanthat/Schwefelkohlenstoff-Reaktpr.**	Sa.; Am. 1847367	**Sa.**
7655	**Xanthen**	s. = Violamin; Dr.	**Dr.**
7656	**Xanthogen**	s. Dixanthogen, Äthyldixanthogen; Sa., Netzm.	**Netzm., Sa.**
7657	**Xanthogenanhydrid**	s. Thiocarbonsäurederivate; Sa.	**Sa.**
7658	**Xanthogenate**	s. = Xanthate, Sa., Sa/Sch., Flockm., Dr., Netzm.	**Sa. Sa/Sch., Flockm., Dr., Netzm.**
7659	**Xanthogenäthylformiat**	s. Äthyl-**X.** s. Butyl-, Amyl-, Hexyl-**X.** als Sa. f. sulfid. Erze; Am. 2412500	**Sa.**
7660	**Xanthogenformiat**	s. Alkyl-, Hexylxanthogenformiat, Xanthogenäthylformiat Sa.; Am. 2070634	**Sa.**

Lfd. Nr.	Bezeichnung (Zusammensetzung)	besondere Verwendung mit zugehöriger Literaturangabe	Verwendungs-überblick
7661	**Xanthogenmolybdat**	s. Alkylxanthogenmolybdat; Sa.	**Sa.**
7662	**Xanthogensäuren**	= substituierte Dithiocarbonsäuren s. Nitroxanthogensäure = Pikrinsäure; Dr. Salze d. Xanthogensäuren = Xanthogenate = Xanthate; Sa.	**Dr., Sa.**
7663	**Xanthogensäureester**	= „Minerec"; als Sa. f. d. Mo-Erz-Flot.; Am. 2811255 Xanthogensäureester als Sa,; Am. 1819112/113 s. Äthylxanthogensäureäthylester; Sa.	**Sa.**
7664	**Xanthomolybdänsäure-Verbdgg.**	MoS_2-Sa.; Taggart 12—09 Hilfs-Sa. f. d. Erz-Flot.; Brit. 515937	**Sa., Akt.**
7665	**Xenolsulfonat**	s. = Phenylphenolsulfonat; Netzm., Sa.	**Netzm., Sa.**
7666	**X-Kuchen**	= Naphthylamin; Sa.; Petersen 4	**Sa.**
7667	**Xylenazonaphthal**	Sa.; Östr. 86639	**Sa.**
7668	**Xylenol** (= Oxydimethylbenzol, Dimethylphenol, $(CH_3)_2C_6H_3OH$)	ein Teerdestillat, das bei der Erzeugung von Carbolux, einem Halbkoks, anfällt; Sch/Sa.; „Schlägel u. Eisen" 1956, 786 s. Hydroxylenol; Sch. Sa.; Petersen 269 s. Halogenylenol, -kresol; Sa.	**Sa., Sch/Sa.**
7669	**Xylenyldithiophosphat**	= Komponente des Phosokresols; Sa.; „Erzmetall" 1959, 220/222	**Sa.**
7670	**Xylidin**	= Aminodimethylbenzol, Aminoxylol, Xylolamin, Dimethylphenylamin, Dimethylanilin, $(CH_3)_2C_6H_3NH_2$ Lösm. i. d. X—Y-Mischg.; Petersen 184	**Lösm.**
7671	**Xylidin/CS_2-Mischung**	Sa. f. Pb-, Zn-, Ag-Erze; Austral. 28983/1930	**Sa.**
7672	**Xylol** (= Dimethylbenzol, C_6H-$(CH_3)_2$)	Sch. f. d. Erz- u. Kohlen-Flot.; Brit. 218012 Xylol neben üblichen Sammlern verbessert die Sylvin-Flot.; Patentanm. C 2170 VI/1 c, bekanntgem. 4. 12. 1952 Kondm. z. Verbesserung d. Convertol-Feinkohlenaufbrtg.; „Min. Engrg." 1959, 1153/54 s. Tetrachlorkohlenstoffxylol; Sa/Sch.	**Sch., Akt., Kondm.**
7673	**Xylolamin**	s. = Xylidin; Lösm.	**Lösm.**
7674	**Xyloseester**	wie Xylosestearat, -oleat, -benzoat-, -acetat, -octoat, -palmitat; reduzierendes Kondm. f. nichtmagnet. Eisenoxyderze — Hämatit, Göthit — vor deren Flotation oder Magnetscheidung; Am. 2952532	**Kondm.**
7675	**Xylol/Tetrachlorkohlenstoff-Mischung**	Schwerfl. f. d. Schwimmsinkscheidung; „Glückauf" 1957, 123/124	**Schwerfl.**
7676	**Xylose** (ein Monosaccharid)	reduzierendes Kondm. f. nichtmagn. Eisenoxyderze — Hämatit, Göthit — vor deren Flotation oder Magnetscheidung; Am. 2952532	**Kondm.**
7677	**Xylyldithiophosphorsäure/Arylthiocarbamit-Mischg.**	Hilfs-Sa.; Brit. 546232	**Sa.**

Lfd. Nr.	Bezeichnung (Zusammensetzung)	besondere Verwendung mit zugehöriger Literaturangabe	Verwendungs-überblick
7678	**Xylylendihydroperoxyd**	Sch.; Am. 2535344	**Sch.**
7679	**Xylylthiocarbamid**	Sa.; Östr. 88232	**Sa.**
7680	**X-Y-Mischung**	= 60%ige Lösg. v. α-Naphthylamin in Xylidin; Sa.; Am. 1785742	**Sa.**
7681	**Xynomine**	= Fettsäureamidsulfonat; anionakt. Kondm. f. elektrostat. aufzubereitende Kalirohsalze; DP. 1056551, 1095762 Netzm.; Stüpel	**Netzm., Kondm.**

Lfd. Nr.	Bezeichnung (Zusammensetzung)	besondere Verwendung mit zugehöriger Literaturangabe	Verwendungs-überblick
7682	**Yarmor F**	= Pineöl; Sch.; „Engrg. Min. J.“, Juni 1956, 116	**Sch.**

Lfd. Nr.	Bezeichnung (Zusammensetzung)	besondere Verwendung mit zugehöriger Literaturangabe	Verwendungs-überblick
7683	**Zedernöl, Zedernwurzelöl**	Sch.; „Glückauf" 1950, 352	**Sch.**
7684	**Zement**	Pyrit-Dr.; Taggart 12—26 pH-Regler; Petersen 159	**Dr., Regler**
7685	**Zeo Karb**	= sulfon. Kohle; Disp. b. d. Flot. von oxyd. Fe- u. Cu-Erzen oder Phosphatit; Am. 2557361	**Disp.**
7686	**Zephirol**	= Alkylbenzyldimethylammoniumchlorid; Emulg.; Manegold 43	**Emulg.**
7687	**Zeromist**	= Mischg. aus 75% $NaHCO_3$ u. 25% Na-Fluorpentansulfonat; Dr., Netzm.; „Chem. Age" 1957, 883/884	**Netzm.**
7688	**Zimtalkohol**	= Styron, $C_6H_5CH{=}CH\cdot CH_2OH$; Karrer als Sch/Sa. f. d. Kohlen-Flot.; „Montanwiss. Litber.", Sept. 1959, S. 1024 Hydrozimtalkohol = Phenylpropylalkohol	**Sch/Sa.**
7689	**Zimtsäure** (= β-Phenylacrylsäure, $C_6H_5\cdot CH{=}CH\cdot COOH$)	Sa.; Petersen 190 Kondm. f. elektrostat. aufzubereitende Kalisalze; DP. 1076593, 1077611 s. Oxyzimtsäure = Cumarinsäure; Sa.	**Sa., Kondm.**
7690	**Zimtsäure/Alkohol-Lösung**	Sa/Sch. f. oxyd. Erze; Am. 1960526	**Sa/Sch.**
7691	**Zink**	Schwerstoff f. d. Schwimmsinkscheidung; Am. 2206980, Östr. 176521 Zinkpulver als Kondm. während d. Zerkleinerung von zu flotierenden sulfid. Pb/Zn-Erzen; Can. 525279	**Kondm., Schwerst.**
7692	**$ZnCl_2$-Lösg.**	Schwerf. f. d. Schwimmsinkscheidung; „Glückauf" 1957, 123/124	**Schwerfl.**
7693	**$Zn(CN)_2$** (Zinkcyanid)	Zinkblende- u. Pyrit-Dr.; Can. 358326	**Dr.**
7694	**$ZnHSO_3$** (Zinkhydrosulfit)	Zinkblende- u. Pyrit-Dr.; „Engrg. Min. J.", Juni 1956, 116 Zinkblende- u. Bleiglanz-Dr. b. d. Flot. Cu-haltiger ZnS/PbS-Erze; Michell, „The Practice of Mineral Dressing" 1950, 54	**Dr.**
7695	**ZnO** (Zinkoxyd)	Dr. f. d. Zn-Komponenten b. d. Flot. komplexer Pb/Cu/Zn-Erze; Can. 301971	**Dr.**
7696	**$ZnSO_4$** (Zinksulfat)	Dr. f. Pyrit u. Zinkblende b. d. selektiven Flot. sulfid. Pb/Zn/Cu-Erze; „Engrg. Min. J.", Juni 1956, 116 Dr.; Petersen 199 pH-Regler; „Erzmetall" 1958, 207 Bindemittel z. Granulieren von Flotationskonzentraten sulfid. Mineralien; Brit. 715832 $ZnSO_4$-Lösg. als Schwerfl. f. d. Schwimmsinkscheidung von Mineralien; „Glückauf" 1957, 123/124	**Dr., Regler, Schwerfl.**
7697	**Zinnchlorid** ($SnCl_2$)	reduzierendes Kondm. f. nichtmagnet. Eisenoxyderze — Hämatit, Göthit — vor deren Flotation oder Magnetscheidung; Am. 2952532	**Kondm.**
7698	**Zitronensäure**	s. Citronensäure; Sch., Dr., Disp., Regler, Pass.	**Sch., Dr., Disp., Regler, Pass.**

Lfd. Nr.	Bezeichnung (Zusammensetzung)	besondere Verwendung mit zugehöriger Literaturangabe	Verwendungs-überblick
7699	**Zucker**	s. Dextrose; Dr., Kondm. s. Maltose; Dr.	**Dr., Kondm.**
7700	**Zuckeralkoholester**	Zuckeralkohol/Monostearinsäure-Ester als Sa. f. Nichtsulfide; Am. 2120217	**Sa.**
7701	**Zuckeralkoholoxy-amine**	Sa.; Am. 2389763	**Sa.**
7702	**Z-Xanthate**	Z3-Xanthat = Äthylxanthat; Sa. f. Komplexsulfide; Z4-Xanthat = Na-Äthylxanthat; Sa. f. Komplexsulfide; Z5-Xanthat = K-sec. Amylxanthat; Sa. f. oxyd. Mineralien; Z6-Xanthat = K-Amyl-, Pentasolxanthat; Sa. f. Pyrrhotit; Z8-Xanthat = K-sec. Butylxanthat; Sa. f. Sulfide; Z9-Xanthat = K-Isopropylxanthat; Sa. f. Sulfide; Z10-Xanthat = K-Hexylxanthat; Sa. f. Sulfide; Z11-Xanthat = Na-Isopropylxanthat; Sa. f. Pb/Zn- u. Cu-Erze; Z12-Xanthat = Na-sec. Butylxanthat; Sa. f. Sulfide; „Engrg. Min. J.“, Juni 1956, 116; Taggart 12—08.	**Sa.**

LITERATURVERZEICHNIS

Aach. Bl. = „Aachener Blätter für Aufbereiten, Verkoken, Brikettieren", Ztschr., Institut für Aufbereitung, Kokerei und Brikettierung der Technischen Hochschule Aachen

Angew. Chemie = „Angewandte Chemie", Ztschr., Verlag Chemie GmbH., Weinheim/Bergstraße

Ann. Min. Belg. = „Annales des Mines de Belgique", Ztschr., Institut National de l'Industrie Charbonniere, Lüttich

„Aufbereitung der Steinkohle", Teil I, 1960, Bd. 4 des techn. Sammelwerkes „Der deutsche Steinkohlenbergbau", Steinkohlenbergbauverein, Essen

Aufber.-Techn. = „Aufbereitungs-Technik", Ztschr., Verlag für Aufbereitung GmbH., Wiesbaden

„Bergakademie", Ztschr., für Bergbau, Hüttenwesen und verwandte Wissenschaften, Akademie-Verlag GmbH., Berlin

Bergbau-Arch. = „Bergbau-Archiv", Ztschr., Verlag Glückauf GmbH., Essen

Bergbautechn. = „Bergbautechnik", Ztschr., VEB Deutscher Verlag für Grundstoffindustrie, Leipzig

Bergb.-Wiss. = „Bergbauwissenschaften", Ztschr., Hermann Hübener-Verlag, Goslar

Berg- u. Hüttenm. Mh. = „Berg- und hüttenmännische Monatshefte" der Montanistischen Hochschule in Leoben (Österr.), Ztschr., Springer-Verlag, Wien

Blücher, „Auskunftsbuch für die chemische Industrie", 18. Aufl., Berlin 1954

Bulletin = „Bulletin of the Bureau of Mines", Ztschr., US-Department of the Interior, Bureau of Mines, Washington

Canad. Min. J. = „Canadian Mining Journal", Ztschr., National Business Publications Ltd., Gardenvale (Canada)

Chemiker-Ztg. = „Chemiker Zeitung", Ztschr., Dr. Alfred Hüthig-Verlag, Heidelberg

Chem. Abstr. = „Chemical Abstracts", Ztschr., Columbus (USA)

Chem.-Ing.-Techn. = „Chemie-Ingenieur-Technik", Ztschr. f. techn. Chemie, Verfahrenstechnik u. Apparatewesen, Verlag Chemie GmbH., Weinheim/Bergstraße

Chem. Ztrbl. = „Chemisches Zentralblatt", Ztschr., Akademie-Verlag GmbH., Berlin — Verlag, Chemie GmbH Weinheim/Bergstraße

„Coal Age", Ztschr., McGraw-Hill Publishing Co., New York

Coll. Engrg. = „Colliery Engineering", Ztschr., Tothill Press Ltd., London

Coll. Guard. = „Colliery Guardian", Ztschr., Holborn, London

„Encyclopedia of Chemical Technology", New York 1951

Engrg. Min. J. = „Engineering and Mining Journal", Ztschr., McGraw-Hill Publishing Co., New York

Erdöl u. Kohle = „Erdöl und Kohle, Erdgas, Petrochemie", Ztschr., Industrieverlag von Hernhaussen KG., Hamburg

Erzmetall = „Zeitschrift für Erzbergbau und Metallhüttenwesen", Dr. Riederer-Verlag GmbH., Stuttgart

„Fortschritte der Verfahrenstechnik", Verlag Chemie GmbH., Weinheim/Bergstraße

Gaudin, „Flotation", New York, Toronto, London 1957

„Glückauf", Ztschr., Verlag Glückauf GmbH., Essen

Gründer, „Aufbereitungskunde", Bd. 1, Belgrad 1951

„Helvetia Chimica Acta", Ztschr., Basel

Ind. Engrg. Chem. = „Industrial and Engineering Chemistry", Ztschr., American Chemical Society, Washington

„Iron & Coal Trades Review", Ztschr., Industrial Newspapers (Fuel & Metallurgical) Ltd., London

„Kali und Steinsalz", Ztschr., Verlag Glückauf GmbH., Essen

Karrer, „Lehrbuch der organischen Chemie", 13. Aufl., Stuttgart 1959

Kirschberg, „Aufbereitung bergbaulicher Rohstoffe", Jena 1953

Klages, „Lehrbuch der organischen Chemie", Bd. I, Berlin 1959

„Kohle und Erz", Ztschr., Berlin

Langenbeck, „Lehrbuch der organischen Chemie", 8. Aufl., Dresden u. Leipzig 1949

Manegold, „Emulsionen", Heidelberg 1952
Mayer-Schranz, „Flotation", Leipzig 1931
Merck Index = „The Merck Index of Chemicals and Drugs", 7. Ausg., 1960, Rahway (USA)
Michell, "The Practice of Mineral Dressing" 1950
Min. Congr. J. = „Mining Congress Journal", Ztschr., The American Mining Congress, Washington
Min. Engrg. = „Mining Engineering", Ztschr., American Institute of Mining, Metallurgical and Petroleum Engineers, New York
Min. Techn. = „Mining Technology", s. = Min. Engrg.
Min. World = „Mining World", Ztschr., San Francisco
Mont.-Rdsch. = „Montan-Rundschau", Ztschr., Montan-Verlag, Wien
Montanw. Literaturber. = „Montanwissenschaftliche Literaturberichte", Abtlg. A Bergbau, Akademie-Verlag GmbH., Berlin
„Neue Hütte", Ztschr., VEB Verlag für Grundstoffindustrie, Leipzig
Neunhoeffer, „Grundlagen der Schwimmaufbereitung", Dresden 1948
Petersen, „Schwimmaufbereitung", Dresden 1936
Römpp, „Chemie-Lexikon", Stuttgart 1958
Rev. Ind. Min. = „Revue de l'Industrie Minière", Ztschr., St. Etienne
Rev. Univ. Mines = „Revue Universelle des Mines, de la Métallurgie, de la Mécanique", Ztschr., Universität Lüttich
„Schlägel und Eisen", Ztschr., Karl Marklein-Verlag GmbH., Düsseldorf
Schönfeldt, „Oberflächenaktive Ablagerungsprodukte des Äthylenoxyds", Stuttgart 1959
Schwartz-P. = Schwartz-Perry, „Surface Active Agents", Bd. I 1949, Bd. II 1958, New York
Stüpel, „Synthetische Wasch- und Reinigungsmittel, Stuttgart 1954
Taggart, „Handbook of Mineral Dressing", 5. Aufl. 1953, New York
„The Condensed Chemical Dictionary", 5. Aufl. 1956, New York
The Min. J. = „The Mining Journal", Ztschr., London

Patentliteratur:

Am.	= US-Amerikanische Patentschrift
Austral.	= Australische ,,
Belg.	= Belgische ,,
Brit.	= Britische ,,
Can.	= Canadische ,,
DP.	= Deutsche Patentschrift bzw. Auslegeschrift
Franz.	= Französische ,,
Holl.	= Holländische ,,
Österr.	= Österreichische ,,
Schweiz.	= Schweizerische ,,
Patanm.	= bekanntgemachte Deutsche Patentanmeldung (einzusehen beim Deutschen Patentamt, München)

FSC
www.fsc.org
MIX
Papier | Fördert gute Waldnutzung
FSC® C083411

Kolibri 360 GmbH
Ferdinand-Jühlke-Straße 7
99095 Erfurt, Deutschland
produktsicherheit@kolibri360.de